高职高专生物技术类专业系列规划教材

药用植物栽培技术

主　编　谢必武　张凤龙
副主编　赵　燕　付绍智
主　审　申明亮

重庆大学出版社

内容提要

本书是根据工学结合人才培养目标及现代中药农业对人才的要求，结合高职高专学生实际情况编写而成。本书以中药材生产质量管理规范（GAP）为准则，以药用植物生产情境为载体，以药用植物栽培过程为主线，以药用植物栽培生产岗位的基本技能要求和中药材生产标准操作规程（SOP）为标准，以学生的学习、实践活动为主体，按照药用植物生长季节，构建了“产地生态环境评价与调控→种质和繁殖材料选用→种植与管理→采收与初加工”的与中药材GAP生产实际工作流程零距离对接的教学内容，根据典型药用植物栽培所需要的技能和知识，按照生产程序设置项目，再按照该项目必备技能设置教学任务，每个项目后有检查评估。本书从教材内容、理实体系与编写体例上均进行了大胆探索与创新，充分体现了工作过程导向、行动体系引领、学生主体、能力本位、理实一体工学结合教材特征及真实性、针对性、职业性、通用性、操作性的特点。

本书适用于高职高专院校的中药及作物生产技术、植保、园艺、特种经济作物等种植类专业学生，也可供不同层面的读者（农技人员，药材生产、经营人员，教学科研人员，管理层、相关行业部门和从业人员）使用。并为安全、稳定、有效、可控的GAP中药材生产提供参考。

图书在版编目（CIP）数据

药用植物栽培技术/谢必武，张凤龙主编．—重庆：重庆大学出版社，2014.8

高职高专生物技术类专业系列规划教材

ISBN 978-7-5624-8316-8

Ⅰ.①药…　Ⅱ.①谢…　②张…　Ⅲ.①药用植物—栽培技术—高等职业教育—教材　Ⅳ.①S567

中国版本图书馆CIP数据核字（2014）第137903号

药用植物栽培技术

主　编　谢必武　张凤龙

副主编　赵　燕　付绍智

主　审　申明亮

策划编辑：梁　涛

责任编辑：文　鹏　姜　凤　　版式设计：梁　涛

责任校对：邹　忌　　责任印制：赵　晟

*

重庆大学出版社出版发行

出版人：邓晓益

社址：重庆市沙坪坝区大学城西路21号

邮编：401331

电话：（023）88617190　88617185（中小学）

传真：（023）88617186　88617166

网址：http://www.cqup.com.cn

邮箱：fxk@cqup.com.cn（营销中心）

全国新华书店经销

自贡兴华印务有限公司印刷

*

开本：787×1092　1/16　印张：25.5　字数：589千

2014年8月第1版　2014年8月第1次印刷

印数：1—3 000

ISBN 978-7-5624-8316-8　定价：49.80元

高职高专生物技术类专业系列规划教材

※ 参加编写单位 ※

（排名不分先后，以拼音为序）

北京农业职业学院
重庆三峡医药高等专科学校
重庆三峡职业学院
甘肃酒泉职业技术学院
甘肃林业职业技术学院
广东轻工职业技术学院
河北工业职业技术学院
河南漯河职业技术学院
河南三门峡职业技术学院
河南商丘职业技术学院
河南信阳农林学院
河南许昌职业技术学院
河南职业技术学院
黑龙江民族职业学院
湖北荆楚理工学院
湖北生态工程职业技术学院
湖北生物科技职业学院
江苏农牧科技职业技术学院
江西生物科技职业技术学院
辽宁经济职业技术学院
内蒙古包头轻工职业技术学院
内蒙古呼和浩特职业学院
内蒙古医科大学
山东潍坊职业学院
陕西杨凌职业技术学院
四川宜宾职业技术学院
四川中医药高等专科学校
云南农业职业技术学院
云南热带作物职业学院

总 序

大家都知道，人类社会已经进入了知识经济的时代。在这样一个时代中，知识和技术，比以往任何时候都扮演着更加重要的角色，发挥着前所未有的作用。在产品（与服务）的研发、生产、流通、分配等任何一个环节，知识和技术都居于中心位置。

那么，在知识经济时代，生物技术前景如何呢？

有人断言，知识经济时代以如下六大类高新技术为代表和支撑。它们分别是电子信息、生物技术、新材料、新能源、海洋技术、航空航天技术。是的，生物技术正是当今六大高新技术之一，而且地位非常“显赫”。

目前，生物技术广泛地应用于医药和农业，同时在环保、食品、化工、能源等行业也有着广阔的应用前景，世界各国无不非常重视生物技术及生物产业。有人甚至认为，生物技术的发展将为人类带来“第四次产业革命”；下一个或者下一批“比尔·盖茨”们，一定会出在生物产业中。

在我国，生物技术和生物产业发展异常迅速，“十一五”期间（2006—2010 年）全国生物产业年产值从 6 000 亿元增加到 16 000 亿元，年均增速达 21.6%，增长速度几乎是我国同期 GDP 增长速度的 2 倍。到 2015 年，生物产业产值将超过 4 万亿元。

毫不夸张地讲，生物技术和生物产业正如一台强劲的发动机，引领着经济发展和社会进步。生物技术与生物产业的发展，需要大量掌握生物技术的人才。因此，生物学科已经成为我国相关院校大学生学习的重要课程，也是从事生物技术研究、产业产品开发人员应该掌握的重要知识之一。

培养优秀人才离不开优秀教师，培养优秀人才离不开优秀教材，各个院校都无比重视师资队伍和教材建设。生物学科经过多年的发展，已经形成了自身比较完善的体系。现已出版的生物系列教材品种也较丰富，基本满足了各层次各类型教学的需求。然而，客观上也存在一些不容忽视的不足，如现有教材可选范围窄，有些教材质量参差不齐，针对性不强，缺少行业岗位必需的知识技能等。尤其是目前生物技术及其产业发展迅速，应用广泛，知识更新快，新成果、新专利急剧涌现，教材作为新知识、新技术的载体应与时俱进，及时更新，才能满足行业发展和企业用人提出的现实需求。

正是在这种时代及产业背景下，为深入贯彻落实《国家中长期教育改革和发展规划纲要（2010—2020 年）》和《教育部 农业部 国家林业局关于推动高等农林教育综合改革的若干意见》（教高［2013］9 号）等有关指示精神，重庆大学出版社结合高职高专的发展及专业教学基本要求，组织全国各地的几十所高职院校，联合编写了这套“高职高专生物技术类专业系列规划教材”。

从“立意”上讲，这套教材力求定位准确、涵盖广阔，编写取材精练、深度适宜、份量适中、案例应用恰当丰富，以满足教师的科研创新、教育教学改革和专业发展的需求；注重图文并茂，深入浅出，以满足学生就业创业的能力需求；教材内容力争融入行业发展，对接工作岗位，以满足服务产业的需求。

编写一套系列教材，涉及教材种类的规划与布局、课程之间的衔接与协调、每门课程中的内容取舍、不同章节的分工与整合……其中的繁杂与辛苦，实在是“不足为外人道”。

也正是这种繁杂与辛苦，凝聚着所有编者为这套教材付出的辛勤劳动、智慧、创新和创意。教材编写团队成员遍布全国各地，结构合理、实力较强，在本学科专业领域具有较深厚的学术造诣和丰富的教学和生产实践经验。

希望这套教材能体现出时代气息及产业现状，成为一套将新理念，新成果、新技术融入其中的精品教材，让教师使用时得心应手，学生使用时明理解惑，为培养生物技术的专业人才，促进生物技术产业发展做出自己的贡献。

是为序。

全国生物技术职业教育教学指导委员会委员
信阳农林学院生物学教授
高职高专生物技术类专业系列规划教材总主编　王德芝

2014 年 5 月

前言

党的十八大报告中特别强调了要扶持中医药和民族医药事业的发展，中医药具有中华民族文化底蕴支撑的理论精髓，作为文化资源、科技创新之源、新经济增长点的资源，必将得到大力发展，国家也必将加快对中药材这个传统产业的现代化提升，大力优化中药农业产业结构，加快农业转型升级步伐。然而，当前中药材种植因为人工成本的急速上涨而面临萎缩的尴尬局面，严重滞后于农业的发展，特别是在资源、标准、生态、可持续发展方面，中药材种植滞后于农业种植20~30年，也滞后于医药工业的发展。为了适应经济社会发展及中药现代化对人才的需求，传播科学、规范、实用、先进的药用植物种植技术，适应我国高职高专生物技术类专业教学实践和人才培养的需要，促进生物技术类的专业建设与教材建设，由重庆大学出版社组织一线教师与科研人员共同编写了高职高专生物技术类专业系列规划教材——《药用植物栽培技术》一书。

本书内容共分为5大模块，模块1药用植物产地生态环境评价与调控，主要介绍了药用植物栽培的特点、规范化栽培(GAP)及发展方向，SOP操作规程；药用植物栽培地选择及产地生态环境分析评估。模块2药用植物种质和繁殖材料选用，主要介绍了药用植物种子种苗质量检验、种子繁殖、无性繁殖技术。模块3药用植物种植与管理，主要介绍了种植制度调查与设计及草、木本药用植物田间管理和病虫害无公害防治技术。模块4采收与初加工，主要介绍了药用植物采收加工技术与田间测产和品质控制。模块5当地主要药用植物栽培，主要根据气候土壤条件有针对性的选择了8个低坝平原区(400 m以下)药用植物、8个丘陵中山区(400~1 000 m)药用植物、8个高山区(1 000 m以上)药用植物的栽培技术。

全书从编写大纲、教材内容、理实体系与编写体例上均进行了大胆探索与创新。一是以中药材生产质量管理规范(GAP)为准则，以药用植物生产情境为载体，以药用植物栽培过程为主线，以药用植物栽培生产岗位的基本技能要求和中药材生产标准操作规程(SOP)为标准，以学生的学习、实践活动为主体，按照药用植物生长季节，构建了“产地生态环境评价与调控→种质和繁殖材料选用→种植与管理→采收与初加工”等与中药材GAP生产实际工作流程零距离对接的教学内容；二是按照药用植物生长的生态环境条件将主要药用植物栽培按“低坝平原区—中山丘陵区—高山区”来分类，以充分体现中药材的道地性和生产实际的可操作性；三是根据典型药用植物栽培所需要的技能和知识，按照生产程序设置项目，再按照该项目必备技能设置教学任务。重建了“5大模块—12个项目—50个工作(学习)任务—49个计划与实施(技能训练)”的教材体系，教学内容与职业岗位相对应，力求体现职业岗位能力的培养目标，突破了常规教材分为总论、分论部分的框架，充分体现了“学习就是工作”的高职教育理念，力求使学生学习后能进行药材栽种前市场预测、栽培中技术把握、栽培后药材销路拓展；四是为每个药用植物栽培提供了最新市场动态，以培养学生中药材市场意识，了解生产流通模式，以适应中药现代化进程；五是教材体例设计为"工作流程及任务—工作咨询—知识拓展—计划与实施—延伸学习—检查评估"，以遵循"资讯—决策—计划—实施—检查—评价"这一普适性工作过程，使学生在完整、综合性的行动中进行思考和学习，力求实现教、学、做相结合，课堂与田间、学校与企业相结合。达到学会学习、学会工作，培养方法与能力的目的。

本书由重庆三峡职业学院谢必武、张凤龙老师担任主编，云南农业职业技术学院赵燕老师、重庆三峡医药高等专科学校付绍智老师担任副主编，重庆三峡职业学院雍康老师、商丘职业技术学院生物工程系靳秀丽老师、四川中医药高等专科学校王化东老师、重庆东方药业股份有限公司向红高级工程师、重庆市万州区国药集团有限公司熊凯执业药师担任参编工作。本书具体编写分工如下：谢必武编写项目1,5,9及杜仲栽培；张凤龙编写项目3,4,6,7及金银花、牡丹、菊花栽培；赵燕编写项目2及三七、云木香、黄连、天麻、当归栽培；付绍智编写项目8及党参、川贝母、辛夷、青蒿、白芷、栀子栽培；雍康编写枳壳栽培；靳秀丽编写桔梗、板蓝根、红花、玄参、白术栽培；佛手、银杏、厚朴栽培；向红编写白芷、半夏栽培并修改了低坝平原区药用植物和丘陵中山区药用植物栽培，熊凯编写青蒿、黄柏栽培并修改了高山区药用植物栽培。

本书适用于高职高专院校的中药及作物生产技术、植保、园艺、特种经济作物等种植类专业学生，也可供不同层面的读者（农技人员，药材生产、经营人员，教学科研人员，管理层、相关行业部门和从业人员）使用。并为安全、稳定、有效、可控的GAP中药材生产提供参考。

全书由重庆市药物种植研究所申明亮研究员担任主审，并对本书提出了很精辟的修改意见。重庆市药物种植研究所宋廷杰研究员对本书提出了许多建议和意见，使得本书顺利完成。本书参考了前辈、同行的教材、专著、网络和研究成果，在编写过程中得到了各编者单位的大力支持，在此一并表示衷心感谢。

限于编者水平和时间仓促，书中缺点和错误在所难免，故请同仁、专家和广大读者提出宝贵的批评意见，以便于修正。

编 者

2014年4月

目 录 CONTENTS

模块1

药用植物产地生态环境评价与调控

项目1　中药材生产调查

【项目描述】

介绍药用植物栽培的特点、规范化栽培(GAP)及发展方向,SOP操作规程;药用植物的分类与分布。

【学习目标】

了解本地区药用植物栽培技术的发展过程、现状及趋势,掌握药用植物规范化栽培(GAP)的概念、内容,明确药用植物分类的依据。

【能力目标】

学会药用植物栽培情况调查方法,资料查阅方法,能进行药用植物的分类,知道我国各地道地药材的分布情况。

任务1.1　药用植物规范栽培(GAP)与发展情况调查

【工作流程及任务】>>>

工作流程:

查阅资料—实地参观—课堂PPT演示—讲解。

工作任务:

资料的查阅,相关企业及实训基地参观。

【工作咨询】>>>

1.1.1　药用植物栽培的意义及特点

1)药用植物栽培的含义及特点

(1)药用植物栽培的含义　药用植物是指自然生长或人工栽培条件下能直接或提炼加工

后可以入药或作营养保健用的植物，简言之，指含有生物活性成分用于防病、治病的植物。在我国人们习惯把中医用以防病、治病的药物统称为中药，多为复方，包括中药材、中药饮片和中成药；而把民间流传的用以防病、治病的药物统称为草药，多以单方或简单的配伍，由于草药在长期实践中证明疗效显著，被中医认可并应用，都被收载在"本草"之中，所以，就有了中草药之称。在商品经营和流通中，把化学合成药物及其制品称作西药；把来自天然的植物药、动物药、矿物药及其经过初加工的原料药材统称为中药或中药材，简称药材；在医药教育和科研机构中，把药材称作生药。

药用植物栽培是指从药用植物的选地、整地、播种、育苗、移栽、田间管理到采收与产地加工的整个生产过程，以及对野生药用植物采取野生抚育方法等，药用植物栽培的任务是采用各项农艺措施，协调"药用植物—环境—措施"的关系，满足药用植物生长发育和品质形成的要求，提高药用植物的产量，实现中药材品质"安全、有效、稳定、可控"的生产目标。

(2)药用植物栽培的特点

①种类、方法多样性。药用植物种类繁多，植物学特征和生物学特性各异，栽培的方法也就复杂多样。栽培的药用植物绝大多数是高等植物，有木本也有草本；有一年生的，也有多年生的；也还有少数低等植物(包括一部分真菌)，如灵芝、茯苓等；多数为自养植物，也有的为营寄生(如檀香)或与菌共生(天麻)，它们在栽培方法的栽培技术上差异很大。

不同植物对环境条件要求不同，栽培技术也因之而异。如白芷等阳生植物，喜阳光充足的环境，而黄连、三七等阴生植物则喜荫蔽，栽培时要搭棚遮阴或利用自然荫蔽条件；泽泻等喜潮湿环境，而甘草、黄芪等多分布于干燥地区；有的属喜温植物，如砂仁、薏苡等，有的属喜凉植物，如当归、川牛膝；有的分布在高寒山区，如川贝母；有的则主要栽培于平坝丘陵区，如川芎、附子。

不同的药用植物其产品器官或使用部位不同，其栽培技术也有差异。以根或地下茎为主产品的如党参、山药、当归等，多要求土层深厚、疏松肥沃、排水良好的土壤，适当施用磷钾肥，注意疏花果，控制生殖生长，以促进根或根茎的生长发育；以叶片或全草为收获对象的，如薄荷、荆芥等，宜适当多施氮肥，配合磷钾肥，注意适时采收，以提高产量和质量；以花和果实为收获对象的，如菊花、薏苡等，一般要求阳光充足，多施磷钾肥，注意修剪整形，协调好营养生长和生殖生长。

药用植物的繁殖方法也多种多样，有的用无性繁殖，利用根或根茎、块茎或球茎、枝条或叶作为繁殖材料，采用分割、扦插、压条、嫁接等方式，如肉桂、山药、天麻等，也有的采用有性繁殖，以果实、种子为播种材料，如薏苡、小茴香等，有的则两种方式均可，如山茱萸等。

②讲究地道性。每种中药材对环境都有一个适应的范围，即在一定的区域内才能够生长发育，但是在其广泛的分布范围内，质量也有显著的差异。植物的基因表达是以一定的时间和空间顺序进行的，作为药效物质基础的活性成分多为生物碱、皂苷、酮类等次生代谢产物，一般是在某些逆境条件下诱导特定的基因而产生的，这对质量与生境有着特殊的依赖关系，从而形成了中药材的地道性，即在特定的种质、特定的产区和特定的栽培技术及加工条件下，所生产的中药材品质优、品质稳定、疗效可靠。而农作物产品的主要成分为糖类(淀粉等)、脂类、蛋白质、维生素等初生代谢产物，适宜植物生长的生态环境可能更有利于其生长，获得较高的产量，因而生态环境对质量的影响相对较小。

根据区域地道性通常把药材分为川药、关药、北药、南药、怀药、浙药、云药等。如四川的川芎、重庆的黄连、甘肃的当归、吉林的人参等具有很强的地道性。但是,并非所有的药材都有很强的道地性,有的药材引种后生长发育、质量与原产地一致,均可药用,如山药、芍药、金银花、菊花等;有的药材随着不断驯化栽培其地道性发生改变,如党参、地黄、泽泻等。因此,发展药材应以地道产区为主,选择与地道产区生态条件相似的地区发展为好。

③注重优质性。药用植物产品质量的优劣,关系到药效高低,直接影响人们的身心健康,必须符合国家药典的规定要求,中药所含药效成分、重金属含量、农药残留及环境污染情况等决定了中药材品质的好坏。药用植物对品质的要求甚至比大田作物还要高,在生产上既要求产量高,更要求品质好,对品质要求严格,如照山白的叶片除含总黄酮可治病外,还含有毒性成分——侵木毒素1。就产量而言,以6—8月最高,但此时总黄酮含量低,侵木毒素1含量高,故不能在6—8月采收。

药用植物的品质及有效成分受栽培年限、繁殖方式、采收部位、采收时期、加工方法、储存条件等影响,随着栽培措施的改变其活性或有效成分发生变化,在栽培时应特别注意这些方面,既要求其能正常生长发育,还需注意其有效成分的变化。应因地制宜地建设中药材生产基地,按药用植物栽培技术标准操作规程及有关准则和规范进行作业,确保中药材的品质。

④市场前瞻性。药材市场与一般农产品的市场不同,“药材少了是宝,多了是草。”中药各单味药功效、性味归经各不相同,不可相互替代。在中药材栽培过程中,要强调品种全,种类、面积比例适当,且必须有一定的栽培规模,才能满足中医用药要求,但若栽培面积过大,可能造成药材积压、损失和浪费。所以,在药用植物栽培过程中要有市场前瞻性,以市场为导向,不断调整栽培种类和面积的比例,满足医疗、制药工业和国际市场的需求,创造最大的经济效益和社会效益。

(3)药用植物栽培的意义

①满足国内外市场需求。中国医学是一个伟大的宝库,是我国人民几千年以来同疾病作斗争积累的宝贵财富,对中华民族的繁衍昌盛和保障人民身心健康起着重要作用。中药是这个宝库的重要组成部分,是治病强身的基础。中药材除直接用于中药配伍外,也是重要的医药工业原料,用于提取或合成新药。中药材绝大部分来源于植物,其种类繁多,据调查,我国可供药用的植物有5 000多种,是世界上药用植物资源最丰富的国家之一,其中,较常用的植物有500多种,而需要量较大、主要依靠栽培的有250余种。随着社会的进步,人们生活水平的进一步提高和保健事业的进一步发展,中药材的需求量还将日益增长,这就要求不断改进栽培技术和扩大种植面积,进一步提高中药材产量和品质;有些过去主要靠野生的品种,由于大力开发利用,野生资源受到不同程度的破坏,甚至濒临枯竭,亟须引野生为家种,扩大药源,保证用药之需。

自从“SARS”“H7N9禽流感”事件爆发以后,使全世界人们了解了中药、认识了中药,看到了中药所起到的独特作用,也开始转变对中药的看法,使中药市场不断扩大,前景广阔。药用植物野生资源减少,需求增大,这就要求人们必须进行种植开发。目前,中国已颁发了“中药材生产质量管理规范”(GAP),其宗旨就是实现中药材的“优质、稳定、可控”,也就是从中药材的源头抓起,挖掘中医药的潜力,保证人们的临床需要。

②增加农民收入。药用植物属于经济植物,具有较高经济价值,因地制宜发展药用植物,

不仅可满足社会之需，也可增加农民经济收入，提高农民生活水平。许多药用植物的经济价值都比大田作物高，如天麻、黄连、枸杞、三七等，其产值是一般农作物的2~3倍甚至10倍。药用植物栽培是整个农业生产的组成成分，中药材生产属多种经营范畴，由于品种多，生物学特性各异，容易与其他作物搭配，合理利用地理、空间和时间，提高单位面积产量。有的还适宜于荒地、田边地角、宅旁路边生长，充分利用土地和自然资源，为合理安排药用植物生产、增加经济收入提供了条件。

③调整农业产业结构。山区立体气候明显，中药材资源丰富，从生态和可持续发展的各角度考虑，退耕还林也是当务之急，因此，要顺应时代潮流的发展，必须寻求新的出路。在目前农村大量青壮劳动力外出务工，从事农业生产劳动力减少的国情下，人均耕地面积少，传统的农业产业模式已满足不了群众的生活需求，种植中药材是调整农业产业结构的重要选择，如种植党参、黄连、贝母等中药材，并逐渐形成中药材种植、中药材饮片加工、中药研发、生产等门类比较齐全的产业化生产体系和流通体系，能有效提高群众生活水平，切实增加农民收入，调整农业产业结构。不仅为中药生产发展造就可观的前景，而且也将成为地方特色经济的一个新的增长点。

④保护生态环境。中药材的常年大量采挖，野生资源日趋减少，由于过度采挖，有的药用植物资源已濒临枯竭，越来越多的野生中药材已被列入保护品种，药用植物栽培将缓解野生药用植物尤其是濒危物种资源的巨大压力，解决药材市场的供求矛盾。目前，我国已建立中药材生产基地600多个，药用植物种植面积近80万 hm^2，产量约40万 t。许多珍稀濒危药用植物经过系统研究，已具有成熟的人工栽培技术，其中，杜仲、厚朴、天麻等许多濒危植物已实现了大规模生产，已能有效地满足市场需求。

2)药用植物栽培概况

(1)我国药用植物栽培历史悠久　早在2 600多年前的《诗经》中即记述了蒿、芪、葛、芍药等100多种药用植物的栽培，枣、桃、梅等当时已有栽培，既供果用，又供入药。汉代张骞(公元123年前后)出使西域，引种红花、安石榴、胡桃、胡麻、大蒜等植物到关内栽种；北魏贾思勰所著《齐民要术》(公元533—544年)中记述了地黄、红花、吴茱萸、竹、姜、栀、桑、蒜等20余种药用植物栽培法；隋代(六世纪末至七世纪初)朝廷在太医署下专设"主药""药圆师"等职，掌管药用植物栽培，并设立药用植物引种园，在《随书》中还有"种植药法"记述；宋代韩彦直在《橘录》(1178年)中记述了橘类、枇杷、通脱木、黄精等10余种特用栽培植物法；到明、清时代，药用植物栽培有了更长足的发展，有关著述更多，如王象晋的《群芳谱》(1621年)、徐光启的《农政全书》(1639年)、吴其俊的《植物名实图考》(1848年)，其中明代李时珍在《本草纲目》(1590年)这部医药巨著中记载了药物1 892种，并记述了荆芥、麦冬等62种药用植物栽培法，为研究药用植物栽培提供了宝贵的科学资料。

(2)我国中药资源丰富　我国幅员辽阔，自然条件优越，蕴藏着极其丰富的天然药物资源，中药资源包括药用植物、药用动物和矿物药材3大类。据1985—1989年第三次全国中药资源普查统计，我国现有中药资源种类已达12 807种，其中药用植物11 146种，药用动物1 581种，药用矿物80种。仅对320种常用植物类药材的统计，总蕴藏量就达850万 t左右，常年栽培的药材达200余种。野生变家种取得了积极成果，许多已成为主流商品。对珍稀濒危野生动、植物品种开展了人工种植、养殖和人工替代品研究，对南药和进口药材的引种也取得了可喜的成绩，形成了一定的生产能力，减少了药材进口的依赖。

(3)党和国家历来重视中药产业发展　建国后制定了一系列方针政策，1958 年 10 月国务院发表了《关于发展中药材生产问题的指示》(以下简称《指示》)，将中药材生产纳入国家计划指导，使一直盲目状态的中药材生产开始有组织、有计划地进行。《指示》中提出“保护和有计划地发展地道药材的生产”，“必须注意野生药材的保护与采集工作”，实行“就地生产，就地供应”和“积极有步骤地变野生动、植物药材为家养家种”，对药材生产的发展产生了非常重要的影响。改革开放以来，党中央、国务院十分关注中药现代化问题，并出台了一系列政策推动中药现代化发展。1999 年国家启动中药现代化以及随后颁布的《中药现代化发展纲要》(2002—2010 年)和《中药材生产质量管理规范(GAP)》，使我国中药现代化和产业化得到前所未有的发展。2007 年，国家颁布《中医药创新发展规划纲要》(2006—2020 年)，进一步强调创新在中药发展中的作用，“作为我国最具原始创新潜力的领域，中医药系统性和复杂性等关键问题的突破，将对生物医学、生命科学乃至整个现代科学的发展产生重大影响，将会促进多学科的融合和新学科的产生，使人类对生命和疾病的认识得到进一步提高和完善，使具有现代人文思想和中国传统文化内涵的中医药医疗保健模式和价值观念得到传播，从而成为中华民族对人类的新贡献”。

(4)我国的药用植物栽培有了更快的发展　吉林、北京、四川、浙江、广西、云南、海南等地先后成立了有关的专门研究机构和基地，有的高、中等学校还设有相应或有关的专业或课程，培养了一大批中药科研人员，形成了一支较高水平的科技队伍，先后出版了《药用植物栽培技术》《中药材生产技术》《天麻》《茯苓》等数十种专著，对指导各地引种试种与生产栽培发挥了积极作用，栽培技术不断改进，栽培种类逐渐增多，产量不断提高，出现了许多新产区。如人参单产已由不足 0.5 kg/m^2 提高到 2 ~ 2.5 kg/m^2，高者超过 5 kg/m^2；薏苡由旱生改为湿生，单产由每 0.6 t/hm^2 提高到 4.5 t/hm^2。许多品种由野生种变成家种或从国处引种成功并大规模生产，如细辛、天麻、五味子、西洋参、番红花等。有的品种生产区域不断扩大，如川芎已从四川扩大到陕西、青海、河南、山西、河北等地。

3)药用植物栽培注意事项

(1)根据自然条件因地制宜选择品种　注意认准用量大的品种则收入无风险。用量大的药材在一般处方中大多都会用到，如白术、白芍、党参、柴胡、桔梗、防风、远志、黄芩、半夏、附子等品种。有时这些品种的价格虽然不算太高，但其销路一直很好，积压少。

(2)慎种稀、奇、贵品种　这些品种，价格虽然昂贵，但对气候、土质要求较严，生长发育条件较特殊，种子、种苗价格一般都很贵，花高价购进此类种子，辛辛苦苦种植，其结果好坏却难以预料。

(3)注意掌握发展周期性种植　中药材与其他农产品类似，库存量少价格就高，价格涨高又促使种植面积增加，导致产大于销，因而价格又会很快下降。根据历年经验，每个品种的价格变化约每 5 年一周期。若善于分析，掌握其周期性，抓浪头赶高峰，方能取得很好的收益。

(4)注意正确分析广告，购种莫贪便宜　一些不法种子经营者，广告言词违背科学规律，夸大产量，虚报市场价，利用别名使部分药农如坠雾中，用别名使人误认为这是贵重药材，所以任意标价，使人上当受骗。

(5)注意科学总结种植规律　许多中药材是野生野长的，现今需求量大了便引种进行家种。由于其自然规律很难掌握,所以可先少量试种。要注意观察,待摸准其生长规律、掌握种植技术后再进行大面积扩种。

(6)了解我国药材市场,掌握销售最佳时机　我国现有17个国家认可的中药材市场,如安徽的亳州、江西的樟树、河南的禹州和百泉、河北的安国等。从中药材市场,种药者能获取较为准确的种药信息,还能将收获的药材销往药市;一般中药材市场上的购销情况基本上能反映全国的中药材市场行情。想发展中药材生产,特别是大规模发展的地区应经常派专人到中药材市场去考察,以便掌握第一手资料。

销售是农民发展中药材生产最担心的问题,应千方百计开辟销售渠道,使药材生产步入良性循环:除了销往就近的药市和当地药材收购部门外,还可与药店、某些医院以及厂家直接联系销售。如果某一地区发展药材生产有一定规模,还可筹建以地产中药材为主要原料的加工企业,一方面解决了中药材的销路问题,另一方面又提高了产品的附加值。如江苏省射阳县洋马乡亦即我国最大的药用菊花生产基地,是一个以生产药用菊花为主的新兴中药材基地,所生产的菊花总产量已占全国总产的50%以上,现已有菊花加工、销售的企业3个,从而形成了中药材产、加、销为一体的发展模式。

此外,中药材市场的变化除周期性的年波动外,在一年内也存在着十分明显的周期性季节变化。即某种中药材产新时(刚收获时)往往是货源最为丰富,同时价格也最低,以后随着时间的推移价格逐渐提高,直至产新前达到最高峰,这与同样进入市场流通的粮油等农产品形成了鲜明的对比。故对一些耐储的药材如丹参、元胡等,如收获后当年价廉,可囤积起来,待价昂时再出售。

1.1.2　药用植物规范栽培(GAP)与发展方向

1)中药材GAP的概念及内容

(1)中药材GAP的概念　GAP是中药材生产质量管理规范(Good Agricultural Practice for Chinese Crude Drugs)的前3个英文单词的第一个字母的缩写,直译为"良好的农业规范(中药材栽培或饲养主要属于农业范畴)"。《中药材生产质量管理规范》(试行)于2002年3月18日经国家药品监督管理局局务会审议通过,4月17日以国家药品监督管理局第32号令发布,2002年6月1日起施行。中药材GAP包括了基地选择、种质优选、栽种及饲养管理、病虫害防治、采收加工、包装运输与储藏、质量控制、人员管理等各个环节,均应严格执行标准生产操作规程。中药材GAP的研究对象是生活的药用植物、药用动物及其赖以生存的环境(包括各生态因子),也包括人为的干预,既包括栽培、饲养物种(品种),也包括野生物种。中药材GAP是国家有关行政部门颁布的具有法律效力的法规,是有关中药材生产应遵循的准则和要求,是生产中药材的所有单位和个人必须执行的,是关于药用植物和动物的规范化农业实践的指导方针。

实施中药材GAP的目的,是控制影响药材质量的各种因子,规范药材各生产环节乃至全过程,从源头上控制中药饮片、中成药、保健药品、保健食品的质量,并与国际接轨,以达到药材"真实、优质、稳定、可控"的目的。

(2)中药材GAP的内容　中药材GAP内容广泛,涉及药学、生物学、农学和管理学等多学科,是一个复杂的系统工程。其内容共分为10章57条,包括产地生态环境、种质和繁殖材料、栽培与养殖管理、采收与初加工、包装、运输与储藏、质量管理、人员设备、文件管理等内容(详见附录2)。现就中药材GAP的主要内容作一简要介绍,见表1.1。

表1.1 中药材GAP的主要内容

章 节	项 目	条款数(编号)	主要内容
第一章	总则	3(1~3)	目的意义
第二章	产地生态环境	3(4~6)	主要对中药材适宜环境、环境质量(空气、土壤、水等的质量标准)提出了要求
第三章	种质和繁殖材料	4(7~10)	正确鉴定和审核物种,对种子和动物的运输检验和检疫均作了明确规定,保证种质资源质量
第四章	栽培和养殖管理	植物栽培:6(11~16) 动物养殖:9(17~25)	制订植物栽培和动物养殖的SOP,对肥、土、水、病虫害的防治等提出控制要求
第五章	采收与初加工	8(26~33)	对采收期、采收器具与加工场所、采收后的加工与处理等技术环节均提出具体要求
第六章	包装、运输与储藏	6(34~39)	对包装、运输和储藏的各个生产环节提出了具体规定
第七章	质量管理	5(40~44)	规定了质量检测的内容、方法以及法律依据等,规定不合格的中药材不得出场和销售
第八章	人员和设备	7(45~51)	对生产基地的人员学历以及技术教育工作,基地的环境卫生和保健条件,质量检验的仪器、设备和试剂等均作了规定
第九章	文件管理	3(52~54)	强调了建立生产和质量管理的文档工作,对生产环节的记录内容作了明确规定
第十章	附则	3(55~57)	补充说明、术语解释和实施时间等

归纳起来,中药材GAP内容包括硬件设施和软件流程管理。硬件包括场地建设、农事机具、干燥、加工装备及质检仪器等,它是生产基地的物质基础。软件是指流程管理,即生产企业依据自己的实际情况,制定出切实可行的达到GAP要求的方法过程。软件流程管理和硬件设施同等重要,两者相互配合、相互依赖。

(3)实施GAP的意义

①实施中药材GAP即是中药标准化、现代化、国际化的需要。实施中药材GAP的核心目的就是对药材生产实施全面质量管理,最大限度地保证药材内在质量的可靠性、稳定性。由此延伸到中药科研、生产、流通的所有质量领域,为整个中药材质量体系打下基础。优质、可控、无公害、符合国际“绿色食品”标准的优质中药材,或称“绿色药材”,是保证药品质量“安

全、有效、稳定、可控”的基础；不同种质、不同环境、不同栽培技术以及采收、加工方法等都会影响中药材的产量和质量。因此，中药材的生产质量管理规范（GAP）是国家实施GMP（药品生产质量管理规范）、GSP（药品销售管理规范）、GLP（药品非临床安全试验管理规范）、GCP（药品临床试验管理规范）的基础，可以说没有中药材GAP，就没有中成药的GMP，就没有新药研制开发的GLP和GCP，也就没有药品供应的GSP。因此，GAP是中药药品研制、生产、开发和应用整个过程的源头，只有首先抓住源头，才能得到质量稳定、均一、可控的药材，才能彻底改变当前中药的现状，最终才能从根本上解决中药的质量问题和现代化问题。

②实施中药材GAP是解决我国中药材生产长期存在众多问题的关键。我国中药材生产长期存在盲目引种扩大，种质混乱；野生资源破坏严重；生产管理缺乏科学性，规格标准不规范，农药残留和重金属含量超标；采收、加工、包装、储运粗放；生产和销售严重脱节等问题。通过实施中药材GAP，从品种的选择到规范化种植，从提高质量标准到优化中药材基地组织形式，从配套生物医药技术到加强网络信息化建设等各个方面，即从中药材生产的全过程及相关的各个环节进行标准化和规范化生产，最大限度地保证药材内在质量的可靠性、稳定性以达到药材质量“安全、有效、稳定、可控”的目的。

③促进中药农业产业化和农业产业结构调整，增加农民收入。实施中药材GAP是促进农业产业结构调整、促进农业产业化建设的重要措施。结合农村退耕还林、还草等农业结构的调整，采用公司 + 农户、中药材合作社、家庭农场等模式，向企业化管理、规模化种植、产业化经营的方向发展。合理开发当地资源，提高土地单位面积产值和附加值，大力发展药材生产，使之走向产业化、集约化、规模化，这不仅仅是制药企业和医疗保健事业的需要，也是农业产业结构调整、农民致富奔小康的一条途径。

④利于规范化、现代化的中药精细农业。实施GAP逐步改变了落后、分散的药材种植和采集形式，把千家万户的农业生产与千变万化的市场相结合，组成以市场为导向、企业为主体、科技为依托，政府协调，并充分调动广大药农的积极性，形成官、产、学、研、商相结合，产、供、销一条龙的产业结构，建立规范化、现代化的中药精细农业。

⑤提高中药材国际市场竞争力。世界卫生组织已在2003年正式制定GAP，这表明不仅我国制药企业需要安全、可控的优质药材，外国企业也要求供应标准化的中药原料。因此，中药材要走向世界，就必须按照GAP生产药材，实现中药材的规范化和规模化，为国际传统药物的发展提供宝贵经验。我国作为最大的中药生产国，如果不能根据中药特色率先推行先进的中药材生产质量管理规范，必将在未来的市场竞争中陷于被动地位，中药现代化和中药以药品的身份走向国际市场的良好愿望将难以实现。实施GAP通过规范化、规模化、集约化的生产，生产出质量稳定可控、安全有效的优质药材，以规范的种植、科学的量化指标创建现代优质中药品牌，提高中药的整体形象和国际地位，提高中药材的质量和市场竞争力，取得良好的市场效益；这样，中药才能走出国门，增强国际市场的竞争力；企业才能发展成为具有较高技术含量、较强国际竞争力，以产业化生产现代中药产品为特征的新兴产业群体。

⑥改善生态环境获取生态效益，走可持续发展道路的需要。我国是中药材资源大国，种类和数量均为世界之首。但在上万种药物品种中，靠人工栽培的药用植物仅200种，人工养殖药用动物仅30种。因此，许多中药材要靠采集野生资源来供应临床、制药生产等需求。一旦发生自然灾害或者开发利用不合理，就会发生供应短缺，甚至资源枯竭。通过实施中药材

GAP，遵循高科技、高起点、高标准的原则，建设优质、无公害的中药材 GAP 生产基地，大力发展药材规范生产，禁止滥采、乱捕和过度使用，从而走上中药材生产可持续发展的道路，保证我国中药材资源永续利用，这既符合中药现代化研究与产业化开发的需求，还可恢复和建设生态环境，以达到生态、经济、社会效益三统一，实现可持续发展，意义重大。

2）标准操作规程（SOP）

国家对中药材 GAP 的制定与发布，是中药材生产必须遵循的要求和准则，这对于各种中药材和生产基地都是统一的。各生产基地应结合各自的生产品种、环境特点、技术状态、经济实力和科研实力，制定出切实可行的、达到 GAP 要求的方法和措施，这就是标准操作规程 SOP（Standard Operating Procedure）。SOP 由生产企业来制订，既是企业指导生产的主要文件，又是企业的研究成果和财富，同时也是企业今后进行质量评价、申请 GAP 基地认证或原产地域产品保护的重要技术文件。企业是该项目的知识产权人，应加以重视和保护。GAP 是规范化种植中药材的法规，SOP 是保证中药材质量达到 GAP 要求的生产操作规程。

各生产企业应按 GAP 规定，遵循科学性、完整性、严密性和可操作性原则，结合各自的生产品种、环境特点、技术状态、经济实力和科研能力，在总结前人经验的基础上，紧紧围绕"药材质量"这个核心，精心研究、制订出切实可行的操作技术规程 SOP，细化每个生产环节，并附 SOP 起草说明书（技术档案），包括科学的试验设计、完整的原始记录和结果分析等。SOP 应该通过技术权威部门的认定，涉及的具体内容如下：

①产地生态环境质量现状评价及动态变化说明；

②种子、种苗质量标准及操作规程；

③各项栽培技术措施的标准操作规程；

④病虫害防治操作规程；

⑤农药使用规范及安全使用操作规程；

⑥肥料使用和农家肥料无害化处理操作规程；

⑦药材质量监控的操作规程；

⑧药材采收和产地初加工操作规程；

⑨药材包装、运输和储藏操作规程；

⑩基地人员培训及文件和档案管理操作规程。

SOP 的基本格式如下：

①封面。某生产基地、药材名称的标准操作规程。

②目次。列出编号、章节、标题及附录等。

③前言。并附加说明—本规程由××××企业负责解释以及起草单位和起草人。

④正文。包括范围——适用药材的生产地区、引用标准——本规程引用的国家或地方有关标准、定义——本规程所涉及的主要专业术语等、生产操作步骤及要点和要求等。

要求：依据中药材附的要求和不同中药材的生产特点，具体、详细说明各主要环节的操作要求和过程，尽可能采用文字、列表、数据相结合的表达方式。

3）药用植物规范化栽培的发展方向

（1）中药材 GAP 生产是药用植物栽培的基础和重要内容　GAP 是中药材质量管理体系，也是标准体系，它既注重生产过程的控制，也注重药材产品的终端检验。中药材质量的稳定、可靠是直接关系中药饮片、中成药质量稳定可靠的前提，是保证中医疗效的物质基础。药用植物栽培是中药研制、生产、开发和应用的源头，是中药 GLP,GCP,GMP 生产企业的“第一车间”，它直接影响药材中有效成分含量和组成，从而影响中成药的内在质量。在药用植物栽培必须严格按照 GAP 的要求，遵守中药材规范化生产(GAP)的这个宪法，才能从根本上解决中药材源植物种植规范化、质量标准化问题，生产出优质、稳定、货源充足的中药材，体现“三效”(高效、速效、长效)、“三小”(剂量小、毒性小、副作用小)以及“三便”(便于储存、携带和使用)的特点，才能符合并达到国际医药主流市场的标准要求，增强中药材在国际市场上的竞争力。

(2)道地药材生产是药用植物栽培的主流　药材讲究道地性，道地药材是人们在长期医疗实践中证明质量优、临床疗效高、地域性强的一类常用中药材，集地理、质量、经济、文化概念于一身，是我国几千年悠久文明史及中医中药发展史形成的特殊概念。由于前些年，不具备药材生长条件的地区盲目引种，导致劣质药材充斥市场，理性地呼唤了道地药材的生产，加强了道地药材的生产，建立道地药材生产基地，是保持中药材生产的稳定发展、保证药材质量的关键。中药材的道地性受当地气候、土质等多种因素的影响，这些因素不仅限定药用植物的生长发育，更重要的是限定了其次生代谢产物及有益元素种类和存在的状态，这就是异地引种后为何不能药用或药效不佳或不及原产地药效好的主要原因。所以，在药用植物栽培过程中，应在选择建立稳固药源生产基地时，应尽量考虑药材的道地性，认真总结产地长期栽培的先进技术与生产经验，大力发展道地药材。这是中成药产品进入国际市场的需要，也是药用植物栽培的出路。目前，全国有许多企业建立或正在建立自己的生产原料基地，如江苏草珊瑚生产基地，哈尔滨中药二厂在河北建立黄芩生产基地，江苏南京金陵药厂在四川建立石斛生产基地，重庆太极集团在重庆南川建立金荞麦生产基地等。

(3)规模化、产业化是药用植物栽培的必由之路　目前，我国中药材的种植仍采取粗放式的管理方法，规模化、集约化程度相对较低，形成“三难”：一是推广优良品种和优质高产栽培技术难，使中药材品种和栽培技术需要更新换代慢；二是实现中药材机械化、自动化难，提高生产成本和运输成本；三是中药材农药残留物超标、重金属含量超标等监管、控制难，造成滥用农药，水污染、空气污染。中药材种植因受季节和生产周期长等客观条件限制，对市场供求变化反映较为迟缓。零散的种植户无法及时掌握有效的市场信息，难以快速适应市场变化，药材生产与市场需求脱节。产业化把中药材生产过程的产前、产中、产后等环节联结为一个完整的产业系统，科学合理地配置生产要素和资源，多元化、多层次、多形式地发展有竞争力的主导产业，实现一体化经营。中药材种植产业化有利于现代科学技术在中药材种植规程中的应用，有利于规范化栽培技术的推广，有利于药材质量的稳定与提高，因此，产业化是中药材种植业发展的必由之路。近年来，国内不少大中型制药企业加强中药材基地建设，有效地将分散的农户生产通过市场机制组织起来，将“公司 + 基地 + 农户”、中药合作社、家庭农场等现代农业经营模式应用到药用植物栽培中，实行基地统一育苗、统一施肥、统一管理，这些都较好地促进了我国药用植物栽培的集约化、规范化发展。

(4)引用先进的生物、农业等技术是药用植物栽培的根本保障　中药材要走向世界，就必须现代化、规范化与国际化，即按照国际规范化标准来栽培生产药材。进入 21 世纪，生物科学、基因工程、纳米技术等新成果不断涌现，中医药学与自然科学的交融已成为历史的必然。

因此,我们必须开展多学科现代科学技术在药用植物栽培上的综合研究,运用现代生物技术开展药用植物新种质和优良新品种的快速繁育;通过对生理生态学与土壤营养代谢途径的研究,以提高药用植物光合作用效率和有效成分的累积形成;利用电子遥测技术对病虫害的预测预报,以及开展无公害综合防治措施,以控制有毒化学农药使用及农残超标;利用现代化学测试手段和中药指纹图谱技术对药用植物进行不同部位、不同采收期和不同栽培技术等方面的有效成分的测定,从而监控有效成分的含量和提高中药质量;利用精确栽培技术,实现品种良种化(从传统的大田品种中选育出质量好、产量高、抗逆性强的良种药材,在常规选择良种的基础上,再进行深层次的良种培育研究,建立中药材的良种基因库)、栽培管理科学化(根据药材的生长发育特性,开展间套作、配方施肥、病虫害生物防治等研究,提高中药材生产技术水平,减少生产成本,提高生产效益)、收获加工规范化(制定药材最佳收获期、加工方法,采用分级包装,提高药材的品级,增加产品附加值);利用机械化操作技术,开展道地中药材播种、收获、追肥、初加工等环节新机具和中药材烘焙设备的研发、推广,开发或引进先进适用的中药材联合收获机,专用除草剂开发、示范、推广,实现药用植物栽培产业化、标准化、规模化发展。

【知识拓展】>>>

1.1.3 中药现代化与现代中药产业

1)中药现代化

中药现代化就是将传统中医药的优势、特色与现代科学技术相结合,以适应当代社会发展的过程。中药现代化的目标是开发研究出一批符合国际国内市场需求的现代中药;建设和完善我国中药现代化研究标准规范体系和开发体系,形成国际认可的中药现代标准和规范体系;推动以我国民族医药产业为主体、具有国际竞争能力的跨国医药产业集团的形成和发展。

2)现代中药产业

现代中药产业包括中药农业、中药工业、中药商业、知识产业。

(1)中药农业　以中药材采集、捕猎和栽培饲养为主要内容,包括野生药材的引种驯化和抚育管理,以及利用现代高科技进行特殊方式的药材生产,还包括部分药材的产地加工业。中药农业的发展方向是产业化经营和规范化生产(GAP)。

(2)中药工业　以中药饮片炮制加工、中成药制剂和中药保健品生产为主要内容,包括中药提取物(中间体)、中药制药机械、包装材料等相关方面。统一炮制规范、统一质量标准是中药饮片业发展的方向,利用现代化制药技术设备和实现规范化生产(GMP)是中成药工业企业参与市场竞争和发展的基础与前提。

(3)中药商业　以药材饮片、中成药、保健品等市场供应和原料采购为主要内容,以及与中药产业紧密相关的加工、储藏、运输、服务业,也包括中药的出口贸易和合作。按GSP要求,实行总代理、总经销和连锁经营是中药商业发展的方向。

(4)知识产业　以科研、教育、信息、技术服务、技术转让等为主要内容。是一个新兴的产业,是实现中药新产品、新技术、新工艺、新设备研究开发及生产、销售的重要组成部分。利用先进技术开发中药产品是中药知识产业发展的主要方向。

【计划与实施】>>>

中药材生产调查

1)目的和要求

了解我国中药材生产情况、当地中药材 GAP 情况,明确中药农业发展的方向;学会中药材生产调查方法。

2)计划内容

(1)我国中药材生产问题调查　如滥采乱挖、盲目开发,种质资源不清、品种混杂,中药材栽培、采收加工技术不规范,中药材的农药残留、有害重金属及微生物含量超标,质量不稳定或低劣、无国际认可的中药材质量标准,信息不灵、导致生产带有盲目性,缺乏龙头企业带动、产业化程度低,缺乏品牌意识、自主知识产权比重较轻等。

(2)当地中药材 GAP 调查　如中药材基地建设、品种的选择、种子种苗管理、生产技术规范程度、基地建设的组织经营模式、基地药材后续下游市场等。

(3)中药农业调查　包括中药材生长基地区域化布局情况,政府政策、资金扶持力度,产业发展的技术支撑,产业链发展,产业信息、交易平台,市场体系建设,中药现代化人才情况等。

3)实施

4~5 人一小组,以小组为单位,采用实地调查、资料查阅、市场调研、座谈访问等调研手段,对某县(乡镇)、某企业中药材基地的生态环境、种植情况、管理以及规划情况等现状进行调查,分析原因,提出对策或措施,写出调查报告,制作 PPT 课堂演示,并上台讲解。

【检查评估】>>>

序号	检查内容	评估要点	配分	评估标准	得分
1	调查	实地调查	20	亲临企业实地调查、资料数据真实可靠,计 15~20 分;仅进行资料查找,无数据计 10~14 分;没调查不计分	
2	报告	报告格式正确,PPT 美观	20	数据分析方法正确,报告语言简洁,逻辑清晰,有报告有 PPT,计 15~20 分;分析不够深入,报告层次不清,仅有报告或 PPT 计 10~14 分;无报告无 PPT,不计分	
3	讲解	讲解流畅	10	讲解流畅、仪表大方计 8~10 分,声音小、表达差,计 4~6 分,未上台讲解不计分	
合　计			50		

任务1.2　药用植物的种类及区域分布调研

【工作流程及任务】>>>

工作流程：
查阅资料—课堂PPT演示—讲解。
工作任务：
资料的查阅，药用植物的识别。

【工作咨询】>>>

1.2.1　药用植物的分类

了解药用植物的栽培分类，将有利于掌握其生长发育特性，从而更好地对其进行科学的管理，为其栽培的科学化、规范化、良种的区域化提供依据。可依照植物科属、生态习性、自然分布等分类，也可根据栽培方式、利用部位或性能功效的不同来分类。目前，国内许多学者常依其药用部位或性能功效的不同进行分类，简介如下：

1）按药用部位的不同分类

不同药用植物可全草入药或部分器官（根、茎、叶、花、果实、种子）入药，按其药用部位不同，可分为以下几类：

（1）根及地下茎类　其药用部位为地下的根、根茎、鳞茎、球茎、块茎及块根等。如人参、丹参、玉竹、百合、贝母、地黄、半夏、山药、延胡索等。

（2）全草类　其药用部位为植物的茎叶及全株。如薄荷、绞股蓝、肾茶、穿心莲、断血流、甜叶菊等。

（3）花类　其药用部位为植物的花、花蕾或花柱。如辛夷、红花、菊花、金银花、款冬花、西红花等。

（4）果实及种子类　其药用部位为成熟或未成熟的果皮、果肉、果核或种仁等。如栝楼、山茱萸、木瓜、酸橙、乌梅、酸枣仁、柏子仁、枸杞子、牙皂、小茴、决明子、白芥子、白扁豆、蓖麻子、使君子、薏苡仁等。

（5）皮类　其药用部位为树皮或根皮。如杜仲、黄柏、厚朴、肉桂、丹皮、地骨皮、川楝皮、五加皮等。

（6）菌类　为药用真菌。如茯苓、灵芝、银耳、雷丸、猪苓、猴头菌等。

（7）蕨类　供药用的绿色蕨类植物或孢子体。如伸筋草、铺地蜈蚣、还魂草、木贼、问荆、瓶尔小草、紫萁、海金沙、狗脊等。

我国植物类药材中，根及根茎类药材有200～250种，果实种子类药材有180～230种，全草类药材有160～180种，花类药材有60～70种，叶类药材有50～60种，皮类药材有30～40

种，藤木类药材有40～50种，菌藻类药材有20种左右，植物类药材加工品如胆南星、青黛、竹茹等有20～25种。

2）按中药材的性能功效分类

中药由于含有多种复杂的有机、无机化学成分，就决定了每种中药材具有1种或多种性能和功效，按其不同的性能功效，分成以下几类：

（1）解表药类　能疏解肌表，促使发汗，用以发散表邪，解除表症的中药材，称为解表药。如麻黄、防风、细辛、薄荷、菊花、柴胡等。

（2）泻下药类　能引起腹泻、滑利大肠，促进排便的中药材，称为泻下药。如大黄、番泻叶、火麻仁、郁李仁等。

（3）清热药类　以清解里热为主要作用的中药材，称为清热药。如知母、栀子、玄参、黄连、金银花、黄芩、赤芍、丹皮、连翘、板蓝根、射干等。

（4）化痰止咳药类　能消除痰涎或减轻和制止咳嗽、气喘的中药材，称为化痰止咳药。如半夏、贝母、杏仁、桔梗、枇杷叶、栝楼、紫苑等。

（5）利水渗湿药炎　以通利水道、渗除水湿为主要功效的中药材，称为利水渗湿药。如茯苓、泽泻、金钱草、海金沙、石苇等。

（6）祛风湿药类　以祛除肌肉、经络、筋骨的风湿之邪，解除痹痛为主要作用的中药材，称为怯风湿药，如木瓜、秦艽、威灵仙、络石藤、海风藤、徐长卿、昆明山海棠、雷公藤等。

（7）安神药类　以镇静安神力主要功效的中药材，称为安神药。如酸枣仁、夜交藤、远志、柏子仁、合欢等。

（8）活血祛瘀药类　以通行血脉，消散瘀血为主要作用的中药材，称活血祛瘀药。如丹参、鸡血藤、川芎、红花、西红花、益母草、牛膝等。

（9）止血药类　具有制止体内外出血作用的中药材，称为止血药。如三七、仙鹤草、地榆、小蓟、白茅根、断血流等。

（10）补益药类　能补益人体气阴阳不足，改善衰弱状态，以治疗各种虚症为主的中药材，称为补益药。如人参、西洋参、党参、黄芪、白术、补骨脂、当归、沙参、女贞子等。

（11）抗癌药类　用于试治各种癌肿，并有一定疗效的中药材，称为抗癌药。如喜树、长春花、茜草、白花蛇舌草、半枝莲、天葵、猪秧秧、猕猴桃根等。

1.2.2　药用植物的分布

药用植物经过长期的历史演变，形成了与环境条件相适应的、相对稳定的植被类型。不同的地区由于环境条件不同，分布的植物类型也就不一样，这样就形成了药用植物分布的区域性很强的特点，这种区域性表现为经纬度不同的水平变化和海拔高度不同的垂直变化。

1）水平分布

（1）中药材生产的种类分布及区域　由于从南到北的热量变化和从东到西的水分变化，以及自然条件、用药历史及用药习惯的不同，药用植物的分布表现明显的水平变化决定了我国各地生产、收购的药材种类不同，所经营的中药材种类和数量也不同。《中国中药区划》将全国划分为9个一级区，本书采用《中药商品学》根据我国气候特点、土壤和植被类型，传统将药用植物的分布分为8个区（见表1.2）。

表1.2 中药材生产的种类分布及区域

区域名称	区域范围及主要气候特征	天然资源	生产资源
东北寒温带、温带区	包括黑龙江、吉林两省、辽宁省一部分和内蒙古自治区东北部。属于寒温带和温带的湿润和半湿润地区。年降雨量400～1 000 mm。品种较少,珍稀药用物种多。药用植物达1 600多种,药用动物300多种,矿物类50多种。有“世界生物资源金库”之称	辽细辛、关防风、升麻、柴胡、黄芩、东甘草、哈士蟆油、刺五加等	人参、西洋参、五味子、关龙胆、辽细辛、鹿茸等
华北暖温带区	包括辽东、山东、黄淮海平原、辽河下游平原、西部的黄土高原和北部的冀北山地。夏热多雨温暖,冬季晴朗干燥;春季多风沙。降水量一般在400～700 mm,有药用植物1 500多种,药用动物500多种,矿物类30多种	品种多、产量大。昆布、海带、香附、蔓荆子、柴胡、防风、麻黄、远志等	金银花、丹参、北沙参、瓜蒌、黄芩、地黄、怀牛膝、连翘、山药、白芍、黄芪等
华中亚热带区	包括华东、华中的亚热带东部地区,以低山丘陵为主。平均海拔500 m左右,低山可达800～1 000 m,长江中下游平原,海拔在50 m以下。气候温暖而湿润,冬温夏热,四季分明。平均年降水量在800 ～1 600 mm。本地区湖泊密集,分布大量水生、湿生药用植物和相应药用动物。是我国道地药材“浙药”“江南药”和部分“南药”的产区,有药用植物2 500多种,药用动物300多种,矿物类50种左右	丹参、百部、海金沙、何首乌、桔梗、钩藤、蟾酥、鳖甲、龟甲、水蛭等	菊花、玄参、郁金、白芍、牡丹皮、白术、薄荷、延胡索、百合、天冬、红花、白芷、广藿香、山茱萸、浙贝母、乌药、茯苓、厚朴等
西南亚热带区	包括云、贵、川、重四省市,陕西,甘肃南部及湖北西部。多为山地;海拔为1 500～2 000 m,亚热带高原盆地气候,年平均降水量为1 000 mm左右。是我国道地药材“川药”“云药”和“贵药”的产区。中药资源极其丰富,有药用植物约4 500种,药用动物300种,药用矿物约200种。神农架素有“植物宝库”之称,有药用植物1 800多种	黄芪、天麻、杜仲、远志、山茱萸、党参、黄连、天麻、杜仲、独活、麝香等	三七、天麻、杜仲、中江芍药、石柱黄连、江油附子、都江堰川芎、绵阳麦冬、厚朴、黄柏、麝香等
华南亚热带、热带区	包括广东、广西、福建沿海及台湾省、海南省,位于世界热带的最北界。气候温暖,雨量充沛、年降水量1 200～2 000 mm。生物种类丰富,高等植物就有7 000种以上,药用植物5 000种,药用动物近300种,是我国道地药材“南药”“广药”的产区。西双版纳被誉为“植物王国”,有种子植物和蕨类植物约5 000种,占全国的1/6,药用植物715种,药用动物47种,是我国最重要的南药生产基地	鸡血藤、白木香、儿茶、山豆根、鸦胆子、广金钱草、云南马钱、八角茴香、海龙、海马、蛤蚧、金钱白花蛇、蕲蛇、蜈蚣等	三七、木香、广藿香、阳春砂仁、德庆巴戟、安息香、槟榔、肉桂、白木香等

续表

区域名称	区域范围及主要气候特征	天然资源	生产资源
内蒙古温带区	包括内蒙古自治区大部分、陕西北部、宁夏的银川平原和冀北的坝上地区。温带草原区，半干旱气候。冬季严寒而漫长，夏季温暖不长，日温差很大，年平均降雨量200~400 mm，分配不匀，日照充足，多风沙。中药材品种量少，但每种分布广、产量大	甘草、麻黄、肉苁蓉、猪苓、龙胆、知母、升麻、银柴胡、漏芦、苦杏仁等	宁夏枸杞、黄芪、甘草、党参、马鹿茸、丹参等
西北温带区	包括黄土高原本部、内蒙古高原西部、河西走廊和新疆。降水最少，相对湿度最低，蒸发量最大的干旱地区。80%以上地区年降水量少于100 mm，有的地区少于25 mm。西北荒漠草原和荒漠地区是世界上著名的干燥区之一。天山气候较湿润，植物比较丰富，大约有2 500种，主要药用植物约200种	新疆阿魏、伊贝母、锁阳、肉苁蓉、甘草、麻黄、软紫草、雪莲花、秦艽、冬虫夏草等	红花、枸杞、黄芪、党参、小茴香、当归、大黄、马鹿茸等
青藏高原高寒区	包括西藏自治区、青海省南部、新疆维吾尔自治区南缘、甘肃省西南缘、四川省西部及云南省西北边缘，平均海拔4 000~5 000 m，号称“世界屋脊”。高原空气稀薄、光照充足、气温高寒而干燥，干湿季分明，干旱季多大风，降水量50~900 mm。植物一般比较矮小稀疏，属耐寒、耐旱的特有高原种类，植物区系较复杂，特别是东部和东南部，维管植物4 000余种	冬虫夏草、大黄、麻花艽、天麻、川贝母、重楼、胡黄连、软紫草、红景天等	大黄、天麻、川贝母、马鹿茸、麝香、雪莲花等

(2)道地药材对药用植物栽培的分区　中医药文化源远流长，我国各个地区对中药的使用品种、使用习惯有所不同，以产地来指代和限定不同来源的、代表不同质量的药材是比较有效的方法，因而在药材前冠以产地名称即是“道地药材”名称的由来。“道地药材”是指产地、产季、产作、产收均符合临床用药要求和疗效确切的中药。狭义地讲，是指某些地区生产的优质中药或原料药，而优质原料的产地称为道地产区。“道”是古代行政区划名，如唐代将全国分为关南道、河东道等10余道。“道地”本指各地特产，后演变为“正宗”、货真价实、质优可靠的代名词。道地药材之所以质量优良，主要是因为这些地区有适宜的地理气候条件和生态环境，长期的自然选择或栽培，形成了优良的品种、先进的生产技术、独特的加工方法、稳定的商品特征和鉴别方法。道地药材在国内外具有很高的信誉，在经营中具有较强竞争力，因而形成了较大的商品规模。一些药材为了表明其产地和品质可靠的特征，常在药材名称前加上道地产区的符号，例如，川泽泻、建泽泻分别表示四川和福建的产品。但是，“道地药材”的“道地性”仅是一种传统的概念，仅从外观性状和经验来评价中药材品质的“好”与“坏”，缺乏统一而规范的评价体系。随着现代科学技术的发展，使得道地药材的评价逐渐呈现多元性。近年来，除了从微量元素的种类和含量的特异性方面来探索识别方法外，以高效液相、气相色谱分析和以紫外、红外、质谱和核磁共振等光谱分析为主体的化学成分，指纹图谱目前已

经成为鉴定不同产地和品种中药材特别是道地药材内在质量的重要手段。目前,国内在指纹图谱库的基础上,结合计算机技术和模糊数学理论,已经建立起了大黄、人参、丹皮、厚朴、黄芩等质量化学模式识别系统,道地性研究还深入到了分子细胞水平,如PCR(聚合酶链反应)、RAPD(随机扩增DNA多态性分析)、RFLP(随机限制性片段长度多态性分析)技术以及细胞分类、数值分类等。

经过长期的自然选择、生产和医疗实践,形成了一批符合临床用药要求的道地药材,分布如下:

①川药。主要起源于巴、蜀古国,现指产于四川、重庆的道地药材。如川贝母、川芎、黄连、附子、川乌、麦冬、丹参、姜、郁金、姜黄、半夏、天麻、石菖蒲、金毛狗脊、川牛膝、杜仲、党参、常山、泽泻、橘红、青蒿、补骨脂、川楝子、使君子、巴豆、花椒、乌梅、黄柏、厚朴、金钱草等。

②广药。主要指南岭以南,广东、广西和海南所产的道地药材。如著名的"四大南药"——槟榔、益智仁、砂仁、巴戟天、穿心莲、广金钱草、广藿香、广防己、沉香、肉桂、苏木、山豆根、高良姜、八角茴香、胡椒、胖大海、马前子、木鳖子、番石榴、咖啡、罗汉果、佛手、陈皮、剑麻、青蒿等。

③云药。主要指产于云南境内的道地药材。如三七、云木香、重楼、珠子参、竹黄、茯苓、萝芙木、雷公藤、草果、金鸡纳、儿茶等。

④贵药。主要指产于贵州境内的道地药材。如天冬、天麻、黄精、白芨、魔芋、杜仲、吴茱萸、通草、五倍子等。

⑤怀药。源自河南怀庆四大怀药,现引申为河南境内所产的药材。如怀地黄、怀牛膝、怀山药、怀菊花、天花粉、瓜篓、白芷、虎掌南星、白附子、菊花、辛夷、红花、金银花、款冬花等。

⑥浙药。源自"浙八味"等浙江省所产的道地药材。如浙贝母、白术、延胡索、山茱萸、杭白芍、杭菊花、杭麦冬、温郁金、姜黄、玄参、乌药、石竹、乌梅、栀子等。

⑦关药。指山海关以北、东北三省以及内蒙古自治区东北部地区所产的道地药材。如人参、细辛、防风、刺五加、茭白、五味子、牛蒡子。

⑧北药。指长城两侧及其以南的河北、山东、山西以及陕西北部所产的道地药材。如黄芪、党参、远志、甘遂、黄芩、白头翁、香附子、北沙参、柴胡、银柴胡、紫草、白芷、板蓝根、知母、蔓荆子、山楂、连翘、苦杏仁、桃仁、小茴香。

⑨南药。指长江以南,南岭以北地区(湘、赣、闽、台的全部或大部分地区)所产的道地药材。如百部、白前、威灵仙、徐长卿、泽泻、蛇床子、枳实、枳壳、紫苏、车前、功劳叶、白花蛇舌草、仙鹤草、半边莲、桑等。

⑩淮药。指淮河流域以及长江中下游地区(鄂、皖、苏三省)所产的道地药材。如半夏、葛根、独活、苍术、射干、续断、南沙参、太子参、明党参、天南星、荆三棱、八角莲、青木香、牡丹皮、马兜铃、木瓜、女贞子、婆罗子、银杏、艾叶、薄荷、连钱草、半枝莲、夏枯草、绞股蓝等。

⑪蒙药。指内蒙古自治区中西部地区所产的道地药材,也包括蒙古族聚居地区蒙医所使用的药物。如锁阳、黄芪、甘草、麻黄、麻黄根、赤芍、肉苁蓉、淫羊霍、金莲花、郁李仁、苦杏仁等。

⑫藏药。指青藏高原所产的药材,也包括藏族聚居区藏医使用的药材。如甘松、桃儿七、胡黄连、藏木香、藏菖蒲、藏茴香、藏红花、杜鹃花、绿绒蒿、臭蒿、雪茶、山莨菪、藏党参、雪莲花、秦艽、藏茵陈、手掌参、冬虫夏草等。

⑬秦药。指古秦国现陕西及其周围地区所产的道地药材。地理范围为秦岭以北、西安以西,至“丝绸之路”中段毗邻地区,以及黄河上游的部分地区。如大黄、当归、秦艽、羌活、银柴胡、雪上一枝蒿、枸杞子、地骨皮、五味子(华中五味子)、党参、槐米、槐角、茵陈、秦皮、西河柳、猪苓、牛黄等。

⑭维药。指新疆维吾尔自治区境内所产的道地药材,也包括维吾尔族聚居地区维医所使用的药物。如雪莲花、伊贝母、阿魏、紫草、甘草、麻黄、锁阳、肉苁蓉、孜然、罗布麻、香青兰等。

构成道地药材特殊性的因素是多种多样的,如栽培的道地药材,有些仅选择性地生长在特定的生态环境下,改变生长环境后,往往生长不良或质量下降;有的在某一地区有悠久的栽培历史,在栽培过程中适应当地生态环境形成了特定的品种;有的发展出特定的栽培和加工技术;还有的选择了特定土壤和水肥条件等。此外,道地药材还受人为因素如政治、经济、文化、交通、地方习俗、市场倾向和认知的局限性等的影响,比如市场就对道地药材影响较大,我国历史上有亳州(今安徽亳州市)、祁州(今河北安国市)、辉州(今河南辉县市)、禹州(今河南禹州市)四大药都,是国内外中药材的主要集散地。目前,为方便和规范中药材的流通,在全国建立了一些中药材专业交易市场,主要有:哈尔滨市三棵树药材专业市场、河北省安国中药材专业市场、山东鄄城县舜王城药材市场、兰州市黄河中药材专业市场、甘肃省陇西中药材专业市场、西安市万寿路中药材专业市场、成都市荷花池药材专业市场、重庆市解放路药材专业市场、河南省禹州中药材专业市场、安徽省亳州中药材专业市场、江西省樟树中药材专业市场、天津市蓟州中药材专业市场、湖南省岳阳花板桥中药材市场、湖南省邵东县药材专业市场、广西玉林中药材专业市场、广州市清平中药材专业市场、广东省普宁中药材专业市场、昆明市菊花园中药材专业市场等。我国市场上目前流通的中药材有 1 000 ~1 200 种。其中,来自于野生中药材的种类占 70% 左右,栽培药材种类占 30% 左右。中药材中,植物类药材有 800 ~900 种,占 90%;动物类药材有 100 多种;矿物类药材有 70 ~80 种。

2)垂直分布

在水平地带性基础上,海拔高度的变化,导致水热条件的变化,分布植物表现出较有规律的垂直变化。随着海拔的升高,温度逐渐降低,分布的药用植物逐渐由喜温药用植物向喜凉药用植物过渡,不过这种分布亦非绝对的,植物的分布的海拔高度也可能不同,如野生天麻,在重庆市主要分布在海拔 1 200 ~3 000 m 高山上,1 200 m 以下很少发现,而在黑龙江省东南部山区,垂直分布于 240 ~1 000 m 范围内,以 300 ~400 m 的山地次生林下最多。另外,地形地貌不同,局部气候也可能不同,药用植物分布亦有差异,如阳坡热量条件好,药用植物分布的高度略高于阴坡,如图 1.1 所示。

【知识拓展】>>>

《中国中药区划》将我国的中药材资源划分为一级区 9 个、二级区 28 个,其中陆域部分一级区 8 个,二级区 26 个;海域部分一级区 1 个,二级区 2 个。9 个一级区分别为:Ⅰ东北寒温带、中温带野生、家生中药区(2 个亚区);Ⅱ华北暖温带家生、野生中药区(2 个亚区);Ⅲ华东北亚热带、中亚热带家生、野生中药区(4 个亚区);Ⅳ西南北亚热带、中亚热带野生、家生中药区(6 个亚区);Ⅴ华南南亚热带、北热带家生、野生中药区(3 个亚区);Ⅵ内蒙古中温带野生

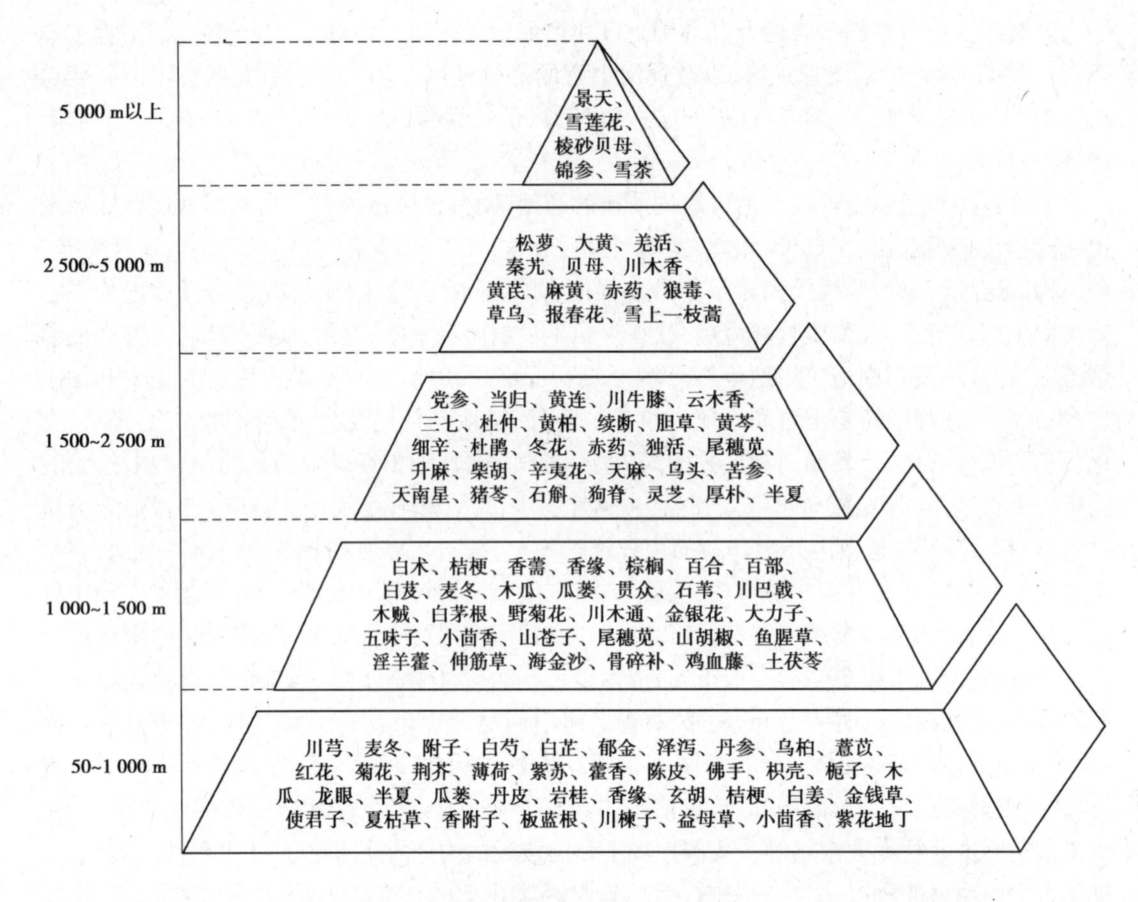

图 1.1　药用植物垂直分布图

中药区(3 个亚区);Ⅶ西北中温带、暖温带野生中药区(3 个亚区);Ⅷ青藏高原野生中药区(3 个亚区);Ⅸ海洋中药区(2 个亚区)。

【计划与实施】>>>

药用植物标本园综合观察

1)目的和要求

了解具有一定规模的药用植物园的基本组成、栽培措施和一些常见药用植物种类;重点掌握其主要特征、用药部位、药性、作用及有效成分;了解药用植物产品器官的类型,观察不同产品器官的外形及内部结构特点;对同一类型药用植物进行比较分析。

2)计划内容

(1)药用植物园的参观

①药用植物园的基本条件、气候、地理位置、土质和水利设施等。

②药用植物园的布局、露地与保护设施地的布局、比例、畦的走向和大小等。

③灌排水系统,田间道路。

(2)药用植物的识别分类

①药用植物标本园种植药用植物情况。以药用植物的分类学为主线,注意药用植物的名称特点,药物形态特征,包括植株形态、大小、颜色及叶片等器官的形状。药用植物产品的类别很多,其根、茎、叶、花、果实、种子都可作药用产品。

a. 变态根为产品器官。肥大直根,如当归、大黄等;块根,如玄参等。

b. 以茎和变态茎为产品器官。嫩茎,如茭白(菰)、竹笋等;地下变态茎,如白术、天麻等。

c. 叶作为产品器官。如绞股蓝、桑、枇杷叶等。

d. 以花作为产品器官。如红花、菊花、金银花等。

e. 以果实种子作为产品器官。如五味子、山楂、木瓜等。

f. 以子实体为产品器官。如灵芝、猴头、猪苓等。

②不同类型药用植物比较观察。

a. 按药用植物对温度条件的要求分为喜温药用植物和耐寒药用植物两种。喜温药用植物生长发育的最低温度为10 ℃左右,其全生育期需要较高的积温;耐寒药用植物生长发育的最低温度为1~3 ℃,需求积温一般也较低。

b. 按药用植物对光周期的反应。日照长度必须大于临界日长或者说临界暗期必须短于一定时数才能开花,如果延长光照缩短黑暗可提早开花;而延长黑暗则延迟开花或花芽不能分化的植物称为长日照药用植物;日照长度短于其所要求的临界日长或者说临界暗期必须超过一定时数才能开花,如果适当延长黑暗,缩短光照可提早开花;相反,如果延长日照,则延迟开花或不能进行花芽分化的植物称为短日照药用植物;开花之前并不要求一定的昼夜长短,只需达到一定基本营养生长期,在自然条件下四季均可开花的植物称为中性药用植物,又称为中间型药用植物。

③药用植物种子三类器官观察。由胚珠发育而成的种子;由子房发育而成的果实;进行无性繁殖的根、茎等。

④不同药用植物种子出土类型观察(在苗期进行)。

a. 子叶出土的药用植物。种子发芽时,其下胚轴生长快且伸长,能将子叶带出地面,随后展开变绿,下胚轴成为幼茎。

b. 子叶不出土的药用植物。种子发芽时,下胚轴不伸长只有上胚轴伸长,将胚芽带出地面,而子叶残留在土中,直至养分耗尽,其幼茎由上胚轴转成。

c. 子叶半出土的药用植物。种子在萌发时,它的上胚轴和胚芽生长较快,同时下胚轴也相应生长。当播种较深时,子叶不出土;而播种较浅时则可见子叶露出地面。

3)实施

(1)实地调查　4~5人一组,分2~3次在校内外实习基地,在药用植物不同生长季节进行。在药用植物观察记录中,对药用植物形态、用途、栽培要点等进行比较。

(2)上网搜索　主要药用植物种类、产地、药用部位以及功效、产量、价格及品种等。

(3)整理成果　每次观察后,及时写好观察报告,全部观察内容完成后,整理成学习成果。

【检查评估】>>>

序号	检查内容	评估要点	配分	评估标准	得分
1	药用植物的识别	能正确识别各类药用植物，知道其药用部位和主要分布	20	识别正确率90%以上计15分，药用部位和分布正确计5分；识别正确率80%以上计12分，药用部位和分布基本正确计3分；识别正确率70%以上计10分，药用部位和分布不正确扣5分；识别正确率70%以下，药用部位和分布不正确，不计分。	
合　计			20		

·项目小结·

药用植物是指含有生物活性成分用于防病、治病的植物。药用植物栽培是指从药用植物的选地、整地、播种、育苗、移栽、田间管理到采收与产地加工的整个生产过程，其目的是实现中药材“安全、有效、稳定、可控”。药用植物栽培具有种类方法多样性、地道性、优质性、市场前瞻性等特点。

实施中药材GAP是中药标准化、现代化、国际化的需要，是解决我国中药材生产长期存在的众多问题的关键，能促进中药农业产业化和农业产业结构调整增加农民收入，利于规范化、现代化的中药精细农业，提高中药材国际市场竞争力。GAP是规范化种植中药材的法规，SOP是保证中药材质量达到GAP要求的生产操作规程。中药材GAP生产是药用植物栽培的基础和重要内容，道地药材生产是药用植物栽培的主流，规模化、产业化是药用植物栽培的必由之路，先进的生物、农业等技术是药用植物栽培的根本保障。现代中药产业包括中药农业、中药工业、中药商业、知识产业。

根据药用部分不同，将药用植物分为根及地下茎类、全草类、花类、果实及种子类、皮类、菌类、蕨类等；按中药材的性能功效，又可分为解表药类、泻下药类、清热药类、化痰止咳药类、利水渗湿药炎、祛风湿药类、安神药类、活血祛淤药类、止血药类、补益药类、抗癌药类等。药用植物经过长期的历史演变，形成了与环境条件相适应的、相对稳定的植被类型。不同的地区由于环境条件不同，分布的植物类型也就不一样，这样就形成了药用植物分布的区域性很强的特点，这种区域性表现为经纬度不同的水平变化和海拔高度不同的垂直变化。

1. 简述药用植物、中药材、中药、草药、生药的区别。
2. 阐述药用植物栽培道地性特点的形成及其原因。
3. 什么叫中药材GAP，SOP？它们之间的区别是什么？
4. 简述我国药用植物资源的水平分布情况。

项目2　药用植物栽培选地

【项目描述】

空气、土壤、灌溉水对中药材生产质量的影响，药用植物栽培地选择依据。

【学习目标】

了解药用植物栽培区域、环境与质量的重要性，掌握产地环境质量监控、综合评价的方法及药用植物栽培地的选择原则，明确药用植物栽培选地与生态条件的关系。

【能力目标】

学会药用植物产地生态环境分析评估方法，能因地制宜的选择药用植物栽培地。

任务2.1　药用植物产地生态环境分析评估

【工作流程及任务】>>>

工作流程：

调查—监测—资料及数据分析—评价—提出建议。

工作任务：

产地生态环境分析评价，药用植物生长发育过程观测。

【工作咨询】>>>

2.1.1　生态环境条件对药用植物的影响

药用植物的生态环境是指与药用植物生长活动直接相关的空气、水、土壤、光照等生态因子的总称。生态因子包括气候因子、土壤因子、地形因子、生物因子。而诸多生态因子对药用植物生长发育的作用程度并不等同，其中光照、温度、水分、养分和空气等是药用植物生命活动不可缺少的，缺少其中任何一项，药用植物就无法生存，这些因子称为药用植物的生活因子。除生活因子外，其他因子对药用植物也有直接或间接的影响作用。

药用植物各生态因子之间是相互联系、相互制约的，它们共同组成了药用植物生长发育所必需的生态环境。若某些因子发生了改变，其他因子和生态作用也会随之而改变。同时，各生态因子对药用植物生长发育又有其独特的作用，不能被其他因子所代替，在一定的时间、地点或生长发育的某一阶段，总有一个因素起主导作用。因此，生态因子对药用植物的影响是复杂的，往往是各因子综合作用的结果。

每一个因子对药用植物的生长都有一最佳适应范围，以及忍耐的上限和下限，超过了这个范围，药用植物就会表现出异常，造成药材减产，品质下降，甚至绝收。各种各样的药用植物，具有不同的习性，遇到的是千变万化的、错综复杂的环境条件，只有采取科学的“应变”措施，处理好药用植物与环境的相互关系，既要让植物适应当地的环境条件，又要使环境条件满足植物的要求，才能使药用植物优质、高产、稳产、高效。

1）温度对药用植物生长发育的影响

药用植物内部的各种生理作用或生物化学反应，只有在具备一定热量的基础上才能完成。在影响药用植物生长发育的环境条件中，以温度最为敏感。温度能影响药用植物体内酶的活动和生化反应速度，从而影响药用植物的生长发育和有效成分的形成。另外，同一种药用植物的不同生长发育时期对温度也会有不同的要求。

（1）药用植物对温度的要求　依据药用植物对温度的不同要求，可分为4类：

①耐寒药用植物。一般能耐 -2 ~ -1 ℃的低温，短期内可以忍耐 -10 ~ -5 ℃低温，最适同化作用温度为15 ~20 ℃。如人参、细辛、百合、平贝母、大黄、羌活、五味子、石刁柏及刺五加等。特别是根茎类药用植物，在冬季地上部分枯死，地下部分越冬仍能耐0 ℃以下，甚至 -10 ℃的低温。

②半耐寒药用植物。通常能耐短时间 -1 ~ -2 ℃的低温，最适同化作用温度为17 ~ 23 ℃。如萝卜、菘蓝、黄连、枸杞、知母及芥菜等。在长江以南可以露地越冬，在华南各地冬季可以露地生长。

③喜温药用植物。种子萌发、幼苗生长、开花结果都要求较高的温度，同化作用最适温度为20 ~30 ℃，花期气温低于10 ~15 ℃则不宜授粉或落花落果。如颠茄、枳壳、川芎、金银花等。

④耐热药用植物。生长发育要求温度较高，同化作用最适温度为30 ℃左右，个别药用植物可在40 ℃下正常生长。如槟榔、砂仁、苏木、丝瓜、罗汉果、刀豆、冬瓜及南瓜等。

（2）高温和低温的障碍　药用植物的正常生长发育只有在一定的温度区间进行，它们之间存在“三基点”的关系，即最低温度、最适温度、最高温度。超过两个极限温度范围，药用植物的生理活动就会停止，甚至死亡。所以，极端高低温值、升降温速度和高低温持续时间等非节律性变温，对药用植物有极大的影响。

①高温对植物的影响。当温度超过药用植物适宜温区上限后，会对药用植物产生伤害作用，使药用植物生长发育受阻，特别是在开花结实期最易受高温的伤害，且温度越高，对药用植物的伤害作用越大。高温可使药用植物减弱光合作用，增强呼吸作用，失调的植物因长期饥饿而死亡；高温还可破坏药用植物的水分平衡，加速生长发育，促使蛋白质凝固和导致有害代谢产物在体内的积累。

②低温对植物的影响。温度低于一定数值，植物便会因低温而受害。低温对植物的伤

害,据其原因可分为冷害、霜害和冻害3种。冷害是指温度在零度以上仍能使喜温植物受害甚至死亡,即零度以上的低温对植物的伤害。冷害是喜温植物北移的主要障碍,是喜温作物稳产、高产的主要限制因子。霜害是指伴随霜而形成的低温冻害。冰晶的形成会使原生质膜发生破裂和使蛋白质失活与变性。冻害是指冰点以下的低温使植物体内形成冰晶而造成的损害。

此外,在相同条件下降温速度越快,植物受伤害越严重。植物受冻害后,温度急剧回升比缓慢回升受害更重。低温期越长,植物受害也越重。

(3)春化作用　春化作用是指由低温诱导而促使植物开花的现象。如大多数两年生药用植物(当归、白芷)和有些多年生药用植物(菊)。

药用植物春化作用有效温度一般为0~10 ℃,最适温度为1~7 ℃,但因药用植物种类或品种的不同,各药用植物所要求的春化作用温度也有所不同。药用植物通过春化的方式有两种:一种是萌动种子的低温春化,如芥菜、大叶藜、萝卜等;另一种是营养体的低温春化,如当归、白芷、牛蒡、洋葱、大蒜、芹菜及菊花等。

2)光照对药用植物生长发育的影响

药用植物获得光照的多少决定于阳光照射到地面上时间的长短和阳光的强度。不同药用植物经长期的自然进化或人工栽培驯化,形成了对光照强度的爱好。光照强度不但影响药用植物的产量,而且还决定收获物的品质。

(1)药用植物对光照强度的要求　根据药用植物对光照强度需求的不同,通常分为:

①阳生药用植物(喜光药用植物或阳地药用植物)。要求生长在直射阳光充足的地方。其光饱和点为全光照的100%,光补偿点为全光照的3%~5%,若缺乏阳光时,植株生长不良,产量低。如北沙参、地黄、菊花、红花、芍药、山药、颠茄、龙葵、枸杞、薏苡及知母等。

②阴生药用植物(喜阴药用植物或称阴地药用植物)。不能忍受强烈的日光照射,喜欢生长在阴湿的环境或树林下,光饱和点为全光照的10%~50%,而光补偿点为全光照的1%以下。如人参、西洋参、三七、石斛、黄连、细辛及淫羊藿等。

③中间型日照药用植物(耐阴药用植物)。处于喜阳和喜阴之间的植物,在日光照射良好的环境下能生长,但在微荫蔽情况下也能较好地生长。如天门冬、麦冬、冬花、豆蔻、款冬、莴苣、紫花地丁及大叶柴胡等。

(2)光质对药用植物生长发育的影响　光质就是光的组成,也可以看成是光的波长。许多研究表明,光质对植物光合作用、植物代谢与生长发育、植物结构特征等均有影响。如红光和绿光能够提高植物的光合速率,绿光减弱其光合速率,不利于植物生长;如蓝光与红光能够抑制植物的生长;蓝光促进新合成的有机物中蛋白质的积累,而红光促进碳水化合物的增加。

光质会影响叶绿素a、叶绿素b对于光的吸收,从而影响光合作用的光反应阶段。光质对植物的生长发育至关重要,它除了作为一种能源控制光合作用,还作为一种触发信号影响植物的生长(称为光形态建成)。光信号被植物体内不同的光受体感知,即光敏素、蓝光或近紫外光受体(隐花色素)、紫外光受体。不同光质触发不同光受体,进而影响植物的光合特性、生长发育、抗逆和衰老等。

(3)光周期的作用　所谓光周期,是指一天中,日出至日落的理论日照时数,而不是实际有阳光的时数。光周期对植物的作用就是指植物的花芽分化、开花、结实、分枝习性、某些地下器官(块茎、块根、球茎、鳞茎、块茎等)的形成受光周期(即每天日照长短)的影响。依据植物对光周期的反应通常分为长日照植物、短日照植物、中间型日照植物3类。

①长日照药用植物。日照长度必须大于某一临界日长(一般为12～14 h以上),或者说暗期必须短于一定时数才能形成花芽;否则,植株就停留在营养生长阶段。如红花、当归、莨菪、大葱、大蒜、芥菜、萝卜等。

②短日照药用植物。日照长度只有短于其所要求的临界日长(一般在12～14 h以下),或者说暗期超过一定时数才能开花。如果处于长日照条件下,则只能进行营养生长而不能开花。如紫苏、菊花、苍耳、大麻、龙胆、扁豆、牵牛花等。

③中间型日照药用植物。这类植物的花芽分化受日照长度的影响较小,只要其他条件适宜,一年四季都能开花。如荞麦、丝瓜、曼陀罗、颠茄等。

此外,还有所谓的"限光性植物"。这种植物要在一定的光照长度范围内才能开花结实,而日照长些或短些都不能开花。

因此,在引种过程中,必须首先考虑所要引进的药用植物是否在当地的光周期诱导下能够及时地生长发育、开花结实;栽培中应根据药用植物对光周期的反应确定适宜的播种期;另外,通过人工控制光周期,促进或延迟开花,可以在药用植物育种工作中发挥作用。

3)药用植物与水分

水不仅是植物体的组成成分之一,而且在植物体生命活动的各个环节中发挥着重要的作用。

(1)药用植物对水的适应性　根据药用植物对水分的适应能力和适应方式,可划分成以下几类:

①旱生药用植物。能在干旱的气候和土壤环境中维持正常的生长发育,具有高度的抗旱能力。如芦荟、仙人掌、麻黄、骆驼刺以及景天科植物等。

②湿生药用植物。生长在潮湿的环境中,蒸腾强度大,抗旱能力差,水分不足就会影响生长发育,以致萎蔫。如水菖蒲、水蜈蚣、毛茛、半边莲、秋海棠及灯芯草等植物。

③中生药用植物。对水的适应性介于旱生植物与湿生植物之间,绝大多数陆生的药用植物均属此类,其抗旱与抗涝能力都不强。

④水生药用植物。生活在水中,根系不发达,根的吸收能力很弱,输导组织简单,但通气组织发达。水生植物中又分挺水植物、浮水植物、沉水植物等。如泽泻、莲、芡实等属于挺水植物;浮萍、眼子菜、满江红等属浮水植物;金鱼藻属沉水植物。

(2)药用植物的需水量和需水临界期　在植物生活的全过程中,需要大量的水分,不同植物或同一植物不同品种,其需水量不同。同一植物不同生长时期,需水量也存在很大差异。植物有两个关键需水时期:一是植物的需水临界期;二是植物的最大需水期。

①药用植物的需水量。为植物全生育期内总吸水量与净余总干物重(扣除呼吸作用的消耗等)的比率。由于植物所吸收的水分绝大部分用于蒸腾,所以需水量也可认为是总蒸腾量与总干物重的比率。同一种植物的需水量,还常因其他条件变化而异,如在缺乏氮、磷、钾等营养元素时,水分利用效率降低,需水量增加。

②药用植物的需水临界期。植物对水分最敏感时期,即水分过多或缺乏对产量影响最大的时期,称为植物的需水临界期。临界期不一定是植物需水量最多的时期。各种植物需水的

临界期不同，但基本都处于营养生长即将进入生殖生长时期。一般植物的需水临界期与花芽分化的旺盛时期相联系。另外，不同植物与品种的需水临界期也不相等，需水临界期越短的植物和品种，适应不良水分条件的能力越强，而需水临界期越长，则适应能力越差。

(3)旱涝对药用植物的危害　干旱和涝渍对植物生长和发育、农业生产和社会生活都有着极其重要的影响。

①旱害。指土壤水分缺乏或大气相对湿度过低对植物造成的危害。植物旱害是由自然条件和植物本身的生理条件所引起的，包括自然条件引起的大气干旱、土壤干旱和植物本身原因引起的生理干旱。当大气温度高、光照强、空气中相对湿度低时，尽管土壤中有水，根系活动也正常，但由于蒸腾强烈，失水量大于根系吸水量，而使植物受害的现象，称为大气干旱。当土壤中缺乏可被植物吸收利用的水分时，根系吸水困难，植物体内水分平衡遭到破坏，致使植物生长缓慢或完全停止生长的现象，称为土壤干旱。受害程度比大气干旱严重。

由于植物根系正常的生理活动受到阻碍而使土壤中的水分不能被根系所吸收，由此而造成的受旱现象称生理干旱。干旱对植物的伤害主要表现在：膜及膜系统受损伤；对细胞器的损伤；破坏正常代谢过程。干旱对植物的影响通常易于观察，如植株部分敏感器官萎蔫。萎蔫的实质是因为缺水导致植株内部组织、细胞等结构发生了物理或化学变化。其实，植物对于干旱是有一定适应能力的，植物可以通过不同途径来抵御或适应干旱。一个品种在特定地区的抗旱性表现是由其自身的生理抗性和结构特性，以及生长发育过程的节奏与农业气候因素变化相配合的程度决定的。

在生产中，可以通过合理的栽培措施，采用高效节约的灌溉技术，合理的补充植物营养等改变植物生长的外部环境，能在一定程度上减少干旱带来的损失。

②涝害。植物生长需要大量水分，但土壤水分过多或过高的大气湿度，反而会破坏植物体的水分平衡，严重影响植物的生长发育，直接影响产量和产品质量。当土壤含水量超过了田间持水量，就称为水涝。涝渍对植物的伤害主要表现在：对水分代谢的影响；对光合作用的影响；激素平衡的改变；对细胞膜的影响。涝渍环境下植物的伤害首先发生于根部，然后引起地上部分伤害。因此，药用植物种植过程一定要根据土壤水分状况，适时、合理的灌溉和排水，保持土壤良好的通气条件，以避免涝渍对药用植物的危害。

4)土壤及土壤养分

(1)土壤　按质地可分为砂土、黏土和壤土。

①砂土。通气透水性良好，耕作阻力小，土温变化快，保水保肥能力差，易发生干旱。适于在砂土种植的药用植物有珊瑚菜、仙人掌、北沙参、甘草和麻黄等。

②黏土。通气透水能力差，土壤结构致密，耕作阻力大，但保水、保肥能力强，供肥慢，肥效持久、稳定。所以，适宜在黏土中栽种的药用植物不多，如泽泻等。

③壤土。性质介于砂土与黏土之间，是最优良的土质。壤土土质疏松，容易耕作，透水良好，又具有相当强的保水、保肥能力，适宜种植多种药用植物，特别是根及根茎类的中药材更宜在壤土中栽培，如人参、黄连、地黄、山药、当归和丹参等。

各种药用植物对土壤酸碱度(pH)都有一定的要求。大多数药用植物适于在微酸性或中性土壤中生长。有些药用植物(如荞麦、肉桂、黄连、槟榔、白木香和萝芙木等)比较耐酸，另有些药用植物(如枸杞、土荆芥、藜、红花和甘草等)比较耐盐碱。

(2)土壤养分　药用植物生长发育及产量形成需要有营养的保证,而大多数营养元素由土壤提供,其中氮、磷、钾的需要量较大。不同药用植物对土壤养分组成的要求不同,同一种药用植物不同生育时期对营养元素的种类、数量和比例的需求也不同。以根及根茎类入药的药用植物,幼苗期需较多的氮、适量的磷和少量的钾;而到根茎器官形成期,则需钾量增加,适量的磷和少量的氮。以花果入药的药用植物,幼苗期需氮多,磷钾较少;而生殖生长期需磷量增大,氮减少。因此,在药用植物生产过程中,应该根据药用植物生长发育所需营养特点和土壤本身的供肥能力,进行测土配方,确定施肥种类、时间和数量。

5)空气

空气对大多数陆生植物的生活具有极大的意义。因为空气为植物提供光合作用需要的二氧化碳和呼吸作用需要的氧气。氧气是植物呼吸的必要因素,当空气中氧气浓度降低到20%以下时,药用植物茎叶呼吸速率开始下降;而植物根系生长适宜的土壤含氧量为10%~15%。二氧化碳是植物光合作用的重要原料,植物进行光合作用的最适二氧化碳含量约为1%,但空气中的二氧化碳含量仅为0.02%~0.03%。所以,在田间采取一定农艺措施(如中耕松土、适当补充田间小气候环境中的二氧化碳含量),可以有效促进药用植物良好的生长。

2.1.2　产地环境质量监测

中药材作为一种特殊商品,既是原料药,又是成品药,其生产规范化及质量标准化是中药产业的基础和关键。中药材生产质量管理规范(GAP)的实行为中药材的规范化生产奠定了基础。在GAP实施过程中,产地环境的监测与评价直接关系到中药材的质量,具有重要的意义。

中药材产地的环境质量监测参照国家农业部颁布的《农业环境监测技术规范》,具体内容介绍如下:

1)中药材产地环境监测概念

建立绿色中药材基地,必须对产地的环境质量作出判断,而判断的依据即必须取得代表环境质量的各种监测数据。

(1)环境监测过程　环境监测包括"环境调查→优化布点→样品采集→运送保存→分析测试→数据处理→综合评价"等一系列过程。详情如下:

①环境调查。现场踏勘,将调查得到的信息进行整理和利用,丰富采样工作图的内容。

②优化布点。监测的布点数量要满足样本容量的基本要求。实际工作中监测布点数量还要根据调查目的、调查精度和调查区域环境状况等因素确定。一般要求每个监测单元最少设3个点。

③样品采集。样品采集一般按3个阶段进行:

a.前期采样。根据背景资料与现场考察结果,采集一定数量的样品分析测定,用于初步验证污染物空间分异性和判断污染程度,为制订监测方案(选择布点方式和确定监测项目及样品数量)提供依据,前期采样可与现场调查同时进行。

b.正式采样。按照监测方案,实施现场采样。

c.补充采样。正式采样测试后,发现布设的样点没有满足总体设计需要,则要进行增设采样点补充采样。

范围较小的污染调查和突发性污染事故调查可直接采样。

④运送保存。在采样现场样品必须逐件与样品登记表、样品标签和采样记录进行核对，核对无误后分类装箱；运输过程中严防样品的损失、混淆和玷污；对光敏感的样品应有避光外包装；由专人将土壤样品送到实验室，送样者和接样者双方同时清点核实样品，并在样品交接单上签字确认，样品交接单由双方各存一份备查。

⑤分析测试。分常规项目、特定项目和选测项目。根据不同的监测要求和监测目的，选定样品处理方法及测定方法。

⑥数据处理。有效数字的计算按修约规则执行。采样、运输、储存、分析失误造成的离群数据应剔除。平行样的测定结果用平均数表示；分析结果的精密度数据，一般只取一位有效数字，当测定数据很多时，可取两位有效数字。表示分析结果的有效数字的位数不可超过方法检出限的最低位数。

⑦综合评价。依据评价标准，对监测数据进行单项评价，然后得出总体结论。

(2)产地环境监测的对象 包括大气、土壤和水。

①大气质量监测：

a. 时空分布。由于大气污染物在时间、空间上分布不均匀，因此要十分注意取样地点和时间。

b. 监测布点。因农业环境的空气变化不是很大，因此在收集大量大气污染危害的现状和历史资料的基础上，以污染时空分布概率较大的地点作为采样点，不必太密。

c. 采样时间和频率。由于农村电源等条件所限，采样时间和频率不可选得太长、太高。绿色中药材产地大气监测原则上要求安排在大气污染对产品生产质量影响较大的时期。

总之，药材产地的大气监测一般以当地环保部门历年的监测资料为依据，如污染源变化不大，一般不必重新采样监测。

②水质监测：

a. 采样布点。水质监测点的布设应重点放在药材生产过程中对其质量有直接影响的水源，布点多少以能控制整个监测区域为原则。

b. 采样时间和频率。原则上，在药材作物灌溉期采样，如药材进行粗加工则对加工用水也要采样监测。

③土壤质量监测：

a. 布点原则。在环境因素分布较均匀的地区，采用网络法布点；在环境因素分布较复杂的地区，采用随机布点法；在可能受污染源影响的地区，可采用放射型布点法。

b. 采样方法。土壤监测大多是采集耕作层土样，代表一个取样点的土壤样品是指在该采样点周围处采集若干点的耕作层土壤，经均匀混合后的土样。混合样品一般采用：对角线法、梅花点法、棋盘式法及蛇形法。采样深度通常为 0 ~ 20 cm 层。采样时间一般在收获期与生物样品同步采集。

2)产地环境监测原则

(1)监测布点要服从优化布点原则 以尽可能少的劳动和代价，获取能代表监测区域环境质量的信息。充分有效地利用产地及相关地区的现有环境监测数据与资料，进行优化布点。

(2)最优监测原则　根据区域污染源的调查结果,优先监测有可能造成污染的最不利地块、河段、方位、点位,以保证评价的可靠性和代表性。

(3)可行性原则　有可靠的分析方法,有评价标准及可以解释或判断危害依据的污染物。

2.1.3　产地环境质量综合评价

1)概述

环境质量是指环境素质的优劣。环境质量评价的目的是通过对环境状态进行定性和定量的认识、判断和评价,从而了解人类活动对环境的影响和经济发展与环境之间的相互关系。环境质量综合评价就是根据环境调查与近几年的环境监测资料,对当地的环境质量作出定量、定性的描述,为生产绿色中药材选择优良的生态环境,为医药管理部门的科学决策提供依据,为中药材生产企业进一步改善和维护产地的环境质量提供建设性的意见。

环境质量综合评价的目的是多样的,如有的是为了研究环境质量在时间上的变化趋势,有的是为了综合反映出某些环境单元的污染程度,有的是为了了解所评价区域总的环境质量水平。由于评价目的的不同,以及所评价区域环境条件的差异,因而环境质量综合评价的范围可大可小,在方法上也是多种多样。

(1)环境质量评价的分类　环境质量评价可分为:

①从时间上分。环境质量回顾评价、环境质量现状评价和环境质量预测评价。

②从空间上分。单项工程环境质量评价、城市环境质量评价、区域(流域)环境质量评价、全球环境质量评价。

③从要素上分。大气环境质量评价、水环境质量评价、土壤环境质量评价、噪声环境质量评价。

④从评价内容上分。健康影响评价、经济影响评价、生态影响评价、风险评价美学景观评价等。

(2)环境质量评价的内容

①环境质量的识别。环境质量的识别包括两大部分的内容:通过调查、监测和分析处理,确定环境质量现状;根据环境质量的变异规律,预测在人类行为作用下环境质量的变化。

②人类对环境质量的需求。应明确人类社会生存发展对环境质量到底有哪些需要。

③人类行为与环境质量关系。研究经济发展与环境质量的关系从而调整人类的社会行为,在研究发展行为与环境质量的关系的基础上,预测发展行为对环境质量的影响程度。

④协调发展与环境的关系。不能只顾发展不顾环境,也不能只顾保护而抑制发展。应是经济建设与环境建设协调持续的发展。

(3)环境质量评价参数　环境质量综合评价必须从评价目的出发,选用一定数量的能表征各种环境要素质量的评价参数。根据国内外实际工作的资料,环境质量评价参数可以概括为3类:

①评价环境污染的参数。

②表征生活环境质量的评价参数。

③反映自然环境和自然资源演变和保护状况的评价参数。

这些评价参数有的易于定量,有的则需根据评价目的,加以归纳和概括,选用合适的数值。

环境质量综合评价是以环境单元中某些环境要素评价为基础的,环境要素评价又是以某些污染物的单项评价为基础的。在一个环境单元中,各种环境要素对环境质量的影响或者说是所引起的环境效应是不同的。在进行环境质量综合评价时,这两个要素不能同等看待,常用权系数表示它们的重要性。在进行各种环境要素评价时,也用权系数分别表示各种污染物所产生的环境效应。因此,在环境质量综合评价中,各级权系数的确定是一项重要的内容。

(4)环境质量评价步骤　环境质量综合评价的程序和方法,因评价对象、评价目的和评价要求而异。大体包括:区域环境质量状况考察及环境本底特征调查→环境质量调查监测→调查资料及监测数据的分析、整理→选定评价、评价的环境标准和加权系数→建立评价的数学模式和进行评价→环境质量等级→给定区域环境质量现状评价结论→提出保护与改善的建议等工作程序。

产地环境现状评价是中药材开发的一项基础性工作,因此,在进行该项工作时还应遵守以下原则:评价应在区域性环境初步优化的基础上进行,同时不应忽视农业生产过程中的自身污染;绿色食品生产的多项环境质量标准(大气、水质、土壤)是评价产地环境的依据。

2)产地环境质量评价指标体系

(1)环境质量评价指标体系的建立应符合下列要求

①完备性。指标体系必须能够全面反映绿色中药材基地自然环境质量状况、污染状况及生态破坏状况。

②准确性。指标体系要能反映绿色中药材基地生态环境的内涵和本质特性,每项指标都必须是可度量的,且其值的大小有明确的价值含义,指标之间应尽量避免包含关系。

③可操作性。设立的指标体系应具有一定的普遍性,便于在实际工作中应用,每项指标应有与之相对应的评价标准。

(2)指标体系的构成　中药材产地也属于农业生态系统,其构成和农业生态系统一样,同样受到各个体系的影响。栽培、植保和施肥等属于生产技术的范围,在中药材生产操作规程中已有一定的标准和准则。气候及气象因子(降水、光照、热量及温度)属于较大范围内有差异的因子,可不将其列入产地评价因子的范畴。而大气、水、土壤是影响中药材产量和质量的重要环境因子,产地环境质量评价指标体系应包括这3个因子。

(3)评价参数　评价参数是指进行评价时所采用的对环境有重要影响的污染因子。一般选择相对浓度较高、毒性强、难于在环境中溶解,对动、植物影响较大,对人体健康和生态系统危害较大的污染物,以及反映环境要素基本性质的其他因子。

3)产地环境质量评价标准

环境质量评价标准是环境质量评价的依据。绿色中药材产地环境质量标准包括大气环境质量标准、农田灌溉水质标准、土壤环境质量标准。

(1)大气环境质量标准(GB 3095—1996)　按一级标准执行,但TSP(总悬浮物)可宽到二级标准执行(因土壤扬尘)。

(2)农田灌溉水质标准(GB 5084—92)　参照地面水环境质量标准(GB 3838—88)的二级和三级标准执行。

(3)土壤环境质量标准(GB 15628—1995)　按一级至二级标准执行。

4)产地环境质量评价方法

环境质量评价方法有很多,不同对象的评价方法又完全相同。根据简明、可比、可综合的原则,环境质量评价一般多采用指数法。如农田土壤环境质量、农用水源环境质量、农区环境空气质量的评价方法分别按照 NY/T 395—2000、NY/T 396—2000、NY/T 397—2000 采用综合污染指数法进行评价。

中药材产地评价一般采用单项污染指数与综合污染指数相结合的方法。

总之,中药材产地环境质量评价方法不论选择哪种,都应该从实际出发,根据超标物的性质、程度、药材的生长要求及产地的条件等具体情况作全面衡量进行评价。

5)中药材产地环境质量现状评价报告的格式与内容

中药材产地环境质量现状评价报告是绿色药材基地申报材料中十分重要的基础材料之一。评价单位应按《绿色食品生产环境质量现状评价纲要》的有关要求及格式认真编写。编写内容及格式如下:

(1)前言

①评价任务的来源。包括省(市)绿色食品委托管理机构下发的环境监测委托书。

②绿色食品产地及企业基本情况。产地的特点,原料的生产规模及发展规划,企业基本情况简介。

③产地自然环境状况。基地地理位置、地形、地貌、土壤类型、质地及气候条件、生物多样性及水系分布;主要工业污染源。

④生产过程中质量控制措施。生产过程主要包括农药、肥料的使用(使用品种、使用量、使用次数、使用时间及有机源的来源),品种的选样及田间管理措施等。

(2)产地环境质量监测

①布点的原则和方法。水质、土壤及大气的布点原则和方法。布点图是环境监测布点的真实反映,评价报告中要附报采样布点图。布点图应反映布点的代表性和合理性,应标明村庄、公路、工矿等可能造成污染的场所所在地点,并标明主要方向;布点图应采用当地最新的行政区规划图为底图,并根据产地面积及地形复杂程度采用合适的比例。

②采样方法。如采用对角线法、梅花点法、棋盘法或者蛇形法采集耕层土壤混合样品;采取随机布点的方法采集灌溉水样送检等。

③样品处理方法。如采样后按照农田土壤环境质量监测分析方法、农用水源环境质量监测分析方法、环境空气质量监测分析方法测定。

④分析项目和分析方法。包括水质分析项目和分析方法、土壤分析项目和分析方法、大气分析项目和分析方法,并要求以表格的形式编写。

(3)产地环境质量现状评价(这里只是介绍报告格式,具体评价已在前面内容中叙述过。)

①水质现状评价。评价所采用的模式及评价标准、评价结果与分析。

②土壤质量现状评价。评价所采用的模式及评价标准、评价结果与分析。

③大气质量现状评价。评价所采用的模式及评价标准、评价结果与分析。

④产地环境质量综合评价。

(4)结论　作出能否开发绿色中药材的决定。

(5)综合防治对象及建议。

【知识拓展】>>>

2.1.4 药用植物的生长和发育

1)概念

(1)药用植物的生长　药用植物个体、器官、组织和细胞在体积、数量和质量上不可逆的增加过程称为生长,是一量变的过程。通常将营养器官的生长称为营养生长,生殖器官的生长称为生殖生长。

(2)药用植物的发育　药用植物的组织、器官或整体在形态结构和功能上、在生命周期中的有序变化称为发育。通常将药用植物一生所经历的生命周期称为药用植物的个体发育,它泛指药用植物的发生与发育,是广义的概念。狭义的发育,通常指药用植物从营养生长向生殖生长的有序变化过程,其中包括性细胞的出现、受精、胚胎形成以及新的繁殖器官的产生等,是一质变的过程。

药用植物的个体发育从形态和生理上可分为3个阶段:胚胎发生、营养器官发生和生殖器官发生。

2)药用植物各器官的生长发育

(1)根的生长和发育　根由胚根发育而成。根是固定植株,从土壤中吸收水分和矿质养分,合成细胞分裂素、氨基酸等的器官。许多药用植物的根还是重要的药用部位,如人参、丹参、党参、三七、龙胆、何首乌、麦冬等。

①根的分类:

a.按根的形态划分:有直根系和须根系。直根系:如桔梗、党参等。须根系:如龙胆、麦冬等。

b.按根入土深浅分:有浅根系和深根系。浅根系药用植物的根系绝大部分都在耕层中,如半夏、白术、山药、百合等;深根系药用植物的根系入土较深,如药用植物黄芪,其根入土深度可超过2 m,但80%左右的药用植物根系为主要集中在耕作层的浅根系植物。

②根的变态:

a.储藏根:依形态不同可分为圆锥形根、圆柱形根、块根、圆球形根。

b.气生根:生长在空气中的根,如石斛等。

c.支持根:自地上茎节处产生一些不定根深入土中,并含叶绿素能进行光合作用,增强支撑作用,如薏苡等。

d.寄生根:插入寄主体内,吸收营养物质,如桑寄生、槲寄生等。

e.攀缘根:不定根具有攀附作用,如常春藤等。

f.水生根:水生植物漂浮于水中的根,如浮萍等。

(2)茎的生长和发育　药用植物的茎有地上茎和地下茎之分。

①药用植物地上茎。其变态很多,如叶状茎或叶状枝、刺状茎、茎卷须等。

②药用植物地下茎。主要具有储藏、繁殖的功能。地下茎的变态有根茎、块茎、球茎、鳞茎等。

(3)叶的生长和发育　叶是植物的重要营养器官,主要生理功能是进行光合作用、气体交换和蒸腾作用。叶生长发育的状况和叶面积大小对植物的生长发育及产量影响极大。

①叶的类型。药用植物的叶分单叶和复叶。复叶又分为单生复叶(枳壳)、三出复叶(半夏)、掌状复叶(三七)、羽状复叶(苦参、皂角、南天竹)。

②叶的变态。药用植物的叶在长期适应环境条件的过程中,形成了一些变态类型,如苞叶、鳞叶、刺状叶、叶卷须、叶刺等。

③叶的发生与生长。药用植物叶片的大小随药用植物种类和品种的不同差异较大,主要决定于细胞数目,而细胞大小是次要因子。同时也受温、光、水、肥、气等外界条件的影响。

(4)生殖器官的分化发育

①花的形成。花芽分化是药用植物从营养生长到生殖生长的转折点。

大多数药用植物在花芽分化中逐渐在同一朵花内形成雌蕊和雄蕊,称为两性花,这一类植物称为雌雄同花植物;而有一些植物,在同一植株上有两种花,一种是雄花,另一种是雌花,这类植物称为雌雄同株异花植物。雌花和雄花分别生于不同植株上的植物,称雌雄异株植物,如杜仲、银杏等。

药用植物花在花枝或花轴上的排列方式或开放的次序称为花序。根据花轴的生长和分枝的方式、开花的次序以及花梗长短,花序可分为无限花序(总状花序、圆锥花序、伞房花序、伞形花序、穗状花序、柔荑花序、头状花序、隐头花序)和有限花序。有些药用植物是有限花序和无限花序混生的,如薤白是伞形花序,但中间的花先开,又有聚伞花序的特点。

②开花和传粉。药用植物不同,其开花的龄期、开花的季节、花期和长短也不同。1~2年生草本药用植物一生只开一次花,多年生植物生长到一定时期才能开花。少数药用植物一生只开一次花,开花结果后即死亡(如禾本科、芭蕉科植物),多数植物一旦开花,便每年都开花(如遇条件不适宜,有时也不开花),直到死亡为止。

药用植物花粉粒成熟,借外力(如风或雨水、昆虫)的作用,从雄蕊的花药传到雌蕊柱头上的过程,称为传粉。传粉的方式分为以下几种:

a. 自花传粉:指成熟的花粉粒落到同一朵花的柱头上的过程。

b. 异花传粉:指不同花朵之间的传粉(在栽培学上常指不同植株间的传粉),如薏苡、益母草、丝瓜等。

c. 常异花传粉:指既有自花传粉,且异花传粉率介于5%~50%的传粉方式。

③果实和种子的生长发育。果实是由子房或与子房相连的附属花器官(花托、花萼、雄蕊、雌蕊等)发育而来。多数果实是子房通过授粉、受精发育而来。种子由子房内的胚珠发育而成。多数药用植物的果实和种子的生长时间较短、速度较快,因此,用果实、种子入药或用种子繁殖的药用植物必须保证适宜的营养条件和环境条件,以利于果实和种子的正常发育。

3)药用植物的生育期和生育时期

(1)生育期　生育期是指植物从播种出苗到成熟收获的整个生长发育过程所需的时间,一般以天数表示。

(2)生育时期　受遗传和环境因素的影响,植物生长发育过程中会在外部形态特征和内部生理特性上发生一系列变化,特别是形态特征上的直观变化,根据这些变化的时间段,可将植物的整个生育期划分为若干个生育时期。

目前对生育时期的含义有两种不同的解释：一种是把各个生育时期视为植物全田出现形态显著变化的植株达到规定百分率的时间点；另一种是把各个生育时期看成是形态出现变化后持续的时期段，并以该时期始末期的天数计算。

4）药用植物生长发育的相关性

（1）顶芽与侧芽、主根与侧根的相关性　植物主茎的顶芽有抑制侧芽或侧枝生长的现象称为顶端优势。如果剪去顶芽，侧芽就可萌发生长。由于顶端优势的存在，决定了侧芽是否萌发生长、侧芽萌发生长的快慢及侧枝生长的角度。顶芽抑制侧芽生长与内源激素水平及营养有关。大多数植物的根也有顶端优势。

（2）地上部分与地下部分的相关性　通常用根冠比来表示两者的相关性，即地下和地上部分的生物量（鲜重或干重）之比。这一比例关系称为根冠比（R/T）。在药用植物的生产中，适当调整和控制根和地下茎类药物的根冠比，对药用植物产量的提高有很大关系。在生长前期，以茎叶生长为主，根冠比达到较低值。所以，根和地下茎类（薯蓣、白芷、地黄等）在生产前期要求较高的温度，充足的土壤水分和适量的氮肥；而到了生长后期，就应适当降低土壤温度，施足磷肥，使根冠比增大，从而提高产量。

（3）营养生长与生殖生长的相关性　在生产中，人们用协调生殖生长和营养生长之间的关系，在达到提高营养生长的基础上（提高代谢源的潜力），促进生殖器官的生长（增加代谢库的容量）。山茱萸、枸杞等木本果实类药材生产上有产量的大小年现象，也是由于营养生长和生殖生长不协调所引起的。其原因主要与树体的营养条件、体内激素变化有关。

（4）极性与再生　极性是指植物体器官、组织或细胞的形态学两端在生理上具有的差异性（即异质性，如向天性、向地性、向光性等）。极性产生的原因与生长素的极性运输有关。不同器官生长素的极性运输强弱不同，即茎 > 根 > 叶。

再生能力就是指植物体离体的部分具有复制植物体其他部分的能力。植物的器官、单个细胞或一小块组织利用组织培养技术再生出完整的植株，甚至分化程度很高的生殖细胞（花粉）也能诱导出完整植株。

【计划与实施】>>>

药用植物产地生态环境分析评价

1）目的要求

了解药用植物产地环境主要包括的因子及检测内容，学会基本的分析方法。

2）计划内容

按照产地环境监测过程及要求，对所选药用植物生产地的大气、灌溉水、土壤进行监测点布设及样品采集；通过实验设备对检测项目进行分析；给出基地环境质量综合评价；并提出保护和改善环境的建议。

3）实施方案

4～5人一小组，以小组为单位，利用资料查阅或收集大气质量分析报告；采集灌溉水及土壤样品,进行检测,分析结果,并写出评价报告。

【检查评估】>>>

序号	检查内容	评估要点	配分	评估标准	得分
1	布点方法	样品采集	30	监测点的布设、采样的方法合理,计25~30分;监测点的布设、采样的方法不够合理,计20~24分;布点不计分	
2	检测方法	检测内容	30	检测内容符合国家标准及结合当地实际,计25~30分;检测内容有遗漏或忽视当地实际,计20~24分;没有检测不计分	
3	评价报告	评价模式及标准	40	报告内容清晰、评价模式及标准正确,计35~40分;报告内容清晰、评价模式及标准不够准确,计30~34分;没有报告不计分	
合 计			100		

任务2.2 药用植物栽培地的选择

【工作流程及任务】>>>

工作流程:

基地调查研究及现场考察—选地要求—选地依据—大气、土壤和水质标准选地。

工作任务:

基地调查研究及现场考察,查阅大气、土壤和水质标准,选地。

【工作咨询】>>>

2.2.1 药用植物栽培区域环境与质量

中药材的产地环境与中药材的质量、产量密切相关。药材中的有效成分主要为植物次生代谢物,其产生的多少和性质,不仅取决于有机体的生理特性,而且与外界条件有关。因此,必须十分重视生产基地和生态环境的选择和建造。

中药材产地的地理位置可用行政区域(东)经(北)纬度表示。土壤、气候表现出的地带性与植物的区域分布密切关联。植物的地理分布既表现在地球上的空间分布,也显示其种群发生、发展与分布的时间概念(即漫长种群发育的历史)。当一个区域的生态环境与某一生物的生态习性相匹配时,这一生物就能生存,其分布区域就生态适宜区的范围,分布区域中心,耐性限度处于最适范围,即生态最适区。

中药自古就有“道地性”之说。种植中药材讲究道地性，中药材不能离开它生长的地理环境。由于各地所处的生态、地理环境不同，药物本身的治疗作用也有着显著的差异。如产于浙江的贝母称浙贝母，长于清肺祛痰，适用于痰热蕴肺之咳嗽，而产于四川的川贝母，长于润肺止咳，治疗肺有燥热之咳嗽、虚劳咳嗽。同是黄连，四川产的所含有效物质比湖北产的高2.73%。所以“道地药材”是指在一定自然条件、生态环境的地域内所产的药材，且生产较为集中，栽培技术、采收加工也都有一定的讲究，以致较同种药材在其他地区所产者品质较佳、疗效好，为世人所公认而久负盛名者称之。可见，道地药材始终与特定环境不能相背离。

因此，种植的中药材品种应符合本地气候、土壤条件。不同的药材品种，对气候、土壤有着不同的要求。地理、生态的许多因素，如纬度、海拔高度、地形和地貌，都影响光照、气温、土壤和降水，对中药材的生长起着决定性作用。

2.2.2 药用植物栽培地的选择

1）栽培地选择的原则

（1）地域性　土壤、气候表现出的地带性与（动）植物的区域分布密切关联。植（动）物的地理分布既表现在地球上的空间分布，也显示其种群发生、发展与分布的时间概念（即漫长种群发育的历史）。当一个区域的生态环境与某一生物的生态习性相匹配时，这一生物就能生存，其分布区域就是生态适宜区的范围，分布区域中心，耐性限度处于最适范围，即生态最适区。

不同区域的中药材的种类、数量、质量都有很大差别，换言之，居群间的种内变异是影响中药材产量和质量的根本原因。由于这种变异通常是同种生物长期适应不同生境的结果，它充分体现了生态环境对中药材产量和质量的巨大影响。

另外，药用植物的活性成分可能是在正常发育条件下产生的，有些可能是在胁迫（逆境）条件下产生和积累的，如银杏最适宜的生长发育环境并非黄酮类化合物积累的最适环境，而在次适宜环境下生长的银杏，黄酮积累较多。这就说明，有时植物生长发育的适宜环境条件与次生代谢产物的积累并不一定是平行的。

所以在生产布局中，可以通过对限制因子的定性和定量分析，确定药用植物的最适宜区域。只有在这一区域建立药材产地才是合理的，这也是我们为什么强调发展地产药材，尤其是地道药材的原因。如果引种外地种类，应考察原产地的环境条件，如纬度、海拔、气候（温度、降水、日照）、土壤等，遵循自然规律，应用气候相似论原理，尽量满足物种固有习性的要求。确定产地还应作历史考证，如是否地道药材，有无民间种植（养殖）历史，质量有无变化，当地群众积累的经验等。

（2）安全性　即要求药材不受污染。药材生产地区无污染源（如矿山、化工厂等）。空气、土壤、水源应达到规定的质量标准，以保证生产的药材符合国家规定的安全指标等。有些药材原产地可能发生多种变化，如生态环境、气候条件的变化。而这些变化往往比较缓慢，不易为人觉察，但对药用动、植物却有影响。有的由于人为的因素，如落后的耕作制度、无节制的施用化肥农药、工业生产造成环境污染及地方自然灾害连年发生或是生物疫区等，这些地区都不适宜生产优质药材，应废弃，另选场址。

（3）可操作性　药材生产基地既要求优越的自然环境，也需要良好的社会环境，它包括当地人文状况、经济状况、投资环境以及交通、供水、动力、通信、治安等。往往在比较贫困、经济欠发达的地区，群众种植药材的积极性高，如果当地政府支持，善于组织群众，药材生产企业予以投资建设药材生产基地，不仅可以获得良好的经济效益和社会效益，对农民的脱贫致富也会起着重要作用。

当然，为了保证药材原料的供应，避免因自然灾害造成的减产或欠收，生产企业应在不同地区设置若干个基地，并应适当储备一些原料药材，以备急需。

同时，生产基地的建设与规模应考虑市场需求，除了满足本企业制药及发展需要，也可与有关企业建立原料互补合同，多生产药材，供应社会需要。

2）药材生产基地选择的内容和要求

药材生产需要在适宜的环境条件下进行。生态环境受到污染、破坏，就会影响药材的数量和品质，因此，产地生态环境条件是影响绿色中药材产品的主要因素之一。通过药材生产基地的选择，可以较全面地、深入地了解产地及产地周围的环境质量现状，为建立绿色中药材产地提供科学的决策依据，为保证中药材质量提供最基础的保障。此外，通过生产基地的选择，可以减少许多不必要的环境监测，从而提高工作效率，并减轻企业的经济负担。

生产基地的选择是指在药材开发之初，通过对产地生态环境条件的调查研究和现场考查，并对产地环境质量现状作出合理判断。下面主要从生产绿色中药材所需要的环境条件出发来阐述选择生产基地。

（1）调查研究和现场考查的主要内容

①自然环境特征，主要是气象、地貌、土壤肥力、水文、植被等。

②产地社会、人群及地方病的调查。

③收集产地土壤、水体和大气的有关原始监测资料。

④农业耕作制度及作物栽培情况，包括三年来化肥、农药的使用情况。

⑤产地及产地周围污染源调查，包括工业污染源、生活污染源及交通污染调查等。

（2）绿色中药材产地选择的要求　产地的生态环境主要包括大气、水、土壤等环境。按照GAP指导原则中第9条的规定，绿色中药材产地应选择在空气清新、水质纯净、土壤未受污染、农业生态环境质量良好的地区。

①大气。产地及产地周围不得有大气污染，特别是上风口不得有污染源，如化工厂、钢铁厂、水泥厂等，不得有有毒有害气体排放，也不得有烟尘和粉尘。

②水。生产用水不能含有污染物，特别是重金属和有毒有害物质，如汞、铅、铬、镉、酚、苯、氰等。要远离对水造成污染的工厂、矿山，产地应位于地表水、地下水的上游。尽量避开某些因地质形成原因而致使水中有害物质（如氟）超标的地区。

③土壤。土壤元素背景值在正常范围，符合绿色食品的土壤质量要求。产地周围没有金属或非金属矿山，并未受到人为污染。土壤中无农药残留。基地距主干公路线50～100 m以上。土壤肥力符合中药材生产要求。

【知识拓展】>>>

2.2.3 有机食品、绿色食品、无公害食品

1)无公害食品

所谓无公害食品,指的是无污染、无毒害、安全优质的食品,在国外称无污染食品、生态食品、自然食品。无公害食品生产地环境清洁,按规定的技术操作规程生产,将有害物质控制在规定的标准内,并通过部门授权审定批准,可以使用无公害食品标志的食品。

2)绿色食品

绿色食品在中国是对具有无污染的安全、优质、营养类食品的总称,是指按特定生产方式生产,并经国家有关的专门机构认定,准许使用绿色食品标志的无污染、无公害、安全、优质、营养型的食品。类似的食品在其他国家被称为有机食品、生态食品或自然食品。

3)有机食品

有机食品也称生态或生物食品等。有机食品是国标上对无污染天然食品比较统一的提法。有机食品通常来自于有机农业生产体系,根据国际有机农业生产要求和相应的标准生产加工的。

【计划与实施】>>>

大气、土壤和水质标准查阅

1)目的和要求

了解我国中药材种植基地对自然环境、土壤成分、大气、水质等的要求及标准。明确中药材生产实施规模化、规范化、科学化的意义。

2)计划内容

利用网络、图书、参考文献等手段,查找药用植物生产基地对大气、土壤、水质等环境要求,可以选择某个药用植物进行资料收集,整理分析,确定其标准。

3)实施

4~5人一小组,以小组为单位,采用上网、资料查阅等手段,对我国中药材生产基地的生态环境进行收集、整理,写出工作报告,并制作PPT进行课堂讲解。

【检查评估】>>>

序号	检查内容	评估要点	配分	评估标准	得分
1	查阅	查阅手段	30	亲自查阅、资料数据真实可靠，计25~30分；仅进行资料查找，无整理分析，计20~24分；没查阅不计分	
2	报告	报告内容完整	10	报告内容完整、真实，计8~10分；报告内容不完整，计5~7分；无报告无PPT，不计分	
3	讲解	PPT美观，讲解流畅	10	有PPT，讲解流畅、仪表大方，计8~10分；声音小、表达差，计4~6分；未上台讲解不计分	
合计			50		

项目小结

中药材作为一种特殊商品，既是原料药，又是成品药，其生产规范化及质量标准化是中药产业的基础和关键。中药材生产质量管理规范(Good Agricultural Practice，GAP)的实行为中药材的规范化生产奠定了基础。在GAP实施过程中，产地环境的监测与评价直接关系到中药材的质量，具有重要的意义。

因此，中药材产地生态环境应按中药材产地适宜性原则选定产地，因地制宜、合理布局，并重视传统意义上的“道地药材”的概念。“道地药材”和“地道药材”没有实质性的区别，前者强调的是“地”，即地方特色，后者强调的是“道”，即行政管辖区域，两者的形成均是以中医中药在长期生产及临床实践中所总结的珍贵经验为基础，因而如何使用现代多学科的方法、手段来阐明道地药材的科学原理，探讨道地药材形成的自然规律，建立和发展道地药材生产的规范基地，是解决中药材质量的一个重要方面。

1. 药用植物栽培地选择应遵循哪些原则，怎么选择？
2. 生态环境条件对药用植物有哪些影响？综合分析影响中药材质量的因素。
3. 中药材产地环境监测有哪些内容？
4. 怎样进行药用植物产地环境质量综合评价？

模块2

药用植物种质和繁殖材料选用

项目3　药用植物种子种苗质量检验

【项目描述】

药用植物选种与引种，种子、苗木质量鉴定，良种提纯复壮与留种技术。

【学习目标】

明确优良品种具备的条件、良种选择的依据，引种的原则，掌握种子播种品质的检验方法，良种复壮与留种技术。

【能力目标】

能进行药用植物种子种苗质量检验。

任务3.1　药用植物选种与引种

【工作流程及任务】>>>

工作流程：
栽培地确定—良种选用—引种。
工作任务：
选用良种，引种。

【工作咨询】>>>

3.1.1　药用植物优良品种选用

药用植物种子种苗是中药材生产的源头，是决定中药材质量的内在因素，是发展优质中药材生产的前提。药用植物栽培的首要问题就是如何选择优良药用植物品种，了解优良品种的含义和应该具备的条件，是保障药用植物种质的基础。

1）药用植物优良品种的含义

药用植物品种是指在一定的自然生态环境条件下，人们根据需要而创造、培育的栽培植物的一种群体。它具有相对稳定的特定遗传特性,适应当地环境条件,在植物形态、生物学特性以及产品质量(有效成分和含量)都比较一致。优良品种就是在一定地区范围内表现出有效成分含量高、品质好、产量高、抗逆性强、适应性广等优良特性的品种,它应具有特异性、稳定性和一致性,其突出表现在稳定的丰产、优质、抗逆性强等。优良品种有两个方面的含义:一是种子固有的优良品质(即良种),二是种子具有良好的栽培形状(即良法)。选用、推广优良品种,是药用植物优质高效栽培的重要措施。

种子固有的优良品质特性是可以遗传的,主要表现在生产出的中药材或是有效成分含量高、或是产量高、或是抗逆性强、或是具有其他农业生产所需的优良性状。中药材有效成分含量高,才能保证中药材的质量,从而保证临床疗效,因此良好的种质是决定中药材地道性的重要因素之一。产量高可以更好地保证中药材临床的需要,也可以提高中药材种植者的经济效益。抗逆性强可以保证中药材有良好的长势,减少病虫害的发生,从而提高产量,减少农药使用,不仅可以降低生产成本,而且可以减少由于超量使用农药而造成的产品内在质量下降等问题。

种子的播种品质是中药材成功栽培的重要因素之一,纯正优良的种子是提高中药材质量的先决条件,种子质量的优劣直接影响种子潜力的发挥。优良的种子较耐储藏、发芽率高、植株生长健壮、抗病力强,许多病害是经过种子传播的,优良的种子可减少田间病害的发生,从而可进一步增加产量和质量,更好地提高经济效益。在药用植物栽培中,对已发布实施的国家级和地方级别药用植物种子质量标准的,按照其标准进行种子检验。对没有制定种子质量标准的药用植物,优良种子的标准可按照“纯、净、饱、壮、健、干”等指标来衡定。“纯”指的是品种单一纯正,没有混杂别的品种的种子;“净”指的是清洁干净,没有别的作物或杂草的种子,不带虫卵、病菌,不含泥沙杂质;“饱”指的是种子成熟度高,籽粒饱满充实;“壮”指的是种子发芽率高,发芽、出苗快,健壮而整齐;“健”指的是种子健全完整,没有破损,没有病虫害;“干”指的是种子干燥,含水量低,没有受潮、伤热和霉烂现象,可以安全储藏。

2)药用植物良种的选用

(1)根据自然条件因地制宜选择品种　自然条件关系到药材的产量和质量、关系到药材生产的成败,是药材生产成功的先决条件。

①选择道地性强的品种,即最佳产地、最佳适宜地的品种。中药自古就有“道地性”之说,道地药材是在一定自然条件、生态环境的地域内所产的药材,具有一定的规模,生产较为集中,栽培技术、采收加工也都有一定的经验积累,其优良的质量是经过长期的医疗实践所证明的。据记载,我国质量优良的道地药材有100~200种,品种数仅占中药资源物种总量的0.78%~1.6%,但产量产值却占全部中药材的80%以上,如吉林的人参,甘肃的当归,重庆的黄连,四川的附子,河南的山药、牛膝,云南的三七,宁夏的枸杞等。只有良好的生态环境,才能按照GAP要求生产出品质好、产量高的中药产品,这是药用植物栽培的基础。同时,现代科学也进一步证实“道地性”的存在,如重庆产黄连所含小檗碱为6.73%,而湖北产的黄连为4.00%;安康产淫羊藿所含淫羊藿苷为3.00%,而旬阳产淫羊藿却只有0.14%,这充分说明正确选择药材种植区域的重要性。

②根据本地区地貌(纬度、海拔)、气候(温度、日照、降水量)、土壤等自然条件,选择适宜于本地种植的品种,因地制宜地发展药材生产。如山莨菪中山莨菪碱的含量在海拔2 400 m

为0.109%,2 800 m则为0.196%;当归、川贝母均产于海拔2 000 m以上,虫草产于雪线以上;若在低海拔,当归木质化程度增强,其挥发油的质和量均发生改变,而川贝母和虫草则根本不能在低海拔生长。西洋参、人参只适宜在北方以及南方海拔1 000 m左右的地区种植,在南方亚热带的低海拔地区则不宜种植;罗汉果、砂仁则相反,只适宜在南亚热带种植。但板蓝根、桔梗、半枝莲、丹参、半夏等在全国大部分地区可栽培。另外,薄荷中挥发油含量及薄荷脑含量均随光强增加而提高;根及根茎类药材的形状受土壤深层地温影响,砂性土壤深层地温高,表层干燥,所以黄芪根入土深,表层支根少而细,多为鞭杆芪;而黏壤通道性差,深层地温低,根入土浅,分支多而粗,多为鸡爪芪。因此,药材的生长发育是受一定自然环境影响的。适应这一环境的药材品种则生长健壮,成功率高。反之,则不易成功。因此,药用植物栽培时,首先要考虑当地的自然环境,如气候条件,即气温、年降雨量、无霜期、最高温度和最低温度等;土质条件,即土壤黏度、土壤中微量元素含量等。然后,根据这些自然条件,选择适宜的药材品种进行发展生产。

③在具体种植时,还应根据不同中药材的生长习性合理安排粮药、果药、林药、药药等立体间作套种模式,以充分合理地利用土地、提高经济效益。如天南星、半夏喜在一定的阴湿环境中生长,其畦边可间作玉米、辣椒、芝麻等;杜仲、银杏的行间可种植葫芦巴、黄芩等。丹参出苗期较长,可在畦边套作早玉米等高秆作物,既提高了土地的利用率,玉米秆适当的遮阴又有利于丹参苗的出土。在山坡、丘陵地则可用杜仲、山茱萸等造林,既使荒山变绿,又使农民致富。在杜仲林下种植绞股蓝或厚朴林下种植黄连就是一个草、木本药立体种植的成功范例。而在公路、街道两旁,种植银杏、杜仲以及牡丹、金银花等,既可起到绿化观赏作用,还能收获药材。如我国沿海有大面积的滩涂,可选择一些有一定耐盐能力的中药材如菊花、蔓荆子、丹参、薄荷等种植。

(2)根据市场信息选择适销对路的品种　选择什么品种种植,归根结底是由市场决定的。发展中药材生产要随时注意市场变化,生产多了,不可能人为消费掉,必然导致产品积压、降价,丰产不丰收;生产少了,又满足不了医药的需要,因为中药材多是配伍使用,缺某一味药都是不可行的。对于中药材这个特殊商品来讲,少了是宝,多了是草,价格涨跌无规律、无定位,故把握市场信息尤为重要。为此,应以市场为导向,以效益为中心,遵循"人有我无、人无我有、人多我少、人少我多、人常我奇"的原则,有计划地发展中药材生产,杜绝盲目种植,一哄而上。

①根据药材市场行情选择药材品种。药材市场行情直接影响着药材生产效益的高低,因此,在发展药材生产时,还要注意药材行情,即选择那些适销对路、有发展前景的药材品种,做到市场缺什么就发展什么、什么效益高就发展什么。这就要求要有深厚的市场知识功底,对药材市场进行科学的预测了。如何科学预测药材市场行情呢?这需要一整套药材市场知识,它牵涉到药材市场信息的收集和利用,药材市场的周期规律,药材市场"淡与旺"的规律,影响药市行情的因素等。只有市场行情好的药材品种,才能卖上好价钱,才能获得较好的经济效益。

②要鉴别真假广告,认真分析,多方比较。现在广告宣传很多,但虚假的不少,最好要找内行鉴别,多方比较。其次,可亲自到就近的中药材市场了解行情,以选择适销对路的品种。如离中药材市场较远,可以找可信的中药材科研单位及收购部门,还有老药农等了解信息,对

一些以供种赢利为目的的所谓民营科研单位和信息部门或无证药贩所提供的信息,应认真鉴别其准确性与真实性。

③慎购中药材种子、种苗。在购买中药材种子种苗时,首先,要买良种的,如菊花、地黄、栝楼、银杏、金银花、红花、丹参、白芷等中药材都有不同的栽培品种类型。应选购适合本地种植的高产、优质品种。即使是同一药材品种的种子,质量常常也有较大的差异。如桔梗种子,一年生苗初生种子俗称“娃娃籽”,不管是出苗率还是出苗后的植株生长势均不如二年生植株所产种子;又如丹参苗,种根大了势必会增加成本,种根小了又会影响其出苗率和田间植株生长势。其次,由于目前中药材种苗没有专营,经营单位大多为个体私营,种子种苗质量参差不齐。一定要找可靠的、信誉好的售种单位购买,最好是从有专门繁种基地的国家科研部门购种。此外,由于中药材种子、种苗多种多样,一般人较难轻易鉴别,故购种者应掌握鉴别种子真假好坏的一些基本常识。如果不懂自然就容易被骗。购种前可查阅一下有关的资料或向供种单位以外有经验的药农或专家请教,以便及时获得有关鉴别知识。

(3)根据制药企业的需求选择品种 选择适宜产业化、规模化的品种,特别是制药企业的主要原料药。条件许可的中药企业可根据自身情况,有目的的选择中成药的主要原料进行规范化种植,条件不成熟的,可考虑同其他基地建立战略联盟关系或直接购买 GAP 基地的药材。

(4)根据三大原则选择药材品种 这三大原则是:投资小、见效快、易管易种。药材的生产周期短的一年半载,长的三到五年,甚至十年八载,其间的市场行情和自然灾害很难预料。这便决定了药材生产的风险性。因此,在选择药材品种时,要尽量选择那些投资少、生产周期短、见效快、易管易种的药材品种。同时,还要注意长、中、短期药材品种的统筹安排,合理搭配,达到以短养长的目的。

3.1.2 药用植物引种

引种是药用植物栽培过程中最为有效的一项重要措施,选用道地性优良品种,发展药用植物生产也是中药材生产质量管理规范(GAP)强调的重点要求,通过适宜区域内引种栽培,加快繁殖,扩大生产,可获得大量的合格药材,以满足市场需要。

药用植物引种就是把外国和外地药用物种,人为的引到本地,经过 3 年以上的自然选择和人工选择,使这些物种适应本地的自然环境和栽培条件,成为满足生产需要的本地种或品种。

1)药用植物引种的原则

(1)按照生态相似性原则引种 每种药用植物均有自己固有的遗传特性,这种遗传特性表现出对环境条件的适应性,这些植物通过大自然的淘汰与选择,生存者已适应于当地的土壤、气候等生态环境,进行代代繁衍生息,形成不同品种优势的植物群落。

药用植物有效成分的形成和积累与生长区域的土壤、温度、光照、水分、肥料等环境条件有直接关系,在适宜生长的环境条件下有效成分含量高,药材质量好;如果改变生态环境,有些药用植物则不能生存,有的即使能够生存,其产量和质量也会发生变化。如把四川产的川贝母引到东北长白山区种植,鳞茎会受到冻害,不能越冬,必须实行大棚、温室等保护地栽培,但产量低、产品质量差,成本费用高,除育种和保存种质资源外,无生产价值。再如将东北长白山产的人参引到海南地区种植，无低温条件，不能完成种子上胚轴和更新芽低温休眠过程，翌年不能出苗。过去所提倡的南药北移，北药南引是不科学的。引种药用植物要求两地环境条件要有较大的相似性，这样就不会改变物种固有的遗传特性，引种驯化就容易成功。

(2)按照药用植物的生育规律引种　引种时，还要了解和掌握所引品种的生长发育规律，如种子特性，从种子萌发出苗至开花结果的生育规律，育苗期和移栽后每一生育阶段的田间管理技术等。只有掌握其生长发育规律，才能满足在生长发育过程中所需的生态条件，保证所引药用植物正常生长，达到引种之目的。

(3)引种优良品种　在药用植物引种过程中，要选择适合于本地区栽培的优良品种，如贝母，人们在生产中筛选出川贝母、浙贝母、平贝母、伊贝母等优良品种，其中，川贝母在国内外久负盛名，用量较大，价格较高，一直成为紧缺药材。但不是全国各地都能种川贝母，它有一定的种植区域，四川、云南、青海、甘肃等省为川贝母主产地，这些地方生产出来的川贝母质量好，为道地药材；东北地区应选择平贝母品种；西北地区应选择伊贝母品种；浙江、湖北、湖南、江苏等省应选择浙贝母品种。

(4)按照原植物名称进行引种　引种药用植物首先要确定品种，要按照原植物的名称引种，不能按照药材名称引种，因为植物名称是确定每种植物的标志，指的是单一品种；药材名称是一种或多种药材的统称，同一药材名称包括多种植物来源种，每种植物的生态条件和生长发育规律都有所不同，如药材川贝母，包括暗紫贝母、甘肃贝母、川贝母、棱砂贝母及其他一些品种贝母的地下干燥鳞茎，统称为川贝母。细辛、龙胆、甘草等一些药材也是由多个植物来源种构成。因此，在引种过程中首先要确定其品种，再按照其品种种植地的生态条件与所要引种的生态条件作对照，在相似或相近的情况下可以引种，不要笼统地按照药材名称或别名盲目引种。

(5)按照中药材市场发展规律引种　随着我国农业产业结构的不断调整，一些地区积极种植中药材，为农民脱贫致富奔小康增添了新的生机和活力。但是，有很多农民对中药材市场的发展规律掌握不准，对大宗常用中药材野生资源、蕴藏量、人工种植面积、年产量及国内外需求量等方面信息不灵，致使一些农民盲目种植，造成原料药材市场积压滞销，带来了很大的经济损失，极大地挫伤了药农种植中药材的积极性。为避免和减少类似现象的发生，选准种植品种，满足市场需求，应注意以下 4 个方面：一是在选定品种前，通过网络或查阅资料了解该品种的野生资源蕴藏量，全国人工种植面积、年产量、国内外年需求量，一般选择求大于供的品种；二是正确掌握和运用中药材市场价格变化规律，中药材多数为多年生植物，从播种种子到采收药材产品需要 3 ~ 5 年的时间，因此，多年生植物药材，按照市场价格高、中、低的变化规律，4 ~ 6 年为一个周期，特殊品种和药食兼用品种除外，1 ~ 2 年生药材市场价格变化周期相对短些或无规律性，对生态条件要求较强和生长发育速度缓慢的品种，稳定价格持续时间长些，如野山参、川贝母等；三是建立原料药材生产基地，按制药企业要求品种实行订单种植；四是实行规范化种植，生产出绿色中药材是今后中药材生产的发展方向。

2)药用植物引种方法

药用植物品种繁多，繁殖器官多样，如种子、种苗、鳞茎、块根、茎、枝条等。每种繁殖材料都有自己的质量标准，在引种过程中掌握好每项标准，才能选购到优良种子。由于每种繁殖器官的生理特性不同，对所要求的运输、储藏条件也不一样。因此，要根据每种繁殖材料的生育特性，在引种过程中进行妥善的运输与储藏，保证繁殖器官的良好性状。

(1)种子的选购、运输与储藏

①购种时期。药用植物品种不同，种子成熟期也不相同，一般分为春、夏、秋3个季节，以秋季成熟的种子为多。引种之前要掌握所要引种药材种子的成熟期，一般以种子成熟后适时购种为宜。适时购种能够为种子发芽率检测、种子处理提供时间保障。不要等到春季播种前急于购种，难以保证种子质量。

②品种的选择。选准引种品种后，要了解和掌握种子形态特征。大批量引种，应于种子采收前到售种单位的种源基地实地考察，了解培育的品种和纯度，做到心中有数。除了注重区分同属不同种间的种子外，还要注意同科不同属间种子易混问题，因为同科植物的种子形态都非常相近，种子掺假现象多数是使用同科不同属植物的种子。如百合科百合的种子与百合科贝母的种子，从形态、种皮颜色及种子大小都非常相似，很容易掺假。又如有的将伞形科小茴香的种子掺到同科不同属植物防风种子中出售，不注意观察很难区分。因此，在引种时要作好品种的选择，避免造成时间和经济等方面不应有的损失。

③质量的选择。引种时要作好种子质量的选择，注意"三度"：一是种子色度，新种子一般都有光泽，手摸有光滑感，用牙咬种子破碎时发脆，陈种子色泽灰暗，具霉味，要选择当年采收的新种子；二是种子成熟度，用手从大堆种子中随意取样，数出瘪粒种子和不饱满的种子，计算占取样的百分数，确定种子的成熟度；三是种子纯净度，首先是纯度，看是否混有其他种子，求出百分率；再者是净度，用手取样称重，挑选出杂物再称重，计算杂物占样重的百分率，确定种子的纯净度。大批量购种，最好随机取样到检疫部门进行检疫，防止病菌及线虫卵等病虫害的传播。

④运输与储藏。运输种子的车辆要清洁无污染，在运输过程中避免种子受热，要混拌细沙等基质。储藏方法分为干藏和湿藏，干藏是在种子干燥后装于布袋、纸袋或纸箱中，有条件的1～5℃条件下储藏，没有低温条件的放于通风干燥的仓房内即可，仓房内冬季可达到低温储藏效果，但要做好防鼠工作。有些种子不宜在室温下储藏，低温可打破休眠，如龙胆草等；有些药用植物种子不耐干燥储藏，干后丧失发芽率，则适宜随采随播，如枳壳、罗汉松、独活、天南星、贝母、杜仲等，对于随采随播的种子，引种后应及时播种，不能及时播种的种子必须进行湿沙储藏，先高温后低温，则能完成形态后熟和生理后熟。

(2)种苗的选购、运输与储藏

①种苗的引种时间。引种种苗可分为秋季和春季。秋季一般于9月中下旬至10月上旬；春季于3月上中旬，春季引种的种苗多数是带有茎叶的种苗。

②种苗的选择。种苗是利用种子或地上茎扦插培育出的幼苗。有地下根和地上茎；草本种苗于秋季或早春出土前采挖，具有根和萌发芽，出土后采挖侧根、茎、叶。木本种苗应选择根系发达，地上茎高、茎粗符合本品种规定标准。草本种苗秋季引种，应选择根系发达、健壮无病、芽苞完整、肥大而新鲜的1～2级种苗；春季出苗后引种，应选择根系发达、茎叶肥大、生长茂盛的1～2级种苗。

③种苗的运输与储藏。异地引种、长途运输要本着随采挖、随运输、随移植的原则，在采挖过程中不宜长时间集中堆放，以免须根和芽苞灼伤。要用木箱或硬纸箱包装，装箱时芽苞朝里，根部面向箱壁，有条件的地方可用青苔作隔离层和充填物，避免运输途中损伤芽苞。运

输途中避开高温天气,以免种苗伤热腐烂。到达目的地后马上开箱放风降温,并挖浅槽假植,移栽时随取随栽。春季引种带茎叶种苗应就地育苗、就近移植,不宜异地长途运输,否则将降低成活率。

(3)种鳞茎、块茎、块根的选购、运输与储藏

①种鳞茎、块茎、块根的引种时期。以地下鳞茎、块茎和块根等作繁殖材料的药用植物,如贝母、天麻、天南星、山药等。此类良种的选择、运输及储藏与翌年的出苗率和产量有直接关系。购种时间则由于品种不同,而种鳞茎(块茎、块根)的采收时间也不相同。如天麻、山药于10月上中旬采收,一般于采收季节进行引种。

②种鳞茎、块茎、块根的选择。种鳞茎、块茎、块根的大小与生长速度和产量有很大关系,过大,生长缓慢,增重率低,用种量大,生产成本高;过小,用种量虽少,但是生长年限长,增加农药、肥料、架材等材料费和管理用工费。因此,应选择色泽新鲜、无病斑、无破损、大小适中的鳞茎、块茎、块根,如引种天麻块茎,应选择大白麻(11~20 g)和中白麻(6~10 g)作种栽较适宜。

③种鳞茎、块茎、块根的运输与储藏。这类繁殖器官,都含有较高的水分、淀粉、糖类等,异地引种长途运输应做好包装,最好选择木箱、硬纸箱等硬包装物,避免在运输过程中相互挤压,擦破表皮和潜伏芽;运输途中避开高温天气,以免引起鳞茎呼吸作用加强而产生高温伤热;到达目的地后及时开箱通风降温,并作好储藏工作。鳞茎、块茎、块根类中药材由于品种和种植区域不同,储藏时间和储藏方法也不相同。如块茎类中药材天麻,储藏方法是先准备好木箱或竹筐、河沙、锯末和深度为2 m左右的储藏窖,10月下旬至11月上旬,先将储藏窖清理干净,然后用硫磺熏蒸1~2 h,开窖盖放烟,待硫磺烟雾散发后麻种可装箱入窖。装箱的方法是:取3河沙:1锯末的比例混拌均匀,先在箱底或筐底铺放一层沙与锯末的混合料,铺平后放一层麻种,麻种上面铺放一层混合料后再放一层麻种,直至接近箱或筐的顶部再覆盖锯末加沙3~5 cm,窖内温度控制在3~4 ℃,要保持窖内温度恒定,有利于麻种的休眠,同时也要防止鼠害;块根类中药材如山药,在9—10月份收获时,选择颈短、粗壮、无分枝和无病虫害的山药,将上端有芽的1节切下,长10~20 cm作种栽,储藏越冬。南方切下种栽后放室内通风处晾6~7 d,使表面水分蒸发,断面愈合,然后放入干燥的屋角,一层种一层稍湿润的河沙,为2~3层,上面盖草。储藏期间经常检查温度、湿度变化情况,河沙过干、过湿应及时调节;温度低于0 ℃易冻坏芽头,高于10 ℃易萌动发芽,甚至腐烂。储藏至翌年春季取出栽种。

(4)种根茎的选购、运输和储藏

①根茎的引种时期。根茎的引种时期分为春季和秋季,春季于3月下旬至4月上旬,更新芽萌动前采挖移栽;秋季于8月下旬至9月中旬,生产上多以秋季引种为宜。

②种根茎的选择。生产用种根茎的来源主要有种子育苗和采挖野生两种途径。采挖野生根茎作种,应选择当年生长的或上1年生长的鲜嫩部位,长势壮,更新芽多,成活率高,生长多年的老根茎部位更新芽少,移栽后生长势弱,成活率低,不宜作种根茎使用,可加工入药。

③种根茎的运输与储藏。当年生长的鲜嫩部位,根茎的表皮层较薄,异地引种长途运输应做好包装,最好用软质填充物填充隔离,避免在运输途中颠簸摩擦破坏表皮和更新芽。种根茎应随采挖、随挑选、随移栽,大批量引种可短时间保鲜存放,但要注意伤热腐烂和受冻害。

(5)枝条繁殖材料的采集、运输与储藏　有些木本药用植物采用枝条扦插、嫁接繁殖。如

银杏、山楂、木槿等。

①采集时期。硬枝扦插，于秋季落叶后，选取已成熟，节间短而粗壮，无病虫害的1～2年生枝条；软枝扦插，于夏季选择由当年春季生长的健壮、节间短、无病虫害、呈半木质化的嫩枝条。

②枝条的运输与储藏。采用枝条繁殖最好就地取材、就近扦插，如确需从外地引种，应在采集后做好包装保湿，防止枝条皮层干枯。在运输过程中注意不要擦破枝条表皮。软枝插穗即随采随扦插，不需长期储藏；硬枝插穗多储藏于窖内，用半干半湿的细沙或木屑将其包埋，温度控制在0～5 ℃，在初冬插于温室苗床或翌年春转暖时插于露地。

【知识拓展】>>>

3.1.3 虚假中药材种子、种苗广告的识别

近年来，报纸杂志等媒体上出现了大量以发展中药材生产为名，实为出售高价中药材种子、种苗的广告，其中有不少是虚假广告。这些广告利用农民想发家致富的心理，以签订产品包销合同和惊人的经济收入为诱饵，引诱农民购买其高价种子、种苗以达到赚钱的目的。现将虚假广告惯用的几种欺骗手段分析如下，以供对照、鉴别。

（1）故意夸大药材生产的适宜地区　常用“不择土壤、气候”“南北皆宜”等词语。众所周知，不同的药材（少数品种除外）对自然条件，均有各自的适宜生长地区，这也是地道药材的成因。如罗汉果、三七（又名田七），均为适宜于南方温湿气候生长的药材，如引种到长江流域或以北，显然是难以成功的；而西洋参却喜欢冷凉气候，仅适合在北方种植，如引种到南方种植，其结果可想而知。

（2）故意“缩短”中药材的生长周期，以迎合药农致富心切的心理　如山茱萸以去除果核的果实入药，一般6～8年才开花结果，10年以后进入盛果期，而广告常言“第二年就可结果”，甚至“当年收益”，如此速成栽培，实在让人难以置信。再比如，丹皮和芍药一般需3～4年才能收获，如想受益，尚需一定的耐心。

（3）虚估产量或产值，以极高的产值哄骗购种者　如种植山茱萸、太子参等当年就可得到产值几千元/667 m^2，甚至几万元/667 m^2 的收益。实际上，适宜区每年能收到1 500～3 000元/667 m^2 的收益已相当不错了。如菊花、半夏、丹参、桔梗等中药材正常年份产值大致稳定在1 000～3 000元/667 m^2 的范围内。实际上，随着市场的变化，各种中药材的市场价格也是经常变动的。

（4）以包回收产品为诱饵，诱使种植者上当受骗，甚至谎称签订包回收公证合同　这一点对药农最具诱惑力，因为大多数种植者对市场不太了解，因此最担心是中药材的销路。有的不法分子以包回收产品为诱饵，诱使种植者上当打款，可实际上一旦种款到手后，所寄回的所谓产品回收合同绝大多数是未经公证的，甚至根本就没有合同。有些登广告的销种单位根本不是法人单位，有的伪造公章或者玩弄其他骗术，使受骗者找不到被告。购种者把钱寄给登广告的售种单位，不见种苗寄回，去信询问或石沉大海，或退信告知原单位已撤销或搬迁等。广告销种的单位绝大多数不可能在全国各地设立回收点或根本就无回收能力，收获的药材即

使回收也只能通过邮寄或托运。好不容易种出的药材,按合同运到回收单位,却因规格不符合要求而遭拒收或被判为质次不合格而折价,而究竟有何要求,合同上只字未提。运输费加折价费,实际所得可想而知。更有甚者,如购种时邮购的是伪劣种子和种苗或根本就不适合引种地区自然条件生长的中药材种子、种苗,必然也就无产品可收,又何忧其回收之烦呢?此种情况尤以小面积发展的种植者上当受骗者为多。值得大家思考的是,如供种者就是真的以市场价包回收,这种保证又有什么实际意义呢?

(5)出售伪劣或高价药材种子、种苗,以谋取不义之财　一是直接出售伪劣种子,如出售西洋参、青天葵、咖啡豆等伪劣药材种子,或用茴香籽作柴胡籽,用菠菜籽当作天南星籽,用水仙、百合、石蒜的球茎充作西红花的球茎等;二是用出售没有发芽力或发芽率低的陈种,或者有意将新旧种子混在一起,种子虽是真的,但发芽率很低或者大部分无发芽力。桔梗、板蓝根、白术等种子寿命较短,一般情况下,隔年种子基本上就失去发芽能力,新采收的种子发芽率最高也仅在80%~90%,而一些广告声称保证发芽率在95%以上,这显然是不真实的;三是有些供种单位出售的种子虽是真的,质量也好,可售价却高得惊人,如2~3元/kg可以买到的红花种子,售价高达20~30元/kg;板蓝根种子80~100元/kg,桔梗种子100~200元/kg,菊花苗每株0.50元等。有的干脆玩模糊概念,常常以“份”为单位售种,每份种子几十甚至上百元,可每份种子究竟有多少,能种多少地?却常以“足种三分地”等说明其播种量。一般情况下,大部分中药材种子费用在50~100元/667 m^2、苗费用在150~200元/667 m^2是较为正常的。

【计划与实施】>>>

药用植物引种方案制订

1)目的要求

了解所引药用植物生态环境,熟悉引种的原则,掌握引种的方法,能够制订药用植物引种方案。

2)计划内容

①收集、分析、比较药用植物原产地及引入地的生态环境、市场等资料,判定引种的可行性。

②根据查阅的相关资料,结合所学引种知识,制订出引种方案。

3)实施

4~5人一组,分别以重庆万州区作为品种引入地,到达道地药材(金银花、三七、人参、厚朴、川芎、天麻、当归、大黄等)原产地引种良种,制订引种方案。

(1)资料收集整理　拟引种药用植物良种的分布、生长习性、适生环境、繁殖技术、市场信息等相关资料;有关道地药材原产地的地理、气候、土壤、植被组成等资料;引入地的地理、气候、土壤、植被组成等资料;引种成功的经验、教训资料。

(2)撰写引种计划书　计划书主要内容如下:

①引种必要性分析。阐述引种药用植物的经济价值、药用价值、观赏价值、生态作用等,

预测未来市场需要情况和经济、社会、生态效益。

②引种的可能性分析。引种植物本身的生物学特性、系统发育史和本身可能的潜在的适应性;引入地与引种植物的自然分布区、栽培区、引种成功地区的地理、气候、土壤条件及植被组成,引入地灾害性天气等;在对比分析的基础上,找出引种的限制因子,论证引种成功的可能性。

③确定适宜的采种方式、引种材料、引种数量、引种的时间等。

④制订出相应的引种栽培措施。

⑤对引种计划中暂时还没收集到的资料加以说明,并对引种以后可能出现的问题加以讨论。

【检查评估】>>>

序号	检查内容	评估要点	配分	评估标准	得分
1	良种选用	能正确选用良种	20	明确药用植物良种含义,选种依据正确、充分,计20分;选种依据较正确、较充分,计15分;依据不充分、不正确,不计分	
2	引种	引种计划书	20	资料丰富、分析透彻、计划书格式正确,计20分;资料较丰富、分析一般、计划书格式正确,计15分;计划书格式正确,计10分	
合　计			40		

任务3.2　种子、苗木质量鉴定

【工作流程及任务】>>>

工作流程:

种子抽样—净度分析—种子质量测定—含水量测定—发芽测定—生活力测定—填写种子质量检验结果单。

工作任务:

种子的品质检验。

【工作咨询】>>>

3.2.1 种子播种品质的检验

种子为药用植物生产中最基本的生产资料之一,其品质(质量)包括品种品质和播种品质。药用植物种子品质检验就是应用科学的方法对生产上的种子品质进行检验、分析、鉴定以判断其优劣的一种方法。种子检验包括田间检验和室内检验两部分。田间检验是在药用植物生长期内,到良种繁殖田内进行取样检验,检验项目以纯度为主,其次为异作物、杂草、病虫害等;室内检验是种子收获脱粒后到晒场、收购现场或仓库进行扦样检验,检验项目包括净度、发芽率、发芽势、生活力、千粒重、水分、病虫害等。其中,官能检验、净度、质量、水分、发芽力和生活力是种子品质检验中的主要指标。

1)官能检验法

官能检验就是利用人的感官,如眼看、齿咬、手模、鼻闻、舌尝等直观反映来判断种子的成熟度、含水量、种子新陈度等来评价种子品质的优劣。例如,根据牙咬种子时的压力大小,咬碎时发出的响声以及手伸进种子堆时的光滑感等可判断种子含水量;用鼻闻来判断防风和小茴香种子,有特异芳香味者为小茴香种子;杜鹃、按树的种子细小,可放在白纸上用指甲或刀柄重压,凡在纸上呈油迹者为种仁饱满,油分充足的种子;将川牛膝种子投入火中,有爆声者为具正常发芽能力的种子,无爆声者为丧失生活力的种子;也可用刀片切开种子检查,凡是种仁饱满、水分和油分充足、色泽鲜亮、气味正常的种子为良好的种子;用肉眼观察种子的光泽度可判断出种子的新与陈,如新鲜的桔梗种子具有光泽,储藏1年以上的种子没有光泽。

2)种子净度的测定

样品中去掉杂质和废种子后,留下的纯净种子的质量占供检种子质量的百分数称为种子净度,测三次取平均值。

$$种子净度 = \frac{纯净种子质量}{供检种子质量 \times 100\%}$$

净度是种子品质的重要指标之一,是计算播种量的必需条件,净度高,品质好,使用价值高;净度低,表明种子夹杂物多,不易储藏。对引种净度低的各类药材种子,播种前应进行清选和消毒,才能够防止病害传播,保证出苗率和药材的纯洁。

3)种子千粒重的测定

千粒重是指风干状态的1 000粒种子的绝对质量,以g为单位。一般取500粒以上种子测3次质量,按1 000粒折算取平均值。通常大粒种子(如核桃、蓖麻种子)可以测100粒重,微小种子(如天麻有性种子)可以测10 000粒重。

千粒重是反映种子是否饱满充实的一个指标,千粒重大的种子,饱满充实,储藏的营养物质多,结构致密,能长出粗壮的植株。千粒重是种子品质重要指标之一,也是计算播种量的依据。

4)种子水分检测

种子中所含有水分的质量占种子总质量的百分率。一般小粒种子可直接用千分之一感量天平称取试样两份,每份5 g以上,放在恒重的样品盒内,将温箱预置到105 ℃烘干至恒重。

$$种子的含水量 = \frac{干燥失重值}{试样烘前重} \times 100\%$$

5）种子发芽力的测定

种子发芽力通过发芽率和发芽势的测定来鉴定。发芽率是指全部正常发芽种子粒数占供试种子粒数的百分率。发芽势是指在规定日期内的正常发芽种子粒数占供试种子粒数的百分率。

$$发芽率 = \frac{全部正常发芽种子粒数}{供试种子总粒数} \times 100\%$$

$$发芽势 = \frac{规定日期内正常发芽粒数}{供试种子总粒数} \times 100\%$$

发芽率的高低关系到种子是否适宜播种以及种子用量的多少，发芽势反映种子发芽的速度和整齐度，表示种子生活力的强弱程度。

种子发芽率的测定须在一定的温度下进行。先在培养皿或陶瓷浅盆等容器内放1～3块玻璃、塑料板或在其他板上铺一层滤纸，容器内加少量水，滤纸下端浸入水中，或在容器内放入粒度40～60目的细沙做发芽床，加少量水，使沙子呈湿润状态即可，水分过多易烂种。一般小粒种子适宜放在滤纸上；大粒种子可用细沙，沙子与种子可按体积3∶1的比例配置。使用滤纸每天要用清水冲洗两次。发芽率较低的种子一般易烂。检验的种子一般分3组，每组100粒，取平均值。

根据以上测得的数据和栽培每667 m^2 所需要的株数来确定适宜的播种量，在生产实际中，发芽率与田间成苗率有一定的差距，故播种量要大于实际计算值才能满足需要。

6）快速测定种子生活力的方法

种子生活力是指种子发芽的潜在能力或种胚所具有的生命力。药用植物种子寿命长短各异，为了在短时期内了解种子的品质，必须用快速方法测定种子的生活力。通常用红四氮唑法（TTC法）、酸性品红法（AF法）等测定。

（1）红四氮唑（TTC）染色法　2,3,5-氯化（或溴化）三苯基四氮唑简称四唑或TTC，其染色原理是根据有生活力种子的胚细胞含有脱氢酶，具有脱氢还原作用，被种子吸收的氯化三苯基四氮唑参与了活细胞的还原作用，故不染色。由此可根据胚的染色情况区分有生活力和无生活力的种子。

用锋利的刀片将种子切成两半，放入容器中，加入0.1%～1%的中性红四氮唑溶液浸没种子，20 ℃左右染色12～24 h，有生活力的种子其脱氢酶的活性往往较高，四氮唑接受 H^+ 还原为红色，而死组织不着色，故可根据染色部位和染色程度判断种子的生活力。

（2）靛蓝染色法　靛蓝为蓝色粉末，能透过死细胞组织使其染上颜色。因此，可依据胚和胚乳组织的染色部位和比例来区别有生活力和无生活力的种子。

与四唑染色一样，除完全不染色的有生活力种子和完全染色的无生活力种子外，部分染色的种子有无生活力，依据胚和胚乳坏死组织的部位和面积大小来决定，染色颜色深浅可判别组织是健壮的、衰弱的或死亡的。

（3）剥胚法　将切胚的种子取出胚放在有湿润滤纸的培养皿中，每皿50粒，重复两次，20～25 ℃恒温培养2～10 d即可观察出胚的生长情况，凡健壮有生活力的种子不腐烂，饱满而有光泽。此法时间长、烦琐。

(4)荧光法　活细胞中的蛋白质、核酸等大分子都具有荧光物质。种子丧失生活力则与辅酶、酶蛋白、核酸的破坏密切相关,用254 nm的紫外线荧光照射剖切的种子,具有生活力的种子能发出蓝光、蓝紫光、紫色或蓝绿色的明亮荧光,而失去活力的种子则显现黄色、褐色或无色并带有褐斑或黑斑。

3.2.2　种苗质量与控制

1)种苗质量评价指标

有些木本药用植物需以苗木进行繁殖,苗木质量的优劣,既体现出育苗工作的成效,又直接影响药用植物繁殖的质量。在衡量苗木质量时我们常说"优质苗木""良种壮苗",那么什么样的苗木才是"优质苗木"或"良种壮苗"。在药用植物栽培中,应该根据遗传品质、出圃时的苗体品质来评价苗木质量。

(1)遗传品质　苗木遗传品质主要是指种子(也包括无性繁殖材料)的遗传品质,是指苗木在某一个或多个遗传性状上的特殊性,如有效成分高、速生、抗旱、抗病或抗虫等。在生产实际中,种子的获取形式是多种多样的,苗木生产者既可直接从当地药用植物母株中采集,也可直接从种子商处购买。但不管采取何种形式获得繁殖材料,必须考虑繁殖材料的遗传背景。对于药用植物种子而言,遗传品质取决于种源和遗传多样性,因此,在购买种子时,要购买道地药材产地遗传品质优良的种子,判断苗木是否是合适的地理种源、是否具有优良的遗传品质,以这两个标准来评定苗木的质量。

(2)出圃时的苗体品质　出圃时的苗体品质主要包括形态指标和生理指标。

①形态指标。

a. 苗高。自地茎至顶芽的苗木长度,如没有形成顶芽,则以苗木的最高点为准。苗高是最直观、最容易测定的形态指标。甚至不用仪器,人们就能看出苗木的高低。苗木高、生长快,能在一定程度上反映其遗传优势,但对同一批苗木,生长快的苗木更大程度上是因种子播种品质好和生长环境优越。因此,同一批苗木,并不是越高越好,在达到一定标准的情况下,苗高以大小均匀整齐为好。因为过大的苗木会给栽植带来困难,甚至影响成活率;而苗木过小,造林成活率和幼林生长均会受影响。苗木高生长均匀一致,还可减少栽植两极分化。

b. 地径。又称地际直径,指苗木主干靠近地面处的粗度,是苗木地上与地下部分的分界线。用游标卡尺或特制的工具测量,读数精度一般要求达到0.05 cm。它与根系发育状况、根系质量以及苗木的其他质量指标关系密切,能比较全面地反映苗木的质量。通常,在苗龄和苗高相同的情况下,地径越粗的苗木,其质量越好,移植、造林成活率越高。生产上主要根据苗高和地径两个指标来进行苗木分级。

c. 根系。包括主根、侧根和须根。根系是植物的重要器官,是决定苗木造林后能否成活及幼林生长好坏的关键。调查根系发育状况要测主根长度、统计侧须根数量、量出根幅大小等。苗木的主根长度对移栽成活率和前期生长有一定影响。所以,苗木出圃时要保持一定的根长,根系不宜截得太短。适宜的主根长度,应根据苗木种类、类型和绿化地的具体条件而定。侧须根数量较多、根幅较大为苗木根系发达的标志。

d. 苗木质量。分为苗木鲜重、干重,苗木总重,地上部分质量,地下部分质量等,它能说明苗木体内储存物质的多少。其他指标近似而质量大的苗木,说明其组织充实,生长健壮,木质化程度高，抗逆性强，品质优良。

e. 高径比。苗高与地径之比，又称“健壮指数”，高径比反映苗木高度与粗度的平衡关系，是反映苗木抗性及移栽成活率的指标，通常高径比大，说明苗木细而高，抗性弱，造林成活率低；反之，说明苗木矮而粗，抗性强，造林成活率高。高径比（健壮指数）一般不应高于6。

f. 茎根比。苗木地上部分与地下根系的质量或体积之比，是评价苗木质量的综合指标。比值的大小说明苗木地上部分与地下部分生长的均衡程度。在药用植物种龄、苗龄相同的情况下，茎根比值越小，说明苗木根系越发达，苗木质量越好，移栽后越易成活。苗木密度过大，光照不足而使茎叶徒长，供给根系的有机养料减少，加之土壤通气不良，影响根的呼吸作用，根系生长减缓，从而造成茎根比增大。增施磷、钾肥则有利于减小茎根比。

②苗木的生理指标。苗木的生理状况，如苗木的水势、根系的生长潜力等方面很大程度上决定药用植物移栽成活率的高低。

a. 苗木水势。苗木的活力状况取决于其体内的水分状况，苗木的水势能直接反映苗木体内的水分状况，间接反映苗木的活力。苗木较少的水势变化能较大幅度地改变苗木根系的活力。因而，在苗木起苗、包装、储藏、运输以及移栽的全部过程中，要特别注意苗木的水分需要。目前，用压力室测定苗木水势比较简便、可靠。

b. 苗木的根系生长潜力。不同苗木类型、大小，其水分状况、根、茎、叶、芽以及苗木生长发育的阶段均不同，苗木的新根生长潜力也相对不同。因此，根据新根生长潜力评定苗木的活力最为可靠。

2）苗木质量的控制

苗木质量的控制在不同生长时期，所采取的措施不一样。

（1）成活期　出苗早且密，苗木生根。必须要选用优良种源区的种子，按照种子的大小，做分级播种，这样可提高苗木生长的均匀度。营养繁殖苗的种条则要在优良的单株上采集下来，进而做好浸种的工作，促进种子的发芽。在幼苗出土前，要适当控制灌溉，以土壤不板结、地表湿润即可。播种育苗后，用塑料薄膜盖种，以保温保湿，促使苗种极早破土。针对不同药用植物，采用不同苗床育苗。

（2）幼苗期　苗木抗灾害能力弱，易死亡。因此，苗床管理要细致。要定期进行灌水蹲苗，或对幼苗切根，促进幼苗的根系生长，提高吸收水分、养分能力。

（3）生长期　根系已经较为发达，生长速度增快，对各种肥料的敏感度增强。因而，要保证苗木光照需要，以促进苗木生根。保证苗木的水肥供给量。适当松土、除草。

（4）速生期　苗木生长最快，需求量最大。因而，应按需要按比例的为苗木施肥，控制水分。一般以磷、氮肥为主，控制苗木过高生长，提高其抗逆性。

（5）硬化期　切根是苗木硬化期的主要工作，避免主根过长，根系过于发达。也要控制水分，为起苗作准备。

（6）出圃期　苗木出圃包括起苗、包装、储藏及运输等几个方面的工作。要控制得当，如对根须的保护、包装要全面、保证水分等。这样才能保证苗木的质量及合格苗的产量。

3）苗木分级、检验

（1）苗木分级　苗木分级又称选苗。苗木分级的目的是使出圃苗木符合规格，提高造林成活率，栽植后苗木生长整齐。如采用未经分级的苗木栽植造林，势必造成林相不整齐，管理不方便,影响造林质量。因此,苗木出圃前应进行分级,只有合格的苗木才能出圃,对生长发育差的苗木,留床继续培育或淘汰。一般出圃苗木可根据苗高、地茎粗、根系、芽等生长发育情况,按国家统一标准分为3级,Ⅰ、Ⅱ级苗为合格苗。然后按分级进行包扎,并打泥浆浇根保持根系湿润。

苗分级必须在遮阴的背风处或室内进行。分级后要做等级标志。

(2)苗木检验　根据《主要造林树种苗木》规定的检验规则进行苗木检验。

①苗木成批检验。

②检验工作限在原苗圃进行。

③苗木质量检验,按以下抽样,见表3.1。

表3.1　苗木质量检验抽样

苗木株数	检验株数
500～1 000	50
1 000～10 000	120
10 000～50 000	250
50 000～100 000	350
100 000～500 000	500
500 000以上	750

成捆苗木先抽样捆,再在每个样捆内各抽10株;不成捆苗木直接抽取样株。

④一批苗木检验允许范围:10%苗木的地茎低于表3.1的规定;4%苗木的高度不符合表3.1的规定。

⑤检验结果不符合标准规定,应进行复检,并以复检结果为准。

⑥出圃苗木应附苗木检验证书,向外调运的苗木要经过检疫并附检疫证书。

苗木检验证书

编号 ______________

苗龄 ______________

树种 ______________ 苗木种类

批号 ____________ 数量(株) ____________ 其中Ⅰ级 ________ Ⅱ级 ______

起苗日期 _________ 包装日期 ____________ 发苗日期 __________

苗木检疫 ____

种(条、根)来源 ____

发苗单位 ____

检验人:

负责人:

签证日期:

【知识拓展】>>>

3.2.3 种苗质量检验方法(以半夏为例)

1)净度分析

参照 GB/T 3543.3—1995 农作物种子检验规程净度分析的规定执行。将试样分离成种苗和杂质,杂质包括石粒、泥块、沙土、脱落的外皮以及其他植物体。随机取待检测种苗试样约 200 g,分离种苗和杂质,将每份试样各成分分别称重,计算各成分所占百分率,增失差小于 5%,测定值有效。

2)质量测定

参照 GB/T 3543.7—1995 农作物种子检验规程其他项目检验的规定执行。采用百粒法和千粒法测定半夏种苗的质量,百粒法试样取 8 个重复,每个重复 100 粒,重复间变异系数小于 4.0,测定值有效;千粒法试样取两个重复,每个重复 1 000 粒,重复间差数与平均数之比小于 5%,测定值有效。

3)真实性鉴定

采用种苗外观形态法,从供试样品中随机取 100 粒净种苗,4 次重复,逐粒观察种苗形态特征,并测量其直径、围径和芽长。

4)水分测定

参照 GB/T 3543.6—1995 农作物种子检验规程水分测定的规定执行。一般采用高温烘干法测定水分,将样品放置在温度(131 ±2)℃的恒温烘箱内,每隔 1 h 取出放入干燥器内冷却后称重,直至种苗达到恒重。

5)发芽率测定

参照 GB/T 3543.4—1995 农作物种子检验规程发芽试验的规定执行。滤纸为发芽床,在 20 ℃连续观察 25 d。

6)生活力测定

参照 GB/T 3543.7—1995 农作物种子检验规程生活力试验的规定执行,采用四唑染色法(TTC 法)测定种苗生活力。采用 0.5% TTC 溶液进行染色处理,染色时间为 3 h,温度为 25 ℃。

【计划与实施】>>>

种子发芽力测定

1)目的要求

掌握药用植物种子发芽力测定的基本方法。

2)计划内容

以发芽试验来鉴定药用植物种子发芽力。取决明子、桔梗等药用植物种子做发芽试验。种子发芽率是指在适宜条件下,样本种子中发芽种子的百分数。

$$发芽率 = \frac{发芽种子粒数}{供试种子粒数} \times 100\%$$

种子发芽的鉴定标准：

(1)禾本科药用植物的种子幼根至少达到种子长度，幼芽至少达到种子长度的1/2。

(2)单子叶药用植物的球形种子幼根和幼芽长度不小于种子直径，双子叶球形种子幼根和幼芽长度达到种子直径。

(3)豆科药用植物的种子有正常幼根，并至少有一子叶与幼根相连，后两片子叶保留2/3以上。

凡是有下列情况之一出现的，都应作为不正常发芽的种子：

①禾本科药用植物的种子幼根或幼芽残缺、畸形或腐烂；

②幼根显著萎缩，中间呈纤维状，或幼根、幼芽水肿状，无根毛；

③豆科药用植物的种子在真叶生出之前，2片子叶脱落或2片子叶残缺2/3以上。

3)实施

2人一组，进行用具(磁盘、纱布、镊子、单面刀片、培养皿、恒温培养箱、温度计等)、材料(各类药用植物种子)的准备和试验，记录、记载试验情况，计算供试种子的发芽率。以实验实习报告及实习表现综合评分。

【检查评估】>>>

序号	检查内容	评估要点	配分	评估标准	得分
1	种子发芽势测定	正确测定种子发芽势	20	操作规范，方法正确，所测定发芽势误差率在5%以下，计20~15分；操作较规范，方法较正确，所测定发芽势误差率在6%~10%，计14~10分；所测定发芽势误差率在11%~20%，计9~5分；误差率在20%以上不计分	
2	种苗茎根比测定	正确测定种苗茎根比	20	操作规范，方法正确，所测定茎根比误差率在5%以下，计20~15分；操作较规范，方法较正确，所测定茎根比误差率在6%~10%，计14~10分；所测定茎根比误差率在11%~20%，计9~5分；误差率在20%以上不计分	
合计			40		

任务3.3 良种复壮与留种技术

【工作流程及任务】>>>

工作流程：

种质的复壮—采种—储藏。

工作任务：
复壮，采种，储藏。

【工作咨询】>>>

3.3.1 优良种质的复壮

具有优良种质的品种，在生产上种植若干年后，会产生自然变异或混杂，其优良的生物学特性和经济性状会出现逐年退化的现象，表现出产量下降，外观形态或品质变劣等。因此，必须进行良种繁育和复壮，以巩固和提高良种的优良性状，发挥良种应有的作用。优良种质的复壮方法主要有以下几种：

1）选优更新

在良种繁育过程中进行去劣选优，注意选择具有良种典型优良性状的单株做种，以防止和克服生产上良种的退化，保持或提高种性。

2）严防混杂

混杂易造成良种纯度降低和加剧由天然杂交引起的遗传分离，导致良种变异和退化。所以在良种繁育过程中，必须注意防杂保纯，做好隔离工作，防止良种的混杂退化。

3）采用优良栽培繁殖技术

可采用优良的栽培技术来保持和提高优良种性，如选择较肥沃的土地，适时播种、精耕细作、增施磷、钾肥、防止病虫害；要选用饱满健壮的繁殖材料作种用，也可改变繁殖方法来复壮良种，如采用无性繁殖和有性繁殖交替进行繁殖等；还可采用以新生的繁殖材料更换老的繁殖材料的方法，如郁金香、姜黄等用上年新生的根茎做种，可保持良种的优良特性。

4）建立良种繁育制度

为保证药用植物优良品种在生产上充分发挥作用，必需建立良种制度，制订出具体的繁殖良种的方案，保证良种繁育工作顺利进行，为优质高产的药材生产服务。

3.3.2 良种繁育的主要程序

为保证优良品种的种性不变，并源源不断地供应生产，要有科学的繁育程序，这包括原种生产、原种繁殖和种子田繁殖大田用种等程序。良种繁育全过程概括起来为：大田（单株选择）——株行圃——株系圃（比较）——原种圃（混繁）——生产繁殖原种——种子田——大田生产（品种更新或更换）。

1）原种生产

原种是指育成品种的原始种子或由生产原种的单位生产出来的与该品种原有性状一致的种子。可采用“三圃法”（株行圃、株系圃、原种圃）生产原种。

2）原种繁殖

由于生产的原种往往不够种子田用种，就需要进一步繁殖，以扩大原种种子数量，这就是原种的繁殖。此时一定要设置隔离区，以防混杂，依繁殖次数之不同相应可得到原种一代、原种二代。

3)种子田繁殖大田用种

种子田繁殖大田用种即在种子田将原种进一步扩大繁殖,以供大田生产用种,由于种子田生产大田用种要进行多年繁殖,故每年都留适当的优良植株以供下一年种子田用种。若种子数量还不足,则可采用二级种子田良种繁殖法。

3.3.3 留种技术

所谓留种就是将能够起繁殖作用的繁殖材料从母体上保留下来的方法。有性繁殖的是种子,无性繁殖的繁殖材料是植物的营养器官。

留种是一项很重要的工作,它关系来年药材生产的质量和产量,所选留的繁殖材料饱满、达到生理成熟度、发育完全、无病虫害,播种或种植后就会使幼苗生长健壮、发芽整齐、发芽率高、植株抗病抗逆性强,有利于药材生产的优质和高产。

1)采种前的工作

药用植物种类繁多,留种部位、留种方法各不相同,因此,留种工作要有计划地提前作好留种规划,在田间从生产到收获的整个过程都要进行留种准备工作,具体应做到以下几个方面:

(1)提前做好采种田规划　主要从采种地点、采种时间、采种季节、采种方法等方面进行规划。

①首先要选择采种地点。包括在留种田淘汰生长弱者、选择在达到生理成熟度的多年生健壮母株上采种、在商品田选择生长健壮的植株留种。

②确定采种时间和采种季节。对于一二年生的药用植物只需确定采种季节,对于多年生的药用植物则要规划采种时间,如杜仲要求选用15~20年以上、生长在向阳、肥沃环境中的健壮杜仲树作为采种母株,采种季节为10—11月。田七选择三年生以上植株所结的第一二批红籽。党参以三年生以上植株9—10月间采种。

③采种方式。药用植物种类繁多、采种方法各异,但归纳起来就是以采集种子和营养器官的区别,营养器官繁殖方法包括鳞茎繁殖、块根繁殖、块茎繁殖、根茎繁殖等,采种时要明确采种方法。

(2)留种田与商品田区别种植　根据生产目标要求不同将留种田与商品田区别开来,因为留种田的主要目的是收到优质高产的种子,商品田的主要目的是收到优质高产的药用器官,其栽培调控管理上是有所不同的。加强特殊的田间生产管理和留种规划实施,以便获得优良健壮的繁殖材料。

(3)注意加强采种田的后期田间管理　为了生产出优良健壮的繁殖材料,要注意种株生长后期的长势、长相不早衰,保证后期水肥供应,适当增施磷、钾肥,以利种子饱满充实、发育成熟,后期抗病虫害能力强。

2)采种、留种方法

留种工作也是一项技术性很强的工作,所采用的方法恰当,种子生命力强,来年的药材生产就有了保障。留种过程中要从田间生产开始准备,选择生长健壮、饱满、品质好、无病虫害侵害的植株做采种母株,做到适时采收。如采摘杜仲种子时,应选择生长健壮、叶大、皮厚、无病虫害、未剥过皮的、15～20 年生雌株作为采种母株,但不采阴郁林内和受光不足母树的种子,于 10 月下旬至 11 月,当果实的果皮呈栗褐色时,选无风的晴天,先在树冠下铺上采种席或布,再用竹竿轻轻敲击树枝,使种子掉落在席上或布上,然后收集种子。

新采摘的种子一般都带有果皮,因此要及时脱粒处理。对酸枣、颠茄等浆果类种子,可将其果实浸入水中,待其吸胀时用棍棒捣拌使果肉与种子分离,然后用清水淘洗、漂选、风干;对易开裂的蒴果(桔梗、党参等)和荚果(决明子、黄芪等)类种子可放在阳光下晒干,使果皮裂开,然后用木棒敲打,使种子脱出。在种子脱粒过程中,要尽量避免损伤种子。种皮破损的种子易感染病菌,不耐储存。有时带果皮储藏的种子寿命长、质量好。栝楼、丝瓜、枸杞、白芥等常以果实保存,播种前才脱粒。采收清理后的种子,要进行精选,取整齐、饱满而又无病虫害的种子储藏留种。

3.3.4 种子储藏

采收下来的种子在储藏时要以保持种子生命力为重点,采用合适的储藏方法。

(1)种子干燥储藏法　采收的种子干燥后储藏于干燥的环境中,如装入麻(布)袋、箱、桶等容器中,再放于凉爽而干燥、相对湿度保持在 50% 以下的种子室、地窖、仓库或一般室内储存。大多数药用植物种子均可采用此方法。但要注意种子干燥过程,有的种子只能阴干,如白术、大黄、川牛膝、括楼、罗汉果的种子;有些种子需要晒干储藏,如党参、云木香、丹参、广金钱草、鸡骨草等种子。对于种皮坚硬致密,不易透水透气的种子,如山茱萸、决明子、合欢等,为了延长其寿命,在进行充分干燥后,可放在 0～5 ℃、相对湿度维持在 50% 左右的种子储藏室储存或放在冰箱或冷藏室内。采用密封干藏可长期储存种子,将种子放入玻璃等容器中,容器内可放些吸湿剂如氯化钙、生石灰、木炭等,加盖后用石蜡封口,置于储藏室内,可延长种子寿命 5～6 年。如能结合低温,效果更好。

(2)砂藏法　砂藏法也称湿藏法。湿藏的作用主要是使具有生理休眠的种子,在潮湿低温条件破除休眠,提高发芽率,并使储藏时所需含水量高的种子的生命力延长。其方法一般多采用砂藏,即层积法。需用层积法储藏的有山茱萸、田七、川贝母、山银花、细辛、肉桂、银杏、桔梗、木瓜、玉兰、酸橙等的种子。层积法可在室外挖坑或室内堆积进行,必须保持一定的湿度和 0～10 ℃的低温条件。如种子数量多,可在室外挖坑,一定要在地下水位之上。坑的大小,根据种子的多少而定。先在坑底铺一层 10 cm 厚的湿砂,随后堆放厚 40～50 cm 的混砂种子(砂:种子 =3∶1),种子上面再铺放一层 20 cm 厚的湿砂,最上面覆盖 10 cm 的土,以防止沙子干燥。坑中央竖插一小捆竹筒或其他通气物,使坑内种子透气,防止温度升高致种子霉变。如种量少,可在室内堆积,即将种子和 3 倍量的湿砂混拌后堆积室内(堆积厚度 50 cm 左右),上面可再盖一层厚 15 cm 的湿砂,也可将种子混砂后装在木箱中储藏。储藏期间应定期翻动检查。有时遇到反常的温暖天气,或储藏末期温度突然升高,可能引起种子提前萌发。如有这种情况,应及时将种子取出并放入冰箱或冷藏室,以免芽生长太长,影响播种。

(3)窖藏　有些以块根、块茎作繁殖材料的药用植物,产地多将其繁殖材料进行窖藏。如天南星、地黄等。窖藏有利于避免冻害。

在长期的生产实践中,为保持种子活力和发芽率,药农总结出种子储藏经验为"八忌":

①忌用塑料长期袋装。塑料袋不透气,在缺氧条件下种子无法进行呼吸,产生大量的有毒

物质,杀死种胚,种子呼吸产生的水分和热量不能散发出去,容易使种子发热霉变而不发芽。

②忌接触地面。地面湿度大,为防止种子受潮而降低发芽率,不管麻袋、布袋及其他容器,都不宜直接接触堆放在地面上,最好用砖或木板垫50 cm左右。

③忌烟熏。烟含有大量二氧化碳和其他有毒物质,种子长期受烟熏后会降低生活力,即使出苗后,长势也弱,易发病。

④忌虫蛀。种子在储藏期,可能会受到虫蛀食,因此,要尽量使种子干燥,造成不利害虫的生活条件,晴天中午进行暴晒,以消灭害虫。

⑤忌憋气。如果种子数量多,储存时间长,不要装满容器,要留有空隙,也可以在储藏期间晾晒一次,既可防潮又可起到换气作用。

⑥忌混杂。种子收获后要及时贴标签,注明品种、收获日期,切忌混杂。

⑦忌与农药、化肥混存。农药和化肥大多数有挥发性和腐蚀性,如果与种子一起储藏,会降低种子的发芽率。

⑧忌储种不检查。种子储藏后会因储藏不当,漏雨或地面受潮使种子霉变,或受冰雪冻害,或遭鼠害虫蛀而造成损失,应及时检查并采取相应措施,做好"四检查":种子温度检查、种子含水量检查、种子发芽率检查、仓库病虫鼠害检查。

【知识拓展】>>>

3.3.5 影响种子寿命的因素

种子从发育成熟到丧失生活力所经历的时间,称为种子的寿命。种子的寿命因药用植物种类不同而有很大差异。一些植物的种子,如荔枝、龙眼、可可、椰子、芒果、肉桂、水浮莲、菱、茭白等的种子,寿命很短(几天或几周),在储藏中忌干燥和低温,种子成熟时仍具有较高的含水量(30% ~60%),采收后不久便可自动进入萌发状态,一旦脱水即迅速丧失生活力,这类种子称为顽拗性种子。而大多数种子如黄芪、甘草等的种子,能耐脱水和低温(包括零上低温和零下低温),寿命较长,被称为正常性种子。

种子的寿命除受植物种类和品种影响外,同时也受制于收获时的成熟度和储藏期间的温湿度的影响。

1)内因

药用植物种子寿命的主要影响因素有种皮(或果皮)结构、种子储藏物、种子含水量及种子成熟度等。

(1)种皮(或果皮)结构　种皮(或果皮)结构如莲子、山茱萸等,种皮坚硬致密、不易透水透气,有利于生命力的保存,而当归、白芷种皮薄,又不致密,故寿命短。

(2)种子储藏物　种子内的储藏物的种类也会影响种子寿命,一般含脂肪、蛋白质多的种子比含淀粉多的种子寿命长,其原因是脂肪、蛋白质分子结构复杂,在呼吸作用过程中分解所需要的时间比淀粉长,同时所放出的能量比淀粉高。少量脂肪、蛋白质放出的能量就能满足种子微弱呼吸的需要,在单位时间内消耗的物质比淀粉少,故能维持种子生命力的时间相对长。许多休眠种子含有抑制物质,能抑制真菌侵染,寿命较长。

(3)种子含水量　种子含水量直接影响种子呼吸作用强度。根据种子对储藏时期水分的要求,药用植物种子大致可分为干藏型和湿藏型两大类。大部分药用植物种子适宜干藏,最理想的储藏条件是将充分干燥的种子密封于低温及相对湿度低的环境中。干燥种子的含水量极低,绝大部分都以束缚水的状态存在,原生质呈凝胶状态,代谢水平低,有利于种子生命力的保存。含水量高时增加了储藏物质的水解能力,增强了呼吸强度,导致种子生活力迅速降低。通常种子含水量为5% ~14%,其含水量每降低1%,种子寿命可增加1倍。当种子含水量为18% ~30%时,如有氧气存在,由于微生物活动而产生大量热,种子容易迅速死亡。当油质种子含水量在10%以上,淀粉种子在13%以上时,真菌的生长往往使种胚受到损坏。总之,种子含水量超过10% ~13%,往往出现萌发、产热或真菌感染,从而降低或破坏种子生活力。例如当归种子含水量达到20%时,储存3 个月发芽能力丧失90%;而含水量4%者,发芽率仍在90%以上。侧柏种子含水量为17% ~18%时储藏,发芽率迅速降低;含水量低于10%时,储存在0 ℃的温度条件下,效果较好。但是种子含水量也不是越低越好,过分干燥或脱水过急,也会降低某些种子的生活力。如旱莲草种子含水量以8% ~9%时发芽率较好,如含水量降至2% ~4%,发芽率即明显降低。不同植物种子的安全含水量不同。现在药用植物储藏时安全含水量没有统一标准,一般大粒种子安全含水量较大,为8% ~15%,小粒种子较小,为3% ~7%。

另有少部分药用植物种子不耐干藏,适宜储藏在湿度较高的条件下,大多是一些喜阴植物种子在夏季成熟的种类。如北细辛、黄连、明党参、孩儿参等,以及大多数热带药用植物,干燥会导致种子衰亡。如海南岛产的青皮新种子水分41.6%,发芽率为55%;经20 ℃风干3 d,水分降至23%,发芽率为21%,经超薄切片电镜观察,发现干燥失水会引起细胞器膜结构的损伤,原生质也分散成团块状,造成一种不可逆的反应。属于湿藏型的种子还有槟榔、肉桂、沉香、丁香、肉豆蔻等。

(4)种子成熟度　种子成熟度也会影响种子的寿命。不成熟的种子,其种皮厚,储藏物质未转化完全,容易被微生物感染,发霉腐烂,种子含水量高,呼吸作用强,因而缩短种子寿命,微生物也容易侵入,这样大大缩短了种子的寿命。如充分成熟的穿心莲种子储藏4 年后仍有53%的发芽率,而不够成熟的种子发芽率仅为1.5% ~4.0%。

药用植物种子成熟包括形态成熟和生理成熟两种。生理成熟是指种子发育到一定大小,内部干物质积累到一定数量,种胚已具有发芽能力。生理成熟的种子含水量高,营养物质处于易溶状态,尚不能完全保护种仁,不易防止水分散失。此时采集,种仁急剧收缩不利于储藏,会很快丧失发芽能力。但对深休眠的种子,如山茱萸、山楂等,可用处于生理成熟期的种子,采后即播,以缩短休眠期,提高发芽率。形态成熟是指种实外部形态完全呈现出成熟特征,完成胚发育过程,结束了营养物质的积累,含水量降低,营养物质转化为难溶的脂肪、蛋白质和淀粉,种子质量不再增加或增加很少,呼吸作用微弱,种皮坚硬致密,抗逆性强,种仁饱满,具有成熟时的颜色,已进入休眠,耐储藏。药用植物种子一般都是生理成熟在先,一段时间之后才能达到形态成熟。但也有些药用植物种子形态成熟在先而生理成熟在后。如浙贝母、刺五加、人参、山杏等。当果实达到形态成熟时,种胚发育没有完成,种子采收后,经过储藏和处理,种胚再继续发育成熟。也有一些种子,如泡桐、杨树,它们的形态成熟与生理成熟几乎是一致的。

由于生长习性不同,药用植物种子成熟时期也不同。大多数药用植物的种子成熟在秋季,也有在春、夏季成熟,如木防己、延胡索等早春成熟,玫瑰、葶苈等在春末夏初成熟,半边莲、紫苏等在夏季成熟;而黄柏、苦楝等入冬成熟。同一药用植物在不同生长地区、不同地理位置,种子的成熟期也不同。一般生长在南方的药用植物比生长在北方的种子成熟早。同一药用植物虽生长在同一地区,但由于立地条件、天气变化等差异,种子成熟期也不同。生于沙质土壤比黏质土壤药用植物种子的成熟要早,阳坡比阴坡的成熟要早,林缘比林内的成熟要早,高温干旱地区年份比冷凉多雨地区成熟要早。种子成熟特征可分为3类:浆果类成熟期果皮变软,颜色由绿变红、黄、紫色等,并具有香味,大多能自行脱落,应注意及时采摘。干果类(荚果、蒴果、翅果等)成熟时果皮变为褐色,干燥开裂,也有在树枝上宿存的,如紫藤、乌柏、卫矛类等。球果类果鳞干裂、硬化、变色,种鳞开裂散出种子。

种子成熟度对发芽率、幼苗长势、种子耐藏性均有影响,应采收充分成熟的种子。但有时也例外。例如,当归、白芷等应采适度成熟的种子留种,老熟种子播种后容易提早抽薹。又如黄芪等种子老熟后往往硬实增多,或休眠加深,如采后即播,往往采收适度成熟(较嫩)种子。凡种子成熟后不及时脱落的植物可以缓采,待全株的种子完全成熟时一次采收。否则,宜及时分批采收,或待大部分种子成熟后将果梗割下,后熟脱粒,如穿心莲、白芥子、白芷、北沙参、补骨脂等应随熟随采,避免损失。

此外,萌动、浸泡过的种子以及突然风干或暴晒脱粒的种子都不宜再储藏,因为这样的种子很容易失去生活力。

2)外因

外因主要有温度、湿度和通风条件。

(1)温度　温度较高时,酶的活性增强,加速储藏物质转化,不利于延长种子的寿命,同时还会使蛋白质凝结。温度过低会使种子遭受冻害,引起种子死亡。一般在低温(-20~10 ℃)干燥(含水量6%~12%)条件下储藏种子保存的时间较长,且不丧失生活力。如细辛种子在4 ℃条件下可存放300 d后,发芽率仍在70%以上,而在室温条件下存放30 d发芽率降低至30%以下,50 d后只有2%。因此,在室温条件存放种子一般不宜过长。可见低温和干燥是储藏种子的最基本的条件。

(2)湿度　储藏环境的空气相对湿度也很重要。因种子具有吸湿性能,如空气相对湿度大,则种子难干燥,也会因吸收水分增加了含水量,故要求有干燥的储藏条件。而一些植物的种子一经脱水干燥便迅速丧失生活力,如黄连、罗汉松和肉桂等。储藏这类种子时宜与湿润的基质混匀储藏可与沙、泥、蛭石、珍珠岩、苔藓等保湿材料层积。保湿材料的含水量以20%为宜,过湿过干都不利于种子的储藏。然后将其放在较低温度下以减少其萌发的可能性。这样可延长这类种子的寿命。如肉桂种子袋装通风储藏10 d全丧失发芽力,而用湿沙储藏10 d发芽率仍为95.8%,储藏30 d后为70.9%。

(3)空气　储藏气体也影响种子的寿命。一般在有空气的条件下,如用减氧法储藏,可延长种子寿命,用密封充氮、增加二氧化碳等方法也可延长种子寿命。

此外,化学药品如杀虫剂、杀菌剂等都可降低种子寿命,接种物如固氮菌在种子上容易使种子吸水,因此都在播种前才进行处理。在种子储藏过程中还要注意防止昆虫、老鼠及微生物的危害。

【检查评估】>>>

序号	检查内容	评估要点	配分	评估标准	得分
1	采种	正确采种	20	采种时期5分、采种部位5分、采种技术10分,全正确20分;部分正确,酌情扣分	
2	层积砂藏	正确层积砂藏	20	砂、种配比,砂藏方法,盖种正确,种子无霉烂,计20分;霉烂率10%以下,计19~15分;霉烂率11%~20%,计14~10分;霉烂率21%~30%,计9~5分;霉烂率超过30%,不计分	
合计			40		

·项目小结·

种质资源是中药生产的源头,种质的优劣对产量和质量起决定性作用。

药用植物优良品种是在一定地区范围内表现出有效成分含量高、品质好、产量高、抗逆性强、适应性广等优良特性的品种,它应具有特异性、稳定性和一致性,其突出表现在稳定的丰产、优质、抗逆性强等。优良品种有两个方面的含义:一是种子固有的良好优良品质;二是种子的播种品质(即优良的种子)。生产上根据自然条件、市场信息、制药企业的需求因地制宜选择适销对路的良种,还要考虑选用投资小、见效快、易管易种的良种。在药用植物引种时,要按照生态相似性原则、药用植物的生育规律、原植物名称、中药材市场发展规律引种,根据每种繁殖材料的生育特性,在引种过程中进行妥善的运输与储藏,保证繁殖器官的良好性状。在选种、引种时,要对药用植物种子品质进行检验、分析、鉴定,以判断其优劣,主要有净度、质量、水分、发芽力和生活力等种子品质检验中的指标。以苗木进行繁殖的药用植物,通过苗高、地径、苗木质量、高径比、茎根比等形态指标和苗木水势、根系生长潜力等生理指标来检验苗体品质。

在生产上种植若干年后,良种的、优良的生物学特性和经济性状会逐年降低,需要进行良种繁育和复壮,生产上采用选优更新、严防混杂、采用优良栽培繁殖技术、建立良种繁育制度来进行良种复壮,恢复优良种性。良种繁育包括大田—株行圃——株系圃——原种圃——生产繁殖原种——种子田——大田生产全过程。留种是一项很重要的工作,它关系来年药材生产的质量和产量,所选留的繁殖材料饱满、达到生理成熟度、发育完全、无病虫害,播种或种植后就会使幼苗生长健壮、发芽整齐、发芽率高、植株抗病抗逆性强,有利于药材生产的优质和高产。药用植物种子寿命主要受种皮(或果皮)结构、种子储藏物、种子含水量及种子成熟度等内因和温度、湿度和通风条件等外因影响。采摘下来的种子采用干燥储藏、砂藏等储藏方法,以保持种子生命力。

1. 优良品种应该具备哪些条件？怎么选择良种？
2. 引种应遵循哪些原则？怎么引种才能成功？
3. 简述品种的退化原因和提纯复壮方法。
4. 种子播种品质的检验指标有哪些？
5. 影响种子寿命的因素有哪些？

项目4　药用植物的繁殖

【项目描述】

种子繁殖、无性繁殖。

【学习目标】

掌握播种育苗、无性繁殖技术与操作规程。使学生掌握药用植物扦插育苗的操作方法和技术，能够根据种植药用植物的特点，选择适宜的扦插育苗方法。

【能力目标】

能进行种子繁殖、无性繁殖。

任务4.1　种子繁殖

【工作流程及任务】>>>

工作流程：

播前种子处理—播种—育苗—苗床管理。

工作任务：

适宜播种期的确定，适宜播种深度的确定，适宜播种量的控制，播种质量的把握，育苗。

【工作咨询】>>>

4.1.1　播种前的种子处理

处于休眠状态的种子，须在打破休眠后才能发芽，为保证种子的播种质量，促进种子及时萌发，出苗整齐，幼苗生长健壮，同时预防种子带菌或附有虫卵，必须在播种前对种子进行处理，以提高种子品质，打破种子休眠，促进种子萌发整齐和幼苗健壮生长。播种前种子处理手续简单，取材容易，成本低，效果大，是一项经济有效的增产措施，生产上已广泛采用。包括种子精选、消毒、催芽等。

1）种子精选

留作种子用的个体必须是粒大、粒壮、体健的材料。通过精选，可以提高种子的纯度，同时按种子的大小进行分级。分级播种能使发芽迅速，出苗整齐，便于管理。种子精选的方法有风选、筛选、盐水选、泥水选等。

2）种子消毒

种子消毒可预防种子附带的病害和虫害。主要有药剂消毒处理和热水烫种等。

（1）药剂消毒处理　药剂消毒种子分药粉拌种和药水浸种两种方法。

①药粉拌种。取种子质量的0.3%杀虫剂和杀菌剂，在浸种后使药粉与种子充分拌匀即可，也可与干种子混合拌匀。常用的杀菌剂有70%敌克松、50%福美锌等；杀虫剂有90%敌百虫粉等。用敌克松拌种的药量为种子重量的0.2%～0.5%，先用药量的10～15倍细土配成药土，再用于拌种播下。

②药水浸种。药水消毒前，一般先把种子在清水中浸泡5～6 h，然后浸入药水中，按规定时间消毒。捞出后，立即用清水冲洗种子，随即可播种或催芽。

药水浸种的常用药剂及方法有：用浓度0.5%的高锰酸钾溶液浸种30～120 min，种子捞出后，盖上洁净的干麻袋约30 min，再用清水冲洗数次晾干后播种，但胚根已突破种皮的种子不能用这种方法消毒；福尔马林（即40%甲醛），先用其100倍水溶液浸种子15～20 min，然后捞出种子，密闭熏蒸2～3 h，最后用清水冲洗；1%硫酸铜水溶液，浸种子5 min后捞出，用清水冲洗；10%磷酸钠或2%氢氧化钠的水溶液，浸种15 min后捞出洗净，有钝化花叶病毒的效果。采用药剂浸种消毒时，必须严格掌握药液浓度和浸种时间，以防药害。

（2）热水烫种　对一些种壳厚而硬实的种子（如黄芪、甘草、合欢等）可用70～75 ℃的热水，甚至100 ℃的开水烫种促进种子萌发。方法是用冷水先浸没种子，再用80～90 ℃的热水边倒边搅拌，使水温达到70～75 ℃后并保持1～2 min，然后加冷水逐渐降温至20～30 ℃，再继续浸种。70 ℃的水温已超过花叶病毒的致死温度，能使病毒钝化，又有杀菌作用，这是一种有效的种子消毒方法。穿心莲种子采用58 ℃温汤浸种或在37 ℃温水中浸24 h，比不浸种的发芽率提高25%。

另外，变温消毒也是一个办法，即先用30 ℃温水浸种12 h，再用60 ℃热水浸种2 h，可消除炭疽病的危害。

3）促进种子萌芽的处理方法

（1）浸种催芽　将种子放在冷水、温水或冷热水交替浸泡一定时间，使其在短时间内吸水软化种皮，增加透性，加速种子生理活动，还可使种皮内所含抑制发芽的物质被浸出，促进种子萌发。而且还能杀死种子所带的病菌，防止病害传播。浸种时间因药用植物种子的不同而有所差异。如穿心莲种子在37 ℃温水中浸24 h，桑、鼠李等种子用45 ℃温水浸24 h，对种皮较厚的种子可用80～90 ℃热水浸烫，边浸烫边搅动，然后浸种24 h，促进发芽效果显著。薏苡种子先用冷水浸泡一昼夜，再选取饱满种子放进筛子里，把筛子放入开水锅里，保持全部浸入10～15 s，再将筛子端出散热，冷却后用同样的方法再浸1次，然后迅速放进冷水里冲洗，直到流出的水没有黑色为止。此方法对防治薏苡黑粉病有良好效果。

（2）机械损伤　利用破皮、搓擦等机械方法损伤种皮，使难透水、透气的种皮破裂，增强透性，促进萌发。如黄芪、甘草、穿心莲种子的种皮有蜡质，可用电动磨米机划破皮或利用剪刀剪破种皮，再用35～40 ℃温水浸种24 h，发芽率显著提高。

(3)超声波及其他物理方法　超声波是一种20×10^4次/s到10^9次/s高频率电波。用超声波处理种子有促进种子萌发，提高发芽率等作用。如用频率22 kHz，强度0.5～1.5 W/cm的超声波处理枸杞种子10 min后，明显促进枸杞种子发芽，并提高了发芽率。

除超声波外，农业上还有红外线(波长770 nm以上)照射10～20 h已萌动的种子，能促进出苗，使苗期生长粗壮，并改善种皮透性。紫外线(波长400 nm以下)照射种子2～10 min，能促进酶活化，提高种子发芽率。另外，用γ，β，α，X射线等低剂量照射种子，有促进种子萌发、生长旺盛、增加产量等作用。低功率激光照射种子，也有提高发芽率，促进幼苗生长，早熟增产的作用。

(4)化学处理　有些种子的种皮具有蜡质，如穿心莲、黄芪等，影响种子吸水和透气，可用浓度为60%的硫酸浸种30 min，捞出后，用清水冲洗数次并浸泡10 h再播种，也可用1%苏打或洗衣粉(0.5 kg粉加50 kg水)溶液浸种，效果良好。用热水(90 ℃左右)注入装种子的容器中，水量以高出种子2～3 cm为宜，2～3 min后，水温达到70 ℃时，按上述比例加入苏打或洗衣粉，并搅动数分钟，致使苏打全部溶解时，即可停止搅动。随后每隔4 h搅动1次，浸24 h后，当种子表面的蜡质可以搓掉时，再去蜡，最后洗净播种。

(5)生长调节剂处理　需要生理后熟的种子，特别是需低温后熟的种子，播前用一定浓度的激素处理后不经低温就可正常发芽出苗。常用的生长调节剂有吲哚乙酸、α-萘乙酸、赤霉素、ABT生根粉等。如果使用浓度适当和使用时间合适，能显著提高种子发芽势和发芽率，促进生长，提高产量。如党参种子用0.005%的赤霉素溶液浸泡6 h，发芽势和发芽率均提高1倍以上，人参和西洋参的种子用$50\sim100\times10^{-6}$赤霉素或50×10^{-6}BA浸种子24 h，可加速形态后熟，完成形态后熟后再用40×10^{-6}赤霉素处理24 h，不经低温就可发芽出苗。

(6)层积处理　层积处理是打破种子休眠常用的方法，对于具有形态后熟、生理后熟时间较长的种子此方法最为适宜，如人参、芍药、山楂、山茱萸、银杏、忍冬花、黄连、吴茱萸、核桃、枣、杏、八角和茴香等药用植物的种子常用此方法来促进发芽。层积处理常用洁净的河沙作层积材料(也可用沙∶腐殖土=3∶1混合)，沙的用量根据种子大小而定。对于中小种子(千粒重100 g以下)，沙的用量为种子体积的3～5倍，而对于大粒种子(100 g以上)的用量为种子的5～10倍，沙的湿度以手捏成团放开即散(约为最大持水量的30%)为宜。处理时先用水浸泡种子，使种子吸水膨胀。然后与调好湿度的细沙按比例混拌层积处理。也可将吸胀种子与调好湿度的细沙分层堆放处理，中小粒种子每层厚3～4 cm，大粒种子每层厚5～9 cm。层积处理时，容器底部和四周要用湿沙垫隔好，顶部再用湿沙盖好。处理温度因植物而异，有的植物种子的后熟需要由高温到低温的顺序变化，如人参、刺五加、牡丹和芍药等；有的要求低温湿润条件，如乌头、花椒、麦冬、薯蓣和黄连等；有的植物种子先要求低温湿润条件，让其形成胚根，然后要求高温促使萌发的幼根生长，再次经过一段时间低温处理后给予第二次高温处理，使其形成正常幼苗，如延龄草种子的后熟处理；有一些坚硬的核果类种子如杏、桃等最好进行一段极端低温即冷冻处理，使其种皮裂开后再层积处理。层积处理时间因植物种类而异，后熟期长，处理时间宜长，应早处理，如人参、黄连等；后熟期短的种子如北沙参等处理时间要短，可晚处理。通常以保证种子顺利通过后熟不误播期，种子不过早发芽为最宜。

4.1.2 播种育苗

药用植物种子大多数可直播于大田，但有的种子极小，幼苗较柔弱，有的苗期很长，或者在生长期较短的地区引种需要延长其生育期的种类，需要特殊管理，应先在苗床育苗，培育成健壮苗株，然后按各自特性分别定植于适宜其生长的地方。

1）播种

（1）播种时期　药用植物种类不同，生态习性各异，播种期不一致。但通常以春、秋两季播种的为多，一般春播在3—4月，秋播在9—10月。一般耐寒性差、生长期较短的一年生草本植物，以及没有休眠特性的木本药用植物宜在春季终霜过后播种，如薏苡、紫苏、板蓝根、决明子、荆芥、川黄柏等。耐寒性强、生长期长或种子需休眠的药用植物宜秋播，如人参、北沙参、白芷、厚朴、水飞蓟、牛蒡子、红花、珊瑚菜等。多年生草本植物适宜春播或秋播，如大黄、云木香等，如温度已足够时适宜早播，播种早发芽早，光合时间长，产量高。木本药用植物一般宜春播，但银杏、乌梅、山茱萸、厚朴等硬粒种子宜冬播。有些药用植物的种子寿命短，要随采随播，否则会丧失发芽力，如田七、肉桂、杜仲、北细辛等。

我国各地气候差异较大，同一种药用植物，在不同的地区播种期也不一样，如红花在长江流域秋播因延长了光合时间，产量均比春播高得多，而北方因冬季寒冷，幼苗不能越冬，一般在早春播。有的因栽培目的不同播种期也不同，如牛膝以收种子为目的者宜早播，以收根为目的者应晚播。板蓝根为低温长日照作物，以收种子者应秋播，以收根者应春播，并且春季播种不能过早，防止抽薹开花。薏苡适期晚播，可减轻黑粉病发生。总之，每一种药用植物在某一地区都有适宜的播种期，在栽培生产过程中应注意确定适宜的播种期，做到不违农时，适时播种，尤其是在药用植物的引种过程中更应注意。

（2）播种方式　应根据药用植物种类、生长习性、种植密度、种植制度和播种机具等因素确定，其原则是使作物在田间的分布合理，养分和光能充分利用，通风透光好，以利于个体与群体的协调发展和便于栽培管理，常见的有条播、穴播和撒播。

①条播。按一定行距在畦面横向开小沟，将种子成行均匀播于种沟内。特点是播种深度较一致，种子在行内的分布较均匀，通风透光，苗株生长健壮，能提高产量，便于进田间中耕除草、施肥等管理措施和机械操作，因而是目前生产上广泛应用的一种方式。按行距及播幅的不同，又有各种不同规格：

a.宽行条播。一般行间距离为35～70 cm不等。适宜栽种植株营养面积较大或需中耕的药用植物，如薏苡、颠茄、紫苏、白芷等。

b.窄行条播。一般行间距离为10～30 cm，机播行距通常小于人播行距，适于植株小而密植的药用植物，如胡麻、车前等。

c.宽窄行条播。宽行与窄行相间，便于机械化作业。适宜种植生长后期易受荫蔽的药用植物，如石蒜、半夏等。

d.带状条播。若干窄行间隔一宽行，两个宽行之间的几条窄行称为带。采用这种方式，利于在宽行内进行中耕除草或套种其他药用植物。

e.宽幅条播。播幅宽于一般条播，而幅距往往较窄。土地利用率较高，有利于密植和集中施肥，常用于北沙参、桔梗、蒲公英、射干、黄芪等药用植物。条播一般采用播种耧、畜力条播机、机引条播机等进行。机引条播机落种均匀，播深一致，种肥、农药可同时播下，效率较高。

②穴播。也称点播，按一定的行林距挖穴直接将种子播入穴内的方法。点播能保证株距和密度，有利于节省种子，便于间苗、中耕，适于大粒或贵重药材种子的播种，多用于厚朴、三七、檀香、安息香、槟榔、丁香等药用植物播种。采用精量播种机播种时，可按一定的距离和深度，精确地在每穴播下 1 或 2 粒种子，还可结合播种撒入除草剂和农药。但对整地和种子质量的要求较高。

③撒播。将种子均匀地撒于畦面上的方法。适用于细粒种子及大量播种，如板蓝根、怀牛膝等。撒播操作简便，能节省劳力，但不便于管理，幼苗拥挤，光照不足，通透性差，易徒长和发生病虫害，同时也浪费种子。

(3)播种量　播种量是指单位土地面积播种的种子质量，适宜播种量对药用植物产量和有效成分都很重要。播种量过大，群体过大，出苗密，个体生长弱，产量和有效成分低；播种量过小，虽然个体生长良好，但群体数量不够，仍然达不到高产、品质的要求。因此，要科学地计算播种量，播种量计算公式为

$$\text{播种量}(\text{g}/667\ \text{m}^2) = \frac{\text{需要苗株数}/667\ \text{m}^2 \times \text{千粒重}(\text{g})}{\text{种子净度}(\%) \times \text{种子发芽率}(\%) \times 1\,000}$$

用上式计算出的数字是理论播种量，在生产实践中，要根据气候、土壤条件、整地质量、自然灾害、地下害虫和动物危害、播种方法与技术条件等情况确定实际播种量。

(4)播种深度　播种的深浅影响种子的萌发、出苗和植株生长，一般情况下，大粒种子宜深，细小种子宜浅；单子叶植物宜深，双子叶植物宜浅；砂质土宜深，黏质土宜浅；干旱季节和干旱地区播种宜深，湿润多雨季节宜浅；种根类宜深，种茎类宜浅；气候寒冷，气温变化大，多风干燥的地区要适当深播，反之就要适当浅播。播种深度一般是种子直径的 2 ~ 3 倍。应特别注意，凡脂肪和蛋白质含量高或子叶肥厚的种子要适当浅播，因种子呼吸强度大，易造成严重烂种。

2)育苗技术

有些药用植物由于种子特别小，或者在种子发芽和幼苗的生长过程中有特殊要求或因种子精贵需要精细管理的，需要进行育苗。

(1)育苗方法　苗床要选择靠近种植地、灌排方便、避风向阳、土壤疏松肥沃的田块。苗床整地要求精细整地，并适当施人畜粪等农家肥或土杂肥作基肥，与土壤充分混匀后即可起畦开沟播种。通常采用露地、温床、塑料小拱棚、塑料温室(大棚)等苗床育苗。

①露地育苗。露地苗床是在苗圃里不加任何保温措施，大量培育种苗的一种方法，一般木本药用植物如杜仲、厚朴、山茱萸等的育苗常采用。还用于种粒小(龙胆、党参等)田间出苗率低，不需提早播种育苗的；苗期需要遮阴(当归、五味子、细辛、龙胆、党参等)、防涝、防高温的；需要拌菌栽培(天麻)；苗期占地时间较长(人参、贝母、黄连、牡丹等)的多年生药用植物育苗。

②保护地育苗。育苗设备有温室、温床、冷床和塑料薄膜拱棚等。

a.冷床育苗。土壤中不加发热材料，仅用太阳热进行育苗的一种方法。其构造由风障、土框、玻璃窗或塑料薄膜、草帘等几部分组成。设备简单，操作方便，保温效果也很好，因而在

生产上被广泛采用。冷床的位置以向阳背风、排水良好的地方为宜，床地选好后，一般按东西长 4 m、南北宽 1.3 m 的规格挖床坑，坑深 10 ~ 13 cm，在床坑的四周用土筑成床框，北床框比地面高 30 ~ 35 cm，南床框比地面高 10 ~ 15 cm，东西两侧床框成一斜面，床底整平后装入过筛混合成的细砂、腐熟的堆厩肥和肥沃的农田土，三者各为 1/3。一般在 3—4 月即可播种育苗。

b. 温床育苗。温床是利用太阳热能，并在床面下垫入酿热物，利用其产热提高温床的一种育苗方法。温床东西走向，长度视育苗量而定，南北宽（床面宽）1.2 m，再延长宽范围向下深挖 50 ~ 60 cm，四周用土筑成土框，北面高 60 cm，便于覆盖薄膜。酿热物为新鲜牲口粪、树叶、杂草以及破碎的秸秆。先将破碎的玉米秸秆浸透水，捞出后泼上人粪尿拌匀，然后再与 3 倍的新鲜牲口粪混合后，堆到苗床内盖膜发酵，待堆内温度上升到 50 ~ 60 ℃时，选晴天中午摊开铺放于床底并踏实、整平。由于床四周低中间高，酿热物的厚度也不一样，发热后可矫正冷床温度不均的缺点，使温床内的土温达到均匀一致。在踏实整平后的酿热物上盖厚约 1 cm 的黏土，上面盖厚 15 cm 的营养土，踏实耧平即可播种育苗。

c. 温室育苗。先在苗床底部垫一层稻草等绝缘保温物，再放一层细土，上面再布电热加温线，密度为 80 ~ 120 W/m^2。在地热线上铺放床土，其配合比例依所培育药用植物的特性而定。床土的厚薄取决于种粒的大小。小粒种 10 cm 左右，大粒种 10 ~ 20 cm。棚内，也可采用容器育苗，即利用各种容器（如杯、盆、袋等）装入营养土（营养基质）培育苗株（用容器培育的苗株称容器苗）。容器苗生长健壮，定植时不伤根系，移栽成活率高。有些地区厚朴采用容器培育造林效果良好。

（2）苗床管理　在整个育苗期间，采用间苗、松土除草、防治病虫害、肥水管理等措施，为幼苗生长创造良好的光、温、水、肥条件。根据幼苗生长进程，一般包括发芽期、幼苗期和移栽前管理 3 个阶段。

①发芽期管理。须保证床土有充足水分、良好通气条件和稍高的温度环境。

②幼苗期管理。苗床光照强度应提高，夜间床温不能低于 10 ℃，白天控制在 18 ~ 25 ℃，要控制供水，调节夜间温度高低和白天的通风措施。

③移栽前炼苗。通风降温，减少土壤湿度。锻炼过程 5 ~ 7 d。

露地苗床培育厚朴、黄皮树等木本药用植物苗木，因其生长较慢，当年冬季不能出圃，须于第二年春季每隔 1 株或 2 株挖起 1 株移植到准备好的另一苗床上，与留床的苗木一起继续培育 1 年，移植株距为 10 cm、行距 20 cm，移植前，要适当修整苗株根系，促其发育良好。移植后，加大肥水管理，秋后苗高可达 1 m 左右，即可定植。而黄连等多年生草本药用植物育苗，因其种子小，幼苗柔弱，生长缓慢，不仅培育时间长，一般需 3 年才能定植，而且整个育苗期间，需搭设荫棚，精心管理，才可育出粗壮的苗株。

【知识拓展】>>>

4.1.3　种子休眠特性

许多药用植物种子在适宜的温度、湿度、氧气和光照条件下，也不能正常萌发出苗或推迟萌发出苗的现象称为休眠。种子休眠通常有两种情形：一种是因自身尚未经过生理成熟而产生的休眠,为生理休眠;另一种是因环境不能满足发芽所需条件产生的休眠为强迫休眠。总之,休眠是植物个体发育过程中生理后熟的一种自然现象,是植物经过长期演化而获得的一种对环境条件和季节性变化的生物学适应性、保护性反应。休眠是一种正常现象,有利于种族的生存和繁衍。

种子休眠的原因主要有以下几个方面:

(1)种皮限制 药用植物种子的种皮结构各种各样。有的种子种皮结构致密,阻碍吸水,如豆科植物的种子(如黄芪、甘草)有坚厚的种皮,称为硬实种子;有的植物种子被坚硬的木质果核包被,阻碍种子萌发,如桃、杏、山茱萸、皂角、盐肤木、穿心莲等;有的种子种皮表面或种皮内含胶质,影响吸收水分速度,如杜仲等;有的种子种皮有蜡质层,妨碍吸水,如厚朴;有的种子种皮表面有油层也阻碍吸水,如五味子、山茱萸。上述各种表皮均阻碍正常吸水,影响萌发出苗。

(2)胚未分化成熟 有些种子在形态上已经发育完全,但胚的分化发育不完全或生理尚未完全成熟,必须在适宜条件下继续完成器官分化,并完成生理后熟,才能萌发生长。所谓后熟是指种子采收后需经过一系列的生理生化变化达到真正的成熟,才能萌发的过程。这种情况在高寒地区或阴生、短命速生的药用植物中较为常见。后熟大致有以下4种情况:

①高低温型。其胚后熟需要由高温至低温顺序变化,胚的形态发育在较高的温度下完成,其后需要一定时期低温完成其生理上的转变才能萌发。如人参、西洋参、川贝母、细辛、刺五加、羌活等的种子。

②低温型。胚后熟要求低温湿润条件,生产上要求秋播或低温砂藏。如乌头、黄连、山茱萸、木瓜、麦冬、黄檗等种子。

③两年种子。即胚后熟和上胚轴休眠分别要求各自的低温才能发芽的种子,如延龄草胚后熟长出胚根先要求低温湿润条件,接着需要一个高温期,促使萌发的幼根生长。继而需要第二个低温期,使上胚轴后熟,随后要求第二个高温期,才能形成正常的幼苗,故在秋播后的第三年春才出苗。

④上胚轴休眠。这一类种子大多数在收获时胚未分化,其后发育需要较高的温度,接着又要求低温解除上胚轴休眠,胚茎才得以伸长,幼芽露出土面。如牡丹、细辛、玉竹、天门冬等种子。

(3)萌发抑制物质的存在 有些种子不能萌发是由于果实或种子内有抑制种子萌发的物质。如挥发油、生物碱、有机酸、酚类、醛类等。它们存在于种子的子叶、胚、胚乳、种皮或果汁中,如山楂、女贞、川楝等种子都含有抑制物质,阻碍种子萌发。不少种子休眠的原因不止一个,如人参属胚发育未完全类型,同时果实种子内也含有发芽抑制物质。

4.1.4 种子萌发的条件

具有生活力的种子经过休眠后,在足够的水分、适宜的温度和充足的氧气条件下就能萌发。

1)水分

水分是种子萌发的首要条件。风干种子含水量很低,一般只有其总重的10%~12%,生命活动处于相对静止状态。因此,种子要萌发、重新恢复其正常的生命活动,就必须吸收足够的水分。水对种子萌发的作用在于：

①使种皮膨胀柔软，增强对 O_2、CO_2 等物质的透性，既有利于胚进行旺盛的呼吸，也有利于胚根、胚芽突破种皮。

②使细胞质从凝胶状态转变为溶胶状态，各种酶也由钝化变为活化状态，有利于呼吸、物质转化和运输等活动的加快。

③水分参与了复杂的储藏物质的分解，并能促进分解产物运送到正在生长的幼胚中去，为幼芽、幼根细胞的分裂和伸长提供了足够的养分和能源。

2）温度

适宜的温度是种子萌发的必要条件。种子萌发是旺盛的物质转化过程。它包含储藏物质在酶的催化下的降解过程和降解产物在酶的催化下合成新的细胞物质的过程。而酶所催化的任何一个生化过程都要求一定的温度条件。所以温度制约着种子的萌发。

种子萌发时存在最低、最高和最适温度。最低和最高温度是种子萌发的极限温度，低于最低温度和高于最高温度，种子就不能萌发，因而它们是农业生产中决定不同作物播种期的主要依据。最适温度是指在短时间内使种子萌发率达到最高的温度。种子萌发的温度“三基点”，随植物种类和原产地的不同会有很大差异。

3）氧气

充足的氧气是种子萌发的必要保证。种子萌发时，胚的生长需要呼吸代谢提供能量。呼吸代谢的增强，则需要充足的氧气。

大多数种子需要空气含氧量在10%以上才能正常萌发，但需要程度又因种子的化学成分不同而有所不同。脂肪含量高的种子（如花生、棉花）在萌发时需氧量比淀粉类种子高，因此这类种子宜浅播。

大多数植物种子只要满足了水分、氧气和温度的要求就能正常萌发。但也有一些种子萌发除了上述3个基本条件外，还受光照条件的影响。一些喜光种子如地黄、烟草种子需要在一定光照下才能萌发；而另一些种子如番茄、西葫芦等种子，则在光照下萌发反而受到抑制，只有在相对长的黑暗条件下才能萌发。

【计划与实施】>>>

播种育苗

1）目的要求

通过本计划的实施，使学生掌握药用植物种子直播操作方法及苗期管理技术，能够根据种植药用植物的特点，选择适宜的播种方式，能够进行苗情诊断并采用相应的管理措施。

2）计划内容

（1）苗床准备，配溶液　按做高畦的方法准备播种床。根据多菌灵使用说明，配制生根粉溶液。

（2）种子精选　通过水选和风选等措施，精选种子。

（3）种子杀菌　用多菌灵溶液按照规定的时间浸种。

(4)播种　把经过杀菌的桔梗种子晾干,与等量的细沙土混合均匀,撒于畦面上,并用脚或重物压实。

(5)田间管理　及时浇水、除草,保持田间湿润。间苗和补苗:桔梗按株距 5 cm 间苗和补苗,间苗两次后,开始定苗,按 8 cm 定苗。

(6)苗情诊断　根据各种苗的形态标准,找出田间的壮苗、弱苗、徒长苗、畸形苗、老小苗。

3)实施

4 个人一组,相互协作,按照计划要求准备有关材料、药品、用具、地块,按计划内容逐步操作,进行田间观察,根据苗情长势长相加强苗床管理,做好记录,育苗完成后,写出报告。

【检查评估】>>>

序号	检查内容	评估要点	配分	评估标准	得分
1	种子处理	正确进行种子处理	20	能正确进行种子精选、浸种、消毒、催芽,计 10 分;明确种子处理的依据(为什么这么做),计 10 分。操作或依据不正确,酌情扣分	
2	播种育苗	播种育苗方法正确	30	播种育苗操作正确,壮苗率 90% 以上,计 30 分;壮苗率 89% ~ 80%,计 29 ~ 25 分;壮苗率 79% ~ 70%,计 24 ~ 20 分;壮苗率 69% ~ 60%,计 19 ~ 15 分;壮苗率 60% 以下,不计分	
合计			50		

任务 4.2　无性繁殖

【工作流程及任务】>>>

工作流程:

繁殖方法选用—无性繁殖材料准备—分离、压条、扦插、嫁接繁殖—繁殖后管理。

工作任务:

分离、压条、扦插、嫁接繁殖。

【工作咨询】>>>

4.2.1　分离繁殖

分离繁殖是将植物的营养器官如把某些植物的鳞茎、球茎、块茎(根)、根茎及株芽等部分从母株上分割下来另外栽植，培养成独立新个体的一种繁殖方法，凡是易生根蘖或茎蘖的植物都可以用这种方法繁殖。此方法操作简便，成活率高。

1）分离繁殖的类型

根据繁殖材料所用部位的不同，分离繁殖可分为分株（如麦冬、砂仁、栀子、蔓荆子等）、分球茎（如天南星、半夏、番红花等）、分鳞茎（如百合、贝母等）、分块茎（如地黄、何首乌、白芷等）、分根茎（如射干、地黄、柳叶百前、款冬等）、分株芽（如卷丹、黄独、半夏等）等繁殖方法。

2）分离时期

分离时期因药用植物种类和气候而异，南方一般在秋末或早春植株休眠期进行，北方宜在春季进行，春季以3—4月，秋季以10—11月为好。花类药用植物要注意分株对开花的影响，一般夏秋开花的宜在早春萌发前进行，春天开花的则在秋季落叶后进行。这样在分株后能保证有足够的时间使根系愈合并长出新根，有利于生长且不影响开花。

3）分离方法

在繁殖过程中要注意繁殖材料的质量，分割的苗株要有较完整的根系。球茎、鳞茎、块茎、根茎应肥壮饱满，无病虫害。用于分株繁殖的材料有：鳞（球）茎如贝母、百合、大蒜、半夏；根状茎如薄荷、甘草，一般按长度或节数分若干小段，每段3～5个芽进行繁殖；块茎（根）如山药、何首乌，一般按芽和芽眼位置切割成若干小块，每一小块必须保留一定表皮面积和肉质部分；分根如芍药、玄参等多年生宿根草本植物，地上部分枯死后，萌发前将宿根挖出地面，按芽的多少、强弱从上往下割成若干小段，株芽如百合、半夏、山药和黄独的叶腋部常生有株芽，取下也可繁殖。

栽植深度除注意繁殖材料的大小外，还须考虑植物特性、土壤和气候诸因素，如番红花，在北方种植采用低畦深栽以保暖，在南方则宜种在高畦上。新切割的块根块茎，应先晾1～2 d，使伤口稍干后或拌草木灰，加强伤口愈合，减少腐烂。栽培时应使芽向上，覆土后视土壤干燥程度适当浇水。

4.2.2 压条繁殖

压条繁殖是将植株的一部分枝条或茎压入土中或用其他湿润易于生根的材料包裹，待生根后与母株分离而成为独立的新植株的繁殖方法。这是营养繁殖中最简便的方法。压条繁殖可借助母株的水分与养分来供给压条生根发芽，所以比扦插、嫁接都更容易成功，对那些采用扦插、嫁接等不易成活的药用植物常用此方法繁殖。

1）压条时期

压条时期应视植物种类和当地气候条件而定。通常多在生长旺盛季节压条，此时生根快，成活率高，一般选用1～3年生枝条进行压条。

2）压条技术

根据压条时埋头的状态、位置及其操作方法的不同可分为以下3种：

（1）普通压条　普通压条又称单枝压条，是最常用的一种方法，适用于枝条离地面近且容易弯曲的植株。普通压条又分为弯曲压条、连续弯曲压条和水平压条。

①弯曲压条。即选用近地面的1～2年生枝条弯曲压入土中，枝梢露出地面，压条生根后即可分株栽植。此方法适用于杜仲、玉兰等。

②连续弯曲压条。又称波状压条。将枝条压成波浪状,各露出地面部分的芽独立生成新枝,埋于地下的部分产生不定根后即可分株栽植。该方法繁殖系数高,蔓性植物或枝长柔软的药用植物多采用此法,如连翘、忍冬花、蔓荆子等;一般于秋、冬季进行压条,次年秋季即可分离母体。在夏季生长期间,应将枝梢顶端剪去,使养分向下方集中,有利于生根。

③水平压条。又称沟压。即将母株枝条水平压在土中,待新芽、根从节上长出后即可分株移栽,形成独立植株。该方法适用于枝条较长而且生长较易的药用植物,如忍冬、连翘等。此方法的优点是能在同一枝条上得到多数植株,其缺点是操作不如弯曲压条法简便,各枝条的生长力往往不一致,而且易使母体趋于衰弱。通常仅在早春进行,一次压条可得 2 ~3 株苗木(见图 4.1)。

(2)堆土压条　堆土压条又称直立压条或壅土压条。有些药用植物基部生有许多分枝,枝条硬脆,不易弯曲,扦插生根较困难,可采取堆土压条方法,即在植物进入旺盛生长期之前,将枝条基部皮层环割,然后取土把环割部分埋入土中促其生根。该方法适用于丛生性强的植物,如栀子、贴梗木瓜、玉兰等。堆土压条可在早春发芽前对母株进行平茬截干,截干高度距地面越短越好。如是乔木可于树干基部留 5 ~6 个芽处剪断,灌木可自地际处抹头,使其萌发新枝。堆土时期依植物的种类不同而异。对于嫩枝容易生根的如贴梗海棠,可于 7 月间,利用当年生半成熟的新枝条埋条。分离时期一般在晚秋或早春进行(见图 4.1)。

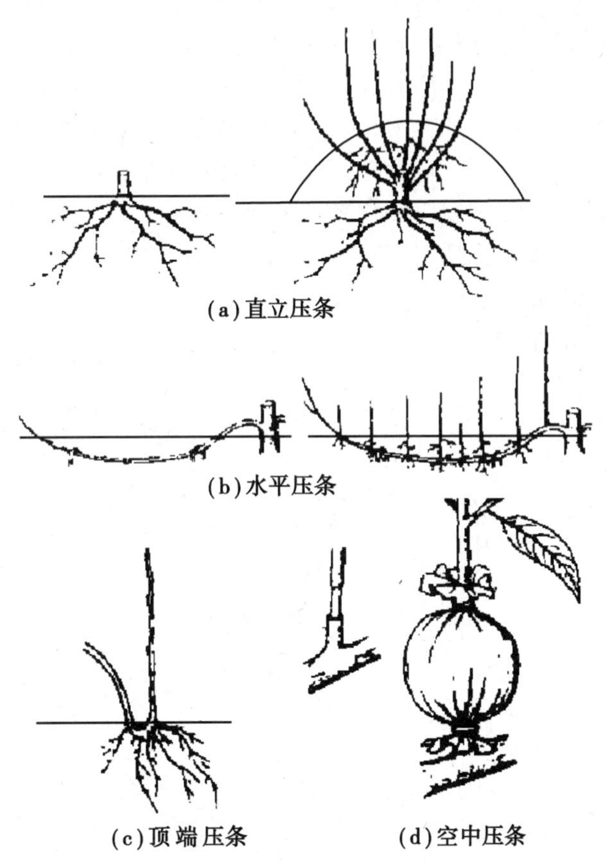

图 4.1　各种压条方法(董绍珍)

(3)空中压条　空中压条又称高压法，一些高大乔木或木质化强的灌木，枝条短而硬或弯曲不能触地，扦插生根困难，可选用1～2年生枝条，在被压处割伤或环割后，用牛粪或松软细土等缚裹于枝条环割处，然后用塑料薄膜包扎，上端紧，下端稍松。或可用剖开的竹筒、花盆、塑料袋盛土套缚在环割处。无论哪种方法都必须保持泥土湿度，以利于生根、发芽。待长出新枝、新根后即可分离移栽。此方法适用于酸橙、佛手、龙眼等植物(见图4.1)。

为使压条及时生根，特别是对不易生根，或生根时间较长的植物，可采用技术处理，促进其生根，常用的方法有刻伤、环割、软化、生长调节剂处理等。

4.2.3　扦插繁殖

扦插繁殖是利用植物的根、茎、叶、芽等器官或其一部分作插穗，插在一定的基质(土、砂、蛭石、草灰等)中，使其生根，生芽形成独立新植株的一种繁殖方式。扦插繁殖经济、简便、快捷，是生产中常用的繁殖方法。

1)扦插时期

扦插的适宜时期因各地气候、植物的种类、扦插的方法不同而不同。一般草本植物的适应性比较强，扦插时间要求不严，除严寒和干旱外，一年四季均可扦插。木本植物根据落叶树和常绿树分为休眠期扦插(冬季落叶后至春季萌发之前扦插)和生长期扦插(即在生长期中进行扦插)两类。一年中最适宜的扦插时间为春季3—5月及夏秋季7—10月。

2)插床准备

用来扦插的土地为插床，一般分为温床(室)和露地两种。一般扦插在露地。插床要求向阳，土质以沙壤为佳，要深耕细作，做成畦后去掉杂物和石块。深施(30 cm)一定数量的有机肥。一般施6～8 kg/m^2 厩肥。插床四周要开好排水沟。插条上端露出地面2～4 cm，可斜插，也可垂直插。插后用手适当压实，浇水至插床全部湿透。

3)插条的选择和储藏

插条因采集时期不同而分成硬枝插条(休眠期)和嫩(软)枝插条(生长期)两种，如图4.2所示。

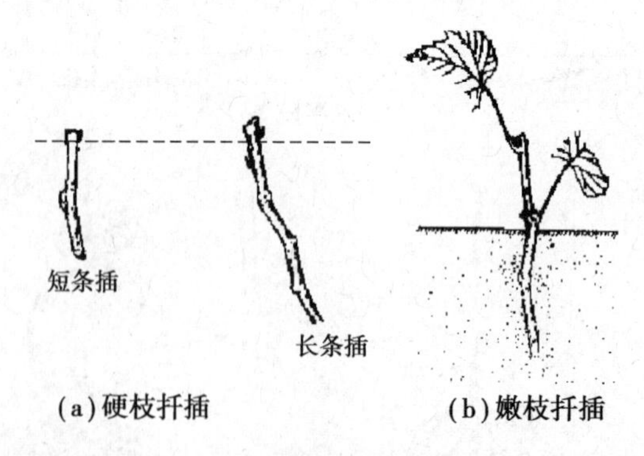

图4.2　硬枝扦插和嫩枝扦插(何方)

(1)硬枝插条的选择与储藏

①插条的选择。应选择生长健壮、无病虫害的1～2生枝条或萌蘖作插条。落叶药用植物一般以中下部插穗成活率高，常绿药用植物则宜选用充分木质化的带饱满顶芽的梢作插穗

为好。

②插条的剪取时间。插条中储藏养分的多少与剪取时期有关。落叶类药用植物,在落叶之前叶片的营养能运输到枝条及根中,使枝条内的营养、水分明显提高,所以要在落叶后剪取。

③枝条储藏。北方地区作为扦插用的插条,最好在越冬前剪下并储藏起来,这样可以减少春季的田间工作量,同时插条储藏过冬比较安全,在田间越冬枝条容易失水、抽条,影响春季插条的成活率。插条的储藏可分为露地埋藏和窖藏两种。

(2)嫩枝插条的选择　嫩枝扦插是选用当年生的枝条,数量少时随采随插,数量多时用湿布包起来或先泡在水中,而后随剪段随插入基质中。应从生长健壮、无病害的幼年母树采条,枝条要求半木质化,既不能太嫩,也不能木质化程度太高。半木质化的嫩枝,生命力强,容易产生愈伤组织,生根力强。

4)扦插繁殖的种类

因扦插器官不同可分3大类,即枝插、根插和叶插,如图4.3所示。

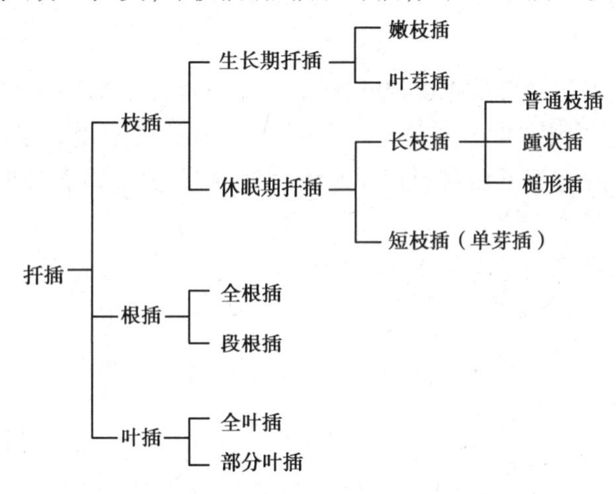

图4.3　扦插繁殖的种类(高新一,王玉英)

5)扦插方法

(1)根插法　切取植物的根插入土中,使之成为新个体的繁殖方法称根插繁殖,又称为分根法。凡根上能形成不定芽的药用植物都可以进行根插繁殖,如杜仲、厚朴、山楂、薯蓣等。根插的关键主要是选取长势较好、粗壮的根条作插条,插条可从母树周围挖取,也可在苗木出圃时,将修剪下来或残留在土中的根段作材料,随采随插。冬季挖取的根条,应储藏在砂中待翌春扦插。用作根插的根条,直径应在0.5 cm以上,长度一般剪成10~15 cm。扦插时要选择正确的插入方向,切勿倒插,为区别根条的上下端,根的上端可剪成平口,下端为斜口,随后在整好的苗床上开横沟,沟深8~12 cm,沟距25~30 cm,将根条按7~10 cm株距,其上端朝一个方向稍低于土面斜靠沟壁,最后覆土稍压实,使根条与土壤紧贴,浇水,并保持湿度,如图4.4所示。

(2)硬枝扦插　插条为已木质化的一年生或多年生木本药用植物。一般在深秋落叶后至翌年芽萌动前采集枝条,每个插穗保留2~3个芽,要求带顶芽,一般药用植物的接穗上切口为平口,离最上面一个芽1 cm为宜(干旱地区可为2 cm)。如果距离太短,则插穗上部易干

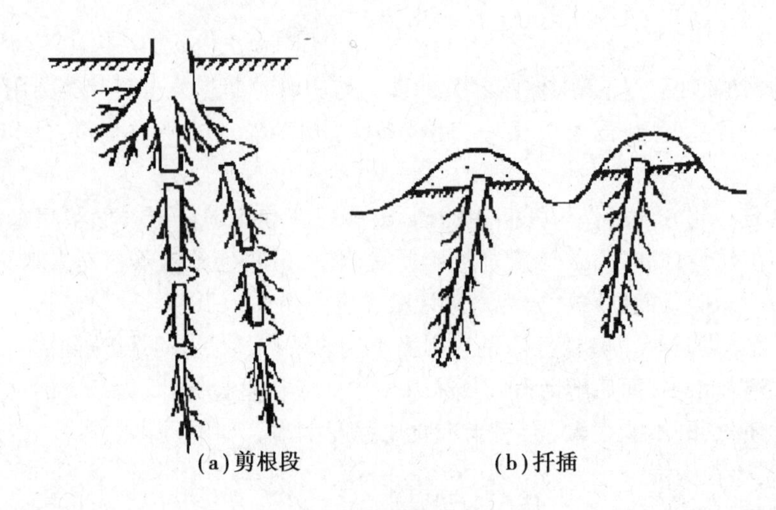

图4.4　根插(何方)

枯,影响发芽。常绿药用植物应保留部分叶片。下切口的形状种类很多,木本植物多用平切口、单斜切口、双斜切口及踵状切口等。容易生根的药用植物可采用平切口,其生根较均匀,斜切口常形成偏根,但斜切口与基质接触面积大,有利于形成面积较大的愈伤组织,一般为先形成愈伤组织再生根的药用植物所采用,并力求下切口在芽的附近。踵状切口一般是在接穗下带2~3年生枝时采用。上下切口一定要平滑。接穗截好后,以直插或斜插的方式插入已备好的基质。

(3)嫩枝插　嫩枝插适合落叶树也适合常绿树,可在5—8月进行。采下当年半木质化的新梢及时用湿布包好,放在冷凉处,保持新鲜状态。剪截时一般每个插条有3~4个芽(气候干燥,材料节间长或难以成活的药用植物,插条要长一些)。通常插入1/3~1/2,剪口为马蹄形,约在节下0.5 cm处,保留1~4叶,大叶片可剪去一部分。

通常不用嫩枝的顶梢。嫩枝插可在冷床或温床内进行、插后用塑料薄膜覆盖,以保持适宜的温度和空气温度,同时注意通风和遮阴。对生根困难的药用植物,可以用生长素处理(生根粉)插条。利用间歇喷雾全光育苗设施,则效果更佳。

(4)叶芽插　叶芽插所选取的材料为带本质部的芽并带较少叶片,随取随插,一般都在室内进行。贵重药用植物可以采用此方法繁殖,特别要注意温度、湿度的管理,如图4.5所示。

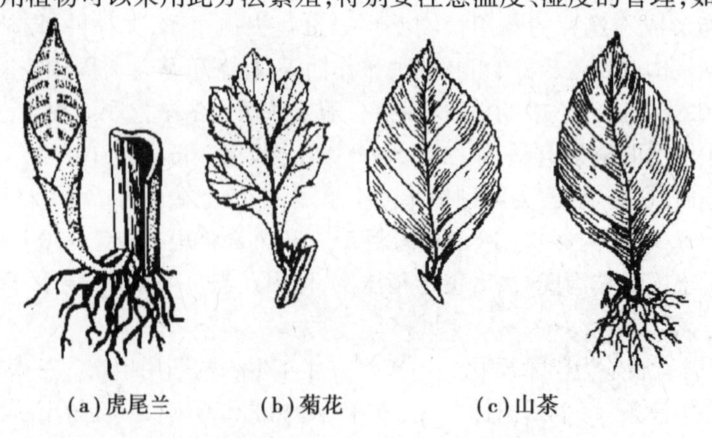

图4.5　几种植物叶片带芽扦插的方法(何方)

6) 扦插后的管理

扦插后的管理主要是保证水分供应和遮阴防晒工作。插床要及时浇水或灌水、经常保持湿润,特别是绿枝扦插。嫩枝扦插还应遮阴,在未生根之前,如果地上部已展叶,则应摘除部分叶片。当新苗长到15 cm时,应选留一个健壮直立的芽,其余的芽除去。用塑料小棚增温保湿时,插条生根展叶后拆除塑料棚,以便适应环境。在有条件的地区,利用白天充足的阳光,采取"全光间歇喷雾扦插床"进行扦插,即以间歇喷雾的自动控制装置来满足扦插对空气湿度的需要,保证插条不萎蔫,又有利生根。使用这种方法对多种植物的硬枝扦插,均可获得较高的生根率,但扦插所用的基质必须是排水良好的蛭石、砂等。这种方法在阴天多雨地区不宜使用。

7) 促进扦插生根的技术

(1)机械处理　机械处理主要用于不易生根成活的木本药用植物扦插。有剥皮、刻伤、环剥等方法。通过在伤口处富集养分,可以提高插条的生根、发芽能力。

①剥皮。插前先将表皮木栓层剥去,促进插条吸水,长出幼根。适用于枝条木栓组织比较发达,较难发根的药用植物。

②纵刻伤。在插条基部第1~2节的节间刻划5~6道伤口,深达韧皮部(以见绿色皮为限度),刺激生根。刻伤能增加对生长素的吸收。

③环剥。剪枝条前15~20 d,对将作插条的枝梢环剥,宽3~5 mm。在环剥伤口长出愈伤组织而未完全愈合时,剪下枝条进行扦插。

④缢伤。剪枝条前1~2周,对将作插穗枝梢的用铁丝或其他材料绞缢。

(2)化学药剂处理　对生根缓慢或困难的植物,可通过化学药剂处理,以促进生根。常用药剂有高锰酸钾、醋酸、二氧化碳、氧化锰、硫酸镁、磷酸等。使用浓度为0.03%~0.1%,对嫩枝插条用0.06%左右的浓度处理为宜。处理时间根据植物种类和生根难易不同进行处理。生根较难的处理10~24 h;反之,生根较易的处理4~8 h。

(3)生长激素处理　生产上普遍利用生长激素处理插穗以提高生根、发芽能力。常用激素为萘乙酸、ABT生根粉、吲哚乙酸、吲哚丁酸等。激素浓度是诱导生根的关键,不同植物、不同器官要求激素处理浓度不一,应在栽培中掌握最佳浓度。

(4)其他处理　一些营养物质也能促进生根,如蔗糖、葡萄糖、果糖、氨基酸等。丁香、石竹等插条用5%~10%蔗糖溶液浸泡24 h后扦插,生根成活率显著提高。生产中将营养物质与生长素配合使用效果更好。

4.2.4 嫁接繁殖

通过人工操作将一种植物的枝或芽,接到另一种植物的茎或根上,使之愈合生长在一起,形成一个新个体。供嫁接用的枝或芽称为接穗,承受接穗的植株称为砧木。嫁接繁殖具有变异性小、生长快、提前开花结实、抗病抗逆能力强等特点。但药用植物嫁接要特别注意有效成分的变化,否则,将失去利用价值,如图4.6所示。

1) 砧木的选择与培育

(1)砧木的选择　砧木是嫁接的基础,砧木质量对接穗的寿命长短、植株大小、结果早晚、有效成分的多少和嫁接成活率有着重要影响,更对药用植物以后的生长结果、开花状况等有

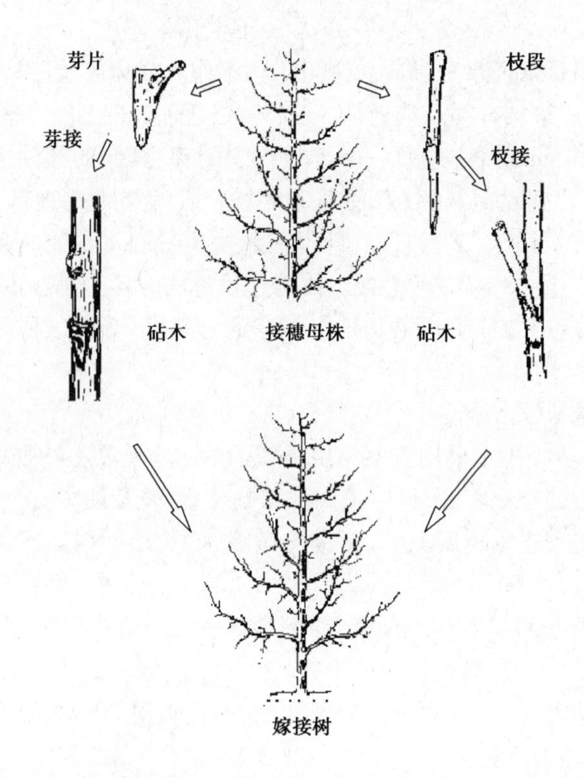

图4.6　嫁接(马宝焜等)

着深远影响。因此,嫁接前应慎重选择砧木种类,培育性状优良、生长健壮的砧木。一般从当地原产的药用植物中选择各种适宜的砧木,即采用本砧嫁接成活率高、结合牢固。如果当地种源缺乏,可从外地引种,但要试栽,观察其适应性,遵循生态相似性原则。优良的砧木应具备以下条件:与接穗具有良好的嫁接亲和力;具有良好的适应性、抗逆性,抗病虫能力强;有利于药用植物的丰产及有效成分的提高;来源丰富,易于大量繁殖;具有调节树体长势的特殊性状,如抑制树体长势,使树体生长矮化,或促进树体长势,使树体生长高大乔化等。

(2)砧木培育方法　通常有实生繁殖和无性繁殖两大类。如当地野生砧木资源丰富且方便利用时,可挖取野生植株,归圃培育。对于野生砧木资源也可就地嫁接,直接利用,但多因管理不便,效果不如归圃育苗。

实生繁殖即播种繁殖。播种育苗过程主要包括种子采集、干燥分级、种子储藏、种子处理、播种、苗期管理等环节。无性繁殖是利用药用植物的茎或根等营养器官做繁殖材料,通过扦插、压条、分株和组织培养等方法,培育砧木,无性繁殖方法主要用于矮化砧木及特殊砧木的培育。

嫁接前还应对砧木进行去叶、除分枝,施肥、灌排水,断根,回缩、疏剪等处理。

2)接穗的采集与处理

嫁接所用的接穗,应采用品种纯正、生长健壮,无病虫害的优良品种或类型的成年母株。一般选取树冠外围中上部生长充实,芽体饱满的当年嫩枝或1年生发育枝。春季枝接所用的接穗,结合冬季修剪采集,最迟在萌芽前1~2周采取。采集的接穗每100支扎成一捆,进行湿砂储藏。在储藏期间,应注意保湿防冻,春季回暖后,要控制接穗萌发,以延长嫁接时间。

生长季节芽接接穗,随采随用,采下的接穗立即剪去叶片(仅留叶柄)及生长不充实的梢端,以减少水分蒸发。接穗如暂时不用,每50支一捆,用湿布包裹,并注意喷水保湿。

3)嫁接时期和准备工作

(1)嫁接时期　嫁接时期对嫁接成活率影响很大。不同树种、不同嫁接方法要求的嫁接时期不同。枝接一般在植物休眠期进行,多在春、冬两季,以春季最为适宜。因为此时气温回升,砧木与接穗树液开始流动,根系水分、养分往上运输,接口愈合快,容易成活。各地气候不同,嫁接时间也有差异,但应选在形成愈伤组织最有利的时期进行。芽接在春、夏、秋季都可进行,当皮层能剥离时就可开始,但以秋季较为适宜,有利操作,愈合好,接后芽当年不萌发,免遭冻害,有利于安全越冬。

随着嫁接技术的改进,在嫁接时期的要求上往往不必过分严格。例如,春季嫁接时期可以提早,只要保证接穗伤口的湿度,到气温升高后也能长出愈伤组织,使嫁接成活。以前在生长季嫁接要求避开雨季,现在用塑料条包扎可以防止雨水浸入伤口,雨季也可以嫁接了。

(2)嫁接前的准备　嫁接和动手术一样,需要特殊的工具和用品。

①嫁接工具。对嫁接工具的基本要求是:方便实用、手柄牢固、刀口锯口锋利。常用嫁接工具有剪枝剪、芽接刀、切接刀、电工刀、扁铲、劈接刀、镰刀、手锯、削穗器、锤子等。

②绑缚材料准备。广为采用的绑缚材料是塑料薄膜,它具有使用方便、绑缚效果好、成本低廉等诸多优点。使用时,将塑料薄膜根据砧木和接穗的粗度裁剪成宽度适宜的塑料条,一般情况,芽接用条适宜宽度1 cm左右,枝接用条适宜宽度2 cm左右,大树高接用条宽度10 cm左右或更方便绑缚的宽度。进行芽接或枝接但砧木均较细时,可使用较薄的塑料薄膜,进行枝接和高接时,特别是砧木较粗时,宜使用较厚的高弹件塑料薄膜,这样有利于接口绑缚紧固,使接穗与砧木密切贴合,进而促进嫁接成活。单芽腹接时,应用薄的地膜进行绑缚,在不解绑的情况下,接芽可以顶破地膜,萌发出新梢,减少接后的管理环节。

4)嫁接方法

嫁接方法有很多种,根据嫁接植物的部位,主要有芽接、枝接两种,芽接包括"T"字形芽接、嵌芽接,枝接包括切接、劈接、腹接、插皮接等。

(1)芽接　从接穗上切取一个芽片(接芽),嫁接在砧木上,成活后接芽萌发形成一个植株。该方法具有结合牢固、易成活、操作方法简便等优点。芽接法又可分为"T"字形芽接、方块形芽接、嵌芽接等,如图4.7至图4.9所示。

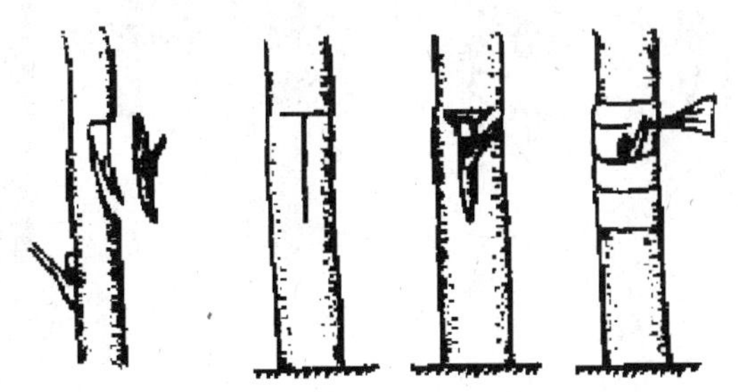

图4.7　"T"字形芽接(何方)

①"T"字形芽接。生产上应用较多,具体方法是:在夏末秋初(8—9月)选径1~2年生粗0.5 cm以上的砧木,在离地面3~5 cm处开一"T"字形切口,长、宽比芽片稍大一些,深度以

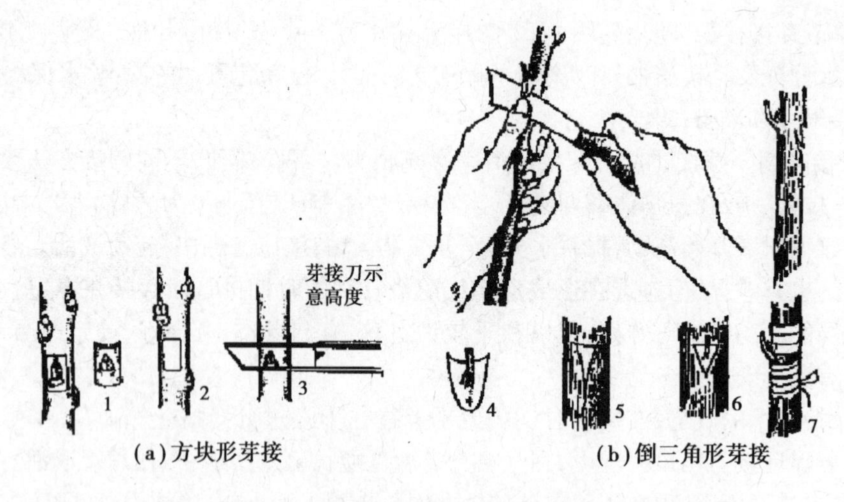

(a)方块形芽接　　(b)倒三角形芽接

图4.8　方块形和倒三角形芽接(何方)

1,4—芽片;2,5—砧木剥皮;3—芽片嵌入;6—接芽嵌入;7—包扎

切穿皮层,不伤或稍伤木质部为度。在接穗枝条上用芽接刀削取盾形稍带木质部的芽片长1.5~2.5 cm,宽0.6 cm左右。将芽片由上而下插入砧木切口内,使芽片上端与砧木横切口紧密相接,然后用塑料薄膜绑扎,芽接后一周,轻触芽下叶柄,如叶柄脱落、芽片鲜绿,则芽接成活。成活后15~20 d解除绑扎物。接芽萌发抽枝后可在芽接上方将砧木的枝条剪除,如图4.7所示。

②嵌芽接。春、夏、秋三季均可进行,特别适宜春、夏两季树木不易离皮时采用此方法。削取接芽时倒持接穗,先从芽的上方约1 cm处向下竖削一刀,深入木质部,长约2 cm;随后在芽的下方0.5 cm处,以30°斜切第二刀,切至第一刀的底部,取下带木质部的接芽。砧木切口的方法与削接穗芽相似,但比接芽稍长;取下切片,然后将接芽插入砧木,切口对准形成层(插入芽片后应注意芽片上端必须露出一线宽窄的砧木皮层,以促愈合),然后用塑料薄膜绑紧,如图4.9所示。

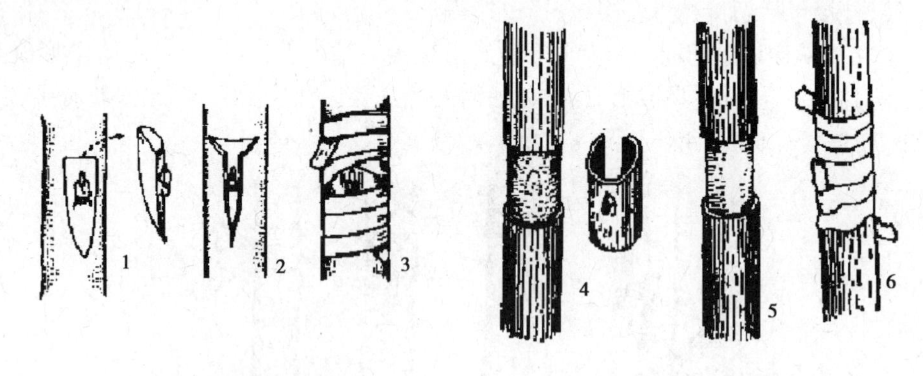

(a)舌状形嵌芽接　　(b)圆形嵌芽接

图4.9　嵌芽接(何方)

1—削芽;2—芽嵌入砧木;3,6—包扎;

4—环剥芽;5—环剥接砧(大小与剥芽一致)

(2)枝接　用一段枝条作接穗的嫁接方法。特别适用于比较粗大砧木的嫁接,如高接换种、修复树干损伤(桥接)以及利用坐地苗建园等。主要劈接、切接、舌接、靠接等,但常用方法为切接和劈接。

①切接。在砧木断面偏一侧垂直切开,插入接穗的嫁接方法,适用于比较细的砧木,如图4.10所示。

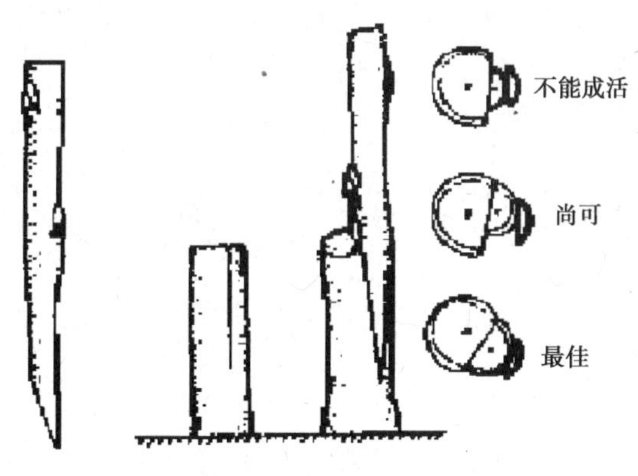

图4.10　切接(何方)

先将砧木在距地面一定高度处选平滑圆整处剪断,用刀削平剪口面,并在砧木光滑一侧削一短斜面,在砧木断面1/5～1/4的短斜面上,切一垂直切口,长约3 cm;在接穗下端一侧削一平直光滑的长削面,约3 cm;再在长削面的背面削成45°的短削面,顶芽留在短削面一边,将削好的接穗长削面向里、短削面向外插入砧木,上部露出砧面0.1 cm,然后绑缚埋土。

②劈接。又称割接法,常用于大树高接或平茬改接。春季萌芽前将砧木距地面10 cm处锯断,并削平接口,用刀在横断面的中心向下劈开4～5 cm,劈缝必须从树中心正直切下,以保证接穗有较好的生长位置。然后,将准备好的接穗两侧削成3～4 cm的楔形,楔形的尖端不必很尖,接穗的外侧要比内侧稍厚。迅速将削好的接穗插入劈缝,接穗的削面露出2～3 mm为宜。由于砧木的皮层一般较接穗的厚,因此,常常将接穗的外表面放在比砧木的外表面稍微靠里一点,使两者形成层对齐。接穗的削面要求平整,不宜太短、太陡,否则与砧木的接触面太小,对成活不利。砧木与接穗的形成层紧密对齐后,用塑料条绑严,以防止水分的散失,如图4.11所示。

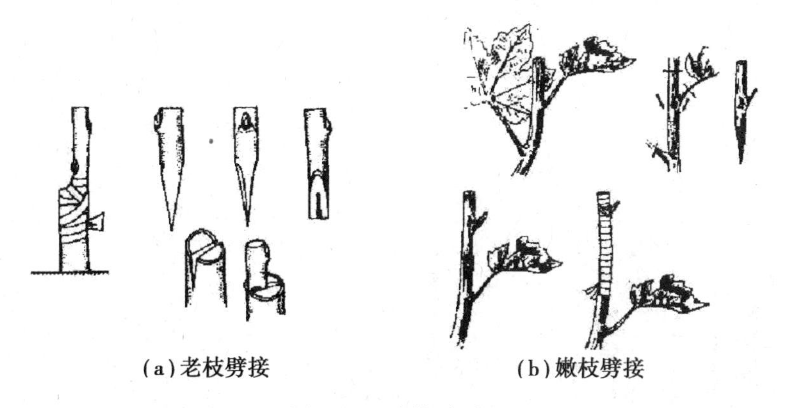

(a)老枝劈接　　(b)嫩枝劈接

图4.11　劈接(何方)

此外,还有舌接(见图4.12)、插皮舌接(见图4.13)、靠接(见图4.14)、切腹接(见图4.15)等嫁接方法。

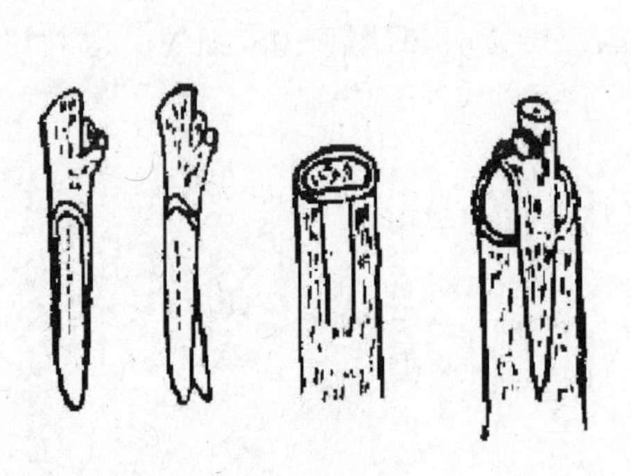

图4.12　舌接(何方)

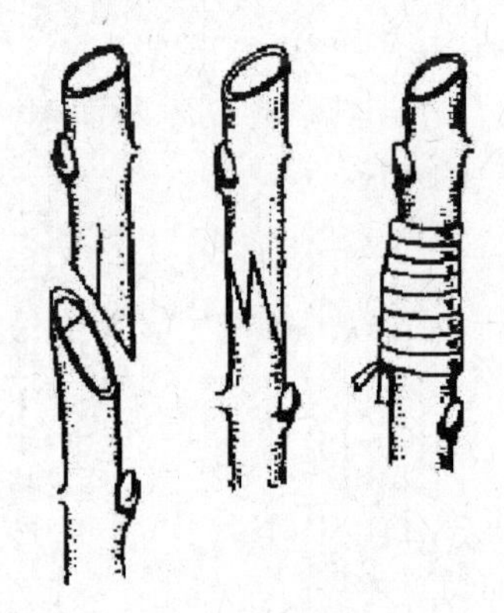

图4.13　插皮舌接(何方)

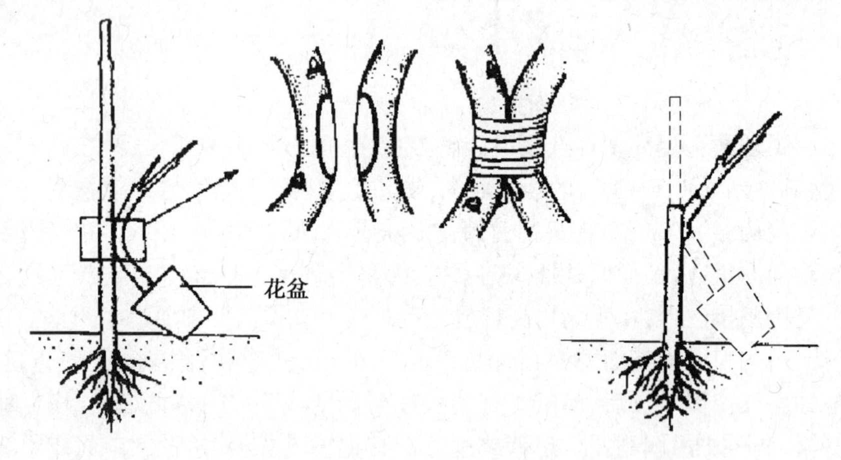

图4.14　靠接(何方)

5)嫁接后的管理

(1)解除绑缚物　枝接苗或嵌芽接苗,一般接后一个月左右解绑。"T"字形芽接苗可于接后15 d左右解绑。接穗或接芽保持新鲜状态或萌芽生长,芽片上的叶柄一触即落,表明已成活,如图4.16所示。

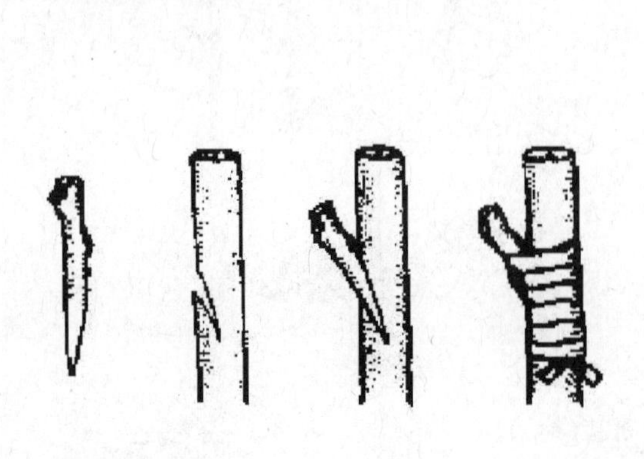

图4.15　切腹接(何方)

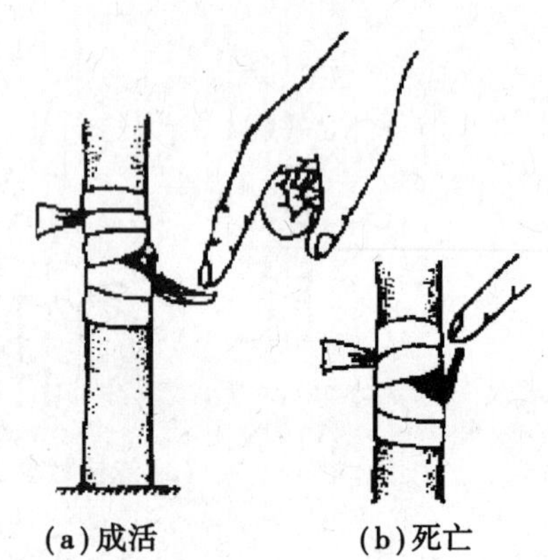

图4.16　芽接成活率的检查(何方)

(2)剪砧　将芽接苗接芽以上的砧木部分剪除,称剪砧。春季嫁接苗在确认接活后,即可剪砧。夏、秋季嫁接苗在第二年春季发芽前进行。一般进行一次剪砧,即紧贴接芽片上方剪去,有利剪口愈合。在春季干旱、大风地区,为防止一次剪砧影响接芽生长,可在接口以上保留,15~20 cm 剪去砧木上部,保留的活桩可作新梢扶缚之用,待新梢木质化后,再进行第二次剪砧,如图 4.17 所示。

(3)除萌　剪砧后,砧木基部容易发生大量萌蘖,要及时多次除去,接枝若长出两根以上枝条,应选留 1 根直立健壮的枝条,其余剪除,如图 4.17 所示。

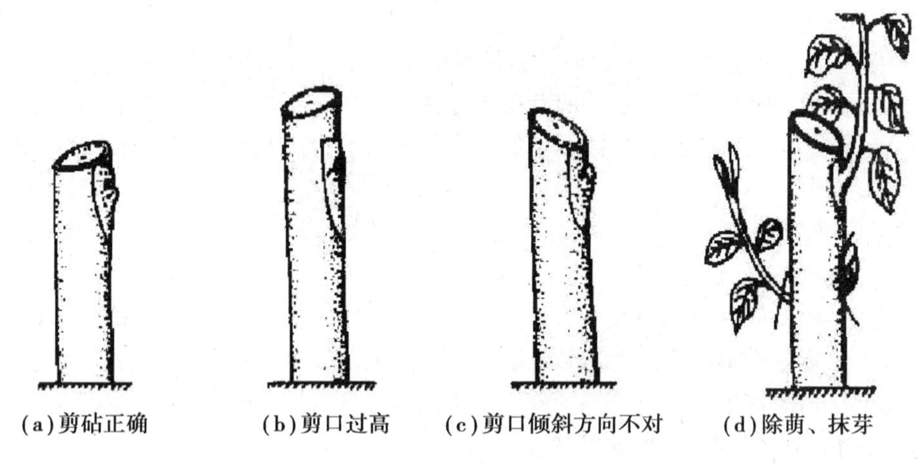

图 4.17　剪砧、除萌与抹芽(何方)

(4)加强肥水管理和病虫防治　嫁接苗生长前期要加强肥水管理,适时进行中耕除草,使土壤疏松通气,有利苗木生长。为保证出圃苗木充实健壮,防止越冬发生冻害或抽条,7 月份以后,应控制肥水,同时注意病虫防治,以保证苗木正常生长。

【知识拓展】>>>

4.2.5　影响扦插生根成活的因素

扦插生根好坏受制于多种因素,这里主要介绍内在因素和外界因素。

1)内在因素

(1)根原体　根原体存在与否,生长的植物枝条中有的具有根原体,有的没有根原体。有根原体的枝条扦插易生根。

(2)愈伤组织　愈伤组织的形成,是生根的基础,同时,愈伤组织提供了一个保护层,避免腐坏,对插条生根有利。

(3)植物种类　插条生根成活首先取决于植物的种类或品种。种类或品种以及同一植物根不同的部位,根的再生能力有很大差异。如连翘、菊花等枝插最易生根,玉兰等次之,山楂、酸枣根插则易成活,枝插不易生根。

(4)插条的年龄及部位　插条年龄包括所采插条母株的年龄,以及所采枝条本身的年龄。从年轻的幼树上采取的枝条比从老树上采取的容易生根成活,因为母株年龄越小,分生力和再生能力越强，所采下的枝条扦插成活率就越高。插条的年龄，以 1 年生枝的再生能力最强。选择母株根茎部位的萌蘖条作为插条最好，因其发育阶段最年幼，再生能力强，易生根成活。而树冠部位的枝条，由于阶段发育较老，扦插成活者少，即使成活生长也差。

(5)枝条的营养物质　插条中的储藏物质对生根和萌芽影响很大。一般认为 C/N 比高，无机养分丰富有利于生根。在无机养分中居支配地位的是硼，所以对采取插穗的母株必须供给必要量的硼。木本药用植物主轴上的枝条发育最好，其分生能力明显大于侧枝。两年生枝条中储藏有较多的营养物质，成活率高。

2)外界因素

(1)扦插基质　土壤质地直接影响扦插枝条的生根成活。插床地宜选择结构疏松、通气良好、无病无虫、能保持稳定土壤水分的砂质壤土。重黏土易积水、通气不良；而砂土孔隙大、通气良好，但保水力差，都不利于扦插。生产上采用蛭石、砻糠灰、泥炭等作扦插基质，通气又保湿。

(2)温度　通常土温以 15～20 ℃为宜，热带植物以 15～25 ℃为佳。气温稍低于土温为宜，因为生根之前要求抑制地上部生长。

(3)湿度　插床过干，插穗在生根以前干枯死亡，是扦插失败的重要原因之一，因此要求空气湿度要大。但是土壤湿度过大，降低插壤温度，插壤氧气不足，不利于插穗生根。以土壤水分含量不低于田间持水量的 60%～70%，大气湿度以 80%～90%为宜。生产上采用的露地喷雾扦插，增加空气湿度，扦插成活率高。

(4)氧气　通气良好是插壤的重要条件，一般插壤气体中以有 15%以上的氧气为佳，扦插基质通气不良，插条因缺氧而影响生根。

(5)光照　光照可提高土壤温度，促进插条生根。带叶的绿枝扦插，光照有利于叶进行光合作用制造养分，在此过程中所产生的生长激素有助于生根。但是强烈的直射光照会灼伤幼嫩枝条，需要进行适当的遮阴。

在众多影响扦条生根的外因中，以湿度和温度最为重要，保温、保湿是插条生根的关键。

4.2.6　影响嫁接成活的因素

影响嫁接成活的因素有内在因素和外界因素，如图 4.18 所示。

1)内在因素

内在因素包括砧木和接穗之间的亲和力、两者的营养状况及其他内含物状况等。

(1)亲和力　砧木和接穗的亲合力是影响嫁接成活的主要因素，一般规律是亲缘越近，亲合力越强，嫁接越易成活。所以，嫁接时接穗和砧木的配置要选择近缘植物。

(2)砧木和接穗的生活力和生理特性　植株生长旺盛，储积养分多，嫁接易成活，砧木的根压高于接穗时容易成活。砧木与接穗两者木质化程度越高，在适宜的温度、湿度条件下嫁接越易成活。接穗的含水量也会影响形成层细胞的活动，通常接穗含水量在 50%左右时为好。砧木和接穗的树液流动期与发芽期相近或相同，成活率也就越高。一般在砧木已开始萌动，接穗将要萌动时进行嫁接为宜。

(3)植物内含物　含有较多的酚类物质(如单宁)的药用植物，嫁接时，伤口的单宁物质使愈伤组织难以形成，造成接口的霉烂，同时单宁物质使细胞原生质颗粒化，从而在结合之间

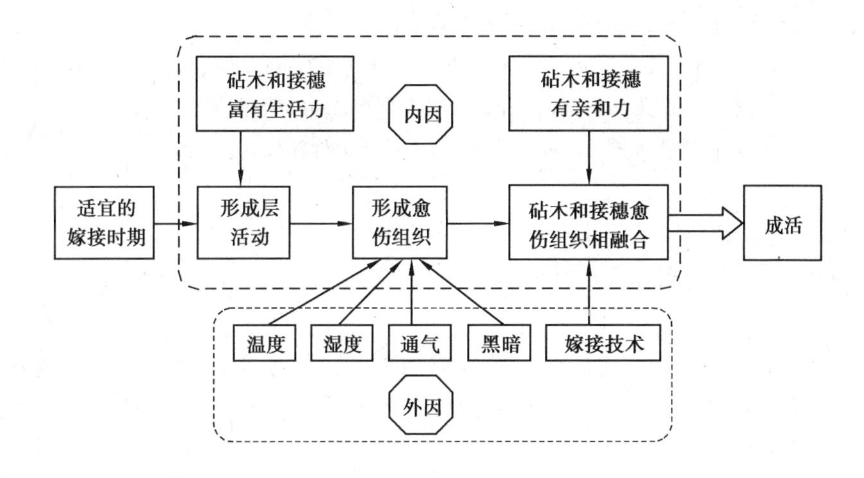

图4.18 影响嫁接成活的因素示意图

形成隔离层，阻碍砧木和接穗的物质交接并愈合，导致嫁接失败。

2）外界因素

（1）环境条件　主要指温度和湿度。温度过高，蒸发量大，切口水分消失快，不能在愈伤组织表面保持一层水膜，不易成活。春季雨天，气温低、湿度大，愈合时间过长，往往造成接口腐烂。一般以20~25 ℃为宜，要避免在不良气候条件下进行嫁接。

（2）嫁接技术　嫁接成活的关键是接穗和砧木两者形成层的紧密结合，产生愈伤组织。所以接穗的削面一定要平，接入时才能与砧木紧密结合，两者的形成层对准，有利于愈合。动作要准确快捷，捆扎松紧适度。

【计划与实施】>>>

药用植物扦插

1）目的要求

熟悉扦插的程序，掌握基质配制、整地、插穗的选择、插穗处理、扦插等各重要环节的操作方法，以提高插穗的成活率。

2）计划内容

（1）选择基质并整地　根据实际情况和条件，选择适宜的基质（蛭石、沙等）并做畦。

（2）剪截插穗

①硬枝扦插。选择生长健壮且无病虫害的1~2年生枝条，一般于深秋落叶后至次年芽萌动前采集；落叶树种一般以中下部插穗成活率高，常绿树种则宜选用充分木质化的带饱满芽的梢作插穗为好。将插穗截成带有1~4个饱满芽，长约20 cm枝段，上口剪平，离最上面一个芽1 cm为宜，常绿树种应保留部分叶片。下口剪成斜面。要求切口平滑。

②绿枝扦插。是指用尚未木质化或半木质化的新梢随采随插进行的扦插。插条最好选自生长健壮的幼年母树，并以开始木质化的当年生嫩枝为最好。插穗一般须有3~4个芽，长为10~20 cm，剪口在节下，保留叶片1~2片。

(3)激素处理　将IBA或IAA用少量酒精溶解,配成50~100 mg/kg浓度的溶液。如果插穗量小,可用一般容器,如果量大,可以选择地面平整的地方,用砖围城方形浅池(或容器),深10~12 cm,再用宽幅双层薄膜将池铺垫。将配制好的溶液倒入浅池(或容器)内,保持3 cm左右的深度。将插穗按同一方向把基部弄整齐,捆成小捆,整齐地放在池内,浸泡12~24 h。

(4)扦插　按要求的株行距进行扦插,注意及时浇水保湿和遮阴(可搭塑料小棚)。

(5)检查成活率　根据不同植物的特性,按规定的时间到田间检查成活率。

3)实施

4人一组,提前准备用具(修枝剪、手锯、嫁接刀、磨石、水桶等)和材料[当地常见药用植物插穗(如连翘、忍冬、菊花、丹参等),植物生长素(IBA、IAA或ABT生根粉)]、地膜或薄膜等。

按计划内容逐步实施,记录扦插的操作步骤,根据统计的成活率总结分析扦插成败的原因,以实验实习报告及实习表现综合评分。

药用植物芽接

1)目的要求

掌握"T"字形芽接的方法,能熟练进行药用植物的芽接,提高嫁接的成活率。

2)计划内容

(1)嫁接时期　根据当地气候,选择适宜时间。(春、夏、秋三季均可进行,当皮层能剥离时就可开始,但以秋季较为适宜。)

(2)练习嫁接方法("T"字形芽接)

①教师示范。削取芽片—取下芽片—插入芽片—绑扎。

②学生练习。练习时单人操作,先进行离体嫁接,开始是不限时练习,当熟练到一定程度以后,进行限时练习,在规定的时间内嫁接一定数量上交检查。然后进行实体嫁接,每人嫁接一定数量,根据成活率评定等级。

(3)接穗采集,削取芽片　选取当年新鲜枝做接穗的枝条,除去叶片,留有叶柄,用芽接刀削取芽片,芽片要削成盾形,稍带木质部,长2~3 cm,宽1 cm左右。注意芽接的接穗须保湿。

(4)芽接实际操作　根据当地条件采用"T"字形芽接法,在规定时间内嫁接一定数量的嫁接苗,统计每人嫁接数量。要求严格按技术要求独立进行操作。

(5)检查成活率(成活的芽下的叶柄一触即掉,芽片皮色鲜绿)

嫁接7~10 d后,可利用业余时间检查成活,并统计成活数量。接下来还要进行嫁接的后续管理,如补接、解绑、除萌等。

3)实施

4人一组,提前准备用具(修枝剪、芽接刀、磨石、水桶等)和材料(当地药用植物适宜嫁接的砧木和接穗,塑料薄膜条与保湿材料等)。

按计划内容逐步实施,记录"T"字形芽接的操作步骤,对芽接情况进行统计,计算成活率,并总结分析芽接成败的原因,以实验实习报告及实习表现综合评分。

【检查评估】>>>

序号	检查内容	评估要点	配分	评估标准	得分
1	扦插繁殖	扦插繁殖及影响因素	50	扦插时期、插床准备、插条选择、扦插方法、扦插后管理操作正确,扦插成活率90%以上,明确影响扦插成活率的因素,并能分析原因,计50分;扦插成活率89%~80%,计49~40分;扦插成活率79%~70%,计39~30分;扦插成活率69%~60%,计29~20分;扦插成活率60%以下,不计分	
2	嫁接繁殖	嫁接繁殖及影响因素	50	砧木的选择与培育、接穗的采集与处理、嫁接时期和准备工作、嫁接方法、嫁接后的管理操作正确,嫁接成活率90%以上,明确影响嫁接成活率的因素,并能分析原因,计50分;嫁接成活率89%~80%,计49~40分;嫁接成活率79%~70%,计39~30分;嫁接成活率69%~60%,计29~20分;嫁接成活率60%以下,不计分	
合计			100		

项目小结

植物产生和自身相似的新个体以繁衍后代的过程称为繁殖。药用植物的繁殖包括种子繁殖和营养繁殖两大类。种子繁殖是由雌雄两性配子结合形成种子产生新个体,药用植物的种子繁殖应用较多,如人参、板蓝根、决明、党参、桔梗、黄芪等大部分中药材的繁殖。种子繁殖具有简便、经济、繁殖系数大、可塑性强、有利于引种驯化和培育新品种等特点,但种子繁殖的后代容易产生变异,发生品质、产量、适应性退化现象,尤其是多年生木本药用植物用种子繁殖,其栽培与成熟年限较长。营养繁殖是由植物营养器官(根、茎、叶等)的一部分培育出新个体,开花结实早,如山茱萸、酸橙、玉兰等木本药用植物用种子苗繁殖,生长慢、开花结果晚;若采用结果枝条扦插、嫁接繁殖就可提早3~4年开花结实。对无种子的、有种子但种子发芽困难的,以及实生苗生长年限长、产量低的药用植物,采用营养繁殖则更为必要。但营养繁殖苗的根系不如实生苗的发达(嫁接苗除外)、且抗逆能力弱,有些药用植物若长久使用营养繁殖易发生退化、生长势减弱等现象,如地黄、山药等。因此在生产上应有性繁殖与无性繁殖交替进行。常用的营养繁殖方法有分离、压条、扦插、嫁接和离体组织培养繁殖。

思考练习

1. 有性繁殖、无性繁殖各有何优缺点?
2. 简述分离繁殖、压条繁殖、扦插繁殖、嫁接繁殖的概念、类型、特点及方法。
3. 影响扦插、嫁接成活的因素各有哪些?
4. 种子处理有哪些技术要点?为什么播种前要进行种子处理?
5. 简述种子播种育苗的技术要点。

模块3

药用植物种植与管理

项目5　药用植物种植

【项目描述】

种植制度调查与设计、整地移栽、田间管理。

【学习目标】

了解当地药用植物的主要种植方式，掌握种植制度的调查与设计方法，掌握药用植物整地移栽方法，明确土壤耕作—土壤—气候—植物的关系。

【能力目标】

培养查阅资料、收集信息和写作的能力，能够根据种植药用植物的特点，选择适宜的耕作措施，能进行药用植物栽植。

任务5.1　种植制度调查与设计

【工作流程及任务】>>>

工作流程：

资源调查—种植制度设计—复种—作物布局—间(混)作、套作—轮作。

工作任务：

种植制度调查、收集资料，茬口安排。

【工作咨询】>>>

5.1.1　药用植物布局

1)药用植物布局的含义

药用植物布局就是根据一定区域的气候、土壤、肥料、水利等条件，按市场需求、企业生产和人们用药需要，制定一定区域内的药用植物种植规划，即药用植物的配置。解决种植药用植物种类、面积、比例及在时间和空间上的配置等问题，也就是解决种什么、种多少和种哪里等问题。药用植物布局是种植制度的主要内容。

2) 药用植物布局的原则

药用植物布局与其他作物布局不同,应该"以市场为导向,以品种为中心,以基地为基础,以效益为纽带,以科技为依托,建立中药材骨干品种商品生产基地",必须把握以下原则:

(1)市场导向原则　不论什么品种,市场的需求就是发展的方向。要以销定产,以销定购,克服药用植物生产的盲目性。既要考虑国内医药市场,也要着眼国际市场;既要瞄准现实需求,也要着眼潜在需求,重点发展市场占有率高、国内或国际市场前景广阔的药用植物。

(2)效益中心原则　药材生产要以增加效益为中心,要审时度势,找准市场位置,及时调节品种的生产,多方挖掘潜力,减少风险,扩大国内外市场上有竞争优势的品种的市场份额,以获取更大效益。

(3)产业化经营原则　推进中药产业化发展是实现我国中药现代化的重点之一。为此,要抓一批有市场、有规模、有影响、有效益的优势品种,要做好地道药材生产基地与企业的有机结合,以企业为主体,以生产基地为"第一车间",建立完善中药材生产、质量管理与检测监督体系,并努力延伸产业链条,打造名牌产品,提高中药农业市场竞争力。

(4)地道药材优势原则　以传统名优地道药材品种为骨干,加强科技投入,规范基地建设和品种生产,根据市场需求不断调整规模,并及时开发新品种,上规模、上档次、树品牌、争效益。

(5)比较优势原则　综合考虑资源条件、生产基础、市场环境以及资金、技术等方面的因素,扬长避短,优先发展具有一定基础和竞争力的药材和产区,尽快形成规模优势。

(6)生态可持续利用原则　要根据各种药用植物的特性及其对生态环境条件的要求,因地制宜地进行布局。同时,要保护野生药材资源及其生态环境,对名贵珍稀濒危药材要切实保护,严禁乱采乱猎;对半野生药材应科学抚育、合理利用与轮采,以利其繁衍更新,实现资源的可持续利用。

(7)尊重农民意愿原则　实行中药农业区域化布局、规模化生产,必须尊重农民意愿,稳定家庭承包经营制度,保障农民利益与生产经营自主权,切实加强政策引导与信息服务,将中药材生产作为社会主义新农村建设的重要内容。逐步探索出家庭经营、集体经营、合作经营、企业经营的中药产业化经营体系。

5.1.2　复种

1) 复种的概念

复种是指在一年内在同一块地上连茬种植收获的次数。一年种植两季植物称为一年两熟,如莲子—泽泻(以"—"表示复种),一年种植三季植物称为一年三熟,如绿肥(小麦或油菜)—早稻—泽泻。复种程度的高低,通常用复种指数来表示,即全年播种(收获)总面积占耕地面积的百分比。

$$\text{复种指数} = \frac{\text{全年播种(收获)总面积}}{\text{耕地面积}} \times 100\%$$

①熟制。是对耕地利用程度的另一种表示方法,它以年为单位表示种植(收获)植物的季数。如一年三熟、一年两熟、两年三熟、五年四熟等都称为熟制。

②休闲。是指耕地在可种植植物的季节只耕不种或不耕不种等方式。农业生产中，耕地休闲的主要目的是主动让耕地闲置，减少土壤水分、养分的过度消耗，促进土壤潜在养分转化和蓄积，培养地力，为后作植物种植创造良好的土壤条件。

2）复种的条件

药用植物生产中，是否可以复种，能够复种到什么程度，与以下条件密切相关。

（1）热量条件　一个地区能否复种或提高复种指数，首先决定于当地的热量条件。各地大都以积温（喜凉作物为≥0 ℃以上的积温，喜温作物以≥10 ℃以上的积温）概算全年各季作物对热量的要求。一般情况下，≥10 ℃积温为2 500～3 600 ℃，只能复种或套种早熟植物；积温为3 600～4 000 ℃，则可一年两熟，但要选择生育期短的早熟植物或者采用套种或移栽的方法；积温为4 000～5 000 ℃，可进行多种植物的一年两熟；积温为5 000～6 500 ℃，可一年三熟；>6 500 ℃可一年三熟至四熟。

（2）水分条件　水分是复种可行性的关键条件。若热量条件符合复种，但水分条件受到限制，则复种同样受到限制。例如，热带非洲热量充足，可一年三熟至四熟，但在一些干旱地区，没有灌溉条件下，只能一年一熟。水分条件包括降水、灌溉水、地下水。降水量不仅要看总降水量，还要看分布量是否均匀。

（3）地力与肥力条件　土壤肥力条件是影响复种产量高低的主要条件。在光、热、水条件具备的情况下，需要增施肥料才能保证多种多收。地力贫瘠，肥料缺乏，常常会出现两季收益不如一季的现象。

（4）人力、畜力和机械化条件　人力、畜力和机械化条件是复种成败的重要条件，尤其是在目前农村劳动力短缺的条件下，是否具备有充足的人力、畜力和机械化条件，是能否增加复种指数的一个重要因素。

（5）技术条件　要有一套相适应的耕作栽培技术，以克服季节与劳力的矛盾，平衡各作物间热能、水分、肥料等的关系，如作物品种的组合，前后茬的搭配，种植方式（套种、育苗移栽），促进早熟措施（免耕播栽、地膜覆盖、密植打顶，使用催熟剂）等。复种是一种集约化的种植，高投人，高产出，所以经济效益也是决定能否扩大复种的重要因素。只有产量高，经济效益也增长时，提高复种才有生命力。

5.1.3　间（混）作、套作

1）间作、混作及套作的概念

（1）间作　是指在同一块田地上，把生育季节相近的两种或两种以上的植物成行或成带的相间种植方式。间作用“+”表示。如在玉米、高粱地里，可于其株、行垄上间作穿心莲、菘蓝、补骨脂、半夏等。与单作不同，间作是由两种或两种以上植物在田间构成人工复合群体，是集约利用空间的种植方式。

（2）混作　是指在同一块田地上，同时或同季节将两种或两种以上生育季节相近的植物、按一定比例混合撒播或同行混播种植的方式。混作与间作都是由两种或两种以上生育季节相近的植物在田间构成复合群体，两者只是配置形式不同，间作利用行间，混作利用株间，混作也用“+”表示。如山茱萸混种豌豆（或蚕豆）、混种黄芩等。

（3）套作　是指在同一块田地上，在前季植物生育中后期于其行（株）间播种（移栽）后季植物的种植方式。用"/"表示套作,如甘蔗地上套种白术、丹参、沙参、玉竹等。待秋季甘蔗收获后,对留下的后茬作物加强管理至次年收获,次年春季又可继续套种甘蔗。套作是一种集约利用时间的种植方式。

间(混)作与套作的区别在于两植物共生期的长短不同。间(混)作是同一季节里两种或两种以上植物在同一块田地上的种植方式,其共生期一般占全生育期,在计算复种指数时,按一季庄稼计算;而套作是两种植物在一定时间内同在一块田地上,两种植物在一起的共生期约占全育期的1/3,算两季庄稼。

2)间(混)作、套作增产的原因

间(混)作、套作充分利用不同植物间的互利关系,使复合群体既有较大的叶面积,延长光能利用时间或提高群体的光合效率,又有良好的通风透光条件和多种抗逆性。粮食、果树和药用植物间作套种,能有效地解决粮、果、林药间的争地矛盾,充分利用土地、光能、空气、水肥和热量等自然资源,以达到粮、果、林药双丰收的目的。

(1)能改善药用植物生存环境,提高对地上部光、热资源的利用　间套作可以根据不同作物的生活习性,不同生长季节,不同层次对光能、热能的需求,对群体内的光、热资源进行合理地分配利用,从而达到双赢的效果。很多药用植物对光、热资源要求非常严格,如人参、黄连等喜阴药材在生产中必须搭阴棚遮阳:三七等作物要求冬季不冷,夏季凉爽。番红花开花适温为15~18 ℃,高于20 ℃时,则花干缩不能开放而成畸形。与农作物或林木间作可以有效地改变药用植物的生存环境,如遮阴、冬季保暖等,大幅度提高其产量。如黄连在玉米的遮阴下无须搭棚即可以正常生长,每年还可以多收200 kg/667 m^2 玉米。天冬与玉米套作的经济效益比天冬单作增收22%,比玉米单作增收565%。

(2)促进地下部水分、养分的合理利用　间套作各种植物根系深浅、分布范围、需要的养分数量和种类不同,两种植物间套作,根系在不同时间吸收不同区域、不同深浅的养分和水分,使土壤得到充分合理利用。如在西瓜地里套种草决明、白术等,由于西瓜根系浅,不能吸收利用土层较深的营养,但需水、用肥量大,必须人为地增施水肥等营养物质。而套种在内的草决明、白术等,因其吸收利用了表层多余的营养而减少了养分流失,还能吸收土层较深的养分来满足自己生长的需要。

(3)减少作物病虫害　近年来,随着农作物农药残留超标问题的不断凸显,人们越来越重视利用自然条件和物理技术控制病虫害的发生频率和危害程度。间套作技术利用生物多样性可有效控制病虫害发生。很多药用植物都具有特殊的气味或对某类病虫害的抗性或毒杀功能,与其他植物间作可以充分利用这些优势,减少病虫害的发生,同时,高大农作物也能有效地阻止药用植物病虫害的蔓延速度和发生范围。

3)间(混)作、套作技术要点

在农业生产实际中,并不是粮药或林药随意间作就能提高药用植物产量,还应掌握相应技术要点。

(1)选择适宜的植物和品种搭配　间作时,要从本地自然条件和生产条件出发,根据药用植物和其他农作物的形态特征、生长习性进行选择。要注意通风透光及对水肥的不同需要,选择适宜的植物种类搭配,搭配原则是:高秆植物与矮秆植物(高配矮)、株型紧凑植物与株型松散植物(肥配瘦)、圆叶植物与尖叶植物(园配尖)、深根植物与浅根植物(深配浅)、喜光植物与耐阴植物(阳配阴)、生育期长的植物与生育期短的植物(长配短)、耗氮植物与固氮植物搭配。总之,要选择具有互相促进而较少抑制的植物或品种搭配。

在品种选择上,也要注意互相适应、互相照顾,在与高秆植物间混作时,矮秆植物光照条件差,应选耐阴性强、较早熟的品种。套种植物对品种的选择主要考虑两个方面:一是尽量减少上下茬植物之间的矛盾;二是尽可能发挥套种植物的增产潜力,又不影响后茬植物的正常播种。

(2)采用适宜的种植方式　在确定种植方式和密度时,要从间套作的类型出发,考虑水肥条件、植物主次、不同植物对间混套作的反应以及田间管理和机械化的要求等。当以利用空间为主,使主植物不减产或少减产。增收一季副植物时,一般主植物的种植方式和密度不变,副植物根据条件决定。水肥好的可多些,反之,则少些。当主植物是高秆植物时,为了提高副植物产量,主植物的种植方式可稍加改变,如改成大小垄,在大垄行间种副植物,或主植物扩大行距、缩小株距,使副植物有较大空间,但主植物密度不减少。如在桔梗与毛白杨间作时,毛白杨最佳间距为10.67 m;天南星和毛白杨间作时,毛白杨最佳行距为6.39 m。间套作适宜的种植方式是带状种植或宽窄行种植。将两种作物各按一定宽度呈带状种植,每带种植一种作物的方法,称为带状种植。

(3)适期播种,加强管理　间作的各种作物,有的要求同时播种,有的则应分期错开播种。套种时,也要考虑适宜播期,播种播期决定于两种植物之间的共生期,一般要求共生期宜短不宜长,套种过早,共生期过长,容易加剧上、下两茬植物争光、争水、争肥的矛盾,下茬植物易形成弱苗,且植株生长过高,在上茬植物收获时,也容易受到损伤。但若套种过晚,不能解决两种植物竞争时的矛盾,增产甚少或无。间(混)、套作由于种植多种植物,为确保丰产,必须加强田间管理,保证各种植物生长良好,要做好间苗定苗,中耕除草、施肥、病虫害防治等田间管理工作。适宜套种时期的确定,要考虑多方面情况,如种植方式、上茬植物长势、种类及品种等。一般是:空行宽的早套,窄的晚套;上茬植物长势好的晚套,长势差的早套;上茬植物矮秆的可早套,高秆的应晚套;套种植物早熟品种宜晚套,晚熟品种应早套;耐阴植物可早套,易徒长倒伏的、喜光的植物宜晚套。

间(混)套种植物,主要问题是不容易全苗、壮苗,特别在套种田更为突出。其发生的原因:一是由于套种作物播种时土壤干旱,出苗不齐;二是出苗后遭虫害引起缺苗;三是套种的植物肥水不足,位于下层光照不良,苗不壮。所以对于间混套田,要提高农业技术,加强田间管理,保证全苗和壮苗生长。对于间套田,应加强深耕、增施肥料。套作时,若遇干旱,应给上茬植物灌水,以利于套种植物播种出苗。在植物共生期间,应注意防止上茬植物倒伏,促进早熟。上茬收后,要及时进行防虫、中耕、施肥、灌水等,促弱苗转壮苗,使后作迅速生长。

5.1.4　轮作换茬

1)轮作换茬的概念

轮作是在同一块地上、在一定时期内,把不同种类的作物或复种方式,按一定顺序,周而复始地进行轮换种植,一般用"→"表示。例如,一年一熟条件下的"白术→小麦→玉米"三年轮作,南方的"绿肥—莲子—泽泻→油菜—水稻—泽泻→小麦—莲子—水稻"轮作,这种轮作轮换的是复种方式,称为复种轮作。

换茬是在同一块土地上，不同的作物进行交换种植的方法。

连作是在同一土地上，连续种植同一作物的方式。

2）轮作换茬的作用

目前，在栽培的药用植物中，根类占70%左右，存在着一个连作的突出问题，而绝大多数根类药材“忌”连作。连作的结果是使药材品质和产量均大幅度下降。如红花、薏苡、玄参、北沙参、太子参、川乌、白术、天麻、当归、大黄、黄连、三七、人参等，连作会导致植株生育不良，造成产量、品质下降。因此，应实行轮作换茬。其主要作用如下：

（1）减轻病虫草害　药用植物中，大蒜、洋葱（也称葱头）、黄连等根系分泌物有一定抑菌作用；细辛、续随子等有驱虫作用，把它们作为易感病、遭虫害的药用植物的前作，可以减少甚至避免病虫害发生。实行抗病作物与感病作物轮作，改变其生态环境和食物链组成，从而达到减轻病害和提高产量的目的。

（2）用养结合，减轻地力消耗　植物从土壤中吸收养分的种类、数量、时期和吸收利用率不同，如豆类对Ca、P和N吸收较多，且能增加土壤中N素含量；而根及根茎类入药的药用植物，需K较多；叶及全草入药的药用植物，需N、P较多；豆类、十字花科及荞麦等植物利用土壤中难溶性P的能力较强。黄芪、甘草、红花、薏苡、山茱萸、枸杞等药用植物根系入土较深；而贝母、半夏、延胡索、孩儿参等入土较浅。将这些不同植物搭配轮作，能维持土壤肥力均衡，做到用地、养地结合，实现持续增产。

（3）改善土壤理化形状，消除土中有毒物质　密植植物根系对土壤穿插力强，土壤耕层疏松，如多年生豆科牧草的根系对土壤耕作下层有明显的疏松作用。水旱轮作对改善稻田的土壤理化性状，能明显增加土壤毛管孔隙，改善土壤通气状况，消除土壤中有害物质（Mn^{2+}、Fe^{2+}、H_2S及盐分等），促进有益微生物活动，从而提高地力和施肥效果。水旱轮作比一般轮作防治病虫草害效果更好。丹参、桔梗、黄芪等旱作药用植物如与水稻等轮作，能大大减少地下害虫和线虫病的危害。水旱轮作更容易防除杂草。在连作稻区，应积极提倡水稻或湿生药用植物和旱作药用植物或农作物的轮换种植。

3）茬口安排

生产上，应根据前后茬作物、药用植物的病虫草害以及对耕地的用养关系安排茬口顺序。

叶类、全草类药用植物，如菘蓝、毛花洋地黄、穿心莲、薄荷、北细辛、长春花、颠茄、荆芥、紫苏、泽兰等，要求土壤肥沃，需N肥较多，应选豆科或蔬菜作前作。

用小粒种子进行繁殖的药用植物，如桔梗、柴胡、党参、藿香、穿心莲、芝麻、紫苏、牛膝、白术等，播种覆土浅，易受草荒危害，应选豆茬或收获期较早的中耕植物作前茬。

有些药用植物与作物、蔬菜等都属于某些病害的寄主范围或是某些害虫的同类取食植物，安排轮作时，必须错开茬口。如地黄与大豆、花生有相同的胞囊线虫，枸杞与马铃薯有相同的疫病，红花、菊花、水飞蓟、牛蒡等易受蚜虫危害。

有些药用植物生长年限长，轮作周期长，可单独安排它的轮作顺序：如人参需轮作20年左右，黄连需轮作7~10年，大黄需轮作5年以上。

【知识拓展】>>>

5.1.5 药用植物立体种植

1)立体种植的含义

无论是粮食、蔬菜、果树、林木、药用植物、烟草等农作物或经济作物,人们所习惯经营的大多数是单一的平面种植,这种种植方式不能充分利用土地,对太阳光能、大气降雨、空中 CO_2 等自然资源没有充分利用。立体种植是指改变人们习惯的单一作物平面种植法,是在同一块农田上多层次、多茬口、多植物复合种植,充分利用时间、空间及光、热、水、肥资源的种植技术。如在高大的三木药材林下或果木林下种植耐阴的黄连、天冬、淫羊藿等,或在低矮的鱼腥草、大冬、麦冬、半夏等药材地里间作套种较高的药用植物薏苡或农作物玉米等。这是一种提高土地利用率,值得提倡的一种种植方式。

2)立体种植的优越性

(1)有利于提高光能利用率和土地利用率　目前,大多数药材林或果木林下的土地都没有充分利用,杂草丛生。如果在林下种植较耐阴的药用植物或其他经济植物,则可将林木冠层透下的光能利用起来供林下耐阴植物进行光合作用,林下空闲的土地也被利用起来,使一地多用,提高复种指数,有利于开展多种经营,经济效益得到显著提高。

(2)有利于调节农田生态平衡,增强作物抗灾能力　单一作物平面种植,抗御自然灾害能力差。立体种植所形成的复合群体,其多层分布的冠层能够截贮水分,保护土壤不受侵蚀,增强对风、旱、雹等灾害的抗性;立体复合群体,能使栖居于植物群体中的昆虫种类增加,产生抑制害虫的作用,减轻虫害的发生;有些作物或药用植物如大蒜、葱、洋葱、芦荟、芹菜、韭菜、紫苏等自身含有灭菌杀虫成分,用它们作套种作物,由于它们所含的灭菌杀虫成分可能从茎叶挥发出来或通过根系分泌到土壤中,因而具有抑制病虫害发生的作用。

(3)有利于避免杂草生长和水土保持　采用立体种植时,空地则被套种的作物占据了,如在川芎和虎杖的行间种植鱼腥草,就能抑制杂草生长,避免施用除草剂,减少人工除草,鱼腥草植株矮小,不与川芎和虎杖争光,同时由于鱼腥草的覆盖作用,减少了水土流失,从而提高了土壤蓄水保水性能,鱼腥草也获得了可观的收成。车前草、蒲公英等植株较小,也是适合于套种的药材。

3)几种主要立体种植模式

(1)粮药、菜药间套作立体种植模式

①粮药间套作。杜仲+油菜(花生、玉米、大豆);杜仲(黄檗、厚朴、诃子、喜树、檀香、儿茶、安息香)+大豆(马铃薯、甘薯);巴戟天+山芋(山姜、花生、木薯);贝母+春玉米+甘薯;玉米+麦冬(芝麻、桔梗、山药、细辛、贝母、川乌、川芍);芍药(牡丹、山茱萸、枸杞)+豌豆(大豆、小豆、大蒜、菠菜、莴苣、芝麻);玉米+天南星(白术、牵牛子、白扁豆);大豆/元胡;春玉米(高粱)/款冬花;玉米/郁金;川乌/玉米;小麦/玉米+半夏;小麦/菠菜/地黄/玉米等。

②棉药间套作。棉花/红花(芥子、王不留行、莨菪)等。

③菜药间套作。蔬菜+川芎、白芍+芸豆、川乌+菠菜等。

(2)果药间套作立体种植模式　果树树冠高大,可利用高层空间生长,草本药用植物植株矮小,可利用地层表面空间生长,两者进行间套作,可提高资源利用率,增加生态经济效益。果园间套作中药材应根据果树树龄、树冠情况和果树的物候期等因素合理选择适宜的药用植物。

①幼龄果林与药用植物间套模式。幼树果树尚未封行,可在行间套种茎秆低矮、株型瘦小、喜阳的中药材品种,以减少土壤养分流失、抑制杂草生长、增加效益。幼龄果树行间第一年至第二年,套种桔梗、板蓝根、蒲公英、金银花、西红花等植株较小的品种;第三年,随着果树树冠的增大,种植喜阴的中药材,如旱半夏、柴胡、天南星、地黄、黄芪、黄芩、菊花、牛膝、板蓝根、草决明、山药、知母、天麻、灵芝等。

②成龄果林与药用植物的套种模式。成龄果林行内已形成较隐蔽的环境,透光率30%以下,可套种喜阴矮秆药用植物,如天麻、旱半夏、黄连、三七、人参、猪苓、灵芝、西红花、辛夷等。

③树冠及树叶较稠密的果树与药用植物的套种模式。如桃树、葡萄、柿子、杏等,可套栽喜阴湿环境的半夏、天麻、灵芝、天南星、玉竹等药用植物。

④树冠较稀疏的果树与药用植物的套种模式。如苹果、梨、山楂等,可套栽丹参、西洋参、白扁豆、郁金、白术、菊花、知母等。

(3)林药间套作立体种植模式

①幼树间套作。人工营造林幼树阶段可间、混种龙胆、桔梗、柴胡、防风、穿心莲、苍术、补骨脂、地黄、当归、北沙参、藿香等。

②成树间套作。人工营造林成树阶段(天然次生林),可间、混种人参、西洋参、黄连、三七、细辛、天南星、淫洋藿、刺五加、石斛、砂仁、草果、豆蔻、天麻等。如用材林(或经济林)+广东紫珠(或草珊瑚、黄栀子、天麻、黄连、白术、百合等);侧柏+黄栀子;林木+杜仲(厚朴、黄柏)+桔梗(射干);林木+白术+砂仁等。杨树(包括速生杨)尚未封行的地块可选择喜光药材,如牛膝、黄芪、地黄、防风、山药、紫菀、白芷、黄芩等。

(4)药药间套作立体种植模式 中药材种类较多,生长期株型各异,因此,可根据每种中药材的生长特点,进行合理的间套种植,既可充分利用地力,又可种植许多中药材品种。如芍药间作元胡、贝母;采种白芷间套紫菀、菊花、板蓝根等。金银花与其他药用植物套作效益高。生产上,根据金银花的生长特性,采用扩行缩株、合理密植、间套药材、以"药"养"花"的高效套种模式,达到了"当年栽花,当年见效"的效果。在金银花生长期间,可套种多种药用植物。前期可套种生地、板蓝根、桔梗、黄芪、紫菀、甘草、贝母等;中期可套种桔梗、板蓝根、白术、紫菀、元胡、白芷等;丰产期可套种喜阴的半夏、太子参、麦冬、白术、黄连、柴胡、苍术、细辛等;后期可套种五味子、黄芪、板蓝根、桔梗、黄芩等。

(5)农作物地边间套药用植物立体种植模式 一块田地可耕面积约为70%,而田间地头、沟渠路坝约占30%,山区、丘陵所占比例更大。利用这些闲置余地种植一些适应性强、对土壤要求不严的中药材品种,在增加效益的同时,减少了水分和养分的蒸发,控制杂草生长给农作物带来的病虫危害。如耐涝、耐旱,对气候、土壤要求不严的中药材金银花,在地边、路沿、渠旁,按株距80 cm挖穴,每穴内沿四周栽花苗6棵,地边可栽60穴/667 m^2,每穴年产商品花0.5 kg,市场价格30元/kg,每穴年效益15元。适宜地边种植的药材品种有甘草、草决明、急性子、苍术、五味子、木瓜、王不留行、玉竹、黄芪、红花、龙胆、大黄等。

【计划与实施】>>>

种植制度调查与设计

1)目的要求

通过调查,使学生掌握种植制度的调查方法,同时通过与农村、农民的接触,提高对农业、农村、农民的认识;通过对调查材料的总结,培养查阅资料、收集信息和写作的能力。

2)计划内容

(1)自然条件　包括气候、土壤、地势、地形特点和杂草类型等。

(2)生产条件　耕地面积、劳力、机械、畜力、农田基本建设、水利设施、肥料等。

(3)技术管理及生产水平　种子、栽培技术、病虫害防治技术、作物产量、经济效益等。

(4)作物布局　作物种类、品种、面积、比例、分布等。

(5)复种、轮作换茬、间作和套作的主要类型方式、面积、比例等。

(6)用地、养地的经验与教训。当前种植制度存在的问题与改革意见等。

3)实施

到药用植物产区所在企业、乡镇、村或基地进行调查,听取有关报告,进行调查走访、座谈,通过网络、图书、杂志等查找有关资料,根据调查结果,写一篇调查报告并提出今后的改革意见,指导当地农业生产,根据调查所涉及的范围以及调查报告的质量进行考核。

【检查评估】>>>

序号	检查内容	评估要点	配分	评估标准	得分
1	种植制度相关理论	掌握种植制度、作物布局、复种、间作、套作、轮作、立体种植等概念以及区别,明确复种、间套作、轮作增产的原因	30	概念正确、明确区别,并会运用有关理论,计30分;概念不准确、区别不清,死记硬背者,酌情扣分	
2	复种指数	复种指数计算	20	计算正确,并能解释复种指数的含义,计20分;计算错误,不计分	
合计			50		

任务5.2 整地移栽

【工作流程及任务】>>>

工作流程：

耕作时间把握—耕作方法选用—移栽时期、密度、规格确定—起苗—栽植—移栽质量把关。

工作任务：

土壤耕作，移栽。

【工作咨询】>>>

5.2.1 土壤耕作

土壤耕作就是用机械方法，改善耕层土壤的物理状况，调节土壤固相、液相、气相的比例关系，建立良好的耕层构造，以协调土壤中的水、肥、气、热等诸因素。

1）药用植物对土壤的要求

药用植物对土壤总的要求是：具有适宜的土壤肥力，不断地为作物提供足够的水分、养分、空气和适宜的温度，并能满足药用植物在不同生长发育阶段对土壤的要求，以保证其生长发育的需要。

栽培药用植物的理想土壤应为：

①有深厚的土层和耕层，耕层至少在25 cm以上。

②耕层土壤松紧适宜，并相对稳定，保证水、肥、气、热等肥力因素协调。

③土壤质地沙黏适中，含有较多的有机质，具有良好的团粒结构。

④土壤的pH适度，地下水位适宜，土壤中不含重金属和其他有毒物质。这同时也是土壤耕作的最高目标。

但在药用植物生产实际操作过程中，还应注意根据药用植物本身的生长习性，因地制宜地选择土地种植。如人参、黄连等喜生长在富含腐殖质的土壤，白术、贝母等喜在酸性或微酸性土壤中生长，枸杞、甘草、北沙参等喜在碱性土中生长。

2）土壤耕作任务

（1）创造和维持良好的耕层构造　耕作层（简称耕层）是耕地表面到犁底层的土层，通常深度为15～25 cm。耕层构造为耕层土壤中固相、液相、气相的比例。农业生产中耕层构造的好坏受自然、生物和人为因素的影响。

（2）创造适宜播种的表土层　药用植物不同生长时期对耕层表面状态的要求也不相同。播前土壤耕作要精细整地，一般要求地面平整，土壤松散，无大土块，表土层上虚下实。

（3）翻埋残茬和绿肥　播前地表常存在前作的残茬、秸秆、绿肥及其他肥料，需要通过耕作翻入土中，经过土壤微生物活动使其分解，并通过整地将肥料与土壤混合，使土肥相融，调节耕层养分分布。

(4)防除杂草和病虫害　翻耕可将残茬、杂草及表土内的害虫、虫卵、病菌孢子翻入下层土内，使之窒息，也可将躲藏在表土内的地下害虫翻到地表，经暴晒或冰冻消灭。此外，翻耕还是防除杂草的主要措施。

3)土壤耕作措施

根据对土壤耕层影响范围及动力消耗，将耕作措施分为土壤基本耕作和表土耕作两类。基本耕作是影响全耕作层的耕作措施，对土壤的各种性状有较大影响。表土耕作作为基本耕作的辅助性措施，主要影响表土层。

(1)土壤基本耕作　基本耕作的主要作用是翻转耕层土壤、改善耕层理化和生物状况，通过翻转耕层土壤，将上下层土壤交换，促进土壤熟化；耕翻还可以消除地表残茬、杂草和病虫害，调整养分垂直分布，有利于根的吸收；疏松耕层，增强土壤通气性，促进好气微生物活动，使养分分解释放。土壤的基本耕作措施包括耕翻、深松和上翻下松3种方法。

①耕翻。使用各种式样的有壁犁进行全耕层翻土。由于采用犁的结构和犁壁的形式不同，壁片的翻转有半翻垡、全翻垡和分层翻耕3种。

a.半翻垡。犁将垡片翻转135°，我国机耕多采用此方法。

b.全翻垡。将垡片翻转180°，适用于耕翻牧草地、荒地、绿肥地或杂草严重地，消耗动力大，碎土作用小，不适于熟地。

c.分层耕翻。用复式犁将耕层上下分层翻转，覆盖比较严密，但技术要求高，耕翻黏重土壤耗费大。

②深松。深松是用无壁犁或深松铲进行不翻土的深松耕作。深松能使耕层疏松，地表较平整，但不能翻埋肥料、残茬和杂草。

③上翻下松。在耕作层较浅的情况下应用，不让生土翻上来，常用于南方地区生产。北方麦茬地，压绿肥和施有机肥以及秸秆还田地块，或草荒严重的大豆、玉米茬地，也常用上翻下松的方法进行基本耕作。

④旋耕。采用旋耕机进行。旋耕机上安装犁刀，旋转过程中起切割、打碎、掺和土壤的作用。如IGQ-2400型旋耕做畦机利用中央开沟器、左右覆土器、旋耕刀轴总成和可调整形装置的综合作用，耕整出土壤细碎、畦面平整、尺寸合理的畦地，旋耕机可耕深15～20 cm，为药用植物提供良好的生长环境，改变传统的畦作耕整地方式，极大地提高了生产率(0.53～0.67 hm^2/h)，降低了劳动强度和作业成本，为中药材生产提供了先进的农艺技术。

⑤耕地深度、时期与深耕后效。

a.耕地深度。根据药用植物种类、气候特点和土壤特性而定，一般以药用植物根系集中分布范围为度。药用植物50%的根系分布在0～20 cm的耕层，30%的根系分布在20～50 cm耕层，因此深耕具有增产作用。以地下块根块茎为药用部位的药用植物如薯蓣等，适当深耕(20～30 cm)有利于将来地下块根块茎的膨大生长，对获得丰产比较重要。对党参、牛膝、白芷、木香等深根性药用植物，深耕能促进根系发展和增加产量，是增产的重要措施之一。黄芪、甘草、牛蒡等深根类植物的耕深应在30 cm以上；贝母、知母、半夏等浅根系植物的耕深以15 cm为宜；其他品种的耕深以20 cm为宜。1～2年生药用植物宜浅，根及地下根茎类木本药用植物宜深，以地上部为药用部位的药用植物或浅根性药用植物，浅耕（10～15 cm）即可。根据土壤特性，黏土质地细而紧密，通透性差，土壤潜在肥力较高，深耕增产效果较显著。砂土质地粗糙疏松，通透性好，根系容易下扎，深耕效果不显著。

b. 耕地时期。最好在前作收获后，土壤宜耕期立即进行。一般在春、秋两季进行整地，但以秋耕为好。长江以南可以随收随耕。

c. 深耕后效。深耕后效因土壤特性、施用有机肥数量、气候条件等情况而异。土壤肥沃、质地疏松、结构良好的，深耕后效较长。在少雨地区，有冻土层、施有机肥多的，深耕后效也较长；反之，则较短。但黏重土壤深耕，由于将一些生土翻上来，当季反而减产，第二、三季作物才表现增产效果。

生产上，深耕时不要一次把大量生土翻上来。深耕和施肥要与土壤改良相结合。

（2）表土耕作措施　表土耕作是用农机具改善 0～10 cm 以内的耕层土壤状况的措施。主要包括耙地、镇压、开沟、做畦、起垄、筑埂、中耕、培土等作业。

①耙地。耙地有疏松表土，耙碎土块，破除板结，透气保墒，平整地面，混拌肥料，耙碎根茬，清除杂草以及覆盖种子等作用。在耙地时，要清除瓦片、石砾、残根及杂草等物。

②镇压。镇压有压实土壤，压碎土块和平整地面的作用。播种前后适当镇压，可使种子与土壤密切接触，促进毛管水上升，以利种子吸水萌芽，出苗整齐粗壮。但盐碱地不宜镇压，以免引起返盐。

③开沟、做畦、起垄、筑埂。耙细耙平后，要开好排水沟和做畦或起垄。排水沟深度应不低于 15 cm，田土四周的排水沟应比中间的排水沟稍深，以保证排水良好。排水沟宽度为 20～35 cm，畦间排水沟同时作为步道使用。

要根据药用植物种类和生长特性、栽培地区和地势的不同而选择做畦或起垄。冬季作物，畦向以东西为好，夏季则以南北向为好。畦又可称为厢，高度和宽度可根据植物特性和当地气候特点以及种植密度而定。畦的式样各地不同，大致可分为高畦、平畦和低畦 3 种。高畦通常比畦间走道高出 10～25 cm；高畦的优点是能提高土温及昼夜温差，使土表的空气接触面扩大，有利通风透光。块根块茎类药用植物如大黄、地黄、薯蓣等宜做高畦，这样可增大块根块茎周围土壤温度的昼夜温差，促进块根块茎的膨大。在雨量充沛或排水不良的地区，多用高畦。平畦的畦面高度一般和走道齐平，畦的四周用土做成小埂，便于引水向畦中浇灌。平畦适用于地下水位较低、土层深厚、排水良好的地块。平畦的优点是保水力较好，出苗率高；缺点是土表容易板结，除草不便。播种白芷、白术常用平畦育苗。低畦的畦面比走道低 10～15 cm，多适用于雨量较少地区或喜湿润的药用植物，如党参等多用这种畦式。畦面宽度没有太严格的要求与限制，主要以便于田间管理和观察来确定，宽度一般不超过 1.6～2.0 m，过宽不便于中耕除草、施肥等农事操作。

块根、块茎药用植物常用起垄栽培。起垄可加厚耕作层和提高土温，昼夜温差较大，利于地下器官的生长发育，排水防涝和防止风蚀，提高抗倒伏能力，减少水土流失。做垄时，地表面积比平作增加 25%～30%，垄作一般的高度为 30 cm，垄距为 30～70 cm。

垄与畦的区别主要是垄一般比畦窄，通常宽度为 30～50 cm，高度与高畦相等或更高，有的高达 30～40 cm，垄四周为排水沟，将排水沟挖出的土垒于垄，并使垄成鱼背形。垄其实就是狭窄的高畦。由于垄比一般的高畦更窄更高，排水效果更好，土壤昼夜温差更大，比较适合雨水较多的地区和块根块茎类药用植物栽培采用,而且是栽培这类药用植物的一项重要栽培技术措施。但是做垄和对垄的维护用工都比做畦要大,因此,一般的药用植物栽培或一般的地区以做畦为主。

④中耕。中耕是生长期间常用的表土耕作措施。有疏松表土,破除板结,增加土壤通气性,提高土温,铲除杂草以及促进好气微生物活动和根系伸展的作用。

⑤培土。培土常与中耕结合进行,将行间的土培向植株基部,逐步培高成垄。主要有固定植株、防止倒伏,增厚土层利于块根、块茎的发育,及防止表土板结,提高土温,改善土壤通气性,覆盖肥料和压埋杂草等作用。

此外,整地常常与基肥的施用结合起来,尤其对根类药用植物更为重要。通常基肥为有机肥,有机肥需要有一定的时间分解,所以在翻耕土壤的同时施下基肥并翻压在土里。有时为了加强对土传病虫害的防治,在整地做畦完成后,还可对畦面土壤进行消毒处理。

5.2.2 移栽技术

1)移栽前的准备

(1)移栽田准备 草本类药用植物移栽前,需要整地、施肥、做畦。木本药用植物,移栽前要进行园地规划设计,按规划后的行株距挖穴,施入有机肥后待移栽。

(2)苗田准备 移栽前控制好苗田水分,在移栽前的一段时间内,要控制好苗田的水分,适当少浇水,可起到蹲苗的作用,促进药苗根系的发育。在移栽时,如果苗田土壤较为干燥,要先行浇水,使土壤变松软,便于起苗,带土移栽更易成活。在起苗时不要伤根伤苗,随起随栽,起多少栽多少。

2)移栽时期和方法

应根据气候、土壤条件、药用植物特性确定移栽时期和方法。

(1)适时移栽 药苗过大或过小均不利于成活,一定要做到适时移栽。一般来讲,草本药用植物要在幼苗长出4~6片真叶时移栽,而木本药用植物则需培育1~2年后才能移栽。在1年之中,木本药用植物一般在休眠期和大气湿度较大的季节移栽最为适宜,如杜仲、厚朴等落叶木本,多在秋季落叶后至春季萌发前移栽。移栽时应选择无风阴天或晴天傍晚进行。

(2)掌握移栽技术

①草本药用植物的移植。先按一定行株距挖穴或沟,然后栽苗。一般多直立或倾斜栽苗。深度以不露出原入土部分,或稍微超过为好。根系要自然伸展,不要卷曲。覆土要细,并且要压实,使根系与土壤紧密结合,仅有地下茎或根部的幼苗,覆土应将其全部掩盖,但必须保持顶芽向上。定植后应立即浇定根水,以消除根际的空隙,增加土壤毛细管的供水作用。

②木本药用植物的移植造林。木本药用植物可以零星移植,最好是移植造林,以便于集中管理。集中还是分散的问题,应根据当地的具体情况来处理。木本定植都采用穴栽,一般每穴只栽1株,穴要挖深、挖大,穴底土要疏松细碎。穴的大小和深度,原则上深度应略超过植株原入土部分,穴径应超过根系自然伸展的宽度,才能有利于根系的伸展。穴挖好后,直立放入幼苗,去掉包扎物,使根系伸展开。先覆细土,约为穴深的1/2时,压实后用手握住主干基部轻轻向上提,使土壤能填实根部的空隙。然后浇水使土壤湿透,再覆土填满、压实,最后培土稍高出地面。

③药用植物组培、脱毒苗移栽。不同药用植物适宜的移栽基质成分比例不同，如石蒜组织培养和植株再生移栽到30%左右的蛭石营养土中的幼苗成活率较高，彩叶草移栽到基质（草炭：珍珠岩=1:1）中移栽成活率较高，草莓脱毒苗（草炭土：泥土=1:1）的基质可以促进草莓的根和地上部分生长；怀地黄脱毒试管苗移栽基质适宜的比例是（草炭土：蛭石=1:2），环草石斛组培苗的较佳移栽基质以锯木屑和蛭石（1:1）混合使用，采用丛栽的效果为好，成活率可达100%左右，且长势良好。

在移栽组培、脱毒苗前还要进行炼苗、基质消毒工作，移栽后要加强管理。如环草石斛室温炼苗时，采用培养瓶不开封炼苗后立即移栽较好，以避免炼苗时病菌的滋生，影响移栽成活率。移栽前基质的灭菌消毒是十分必要的，无菌的试管苗要适应有菌的自然环境是不容易的。为保证移栽后成活，必须作好基质的消毒处理。试管苗移栽时一定要将附在根部的培养基冲洗干净，并用0.2%的多菌灵溶液浸泡5～10 s，否则容易滋生各种菌类，影响植株成活生长。移栽后要勤洒水，保持植株和栽培基质湿润，以利生长。

3）提高移栽质量

药苗移植总要损伤根部，妨碍水分和养分的吸收，致使秧苗有一段时间停止生长，待新根长出后才恢复生长，人们把这一过程称为还苗。还苗时间越短越好，这是争取早熟、丰产的一个重要环节。为此，近年各地多推行营养钵（杯、袋）育苗，特别是根系恢复生长慢的植物（瓜类）以塑料杯、纸袋、营养块育苗移栽为最佳。采用其他方式育苗的可带土移栽（尽量多带土）。栽后太阳光过强时，应进行适当遮阴；偶尔遇霜可用覆土防寒，或熏烟、灌木防霜冻；还苗前应注意浇水，促进成活。再者要及时查苗补苗。木本类苗木怕冻的应包被防寒；为防止因抽干死苗，可结合修剪定型适当短截。此外，还要及时除草、防病防虫、追肥、灌水等。）

【计划与实施】>>>

药用植物整地移栽

1）目的要求

掌握药用植物整地技术和移栽技术，能熟练进行药用植物的整地和移栽。

2）计划内容

（1）整地

①深翻、表土耕作、清除杂草，翻埋肥料。翻地前将基肥撒施在地上，通过整地翻埋混合土肥，然后整细、耙平，清除杂草、石块等。

②做畦。畦的形式可分为高畦、平畦、低畦3种。

a. 高畦。畦面比畦间走道高10～20 cm，具有提高土温、加厚耕层，便于排水等作用。适于栽培根及根茎入药的药用植物。一般雨水较多、地下水位高、地势低洼地区多采用高畦。

b. 平畦。畦面与畦间走道高相平，保水性好，一般在地下水位低、风势较强、土层深厚、排水良好的地区采用。

c. 低畦。畦面比畦间走道低10～15 cm，保水力强。一般在降雨量少、易干旱地区或种植喜湿性的药用植物采用此方式。

畦的宽度一般以 1.3 ~1.5 m 为宜,做畦时,要求畦面平整。

(2)移栽

①栽植前准备:草本类药用植物移栽前,需要整地、施肥、做畦。木本药用植物,移栽前要进行园地规划设计,按规划后的行株距挖穴,施入有机肥后待移栽。

②移栽时期和方法:应根据气候、土壤条件、药用植物特性确定。草本药用植物一般栽植时,按一定行株距挖穴或挖沟栽苗,可直栽或斜栽,栽植深度以不露出原入土部分。苗根系要自然伸展,覆土要细,定植后浇定根水。多年生草本植物多在进入休眠期或春季萌动前移栽,栽后不浇水。

落叶木本药用植物一般多在落叶后或春季萌动前移栽。常绿木本药用植物多在秋季移栽或在新梢停止生长期进行。采用穴栽,每穴一株。穴深应略超过植株原入土部分,穴径应超过根系自然伸展的宽度。栽植穴挖好后,直立放入幼苗,使根系伸展开,先覆细土,约为穴深的 1/2 时,压实后用手握住主干基部轻轻向上提,再覆土填满、压实,然后浇水,最后培土稍高出地面。

③栽后保苗:采用营养钵育苗、带土移栽可缩短缓苗时间;栽后应采取保苗措施,如适当遮阴,遇霜降可覆土防寒、烟熏或灌水防霜冻,及时浇水保湿。栽后及时查苗补苗,除草、防病虫、追肥、灌水等。

3)实施

4 人一组,准备用具(农具、肥料、遮阳网、中药材实习试验基地等)、材料(药用植物种苗等)。完成整地、移栽任务,记录实际整地和移栽的方法(整地的方法,畦的形式、宽度,移栽时期、移栽密度、药苗大小等)。以实验实习报告及实习表现综合评分。

【检查评估】>>>

序号	检查内容	评估要点	配分	评估标准	得分
1	整地	明确整地任务,正确整地	30	药用植物对土壤的要求、整地任务、整地方法各 10 分,错一项酌情扣分	
2	移栽	正确移栽,移栽质量	20	掌握移栽时期和方法,移栽成活率 90% 以上,计 20 分;移栽成活率 89% ~80%,计 19 ~15 分;移栽成活率 79% ~70%,计 14 ~10 分;移栽成活率 70% 以下,不计分	
合 计			50		

项目小结

种植制度是指一个单位或地区，在一定的时期内，适应当地自然条件，社会经济条件和技术条件而形成的一套种植形式，主要表现在作物安排上，即作物在土地上的分布、配置和相互结合方式的总称，是构成耕作制度的中心环节之一。种植制度包括种植植物的种类（粮食作物、经济作物、饲料绿肥作物、药用植物等）、植物布局（各种多少、种在哪里等）、种植方式（单作、间作、混作、套作等）、复种或休闲、轮作或连作等问题。由此可见，药用植物的种植制度应根据当地农业的总体种植制度进行规划和布局。

上壤耕作是农业生产最基本的技术措施。它对改善土壤环境，调节土壤中水、肥、气、热等肥力因素之间的矛盾、充分发挥土地的增产潜力起着重要作用。因此，为了使药用植物持续增产，提高经济效益，必须掌握各项耕作技术措施，因地制宜地制订与种植制度相适应的土壤耕作制度。耕作措施分为土壤基本耕作和表土耕作两大类，基本耕作是影响全耕作层的耕作措施，对土壤的各种性状有较大影响。表土耕作作为基本耕作的辅助性措施，主要影响表土层。

整好地后，移栽前应做好移栽田和苗田的准备工作，根据气候、土壤条件、药用植物特性确定移栽时期和方法，提高移栽质量。

1. 简述作物布局、间作、套作、复种、轮作的含义及其增产的原因。
2. 间作、套作应掌握哪些技术要点？
3. 我国药用植物主要立体种植方式有哪些？
4. 药用植物对土壤的要求是什么？
5. 表土耕作措施有哪些？怎样做畦？
6. 如何提高药用植物移栽质量？

项目6　药用植物的田间管理

【项目描述】

介绍草、木本药用植物栽植后全套管理技术。

【学习目标】

掌握草、木本药用植物全程田间管理技术，掌握药用植物追肥的基本方法与基本原则，掌握木本药用植物修剪技术。

【能力目标】

能根据气候、土壤、药用植物生长特点等具体情况采取适宜的管理措施。

任务6.1　草本药用植物田间管理

【工作流程及任务】>>>

工作流程：
田间观察—苗情诊断—田间管理。
工作任务：
间苗、定苗、补苗，肥水调控，植株调整。

【工作咨询】>>>

6.1.1　间苗、定苗、补苗

间苗是田间管理中一项调控植物密度的技术措施。对于用种子直播或块茎、根茎繁殖的药用植物，在生产上为避免幼苗、幼芽之间相互拥挤、遮蔽、争夺养分，需适当拔除一部分过密、瘦弱和有病虫的幼苗，选留壮苗，使幼苗、幼芽保持一定的营养面积。间苗宜早不宜迟，一般在子叶出土后3～5 d内进行，间苗过迟，幼苗生长过密，植株细弱易遭病虫害，消耗养分，根系深扎，间苗困难，且易伤害附近植株。间苗次数可视药用植物的种类而定。一般播种小粒种子,间苗次数可多些,可间2~3次;播种大粒种子,间苗次数可少些,如决明、薏苡等,间苗1~2次即可;进行点播的如牛膝每穴先留2~3株幼苗,待苗稍长大后再进行第二次间苗。最后一次间苗称为定苗,苗间距根据不同药用植物而定,如绞股蓝按6~10 cm定一株。定苗后必须及时加强管理,才能达到苗齐、苗全、苗壮的目的,为药用植物优质高产打下良好的基础。

但是,在药用植物栽培中,有的药用植物由于繁殖材料较昂贵,是不进行间苗工作的,如人参、西洋参、黄连、西红花、贝母等。

6.1.2 中耕除草与培土

1)中耕

中耕是药用植物在生育期间对土壤进行的表土耕作。中耕可疏松土壤,以减少地表蒸发,改善土壤的通透性,加强保墒,早春还可提高地温,促进土壤微生物活动,加速土壤有机质分解,清除杂草,减少病虫危害。中耕一般是在药用植物封行前选晴天土壤湿度不大时进行,中耕深度视植株大小、高矮、根群分布的深浅及地下部分生长情况而定,射干、贝母、延胡索、半夏等根系分布于土壤表层,中耕宜浅;而桔梗、牛膝、白芷、芍药、黄芪等主根长,入土深,中耕可适当深些。中耕深度一般为4~6 cm。中耕次数应根据当地气候、土壤和植物生长情况而定。苗期植株幼小,杂草最易滋生,土壤也易板结,中耕宜勤;成苗期枝叶生长茂密,中耕次数宜少,以免损伤植株。天气干旱,土壤黏重,应多中耕,雨后或灌水后应及时中耕,避免土壤板结。

2)除草

除草是为了消灭杂草,减少养分消耗,清洁田间,防止病虫的滋生和蔓延。除草一般与中耕、间苗、培土等结合进行,以节省劳力。防除杂草的方法很多,如精选种子、轮作换茬、水旱轮作、合理耕作、人工直接锄草、机械中耕除草、化学除草等。化学除草是使用化学除草剂除草,已在薄荷、颠茄、芍药等多种药用植物栽培上应用,它是农业现代化的一项重要措施,具有省工、高效、增产的优点。

除草剂的种类很多,按除草剂对药用植物与杂草的作用可分为:选择性除草剂和灭生性除草剂。选择性除草剂的作用机理是利用其对不同植物体或器官的选择性杀灭功能,能有效地防除杂草,而对药用植物无害,如敌稗、灭草灵、2,4-D、二甲四氯、杀草丹等,能有效杀灭单子叶禾本科杂草,而对双子叶阔叶药物无害。灭生性除草剂对植物不具有选择性,能杀灭所有植物,所以不能直接喷到药用植物生育期的田间,多用于休闲地、田边、田埂、工厂、仓库或公路和铁路边除草,如百草枯、草甘磷、五氯酚钠、氯酸钠等。

化学除草多采用土壤处理法,即将药剂施入土壤表层防除杂草,茎叶处理方法很少用。土壤处理要求在施药之前先浇1次水,使土壤表面紧实而湿润,既给杂草种子创造萌发条件,又能使药剂形成较好的处理层。一般施药后1个月内不进行中耕。土壤处理的关键是施药时期,据农作物、蔬菜上的应用经验认为,种子繁殖的植物应在播后出苗前杂草正在萌动时施药效果最好。通常播种后2~3 d内施药效果最佳。育苗移栽田块多在还苗后杂草萌动时施药,未还苗施药容易引起药害。不论播种田还是移栽田都不能施药太晚,施药太晚杂草逐渐长大,降低防除效果,有时栽培植物种子萌发还会引起药害。

需要注意的是,由于药用植物栽培涉及的植物种类多,目前专门研究应用药用植物田间杂草的除草剂种类较少，而大多是借鉴推广应用同一科属的粮经作物的除草剂品种。在药用植物栽培过程中使用除草剂，一定要慎重，尽可能先试验后应用。具体方法如下：

①选取健壮药用植物3～5株。株形较小者可适当多选。

②严格按除草剂使用说明操作，筛选合适的选择性除草剂，调配适宜浓度的除草剂水溶液，并按要求的量喷施。

③观察两周。如药用植物无不良反应（如叶片发黄、萎蔫、卷缩等），则可大范围使用。如出现不良反应，则视为该除草剂对药用植物产生药害，不能在该药用植物种植的田间施用。

3）培土

有些根茎类或多年生药用植物，其地表层因受雨水冲刷，使根部暴露在地表外易受旱，影响根系及地上部分的生长，因此结合中耕除草还需进行培土。培土有保护植物越冬（如菊花）、过夏（如浙江贝母）、提高产量和质量（如黄连、射干等）、保护芽头（如玄参）、促进珠芽生长（如半夏）、多结花蕾（如款冬）、防止倒伏、避免根部外露以及减少土壤水分蒸发等作用，地下部分有向上生长习性的药用植物，如玉竹、黄连、大黄等，若不适当培土将影响药材的品质和产量。培土时间视不同药用植物而异。1～2年生草本药用植物在生长中后期进行；多年生草本和木本药物，一般于入冬前结合防冻进行。

6.1.3 追肥

追肥以速效肥为主。一般在萌发前、定苗后、现蕾开花前追肥。追肥是补充基肥的不足，以满足药用植物在不同生长发育时期的需要。追肥时应注意肥料种类、浓度、用量和施肥方法，不同种类药用植物喜肥的规律也不同，施肥的总原则是：1～2年生及全草类药用植物，苗期应多施氮肥，促茎叶生长，中、后期追施磷、钾肥，生长旺盛期，追肥次数要相应增多。多年生及根和地下茎类药用植物，整地时要施足有机肥，生长期一般需追3次肥，第1次在春季萌发后，第2次在花芽分化期，第3次在花后果前，冬季进入休眠前还要重施越冬肥。为使追肥很快被植物吸收利用，常在生长前期施用人粪尿、尿素、复合肥等含氮较高的液体速效性肥料；而在植物生长的中、后期多施用草木灰、过磷酸钙、厩肥、堆肥和各种饼肥与钾肥等肥料。在施用化学肥料时，可在行间开浅沟条施，但不可使化肥撒到叶面或幼嫩的组织部位上，避免烧伤叶片或幼嫩枝芽，影响药用植物生长。对多年生药用植物于早春追施厩肥、堆肥和各种饼肥时多用穴施或环施法，把肥料施入植株根旁，追施磷肥，除施入土中外，还可采用根外追肥法，常以磷钾肥配成水溶液，用喷雾器直接喷到植物的茎叶上，通过茎叶的吸收，满足植物的要求，如用5%的磷酸二氢钾水溶液配加0.5%～1%的尿素对青天葵进行多次根外施肥，可有效提高产量和质量。

6.1.4 灌溉与排水

灌溉与排水是药用植物田间管理、满足和调节植物对水分需求的重要措施。

1）灌水

（1）灌溉原则　药用植物种类不同，对水分的需求各异，耐旱植物如甘草、黄芪、麻黄等喜干旱，应少浇水或不需要灌溉，而喜湿的薏苡、半枝莲、垂盆草等药用植物需水分较多，需保持土壤湿润。

植物的不同生育时期对水分的需求也有变化。苗期根系分布浅，抗旱能力弱，宜勤灌、浅灌；封行以后植株生长旺盛，根系深入土层需水量多，而这时正值酷暑炎热高温天气，植株蒸腾和土壤蒸发量大，耗水量增大，不能缺水，可采用少次多量，灌水要足。花期对水分要求较严，往往是药用植物的水分临界期，但是过多常引起落花，过少则影响授粉受精作用，如瓜类的需水临界期在开花成熟期，禾本科如薏苡在拔节期，但黄芪却在幼苗期。果期在不造成落果的情况下，可适当偏湿一些，接近成熟期应停止灌水。注意夏季灌水，宜在早晚进行，盐碱成分过高和有害废水不能用于灌溉。

(2)灌溉方法　有沟灌、畦灌、淹灌、喷灌、滴灌、渗灌、浇灌等，目前采用较多的是畦灌和沟灌。

①畦灌。畦灌是我国北方地区目前最主要和使用最广泛的灌水方式之一，是在田间筑起田埂，将田块分割成许多狭长地块——畦田，水从输水沟或直接从毛渠放入畦中，畦中水流以薄层水流向前移动，边流边渗，润湿土层，适用于做畦种植的草本药用植物。灌水量较大，有破坏土壤结构、费工时的特点。

②沟灌。沟灌是我国地面灌溉中普遍应用于中耕作物的一种较好的灌水方法，是在药用植物行间开沟培垄，把水引进沟里，让水从边上渗入土垄的灌溉方法。实施沟灌技术，首先要在作物行间开挖灌水沟，灌溉水由输水沟或毛渠进入灌水沟后，在流动的过程中，主要借土壤毛细管作用从沟底和沟壁向周围渗透而湿润土壤。同时，在沟底也有重力作用浸润土壤。

2)排水

南方地下水位高、土壤潮湿，雨季雨量集中，田间常有积水，应及时清沟排水，尤其是根及根茎类的药材，最怕田间积水和土壤水分过多，根的呼吸作用减弱，影响生育，易死亡，所以，在雨季一定要注意田间排涝。排水方式有以下几种：

(1)明沟排水　开挖开敞式沟渠排除农田多余水分。明沟排水主要排除地表多余径流，也可排除土壤中多余水分和降低地下水位。明沟排水投资少，泄流能力大，施工简单，但占地多，不利于田间机械操作。

(2)暗管排水　利用地下沟(管)排除田间土壤多余水分。土壤中的多余水分可以从暗管接头处或管壁滤水微孔渗入管内排走，起到控制地下水位、调节土壤水分、改善土壤理化性状的作用。暗管排水有便于田间机械化作业，节省用地和提高土地利用率的优点。但一次性投资较大，技术要求较高。

6.1.5　植株调整

植株调整可人为调整生长发育速度，提高田间通透性，使植株发育健壮，通过抑制无效器官生长，促进商品部位发育壮大并提高品质。草本类药材的植株调整主要有打顶和摘蕾、整枝修剪等。

1)打顶和摘蕾

打顶能破坏植物顶端优势，抑制地上部分生长，促进地下部分生长，或抑制主茎生长，促进分枝，多形成花、果。例如，附子及时打顶，并摘去侧芽，可促进地下块根迅速膨大，提高产量。菊花、红花常摘去顶芽，促进多分枝，增加花序的数目。

(1)打顶时间　应以药用植物的种类和栽培的目的而定,一般以成株期、现蕾前打顶。打顶要选择晴天上午露水干后进行,避免暴雨前打顶,否则引起感菌,不利于伤口迅速愈合。

(2)打顶方式

①见蕾打顶。在现蕾时,将花蕾、花梗连同两三片心叶(也称花叶)一起摘去。此方法养分消耗较少,顶叶也能充分展开,操作较容易,效果较好。

②见花打顶。即在花序中心花开放时,将花序、花轴连同小叶一并摘去。此方法消耗养分较多,顶叶不易展开,效果稍差。一般在施肥量较多、生长势强,又不能留枝的情况下采用,使花梗、花序消耗部分养分,有利于叶片分层落黄。

③打抠心顶。即在花蕾包在顶端小叶内有高粱粒大小时,用小竹针挑去或用镊子夹去。此方法养分消耗最少,伤口小,可使顶端叶片长大,但此法较费工,并需有较高的技术和经验。可在稀贵药用植物中应用。

摘蕾的时间与次数取决于现蕾期的长短,一般宜早不宜迟。如牛膝、玄参等在现蕾前剪掉花序和顶部;白术、云木香等的花蕾与叶片接近,不便操作,可在抽出花枝时再摘除。而地黄、丹参等花期不一致,应分批摘蕾。

打顶和摘蕾都要注意保护植株,不能损伤茎叶,牵动根部。要选晴天上午9时以后进行,不宜在有露水时进行,以免引起伤口腐烂,感染病害,影响植株生长。打下的花芽、花梗等不可抛在田间,以免传染病害。生产上除人工打顶外,还可机械打顶。

2)整枝修剪

修剪包括修枝和修根。如栝楼主蔓开花结果迟,侧蔓开花结果早,要摘除主蔓,留侧蔓,以利增产。修根只宜在少数以根入药的植物中应用。修根的目的是促进药用植物的主根生长肥大,以符合药用品质和规格要求。如乌头除去其过多的侧根、块根,使留下的块根增长肥大,以利加工;芍药除去侧根,使主根肥大,增加产量。

3)支架

对于一些攀缘、缠绕和蔓生性的药用植物,生长到一定高度时,需搭棚支架,以牵引其枝蔓的发生。株形较大的忍冬、五味子、栝楼、木鳖子、罗汉果、绞股蓝等药用植物应搭设棚架,使藤蔓爬上棚架;株形较小天门冬、党参、蔓生百部、山药等药用植物,只需在株旁立竿牵引。生产实践证明,凡设立支架的药用藤本植物比伏地生长的产量增长1倍以上,有的还高达3倍。设立支架要及时。过晚,则植株长大互相缠绕,不仅费工,而且对其生长不利,影响产量。

草本药用植物,还有人工辅助授粉、覆盖与遮阴、抗寒潮、霜冻与预防高温等田间管理措施。

【知识拓展】>>>

6.1.6　药用植物无公害栽培施肥技术

1)施肥的意义

药用植物长期固定在一个地方生长,每年都有收获,人们在收获时又不断将土壤中的养分带走(见图6.1),只有少量的枯枝落叶回归林地。因此,施肥就成为提高药用植物产量和

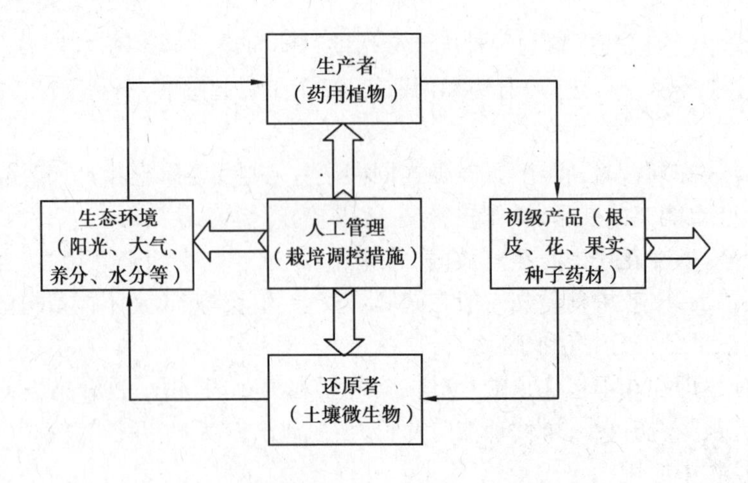

图6.1　药用植物生产系统养分循环示意图

品质的一个重要手段。

2）施肥原则

药用植物无公害栽培的施肥原则应是：以有机肥为主，辅以其他肥料；以多元复合肥为主，单元素肥料为辅；以施基肥为主，追肥为辅。

3）药用植物无公害栽培施肥技术

药用植物无公害栽培的施肥技术主要包括以下几个方面：

（1）施肥方式　以底肥为主的原则，增加底肥比重。一方面有利于培育壮苗，另一方面可通过减少追肥（氮肥为主）数量，减轻因追肥过迟距临近成熟对吸收的营养不能充分同化所造成的污染，还可提高中药材的无公害程度。生产中宜将有机肥料全部底施，如有机氮与无机氮比例偏低，辅以一定量无机氮肥，使底肥氮与追肥氮比达6∶4，施用的磷、钾肥及各种微肥均采用底施方式。

（2）肥料种类的选择　以有机肥为主；宜使用的优质有机肥的种类有堆肥、厩肥、腐熟人、畜粪便、沼气肥、绿肥、腐殖酸类肥料以及腐熟的作物秸秆和饼肥等，通过增施优质有机肥料，培肥地力。农家肥以及人、畜粪便应腐熟达到无害化标准的原则。禁止使用未经处理的城市垃圾和污泥，以减少硝酸盐的积累和污染。允许限量使用的化肥及微肥有尿素、碳酸氢铵、硫酸铵、P肥（磷酸二铵、过磷酸钙、钙镁磷肥等）、K肥（氯化钾、硅酸钾等）、Cu（硫酸铜）、Fe（氯化铁）、Zn（硫酸锌）、Mn（硫酸锰）、B（硼砂）等，掌握有机氮与无机氮之比为7∶3～6∶4，不低于1∶1。

（3）平衡配方施肥　为降低污染，充分发挥肥效，应实施配方施肥，即根据药用植物营养生理特点、吸肥规律、土壤供肥性能及肥料效应，确定有机肥、N、P、K及微量元素肥料的适宜用量和比例以及相应的施肥技术，做到对症配方。具体应包括肥料的品种和用量，基肥、追肥比例，追肥次数和时期，以及根据肥料特征采用的施肥方式。配方施肥是无公害中药材生产的基本施肥技术，尽量限制化肥的施用，如确实需要，可以有限度有选择地施用部分化肥。按照生产基地农田土壤的养分输入、输出相平衡的原则，做到N，P，K肥以及微肥的均衡供应。

采用平衡配方施肥，首先应分析某种药用植物生长所在地的土壤养分供应情况，同时测出该药用植物生长过程中的养分需求情况，在此基础上，根据生产目的确定适宜的施肥量。

某种肥料需要量的估测,可用下式计算:

$$需肥量 = \frac{作物总吸收量 - 土壤养分供应量}{肥料中有效养分含量 \times 肥料当季利用率}$$

$$作物的总吸收量 = 每千克产量养分的需要量 \times 目标产量$$

4)提高无机氮肥的有效利用率

N是作物吸收的大量元素之一,生产中需施用氮肥补充土壤供应的不足。但大量施用N肥对环境、中药材及人类健康具有潜在的不良影响,这是由于无机氮肥在土壤中易转化为NO^{3-}-N和NO^{2-}-N,其中NO^{3-}易被淋溶而污染地下水。NO^{2-}-N除影响作物生长外,还可经反硝化途径形成氮氧化物释放至大气中,对环境造成污染。因此,无公害中药材生产中应减少无机氮肥的施用量,尤其注意避免使用硝态氮肥。对于必须补充的无机氮肥,提倡使用长效氮肥,以减少氮素因淋溶或反硝化作用而造成的损失,提高氮素利用率,减轻环境污染。因此,在常规氮肥的使用中,应配合施用氮肥增效剂,抑制土壤微生物的硝化作用或脲酶的活性,达到减少氮素硝化或氮挥发损失的目的。

6.1.7 药用植物缺素症状及诊断

1)木本药用植物缺素症状形态诊断

药用植物与其他农作物一样,缺少某种营养元素会影响其生长,从而造成不同程度的减产,甚至全部失收。植物缺乏营养元素,在外部形态上是有所表露的,因而可用形态诊断,就是根据植物生长发育的外观形态,如叶面积、叶色、新梢长势和果形等外观长相来确定植物营养状况的方法。植物缺素症状就属于形态诊断的范畴。

下面简介以叶片特征为主的植物缺素症。

1.病症限于老叶,或由老叶起始

2.叶局部出现杂色斑或黄色,有或无坏死斑

 3.叶缘向上卷曲,叶色黄,叶面有黄色或褐色斑,有坏死——缺钾

 3.叶淡绿或白。叶脉间黄化或淡色斑,无坏死——缺镁

2.叶全部黄化,呈干燥或烧焦状,叶小,早脱落

 4.叶淡绿至黄化,叶柄、叶脉褐红色,小叶紫红色——缺氮

 4.叶暗绿至青铜色,叶柄、叶脉紫红色——缺锌

 4.小族叶、轮生、有花斑——缺锌

1.病症限于幼叶或由生长点、幼叶起始

 5.幼叶失绿、卷曲,顶芽有的枯死

  6.叶尖钩状,叶缘皱缩,叶易碎裂——缺钙

  6.叶皱缩、厚薄不均,叶脉扭曲,小族叶后光秃——缺硼

 5.幼叶黄化,顶芽活着

  7.幼叶有坏死斑,小叶脉绿色,似网状——缺锰

  7.幼叶无坏死斑,黄化

   8.叶脉浅绿色与叶脉间组织同色,无黄白色——缺硫

   8.叶脉绿色,叶片黄化至漂白色,严重者全叶漂白——缺铁

药用植物的缺素症状可以归纳为:

缺氮:植株浅绿,基部叶片变黄,干燥时呈褐色,茎短而细,分枝(分蘖)少,出现早衰现象。

缺钾:茎软细,直立株易倒伏,叶片边缘黄化、焦枯、碎裂,脉间出现坏死斑点,整个叶片有时呈杯卷状或皱缩一起,褐根多。淀粉含量高的药用植物,生长后期需钾量更大,如淮山、天花粉、葛根薯等。

缺镁:叶片变黄,叶脉仍绿,但叶脉间变黄,有时呈紫色,并出现坏死斑点。

缺铁:脉间失绿,呈清晰的网纹状,严重时整个叶片(尤其幼叶)呈淡黄色,甚至发白。

缺磷:植株深绿,常呈红色或紫色,干燥时暗绿,茎短而细,基部叶片变黄,开花期推迟,种子小,不饱满。

缺硼:表现为顶端出现停止生长的现象,幼叶畸形、皱缩,叶脉间不规则退绿,例如,砂仁的"花而不实"等,都是由于缺硼和授粉不好造成的。

缺锌:表现为叶小簇生,叶面两侧出现斑点,植株矮小,节间缩短,生育期间推迟,如薏苡仁的苍白苗等。

缺铜:新生叶失绿,叶尖发白,卷曲呈纸捻状,叶片出现坏死斑点,进而枯萎死亡。如生地的顶端变白,最后枯皱而死等。

缺锰:脉间出现小坏死斑点,叶脉出现深绿色条纹并呈肋骨状。如橘红的缺锰病。

2)外形诊断

症状出现部位:Fe,Mn,B,Mo,Cu 都首先在新生组织出现,而 Zn 在老叶上出现,其次,看叶片大小和形状,缺 Zn 叶片窄小,簇生(小叶病),缺 B 叶片肥厚,叶片卷曲、皱缩、变脆,其他元素叶片大小和形状不变,再看失绿部位,缺 Zn,Fe,Mn 都会产生叶脉间失绿黄化,但叶脉仍为绿色,缺 Zn 最初在下部老叶片上,沿主脉出现失绿条纹及黄绿相间成明显花叶,严重时褐色斑点,缺铁植株幼叶叶脉间失绿黄化,严重时整个叶片变黄或发白。

【计划与实施】>>>

间苗、定苗、补苗

1)目的要求

了解药用植物幼苗形态及苗期管理技术,掌握间苗、定苗、补苗技巧。

2)计划内容

对于用种子直播繁殖的药用植物,在生产上为了防止缺苗和便于选留壮苗,其播种量一般大于所需苗数,播种出苗后需及时间苗。

除去过密、瘦弱和有病虫的幼苗,选留生长健壮的苗株。间苗宜早不宜迟。大田直播间苗一般进行 2 ~ 3 次,最后一次间苗称为定苗。大田补苗与间苗同时,即从间苗中选生长健壮的幼苗稍带土进行补栽。补苗选阴天后或晴天傍晚进行间苗、定苗、补苗工作,并浇足定根水,保证成活。

3)实施

4 人一组,在桔梗(或其他药用植物)幼苗田,按下列程序操作。

(1)幼苗形态的识别

根据各种苗的形态标准,找出田间的壮苗、弱苗、徒长苗、畸形苗、老小苗。

(2)间苗和补苗

桔梗按株距 5 cm 间苗和补苗。

(3)定苗

间苗两次后,开始定苗,桔梗按 8 cm 定苗。

(4)记录田间管理的步骤和方法

以实验实习报告及实习表现综合评分。

【检查评估】>>>

序号	检查内容	评估要点	配分	评估标准	得分
1	田间管理	掌握药用植物田间管理的方法	30	掌握药用植物各个时期的生长特点,能够进行药用植物田间管理操作,明确各项管理措施之间的区别,扣 30 分;操作错误,扣 20 分;回答错误,扣 10 分,或酌情扣分	
2	施肥量	正确计算施肥量	20	计算正确 20 分;方法正确,计算结果错误,扣 5 分;方法错误,计算结果错误,0 分	
合　计			50		

任务 6.2　木本药用植物田间管理

【工作流程及任务】>>>

工作流程:

林地土壤管理—水管理—养分管理—林分管理—树体管理。

工作任务:

养分管理,林分管理,整形与修剪。

【工作咨询】>>>

木本药用植物生长期长,与草本药用植物管理不同,田间管理主要包括土壤、水、施肥、林分、树体、病虫等管理。

6.2.1　林地土壤管理

加强林地土壤管理,创造良好的土壤环境条件,是药用植物栽培丰产措施的重要一环。

1)林地耕作

木本药用植物进入成林以后土壤耕作主要有夏铲、冬垦。

(1)夏铲　夏季正是木本药用植物及杂草生长旺盛季节,它们之间剧烈争夺水分、养料。夏季铲山要做到“铲早、铲小、铲了,雨后必铲,灌水后必铲”,浅锄深度一般6~10 cm。过深,容易伤根,对树木生长不利,及时消灭杂草,疏松土壤,减少水分蒸发,增加土壤透气性和蓄水保肥能力。铲下的杂草堆放在树根周围,夏铲每年都要进行一次。

(2)冬挖(深垦)　一般深度要求20~25 cm。在土层深厚的缓坡或梯土,可以深至30 cm。将土大块挖翻过来,让其冬季风化。夏铲主要只起除草松土作用,冬挖则能起加深熟化土壤的作用。冬挖一般3~4年进行一次。

深挖加深土层熟化,土壤疏松多孔,改善通气状况,有利水的积蓄,使水、气关系协调。冬季深挖,正值木本药用植物如油茶、油桐、乌柏、板栗等处于体眠期,挖伤部分根系,春季促进新根的萌生,增强吸收能力。冬挖疏松土壤,提高土壤水肥条件,有利林木根系伸展吸收,促进生长。

冬挖的范围应根据原来的整地规格进行。在林木四周30 cm以内宜浅,但适量挖断部分老根,可以促进新的吸收根的萌生。如果原是块状整地者,可以结合冬挖逐年扩大,连成梯带。对狭梯带也应结合冬挖逐年扩大梯面。

冬挖是木本药用植物的重要技术措施,在入冬后至土壤大冻前进行,但翻后要及时覆土保护根系,以免冻根。翻后如果墒情不好,要及时灌水,使根系与土壤密接,以防漏风冻根;如果冬季少雪,次春要及早春灌,以促进根系生长和有机肥腐烂分解,供根系吸收利用。冬挖的工作量繁重,除陡坡仍主要使用人力进行外,在缓坡应尽可能使用机械耕作。可采用耕牛犁山等方法,耕牛犁山具有工效高、质量好,一个人每天可犁0.3 hm^2,比人工挖山提高工效2~4倍。犁山方法是由山下向山上犁,并掌握沿水平横向耕翻,以利保土、蓄水。有条件的地方,可采用耕作机械进行冬挖。冬季探挖还可以消灭在土壤中化蛹过冬的害虫,如油茶尺蛾、油茶毒蛾等。

夏铲冬挖是木本药用植物丰产的重要技术措施。但要以搞好水土保持为前提,不能造成土壤冲刷、流失。

2)土壤污染的监测

(1)土壤污染源　土壤污染源主要有:

①水污染。它是由工矿企业和城市排出的废水、污水污染土壤所致。

②大气污染。由工矿企业以及机动车、船排出的有毒气体被土壤所吸附。

③固体废弃物。由矿渣及其他废弃物进入土中造成的污染。

④农药、除草剂和化肥污染。土壤中污染物主要是有害重金属和农药。

(2)土壤污染的监测项目　药用植物栽培地土壤监测的必测项目有:汞、镉、铅、砷、铬5种金属和六六六、滴滴涕两种农药以及pH值等。其中,土壤中六六六、滴滴涕残留标准均不得超过0.1 mg/kg,5种金属的残留标准因土壤质地而有所不同。土壤污染程度的划分主要依据测定的数据计算污染综合指数的大小来定,共分为5级:1级(污染综合指数不大于0.7),为安全级,土壤无污染;2级(0.7~1)为警戒级,土壤尚清洁;3级(1~2)为轻污染,土壤污染超过背景值,作物、果树开始被污染;4级(2~3)为中污染,即作物或果树被中度污染;5级

(大于3)为重污染,作物或果树受严重污染。只有达到1~2级的土壤才能生产绿色果品。

6.2.2 水管理——灌溉

目前,我国木本药用植物大面积生产中还极少有人进行人工灌溉的,但是,今后随着对中药材产品需求的增长和科技的发展,经营集约度的提高,进行人工灌溉将是必需和可能的。在丘陵区发展喷灌和滴灌将是有可能的。

1)灌溉用水标准

木本药用植物栽培地灌溉水要求清洁无毒,并符合国家《农田灌溉水质量标准》(GB 5084—1992)的要求。其主要指标是:pH 5.5~8.5,总汞不大于0.001 mg/L,总镉不大于0.005 mg/L,总砷不大于0.1 mg/L(旱作),总铅不大于0.11 mg/L,铅(六价)不大于0.1 mg/L,氯化物不大于250 mg/L,氟化物2 mg/L(高氟区)、3 mg/L(一般区),氰化物不大于0.5 mg/L。除此以外,还有细菌总数、大肠杆菌群、化学耗氧量、生化耗氧量等项。水质的污染物指数分为3个等级:1级(污染指数不大于0.5)为未污染;2级(0.5~1)为尚清洁(标准限量内);3级(不小于1)为污染(超出警戒水平)。只有符合1~2级标准的灌溉水才能生产出绿色中药材,形成良性循环,创造高经济效益,保持可持续发展。

2)灌溉方法

在山区可用开沟引水灌溉;在丘陵区和城郊区可采用喷或滴灌;在干旱缺雨水地区,建天然雨水蓄水窖,投资少,效益高。灌溉方法请参考草本药用植物田间管理。

6.2.3 养分管理——施肥

在生产上施肥一般分为基肥和追肥。基肥施用要早,追肥要巧。

1)基肥的施用

基肥是能长期供给药用植物养分的基本肥料,所以宜用有机肥料。如堆肥、厩肥、土杂肥、腐殖酸类等,使其逐渐分解,供木本药用植物长期吸收利用。在秋、冬两季结合土壤管理进行。施肥方法在树木周围可采用放射状、环状、穴状和条状施肥(见图6.2至图6.5)。

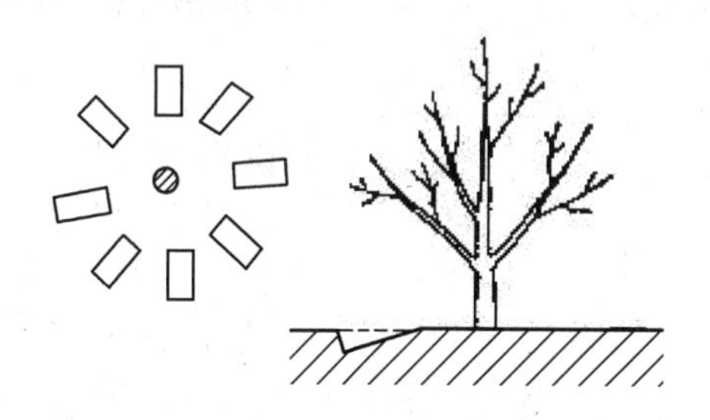

图6.2 放射状施肥(何方)

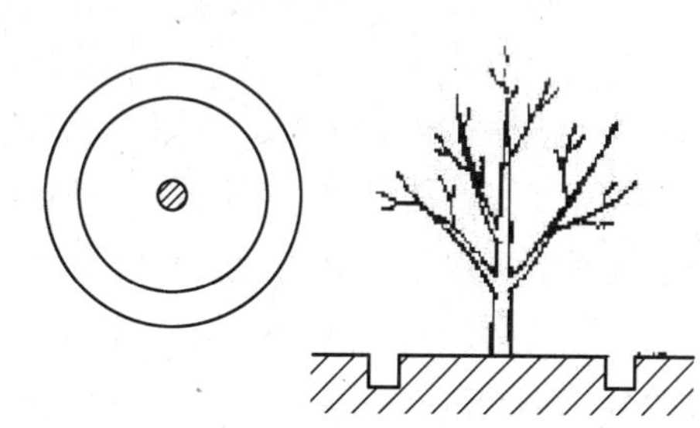

图6.3 环状施肥(何方)

上述4种方法,除穴施法外,其他3种方法均属沟施法。优点是施肥集小,部位适当,经过轻度伤根,有刺激发根作用。沟、穴的位置一般在树冠投影处,幼树则离树1~2 m处。挖沟时从树冠外缘向内挖,沟宽30~40 cm,沟深10~15 cm,长度根据树冠大小而定。第二年开沟,开穴位置要变换。施肥后用松土覆盖,并稍加压实。

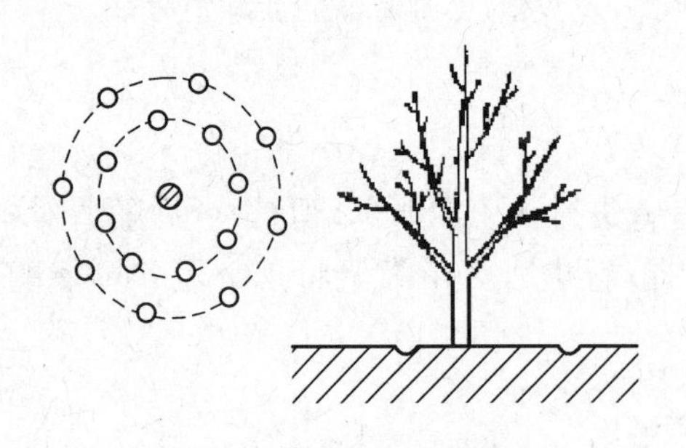

图6.4　穴状施肥(何方)

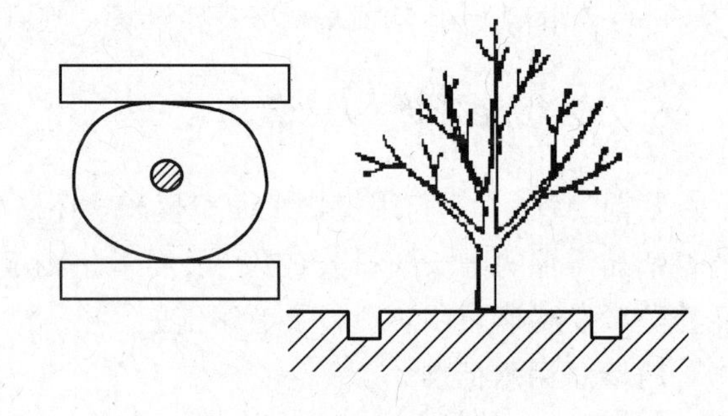

图6.5　条状沟施肥(何方)

2)追肥的施用

追肥是根据木本药用植物一年中各个物候期需要的特点及时施肥,以调节生长、开花、结果的矛盾,根据施肥的时间,在花前施肥,为补充树体养分不足,促进开花,一般以施氮肥为主,适量配合磷肥;落花后追肥,此时幼果开始生长,同时新梢生长旺盛,是需肥较多的时候,及时施肥促进幼果生长,减少落果;在果实生长过程中,根据情况,还要追施氮、磷肥为主配合钾肥,以促进果实膨大,防止落果:追肥一般多使用无机化肥,除土壤施肥外,也可以使用根外追肥进行叶面喷施。

银杏苗期喷施叶面肥,可显著提高生长量,提高银杏园的经济效益。试验证明,银杏园适宜应用的叶面肥种类和浓度分别为:0.05% ~0.1%的福乐定、0.5% ~1.0%的尿素。

施肥数量应根据药用植物树种、年龄和栽培林地情况而定。实际施肥过程中,由于施肥方法的问题,加上雨水的冲刷,肥料要损失一部分,所以要适当的增加施肥量。

6.2.4　林分管理

林分管理是根据木本药用植物生育期及其栽培不同时期的经济目标,满足其生长发育的要求,进行技术管理。

1)营养生长期的管理

木本药用植物栽植的成功与否,不仅取决于苗木质量、整地和栽植技术是否妥当,同时还取决于这一时期的抚育工作是否适时适量。营养生长期的抚育目的是:

①消灭杂草和疏松土壤,为幼林创造良好的生长条件;

②培育良好的树形,优良树形是丰产树必备的条件;

③施肥灌溉保证幼林快速生长。

营养生长期抚育工作在栽培后前两年非常重要。因为这时幼林还没有健全的根系和粗壮的干基,生活力很弱,易受杂草侵害。春季和夏季是幼林生长最旺盛的时候,也是杂草蔓延最快的时候,在这个时候必须进行抚育,既除去杂草又为林地增加肥料。在秋季杂草种子成熟以前也应除草一次,这样可以减少来年杂草的萌生。每年要抚育2~3次。第3年以后每年可抚育1~2次。

营养生长期如没有及时抚育,会推迟结果年限。如直播的木本药用植物,抚育管理好的,3年后可有50% ~60%的树开花结果,抚育不及时只有1% ~3%的树开花结果,抚育不善可能推迟2~3年开花结果。

全面整地的可以结合间种的农作物进行抚育,以耕代抚。在操作时要注意细种细收,不要伤害幼树及其根系。要注意保护和维护林地水土保持设施。带状和块状整地的可只在原来整地范围内进行抚育。其周围以外的杂草、灌木,应在每年秋前割除铺放林地。

松土深度一般为5~10 cm。在幼树20 cm内的周围宜浅,以免伤害根系。除下的杂草应堆放在幼树的周围作肥料,又可保水。

幼林抚育除中耕除草外,结合对树体不正和露根的幼树,进行扶正培土,缺株要进行补植,发现病虫害要立即扑灭。

2)结果始期(始收期)管理

这一时期开始进入生殖生长,树体还未全部构建成,因而仍有旺盛的营养生长。木本药用植物进入这一树期的抚育管理任务是在保护树体健壮生长的基础上,实现早期丰产。在营养生长阶段,由于进行间种抚育,林地养分、水分供应比较充足。进入始收期后,多数停止间种,林地原有养分经过数年的吸收利用,因此,这期间要注意土壤养分的变化情况,要进行土壤肥力诊断,除氮肥外要注意磷、钾肥以及微量元素,除可以参考一般土壤肥力标准外,也可以定出每个树种的各自等级要求。

为增加林地肥力,还可以继续间种草本或灌木绿肥以及割绿肥在林地压青,增加土壤有机肥,改善土壤理化性质。这一时期每年仍要进行土壤管理。

3)结果盛期(盛收期)管理

木本药用植物进入盛收期是栽培上最有经济价值的时期。这一时期无论是营养生长或生殖生长都很旺盛,新陈代谢旺盛,这一时期的土、水、肥的管理直接关系产量的多少。

药用植物栽培进入盛收期后的集约程度的提高是通过耕作制度表现出来的。提高质量、产量必须改善耕作制度,调整养分、水分的供给关系。在药用植物栽培中,需要进行施肥的主要就是在这个时期。施肥适时适量,配合适宜是优质高产的必备条件。

4)衰老更新期的管理

经过结果盛期之后,进入结果衰退期,这时收获开始下降,其管理主要考虑如何进行更新问题。此时,大枝先端出现焦梢现象,内腔生长大量徒长枝,产量显著下降,是树势衰老的表现,也是更新复壮的时候,应及时进行复壮更新。由于休眠芽寿命长,有利于更新复壮,经更新复壮后可以延长植株结果,推迟衰老期,增加收入,由于具有强大的吸收根系,所以恢复结果期比较早,增产显著,是一种多快好省的方法,必须引起重视。更新的方法有主枝更新和主干更新。

主枝更新:当主枝先端发现焦梢、枯梢时,就要进行主枝更新(见图6.6)。主枝更新应分年度有计划进行,一年更新1~2个大枝,3年内完成。更新方法,从大枝中部或下部截除枝梢或从基部去除枝干,促使新梢萌发,形成新的树冠,重新结果。

主干更新:当进行2~3次主枝更新后,由于新陈代谢机能的衰退,进行主枝更新已无法复壮结果,必须进行主干更新(见图6.7)。

主干更新必须注意时期和部位,要分期分批进行。一般在冬至至立春前,在离地面60~100 cm处进行环锯一圈,待新梢萌发生长到30 cm,才截干更新,并且进行隔行更新,做到全树冠边更新,边恢复、边结果,达到更新、生产两不误。

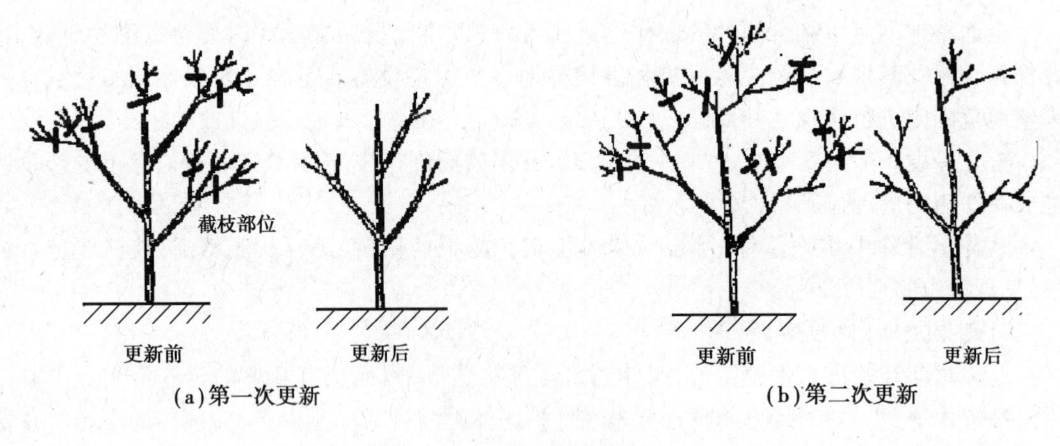

图6.6 主枝更新示意图(何方)

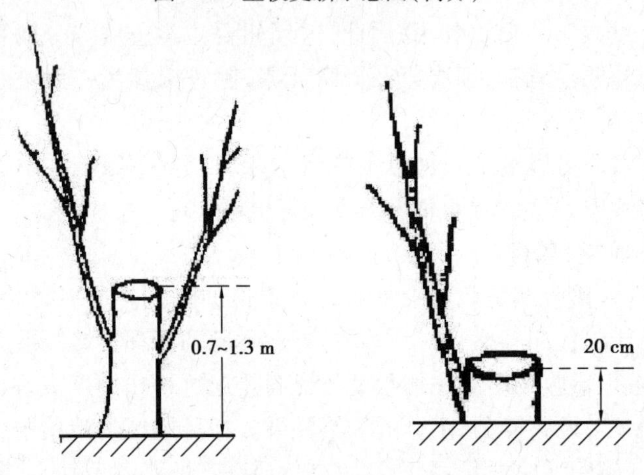

图6.7 主干更新示意图(何方)

6.2.5 树体管理

自然生长的木本药用植物,若任其自然生长发育,植物体自身器官间则会生长不平衡,有些药用植物枝叶繁茂,冠内枝条密生、紊乱而郁蔽,不仅影响通风透光,降低光合效率,易受病虫危害,有时会造成生长和结果难以平衡,大小年结果现象严重,而且还降低花、果、种子入药的产量和品质。因此,加强树体管理很有必要。树体管理的内容主要有整形与修剪。

1)整形

整形是指在木本药用植物幼龄期间,在休眠时进行的树体定型修剪。按照优质丰产栽培对不同树种、品种的树体形状,即骨干枝排列组合的形式,所表现出来的各种树体形态。因此,采用强行整枝修剪的技术方法,培养出特定的理想树形。简言之,整形是从幼龄树开始,培养各个树种特定的树形。

(1)树形种类　根据树种、品种分枝方式和优质丰产栽培技术的要求而定。木本药用植物的树形很多,如图6.8所示。

(2)整形方法　整形一般是在木本药用植物幼龄期的冬季或早春进行。

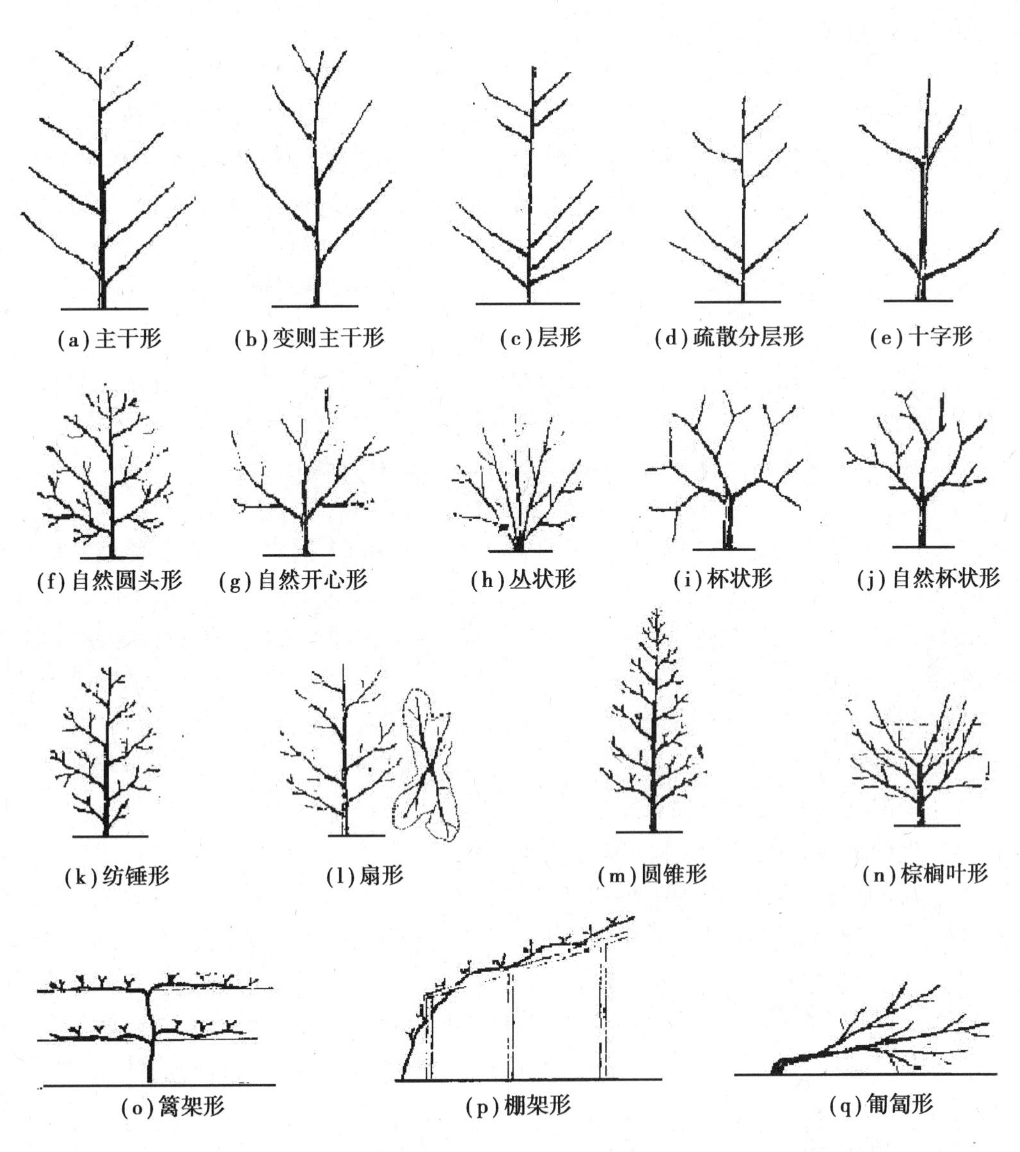

图6.8 果树主要树形示意图(中国果树栽培学)

①有中心主干形。适于主干性强的树种和品种,如核桃、板栗、柿、枣、银杏等,一般以主干流层形较好。它的特点是树冠呈半圆形,骨架结构牢固,结果面积大,负载量高,主枝分层着生,通风透光良好,枝多,级别多,形成快,进入结果期早,产量高。整形最基本的技术措施,就是"控侧促主"。在中心主枝附近的强壮侧枝要短截,削弱生长,促主枝生长[典型树形,见图6.8(a)、(b)、(k)、(l)、(m)]。

②无中心主干形。适用于对光照要求高,主干性较弱的树种、品种,如南方栽培的板栗等。这种树体结构的特点是,骨架枝接合牢固,不易劈裂,树冠形成快,主从分明,果枝分布匀称,生长结果好,寿命长,较丰产。其造型是主干高度60~100 cm,在主干上选留生长均衡,方向好,角度在50°左右,错落开三大主枝,主枝间距为30~40 cm,在每个主枝上选留两对副主枝,错开分布在主枝上,间距为30~45 cm,在副主枝上选留结果枝组,即构成此种树形。常见的树形有杯状形、自然杯状形、自然外心形、多主枝自然形、丛状形、主枝开心圆头形等[典型

树形，见图6.8(g)、(h)、(i)、(j)]。

③扇形。树形有主干或主干不明显，树冠扇形。以支架的有无又分为树篱形[见图6.8(o)]和离架形。

④平面形。树冠叶幕呈平面形。一般用于蔓性树种，如葡萄、猕猴桃等多采用水平棚、倾斜棚等棚架。在寒地栽培冬季需要防寒的果树，如苹果、桃等树种，多采用扇形、圆盘形等匍匐形整枝[见图6.8(p)]。

⑤元骨干形。主要适用于灌木果树，无主干，就地分枝成丛状，或有较短不明显的主干，主要适用于灌木果树，如毛樱桃，以及小浆果类果树[见图6.8(n)]。

树形的结构，从幼树到老树不是一成不变的。前期幼树离心生长旺盛，从定植后逐年发展到定形；后期果树衰老破坏，植株转向向心生长，由树老、焦梢到骨架破坏，如为中心干形，则变为外心形，最后从树干或主枝基部发出徒长枝再次形成树冠。

2)修剪

(1)修剪原则　修剪总的原则是：应因地因树(品种)制宜，同时要考虑可能达到的经营水平，调节营养生长和生殖生长的关系。因此，首先要继续保持整形原有的树形；其次是调节叶幕层的疏密度，保全林分的通风透光，以及结果需要的叶面积；再次是调节树体承载花、果合理的数量。

(2)修剪的时期　落叶果树都有明显的休眠期和生长期。常绿果树常年不落叶，分期虽不如落叶果树那样明显，但也有一定的相对休眠期。因而果树修剪时期常以休眠期和生长期来划分。不同时期的修剪所起的作用是不完全相同的。

①体眠期的修剪。指落叶树木从秋冬落叶至春季芽萌发前，或常绿树从晚秋梢停长至春梢萌发前进行的修剪。由于休眠期修剪是在冬季进行，故又称为冬季修剪。休眠期树体内储藏养分较充足，修剪后枝芽减少，有利于集中利用储藏养分。落叶树枝梢内营养物质的运转，一般在进入休眠期前即开始向下运入茎干和根部，至开春时再由根茎运向枝梢。因此，落叶树木冬季修剪时期以在落叶以后、春季树液流动以前为宜。常绿树木叶片中的养分含量较高，因此，常绿树木的修剪宜在春梢抽生前、老叶最多并将脱落时进行。此时树体储藏养分较多而剪后养分损失较少。

②生长期的修剪。

a.夏季修剪。指新梢旺盛生长期进行的修剪。此阶段树体各器官处于明显的动态变化之中，根据目的及时采用某种修剪方法，才能收到较好的调控效果。如为促进分枝，摘心和涂抹发枝素宜在新梢迅速生长期进行。夏季修剪对树生长抑制作用较大，因此，修剪量要从轻，多采用摘心。由于是果实开始生长和花芽分化形成的时期，修剪得适当，关键是“及时”。可以及时调节生长结果，促进花芽分化和果实生长，并有利于2~3次枝梢生长，控制树冠，有利于结果枝组的培养。

b.秋季修剪。指秋季新梢将要停长至落叶前进行的修剪。以剪除过密大枝为主，此时树冠稀密度容易判断，修剪程度较易掌握。由于带叶修剪，养分损失比较大，次年春季剪口反应比冬季修剪弱。因此，秋季修剪具有刺激作用小，能改善光照条件和提高内膛枝芽质量的作用。北方为充实枝芽以利越冬，对即将停长的新梢进行剪梢，也属秋季修剪。秋季修剪在幼树、旺树、郁蔽的树上应用较多，其抑制作用弱于夏季修剪，但比冬季修剪强。

c. 春季修剪。主要内容包括花前复剪、除萌抹芽和延迟修剪。花前复剪是在露蕾时，通过修剪调节花量，补充冬季修剪的不足。除萌抹芽是在芽萌动后，除去枝干的萌蘖和过多的萌芽。为减少养分消耗，时间宜早进行。延迟修剪，亦称晚剪。即休眠期不修剪，待春季萌芽后再修剪。此时储藏养分已部分被萌动的芽梢消耗，一旦先端萌动的芽梢被剪去，顶端优势受到削弱，下部芽再重新萌动，生长推迟，因此，能提高萌芽率和削弱树势。此方法多用于生长过旺、萌芽率低、成枝少的品种。

(3)修剪技术　木本药用植物管理的基本修剪方法包括疏剪、短截、缩剪、刻伤、长放、曲枝、扭梢、拿枝、除萌、疏梢、摘心、剪梢、环剥等多种方法。

①疏剪。是将枝条自分生处(即枝条基部)剪去，是减少树冠内枝条数量的修剪方法。处理对象为一年、多年生枝条(见图6.9)，疏剪是木本药用植物中应用较多的方法。

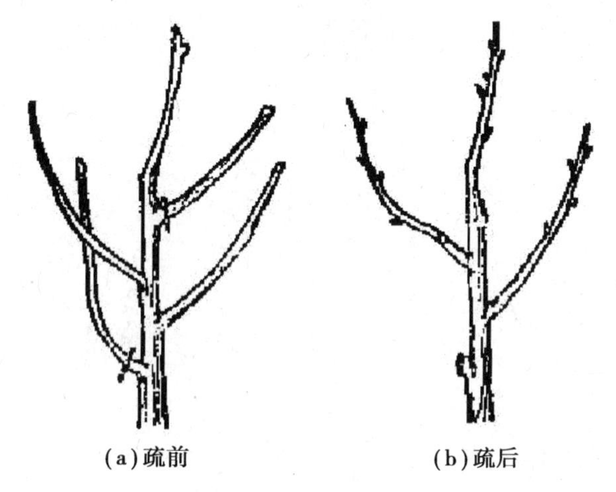

图6.9　疏剪示意图

疏剪也有促进和控制双重效应。一般因疏枝减少了枝量，使树体总生长量减少，减弱树势，对全树有抑制作用，疏剪越重，其抑制更加显著。但对局部也有促进作用，削弱剪口上枝芽生长，促进剪口下的枝芽生长。只是比短截促进较为缓和，其反应强度与修剪量大小、疏掉的器官状况有关。在树冠密闭情况下，疏去交叉重叠密技、病虫害枝、弱枝和过多的果枝，改善了风光条件，提高光效，减少病虫害草生孳生，使营养物质有效供应，则既有利于生长，又有利于结果。

疏剪在疏除大枝(5年生以上)、小枝(3~4年生)、小枝(1~2年生)时，均要注意切口表面紧贴树干(主枝)，表面光滑。片剪除大枝后的伤口大而表面粗糙，要用刀修削平整光滑，以利愈合。为防止伤口的水分蒸发或因病虫侵入而引起伤口腐烂，宜加涂保护剂或扎塑料布、蒲席等，加以保护，促进愈合。

锯大枝宜先从下方浅锯伤，然后自上方锯下(见图6.10)，则对避免锯到半途，枝因自身的重量而折裂，造成伤口过大，不易愈合。

②短剪。又称短截，即剪去一年生枝梢的一部分，促进剪口下的枝芽生长。短剪多用于冬季修剪。由于短剪强度不同，有轻、中、重短剪之分(见图6.11)，轻至剪除顶芽，重至基部只留1~2个侧芽，其反应随短截程度和剪口附近芽的质量不同而异，对剪口下的芽有刺激作用，以剪口下第一芽受刺激作用最大，新梢生长势最强，离剪口越远受影响越小；短截越重，局

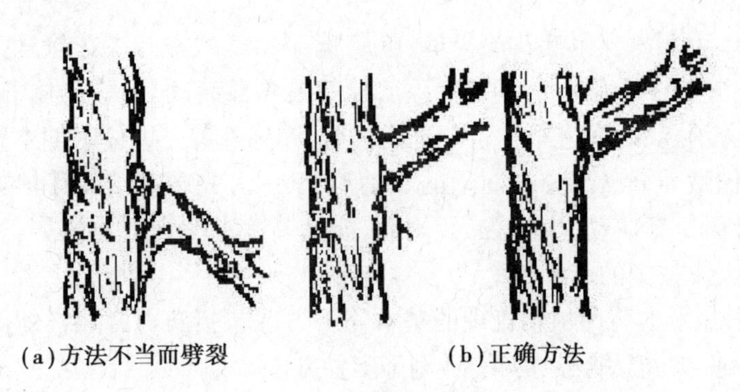

图 6.10　锯大枝方法

部刺激作用越强,萌发中长梢比例增加,短梢比例减少;极重短截时,有时发 1 ~2 个旺梢,也有的只发生中、短梢。短截对母枝有削弱作用,短截越重,削弱作用越大。分述如下:

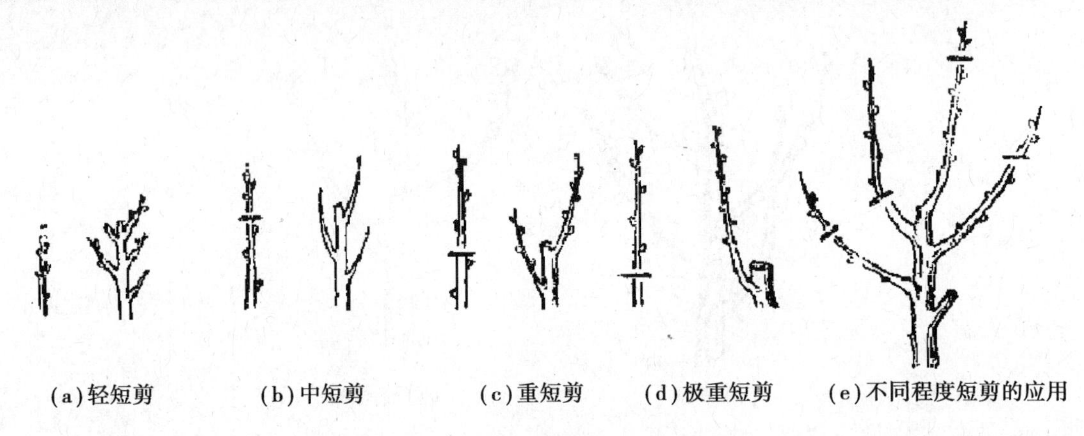

图 6.11　短剪强度

a. 轻短剪(轻截)。即剪去枝梢全长的 1/5 左右。冬季轻剪一般多用于幼树的辅养枝。轻剪后生长势缓和,萌芽率提高,增加中、短枝数量,有利于结果。如配合加大枝条角度,结果就更明显。如果只剪去顶芽,称为破顶。如板栗破顶可以促进雌花的形成。生长季节轻剪,称为摘心。主要是抑制部分新梢的生长。在生长前期摘心,可控制枝条的加长生长,在生长后期,能使枝条提前停止生长,促进枝条木质化,提高抗性。

b. 中短剪(中截)。即剪去枝梢的 1/3 左右。多用于骨干枝、延长枝的冬季修剪。能增加中、长枝的数量,有利于新梢的生长,但结果较晚。在有空间的部分,培养大、中型结果枝组,也可使用中剪,以增加分枝,占满空间。但要注意剪口芽的方向和饱满芽的数量。

c. 重短剪(重截)。即剪去枝梢的 1/2 或 1/2 以上。一般只用于控制个别强枝,平衡枝势。冬季重剪,虽萌发少量强枝,但由于叶面积的减少,实际上是抑制了该枝的生长,如配合生长季的摘心,效果就更明显。

d. 极重短剪。在枝条基部轮痕处或留 2 ~3 芽剪截。由于剪口芽为瘪芽,芽的质量差,常生 1 ~3 个短、小枝,有时也能发旺枝。目前,园林中的紫薇修剪,就是采用此法(见图 6.11)。

大枝、中枝修剪均要注意切口平滑(见图 6.12、图 6.13)。

疏剪一年生小枝时,不仅要保持切口平滑,更要注意芽的位置(见图 6.14)。

③缩剪。即在多年生枝上短剪,又称“回缩”。缩剪反应特点是对剪口后部的枝条生长和

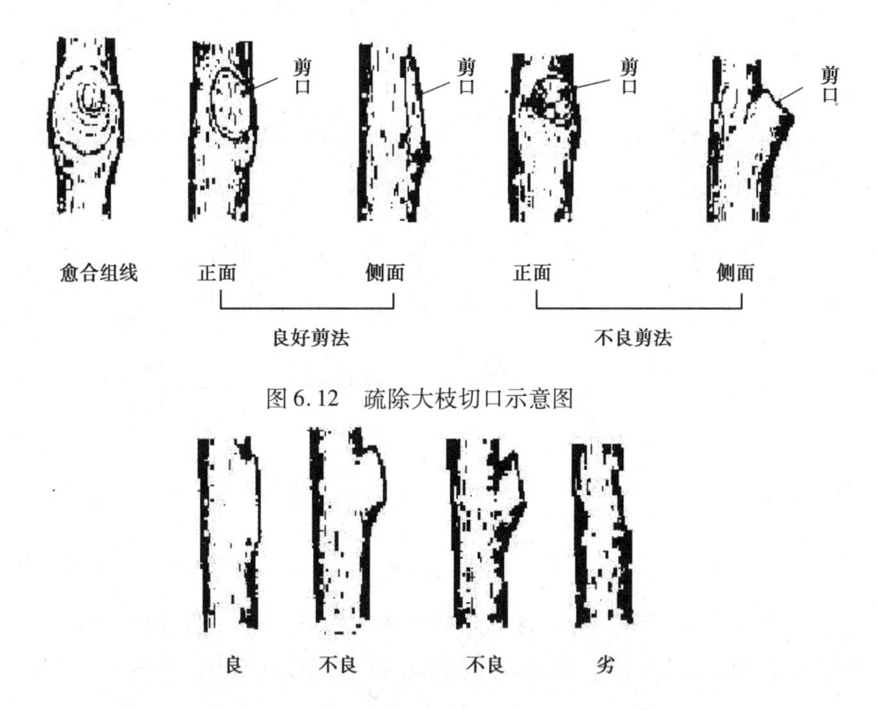

图 6.12　疏除大枝切口示意图

图 6.13　疏除中枝切口示意图

潜伏芽的萌发有促进作用,对母枝则起到较强的削弱作用。一般修剪量大,刺激较差,有更新复壮的作用,多用于枝组或骨干枝更新复壮,以及控制树冠辅养枝等(见图 6.15)。缩剪反应与缩剪程度、留枝强弱、伤口大小等有关,如缩剪留壮枝、直立枝,伤口较小,缩剪适度,则可促进生长;反之,抑制作用较重。留壮枝多用于更新复壮,直立枝多用于控制树冠和辅养枝。

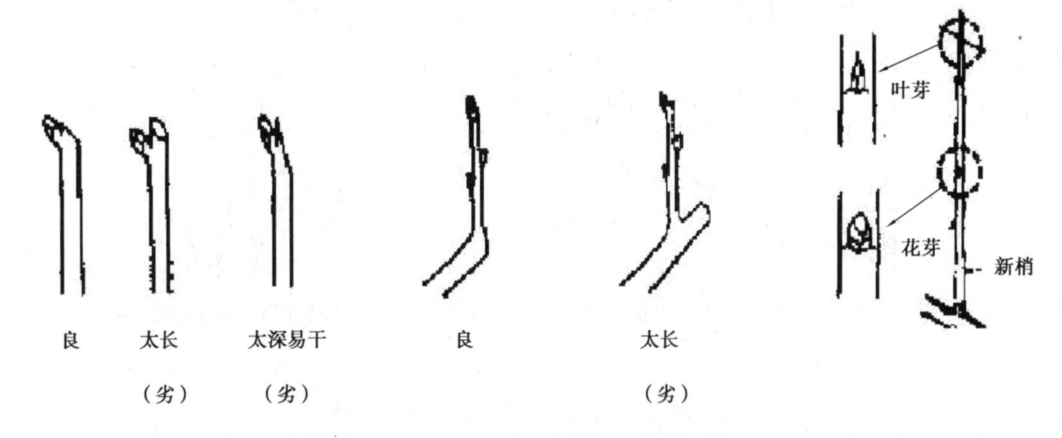

图 6.14　一年生小枝剪除切口和苗芽示意图

至于生长期截梢,对旺梢可以降低分枝部分,增加分枝级数和分量,多用于幼树整形、枝组培养或控制过旺生长枝梢上。

④刻伤(自伤)。凡用各种破伤枝条以削弱或缓和枝条生长的方法均属此法,如刻伤、环剥、环剥倒贴皮、拧枝、扭枝、拿枝软化等。目的是暂时阻碍养分运送,使养分积累在枝芽上,有利于花芽分化、开花坐果,增大果重和果量,提高产量和品质。

生长期间利用破伤以削弱或缓和枝条生长,有利于局部的营养物质积累,促进花芽分化。

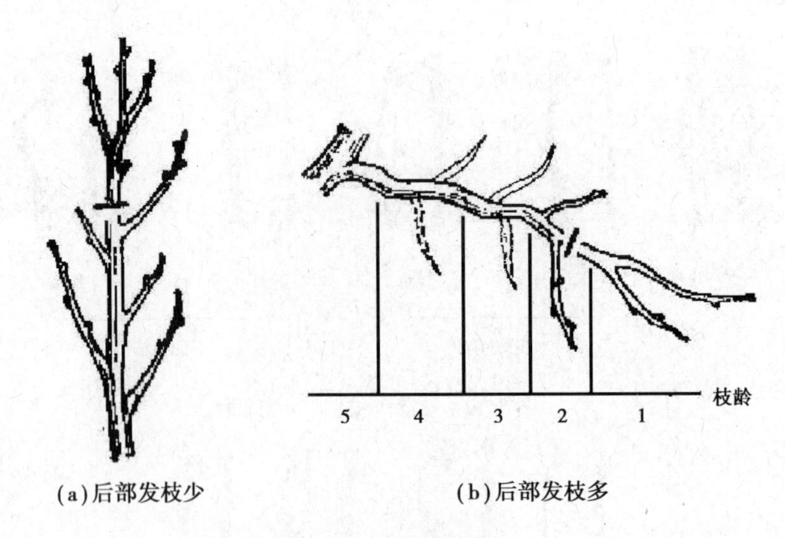

(a)后部发枝少　　(b)后部发枝多

图6.15　光腿枝缩剪

对于生长过旺的强树、强枝不易控制,花芽分化困难的树种、品种都有一定效果。

刻伤是在芽的上方或下方,将枝条切深达木质部的横伤,以切断韧皮部的输导组织,阻碍养分通过,使芽受刺激,或促进萌发,或抑制萌发,称为刻伤或自伤(见图6.16)。

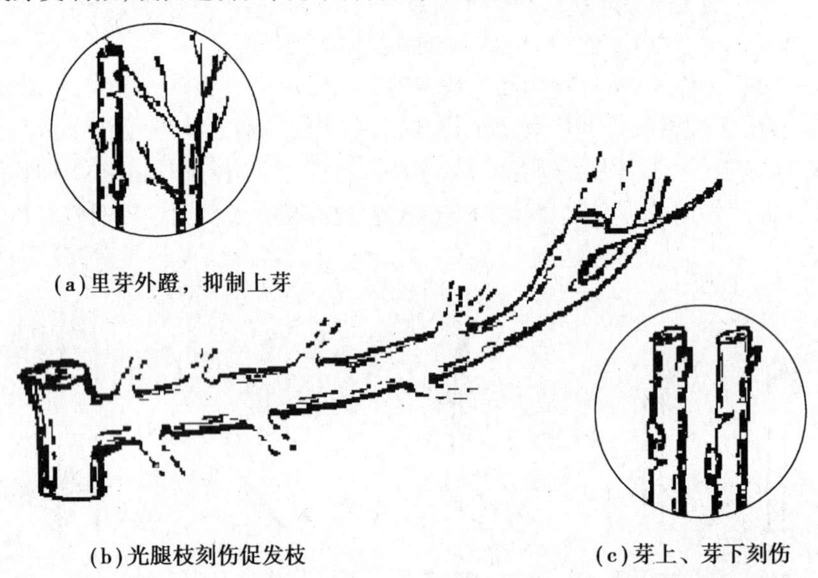

(a)里芽外蹬,抑制上芽

(b)光腿枝刻伤促发枝　　(c)芽上、芽下刻伤

图6.16　刻伤

发芽前在芽或枝的上方刻深达木质部,伤口长为枝粗的1/3,宽约0.5 cm的横伤,至树液流动时,上行养分被阻挡在芽或枝处,故促使芽或隐芽萌发;枝则日益旺盛生长。如在芽或枝的下部刻伤,可抑制芽或枝的生长,从而削弱其生长。

环割技术应用较广,对削弱枝势,提高坐果率,形成花芽效果较好,一般多用于辅养枝和临时性枝条,增加早期产量,环剥时要掌握适当的时期和宽度,为了促进花芽分化,可在新梢旺盛生长期进行环剥。如在枣树和柿树初花期对树干进行环剥,具有明显的增产效果。环剥宽度与枝条的粗度和生长势有关,一般斜生枝条直径在1 cm以下的,环剥伤口要求在20～30 d内愈合良好。环剥、刻伤等外科手术,在短期内对根系的生长有一定抑制作用,伤口过大,愈合时间过长,影响更大。另外,如果环剥枝不很健壮,常出现叶色变黄和早落叶现象。为了提高环剥效果,必须在肥水管理基础上,进行叶面喷肥,才能得到预想的结果。

摘心是为了控制生长,对新梢摘心,有利于营养物质的积累和花芽形成,提高坐果率或果实增大。可以促进生长强旺枝增加分枝级次,从而达到缓势的目的。

此外,拧枝、扭枝、拿枝软化等方法,都是控制养分下运,促进花芽分化的有效方法,但应掌握"伤骨不伤皮"的原则,根据情况,灵活使用。

⑤改变生长方向和角度。改变枝条生长角度和方向,缓和枝条生长势的方法称变。如曲枝、盘枝、拉枝(见图6.17)、别枝、压平(见图6.18)等方法,都可改变枝条角度和方向,使先端优势转位,单枝生长量减弱,促进母枝中下部芽萌发,增加中短枝,既有利于营养积累,又可改善通风透光状况,提高光合效率。

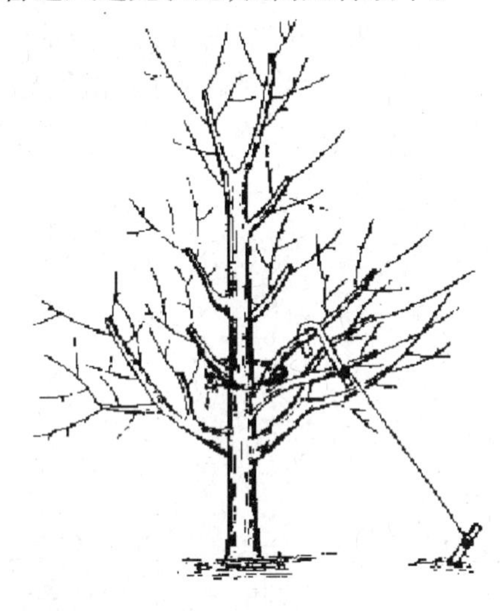

图6.17 拉枝

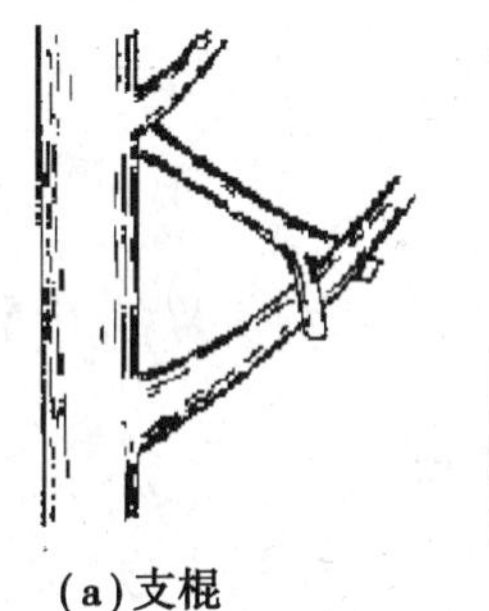

图6.18 撑枝(压平)

上述几种基本修剪方法,虽各具特点,但它们不是单项进行的,而是综合进行,所以它们所起的作用并不是孤立的,而是互相影响的,并且因不同树种、品种、树龄和不同枝条,对修剪的目的不同,修剪方法亦因树、因枝灵活运用。

一种修剪方法就局部某一枝条的反应来看,在一定条件下起主导作用,而其他修剪方法也有一定的影响。例如采用环剥可促进花芽的形成,但往往在环剥前对旺枝进行压平和拧枝,使环剥效果更明显。又当回缩多年枝组时,目的使其更新复壮,但在其中疏去一部分枝条,则有削弱缩剪的作用,使更新效果不明显。所以要达到修剪目的,就必须根据当地和树体的具体情况,在加强土、肥、水管理的基础上综合利用各种修剪方法,才能获得较好的效果。

3)整形修剪的步骤

为了达到修剪的目的和提高修剪的功效,必须注意修剪的步骤。在整形修剪时,首先从冠内到冠外,冠下到冠上进行全面观察。确定大骨干枝、大枝组是否需要调整;要进行修剪时,先进行大枝修剪。但是大枝修剪一般分年度分期进行,以免削弱树势,影响生长与结果;在大树完成修剪后,则在冠外按枝组情况,分出各种枝型,根据修剪目的要求分别进行。

我国木本药用植物树种、品种繁多,特性各有不同,因此,整形修剪的具体方法亦有所不同,不同树种的修剪方法将在后面项目10、项目11、项目12阐述。

4) 现有低产林改造

药用植物低产林的低产原因,可以归纳为"荒、老、杂"3 个字。林分长期无人管理,杂草杂灌丛生,处于野生半野生的荒芜状,根本说不上产量。有的林分中植株树龄普遍衰老,失去结实能力。有的林分中品种混杂、退化,没有丰产植株,是一个劣株群体,自然产量低。

改造技术措施:

(1)深挖垦复　冬季砍除杂草灌丛,深挖翻土,作梯开竹节沟。以后每年夏铲,3 年深挖一次。要注意保持水土。

(2)调整密度　密林疏伐,消除病、虫、老劣株。保留下来的植株,要进行修剪,剪除病虫残枝、内膛枝、下肢枝,使树体通风透光。疏林补植,补植要 1 m 高以上的大苗。

(3)增施肥料　要增施农家肥料,促进生长。

(4)高接换冠　生长健壮的中龄树,药材产量少的,采用优良无性系高接换冠,每一植株保留 5 个左右分布均匀主枝,在每主枝上接 2 ~3 个接穗,这样 3 年就能恢复树势,开始结果。

(5)除病灭虫　要及时除病灭虫。

没有改造前景的老残林,则要更新造林。

【知识拓展】>>>

6.2.6　木本药用植物修剪的生物学基础

1) 芽、枝的发育与修剪

修剪直接作用于枝和芽,因此,了解木本药用植物的生物学特性,是指导整形修剪的重要依据。如根据芽的异质性,需要壮枝时,修剪可在饱满芽处短截;需要削弱时,则在春、秋梢交接处或一年生枝基部瘪芽处短截。夏季修剪中的摘心、拿枝等方法,也能改善部分芽的质量。具有芽早熟性的药用植物,利用其一年能发生多次副梢的特点,可通过夏季修剪加速整形、增加枝量和早果丰产,同时也可通过夏季修剪克服树冠易郁蔽的缺点。芽具有潜伏力与更新能力,芽的潜伏力强,有利修剪发挥更新复壮作用;潜伏力弱则相反。另外,萌芽率和成枝力强的药用植物和品种,长枝多,整形选枝容易,但树冠易郁蔽,修剪应多采用疏剪缓放。萌芽率高和成枝力弱的,容易形成大量中、短枝和早结果。修剪中应注意适度短截,有利增加长枝数量。萌芽率低的,应通过拉枝、刻芽等措施,增加萌芽数量。修剪对萌芽率和成枝力有一定的调节作用。强壮直立枝顶端优势强,随角度增大,顶端优势变弱,枝条弯曲下垂时、处于弯曲顶部处发枝最强,表现出优势的转移。顶端优势强弱与剪口芽质量有关,留瘪芽对顶端优势有削弱作用。

幼树整形修剪时,为保持顶端优势,要用强枝壮芽带头,使骨干枝相对保持较直立的状态。顶端优势过强,可加大角度,用弱枝弱芽带头,还可用延迟修剪削弱顶端优势,促进侧芽萌发。干性强的药用植物和品种,如银杏等核果类药材的大多数品种,适宜建造有中心干的树形;干性弱,则适宜建造无中心干或开心的树形。但是否要保留中心干,可根据需要通过整形修剪调节。层性明显的药用植物,在采用大型、中型树冠时,依其特性分为 2 ~3 层(如疏散分层形);在矮化密植中,树矮冠小,也可不分层(如纺锤形)。

2）结果习性与修剪

结果习性是修剪的重要依据，修剪对花芽形成，开花坐果率、结果枝类型的形成、连续结果能力、最佳结果母枝年龄的培养等密切相关。如幼树在夏季修剪可促进花芽形成。春季营养生长和开花坐果在营养分配上相互竞争，通过花期前后适当夏季修剪，可缓解双方矛盾，在短期内转向有利于开花坐果。不同药用植物、品种，其主要结果枝类型不同。修剪应当以有利形成最佳果枝类型为原则。以短果枝和花束状果枝结果为主，修剪应以疏放为主。以长、中果枝结果为主，则多采用短截修剪；长、中、短果枝结果均好的药用植物和品种，修剪上比较容易掌握。结果枝上当年发出枝条持续形成花芽的能力，称为连续结果能力。有一定的连续结果能力的树木，修剪时可适当多留些花芽；连续结果能力较差的，修剪时要适当少留些花芽，扩大叶芽比例。这样才能既发挥各自的增产潜力，又有利于克服大小年。多数果树结果母枝最佳年龄段为2～5年生枝段，但不同药用植物会有所差异。枝龄过老不仅结果能力差而且果实品质也会下降。所以，修剪要注意及时更新，不断培养新的年轻的结果母枝。

3）树势

树势是指树体总的生长状态，包括发育枝的长度、粗度，各类枝的比例、花芽的数量和质量等。不同树势其树体生长状态不同，其中，不同枝类的比例是一个常用指标，长枝所占比例过大，表示树势旺盛；长枝过少甚至发不出长枝，则表示树势衰弱。为什么长枝要占一定的比例？因为长枝光合生产能力强，向外输出光合产物多，对整株的营养有较强的调节作用；而短枝光合产物分配局部性较强，外运少。所以，盛果期及其以后，在加强肥水管理的基础上，通过修剪复壮，应保持适宜的长枝比例；幼树则应注意增加中、短枝的数量。

4）修剪反应的敏感性

修剪反应的敏感性即对修剪反应的程度差别。修剪稍重，树势转旺；稍轻，树势又易衰弱，为修剪反应敏感性强。反之，修剪轻重虽有所差别，但反应差别却不十分显著，为修剪反应敏感性弱。修剪反应的敏感性与气候条件、树龄和栽培管理水平也有关系。西北高原，气候冷凉，昼夜温差大，修剪反应敏感性弱。一般幼树反应较强，随着树龄增大而逐步减弱。土壤肥沃、肥水充足，反应修剪较强；土壤瘠薄，肥水不足，反应修剪就弱。

5）生命周期和年周期

树木一生和一年内生长发育的全过程中，不同时期具有不同的特点，包括修剪在内的一切栽培技术措施，都应适应这两个周期的生长发育特点。如幼龄的果实类药材树木，树冠和根系离心生长快，整形修剪的任务是在加强肥水综合管理的基础上，促进幼树旺盛生长，尽快增加枝叶量，完成由营养生长向生殖生长的转化，早形成花芽。修剪方法应以轻剪为主，尽早培养丰产的树体结构，为进入盛果期创造条件。盛果期产量高、品质好，修剪及其他栽培管理的任务，是要尽量延长这一时期的年限。此期由于产量高，消耗营养物质多，树体易衰弱，并容易出现大小年。因此，在加强肥水综合管理的同时，应采取细致的更新修剪，调节花、叶芽比例以克服大小年，维持健壮树势。进入衰老期的果树，由离心生长转为向心生长，产量下降，在增施肥水的前提下，可进行回缩复壮更新。

在树木的年周期中，营养物质的合成、输导、分配和积累，都有一定的变化规律。枝、叶、花、果、根等器官，都按一定的节奏进行生长发育，要依其特性进行修剪。休眠期储藏养分充足，落叶树无叶无果，是适宜的主要修剪时期，可进行细致修剪，全面调节。开花坐果时，消耗营养多，枝梢生长旺，营养生长和开花坐果竞争养分、水分，摘心、环剥、喷施植物生长延缓剂，能使营养分配转向有利开花坐果。花芽分化期以前进行扭梢、环剥、摘心等夏剪措施，可促进花芽分化。夏、秋梢停长期，疏除过密枝梢，能改善光照条件，提高花芽质量。夏季修剪对木本植物年周期生长节奏有明显影响，在一定时间内，对营养物质的输导和分配有很强的调节作用，并可改变内源激素的产生和相互平衡关系，借以调节生长和结果的矛盾。

【计划与实施】>>>

木本药用植物的整枝修剪

1）目的要求

学会观察修剪反应，为掌握木本植物基本修剪技能奠定基础。熟练掌握木本植物基本修剪技能，为其他树种修剪奠定基础。掌握木本植物幼树整形技术，学会基本修剪技能的综合应用。

2）计划内容

（1）修剪反应观察　冬季修剪前，观察上年各种基本修剪方法的反应，观察内容包括被剪枝条的生长势、角度、粗度、位置，采用的修剪方法及其程度，修剪后枝芽生长情况，如萌芽率、成枝力、枝类比例、枝条充实度、成花结果情况。在此基础上，评价其修剪效果，提出每一种修剪方法的改进技术。

（2）基本修剪技能训练

①修剪工具的使用方法与枝条的剪截与锯除方法。

②各种修剪方法的训练。如不同短截程度的剪截部位，剪口芽的留用；回缩的部位及剪口枝的选留；缓放对象的选择；枝条开张角度的方法及操作规程；环剥、刻芽的操作技术等。要求达到规范熟练、意图明确，与实际符合程度高。

（3）综合修剪技能训练

①对每株树修剪时应先围树观察，从不同的角度观察大、中枝的着生状况，先确定大、中枝的去留和修剪程度。

②观察一年生枝的生长势，花芽多少和分布位置，确定修剪的原则。并根据长枝的密度，确定疏剪和短剪的程度。

③在上述观察的基础上，先处理大枝、中枝，后修剪小枝；先疏枝、后短截。当把握不大时，先轻剪轻锯，逐步完成。

④小枝的修剪应由内向外，由上而下进行修剪，以易于掌握主从关系，避免碰伤已剪过的部分。

⑤全部剪完后再绕树观察，进行必要的补充和修正。然后对大、中伤口进行修平，由上而下，由内向外涂抹保护剂。

⑥清除修剪下来的枝条、枯叶。选择充实饱满芽孢的枝条留作接穗和插条。废弃的枝叶集中运出园外及时处理。

⑦在操作过程中，应注意剪锯口的质量，防止乱锯乱剪，留桩过长，剪锯口过大。剪口芽

位置应恰当，符合预期要求。

⑧修剪时应穿软底鞋，以免上树时损伤树皮。各种枝条坚韧度不同，上树时要注意安全，防止枝条断裂和摔伤。

⑨病株应最后修剪，如已剪过病枝，所有工具都应消毒，以免传染。

3）实施

①材料、用具准备。

材料：管理较好的各个年龄时期的木本植物树。

用具：修枝剪、手锯、芽接刀、梯子、开角用具、钢卷尺、卡尺、铅笔、笔记本等。

②本工作计划可结合木本植物修剪综合实训分2～3次进行，以冬季修剪为主，完成大部分技能训练。生长季分别在春季萌芽前和夏季新梢旺长期进行，并应利用专业劳动课继续进行技能训练。

③为使学生从木本植物动态生长的角度掌握修剪技能，可先让学生观看相应的影视教学片，并采用室内板图演示，现场模拟教学，示范修剪等形式，使学生形成系统的修剪概念和综合技能。

④实训开始阶段先由教师讲解示范，然后学生分组进行，以便共同讨论，尽快入门。以后逐步过渡到单人单株修剪。教师在指导学生修剪时，注意发现具有普遍性和典型性的问题，并及时集中全班学生进行辅导。

⑤在实习基地以实习小组或单人定树定期修剪。教师指导学生制订修剪方案，完成全年修剪。实习小组（或个人）之间应选择不同树龄的植株进行修剪并定期互相交流。

⑥设计小型修剪试验，观察不同修剪方法的反应规律。

⑦注意操作安全。

【检查评估】>>>

序号	检查内容	评估要点	配分	评估标准	得分
1	木本药用植物管理	明确木本药用植物管理的依据和措施	30	管理依据10分，管理操作10分，与草本药用植物田间的区别10分；能够进行药用植物田间管理操作，明确各项管理措施之间的区别，30分；操作错误，扣20分；回答错误，扣10分，或酌情扣分	
2	修剪	修剪——杜仲环剥技术	40	定量10棵树，90分钟。环剥树及环剥部位正确15分，环剥口宽带适宜10分，环剥目的及适宜时期（口述）5分，环剥操作方法规范熟练10分，标记错误视影响大小，每项扣1～2分，口述视回答正确程度给分	
合　计			70		

项目小结

药用植物栽培从播种到收获的整个生长发育期间，在田间所进行的一系列技术管理措施，称为田间管理。田间管理是获得优质高产的重要措施。农谚说："三分种，七分管，十分收成才保险。"这就充分说明了田间管理的重要性。因为不同种类的药用植物，由于生态特性、药用部位和收获期限均不相同，常需要分别加以特殊的管理。比如芍药、附子要修根，玄参、牛膝要打顶，白术、地黄要摘花，三七、黄连要遮阴，瓜篓、罗汉果要设立支架等，以满足药用植物对环境条件的要求，保证优质高产。田间管理就是充分利用各种有利因素，克服不利因素，做到及时而又充分地满足植物生长发育对光照、水分、温度、养分及其他因素的要求，使药用植物的生长发育朝着人们需要的方向发展。

草本药用植物田间管理包括间苗、定苗、中耕除草、追肥、排灌、培土、打顶、摘蕾、整枝、修剪覆盖、遮阴和防治病虫害等内容。

木本药用植物田间管理主要包括土壤、水、施肥、林分、树体、病虫等管理。在树体管理中，整形与修剪是主要内容，但整形与修剪是两个不同的概念。整形是在木本药用植物幼龄期，采用剪除的方法培养其应有树形；修剪是在整形的基础上逐年修剪枝条，调节生长枝与结果枝的比例关系，达到优质丰产的栽培目的，修剪的技术方法有：疏剪、短剪、缩剪和刻伤。修剪是在整形的基础上，逐年修剪枝条，调节生长枝与结果枝的关系，以保证均衡协调，达到连年丰产稳产。整形与修剪是互相联系，不可能将其明确分开，整形是形成丰产稳产的树形骨架，但必须通过修剪来进行维持，所以是互相联系不可分割的整体措施。通过整形修剪的调节，使树体构成合理，充分利用空间，更有效地进行光合作用。调节养分和水分的转运分配，防止结果部位外移。因此，整形与修剪，对于木本药用植物幼树提早结果，大树丰产稳产，提高品质，老树更新复壮延长结果期，推迟衰老期和减少病虫害发生，都起着良好的作用。整形与修剪是木本药用植物栽培综合技术措施之一。其之所以能起到良好的作用，必须是建立在综合栽培技术措施的基础上，特别是建立在肥、水管理基础上。如果没有这个基础，又不是根据树种的生物学特性、环境条件和管理技术等，单方面强调整形修剪，追求人工造型、追求美观，进行强烈修枝，将使树形缩小，生长与结果受到抑制，促进树势的衰老。因此，必须在贯彻农业综合技术基础上进行合理地整形修剪，才能达到目的。

1. 药用植物植株调整的依据是什么？有哪些措施？
2. 药用植物需肥规律怎样？施肥应掌握哪些技术要点？怎样计算施肥量？
3. 什么是整形？什么是修剪？二者有何区别联系？
4. 简述木本药用植物的修剪技术要点。
5. 草本药用植物与木本药用植物在田间管理上有何异同？

项目7　药用植物病虫害防治

【项目描述】

病害与虫害的识别、防治，无公害农药的筛选与使用。

【学习目标】

了解药用植物病虫害综合防治的基本内容，掌握制订当地主要药用植物病虫害的综合防治方案的方法，进一步熟悉当地各种防治措施及当地药用植物病虫害的发生发展规律、自然条件和生产条件。

【能力目标】

能结合实际制定药用植物病虫防治方案，无公害农药的筛选与使用，并会实施或指导实施。

任务7.1　病害与虫害的识别

【工作流程及任务】>>>

工作流程：

对照图谱—实验室标本识别—田间、标本园现场识别。

工作任务：

病状、病症识别，昆虫头、胸、腹、体壁识别。

【工作咨询】>>>

7.1.1　病害识别

1）药用植物病害的症状

药用植物发生病害后，在外部形态上所呈现的病变，称为“症状”。症状区分为两类不同性质的特征：一类是药用植物本身感病后所发生的病变表现出来的反常状态，称“病状”；另一类是病原物在发病部位所形成的特征,称“病症”。一般病状易被发现,而病症往往要在病害发展到某一阶段才能表现出来。非侵染性病害和病毒病没有病症。

(1)病状　植物的病状主要有下列几种类型:

①腐烂。植物的根、茎、叶、果实等部位因受病原物侵染而发生腐烂。常分干腐、湿腐、黑腐、白腐、软腐、根腐、茎基腐等。湿腐组织常带有酸臭味;干腐组织干缩,一般无臭味。幼苗常因茎基局部干腐造成“立枯”,而茎基四周腐烂缢缩则造成“猝倒”。

②坏死。多发生在叶、茎、果、种子等器官上,造成局部细胞坏死,出现斑点与枯焦。如黑斑、褐斑、灰斑、角斑、轮纹斑等。在叶片上的病斑,可以见到呈水浸状或“油渍状”,对光透视,比较透明。叶片发病后期,有些病斑会脱落而形成穿孔。

③萎蔫。造成萎蔫的原因很多,除生理原因外,多由真菌,少数由细菌或线虫寄生所引起。典型的萎蔫是由于植物根部或茎部的维管束组织受到病菌感染,输送水分的机能被破坏而引起凋萎。这种凋萎一般不能恢复。如红花枯萎病,被害植株叶逐渐变黄枯死,剖检根、茎维管束组织均呈黑褐色。

④肿瘤或畸形。细菌浸染植物组织后,植物组织发生刺激性病变,使局部细胞增生、组织膨大成为肿瘤,或生长发育受到抑制,引起畸形。是植物各个器官感病后发生的各种变态,如叶片皱缩、茎叶卷曲、肿瘤、植株矮化、丛生、缩果等,患病毒病与线虫病的植物常常出现这些症状。某些真菌、细菌也可以引起被害植株的畸形。

⑤斑点。多发生在叶、茎、果等器官的病部上,造成各部分局部组织坏死,从而产生各种形状和颜色的病斑与条纹。按病斑的形状分别称为“圆斑”“角斑”“条斑”“轮纹斑”等;若按病斑的颜色则分别称为“褐斑”“白斑”“黑斑”等。有些病斑到后期常脱落成小孔,称为“穿孔”。

⑥花叶。叶片颜色深浅不匀,浓绿与浅绿相间,形成花叶,这是病毒病的常见症状。如白术花叶病。

⑦变色。植物病部细胞内色素发生改变,尤其是叶片普遍或局部褪绿或变色,从而发生“黄化”、“白化”、变红、变紫等现象。这是由于营养缺乏或受病毒、某些真菌和细菌侵染所致。

(2)病症　病症常在一定条件下出现,因病原物不同而异,如有些真菌性病害,在湿度大时或在寄主植物生长的后期,于病部出现霉状物,如霜霉、灰霉、赤霉等;粉状物如白粉、黑粉、锈粉等,以及小黑点、锈状物、小颗粒等繁殖体。细菌性病害在潮湿气候下自病部流出脓液或胶状物,干燥后形成菌痂。病症的存在有利于病害的诊断;如板蓝霜霉病在发病的叶片背面出现明显的一层灰白色的霜霉状物,这是病原菌的孢囊梗和孢子囊。地黄斑枯病在病斑上长有许多小黑点,这是病菌的分生孢子器。

2)生理性病害

药用植物与其他植物一样,在生长发育过程中,对环境条件有一定的要求,当环境条件劣于它所能适应的范围时,其正常的生理活动就遭受破坏而引起生理性病害(即非侵染性病害),其表现常有下面几个方面:

(1)营养失调　药用植物在生活过程中,需要合理地营养条件,若某种营养过多或缺少,即可引起植株营养失调而发生病害。如缺氮可引起植株失绿、黄化;缺钾常使组织枯死;缺磷则影响药用植物生长和引起植株变色;缺铁、镁及微量元素锌、硼、锰、铜、钼等也会引起显著的症状。但若施肥过多或不平衡,对药用植物也不利,如氮肥施用过多,则造成植株徒长、迟熟和倒伏,显著降低抗病能力,严重影响药用植物的产量和质量。

(2)水分失调　水是植物生长不可缺少的要素,不同药用植物对水分要求不一致。水分失调时,药用植物的生长发育会受影响;土壤水分不足,常引起植株凋萎,叶尖、叶缘枯黄,花、果脱落或果实瘦小,如枸杞在结果期遇干旱,果实明显瘦小,产量和质量下降。土壤水分过多,根部窒息,常引起根腐或有的果实开裂,如砂仁结果后遇大雨,地面积水时,果实常开裂;丹参在湿度过大时极易烂根,致使植株枯萎死亡;白术的立枯病和白绢病均与高温高湿有密切关系。

(3)光的影响　光的影响包括光照强度和光照时间。光照过弱,植株茎、节、叶柄伸长,容易引起黄化,甚至影响正常的开花结实。尤对于一些喜光的药用植物,若光照不足,抑制生长的现象更明显。但光照过强,也会引起对植物生长的抑制或植株组织出现灼伤。如黄连、人参、细辛、西洋参等喜阴的药用植物,栽培时常需要人工荫蔽或合理间套作,以利于控制光照强度。

(4)温度的影响　药用植物的生长发育有其温度三基点(最低、最高和最适温度)。若温度变化超出了它所适应的范围,就可能引起不同程度的危害。如温度过低,一些药用植物的生长受到抑制,叶片变黄、变红或变紫,从而影响开花结实和果实成熟。这种影响在南药北移时尤为显著。但是温度过高对植物也同样有害,因高温常抑制一些药用植物的生长,甚至造成植株组织的灼伤,例如秦艽、雪莲花等一些高山地区生长的药用植物,在平原地区引种,往往因温度较高而难于生长。

(5)中毒　空气、降雨(酸雨或冰雹)、土壤和植物表面存在着对植物有害的物质,可以引起植物的病害。如烟害,是由于工矿区排出的气体中含有 SO_2,使某些药用植物(如豆科药用植物)的生长受到抑制,产生叶片早落、褐色等症状,豆科药用植物对 SO_2 最为敏感;臭氧中毒症状是叶片形成斑驳或褪绿斑点并早落,植株矮化,危害最大。施肥不当,如过多地使用硫酸铵,会造成土壤中硫化氢的积累而毒害根部;不合理的使用农药,也常使药用植物产生药害。

(6)药害及农事操作措施不当　杀虫剂、杀菌剂、除草剂和植物生长素等施用不当,常引起药用植物的各种药害。这些药害引起叶面出现斑点或灼伤,或干扰、破坏药用植物的生理活动,导致产量和质量受影响。农事操作或栽培措施不当所致病害如密度过大、播种过早或过迟等造成苗瘦发黄,或不结实等各种病态。

此外,药用植物自身遗传因子或先天性缺陷也会引起遗传性病害或生理病害。

以上产生的非侵染性病害在症状上有时与某些侵染性病害很相似,故在防治工作中必须加以区别,才能采取相应的措施。一般情况下,非侵染性病害的病株在田间的分布比较均匀一致,或大片发生,发病的地点常与地形、土质或特定的环境条件有关,当病原消除后有时尚能完全恢复。侵染性病害田间发病往往由局部开始,逐渐蔓延扩大。非侵染性病害不仅降低了药用植物对侵染性病害的抵抗能力,而且常常创造了有利于病原物侵入的条件,故非侵染性病害很容易导致侵染性病害的发生。如丹参、太子参等,若雨季排水不良,土壤湿度大,根部常因受涝而易引起根腐病的发生。

3)侵染性病害

侵染性病害的病原物主要有真菌、细菌、病毒、线虫及寄生性种子植物等。其中以真菌引

起的病害最普遍,其次是线虫、病毒、细菌和寄生性种子植物。根据病原生物不同分为下列几种:

(1)真菌性病害　真菌是种类多、分布广的一类低等植物,营养体无根、茎、叶的分化,细胞内无叶绿素.以寄生或腐生等生活方式取得养料。有的真菌从死的生物体上吸取营养,称腐生菌。有的真菌利用活的生物体上的养料,称寄生菌。有的真菌兼有寄生和腐生两种生活方式属兼性寄生,即它们既能在活植物体上寄生,也能在死物体上腐生。在药用植物的病害中,真菌病害是数量最多,为害最大的一类,如人参锈病,西洋参斑点病,三七、红花的炭疽病,延胡索的霜霉病等。真菌性病害一般在高温多湿时易发病,病菌多在病残体、种子、土壤中过冬。病菌孢子借风、雨传播。在适合的温、湿度条件下孢子萌发,长出芽管侵入寄主植物内为害。

真菌病害的症状多为枯萎、坏死、斑点、腐烂、畸形及瘤肿等病状,在病部带有明显的霉层、黑点、粉末等征象。如鞭毛菌亚门的腐霉菌引起人参、三七、颠茄等多种药用植物的猝倒病,疫霉菌能引起牡丹疫病,霜霉菌能引起元胡、菘蓝、枸杞、大黄、当归等多种药用植物的霜霉病,白锈菌能引起牛膝、菘蓝、牵牛、白芥子、马齿苋等药用植物的白锈病。接合菌亚门的根霉菌能引起人参、百合、芍药等腐烂。子囊菌亚门的外囊菌能引起桃缩叶病、李丛枝病及李囊果病等,曲霉菌和青霉菌能引起许多储藏药材腐烂,白粉菌是药用植物的专性寄生菌能引起许多药用植物的白粉病,如菊花、土木香、黄芩、枸杞、黄芪、防风、川芎、甘草、大黄和黄连等的白粉病,核盘菌能引起北细辛、番红花、人参、补骨脂、红花、三七及元胡等的菌核病。担子菌亚门的黑粉菌多引起禾本科和石竹科药用植物的黑粉病,如薏苡、瞿麦的黑粉病等,锈菌多寄生在枝干、叶、果实等器官,引起枯斑、落叶、畸形等锈病,病症多呈锈黄色粉堆,如大戟、太子参、芍药、牡丹、白芨、沙参、桔梗、党参、紫苏、木瓜、乌头、黄芪、甘草、连翘、平贝母、何首乌、当归、苍术、北细辛、白术、元胡、柴胡、红花、山药、秦艽、薄荷、白芷、前胡、北沙参、大黄、款冬花、三七、五加和黄芩等的锈病。半知菌亚门真菌侵染沙参、柴胡、人参、白术、红花、党参、黄连、白芷、地黄、龙胆、牛蒡、藿香、莲荷、牡丹、菊花、白苏、紫苏、前胡和桔梗等多种药用植物的斑枯病;玄参、三七、枸杞、大黄、牛蒡、木瓜和半夏等多种药用植物的炭疽病;地榆、防风、芍药、黄芪、牛蒡和枸杞等药用植物白粉病,贝母、牡丹、百合等药用植物的灰霉病,大黄、益母草、白芷、龙胆、薄荷、颠茄和接骨木等药用植物的角斑、白斑、褐斑等症状,人参、西洋参、三七、贝母、何首乌和红花等多种药用植物的褐斑病,牛膝、甘草、石刁柏、天南星、决明、颠茄、红花、枸杞和洋地黄等多种药用植物的叶斑,人参、三七、地黄、党参、菊花、红花、巴戟天等多种药用植物茎基和根的腐烂病、人参、颠茄、三七等多种药用植物苗期立枯病,人参、白术、附子、丹参和黄芩等药用植物的白绢病或叶枯病。

(2)细菌性病害　细菌为单细胞的微生物,没有营养体和繁殖体的分化。繁殖方式是裂殖,繁殖速度很快,在适宜条件下,大约20 min就能分裂一次。药用植物上常见的细菌性病害有人参根腐病、浙贝软腐病、白术枯萎病、天麻软腐病、佛手溃疡病、颠茄青枯病等。侵害植物的细菌都是杆状菌,大多具有一至数根鞭毛,可通过自然孔口(气孔、皮孔、水孔等)和伤口侵入,借流水、雨水(尤其是风夹雨)和昆虫传播,田间操作也能传播。带病种子、种苗的调运也是远距离传播的途径,在病残体、种子、土壤中过冬,在高温、高湿条件下易发病。细菌性病害多为急性坏死病,症状表现为萎蔫、腐烂、穿孔、斑点、枯焦、溃疡、肿瘤等,发病后期遇潮湿天气,在病部溢出含有细菌的黏液(称为"菌脓"或"溢脓"),常伴有腐败的臭味,是细菌病害的特征。

(3)病毒病　病毒是一种没有细胞形态而比细菌还小的寄生物,在电子显微镜下观察病毒形状有杆状、纤维状和球状等。由病毒寄生引起的病毒性病害也较普遍,寄生性强、致病力大、传染性高,其为害性仅次于真菌病害。

受病毒危害的植物,通常在全株表现系统性的病变。常见的症状有花叶、黄化、卷叶、萎缩、矮化、畸形、坏死斑等。药用植物常见的病毒病如北沙参、白术、桔梗、太子参、白花曼陀罗、八角莲、颠茄的花叶病,地黄黄斑病,人参、半夏、萝芙木、天南星、牛膝、玉竹、曼陀罗、泡囊草、洋地黄等的常见病害都是由病毒引起的。病毒病主要借助于带毒昆虫传染,有些病毒病可通过线虫传染。病毒在杂草、块茎、种子和昆虫等活体组织内越冬。

(4)线虫病　线虫是一种在自然界分布很广的低等动物,属无脊椎动物的圆形动物门线虫纲。寄生在药用植物和其他农作物上的线虫体积微小,常呈蠕虫状,多数肉眼不可见,一般都要在显微镜下才可见。线虫为害症状与病原微生物引起的很相似,受害植株营养不良,矮小,生长衰弱、矮缩,茎叶卷曲,根部常产生肿瘤,甚至死亡。根结线虫造成寄主植物受害部位畸形膨大,如人参、西洋参、川芎、麦冬、川乌、丹参、罗汉果、牛膝、贝母、菊花、牡丹的根结线虫病,白术、地黄胞囊线虫病等。植物病原线虫,胞囊线虫则造成根部须根丛生,地下部不能正常生长,地上部生长停滞黄化,如地黄胞囊线虫病等。线虫以胞囊、卵或幼虫等在土壤或种苗中越冬,主要靠种苗、土壤、肥料等传播。

(5)寄生性种子植物　少数高等植物由于缺少叶绿素或器官退化而不能自养,需要寄生于其他植物上才能生存。例如,桑寄生科、旋花科和列当科的部分植物即属这类的寄生性种子植物。根据它们对寄主的依赖程度,可分为全寄生和半寄生两种。

①全寄生。寄生植物本身没有叶片或叶片全部退化,没有足够叶绿体,不能进行光合作用,依靠吸取寄主植物的水分、养分而生活。如菊花、丹参、白术上的菟丝子,黄连上的列当等。

②半寄生。寄生植物一般具有茎叶且含有叶绿素,能进行光合作用制造养分,而用根部从寄主体内吸收水分和无机盐。如桑寄生、樟寄生等。

菟丝子是普遍发生的一种典型的缠绕性草本寄生植物。无叶绿素,茎藤细长、丝状、黄色、无叶片,一旦接触寄生植物,便紧密缠绕在植物茎上,生出吸盘穿入寄生茎的组织内。常寄生在豆科、菊科、茄科、旋花科的药用植物上。

4)药用植物病害的诊断

(1)药用植物病害的诊断步骤　药用植物病害的诊断一般有以下 4 个步骤:

①田间诊断。就是现场观察,根据症状特点,区别是虫害、伤害还是病害,进一步区别是非侵染性病害还是侵染性病害。虫害、伤害没有病理变化过程,而侵染性病害却有病理变化过程。注意调查和了解病株在田间的分布,病害的发生与气候、地形、地势、土质、肥水、农药等环境条件、栽培管理的关系。

②症状观察。是首要的诊断依据,虽然比较简易,但须在比较熟悉病害的基础上才能进行。诊断的准确性取决于症状的典型性和诊断人的实践经验。

观察症状时,注意是点发性病状还是散发性病状,是坏死性病变、刺激性病变,还是抑制性病变,病斑的部位、大小、长短、色泽和气味,病部组织的质地等不正常的特点。许多病害有明显病征,当出现病征时就能确诊。有些病害外表看不见病征,但只要认识其典型病状也能确诊,如病毒病。

③室内鉴定。许多病害单凭症状不能确诊。因为不同的病原可产生相似症状,病害的症状也可因寄主和环境条件而变化,因此有时须进行室内病原鉴定才能确诊。一般说来,病原室内鉴定是借助扩大镜、显微镜、电子显微镜、保湿保温器械设备等,根据不同病原的特点,采取不同手段,进一步观察病原物的形态、特征特性、生理生化等。新病害还须请分类专家确诊病原。

④病原分离培养和接种。有些病害在病部表面不一定能找到病原物,同时,即使检查到微生物,也可能是组织死亡后长出的腐生物,因此,病原物的分离培养和接种是植物病害诊断中最科学、最可靠的方法。

接种鉴定又称为印证鉴定,就是通过接种使健康植株产生相同症状,以明确病原。这对新病害或疑难病害的确诊很重要。具体步骤如下:

取植物上的病组织,按常规方法将病原物从病组织分离出来,并加以纯化培养。

将纯化培养的病原菌接种在同样植物的健株上,给予适温高湿的发病条件,使它发病,以不接种的植株作对照。

接种植株发病后,观察它的症状是否与原来病株的症状相同。

观察接种植株的病原菌或再分离,若得到的病原菌与原来接上去的一致时,证明这是它的病原物。

(2)非侵染性病害的诊断　非侵染性病害是由于不适宜的环境条件引起的,一般通过田间观察,考察环境条件、栽培管理等因素的影响,用扩大镜仔细检查病部表面或先对病组织表面消毒,再经保温保湿,检查有无病征。必要时,可分析植物所含营养元素及土壤酸碱度,有毒物质等,可进行营养诊断和治疗试验、温湿度等环境影响的试验,以明确病原。非侵染性病害的特点:

①病株在田间的分布具有规律性,一般比较均匀,往往是大面积成片发生。没有从点到面扩展的过程。

②症状具有特异性,除了高温引起的灼伤和药害等个别原因引起局部病变外,病株常表现全株性发病。如缺素症、涝害等。

③株间不互相传染。

④病株只表现病状,无病征。病状类型有变色、枯死、落花落果、畸形和生长不良等。

⑤病害发生与环境条件、栽培管理措施密切相关,因此,在发病初期,消除致病因素或采取挽救措施,可使病态植株恢复正常。

(3)侵染性病害的诊断　侵染性病害在田间由点到面,逐渐加重。有的病害的扩展与某些昆虫有关,有些新发生的病害与换种和引种等栽培措施有关。地方性常见病害的严重发生,往往与当年的气候条件、作物品种布局和抗病性丧失有关。

侵染性病害中,除了病毒、类病毒、类菌原体、类立次氏体等引起的病害没有病征外,真菌、细菌及寄生性种子植物等引起的病害,既有病状又有病征。但是不论那种病原引起的病害,都具传染性。栽培条件改善后,病害也难以恢复。

①真菌性病害的诊断。真菌性病害的被害部位迟早都产生各种病征,如各种色泽的霉状物、粉状物、绵毛状物、小黑点(粒)、菌核、菌索、伞状物等。因此诊断时,可用扩大镜观察病部霉状物或经保温保湿使霉状物重新长出后制成临时装片,置于显微镜下观察。

②细菌性病害的诊断。植物细菌性病害的症状有斑点、条斑、溃疡、萎蔫、腐烂、畸形等。症状共同的特点是病状多表现急性坏死型,病斑初期呈半透明水渍状,边缘常有褪绿的黄晕圈。气候潮湿时,从病部的气孔,水孔、皮孔及伤口处溢出黏稠状菌脓,干后呈胶粒状或胶膜状。植物细菌病害单凭症状诊断是不够的,往往还需要检查病害组织中是否有细菌存在,最简单的方法是用显微镜检查有无溢菌现象等。诊断新的或疑难的细菌病害,必须进行分离培养、生理生化和接种试验等才能确定病原。

③病毒病害的诊断。植物病毒病多为系统性发病,少数局部性发病。病毒病的特点是有病状没有病征,多呈花叶、黄化、畸形、坏死等。病状以叶片和幼嫩的枝梢表现最为明显。病株常从个别分枝或植株顶端开始,逐渐扩展到植株其他部分。此外还有如下特点:

a. 田间病株多是分散、零星发生,没有规律性,病株周围往往发现完全健康的植株。

b. 有些病毒是接触传染的,在田间分布比较集中。

c. 不少病毒病靠媒介昆虫传播。若靠活动力弱的昆虫传播,病株在田间的分布就比较集中。若初侵染来源是野生寄主上的虫媒,在田边、沟边的植株发病比较严重,田中间的较轻。

d. 病毒病的发生往往与传毒虫媒活动有关。田间害虫发生严重,病毒病也严重。

e. 病毒病往往随气温变化有隐症现象,但不能恢复正常状态。

④线虫病害的诊断。线虫多数引起植物地下部发病,受害植株大都表现缓慢的衰退症状,很少急性发病,发病初期不易发现。通常是病部产生虫瘿、肿瘤、茎叶畸形、扭曲、叶尖干枯、须根丛生及植株生长衰弱,似营养缺乏症状。此外,可将虫瘿或肿瘤切开,挑出线虫制片或做成病组织切片镜检。有些线虫不产生虫瘿和根结,从病部也比较难看到虫体,就需要采用漏斗分离法或叶片染色法检查,根据线虫的形态特征,寄主范围等确定分类地位。必要时可用虫瘿、病株种子、病田土壤等进行人工接种。

7.1.2 虫害识别

1)昆虫的形态特征

昆虫的分类定位属动物界—节肢动物门—昆虫纲,以下可分属和种,一般以蛾类、蝶类居多。其基本特征是:六足四翅,虫体由头、胸、腹3个体段构成,每个体段上分别着生不同的附属器官。而蜘蛛、蜈蚣等不属于昆虫。

(1)成虫　昆虫个体发育过程中的性成熟阶段。生殖器官发育完全,有繁殖后代的能力。虫体分头、胸、腹3部分。

①头部。昆虫的头部是感觉和摄取食物的中心。头上有口器、触角、单眼等。成虫的口器一般分为两种类型。一是咀嚼式口器,由上唇(1个)、上颚(1对)、下颚(1对)、下唇(1对,但有部分愈合)和舌(1个)等部分组成,各部分均相当发达,适于咬嚼、蚕食坚硬的植物,如蝗虫、蝼蛄、金龟子、甲虫、象鼻虫、蝼蛄、蛴螬、蛾蝶类幼虫及天牛等的口器,以药用植物的根、茎、叶、花、果或其他固体物质为食料,给药用植物造成机械损伤,如缺刻、孔洞、折断、钻蛀茎秆、咬断根部等被害现象。二是吸收式口器,有好几种。刺吸式口器,是其中主要的一种,这

种口器的下唇形成一槽管,管内两上颚左右抱住下颚,两下颚左右合抱,其中有食物道和唾液管,整个口器形成针状的管,如椿象、蚜虫、介壳虫、叶蝉及螨类等的口器,是以上下颚组成的针状构造刺入药用植物组织吸取汁液为食料,使药用植物呈现皱叶、斑点、卷叶、萎缩、生长点脱落、畸形或枯黄等现象。同时它们往往还是传播病菌的媒介,如蚜虫、椿象、蝉等传播病毒。此外,昆虫还有虹吸式口器(如蛾蝶类),舐吸式口器(蝇类)。了解口器不同类型,与选择防治药剂有很大关系。咀嚼式口器,可用胃毒剂和触杀剂防治,刺吸式口器的害虫是吸收植物汁液的,附着在植物表面的胃毒剂不能进入它们的消化道使害虫中毒。可选用触杀剂或内吸杀虫剂防治。

②胸部。是昆虫运动的中心。分为前、中、后胸3节。每个胸节各为4个部分,上面称背板,下面称腹板,两侧称侧板。成虫一般有足3对,着生在各个胸节侧下方,分别称前足、后足;翅两对,着生在中胸和后胸的背侧方,分别称前翅和后翅。但有的昆虫翅已完全或部分退化。常见的翅有膜翅、鞘翅、半鞘翅、鳞翅等,不同类型的昆虫,翅的质地和特征不一样,昆虫的翅常是昆虫分类和识别害虫种类的重要依据。此外,在中、后胸还各有气门一对。

③腹部。是昆虫生殖和新陈代谢的中心。一般分为9~10节。腹部末端有交尾产卵的外生殖器,腹部一般有气门8对。熏蒸杀虫剂的有毒气体,就是由胸、腹部气门入口,经过气管而进入虫体,使害虫中毒死亡的。

(2)体壁　体壁由表皮层、真皮细胞层和基底膜3层构成。表皮层又可分为3层,由内向外依次为内表皮、外表皮和上表皮。内表皮最厚,外表皮是体壁的硬化部分,颜色较深。上表皮是表皮最外层,也是最薄的一层,其内含有不渗透性蜡质或类似物质,上表皮对防止体内水分蒸发和药剂的进入都起着重要的作用。一般来讲,昆虫随虫龄的增长,体壁对药剂的抵抗力也不断增强。因此,在杀虫药剂中常加入对脂肪和蜡质有溶解作用的溶剂,如乳剂由于含有溶解性强的油类,一般比可湿性粉剂和粉剂的毒效高。药剂进入害虫机体,主要是通过口器,表皮和气孔3个途径。所以针对昆虫体壁构造,选用适宜药剂,对于提高防治效果有着重要作用。

(3)卵　卵是昆虫发育的第一个阶段。卵的形状和特征因害虫种类不同而不同。常见的形状有圆形、长圆桶形、半球形、瓶形、桶形及柄形等。在卵的表面,有的还具有特定的构造和纹理。卵的形态特征是识别害虫的依据。昆虫产卵,有的是散产,卵粒分散分布;有的是成块地产,卵粒以各种形式排列成块状;有的卵块外围还被有胶质或鳞毛等物。掌握害虫的产卵类型、产卵地点,就可以采取措施,将其消灭。

(4)幼虫　幼虫是昆虫发育的第二个阶段,习惯上指完全变态类昆虫由卵孵化出来的幼体。幼虫的形态和习性与成虫完全不同。如蛴螬为金龟子的幼虫。幼虫的胸部无翅,而腹部一般有足。按足的数量变化,幼虫可分为3个类型,即:无足型,胸、腹部全部无足,如蝇的幼虫;寡足型,只有胸足而无腹足,如蛴螬;多足型,除胸足外,尚有2~8对腹足,如木橑尺蠖(2对),黄凤蝶(5对),叶蜂(6~8对)。害虫足型和腹足的数量,也是识别害虫的依据。

(5)蛹　蛹是完全变态类昆虫由幼虫过渡到成虫时的中间阶段。此时大多不食不动,体内进行原有的幼虫组织器官的破坏和新的成虫组织器官的形成。蛹分裸蛹(如褐天牛、甲虫等)、被蛹(如蝶、蛾和白术术籽虫等)、围蛹(如蝇)3个类型。

2)害虫的生活史

(1)害虫的发育　害虫的个体发育过程可分为胚胎发育与胚后发育两个阶段。胚胎发育由卵受精开始到孵化为止，是在卵内完成；胚后发育是由卵孵化成幼虫后至成虫性成熟为止的整个发育时期。

①昆虫的卵。卵是一个大型的细胞，卵表面被有一层坚硬的卵壳，外面常具有各种特殊的刻纹和色泽，呈高度的不透性，起保护作用。在用药杀卵时，必须选择渗透性较强的药剂才能奏效。害虫的种类多，卵的大小、形状、色彩、构造等也有差异。药用植物上常见的害虫卵有圆形、椭圆形、扁圆形、半球形等。

各种害虫都有一定的产卵方式及场所，如蝗虫、金龟子的卵产在土中；椿象、瓢虫的卵常常十余个集合一起产于叶片表面；叶蝉卵产于药用植物组织中；北沙参钻心虫卵散产于北沙参叶正、反面及花蕾上。掌握害虫卵的形态及产卵习性，可以帮助识别害虫和采取有效的防治措施。

②卵化、生长、蜕皮和羽化。当卵完成胚胎发育之后，幼虫破壳而出，这个过程称为孵化。从成虫产卵到孵化为幼虫所经历的时期称为卵期。卵期长短，依昆虫种类和气候条件而异。幼虫期是昆虫生长时期，经过取食，身体不断长大，但由于昆虫属外骨骼动物，具有坚硬的体壁，幼虫长到一定阶段后，受到体壁的限制，不能再行生长，故须将旧的表皮脱去，才能继续生长发育，这种现象称为蜕皮。幼虫蜕皮过程，常常不食不动，每次蜕皮后即增加一龄。幼虫从卵里孵化出来之后，称作一龄幼虫。经过第一次蜕皮后称为二龄幼虫。以后每蜕皮一次，就增加一龄，最后一次蜕皮就变成蛹（完全变态昆虫）或直接变为成虫（不完全变态昆虫）。幼虫到最后停止取食，不再生长称为老熟幼虫。昆虫蜕皮次数依种类而不同，大多数昆虫蜕皮4～6次，如粘虫幼虫蜕皮6次，最后一次蜕皮化蛹，幼虫共有6龄。昆虫的食量随着龄期的增长而急剧增加，有许多害虫均是在高龄阶段进入暴食期，对药用植物造成严重危害。故一般低龄幼虫体小幼嫩，食量小，抗药力差，最易防治。而高龄幼虫不仅食量大，为害重，且抗药力强，所以防治害虫须在低龄时进行，效果较好。

昆虫从刚孵化的幼虫发育到老熟化蛹所经历的时间称为幼虫期；老熟幼虫最后蜕皮变为蛹，称为化蛹；蛹内成虫钻出蛹壳，此过程称为羽化；从幼虫化蛹后到羽化为成虫，这段时期称为蛹期；成虫羽化到死亡这段时期称为成虫期，一般称为成虫的寿命。害虫完成一个世代，各虫态所需要的时间为各虫态的历期。如北沙参钻心虫卵的历期为5～6 d，幼虫历期为11～24 d，蛹历期为8～11 d，成虫寿命为3～8 d。

（2）害虫的变态　昆虫从卵孵化后直至羽化为成虫，其生长发育过程中产生一系列形态变化的现象称为变态，所变化的形态称作虫态。昆虫的变态可分为不完全变态和完全变态两种。

①不完全变态。害虫在个体发育过程中只经过卵、若虫、成虫3个发育阶段（见图7.1）。不完全变态的幼虫称为若虫，它的形态、生活习性和成虫基本相同，只是翅没有长好，生殖器官没有成熟。若虫经过最后一次蜕皮变为成虫，如蝼蛄、椿象、蚜虫、螟虫等。

②完全变态。害虫在个体发育过程中，幼虫与成虫之间要经过蛹期，共分4个明显的发育阶段，即卵→幼虫→蛹→成虫（见图7.2）。幼虫与成虫形态、生活习性极不相同，老熟幼虫要经过一个不活动的蛹期，再羽化为成虫，这种变态称为完全变态。如金龟子、北沙参钻心虫、菜粉蝶、红花实蝇、桔黑黄凤蝶等。

(3)害虫的世代　害虫由卵开始发育到成虫能繁殖后代为止的个体发育史,称为一个世代(简称为一代或代)。一种害虫在一年中完成一个世代的称一年一代,如黄芪食心虫、白术术籽虫和非洲蝼蛄等;有的害虫一年中发生多代,如黄凤蝶、珊瑚菜钻心虫、北沙参钻心虫一年发生3~5代;蚜虫、红蜘蛛等一年中发生20~30代。同一种害虫,在不同地区,往往由于气候条件的不同,发生的代数也不同。如粘虫在气温较高的华南地区,一年发生7~8代,而在华北地区一年只发生3~4代。害虫一年内发生的世代情况,称年生活史。一年一代的害虫,年生活史包括一个世代;一年多世代的害虫,年生活史包括多个世代。

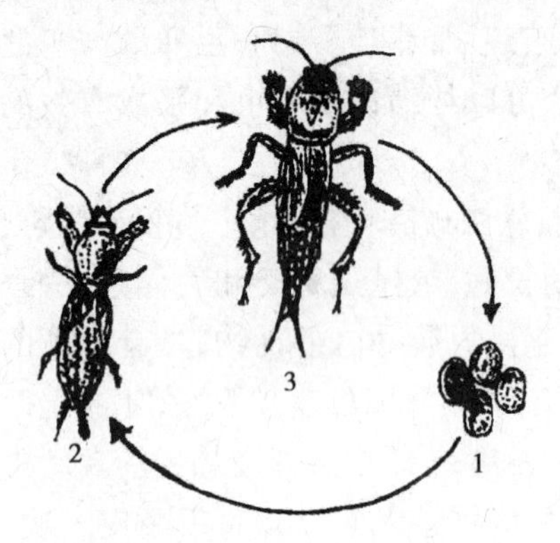

图7.1　不完全变态(非洲蝼蛄)
1—卵;2—若虫;3—成虫

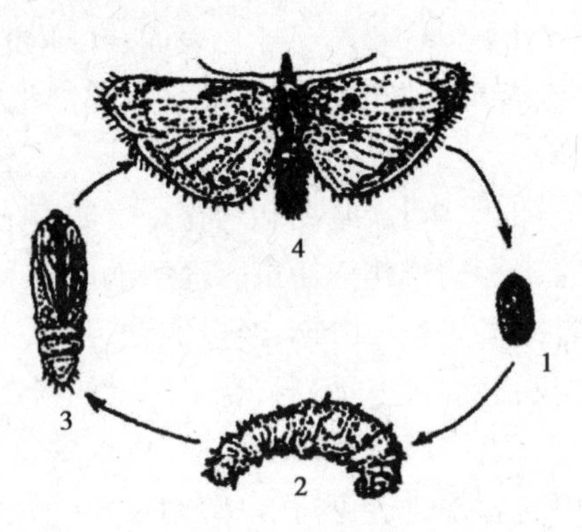

图7.2　完全变态(白术术籽虫)
1—卵;2—幼虫;3—蛹;4—成虫

【知识拓展】>>>

7.1.3　侵染性病害的发生与流行

1)病害发生的因素

(1)病原菌的大量积累　药用植物病原物数量的多少,是决定病害发生与否和严重程度的关键。任何一种病害如果常年不进行防治,任其发展,那么这种病害就会逐年加重,流行面积不断扩大。这是因为病原物不断繁殖和大量累积的结果。

(2)大面积感病植物的存在　药用植物和其他作物一样,品种间的抗病能力有很大差异,如有刺红花比无刺红花抗炭疽病,不同品种的党参对锈病的抵抗力也不一样。病害的流行往往与大面积种植了感病品种有关。故在大面积栽培生产中要注意选择、培育和推广抗病品种,这对于防止病害的猖獗发生有重要作用。

(3)有利于病害发生的环境条件　药用植物具有病原物和感病品种两个其本因子存在后,病害的发生、发展程度即决定于环境条件。环境条件一方面影响着药用植物,另一方面也影响着病原物。当环境条件适宜病原物的侵入、生长、繁殖和传播,而不利于药用植物的生长发育时,就能引起病害的发生和流行。反之,环境条件适宜药用植物的生长发育,不利于病原物的侵入、生长、繁殖和传播时,病害就难于发生和流行。环境条件中起主要作用的因子是温度、湿度、土壤因子和栽培措施等。

①温度。各种病原物对温度均有一定的要求,一般细菌在18~28 ℃,真菌在10~24 ℃的范围内都能生长发育。病原物在其最适温度范围内,生长旺盛、繁殖快,易于造成病原物数量上的积累,有利于病害的发生和流行。

②湿度。大多数病原物在高温高湿环境条件下有利于病菌生长、发育、繁殖、传播和侵入,因此很多病害在多雨多雾的气候条件下发病重。例如,枸杞黑果病、地黄斑枯病、颠茄疫病等在多雨的5—8月发病严重,但也有少数病害例外。

③土壤因子。土壤的温湿度、质地、酸碱度及微生物的活动等,对某些病害(尤其是土壤传染的病害)影响很大。如一些药用植物在幼苗出土前后,遇到低温高湿的土壤条件时,一方面降低了幼苗的抗病力,同时有利于病菌的侵染,往往不利于药用植物根部的正常生长,故常常引起猝倒病的发生流行。雨季土壤湿度大或积水时,也有利于一些土壤根腐病菌的繁殖和传播,因而造成这些药用植物根腐病的发生和流行。

④栽培措施。有些药用植物病害发生程度与一定的栽培措施关系很大。如在大量施用氮肥和过度密植的情况下,引起了寄主抗病性及田间小气候的变化,使之有利于病害的发生和流行。如菊花种植过密,并在前期过多施用氮肥时,造成前期徒长,植株柔嫩,田间过于荫蔽,小气候湿热,土壤潮湿,到了雨季,就会造成斑枯病和根腐病的流行而大量死亡。

2)病原物侵入寄主的途径和方式

(1)直接侵入　细菌和病毒一般不直接侵入寄主体内,但有一部分真菌可以穿过寄主表皮角质层直接侵入寄主细胞内,故直接侵入也称为角质层侵入。

(2)自然孔口侵入　植物体表有许多自然孔口,如气孔、水孔、皮孔、蜜腺等。某些细菌,真菌可由这些自然孔口侵入,尤以气孔侵入较多,如某些锈病菌、疫病菌。

(3)伤口侵入　植物的各种伤口,特别是虫伤、机械伤是所有病毒、许多细菌和寄生性比较弱的真菌侵入的重要途径。

3)病原物的存在方式

(1)病原物越冬或越夏的场所

①病株残体。大部分非专性寄生的真菌和细菌,当寄主死亡后,都能在落叶、秸秆、枯枝等病株残体或其他枯株落叶中存活越冬(越夏)或繁殖。

②土壤。许多病原物和病株残体都易落到地里,使土壤成为各种病原物越冬或越夏的主要场所。一些病原物的休眠体(如卵孢子、厚垣孢子、菌核等)可以长期潜伏在土壤中,有些病原物还以腐生的方式在土壤中存活。故播种和栽植药用植物前要进行耕作地的土壤消毒就是这个原理。

③粪肥。许多病原物常可随病株残体混入肥料中,有的病原物通过牲畜等的消化道后也不死亡,仍然存活于粪肥中,还有的病菌孢子也能散落到肥料中。这些肥料如未充分沤制腐熟,其中的病原物也可长期存活。故粪肥要经高温堆肥或充分发酵腐熟后使用,才能消灭病原物、以利防病。

④种子、种苗和其他繁殖材料。所有种源材料也常常是一些病原物越冬或越夏的场所,如有的病原物以其休眠体和种子混在一起(如线虫的虫瘿、菟丝子的种子、菌核等);有的以休眠孢子附着在种子、种苗上(如薏苡黑粉病的厚坦孢子多附在种子上越冬);有的病原物则可侵入而潜伏在种子、种苗及其他繁殖材料中(如红花炭疽病菌主要是以分生孢子和菌丝体存

于种子内外;地黄花叶病毒多在根茎繁殖材料中越冬)。因此,使用这类繁殖材料就有可能发生和传播病害。故在播种前对繁殖材料进行严格的检验挑选和适当处理,是有效的防病措施。

(2)病原物的传播途径

①风力传播。许多真菌产生大量小而轻的孢子,极易借风力作远距离的飞散传播,如各种药用植物的锈病孢子和霜露病的分子孢子常借风力传播。

②雨水传播。病原细菌和产生游动孢子或一些真菌的孢子,常借冰雪溶解、流水(降水或灌水)、雨水的飞溅而传播,如遇风夹雨更使病原物在田间扩散到更大的范围。如枸杞黑果病在刮风飘雨的天气里,病害能迅速蔓延,造成大面积流行成灾。

③昆虫传播。昆虫本身不仅能携带病原物,而且可在植物体上造成伤口,因此昆虫成为最适宜传播须从伤口侵入的病原体(如病毒和某些细菌等)的媒介。昆虫在取食过程中不仅能在体外沾着病原体,且能吸取植物组织内部的病原体,并在新的感病点造成伤口,把所携带的病原体从伤口直接带到能感病的植物体内造成感染。故凡是昆虫传播的病害,防治虫害实际就是防病的措施。

④人为传播。人为传播最重要的是带病的种子、种苗及其他繁殖材料,通过调运而远距离传播。如使用带有病原菌的种子、苗木、粪肥来进行播种、移栽、施肥,即人为地把病原菌传播到田间,使之成为病害的侵染来源。此外,在农事操作及所使用的农具(如整枝、摘心、嫁接等操作及其所用的工具),对某些病害传播也起一定作用。

7.1.4 害虫的生活习性

害虫的种类不同,生活习性也不同,了解掌握其生活习性,才能进行有效的防治。

1)食性

昆虫的食性很复杂,按其采食种类可分以下类型:

(1)植食性　此类昆虫以植物为食料。药用植物害虫多数属于这一类。如凤蝶、恶性叶虫、金花虫、叶蜂、象鼻虫、蛴螬、蚜虫、蚧壳虫、潜叶蝇、菜蛾等。

(2)肉食性　这类昆虫以其他动物为食料,多数为益虫,如小茧蜂、赤眼蜂、寄生蜂、食蚜瓢虫、蜻蜓、步行虫、食蚜虻、食蚜蝇等。

(3)腐食性　此类昆虫以腐败的动、植物残体或排泄的粪便为食料,如有些金龟子的幼虫、蝇、蛆等。

昆虫除上述食性外,若按其取食范围的广狭(即取食种类的多少),又可分为:单食性,只为害一种食物的害虫,如白术术籽虫,仅为害白术种子;寡食性,能为害同科或亲缘关系相近的多种植物,如黄凤蝶为害伞形科植物;多食性,能为害不同科的多种药用植物的害虫,如银纹夜蛾为害佩兰、牛蒡子、玄参、蓼蓝等。

2)趋性

趋性为昆虫较高级的神经活动。害虫对自然界刺激的反应称趋性。昆虫受到外来刺激后,向刺激来源运动的习性称为正趋性;反之,避开刺激来源的称负趋性。引起害虫趋性活动的刺激主要有光、温度及化学物质等。对光的反应称趋光性,如蛾类、蝼蛄、金龟子等具有正趋光性,可设置诱蛾灯诱杀之;利用趋温性可检查或防治仓库害虫;对喜食甜、酸或化学物质气味的害虫,如粘虫、地老虎等可用含毒糖醋液或毒饵诱杀。

3)假死性

许多危害药用植物的害虫,当受到外界震动或惊扰时,立即从植株上落至地面而暂时不动弹,这种现象称为假死性,如金龟子、银纹夜蛾幼虫、大灰象蛹、叶蛹、象鼻虫等。在防治上常利用这一习性将害虫震落进行捕杀。

4)休眠

昆虫在发育过程中,由于低温、酷热等环境条件的影响或食料不足等多种原因,虫体暂时停止生长而不食不动的现象称为休眠。昆虫的卵、幼虫、蛹与成虫均能体眠。昆虫以休眠状态度过冬季或夏季,分别称为越冬或越夏。许多害虫具有集中越冬现象,而越冬后的虫体又是下一季节害虫发生发展的基础。因而利用害虫休眠习性,调查越冬害虫的分布范围、密度大小、潜藏场所和越冬期间的死亡率等,开展冬季防治害虫,聚而歼之,是一种行之有效的防治方法。

此外,害虫还有迁移、群集等习性,了解这些习性,亦可为防治措施提供依据。

7.1.5 虫害发生与环境条件的关系

虫害的发生与环境条件有着密切的相互关系。环境条件影响害虫的发生时期、地理分布、为害区域等的变化。而研究虫害发生与环境条件的关系,可以了解害虫的地理分布规律,预测虫害的发生,阐明虫害的消长和为害程度的原因,从而根据害虫与环境的关系,以利采取相应的防治措施。

1)气候因子

(1)温度　昆虫是变温动物,没有稳定的体温,其体温基本上取决于太阳辐射的外来热量,昆虫的新陈代谢与活动都受外界温度的影响。温度直接成间接地影响害虫的发育、生活状态、生存数量和地理分布。各种害虫的生长发育对温度均有一定的要求,一般害虫的有效温区为10~40 ℃,最适温度为22~30 ℃。当温度适宜时,害虫表现的活力最强。食量最大,繁殖力最强,死亡最少,这时就会造成虫害大发生;若温度高于或低于有效温,害虫就进入休眠状态;如温度过高或过低时,均不利于害虫的生长、繁殖,乃至死亡。

(2)湿度　害虫对湿度也有一定的要求。湿度主要在发育期的长短、生殖力和分布等方面对害虫影响。害虫在适宜的湿度下,才能正常生长发育和繁殖。至于湿度的适宜范围,各种害虫要求不一致,有的喜干燥,如蚜虫、飞虱等;有的喜潮湿,如粘虫在16~30 ℃范围内,湿度越大,产卵越多;于温度为25 ℃时,在相对湿度为40%以下的产卵数,仅有在相对湿度90%时的一半。

(3)其他气候因子　光、风对害虫也有很大的影响,光显著地影响害虫的活动。光还影响害虫寄主的生长,也间接地影响害虫。风影响地面的蒸发量,也就影响了大气的温、湿度和害虫栖息的小气候环境,从而影响害虫的生长发育。同时风对一些害虫的传播作用很大,如蚊、蚜虫、小蛾等害虫,每当气流变动时常被卷入高空送至很远的地方。但风也可以阻碍一些害虫的活动。

2）土壤因子

土壤是害虫栖息的重要生态环境，大部分害虫都与土壤有密切关系。如蝼蛄、地老虎即长期居住生活于土壤中。土壤的物理结构、酸碱度、通气性和温湿度等均影响着害虫的生长发育、繁殖和分布。如蝼蛄喜欢在松软的砂质壤土中生活，对大多数喜生于此类土壤上的药用植物亦为害严重；而黏重土壤则不利其活动，对药用植物的为害亦轻。又如蛴螬喜在腐殖质多的土壤中活动；金针虫多生活在酸性土壤中；小地老虎则多分布在湿度较大的土壤中。金龟子、叩头虫在土壤中随着春秋季节的更换，能上下垂直移动以适应对温湿度的需要。

3）生物因子

生物因子主要包括食物和天敌两个方面。它主要表现在害虫和其他动、植物之间的营养关系上。害虫食物的种类和质量与害虫的生长发育、繁殖和分布关系很大；单食性害虫的分布，首先取决于它们的药用植物食料的分布，如白术术籽虫只以白术为食料，没有白术的地方就没有白术术籽虫。多食性害虫，食料对其分布的影响较轻微，但是每一种害虫，都有它最适宜的食料，适合食料的多少，对害虫的发育快慢和繁殖数量有极其明显的影响。如飞蝗，最适宜的食料是芦苇，它取食芦苇时，发育较快，生殖力较高，死亡率较低。但当飞蝗的若虫取食大豆时，羽化的成虫出现不孕现象；若取食棉花，生长到二龄就死亡了。又如粘虫喜食薏苡，黄风蝶幼虫喜食小茴香、珊瑚菜、防风、白芷等。

在自然界中，凡是能够消灭病、虫的生物，通称为该种病、虫害的天敌。天敌的种类和数量是影响害虫消长的重要因素之一。害虫的天敌主要有捕食性和寄生性两种。捕食性天敌如食蚜瓢虫、食蚜虻、食蚜蝇、草蜻蛉及步行虫等；寄生性天敌如寄生蜂、寄生蝇，细菌、真菌及病毒等，其中常见的有赤眼蜂、杀螟杆菌、青虫菌及白僵菌等。

4）人为因子

人类的农业生产活动对于害虫的繁殖和活动有很大的影响。人类有目的地采用各种栽培技术措施，开展害虫防治，可以有效地抑制害虫的发生和危害程度。如在种苗调运中实施植物检疫制度，可以防止危险性害虫的传播、蔓延。当人类进行垦荒改土，兴修水利、建造梯田、采伐森林以及牲畜放牧等生产活动时，改变了害虫的生活环境，有些害虫因寻不到食物和不能适应新的环境条件而逐渐衰亡。

【计划与实施】>>>

药用植物主要病害的症状及病原识别

1）目的要求

认识药用植物病害的各种症状，为诊断和防治药用植物病害打基础；认识植物病原真菌、细菌形态，为诊断和防治真菌、细菌病害打基础；认识病原线虫形态，为诊断和防治线虫病害打基础。

2）计划内容

（1）真菌与细菌病状类型识别

①斑点。观察大黄霜霉病、地黄黄斑病、菊花褐斑病、西洋参斑点病等标本，识别病斑的大小、病斑颜色等。

②腐烂。观察浙贝软腐病、天麻软腐病等标本，识别各腐烂病有何特征？是干腐还是湿腐？

③枯萎。观察白术枯萎病，观察植株枯萎的特点，是否保持绿色？观察茎秆维管束颜色和健康植株有何区别？

④立枯和猝倒。观察人参立枯病、三七猝倒病，视茎基病部的病斑颜色，有无腐烂？有无隘缩？

⑤肿瘤、畸形、簇生、丛枝。观察桃缩叶病、川芎根肿病、李丛枝病等标本，分辨与健株有何不同？哪些是瘤肿、丛枝、叶片畸形？

⑥褪色、黄化、花叶。白术花叶病、桔梗花叶病等标本，识别叶片绿色是否浓淡不均？有无斑驳？斑驳的形状颜色？

（2）真菌与细菌病征类型识别

①粉状物。观察枸杞白粉病、川芎白粉病、大黄白粉病、黄连白粉病、人参锈病、马齿苋白锈病、牛膝白锈病等标本，识别病部有无粉状物及颜色？

②霉状物。识别延胡索霜霉病、大黄霜霉病、当归霜霉病、贝母灰霉病、牡丹灰霉病、百合灰霉病、板蓝霜霉病等标本，识别病部霉层的颜色。

③粒状物。观察大黄炭疽病、腐烂病、白粉病等标本，分辨病部黑色小点、小颗粒。

④菌核与菌索。观察延胡索、红花、三七及元胡等的菌核病等标本，识别菌核的大小、颜色、形状等。

⑤溢脓（菌脓或菌胶）。观察浙贝软腐病等标本，有无脓状黏液或黄褐色胶粒？

（3）植物病原线虫及危害状的识别　以贝母、菊花、牡丹的根结线虫病观察线虫形态，取根外黄白色小粒状物或剥开根结，挑取其中的线虫制片镜检。

3）实施

4人一组，准备当地主要药用植物不同症状类型的病害标本（大黄霜霉病、地黄黄斑病、菊花褐斑病、西洋参斑点病、浙贝软腐病、天麻软腐病、白术枯萎病、人参立枯病、三七猝倒病、桃缩叶病、川芎根肿病、李丛枝病、白术花叶病、桔梗花叶病、枸杞白粉病、川芎白粉病、大黄白粉病、黄连白粉病、人参锈病、马齿苋白锈病、牛膝白锈病、延胡索霜霉病、当归霜霉病、贝母灰霉病、牡丹灰霉病、百合灰霉病、板蓝霜霉病、大黄炭疽病、延胡索菌核病、红花菌核病、三七菌核病、元胡菌核病、贝母线虫病、菊花线虫病、牡丹线虫病等），以及细菌性软腐病或当地各种细菌性病害等新鲜标本，根结线虫病的根结；用具准备（显微镜、载玻片、盖玻片、蒸馏水滴瓶、镜纸、二甲苯、扩大镜、镊子、挑针、搪瓷盘等）。

按计划内容逐步实施，并绘4种药用植物病害症状及其病原菌的形态图，列表描述所观察到的药用植物病害的病状与病征类型特征。

药用植物主要害虫的形态识别

1)目的要求

熟悉昆虫纲等翅目、直翅目、缨翅目、半翅目、同翅目、鞘翅目、鳞翅目、双翅目、膜翅目、蛛形纲蜱螨目的特征以及与园林生产有关的各主要科的特征。

2)计划内容

就供试标本按昆虫分类的依据,观察各目科的特征,并鉴定出所属目、科。

(1)观察等翅目　白蚁科、鼻白蚁科触角的形状、翅的形状及质地、口器类型,找出两科的主要区别。

(2)观察直翅目　蝗科、蝼蛄科、螽斯科、蟋蟀科触角的形状和长短,翅的质地和形状、口器类型、前足和后足的类型、产卵器的构造和形状,听器的位置及形状,尾须形态,找出各科发音器的位置。

(3)在体视解剖镜下观察缨翅目　蓟马科、烟蓟马科的玻片,注意翅的形状及有无斑纹,产卵器形状如何,是向上弯还是向下弯。

(4)观察半翅目　蝽科、网蝽科、猎蝽科、盲蝽科、缘蝽科及其他供试椿象类的口器、触角、翅的质地及膜区翅脉的形状,臭腺孔开口部位等。着重观察比较蝽科、缘蝽科、猎蝽科膜区上的翅脉区别。

(5)观察同翅目　蝉、斑衣蜡蝉、叶蝉、飞虱、蚜虫、介壳虫的口器、前后翅的质地、前后足的类型及蝉的发音位置,蚜虫的腹管位置及形状,介壳虫的雌雄介壳形状及虫体的形状等。

(6)观察鞘翅目　步甲科、金龟科、小蠹科、吉丁甲科、叩头甲科、瓢甲科、天牛科、叶甲科、象甲科等前后翅的质地、口器形状和类型、触角形状和类型,足的类型、腹节节数、幼虫形态。并详细观察步行甲和金龟甲腹部第一节腹面腹板被后足基节窝分割情况。

(7)观察鳞翅目　小地老虎翅的斑纹,天蛾卷曲的喙和幼虫的口器及胸部线纹。对比观察枯叶蛾科、卷叶蛾科、毒蛾科、夜蛾科、尺蛾科、灯蛾科、螟蛾科、刺蛾科、木蠹蛾科、透翅蛾科、粉蝶科、蛱蝶科、凤蝶科等昆虫触角的形状,翅的形状、斑纹、颜色。观察这些科幼虫的形态、大小、有无腹足及趾钩的着生情况,幼虫身上有无毛瘤、枝刺、有无臭腺、毒腺以及着生位置等。

(8)膜翅目的观察　瘿蜂类危害状,各种寄生蜂,蜜蜂、蚂蚁、胡蜂、蛛蜂、泥蜂等的触角形状,口器类型、翅脉变化情况,以及产卵器的形状。观察相对应的幼虫的形态、大小及腹足的有无和腹足数目。

(9)双翅目的观察　蚊、蝇、虻等标本,了解这些昆虫的口器类型、后翅变成的平衡棒的形式。了解幼虫形状、大小情况。

3)实施

4人一组,准备上述各目及各主要科的分类示范标本,用具(扩大镜、解剖镜、镊子、解剖针、培养皿、瓷盘等)准备。按计划内容逐步实施,并将供试标本按分科特征鉴定出所属的目、科,绘制药用植物四大类害虫的形态特征图。

【检查评估】>>>

序号	检查内容	评估要点	配分	评估标准	得分
1	病害识别	能正确识别侵染性病害、生理性病害，真菌、细菌、病毒、病原线虫等	50	病害标本抽样考核，50个标本中抽出20个，答错一个扣5分	
2	虫害识别	能正确鉴定出昆虫所属的目、科	50	昆虫标本抽样考核，50个标本中抽出20个，答错一个扣5分	
合 计			100		

任务7.2 药用植物病虫害防治

【工作流程及任务】>>>

工作流程：

分析了解当地情况—做好基础工作—制订药用植物病虫害防治方案。

工作任务：

药用植物病虫防治方案制订。

【工作咨询】>>>

7.2.1 药用植物病虫害的防治策略

药用植物病虫害的防治应采取综合防治的策略，综合防治就是从生物与环境的整体观点出发，本着"预防为主、综合防治"的指导思想和安全、有效、经济、简便的原则，因地制宜，合理运用农业、生物、化学、物理的方法及其他有效的生态手段，把病虫危害控制在经济阈值以下，以达到提高经济效益、生态效益和社会效益的目的。

为了更好地完成植物保护的任务，消灭病虫害，保证丰产，不能单纯依赖一种方法防治病害或虫害，必须把各种防治方法有机地结合起来，组成综合的防治措施。主要采用如下策略。

1）控制生物群落

控制昆虫群落使昆虫群落中害虫的种类和数量减少，益虫的种类和数量增加。为此，首先要制止新的害虫种类从其他国家输入，或限制害虫在国内的传播蔓延，这就要靠国家对外一系列植物检疫措施的实行来保证。另一方面，是采用生物防治方法引进和驯化有益昆虫或其他生物来减少原有害虫的数量。生物群落组成种类的改变，必然会引起数量的变化，有目的的改变生物群落可以逐渐排除有害的种类或缩小它们的分布面积和地区。由此可见，第一个方向就是要调整生物群落的质和量的组成。

2）改变病菌害虫营养、发育和繁殖的条件，使之不利于病虫害而利于药用植物

采用一系列农业技术措施，如育种、选种、轮作、休闲、间作、套种等。病虫害的大量繁殖，必须在有利于病虫害的生长发育和繁殖的条件下进行，例如，在合适的气候，丰富的食料以及害虫的天敌活动很少的情况下才能实现。虽然我们还不能控制气候，但是我们能用一系列的农业技术措施显著地改变农田小气候，同样还可以调整或改变作物栽培制度、培育新品种，使害虫和病菌不能获得适宜的食料等，而达到防治病虫害的目的。

3）提高药用植物的抗病虫性

利用大面积的轮作制度，可以把害虫和病菌在地域上与植物隔离；适当调节作物的播种期有时也能显著地减轻病虫的为害；利用选种和定向培育，可以创造出完全不受害的药用植物品种，或抗病虫性较强的药用植物。由此可见，利用一系列的农业技术措施，不仅可以恶化病菌和害虫的生长发育条件，而且还可以提高农作物的抗害性。

4）直接消灭已经发生的害虫

这个任务的完成，主要是依靠化学防治法、物理及机械防治法。此外，在一些情况下，还可以采用生物防治法（大量培养和释放寄生昆虫、采取保护天敌的措施以及使用性引诱素等）和许多农业技术措施来达到这个目的。

总之，病虫害综合防治主要应围绕以下几个方面进行：消灭病虫害的来源；切断病虫的传播途径；利用和提高药用植物的抗病、抗虫性，保护药用植物不受侵害；控制田间环境条件，使它有利于药用植物的生长发育，而不利于病虫的发生发展；直接消灭病原和害虫，或直接给药用植物进行治疗。

7.2.2 农业防治

农业防治是综合运用栽培、管理技术措施来调节病原物害虫和寄主及环境之间的关系，创造有利于药用植物生长、不利于病虫害发生的环境条件，从而控制和消灭病虫害的方法。其特点是：无须为防治有害生物而增加额外成本；无杀伤自然天敌、造成有害生物产生抗药性以及污染环境等不良副作用；可随作物生产的不断进行而经常保持对有害生物的抑制，其效果是累积的；一般具有预防作用。农业防治一般不增加开支，安全有效，简单易行。

1）合理轮作和间套作

同一种药用植物连续多年在一块地上连作，由于病菌和害虫数量一年一年地累积增多，就会使某些病虫逐年加重，如土传病害发生多的人参、西洋参长期连作，病害严重。而在同一个地区或同一块地上合理轮作不同作物，由于寄主逐年改变，对多种原有的病虫害有极大影响，可使那些对新的环境和食料不适合的病虫逐渐减少或自然消亡。对土壤带菌的病害以及那些单食性和寡食性害虫，也可以收到良好的预防效果，如大豆食心虫仅危害大豆，采用大豆与禾谷类作物轮作，就能防治其危害。不同科属药用植物品种间进行轮作或药用植物与其他粮食、蔬菜作物轮作，如附子和水稻、玉米；大黄与黄芪，可减轻根腐病、白绢病、炭疽病等的危害。一般药用植物的前作以禾本科植物为宜,烂根病严重的药用植物与禾本科作物进行水旱轮作4年以上,可减轻根腐病和白绢病的发生。如白术与禾本科作物轮作4年以上。浙贝母与水稻隔年轮作,可大大减轻根腐病和灰霉病的危害,大黄与黄芪轮作可减轻大黄的炭疽病和霜霉病的症状,同时危害黄芪的大头豆芫菁的虫口密度得以减少等。但是,如果轮作物选择不当,也会使某些病虫害加重,如地黄、花生、珊瑚菜和大豆都有枯萎病和胞囊线虫病,不能彼此互相进行轮作,否则会加重线虫病或枯萎病为害。同科属中药材品种不能轮作或连作,如白木和地黄,甘草和板蓝根,丹参和北沙参等。

此外,合理间套作也是一条重要的栽培措施,它不仅可以改变土壤结构,调节地力,提高产品的种类和数量,而且还能减轻病虫害。间作时应选择和药用植物发生的病虫害不相同的作物进行间作,如附子田可间作菠菜或玉米,地黄和玉米或芝麻间作,使地黄拟豹纹蛱蝶为害大大减轻,这是由于玉米、芝麻高秆阻碍了蛱蝶成虫飞翔、产卵活动的缘故。

2)深耕细作

深耕细作是农业防治病虫害的一条重要栽培技术措施,它能促进根系发育,增强根部吸收能力,使药用植物生长健壮,同时也有直接杀灭病虫的作用。很多病原菌和害虫在土内越冬,采取冬耕晒垡可直接破坏害虫的越冬巢穴,减少越冬病虫源,使表层土内越冬的害虫翻进土层深处,使其不能羽化出土,土内病菌由于日光照射也能直接杀死一部分,达到防病治虫的目的。还可把蛰伏在土壤深处的害虫及病菌翻露土面,由于日光照射、鸟兽啄食等,亦能直接消灭一部分病虫。例如,对土传病害发生严重的人参、西洋参等,播前除必须休闲地外,还要耕翻晒土几次,以改善土壤物理性状,减少土中病原菌数量,达到防病的目的。

3)清洁田园

耕作地里的杂草及药用植物收获后病虫残株和出间的枯枝落叶,往往是病虫隐蔽及越冬场所,成为来年病虫来源。因此除草及结合修剪将病虫残株和枯枝落叶烧毁或深埋处理,清洁田园可以大大降低病虫为害程度和压低病虫越冬基数。例如,防治枸杞黑果病主要是抓冬季清洁田园工作。在秋季收果后,彻底摘除树上的黑果和剪除病枝,并将地面枯枝落叶和黑果全部清除,进行烧毁或深埋处理。这样就消灭了大量病原菌,大大降低来年春果的发病基数,可以收到良好的防治效果。如附子收获后及时集中烧毁稿秆可有效防治钻心虫,又比如,沙参收获时正值沙参钻心虫即将结茧成蛹期,此时可采用加工蒸煮沙参的废水泼入残株内烫死幼虫,可减轻下一代为害。

4)调节播种期

有些病虫害常和药用植物某个生长发育阶段的物候期有密切的关系。调节药用植物播种期,使其病虫的某个发育阶段错过病虫大量侵染危害的危险期,可避开病虫危害达到防治目的。

例如,薏苡适期晚播,可有效避开黑粉病孢子发育周期,以减轻黑粉病的发生;红花适期早播,可躲过炭疽病和红花实蝇的危害。因为实蝇是在红花花蕾现白期大量产卵于花蕾里造成为害的,所以,冬播或在春季早播(不能晚于清明),可使红花花蕾期提前,从而避开实蝇成虫产卵盛期所造成的为害;又如黄芪夏播,可以避免春季苗期害虫的危害;地黄适期育苗移栽,可以有效地防止斑枯病的发生。所以,调节播种期是达到避病防虫的有效手段。

5)合理施肥

合理施肥能促进药用植物的生长发育,增强其抗病的能力或避开病虫为害时期,尤其是施肥种类、数量、时间、方法等均与病虫害的发生密切相关。生产实践表明,增施磷、钾肥,特别是钾肥可以增强植物的抗病性;偏施氮肥对病害发生影响最大。例如,在阴湿处栽培穿心莲,常发现有烂根病为害,若适当增施磷钾肥,少施氮肥,并控制好干湿度,可显著减少烂根植株,反之,则发病严重。又如白术施足有机肥,适当增施磷、钾肥,可减轻花叶病;红花施用氮肥过多或偏晚,易导致植株贪青徒长,组织柔嫩,诱使炭疽病的发生;延胡索后期施氮肥会造成霜霉病和菌核病;蛔蒿氮肥多了也会引起烂根病。若使用未腐熟的厩肥或堆肥,粪肥中的病菌孢子尚能存活发芽而引起植物病害,并可使蛴螬等地下虫害发生严重。因此,施肥应采用高温堆肥及充分腐熟的有机肥料。

6)选育抗病虫品种

药用植物不同类型或品种之间往往对病虫害抵抗能力有显著差异。因此,选育抗病虫害的优质高产药用植物品种是防治病虫害最经济有效的措施。例如,栽种地黄,小黑英品种比其他农家品种抗地黄斑枯病;有刺型红花比无刺型红花抗红花炭疽病和红花实蝇;白术阔叶矮秆型白术,其苞片较长,能盖住花蕾,有阻挡术籽虫产卵的优良特性。另外,在同一品种内,单株个体之间的抗病虫力也有差异,应注意筛选较能抗病虫的单株留种。选出的抗病虫品种经多次繁殖后,其特性会因地区及环境条件不同而发生变化。因此,为了保持品种的优良特性,必须不断进行提纯复壮及选育新品种的工作。

7.2.3 生物防治

应用自然界中的某些有益生物来消灭或抑制某种病虫害的方法,称为生物防治法。这些有益生物也称为这些有害病虫的"天敌"。生物防治能改变生物群落,直接消灭病虫害,并具有使用灵活、经济、对人畜和天敌安全、无残毒、不污染环境、效果持久、有预防性等优点。已成为植物病虫害和杂草综合治理中的一项重要措施。

生物防治,当前主要是利用以虫治虫、以菌治虫和以菌治病的方法来进行,其具体内容如下:

1)以虫治虫

(1)利用捕食性益虫防治害虫　捕食害虫的昆虫称为捕食性益虫。常见的天敌昆虫和蜘蛛有:

①瓢虫。瓢虫的种类多达4 000种,其中80%以上是肉食性的,是经济林地中主要的捕食性天敌,以成虫和幼虫捕食各种蚜虫、叶螨、介壳虫以及低龄鳞翅目幼虫、利木虱等。

②草蛉虫。义名草青蛉,幼虫俗名蚜狮。是一类分布广,食量大,能捕食蚜虫、叶螨、叶蝉、蓟马、介壳虫以及鳞翅目害虫的低龄幼虫和多种虫卵的重要捕食性天敌。

③捕食螨。又称肉食螨。是以捕食害螨为主的有益螨类。我国已发现有利用价值的捕食螨种类有东方钝绥螨、拟长毛钝绥螨等16种。在捕食螨中以植绥螨最为理想。

④蜘蛛。属节肢动物门,蛛形纲,蜘蛛目。我国现已定名的有1 500余种,其中80%左右生活在果园、茶园、农田及森林中,是害虫的主要天敌。其中农田蜘蛛不仅种类多,而且种群数量大,是抑制害虫种群的重要天敌类群。

⑤螳螂。是多种害虫的天敌,具有分布广、捕食期长、食虫范围广、繁殖力强等特点,在植被多样化的林地数量较多。我国有50多种螳螂,常见的有中华螳螂、广腹螳螂、薄翅螳螂。

此外,还有步行虫、食虫椿象、食蚜虻、食蚜蝇等。

(2)利用寄生性益虫防治害虫　有些昆虫寄生在害虫体内(或卵内),在发育过程中逐步摄取寄主体内(或卵内)的营养,最后使寄主死亡,或使卵不能孵化,称寄生性益虫。数量最多的是寄生蜂和寄生蝇。其特点是以雌成虫产卵于寄主(昆虫或害虫)体内或体外,以幼虫取食寄主的体液摄取营养,直至将寄主体液吸干死亡。而它的成虫则以花粉、花蜜、露水等为食或不取食。如赤眼蜂、蚜茧蜂、中腹茧蜂等。还有多种寄生蝇。例如,寄生在马兜铃凤蝶蛹中的凤蝶金小蜂、寄生在菘蓝菜粉蝶幼虫中的茧蜂、寄生在金银花咖啡虎天牛中的肿腿蜂及寄生在木通枯叶蛾卵的赤眼蜂等。地黄拟豹纹蛱蝶幼虫常被一种绒茧蜂寄生;菜青虫幼虫有一种小茧蜂寄生,可以控制个别世代的虫口。现在农业上应用较多的是赤眼卵蜂,通过人工繁殖,释放到田间可防治多种鳞翅目害虫。

2)以菌治虫

以菌治虫包括利用细菌、真菌、病毒等天敌微生物来防治害虫。

(1)细菌　目前应用较多的是杀螟杆菌、青虫菌、苏芸金杆菌等。它们都属于苏芸金杆菌类,均为能产生晶体毒素的芽孢杆菌。它们被害虫吃了以后,主要由晶体毒素起作用,使害虫中毒患败血病,病程较短,一般1~3 d后死亡。患病害虫表现的症状主要有食欲不振、停食、下痢、呕吐等,虫体常呈棕色或黑色,有时体表出现黑斑,虫尸体软而呈腐烂状,有臭味。

上述细菌杀虫剂可因地制宜大搞土法生产,国内外已有工业产品出售。青虫菌和杀螟杆菌对危害芸香科药材的橘黑黄凤蝶、危害十字花科药材的菜青虫以及危害木本药材的刺蛾等均有较好的防治效果。若和少量化学农药混用,效果更佳。

(2)真菌　寄生于昆虫的真菌有白僵菌、绿僵菌、穗霉等。目前生产上应用较多的是白僵菌。在一定的空气温湿度条件下,白僵菌孢子萌发,通过昆虫皮肤、口腔、气孔等侵入虫体。患病昆虫表现运动呆滞、食欲减退,呈萎靡乏力状态,皮色无光泽,有些病虫体上有黑褐色病斑或病点,吐黄水。由于真菌在虫体内不断生长繁殖形成大量筒状孢子和草酸钙结晶,最后虫体死亡僵硬,体表长出白色的气生菌丝和分生孢子。白僵病病程较长,在3~15 d后死亡。白僵菌的寄生范围甚广,主要包括鳞翅目、鞘翅目、同翅目、膜翅目及螨类等200种昆虫。

(3)病毒　寄生于昆虫的病毒有核多角体病毒和细胞质多角体病毒等。患病昆虫可表现出烦躁、食欲不振、横向肿大、皮肤易破、流出乳白色或其他颜色的脓液,有的有下痢、虫尸倒挂枝头、不臭等现象。寄生于昆虫的病毒,其寄生专一性很强,一般一种病毒只能寄生一种昆虫,患病昆虫病程较长,约患病一周后死亡。

3)害虫天敌有益动物的保护与利用

许多害虫天敌的有益动物,如蛙类、益鸟、鱼类等能捕食大量的害虫。据解剖,蛙的食料中害虫占70%~90%;三只大杜鹃鸟解剖胃中有落叶松毛虫幼虫103条;一只喜鹊胃中有落叶松毛虫卵426粒;每对大山雀每天喂雏加自己进食的害虫共达200~400条;斑啄木鸟防治越冬吉丁虫幼虫效果达97%~98.7%,防治光肩星天牛效果达99%。由此可见,利用害虫的天敌来防治药用植物的病虫害具有重要作用,我们应该积极保护自然界中的有益动物,并努力创造条件加以引诱、繁殖和利用。

4)农用抗菌素的应用

凡对某些病菌能产生拮抗作用的菌称为抗生菌。其中包括细菌、放线菌等。抗生菌的代谢产物即抗菌素。我国应用农用抗菌素防治植物病害的工作已取得不少成绩，目前应用较多的有多抗霉素、农抗120、菌毒清、新植霉素等。近几年还有不少新的农用抗菌素在不断研究应用。在药用植物病害防治方面应用农用抗菌素的势头也很好。此外，近年来在不孕昆虫的研究应用方面，通过对昆虫进行辐射或化学物质处理，使雄虫丧失生育能力后再释放到田间与天然的雌虫交配，使其不能繁殖后代，从而达到防治和消灭害虫的目的。

7.2.4 物理机械防治

根据害虫的生活习性和病虫的发生规律，利用温度、光、电磁波、超声波、核辐射、电及器械等物理机械因素的直接作用来消灭病虫害和改变其生长发育条件的方法，称为物理机械防治法。如进行人工捕杀、灯光诱杀均属此法。

1）人工捕杀

对于活动性不强，危害活动时间集中或有假死性的害虫可以实行人工捕杀。如大灰象甲、黄凤蝶幼虫等害虫，实行人工捕杀效果很好。在夏天雨后黄昏时捕杀刚出土的金龟子成虫；在农事操作时摘取害虫在植物上所产的卵和刚孵化的幼虫。

2）诱杀

（1）灯光诱杀　在田间安装黑光灯，利用害虫的趋光性进行灯光诱杀，可诱杀到某些鳞翅目成虫、叶蝉、金龟子等。方法是在田间一定位置安装黑光灯，灯下放置盛有药液的盆或其他容器，这样即可收集处理诱来的害虫，效果很好。如贝母产区用黑光灯诱杀金龟子，一夜能诱到385头；沙参产区用小煤油灯诱杀沙参钻心虫成虫，一小时内每灯可诱杀成虫1 200头。

（2）毒饵诱杀　毒饵诱杀是利用害虫的趋化性诱杀害虫的方法。如用炒香的麦麸伴药诱杀蝼蛄，糖醋酒液诱杀小地老虎等。

（3）潜所诱杀　用人工做成适合于害虫潜伏或越冬越夏的场所以诱杀害虫称潜所诱杀。如在棉铃虫成虫活动期，田间放置杨树枝，可诱使大量铃虫去枝叶内结茧，然后拣除杨树枝烧毁，杀灭成虫。

3）隔离保护

（1）挖沟防治　有迁移为害习性的害虫，常在食料条件不好的情况下，迁移到其他地块为害，此时应在地块四周挖防虫沟（或利用排水沟），沟内撒药，以杀死迁移的大量害虫。

（2）刷白防害　在木本药用植物的树干上刷白涂剂可保护树木免受冻害，并防止害虫在树干上越冬产卵及病菌侵染树干。白涂剂可用生石灰7.5 kg、兽油或废矿物性油0.1 kg、石硫合剂原液1 kg、食盐10 kg、大豆粉0.1 kg、水18 kg混合调配。配制方法是用水将石灰化开，乘石灰溶化发热时将油倒入搅拌，搅拌时加入其他配料并加足水量即成。白涂剂应于晴朗天气涂刷，涂刷前先将树干上粗糙易脱落的树皮刮去。

4）种子消毒

（1）种子清选　鉴于有病虫害的种子质量比健康种子轻，可采用风选、水选、筛选等方法将有病虫的种子汰除，保证用无病虫种子留种。

（2）温水浸种或开水烫种　对于防治由种子带菌的病害常采用此法来进行种子消毒。例如，防治薏苡种子表面携带的黑穗病菌孢子，可于播种前用60 ℃温水浸种30 min或开水烫种5～8 s，防治效果达70%～80%。再比如用温汤浸种还可防地黄线虫病。

7.2.5 化学防治

应用化学农药防治病虫害的方法称化学防治法。其优点是作用快、效果好、应用方便、能在短期内消灭或控制大量发生的病虫害,受地区性或季节性限制比较小,化学防治目前还是防治病虫害的重要手段,其他防治方法还不能完全代替,受地区性或季节限制比较小,是防治病虫害常用的一种方法。但是如果长期使用,病菌害虫易产生抗药性,同时杀伤天敌;而且有机农药毒性较大,对土壤和作物造成程度不同的残毒,污染环境,影响人畜健康。尤其是药用植物大多数都是内服药品,农药残留问题必须更加注意,因此 GAP 严禁使用毒性大有残留的药剂,对一些毒性小或容易降解的农药虽然允许使用,但要严格掌握施药时间和剂量,防止污染植物,还要尽量减少田间普遍喷药的施用方法,以减少环境污染。如对有趋化性的粘虫、地老虎等成虫用毒性糖醋液诱杀;对苗期一些杂食性害虫用毒饵诱杀;对有些种子带有病菌或害虫的,用药剂浸种、拌种等方法,将病原物或害虫消灭在播种之前。用过的糖醋酒液、毒饵和浸种药液要集中深埋处理,不能随意弃在田间。

需要特别注意的是,对于使用农药后,能使某些药用植物的有效成分含量降低而影响中药材质量的,也应禁止使用。

化学防治使用的农药主要有化学农药和生物源农药两类,要注意不能使用违禁农药,尽量少用化学农药,多用生物源农药。生物源农药从本质上来说属于化学防治,只是其有效成分属于天然化学成分,不是人工合成的化学成分。生物源农药的主要优点是无污染、对人畜和天敌安全。主要缺点是作用缓慢,药效普遍比化学农药低。目前,还不能完全脱离化学农药的使用。因此,GAP 药材生产要确立化学防治应以生物源农药为主,低毒化学农药为辅的防治方针。

7.2.6 植物检疫

植物检疫是根据国家制订的一系列检疫法令与规定措施,对植物检疫对象进行病虫害检验,以防止从别的国家或地区疫区传入新的危险病虫、杂草,同时限制当地的危险性病、虫、杂草向外传播蔓延的一项病虫害防治工作,也是贯彻预防为主的一项具体措施。

植物检疫的任务是:

①禁止危险性病、虫、杂草随植物、种子及其他农产品的调运而传播蔓延。

②将局部地区发生的危险性病、虫、杂草封锁在一定范围内,并采取措施逐步消灭。

③当危险性病、虫、杂草侵入新地区时,应立即采取有效措施,以彻底肃清。

植物检疫,因涉及面与工作范围不同,分国际检疫(即对外检疫)向国内检疫(即对内检疫)。国内检疫又可进行地区性检疫。

随着药用植物栽培事业的发展,由于药用植物栽培新区的逐渐建立和栽培、引种面积的不断扩大,在种子和其他繁殖材料的调运过程中,也有可能导致种苗所带的病、虫扩大蔓延。因此,必须在产区、港口海关或种植经营机构对引进的药用植物种子和繁殖材料及其包装用品进行检验和必要的消毒工作,以杜绝和防止病、虫害扩大蔓延到新区和从国外传入新的病、虫种类。

为搞好检疫工作,各地应在普查的基础上,查清危险性的病虫害,对有些生产品种,各地区应建立无病虫的种苗留种基地(种子园或苗圃),以满足本地区生产的需要,防止病虫害发生蔓延。

【知识拓展】>>>

7.2.7 药用植物病虫害的发生特点

植物病虫害的发生、发展与流行取决于寄主、病原、虫原及环境因素三者之间的相互关系。由于药用植物本身的栽培技术、生物学特性和要求的生态条件有其特殊性,因此也决定了药用植物病虫害的发生和一般农作物相比,有它自己的特点,主要表现在以下几个方面:

1)道地药材和病虫害发生的关系

药用植物栽培有一个很重要的特点,就是历史形成的道地药材,例如,东北的人参、云南的三七、宁夏的枸杞、四大怀药、浙八味等。道地药材是由特定的气候、土壤等生态条件及人们的栽培习惯等综合因素所形成的,其药材的品种、栽培技术均比较成熟。药材的质量相对比较稳定。在这种情况下,由于长期自然选择的结果,适应于该地区环境条件及相应寄主植物的病源、虫源必然逐年累积,往往严重危害这些道地药材,如人参锈腐病,这种病原菌是东北森林土壤中的习居真菌,它的生长发育所需的条件与人参生长发育所需的条件相吻合,因此成了人参的重要病害,是老参地利用的最大障碍。又如云南三七的根腐病,宁夏枸杞的蚜虫、负泥虫等。

2)害虫种类复杂、单食性和寡食性害虫相对较多

药用植物包括草本、藤本、木本等各类植物,生长周期有一年生、几年生甚至几十年生。害虫种类繁多。由于各种药用植物本身含有它特殊的化学成分,这也决定了某些特殊害虫喜食这些植物或趋向于在这些植物上产卵。因此药用植物上单食性和寡食性害虫相对较多。例如,射干钻心虫、栝楼透翅蛾、白术术籽虫、金银花尺蠖、山茱萸蛀果蛾及黄芪籽蜂等,它们只食一种或几种近缘植物。在药用植物上常常发现新的虫种,因此加强药用植物害虫种类的调查研究,不仅是生产优质、高产药材的需要,而且将有助于我国昆虫区系研究趋于更加完善。

3)药用植物地下部病害和地下害虫危害严重

由于许多药用植物的根、块根和鳞茎等地下部分,既是药用植物营养成分积累的部位,又是药用部位,这些地下部分极易遭受土壤中的病原菌及害虫的危害,导致减产和药材品质下降,由于地下部病虫害防治难度很大,往往经济损失惨重,历来是植物病虫害防治中的老、大、难问题。其中药用植物地下部病害尤为突出,如人参锈腐病、根腐虫和立枯病、贝母腐烂病、地黄线虫病等。地下害虫种类很多,如蝼蛄、金针虫等分布广泛,因植物根部被害后造成伤口,导致病菌侵入,更加剧地下部病害的发生和蔓延。

4)无性繁殖材料是病虫害初侵染的重要来源

应用植物的营养器官(根、茎、叶)来繁殖新个体在药用植物栽培中占有很重要的地位。由于这些繁殖材料基本都是药用植物的根、块根、鳞茎等地下部分,常携带病菌、虫卵,所以无性繁殖材料是病虫害初侵染的重要来源,也是病虫害传播的一个重要途径,而当今种子、种苗频繁调运,更加速了病虫传播蔓延。因此,在生产中建立无病留种田,精选健壮种苗,适当的种子、种苗处理及严格区域间检疫工作是十分必要的。

5)特殊栽培技术易致病害

药用植物栽培中有许多特殊要求的技术措施,如人参、当归的育苗定植,附子的修根,板蓝根的割叶、枸杞的整枝等。这些技术如处理得当,是防治病害、保证药材优质高产的重要措施;反之,则成为病虫害传染的途径,加重病虫害的流行。

【计划与实施】>>>

药用植物病虫害综合防治方案制订

1)目的要求

通过学习和制订药用植物病虫害综合防治方案,进一步了解作物病虫害综合防治的基本内容,掌握制订当地主要药用植物病虫害的综合防治方案的方法,能结合实际撰写出技术水平较高的方案,并会实施或指导实施。进一步熟悉当地各种防治措施及当地药用植物病虫害的发生发展规律、自然条件和生产条件。

2)计划内容

(1)做好基础工作

①了解当地药用植物的丰产栽培技术;

②了解掌握当地药用植物栽培品种的抗病性和抗虫性等特征;

③了解掌握当地药用植物主要病虫害及常发生病虫害的种类、发生情况和发生规律;

④了解分析当地气候条件对该作物生长发育和对主要病虫害种类的影响;

⑤了解分析当地土壤状况、前茬作物种类及对作物生产和主要病虫害发生发展的影响。

(2)制订药用植物病虫害防治方案的原则和要求

①制订药用植物病虫害防治方案要贯彻“预防为主、综合防治”的植保工作方针,病虫害的防治要保证、服务服从于药用植物高产、优质、高效益的生产目标。

②从生态学和农业生态学的观点出发,全面考虑农业生态平衡、保护环境、社会效益和经济效益。

③因地制宜地体现将主要害虫的种群和主要病害的发生危害程度控制在经济损害水平以下。

④充分利用农业生态系统中各种自然因素的调节作用,因地制宜地将各种防治措施,如植物检疫、农业防治、物理机械防治、生物防治和化学防治等纳入当地药用植物生产技术措施体系中,以获得最高的产量,最好的产品质量,最佳的经济、生态和社会效益。

⑤从实际出发,量力而行,有可操作性。目的明确,内容具体,语言简明、流畅。

(3)药用植物病虫害综合防治方案的类型

①以某一地区,如村、乡(镇)、县、市、省为对象,制订“×××县(乡、村等)药用植物病虫害综合防治方案”。

②以一种作物为对象,如制订“白术病虫害综合防治方案”。

③以一种主要病虫害为对象，如制订“白术根腐病综合防治方案”。

(4)药用植物综合防治方案的基本内容

①标题：×××综合防治方案。

②单位名称。

③前言：根据方案类型概述本区域、作物、病虫害的基本情况。

④正文包括：

a. 基本生产条件。气候条件分析、土壤肥力、施肥水平和灌溉等基本生产条件。

b. 主要栽培技术措施。前茬作物种类、栽培品种的特性、肥料使用计划、灌水量及次数、田间管理和主要技术措施指标等。

c. 发生的主要病虫害种类及天敌控制情况分析。

d. 综合防治措施。根据当地具体情况，依据作物及主要病虫害发生的特点统筹考虑综合确定各种防治措施的整合。在正文中，要以综合防治措施为重点，按照制订药用植物病虫害防治方案的原则和要求具体撰写。

3)实施

一人独立完成，利用假期搜集当地气象资料、栽培品种介绍、栽培技术措施方案和病虫害种类及分布情况等资料。撰写所在村的《病虫害综合防治方案》，并结合生产实践的环节，设计实施方案。撰写所在村的《病虫害的综合防治情况总结》。

【检查评估】>>>

序号	检查内容	评估要点	配分	评估标准	得分
1	病虫防治方法	掌握各种病虫防治方法	50	5种防治方法的具体措施及适用范围，每项10分	
2	病虫综合防治方案	正确制订病虫综合防治方案	30	方案具体、正确、可行，有针对性，30分；针对性不强、可行性小、不具体，酌情扣分	
合　计			80		

任务7.3　无公害农药的使用

【工作流程及任务】>>>

工作流程：

农药种类了解—筛选—使用—农残控制。

工作任务：

农药筛选、施用。

【工作咨询】>>>

7.3.1 合理用药

要做到合理使用农药，必须对药剂、病虫和寄主药用植物三者间的相互关系作全面的了解分析，通常应综合考虑以下几个方面的内容：

1）根据病虫种类及其为害方式，选用适当的药剂和相应的措施

例如，防治虫害要用杀虫剂；防治病害要用杀菌剂；防治蝗虫、蝼蛄等咀嚼式口器的害虫，要用敌百虫等胃毒剂；防治蚜虫、叶蝉、椿象等刺吸式口器的害虫，要用乐果等内吸剂。同时，还要根据病虫为害特点，采取相应的用药方法。如对在叶背为害的害虫，应作叶背喷洒；钻心为害的害虫，应用颗粒剂或用药剂灌心叶的方法；为害种子种苗的地下害虫，应用药剂拌种或做土壤处理。防治病害也是这样，如薏苡黑粉病，病菌潜伏在种子内，要用温汤或药剂浸种的方法处理；对一些土壤带菌的病害，如立枯病、根腐病等，则应用药剂对土壤进行消毒处理的方法。

2）根据病虫的发生特点和气候变化适时用药

大多数危害药用植物的害虫，在幼龄阶段抗药力都比较弱且为害较轻，这时防治省药，效果也好。如防治菜青虫、银纹夜蛾等，都应在三龄前用药。对棉铃虫、沙参钻心虫等钻入药用植物组织为害的害虫，应该在卵盛期和初孵幼虫尚未钻入寄主内为害前用药防治，若错过此时机就增加了药剂防治的困难。对于多数药用植物的病害也应根据其发生规律，在病害发生初期及时抓紧防治，才能有效地控制病害蔓延。在用药时还应注意天气情况，高温时用药，虽然防治效果较快较好，但易产生药害；刮大风天气，施药容易造成药剂浪费；雨天更不宜施药。

3）根据药物的性质合理使用

药剂的选用，不但要注意病虫与药物的对症问题，还要注意药剂本身的性质问题。例如，碱性的石灰水或石灰粉用于土壤处理，可以防治多种病害与虫害，但是如果同一块地上多次使用，有可能使土壤 pH 逐渐增高，不利于喜酸性或弱酸性的植物生长。在栽培喜酸性的栀子和强酸性土壤的茶时，选用碱性的石灰类药剂消毒土壤就不太适宜。

一些水溶性的药剂，喷在植物上由于附着力较差，常常因为植物吸附或吸收较少而影响效果。这类药剂在喷洒前添加0.3%左右的肥皂或洗衣粉，能显著增加药剂对植物的附着力。

药物也具有酸碱性等化学性质，在药物之间的混用或与肥料、生长调节剂等混合使用时，要注意彼此之间不应发生化学反应，以免降低药剂效果或降低肥料、生长调节剂的效果。

4）避免发生药害

药用植物因品种和生育期的不同，对药剂的种类和浓度的抗药能力差别很大。如瓜类和豆类的一些药用植物对滴滴涕、波尔多液等比较敏感。一般情况下，药用植物的苗期抗药力比较弱，因此，对这些抗药力弱的药用植物或正处于对药剂敏感的生育期，用药时应选择不易发生药害的农药或适当降低使用浓度。防止药害的一般措施有：

①充分了解药剂性质，严格控制使用剂量或浓度。

②提高施药技术水平，注意雾滴分布均匀。

③根据植物种类及生育期不同，选用适合的农药品种及安全有效的剂量或浓度。

④根据天气条件施药,一般气温超过 30 ℃以上,空气相对湿度低于 50%以下,风速超过 5 m/s 以上,中午烈日和浓露及雨天均不宜施药。

⑤农药混用时不应有不良的化学反应。

⑥对新农药或当地未使用过的农药,必须进行药害试验,找出安全有效的剂量或浓度及简便的施药方法后,方能使用。

5)合理混用和交替使用农药

农药的混合使用可以提高药效,防止病菌和害虫产生抗药性,还能兼治多种病虫害。但并不是所有农药都可以互相混合,应根据药剂特性,合理混用,否则会产生失效,或造成药害等不良结果。如果经常使用一种农药,容易引起病菌和害虫产生抗药性,因此应该交替使用几种农药,避免抗药性的产生。如防治薏苡叶枯病,可在发病初期(5 月中旬—6 月中旬)喷 1∶1∶100波尔多液保护,自 6 月底开始,每 10 ~ 15 d 选择用 50%代森锰锌 600 倍液、50%多菌灵 500 倍液或 75%百菌清 600 倍液等交替喷雾 2 ~ 3 次,即使害虫对前一种药剂产生抗性,但这种抗药性不能对下一种药剂起作用,因而防治效果优于连续采用单一药剂。

6)避免残留

合理使用农药不但要提高药剂的防治效果和避免药害,绿色农业和 GAP 还有一个共同的要求,就是避免或尽量减少残留。残留分为两个方面:一是农药残留,二是重金属和有毒元素残留。

为了减少农药残留,必须禁止使用高毒高残留农药,不得已时只能限量使用低毒低残留农药,而且必须留足安全等待期。为了解决残留问题,最好使用生物源农药。在使用生物源农药时也必须注意,生物源农药并非对各类动物完全无毒,也要注意使用浓度和安全间隔期。不能因为生物源农药的毒杀力较弱就随意加大施用浓度或缩短间隔期。

施用农药也可能带来重金属和有毒元素污染问题。因为许多农药本身就含有重金属或有毒元素,如果经常大量使用某种农药就有可能带来重金属污染问题。虽然含汞、含砷农药因为剧毒高残留已经被禁止使用,如西力生(含汞)、福美胂(含砷)等,但是许多允许使用的农药含有 GAP 列入检测对象的重金属元素,如氢氧化铜、硫酸铜、波尔多液等含有铜,代森锌、代森锰锌等含有锌,必须加以注意,适当限量使用,或经常交替使用。

7.3.2 药用植物农药残留与有害重金属的控制

药用植物在人工栽培过程中,病虫害可直接影响植株的生长发育,使中药材品质变坏和产量降低,甚至丧失药用价值或植株死亡。农药防治病虫害应用方便,能在短期内有效防控病虫害流行成灾。但若长期过多地或不合理地使用某些有机合成农药,也会造成很多弊端,如病虫害容易产生抗药性,天敌被杀伤,破坏了生态平衡,造成病虫害再度猖獗,不易控制;同时还会产生农药残留,污染药材和环境,危害人畜健康;有的农药还可使某些中草药的有效成分含量降低而影响药材质量。中药材是人们用于治疗疾病或保健的特殊商品,国家出台了中药材生产 GAP 标准,其安全无污染就显得更为重要。药用植物农药残留与有害重金属的控制应从以下几方面着手。

1)禁止使用高毒高残留农药

绿色食品生产中农药的使用,必须符合国家颁布《生产绿色食品的农药使用准则》的规定，全面禁止使用剧毒、高毒、高残留或者具有致癌、致畸、致突变的农药；禁止使用国家命令禁止生产、销售和使用的农药；限制使用全杀性和能够使害虫产生高抗性的农药；严格控制各种遗传工程微生物制剂和激素类药剂的使用。

2）使用高效、低毒、低残留农药

为了及时有效控制病虫危害，并将药用植物体内有害物质控制在允许的指标内，在药用植物发生病虫害后，对症选择一些高效低毒低残留的农药代替传统用药是十分必要的，更有助于严格控制药材中农药的残留量，是生产无公害药材的关键环节。

3）使用矿物源和植物源农药

矿物源农药的优点是药效期长，对药用植物和人、畜都安全，对药用植物无明显污染，使用方便，经济高效。如高锰酸钾防治真菌、细菌病害。效果优于多菌灵、敌克松、五氯硝基苯、甲基托布津等，防治病毒病又优于菌毒消等，不仅能杀菌、消毒，而且常用量对人体无害。再如铜制剂，不仅能杀菌，而且能补铜，增强抗病性，刺激药用植物生长；此外，还有锌制剂、硼制剂及石硫合剂和波尔多液等。植物源农药的种类很多，生产中已使用的有除虫菌素、烟碱、大蒜素、苦参碱、苦楝素、川楝素、芝麻素、天然植物保护剂（辣椒、八角、茴香）等，这类药剂的特点是杀菌、杀虫效果稳定持久，害虫和病菌不易产生抗药性。

4）使用生物农药

生物农药使用安全，因其低残留、易分解、持续时间长、对天敌影响小，故能维持药田生态平衡。目前使用生物杀菌剂有多抗霉素、农抗120、菌毒清、新植霉素等。杀虫杀螨剂有棉烟灵、茴蒿素等。

5）选择用药方法保护天敌

药田发生虫害后，采取适当用药方法，可有效控制虫害，减少用药次数，保护天敌。如低龄幼虫有群集危害的特点，可采取人工捕捉，能兼治的不单治，如菌核病与灰霉病可兼治。尽量减少喷药次数，如用毒饵和多频振杀虫灯诱杀。泼浇可防青枯病和软腐病，拌种可防立枯病，浸种可防炭疽病、黑穗病等。

6）交替用药减弱害虫抗药性

对害虫长期使用某一种农药防治，会使其逐步产生抗药性，可选用两种以上不同作用机理且没有交互抗性的药剂交替使用。如长期用杀灭菌酯防菜蛾、斜纹夜蛾效果差，须用替代药剂防治，可用10%除虫精、25%溴氰菊酯、10%氯氰菊酯、80%敌敌畏替代。防蚜虫、菜蛾、青虫、跳虫可用50%抗蚜威可湿性粉剂800～1 000倍液，或40%乐果1 000倍液，或80%敌敌畏800倍液交替使用，可延续害虫抗药性。

7）合理混用农药

合理混用农药是克服害虫抗药性的有效措施，既节省劳力、增效，又兼治多种害虫。但要注意，酸性农药不能与碱性农药混用，否则会降低药效；有机磷农药、敌敌畏、乐果遇碱分解（敌百虫除外）；植物农药、生物农药可与上述农药混用。新农药是否能混用，要经过试验后才能确定。混用农药要现配现用，且必须是高效、低毒、低残留农药。如代森锌可与敌百虫、乐果混用，但不能与波尔多液、石硫合剂等农药混用。

8）严格掌握使用技术避免发生药害

农药如果使用不当，就会发生药害，轻者叶片出现斑点、生长受阻；重者致叶片畸形、黄化、落花、落果、植株提早枯死。施用时应注意：

(1)严格掌握用药量及浓度

药用植物对农药有一定的耐药量，超过这个量或浓度，会产生不同程度的药害。使用量越大、浓度越大，防治效果就越好的观点是错误的。

(2)采用恰当的施药方法

根据农药剂型，天气状况等灵活使用相应的施药方法。如水剂、乳油适用于喷雾；粉剂、颗粒剂则宜于拌种或撒施；大风天用喷粉、喷雾的方法施药，会使农药粉剂或药液飘移，因此，若必须在大风天施药，可采用涂抹方法，防止雾滴飘移引起药用植物药害。烈日下，药用植物代谢旺盛，叶片气孔开张，此时施药易产生药害。

(3)掌握好施药时期

不同的药用植物生育期、不同的植株部位、不同植株长势，其耐药性不同，应在植株具有耐药性的时期内阶段性用药。如药用植物的开花期和幼果期，其组织幼嫩，抗逆力弱，易产生药害，施药时要避开。

9)提高农药利用率

提高手动施药机械质量。喷雾器是雾化质量的决定因素，直接影响农药在植株上的沉积分布。雾滴分布密度是关系防治效果的一项重要因素。等量的药液，如果雾滴尺寸缩小一半，所得的雾滴数目可增加8倍。推行低量施药技术，降低目前的单位面积施药液量。药用植物植株叶片表面能够附着的农药雾滴是有限度的，当喷洒量超过一定限度时，叶片上的细小雾滴会凝聚成大雾滴而滚落、流失，反而使叶片上附着的农药量急剧降低。发达国家的施药液量一般都控制在6.7～20 L/667 m^2 的范围，不到我国单位面积施药液量的1/3，因而流失量极少，农药利用率较高。

10)严格执行农药的安全间隔期

农药喷洒在药用植物上，必须间隔一定时间才能采收，以保证中药材中农药残留量在国家允许的指标内。安全间隔期的长短与农药种类、浓度、用药方式、气候条件、药材品种有密切关系。一般氯氰菊酯(灭百可、兴棉宝、安绿宝、赛波凯、氯氰菊酯、奋斗呐)安全间隔期为3 d；敌敌畏、甲基托布津安全间隔期为5 d；乐果、敌百虫、百菌清、甲霜灵等间隔期为7 d；代森锌、58%瑞毒霉间隔期为15 d。多次采收的叶类、花类药材，要做到采后用药。药用植物病虫害的防治应采取综合治理的策略。综合防治就是从生物与环境的整体观点出发，本着预防为主的指导思想和安全、有效、经济、简便的原则，因地制宜，合理运用农业的、生物的、化学的、物理的方法及其他有效生态手段，把病虫害的危害控制在经济阀值以下，以达到提高经济效益、生态效益和社会效益的目的。

【知识拓展】>>>

7.3.3 常用农药种类与使用

农药是指用于预防、消灭或控制为害农业、林业的病、虫、草和其他有害生物以及有目的地调节植物、昆虫生长的化学合成制剂，或者来源于生物、其他天然物质的一种物质或者几种物质的混合物及其制剂。

1）农药的分类

（1）按农药的来源分类

①矿物源农药：有效成分多由无机矿物简单加工制成，主要有铜制剂（波尔多液、碱式硫酸铜悬浮剂）、硫制剂（石硫合剂）。

②生物源农药：是利用生物资源开发的农药，包括植物源农药和微生物源农药。

植物源农药用天然植物加工制成，主要有除虫菊和烟碱，此外还有鱼藤、苦参、楝素等。此类农药一般毒性较低，对人、畜安全，对植物无药害，有害生物不易产生抗药性。但来源有限，药效低，用药量大，残效期短，品种单一。

③微生物源农药：通过微生物及其代谢产物制成。它可以通过微生物发酵工业大规模生产，如苏芸金杆菌、白僵菌、核多角体病毒等。一般对植物无药害，对环境影响小，对有害生物不易产生抗药性。

④有机合成农药：由人工研制、通过化学工业人工合成的农药。

（2）按农药的防治对象分类

①杀虫剂：如敌百虫、乐果、敌敌畏等。

②杀螨剂：如克螨持、速螨酮等。

③杀菌剂：如多菌灵、百菌清等。

④杀线虫剂：如米乐尔等。

⑤除草剂：如除草通等。

⑥杀鼠剂：如溴敌隆、敌鼠钠盐等。

⑦杀软体动物剂：如防治蜗牛、蛞蝓等软体动物门的灭旱螺等。

⑧植物生长调节剂：用于调节、促进或抑制植物生长发育的药剂，如乙烯利、赤霉素等。

（3）按农药的作用方式分类

①杀虫剂的作用方式。

a. 触杀作用。药剂通过昆虫表皮进入体内发挥作用，使虫体中毒死亡。此类农药用于防治各种类型口器的害虫。通常只有触杀作用的农药较少，大多数农药还具有胃毒作用。如拟除虫菊酯杀虫剂、有机磷杀虫剂、氨基甲酸酯类杀虫刑等。

b. 胃毒作用。药剂通过昆虫口器进入体内，经过消化系统发挥作用，使虫体中毒死亡。此类农药主要用于防治咀嚼式口器的害虫，对刺吸式口器害虫无效。大多数有胃毒作用的农药也具有触杀作用。如甲基异柳磷、辛硫磷。

c. 熏蒸作用。某些药剂可以气化为有毒气体，或通过化学反应产生有毒气体，通过昆虫的气门及呼吸系统进入昆虫体内发挥作用，使虫体中毒死亡。此类农药往往用于密闭条件下，如有机磷杀虫剂敌敌畏、溴甲烷、磷化铝等。

d. 内吸作用。药剂使用后通过叶片或根、茎被植物吸收，进入植物体内后，被输导到其他部位。如通过蒸腾流由下向上输导，以药剂有效成分本身或在植物体内代谢为更具生物活性的物质发挥作用。此类农药主要防治刺吸式口器害虫。如氧化乐果等。

e. 其他杀虫剂。拒食作用、驱避作用、引诱作用、不育作用、昆虫生长调节作用等的杀虫剂。

②杀菌剂的作用方式。

a 保护作用。杀菌剂在病原菌侵染前施用,可有效地起保护作用,消火病原菌或防止病原菌侵入植物体内。此类农药必须在植物发病前使用,如百菌清。

b. 治疗作用。杀菌剂在植物发病后,通过内吸作用进入植物体内,抑制或消灭病原菌,可缓解植物受害程度,甚至恢复健康,如加瑞农等。

c. 铲除作用。杀菌剂直接接触植物病原并杀伤病原菌,使它们不能侵染植株。此类药剂作用强烈,多用于处理休眠期植物或未萌发的种子或处理土壤,如石硫合剂。

农药类别颜色标志条设在农药标签的下部,杀虫剂和杀螨剂用红色条表示;杀菌剂用黑色条表示;除草剂用绿色条表示;植物生长调节剂用黄色条表示;杀鼠剂用蓝色条表示。

2)农药的加工剂型

农药的剂型,是指根据原药特性、使用目的和要求等,将其加工成的形态。目前生产中常用的农药剂型有以下几种:

(1)可湿性粉剂　是农药剂型中生产和使用量最多的剂型之一。用原药、填料和一定的助剂,如湿润剂、分散剂等,经过机械磨成很细的粉状混合物。如 50% 甲霜灵可湿性粉剂等,这种剂型在植物上黏附性好,药效比同种原药的粉剂部好,且使用方法较多。如 50% 西维因可湿性粉剂。可用作喷雾、拌种、配制毒土、毒饵、灌心、泼浇和土壤处理等。

(2)粉剂　用原药和填充料按一定的比例混合,经过机械加工磨成细的粉状混合物。一般粉剂直接用于喷洒在作物上,不能用作喷雾,适合干旱地区应用。一般高浓度的粉剂还可用作配制毒饵、颗粒剂、拌种和处理土壤等。由于粉剂黏着性差,在同样的含药量情况下,不如可湿性粉剂和乳油的防效好。在使用时,如叶面较湿润,可提高药剂在叶面上的沉积和黏着性。提高药效和持效期,因此宜在早晨和傍晚及雨后使用。

(3)乳油　用农药原药、乳化剂和溶剂制成的透明油状液体,如 50% 敌敌畏乳油等。乳油制剂是目前生产使用数量最多的剂型之一,药效和黏着性均比同种原药加工的可湿性粉剂、粉剂等的效果好。乳油加水后搅拌成乳状液,可用作喷雾、泼浇、拌种、浸种、制成毒土、毒饵、毒谷和涂茎等。

(4)颗粒剂　用煤渣、沙子或土粒等细颗粒吸附一定量的农药原药配成。颗粒剂药效期较长,使用药量相对较少,不易引起作物药害,对施药人员和害虫天敌也比较安全。主要用作穴施、条施和心叶撒施等。

(5)烟剂　用农药原药、燃料、助燃剂等,按一定的比例混合配成的片状、粉状混合物,适用于有一定密闭条件的环境防治病、虫、鼠害。

(6)片剂　农药的原药,填料和辅助剂压制成的片状制剂。其中水溶性片剂可作为浸种用;吸潮分解的片剂,可作为熏蒸剂使用。

除以上剂型外,还有水剂、乳剂、油剂、微粒剂等。

3)农药的使用方法

(1)喷粉法　直接用喷粉机具将粉剂喷洒施用。喷粉在缺少水源的地方应用较多且省工。喷粉宜在早晨露水未干或小雨后进行,以利于粉剂在植物体上粘着,提高防治效果。喷粉量通常掌握在 1.5 ~ 2 $kg/667\ m^2$。

(2)喷雾法　将乳剂、乳油、可湿性粉剂、胶体剂加水稀释成悬液,用喷雾机具喷雾施药的方法。此法使用效果较好、药效长。但喷雾要做到均匀周到,喷施量以植株充分湿润为度,一般喷 50～125 kg/667 m^2，具体用量依植物大小而定。

（3）毒饵法　毒饵主要是用胃毒剂与饵料配成毒饵，以诱杀为害幼苗、地下害虫和兽害的方法，如小地老虎。利用害虫喜食的饵料和农药拌和而成，诱其取食，以达到毒杀目的。常用饵料有麦麸、谷糠、饼肥、鲜草等。若用干燥的饵料需加水至拌匀后用于轻握指缝见水为度。撒施毒饵宜在傍晚进行。用药量随药剂种类不同而定。

（4）种子处理法　种子处理有拌种、浸种、浸渍和闷种 4 种方法。

①拌种法。将一定量的药剂和一定量的种子，同时装在拌种器内，搅动拌和，使每粒种子都能均匀地粘着一层药粉，在播种后药剂就能逐渐发挥防御病菌或害虫为害的效力。对防治由种子表面带菌或预防地下害虫苗期害虫的效果很好，且用药量少、节省劳力和减少对大气的污染等。方法简便。

②浸种法。把种子或种苗浸在一定浓度的药液里，经过一定的时间使种子或幼苗吸收药剂，以防治种子和种苗上的带菌或苗期虫害。但应掌握好药液浓度和浸种时间，以免产生药害。

③浸渍法。把需要药剂处理的种子摊在地上，厚度 16 cm，然后把稀释好的药液，均匀喷洒在种子上，并不断翻动，使种子全部润湿，覆盖堆闷 1 d，使种子吸收药液后，再行播种。

④闷种法。杀虫剂杀菌剂混合闷种防病治虫，按照一定浓度配制好药液，搅匀后喷拌中药材种子，堆闷 6 h 后播种，可达到既防病又杀虫的效果。

（5）土壤处理法　用喷粉、喷雾、毒土等方法将农药施于地面后再翻耕土地，将农药分散在土壤耕作层内，以防治地下害虫和土壤传染的病害或杂草；或在灌水时于进水口施药，以防治地下害虫、根腐病等土壤中的病虫害。或将农药和细土混匀撒于地面或播种沟内，用以防治病虫或除草，撒于地面的毒土要求湿润，以免被风吹散，混细土 20～30 kg/667 m^2，与种子混合播种的毒土要求疏松干燥，便于播种，以免产生药害，混细土 5～10 kg/667 m^2。此方法使用简便，但应控制好施药量。

（6）熏蒸法　利用药剂挥发出来的有毒气体毒杀病菌和害虫。如应用氯化苦进行土壤消毒（熏蒸）防治人参根腐病；用磷化铝熏蒸药材仓库，防治仓库害虫等。应用熏蒸剂必须准确计算在单位体积内的用药量。

（7）熏烟法　利用烟剂农药产生的烟来防治有害生物的施药方法。此法适用于防治虫害和病害。

（8）烟雾法　把农药的油溶液分散成为烟雾状态的施药方法。烟雾法必须利用专用的机具才能把油状农药分散成烟雾状态。

（9）撒施法　抛撒颗粒状农药的施药方法。粒剂的颗粒粗大，撒施时受气流的影响很小，容易落地而且基本上不发生漂移现象，特别适用于地面和土壤施药。

【计划与实施】>>>

药用植物病虫害药剂防治

1）目的要求

掌握药剂的配制方法以及药剂的安全使用技术；掌握常用农药田间试验的常用方法；掌

握药用植物病虫害防治药剂的使用技术。

2)计划内容

(1)试验地的选择　试验地应选择有代表性的地块,以使土壤差异减少至最小限度,对提高试验的精度和准确性有重要作用。试验地应选择在肥力均匀、植物种植和管理水平一致、病虫草害发生严重且为害程度比较均匀、地势平坦的地块。杀菌剂试验还要选择对试验病害高度感染的植物品种。此外,试验地如对其他病虫草害进行化学防治,所用药剂应为同一厂家的产品,药剂的种类、剂型、有效成分含量、使用剂量、加水量、喷洒工具都应一致。

(2)重复的设置　田间试验条件比较复杂,尽管在选择试验地时已经注意控制各种差异,但差异是不可避免的。如果试验各处理只设一个小区即一次重复,则同一处理只有一个数值,就无从比较误差。通过设置重复可降低试验误差,提高试验的精确度。通常情况下设3~5次重复,即设置3~5个小区。小区的形状一般以狭长形的为好,小区的长边与土壤肥力梯度变化方向或虫口密度的变化方向平行。小区的面积一般为15~50 m^2,树木每小区不小于3株。一般土壤肥力变化较大的、植物株高大、株行距较大的作物、活动性强的害虫,小区面积要大些,反之可小些。

(3)采用随机排列　为使各小区的土壤肥力差异、植物生长整齐度、病虫草害为害程度等诸多偶然因素作用于每小区的机会均等,在每个小区即重复内设置的各种处理只有用随机排列才能反映实际误差。进行随机排列可用抽签法、查随机数字表或用函数计算器发生随机数等方法。如某农药品种的4种用药量(代号分别为1,2,3,4),设空白对照(代号为5),重复4次的试验。

(4)药效试验的内容　选取当地当前针对草坪夜蛾、药用植物白粉病、褐斑病和杂草的农药品种3~4种,比较农药不同种类、不同剂型(或不同使用浓度)下的药效差异。每个处理的重复次数为3次,并设清水处理为空白对照(以CK表示),如设计3种农药的两种使用浓度(代号分别为1,2,3,4),设空白对照(代号为5),重复4次的试验。在药效试验时应保证农药配制浓度准确、施药均匀,所有处理应尽快完成,最长不可超过1 d。

(5)药效试验的取样及结果计算　采用对角线法5点取样,每个样方为1 m行长,分别记录各药剂种类、剂型或施药浓度在施药前和施药后的发病程度并计算病情指数。计算3,5,10,15 d的相对防治效果。

3)实施

全班集体合作完成,4人一个小区,指导学生制订试验方案,然后按计划内容逐步实施。分别选取草坪夜蛾、药用植物白粉病、褐斑病和杂草为田间药效试验的对象,杀虫剂、杀菌剂和除草剂可选取当地当前常用农药3~4个品种或剂型。并准备用具(背负式喷雾器、玻棒、一次性手套、1 000 mL量筒、天平、白纸、水(软水即可)、一次性口罩、白大褂、插地杆、记号牌、记号笔、标签等)。

要求学生根据药效防治试验结果写一份药效防治报告。从药剂的安全使用技术角度考虑,在使用农药过程中应当注意哪些问题?

波尔多液的配制

1)目的要求

掌握波尔多液的配制及鉴定其优劣的方法。

2)计划内容

(1)配制　分组用以下方法配制1%的等量式波尔多液(1∶1∶100)。

①两液同时注入法。用1/2水溶解硫酸铜,另用1/2水溶化生石灰,然后同时将两液注入第3个容器内,边倒边搅即成。

②稀硫酸铜溶液注入浓石灰水法。用4/5水溶解硫酸铜,另用1/5水溶化生石灰,然后以硫酸铜溶液倒入石灰水中,边倒边搅即成。

③石灰水注入浓度相同的硫酸铜溶液法。用1/2水溶解硫酸铜,另用1/2水溶化生石灰,然后将石灰水注入硫酸铜溶液中,边倒边搅即成。

④浓硫酸铜溶液注入稀石灰水法。用1/5水溶解硫酸铜,另用4/5水溶化生石灰,然后将浓硫酸铜溶液倒入稀石灰水中,边倒边搅即成。

⑤风化已久的石灰代替生石灰,配制方法同②。

注意:少量配制波尔多液时,硫酸铜与生石灰要研细;如用块状石灰加水溶化时,一定要慢慢将水滴入,使石灰逐渐崩解化开。

(2)质量检查　药液配好以后,用以下方法鉴别质量:

①物态观察。观察比较不同方法配制的波尔多液,其颜色质地是否相同。质量优良的波尔多液应为天蓝色胶态乳状液。

②石蕊试纸反应。用石蕊试纸测定其碱性,以红色试纸慢慢变为蓝色(即碱性反应)为好。

③铁丝反应。用磨亮的铁丝插入波尔多液片刻,观察铁丝上有无镀铜现象,以不产生镀铜现象为好。

④滤液吹气。将波尔多液过滤后,取其滤液少许置于载玻片上,对液面轻吹约1 min,液面产生薄膜为好。或取滤液10~20 mL置于三角瓶中,插入玻璃管吹气,滤液变浑浊为好。

⑤将制成的波尔多液分别同时倒入100 mL的量筒中静置90 min,按时记载沉淀情况,沉淀越慢越好,过快者不可采用。

3)实施

4人一组,准备材料及用具(硫酸铜、生石灰、风化石灰;烧杯、量筒、试管、试管架、台秤、玻璃棒、研钵、试管刷、石蕊试纸、天平、铁丝等)。按计划内容逐步实施,并做好记录,将鉴定结果记入下表:

检查方法/配制方法	悬浮率/%			颜色	石蕊试纸反应	铁丝反应	滤液吹气反应
	30 min	60 min	90 min				
1							
2							
3							
4							

悬浮率可用以下公式计算:

悬浮率(%) =(悬浮液柱的容量/波尔多液柱的总容量)×100%

写出报告,简述波尔多液的正确配制方法。

【检查评估】>>>

序号	检查内容	评估要点	配分	评估标准	得分
1	农药使用	正确、合理用药	30	明确药用植物无公害农药的使用方法及农残控制，30分	
合　计			30		

•项目小结•

药用植物病可分为两大类：一类是由环境因子即非生物因子，如旱涝、严寒、养分失调等影响或破坏植物的生理机能而引起的病害，称为“生理性病害”。这些物理和化学的因素是非生物的，不能侵染和繁殖，因此称为非侵（传）染性病害或称非寄生性病害。另一类是由于病原微生物侵染引起的，如真菌、细菌、病毒、类菌原体、线虫等，能够侵染、繁殖和传播，因此称为侵染性病害或称传染性病害。因为它们是寄生在植物体内的，故这类病害也称寄生性病害。此外，高等植物的寄生也能引起病害。在药用植物的病害中，绝大多数是侵染性病害，而其中由真菌引起的病害占全部侵染性病害的60%以上。引起药用植物发病的生物因素和非生物因素简称为病原。在侵染性病害中，致病的寄生物称病原生物（简称病原物），其中真菌、细菌常称病原菌；被侵染的植物称寄主植物（简称寄主）。

危害药用植物的动物种类很多，其中主要是昆虫，其他还有螨类、蜗牛、鼠类等。昆虫是动物中种类最多的一类，其分布广泛，适应能力强，繁殖快。昆虫中的害虫以药用植物的根、茎、叶、花、果实等各部分为食，使药用植物生产受到很大损失。但也有些昆虫对人类是有益的，如蜜蜂能酿蜜，蚕能吐丝，寄生于害虫的寄生蜂能防治害虫，步行虫、瓢虫能捕食害虫。故在药用植物病虫防治工作中，要分清害虫和益虫，消灭害虫，保护和利用益虫。

综合防治是根据药用植物的生理生态学特性和病虫害的生长发育规律，结合栽培技术与田间管理，加强各方面的综合治理，从而提高药用植物的防虫抗病能力，以便把病虫害防治在最低为害程度或无害状态。具体措施可围绕以下方面进行：消灭病虫害来源；切断病虫的传播途径；利用和提高药用植物的抗病抗虫能力，保护药用植物不受侵害；控制田间环境条件，使之有利于药用植物的生长发育而不利于病虫害的发生发展；采取有效方法直接消灭病原和害虫，或直接对药用植物进行防治。

要做到合理使用农药，必须对药剂、病虫和寄主药用植物三者间的相互关系作全面的了解分析，根据病虫种类及其为害方式选用适当的药剂和相应的措施，根据病虫的发生特点和气候变化适时用药，根据药物的性质合理使用，避免发生药害，合理混用和交替使用农药，避免残留合理施用农药；通过禁止使用高毒高残留农药，应使用高效、低毒、低残留农药，使用矿物源和植物源农药、生物农药，严格掌握用药量及浓度，采用恰当的施药方法，掌握好施药时期，交替用药减弱害虫抗药性，严格执行农药的安全间隔期等途径来控制药用植物农药残留与有害重金属。

1. 什么是侵染性病害？什么是生理病害？两者有何区别？
2. 简述药用植物病害发生的条件。
3. 简述药用植物病虫害“综合防治”体系的内容与意义。
4. 防治药用植物害虫时如何做到化学防治与生物防治的合理搭配？
5. 如何做到农药的合理使用？

模块4

采收与初加工

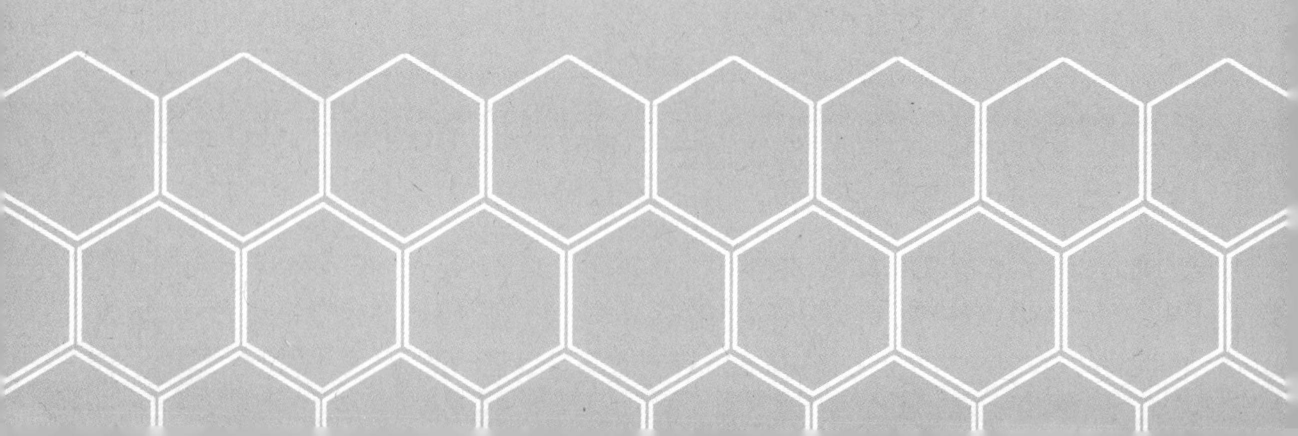

项目8　药用植物采收与加工

【项目描述】

介绍药用植物合理采收的意义、原则、方法及注意事项，加工的目的、任务、原则、方法及注意事项。

【学习目标】

掌握不同药用植物的采收时间。熟悉常见药用植物的采收方法及产地初加工特点。明确采收的意义和原则，加工的目的和任务。

【能力目标】

能够根据种植药用植物的特点，选择适宜的采收、加工方法。

任务8.1　药用部分采收

【工作流程及任务】>>>

工作流程：

采收年限确定—采收期的确定—采收技术。

工作任务：

采收年限、采收期的确定，采收方法选用。

【工作咨询】>>>

药用植物的采收是指药用植物生长发育到一定阶段，药用部位质量已符合用药要求，采取合理的技术措施，从田间采集收获的过程。药用植物采收要根据其种类、生长周期、入药部位、生长发育的特点及活性成分积累动态变化规律决定采收时间和方法。

8.1.1　采收时间

采收时间包括指采收年限、采收季节和采收时的天气状况等因素。确定采收时间是采收加工的第一步，也是保障药材采收加工质量的重要因素。药用植物的采收时间、采收方法直接影响中药材有效成分含量的高低、影响临床疗效。为了保证中药材有效成分含量在采收时符合中药材质量标准，必须做到适时采收。

1）确定采收时间的原则

中药材是一种历史悠久的传统商品，其质量要求既要保证符合国家法定质量标准要求，同时又要保证其传统特色和经济效益，即保障药材的商品属性和经济产量。同时药材是一种农产品，其生产要符合药用植物生态环境和生长规律的要求，尤其是部分野生药材品种在采集时间上要注意留种，保障持续产量。

2）确定采收时间的方法

每种药材的采收有传统方法，在生产一线，农户常根据药用植物的外观形状，即植物生长周期、生长发育的特点来决定采收时间。现代中药化学更多地根据药用植物药效成分或有效部位的定性定量分析来掌握药用植物的活性成分积累动态变化规律，从而决定采收时间。

3）确定采收时间的要求

每种药材的采收时间根据时间范围的不同，生长年限会影响产量，也会影响活性成分含量，春、夏、秋、冬四季变化往往导致活性成分含量和经济产量的明显变化。在同一个季节，采收时间段的不同，往往会导致活性成分含量的差异。在同一采收时间段内，采收时的天气变化也会影响药效成分含量和商品性状的变化。所以药材的采收时间一般需要确定采收的年限、采收的季节和采收的具体日期，个别品种甚至要规定一天采收的具体时间段。

8.1.2　采收方法

不同药用植物或同一种药用植物不同药用部位的采收，其方法往往不同。

1）根和根茎类

大多数根和根茎类中药材的采收期应该在植株停止生长之后，地上部分枯萎时或在春季萌芽前。因此时植物的营养物质大多储存于根和地下茎内，有效成分含量也较高，能够保证中药材产量和质量，如大黄、黄连、防风、怀牛膝、党参等；天麻在初冬时采收质优；但有些药用植物地上植株枯萎时间较早，如延胡索、夏天无、浙贝母、半夏、山慈菇、太子参、石蒜等，宜在初夏或夏季地上部分枯萎时采收；有些植物花蕾期或初花期活性成分含量高，例如柴胡、关白附，宜在花蕾期或初花期采收；仙鹤草芽只有在根芽未出土时才含有所需要的活性成分；白芷、当归、川芎等，为了避免抽薹开花，根茎木质化或空心，在生长期采收。

用人工或机械方法掘取，除净泥土，根据需要除去非药用部分，如残茎、叶、须根，采收时要注意保持药用部位完整，避免受伤受损。北沙参、桔梗、粉防己等药材需趁鲜去皮。

2）皮类

皮类主要是指木本植物的干皮、枝皮和根皮，少数根皮来源于多年生草本植物。干皮、枝皮采收应在春、夏季节，此时有效成分含量高，植物生长旺盛，皮下养分、汁液较多，形成层细胞分裂快，皮部与木质部易于分离，有利于剥离树皮和伤口愈合。如黄柏、杜仲等。但盛夏不宜剥皮。但也有例外，如肉桂适合在寒露前采收，因此时内含的挥发油含量最高。

干皮采收的方法有全环状剥皮、半环状剥皮和条剥，时间宜选择在多云、无风或小风的天气，清晨或傍晚进行，使用锋利刀具环剥、半环剥或条剥将皮割断，深度以割断树皮为准，争取一次完成，剥皮处进行包扎，根部还需要灌水施肥，剥下的树皮趁鲜除去栓皮，按要求压平或发汗或卷成筒状，阴干、晒干或烘干。

根皮的采收应在春、秋时节，如白鲜皮、香加皮、地骨皮、五加皮等的采收，先挖取根、除去泥土、须根，趁鲜刮去栓皮或用木棒敲打，分离皮部与木部，抽去木心，晒干或阴干。

3）茎木类

大多数茎木类药材全年均可采收，如苏木、沉香、降香等；木质藤本植物如忍冬藤、络石藤、槲寄生等在秋、冬两季采收；草质藤本，如首乌藤在开花前或果熟期之后采收。

茎木类的采收方法是用工具砍割，有的需去除残叶、细嫩枝条等非药用部位，根据要求切块、段、片，晒干或阴干。

4）叶类

大多数叶类药材在植物生长最旺盛时，色青浓绿，应在开花期前适时采收，因为此期叶面积最大，营养物质最丰富。如大青叶、艾叶、荷叶等。因此时植物的光合作用最强，有效物质积累较多。但桑叶则要在秋季霜后的老叶时采收。有的植物一年采收几次，如枇杷叶、菘蓝叶等。采收时要除去病残叶、枯黄叶，晒干或阴干。

5）花类

根据花类药材用药要求决定采收时期，以花蕾入药的药材，如金银花、辛夷、款冬花、槐花等，在花蕾末期采收；以开放的初花入药的药材，如菊花、旋覆花应在花朵初开时采收；有的要求用盛开的花，如野菊花、番红花等应在花盛开时采收；花粉类药材，如蒲黄、松花粉应在开花期采收，宜早不宜迟，否则花粉脱落；有的药材，如红花、金银花应分批次采收。

花类中药材主要是人工采收，采收后阴干或低温干燥。

6）全草类

全草类的地上全草，例如，淡竹叶、龙牙草、益母草、荆芥等应在茎叶生长旺盛、枝繁叶茂、活性成分含量高、质地色泽均佳的初花期采收。全草类的全株全草，如蒲公英、辽细辛应在初花期或果熟期之后采收。低等植物如石韦全年均可采收，茵陈在幼嫩时采收。

全草类药材用割取或挖取采收，趁鲜切段，晒干或阴干，全株全草要除净泥土。

7）果实、种子类

从植物学角度看，果实和种子是植物体中两种不同的器官，而在商品中药材中，果实和种子没有严格区分，有的果实连同种子一起入药，如五味子、枸杞、马兜铃、砂仁、瓜蒌等。

果实类药材多在果实完全成熟时采收，如草果、薏苡、苍耳子等；马兜铃、牵牛子、天仙子、决明子、青箱子、白芥子在果实成熟而尚未开裂时采收；但也有例外，如青皮、枳实、乌梅等要求应用未成熟果实，要在果实尚未成熟时采收；槟榔需要完全成熟采收；有的要求在成熟经霜后采收，如山茱萸经霜变红、川楝子经霜后变黄、罗汉果由嫩绿转青色时采收。如果实成熟期不一致，则应随熟随采。还有以果实的一部分入药，如山茱萸（假果皮）、陈皮（果皮）、丝瓜络（果皮中维管束）。

采收方法是采摘法。多汁果实，采摘时避免挤压，减少翻动，以免碰伤。

种子类药材一般在果皮完全退绿成熟，呈固有色泽时采收。因此时种子、果实是各类有机物质综合作用最旺盛的部位，营养物质不断从植物的组织输送到种子和果实中，种子完全成熟，有效成分含量最高，产量、折干率也最高。种子成熟期不一致的药材，应分批采收，随熟随采。有些药材用种子的一部分,如龙眼肉(假种皮)、肉豆蔻(种仁)、莲子心(胚芽)。

种子采收为人工或机械收割,脱粒、除净杂质,稍加晾晒。

【计划与实施】>>>

药用植物采收

1)目的要求

明确采收的目的意义和方法,了解不同药用植物的采收时间,学会常见药用植物的采收方法;能够根据种植药用植物的特点,选择适宜的采收时间和方法。

2)计划内容

①不同药用植物的采收技术调查。通过资料和实地了解常见药用植物的采收时间和方法。

②选择3~5种地产药材,开展采收实训操作。

3)实施

5人一个小组,以小组为单位,收集药材采收资料,并提交纸质材料,每个小组制作1个品种的PPT课件,并上台讲解。选择3~5种地产药材,开展新鲜药材的采收实训。

【检查评估】>>>

序号	检查内容	评估要点	配分	评估标准	得分
1	年限	年限范围	10	准确表述采收年限,与生产实际完全吻合的计5~10分;部分吻合的计1~4分;不吻合的不计分	
2	时期	季节时间	20	准确表述采收时间段,并对采收前后天气有要求说明的、与生产实际完全吻合的计15~20分;部分吻合的计5~14分;不吻合的不计分	
3	方法	关键技术	20	采收关键技术把握准确的计15~20分;部分准确的计5~14分;有原则错误的不计分	
合计			50		

任务8.2 产地加工

【工作流程及任务】>>>

工作流程：

场地的选择—鲜品储藏—洗涤去杂—休整、挑选—蒸、煮、烫—干燥—储藏。

工作任务：

加工场地的选择,加工环节。

【工作咨询】>>>

药用植物采收后,通常在产地对药材通过晒制或风干或烘烤等进行初步处理称为“产地加工”或“初加工”。除生姜、鲜石斛、鲜芦根等少数鲜用品外,大多数药材需要在产地进行干燥加工。

8.2.1 产地加工的目的

(1)除去非药用部位及杂质,利于包装、储藏,保证药材质量　中药材除全株入药的品种外,大多数药材都对入药部位作了详细的规定,药材在采收时可分部位采收,但由于野外采收的具体情况,往往不能完全将药用部位分开,也有的在采收时带入了部分非药用部位以及其他伴生植物或泥沙等杂质。需要在加工时即时除去,保障药材的纯净,保证药材质量,同时也有利于后期的包装、储藏。

(2)通过及时干燥,避免霉烂变质,保证临床效用　药材采收后,一般水分含量较高,除鲜用外,大多数应该适时干燥,才能保障药材的商品性状和内在品质,符合药用要求。

(3)通过初加工,降低药材的毒性,矫正药材的不良气味。

(4)分等分级　通过挑选加工,将药材分成不同规格等级,进行分类管理,便于包装、储运以及进一步炮制,同时在药材销售时,制定等级差价,体现药材优质优价。

8.2.2 产地加工技术

1)产地加工场地的选择

药材加工既要符合技术要求,也要保障生产要素配套和生产过程的人财物安全。首先要环境安全,对人、财、物无安全隐患,无环境污染;其次是具备良好的场地、水、电、路、通信、仓储、食宿等生产生活配套设施条件;同时要有充足的劳动用工保障。

2)常用产地加工技术

(1)净选

①挑选(手选)。用手挑拣除去混在药材中的杂质、非药用部分或将药材大小、粗细分档

的净选方法。

除去根和根茎类药材的地上部分、残留茎基、叶鞘及叶柄等；除去鳞茎类药材的须根和残留茎基；除去全草类药材混有的其他杂草和非入药部分；除去花类药材中混有的霉变品及质次部分；除去茎类药材中混有的非药用部分及质次部分；除去果实、种子类药材中的霉变品、非药用部分及质次部分。

②筛选。根据药材和杂质的体积大小不同，采用不同规格的筛或箩，除去药材中的杂质，或将大小不等的药材进行分档操作。现代大量生产多采用筛药机，如振荡式筛药机、箱式双层电动筛药机。块茎、球茎、鳞茎、种子类药材多选用。

③风选。利用药材与杂质的轻重不同，借助簸箕或风机产生的风力将药物与杂质分开的操作。除去非药用部位如果柄、花梗、叶子、干瘪的果实或种子。多用于果实、种子类药材的加工。

④水选。用水洗或水漂的方法除去杂质及干瘪种子的方法。常用清洗方法有喷淋法、刷洗法、淘洗法。该方法适用于颗粒较小的果实种子类，多量水反复搓洗。

⑤水洗。部分以地下根或根茎入药的药材，在加工前往往泥沙较多，为了出去泥沙，常常用水洗后再进行下一步的加工。

(2)去皮　有些药物的表皮(栓皮)、果皮、种皮、根皮属于非药用部位或有效成分含量甚微，或果皮、种皮两者作用不同，均应除去或分离，以便能纯净药物或分别药用。古人在这方面早就有论述，《金匮玉函经》曰："大黄皆去黑皮。"《本草经集注》曰："肉桂、厚朴、杜仲、秦皮、木兰皆去削上虚软甲错，取里有味者称之。"树皮类药材，如肉桂、厚朴、杜仲、黄柏去栓皮；根及根茎类药材，如知母、明党参、北沙参、白芍等去根皮；以果皮入药的，趁鲜时剥离果皮，如陈皮、青皮。

去皮方法有手工去皮，适用于小量生产、形状极不规则的根及根茎类、以果皮入药的药材；工具去皮，应用于药材干燥后或干燥过程中去皮，常用工具有撞笼、撞兜、木桶、筐及麻袋，通过药材的相互碰撞除去粗皮；机械去皮，适用于大量生产、形状规则的药材，可使用小型搅拌机；化学去皮，主要是应用石灰水浸渍半夏。

(3)修整　为了便于捆扎、包装、划分等级，用刀或剪等工具除去非药用部位或不规则、不利于包装的枝杈的方法。药材干燥之前，趁鲜剪除芦头、须根、侧根，进行切片、切瓣、截短、抽头等操作。药材干燥之后，剪除残根、芽苞，切削不平滑部分。

(4)蒸、煮、烫　鲜药材通过蒸或煮的方法进行处理，目的是除去药材组织中的空气，破坏氧化酶，阻止氧化，避免药材变色；使细胞内蛋白质凝固，淀粉糊化，增强药材角质样透明度；破坏酶的活性，利于储存；促进水分蒸发，利于干燥；降低有毒成分的含量，降低毒性；杀死虫卵，利于储存。操作时，将鲜药材清水洗涤或不洗，置蒸制容器内蒸制或置沸水中煮制一定时间切片，干燥。

(5)浸漂　浸漂是指浸渍和漂洗。浸渍是加适量清水或药汁浸泡药材的方法。漂洗是将药材用多量清水、多次漂洗的方法。浸漂的目的是降低药物的毒性，矫正药材的不良气味，如半夏、附子等；抑制氧化酶的活性，防止药材氧化变色，如白芍、山药等。

浸漂的时间、换水次数、辅料的使用要根据药材的质地、季节、水温灵活掌握。注意药材在形、色、味等方面的变化，用水要清洁，勤换水。

(6)切制　一些较大的根和根茎类药材,可以趁鲜切片或块,利于干燥,但含挥发性成分的药材不宜产地加工。切制方法有手工切制和机械切制。

(7)发汗　发汗是指鲜药材加温或干燥至五六成干,将其堆积,用草席覆盖,使其发热,内部水分向外渗出,当堆内水气饱和,与堆外低温,水气就凝结成水珠附于药材表面,称为“发汗”或“回潮”。此过程能够加快干燥速度,使药材内外干燥一致,又可有效地防止干燥过程中产生的结壳。

(8)干燥　中药材除应用鲜品外,大多数均需及时干燥,除去过多的水分,避免一系列变异现象发生,影响质量,有利于保存药效,便于储存。干燥方法主要分为自然干燥和人工干燥。要根据中药材性质,采用适当的干燥方法。

①自然干燥。是指把中药材置于日光下晒干或置阴凉通风处阴干,必要时采用烘焙至干的方法。古人有“阴者取性存,晒者取易干”。晒干法和阴干法都不需要特殊设备,具有经济实用、成本低的优点,但也有占地面积大、易受气候的影响、中药材易受污染等缺点。

晒干法适用于大多数中药材的干燥,可利用“发汗法”。阴干法适用于气味芳香、含挥发性成分较多、色泽鲜艳和受日光照射易变色、走油等中药材的干燥。人工干燥时若遇阴雨天气,可根据中药材的性质适当采用烘焙法干燥。

中药材的干燥传统上要求保持形、色、气、味俱全,充分发挥药效,现代理论认为干燥方式的不同会影响有效成分的含量、药性等,要根据药物所含有效成分的性质采用合适的干燥方法:

黏性类药物如天冬、玉竹等含有黏性糖质类药材,易发黏,多采用晒干法或烘焙法。一般烘焙或晒至九成干即可。干燥时要勤翻动,防止焦枯。

粉质类药物如山药、浙贝母等含有较多的淀粉,这些药材易发滑、发黏、发霉、发馊、发臭而变质,采用晒干法或烘焙法。如天气不好微火烘焙。

油脂类药物如当归、怀牛膝、川芎等,宜采用日晒法,如遇阴雨天用微火烘焙,注意避免火力太大使油质溢出,失油干枯。

芳香类药材如荆芥、薄荷、香薷、木香等,多采用阴干法,不宜烈日暴晒。如遇阴雨天用微火烘焙,注意避免火力太大。

色泽类药材如桔梗、浙贝母、泽泻、黄芪等,根据色泽不同分别采用日晒法和烘焙法,白色的桔梗、浙贝母宜用日晒,越晒越白。黄色的泽泻、黄芪,宜用小火烘焙,可保持黄色,增加香味。

此外,根须类和根皮类药物可采用日晒法和烘焙法,如白薇、龙胆草、厚朴、黄柏等;草叶类药物薄摊暴晒,勤翻动,不宜用烘焙法,以防燃烧,如仙鹤草、泽兰、竹叶、地丁草等。

目前实施的中药饮片 GMP 规定:洗涤后的中药材不宜露天干燥。

②人工干燥。是利用一定的干燥设备,对药材进行干燥。该方法的优点是不受气候影响,卫生清洁,并能缩短干燥时间,减轻劳动强度,提高生产率,适宜规模化种植基地使用。要求建设标准化烘房或采用干燥机械。近年来,全国各地在生产实践中,设计并制造出多种干燥设备,如直火热风干燥、隔火热循环干燥、蒸汽干燥、电热干燥、远红外干燥、微波干燥、低温吸附干燥等,其干燥能力和效果均有较大的提高,适合规模化生产。

人工干燥的温度,应视药物性质而灵活掌握。一般药材以不超过 80 ℃为宜。含芳香挥发性成分的药材以不超过60 ℃为宜。已干燥的药材需放凉后再储存,否则,余热会使药材回潮,易于发生霉变或虫蛀。

③干燥标准。药材干燥的基本标准是以在储藏期间不发生发霉变质为准。干燥后药材的含水量应控制在7%～13%。可采用烘干法、甲苯法及减压干燥法检测,但在实际工作中,多用经验鉴别法来控制药材干燥质量。干燥的药材断面色泽一致,中心与外层无明显界限;干燥的药材质地硬、较脆、不易折断;干燥的药材互相撞击,应发出清脆的响声;叶、花、茎、全草类,手折易碎断,叶花可用手搓出粉末;果实种子类药材,用手能轻易插入,无阻力。

8.2.3 中药材的包装

中药材的包装是指对中药材进行盛放、包扎并加以必要说明的过程,是中药材加工操作中非常重要的一道工序。

1)中药材包装的作用

中药材的包装可以对药材起保护作用,防止外界环境变化对药材数量和质量的影响。没有包装的药材在转运和储藏过程中易发生吸湿、生虫、霉变、挥发散失气味,也容易破碎丢失,到中药材的数量减少,损耗超标和质量下降。同时药材的包装,尤其是定额包装可以更好地便于存取、运输、储藏和销售,提高其商品价值,有利于促进中药材生产的现代化、标准化。

2)中药材包装的要求

中药材包装要逐步实现规格化、标准化。包装材料应有利于保质、储存、运输,并不对成品有污染。包装标签或合格证要注明品名、数量、批号、生产单位和质检签章。包装后应延长保质期;不能带来二次污染;中药材内含成分、药效不发生变化;符合密封、隔热、避光要求,避免中药材霉蛀、泛油、潮解、粘连、变色和散失气味等变异现象发生;包装成本要低;包装的类型、规格、容量、包装材料、容器的结构造型、承压力以及商品的盛放、衬垫、封装方法、检验方法等做到统一规定。

3)中药材包装方法

根据药材性状及包装仓储运输条件,包装方法也多种多样,如单层包装和多层包装、手工打包和机械打包、定额包装和非定额包装等。根据包装材料不同可分为以下几种。

(1)袋装　常用的包装袋有塑料编织袋、塑料(复合)袋、纸袋、布袋、麻袋等。布袋常用于盛装粉末状药物,如海金沙、蒲黄等;细密麻袋用于盛装颗粒小的药材,如车前子、青箱子、黑芝麻等;无毒塑料(复合)袋多用于盛装易潮解、易泛糖的中药材。

(2)瓶(灌)装　塑料瓶(灌)、玻璃瓶(灌)、金属瓶(灌)等。

(3)筐装或篓装　一般用于盛装短条形药材,如桔梗、赤芍等。其优点是能通风换气,能承受一定压力,不至于压碎药材。

(4)箱装　多用纸箱或木箱,内层多用食品用塑料袋密封,用于怕光、怕潮、怕热、怕碎的名贵药材的包装。

(5)桶装　流动的液体药材常选用木桶或铁桶盛放,如蜂蜜、苏合香油、薄荷油、缬草油等。一些易挥发的固体药材如冰片、麝香、樟脑等,常用铁桶、铁盒、陶瓷瓶等盛放。

8.2.4 中药材的储藏

中药材的储藏保管是中药采集、初加工后的一个重要环节。良好的储存条件、合理的保管方法是保证中药材质量的关键。储藏保管的核心是保持中药材的固有品质,减少储品的损耗。若中药材储存保管不当,会发生多种变异现象,从而影响饮片的质量,进而关系到临床用药的安全性与有效性。

1)影响中药材储藏质量的因素

中药材在储存过程中发生的多种变异现象,究其原因,总的说来有两个方面的因素:一是外界因素,二是内在因素。

(1)外界因素　外界因素主要指空气、温度、湿度、日光、微生物、昆虫等。

空气中的氧和臭氧是氧化剂,能使某些药材中的挥发油、脂肪油、糖类等成分氧化、酸败、分解,引起“泛油”;使花类药物变色,气味散失。因此药材不宜久放,储存时应包装存放,避免与空气接触。

药物的成分在常温(15 ~20 ℃)条件下是比较稳定的,但随着温度的升高,则物理、化学和生物的变化均可加速。若温度过高,能促使药材的水分蒸发,其含水量和质量下降;同时加速氧化、水解等化学反应,造成变色、气味散失、挥发、泛油、粘连、干枯等变异现象。但是温度过低,对某些新鲜的药物如鲜石斛、鲜芦根等,或某些含水量较多的药材,也会发生有害的影响。

湿度是影响饮片变异的一个极重要因素。它不仅可引起药物的物理、化学变化,而且能导致微生物的繁殖及害虫的生长。一般药材的绝对含水量应控制在7% ~13%。储存时要求空气的相对湿度为60% ~70%。若相对湿度超过70%,饮片会吸收空气中的水分,使含水量增加,导致发霉、潮解溶化、粘连、腐烂等现象的发生;若相对湿度低于60%,中药材的含水量又易逐渐下降,出现风化、干裂等现象。

日光的直接或间接照射,会导致饮片变色、气味散失、挥发、风化、泛油,从而影响饮片的质量。

霉菌,一般室温为20 ~35 ℃,相对湿度在75%以上,霉菌极易生长繁殖,从而溶蚀药物组织,使之发霉、腐烂变质而失效。尤以富含营养物质的药材,如淡豆豉、瓜蒌、肉苁蓉等,极易感染霉菌而发霉,腐烂变质。

害虫最适宜生长繁殖的温度为18 ~35 ℃,中药材的含水量在13%以上,空气的相对湿度在70%以上,尤其是富含蛋白质、淀粉、油脂、糖类的中药材最易被虫蛀,所以中药材入库储存,一定要充分干燥,密闭保管或密封保管。

(2)内在因素　内在因素主要是指中药材中所含化学成分的性质。药材中的挥发油、脂肪油、糖类等成分被氧化、酸败、分解,引起“泛油”;挥发油的挥发;富含蛋白质、淀粉、油脂、糖类的中药材最易被虫蛀;苷类药材易被酶解。

2)中药材储藏原则

陈嘉谟:“凡药储藏,宜常提防,阴干、曝干、烘干,未尽去湿,则蛀蚀霉垢朽烂不免为殃。”为了保证中药材的质量,避免发生二次污染,在中药材储藏期间,必须遵循以下原则:

(1)以防为主,防治并举原则　贯彻“以防为主,防治并举”保管方针,保证库房周边大环境安全无污染，保持库房内部储藏环境的清洁卫生，避免对药材造成污染。

(2)生态环保原则　应将传统储藏方法与现代储藏技术相结合。在储藏中尽量不使用或少使用有毒性的化学药品，确实使用的化学药品应符合无公害食品或药品的有关标准或使用准则，若用药剂熏蒸，应经药品管理部门审核批准。

(3)硬件与软件并重原则

①保证库房建设标准。保证库房符合 GSP 或 GMP 要求，库房的严密性、通风性、隔热性良好，干燥避光；配备空调和除湿设备，地面可冲洗，应作好防鼠、防虫措施，但应避免污染药材；库温 25 ℃、相对湿度为 65%；选用密封性、隔湿性、避光性良好的木箱、木桶、铁桶、缸、坛、玻璃器皿盛放中药材。

②制订库房管理制度体系。制订库房管理制度和规范化操作规程，中药材包装应放于货架上，堆放要整齐；为保证通风，利于抽检，要留有通道、间隔和墙距；易碎药材不可重叠堆放；要做到合格的与不合格的中药材不能混放，可食用的单独存放、有毒的单独存放；各种药材均要有标签，注明植物学名、产地、数量、加工方法及等级等。

3)储藏保管方法

(1)降温储藏法

①冷藏法。理想的冷藏温度是 -5 ℃以下，可防止害虫和霉菌的繁殖，且不影响中药材质量，但需要费用较昂贵的冷藏设备，主要用于难于保存的贵重药材的储藏。如人参、鹿茸、全蝎等。北方冬季的低温，在 -15 ℃下，12 h 后，可以冻死各种害虫。

②低温储藏法。南方夏季高温常年在 30 ℃以上，可利用空调等降低温度减少虫蛀、霉变和发酵等变质现象的发生。

(2)干沙储藏法　将中药材埋于干燥的沙子中，既可防虫，又可防止霉菌滋生蔓延。适用于根和根茎类药材。

(3)防潮储藏法　利用自然吸湿物或空气去湿机来降低库内空气的水分，以保持仓库干燥的环境。传统常用的吸湿物有生石灰、木炭、草木灰等。现在采用氯化钙、硅胶等吸湿剂，适用于吸湿性强的药材。

(4)气调储藏法　采用降氧，充氮气，或降氧，充二氧化碳的方法，人为地造成低氧或高浓度二氧化碳状态，达到杀虫、防虫、防霉、抑霉；达到防止泛油、变色、气味散失等目的。该方法不仅能有效地杀灭药材的害虫，还能防止害虫及霉菌的生长，具有保持药材色泽、皮色、品质等作用。尤其适用于储藏极易遭受虫害的药材及贵重的、稀有的药材。

(5)密封防潮储藏法(包括密闭储藏法)　密封或密闭储藏是指将中药材与外界(空气、温度、湿气、光线、微生物、害虫等)隔离，尽量减少外界因素对药物影响的储藏方法。该方法是将木板铺在地面上，在木板上铺油毛毡和草席，上铺塑料薄膜，用塑料薄膜包裹密封中药材。

(6)对抗储藏法　对抗储藏法属于传统的药材储藏方法，如泽泻、山药与牡丹同储防虫保色，动物药材与花椒一起储藏防虫蛀，大蒜防芡实、薏仁生虫等。

【计划与实施】>>>

药用植物产地初加工

1) 目的要求

明确加工的目的、任务,了解常用的加工方法,学会常见药用植物的产地初加工技术,能够根据种植药用植物的特点选择适宜的加工方法。

2) 计划内容

①不同药用植物的初加工技术调查。通过资料和实地了解常见药用植物的产地初加工、包装储藏方法。

②选择3~5种地产药材,开展初加工实训操作。

3) 实施

5人一个小组,以小组为单位,收集药材加工储藏资料,并提交纸质材料,每个小组制作1个品种的PPT课件,并上台讲解。选择3~5种地产药材,开展新鲜药材的清洗、切制、干燥、包装储藏。

【检查评估】>>>

序号	检查内容	评估要点	配分	评估标准	得分
1	清洗	除杂彻底干净	10	彻底干净计10分;比较干净的计7~9分;不干净、只有清洗或只有除杂的计1~6分;没有清洗或没有除杂的不计分	
2	切制	分切合理	15	分切合理,整齐,有利后期加工的计15分;其余情况酌情扣分	
3	干燥	方法和干燥度	15	方法适当和干燥度达到标准的计15分;方法得当但干燥度未达到标准的计8~14分;其余情况酌情扣分或不计分	
4	包装储藏	主要方法	10	熟悉不同包装储藏方法的应用范围的计7~9分;部分熟悉的计3~6分;不能表述的不计分	
合　计			50		

项目小结

药用植物从播种、田间管理到采收加工是一个连续的过程。采收加工是中药从植物到药材的关键环节,根据工作过程我们可以分为以下8个步骤:确定采收时间(具体年限和时间)—确定采收方法(采收过程)—鲜品暂时储藏—去杂—整理—蒸(煮、烫)—干燥—储藏。其中采收期的确定和干燥是最关键的两个步骤。药材的采收时间一般需要确定采收的年限、采收的季节和采收的具体日期,个别品种甚至要规定一天采收的具体时间段。中药材干燥主要有自然干燥、人工干燥等方法,干燥后药材的含水量应控制在7%~13%,干燥的药材断面色泽一致,中心与外层无明显界限;干燥的药材质地硬、较脆、不易折断;干燥的药材互相撞击,应发出清脆响声;叶、花、茎、全草类,手折易碎断,叶花可用手搓出粉末;果实种子类药材,用手能轻易插入,无阻力。

1. 简述产地加工的目的。
2. 确定采收时间的方法有哪些?
3. 简述净选的方法。
4. 简述药材干燥的方法。
5. 简述储藏保管方法。

项目9　药用植物产量与品质调查

【项目描述】

药用植物产量构成、品质含义及其影响因素，提高产量和品质的途径。

【学习目标】

了解药用植物的产量构成，掌握收获前测产的基本步骤，掌握果实和种子类药用植物田间测产的一般操作方法；明确药用植物品质的含义，掌握其品质影响因素的分析方法。

【能力目标】

能进行测产和品质分析。

任务9.1　药用植物田间测产

【工作流程及任务】>>>

工作流程：

整个田块面积、地形及生育状况考察—选点取样—测量样点面积、穗数及单穗粒数—计算产量—评价测产田块的栽培技术。

工作任务：

产量构成因素、测产。

【工作咨询】>>>

9.1.1　药用植物产量构成因素

1）产量

药用植物栽培的目的是为了获得较多的有经济价值的药材。人们常说的产量是指在单位土地面积上所获得的有经济价值的主要产品器官的质量即经济产量，一般以 kg/hm^2 计算。

由于人类栽培所需要的主产品不同,不同植物所提供的产品器官也各异。例如,根及根茎类药材的产品器官是根、根茎、块茎、球茎和鳞茎等;种子果实类药材收获的是果实和种子;花类药材的产品是花蕾、花冠、柱头等;叶类药材的有用器官是叶,全草类药材提供的是全株。

实际上,栽培药用植物的产量包括两个部分:生物产量和经济产量。生物产量是经济产量的基础,它是药用植物一生通过光合作用形成积累的有机物质的总量,即根、茎、叶、花和果实等的干物重量。经济产量是指栽培目的所获得的有经济价值的主产品的数量或质量。一般而言,经济产量与生物产量呈正相关,但也依赖于生物产量向经济产量的转化效率(经济系数)。在较高生物产量的基础上,转化效率越高,经济产量越高。药用植物种类不同,收获的器官也不同,主产品的化学成分不同,经济系数是不一样的。以营养器官为主产品的植物有较高的经济系数为0.5~0.7;以生殖器官为主产品的经济系数偏低,如薏苡的经济系数为0.35~0.5;蛋白质和脂肪较多的产品,在形成过程中有较多的能量,收获指数偏低;含碳水化合物多的产品其收获指数较高。经济产量的高低决定于生物产量和经济系数的乘积。因此,要提高经济产量只有在提高生物产量的基础上,提高经济系数,才能达到提高经济产量的目的。

2)产量构成

药用植物产量一般由单位面积株数、单株产品器官数和单个产品器官质量组成,但是植物种类不同。产量构成因素是有差异的(见表9.1)。一般而言,各个产量构成因素的数值越大,产量越高。但在实际生产中,这些成分的数值很难同步增长,彼此之间有一定的相互制约的负相关关系,如单位面积上株数增加至一定程度,每株的产品器官数和单个产品器官的质量就有减少的趋势。在植物整个生长发育过程中,不同生育阶段,其形成的产量构成因素是不同的,且是一个依序而又重叠进行的过程。一般说来,生育前期是营养体根、茎、叶、分蘖(枝)的生长,中期是生殖器官的分化形成和营养器官旺盛生长的重叠时期,生育后期主要是生殖生长即结实成熟阶段。由于收获器官的差异,不同植物生长的前中后期的长短及其最适平衡是不同的,如收获营养器官的植物则一直处于营养生长时期。产量构成因素的另一个特点是它们之间具有补偿能力即自动调节。这种补偿能力陆续在生长发育的中后期表现出来,并随个体发育的进程而降低。植物种类不同,其补偿能力也有差异。有分蘖(分枝)的植物补偿能力强,如禾本科植物薏苡在基本苗少时,单株分蘖增加,成穗增多,补偿了苗的不足。无分蘖(分枝)的植物的产量构成因素间有一定补偿能力,但相当有限。如人参单位面积株数减少时,单个参根的增加对前者只有一定的补偿作用。

表9.1　不同药用植物的产量构成

种　类	主要产品器官	产量构成因素
根茎类	根、茎	株数×每株根茎数×单个根茎质量
叶类	叶	株数×每株叶数×单叶重
花类	花	株数×有效分枝数×单个分枝花数×单花重
果类	果实	株数×单株果数×单果重
种子类	种子	株数×单株有效分枝(穗)数×单个分枝果(荚)数×单果(荚)粒数×单粒重或:株数×单株穗数×单穗粒数×单粒重
皮类	皮	株数×单株皮重
全草类	整株	株数×单株重

9.1.2 提高药用植物产量的途径

从生产上考虑,要获得优质高产,必须要求库大源足流畅,也就是说必须要有大的源,供给同化物多,运转能力强,同时还要有与之相适应的储存器官(大的库),还要注意库之间的物质分配问题,因为不同器官(库)之间物质分配既存在相互竞争的关系,同时也受外界环境及物种的遗传性所限制。此外,栽培条件对源、库、流之间的平衡限制的影响也很大。

1)增“源”

(1)增大光合面积　从有机同化物形成和储存看,源应当包括制造光合产物的器官——叶片,如木本药用植物实施矮化密植和计划密植,增加单位面积的株数,提高植株与群体的叶片数目,创造适宜药用植物生长发育的温、水、肥条件,根据药用植物生长发育特性和规律适时、适量供给水肥,做好防寒保温,以增加光合作用,从而提高产量。

(2)延长叶片寿命　植株叶片的寿命除与遗传因素有关外,与光、温、水、肥等因素也有很大的关系。一般地,光照强、肥水充足、叶色浓绿,叶片寿命就长,光合强度也高。特别是延长最佳叶龄期的时间,光合积累率高。

(3)增加群体的光照强度　露地栽培的药用植物,要保证供给的光照强度使群体各叶层接受光照强度总和为最大值。合理搭配种植药用植物,可有效提高光能利用率,进而提高群体产量。

2)扩“库”

(1)满足库生长发育的条件　中草药库的储积能力决定于单位面积上产量容器的大小。如根及根茎类药材产量容器的容积取决于单位土地面积上根及根茎的数量和大小的上限值;种子果实类药材产量容器的容积决定于单位土地面积上的穗数,每穗实粒数和籽粒大小的上限值。在自然情况下,植物的源与库的大小和强度是协调的,源大的时候必须建立相应的库,以提高储积能力,达到增产的目的。

(2)协调同化物的分配　植物体内同化物的分配方向总是由源到库。内于植物体本身存在许多源库,各个源库对同化物的运输分配存在差异。从生产角度讲,应通过栽培技术措施(如修剪、摘顶等)使光合同化产物集中向有经济价值的库分配。如根及根茎类药材,可采取摘蕾、打顶等措施,减少光合养分损耗。如白术种下后,常从基部长出分蘖,影响主茎生长。抽薹开花,会过多消耗营养,生产中用除蘖、摘花薹方法,可使根茎增产60%左右。

3)“流”畅

植物同化物由源到库是由流完成的。如果流不畅,光合产物运输分配不到相应的库或分配受阻,经济产量也不会高。因为植物体中同化物运输的一个显著特点是就近供应,同侧优先。因此,许多育种工作者都致力于矮化株型的研究。现代的矮化新良种经济系数已由原来的30%左右提高到50%~55%。这与矮化品种源库较近,同化物分配输送较畅和输导组织发达有关。

【知识拓展】>>>

9.1.3 药用植物产量的形成

药用植物产量是整个植物群体生长发育期间利用光合器官将太阳能转化为化学能，将无机物转化为有机物，最后转化形成有经济价值的药材的过程。可见，药用植物产量的形成是同化产物的形成、运输和积累的过程，是群体利用光能和无机物的结果。

要获得高的经济产量，首先必须有较多的光合产物，好比是“源”头，其次要有较大的容纳产量内容物的容器即产品“库”，然后要求源库之间的有机物的运转(流)要畅通，以保证有较多的光合产物从源转运到产品库中，从而达到高产。

1)“源”的形成

光合产物的形成是通过绿色器官(主要是叶)的光合作用进行的。因此，“源”的大小决定于绿色面积(光合面积)的大小、光合作用的能力(强度)和光合作用的时间长短3个方面。

(1)光合面积　决定药用植物光合面积大小的主要因素是叶面积的大小，与产量关系最密切，只有增加叶面积才能有效提高光合作用。增加叶面积的主要措施是合理密植，合理扩大单位面积的叶面积，以增加光合作用，进而提高产量。但也不能过度密植，这是因为虽然在生长发育初期扩大了叶面积，利于光能吸收，但随着个体逐渐长大，株间光照减弱，光合作用降低，严重时甚至可引起植株倒伏，叶片脱落而减产。如人参种植密度若为60~80株/m^2，或者密至100株/m^2，则因过度密植使叶片相互遮蔽，光合效率降低，造成人参根枝头小，单产低。当改为30~40株/m^2，结果产量与品质均有提高。由此可见，药用植物的群体结构是否合理，对产量影响很大。而群体结构的合理与否，在很大程度上取决于株间光照；叶面积又是影响株间光照的最大因素，所以通常以叶面积指数作为植物群体大小的指标。一般作物的最大叶面积指数为2.5~5，具体要根据其肥水条件和光照条件来确定。

(2)光合强度　决定了植物体内有机合成的多少，与产量的关系十分密切。光合强度通常用单位叶面积在单位时间内同化的CO_2的数量表示，分总同化率(含呼吸消耗)和净同化率(减去了呼吸消耗)两种。后者直接决定光合产量，测法较简单，使用最普遍。测定方法有仪器测定和生长分析两种，前者测定单位叶面积在单位时间内同化CO_2量，后者测定单位叶面积在单位时间内的干物质增长量。光合强度因植物种类和品种的不同而有差异，C_4植物的净光合强度高于C_3植物。叶片的角度与空间配置也影响光合强度。一般叶小而近直立，叶面积上下部分布比较均匀的光合强度较高。叶片厚而充实即叶面积比重较高者的光合强度较高。叶片的年龄和寿命也与光合强度有关，一般光合强度随叶片的年龄的增加而增大，达到最大值时，又迅速下降。除了这些因素外，环境因素光照、CO_2浓度、湿度、水分和营养等也影响植物的光合强度。光合强度通常以单位面积在单位时间内同化CO_2的数量表示。光合能力一般以光合生产率为指标，而光合生产率通常用每平方米叶面积在较长时间内(一昼夜或一周)增加干物质重的克数来表示。

(3)光合时间　是影响光合生产的又一重要因素。这包括叶片的功能期以及维持叶片光合速率高峰期的时间两种含义。在其他条件相同时，适当延长光合时间，会增加光合产物，提高产量。光合时间与植物本身和外界条件有关，在外境条件诸如无霜期长，前后季矛盾不大时，可选用生育期较长的品种，环境条件不许可时，可采取保护措施（地膜等）改变播期，延长光合时间，提高产量。薄荷由晚春播改为早春播产量增加7.88%，产油量增加58.9%。叶片衰老使光合时间缩短，不利于植物产量的进一步提高。叶片衰老除了本身遗传因素决定外，也受外界环境的影响。在生产上常采取相应技术措施如施肥、灌水、施用生长调节剂等来防止叶片早衰，延长叶片的光合时间，提高植物的光合生产。

2）库的积累

植物的储积能力决定于单位面积上产量容器的大小。不同植物的产量容器不同，其储积能力也是有差异的。例如，禾本科植物的产量容器的容积决定于单位面积上的穗数、每穗颖花数和籽粒大小的上限值。根（茎）类植物则决定于单位面积上的根（茎）数和根（茎）的大小的上限值。一般而言，库容量大，其储积能力就强，但并不是越大越好。其库容大小必须与源的大小相适应。"库"小使植物到成熟后有很多营养物质和能量无法转化为经济产量，导致本来具有高产基础的植物不能高产。但若库过大，超过充实能力则是一种浪费，易形成瘪粒。稳产而不高产的植物多因库所限，高产而不稳产多被源流所限。解决稳而不高的问题多寄希望于育种，当然也与栽培有关，解决高而不稳的问题多寄希望于栽培，同时也与育种有关。收获籽粒的植物甚至所有植物都存在着光合产物和能量向产品器官储存的现象，俗称灌浆。灌浆期长短和灌浆速度对库的积累有很大的制约作用。一般而言，灌浆期越长，灌浆速度越大，越有利于库的积累。但两者谁起主导作用则因植物种类、品种类型和生态环境而异。灌浆期的长短与库的大小有密切关系，而又受到不同生态条件的影响。在多光、冷凉、灌浆期长的生态条件下，多为茎叶粒数少而籽粒大或特大型的库源结构；反之，在少光、高温、灌浆期短的地区多为茎叶粒数多而籽粒较小型的库源结构。因此，在灌浆期长的区域应增加粒数，而在灌浆期短的区域则必须灌浆速度快，否则，粒小而不饱满。

3）光合产物的运转与分配

源足库大，还须流畅，否则难以高产。同化物运输的主要组织是韧皮部薄壁细胞。不同植物同化物的运输速度是不同的，C_4 植物比 C_3 植物的运输速度高。光强度和光合强度的增高，或者库对同化物的需要量增加，均会导致同化物从源到库的转运速度的提高。反之，运输受阻，同化物大量积聚在叶片中，也会降低叶片的同化能力。不同植物和品种的同化物分配是不同的。同一植物和品种在不同栽培条件下，同化物的分配也有一定的差异。例如，大豆早熟品种茎叶占比例较小，荚粒占比例较大，晚熟品种则相反。同一大豆品种在中肥条件下，荚粒所占比例较大，而在高肥条件下茎叶繁茂，荚粒所占比例较小。据研究表明，同化物的分配方式主要取决于各种库的吸引力的大小和库与源的相对位置的远近，同时也受维管束连接方式的制约。一般说来，新生的代谢旺盛的幼嫩器官的竞争能力较强，能分配到较多的同化物，库与源的相对位置较近的能分配到更多的同化物。激素如赤霉素、细胞分裂素等对库的同化物分配也有影响。一般而言，果实生长发育是内源激素相互平衡的结果，以生长素、细胞分裂素和赤霉素有利于果实的生长。乙烯的作用主要是促进成熟，也对果实的生长和干重的增加有促进作用。

在栽培上，除了通过选育优良品种外，促控技术可明显改善光合产物的生产、运输、分配和积累，从而在一定程度上使源库关系协调，以提高经济产量。生产上采用施肥、中耕、灌排水、施用生长调节剂、摘心、整枝、去叶等方法均是调整或控制植物的源库平衡关系。

【计划与实施】>>>

药用植物田间测产

1)目的要求

学习药用植物在收获前田间测产的操作方法;明确药用植物对产量构成因素。

2)计划内容

(1)掌握整个田块面积、地形及生育状况　因为面积和地形关系到选点数目及样点分布,而生长状况则直接影响测产结果的准确性。要目测全田各地段药用植物植株稀、稠、高、矮、穗大小和成熟度等指标的整齐度,如果各地段药用植物生育差异很大,特别是测定大块土地上(几 hm^2 到几十 hm^2)的产量时,必须根据全段目测结果分类,并按类别计算面积比例,最后再分级选点取样和按比例测出全田或全地段产量。

(2)选点取样　样点即小面积测产点的面积,仅为全田的几十分之一至几百分之一,因此样点应具有较高的代表性,这是测产的关键。具体数目要根据田块大小、地形及生长整齐度来确定,通常每 667 m^2 以内生长又较整齐的药用植物,可采取对角线方法选取 4 ~ 5 个样点,面积再小时可采取 3 点取样,四周样点要距地边 1 m 以上,个别样点如缺乏代表性应作适当调整。

(3)测量样点面积、穗数及单穗粒数,计算产量　每个样点取 1 m^2 的样方一个,数清样方内的株数,求出每 667 m^2 株数:

$$667\ m^2\text{株数} = [\text{样点内的株数} \div \text{样点面积}(m^2)] \times 667$$

再在每个样点内随机数 5 ~ 10 株的每株结实粒数,求出每株粒数,若在临近收获前测产,还需要测定籽粒千粒重,然后根据上述三因素的测定结果,求出产量:

$$\text{理论产量}(kg/hm^2) = [\text{每 }hm^2\text{ 株数} \times \text{每株粒数} \times \text{千粒重}(g)] \div [1\,000 \times 1\,000]$$

上述测产数值系每 hm^2 净面积产量,又是毫无损失脱粒干净的数字,故属理论产量。药用植物以畦生产时,畦埂、畦沟占地较多的应乘以土地利用率(%),另外再乘 95%(减去 5% 未脱净的数字),则理论产量和实收产量可基本相符。

3)实施

4 人一组,准备用具(钢卷尺、木折尺、电子天平、剪刀、瓷盘、计算器等)、材料(药用植物以及试验田块,以果实和种子类药用植物决明子为例。按计划内容逐步实施。根据测产结果,说明药用植物高产田与一般田在产量构成因素的主要差异,分析要提高药用植物产量,应主要抓住什么因素及应采取的栽培管理措施;根据测产结果,结合栽培管理过程、土壤气候条件,评价测产田块的栽培技术,写出报告。

【检查评估】>>>

序号	检查内容	评估要点	配分	评估标准	得分
1	产量构成	产量构成因素	30	明确各类药用植物产量构成因素,计 20 分;能说明各因素与产量的关系,计 5 分;栽培调控措施,计 5 分	
2	测产	测产方法	20	选点取样正确,计算正确,计 20 分	
合　计			50		

任务9.2 药用植物品质影响分析

【工作流程及任务】>>>

工作流程:

品质分类—影响因素分析—提高品质途径。

工作任务:

影响品质因素分析,提高品质途径。

【工作咨询】>>>

9.2.1 品质及其影响因素

1)药用植物的品质及分类

药用植物品质的好坏,直接关系临床用药的安全有效性,其必须符合国家药典及有关质量标准要求。

(1)品质的含义　品质简单地说就是指目标产品的质量,即产品的好坏,药用植物产品品质则指人类所要求的药材的质量或其优劣,主要包含两个方面:一是外观品质,指产品色泽、形态性状、质地及气味等传统标准;二是内在品质,指产品内含物的质与量(有效成分则组成与含量、有无农药残留等)。

(2)品质的分类　产品品质性状因植物种类和用途而呈现出多种多样,可根据不同特征把它们分为若干种类。

①物理品质。指植物产品物理性状的好坏,决定了产品的外观、结构以及加工利用和销售。主要包括产品的形状、大小、色泽、容重(比重)、质地和整齐度等性状,若为新鲜产品还需考虑其新鲜度和柔嫩度等。

②化学品质。指产品的化学特点,包括人类需要(营养、药用和工业用)的化学物质的含量、成分的多少及其平衡状态等。如蛋白质的含量及其氨基酸成分;含糖量及其糖的种类;含油量及其脂肪成分;维生素种类及其含量;矿质元素种类及其含量;药用化学成分种类及其含量,目前明确的药用化学成分有糖类、甙类、木质素类、萜类、挥发油、鞣质类、生物碱类、氨基酸、多肽、蛋白质和酶、脂类、有机酸类、树脂植物色素类和无机成分等。化学品质直接影响产品的营养价值、医用价值、工业价值等多种用途,难于用外观判别,往往被人们忽视,是十分值得重视的品质内容,是人类栽培植物首要考虑的品质性状。

③外观品质。主要指产品的外观特点。物理品质的内容多数影响外观品质,即为外观品质的内容。外观品质直接影响商品品质。

2）影响品质形成的因素

产品品质的内容物是多方面的，影响品质的因素是错综复杂的、多种多样的。归纳起来品质形成主要受遗传因素、气候因素和栽培措施3大方面的制约。品质内容不同，影响的因素也是有差异的。在众多品质内容中，产品中的有效成分的含量及其平衡状态即化学品质直接关系人类的需要，外观品质的好坏关系到消费者的第一印象。因此，这里主要论及影响化学品质和外观品质的因素。

（1）遗传因素的影响　植物产品的外观品质和化学品质受遗传基因的控制。植物种类和品种不同，其产品的色泽、形状、质地、大小和气味以及有效成分的形成和积累及其组分和数量也有差异。例如，内蒙古甘草皮色棕红色，质量好；新疆甘草多带碱皮，质量次。又如，黄丝郁金主根卵圆形，温郁金主根陀螺状。选育优良基因有利于提高品质，如享有盛名的宁夏枸杞中，以大麻叶品种最佳，果大肉厚汁多，味甜，而其他品种远不及大麻叶；蒙古黄芪的茎直立性差，根部粉性大，而膜荚黄芪茎挺直，根部粉生小。植物种类和品种的不同，其产品器官的淀粉、蛋白质、脂肪、维生素以及其他有用成分是不同的。栽培的目的不同，对产品所要求的主要成分是不同的，种类间这些成分和含量是有差异的。例如，对食用植物，人们利用的主要成分是碳水化合物、蛋白质和脂肪等，不同类别间三成分的差异很大，即使是同一类植物的不同种之间也有一定的差异，在禾谷类植物中燕麦和小麦的蛋白质含量高于水稻，而其碳水化合物低于水稻。药用植物所利用的主要是药用化学成分，如甙类、木脂类、萜类、单宁、生物碱等，种类不同其有效成分含量是不同的。如人参属中总皂甙的含量随种类的不同而有差异，章观德分析了朝鲜、日本长野以及我国吉林抚松、通化和北京6年生的白参，比较其总皂甙含量，变幅为1.5%～5.7%，我国产的比日本和朝鲜的都高。又如西洋参的总皂甙含量为4.9%，三七参为6.3%～8.2%，竹节参为13.5%～20.6%，珠子参为9.34%。

（2）气候生态因素的影响　在植物界中，每一个物种在恒定的外界条件下，具有制造一定物质的特性即生理生化特征。当生存的外界环境改变或植物迁移到另外的生长环境时，其环境条件区别越大，则生理生化特征的变化也越大，从而出现一原有的继承性相联系的新特征。许多研究表明，气候生态因素直接影响植物产品的外观品质和化学品质，作用的大小因素间差异很大。而这些因素人类只能局部有限地干预。因此，只能充分利用其自然气候条件，选择适合的可在其条件下形成高品质高产量的植物种植。

①纬度与海拔。不同的纬度与海拔形成了不同的气候生态环境，在我国一般纬度与海拔越高，温度越低，光照雨量减少。因此，海拔和纬度的不同对植物产品的品质的影响是有差异的。如高纬度高海拔地区有利于蛋白质的积累。山莨菪中的莨菪碱的含量随海拔升高而增加，2 400 m时为0.109%，2 600 m时为0.146%，而2 800 m时高达0.197%。清化肉桂的桂皮油及其主要成分桂皮醛含量随海拔增高而提高，而垂盆草中的垂盆甙的含量则随海拔升高而有降低趋势。

除了影响产品的化学品质外，海拔高度的变化也影响外观品质。高纬度、高海拔地区日照好，湿度小，植物产品的色泽鲜艳，饱满度好；低海拔、低纬度地区温度高，日照偏少，湿度大，产品色泽暗淡，商品性较差。但不适合于生长的植物则属例外。例如，黄淮海地区粮棉的外观品质就优于长江流域的粮棉外观品质；云南木香主产于云南丽江和维西等县，海拔为2 700～3 300 m，当引种到海拔2 000 m以下较热的地区时，由于条件不适，生长较差，根质地疏松，容易木质化。当归在甘肃岷县一带，栽培在海拔2 000～2 400 m的地区，质量最好，若海拔太低，当归主根变小，须根增多，肉质差，气味不浓。可见，植物特别是药用植物要求的环境条件必须得到满足，才能形成高品质的产品。

②光照。光照是植物光合作用的主要能源，直接影响植物代谢活动的能量和物质来源，光照的多少将直接影响产品中的有效成分含量，如薄荷中挥发油含量及油中薄荷脑含量，穿心莲中的内脂，毛地黄叶所含的毒甙，颠茄生物碱，人参中的皂甙等均随光照强度增加而提高。又比如，据研究在北京全日条件下，穿心莲在蕾期时叶的总内脂含量较遮阴条件下的高10%～20%。但也有一些化学成分随光照强度的增加，其含量有降低的趋势，例如，贝母体内生物碱的含量在不同光照强度下是不相同的，且随光照强度的增加而降低。光照也影响外观品质，一般光照条件好，植物产品（种子）的色泽鲜艳，质量高。如薄荷在光照充足时，叶片肥厚，质量好。

③温度和湿度。在诸多因素中，以温度和水分对植物生长发育及其品质形成的作用最大，温度和水分常影响植物体内某些化学成分的含量，以植物的最适生长温度和湿度最有利于有效化学成分的合成和积累。一般适宜的温度和高湿土壤环境有利于植物的无氮物质（糖、淀粉等碳水化合物和脂肪油等）的合成，而不利于蛋白质、生物碱的形成；高温低湿条件有利于生物碱、蛋白质等含氮物质的合成，而不利于碳水化合物和脂肪油的合成。例如，藏红花雌蕊中a-藏红花素的含量随春化温度降低而升高，以11 ℃时为最高；金鸡纳树皮中的生物碱含量随温度增高而增加；亚麻中不饱和脂肪酸则气温越低其含量越高；东莨菪在干旱条件下的阿托品含量高达1%，在湿润条件下仅为0.4%左右；同样在高温干旱条件下的金鸡纳的奎宁含量较高，而土壤相对湿度为90%的条件下奎宁含量显著降低；贝母鳞茎中的生物碱含量随土壤水分含量增加而下降。

（3）栽培技术的影响　品种选择、整地、播种期、施肥、灌水、施药和采收干燥等对植物产品的品质都有很大的影响，技术措施不同，作用的大小是不相同的。

①品种。药用植物的品种直接影响植物的品质，这属于遗传因素问题。如红花、枸杞、地黄、薄荷等，目前已有大面积的人工栽培。可是由于各地品种选育工作进度不一，就出现多种品种同时在生产中存在，其品质也就出现了一定的差异。享有盛誉的宁夏枸杞，以大麻叶品种为最佳，果大、肉厚、汁多、味甜，而其他品种远不如它。可是现阶段宁夏栽培的枸杞中，仍有许多地区不是大麻叶品种。也有些药用植物在引种时出现了变异，其品质也会发生改变。

②选地与整地。选地与整地是否符合植物生长发育的要求直接关系生长发育的好坏，不仅直接影响产量，也影响有效成分含量和产品外观质量，这是因为不同的土壤和不同的整地方法，其土壤的物理、化学性质、营养元素含量和pH值是不同的。例如，在罂粟属、颠茄属和曼陀属中，植物生长的土壤含氮量高，植物体生物碱含量高且发育全面。生长在砂质土中的薄荷，其挥发油含量高。曼陀罗生长在碱性土壤中，则生物碱含量高。一般而言，块根块茎植物在沙壤土中易形成皮色光洁鲜艳质量高的块根块茎。因此，要求选择适合植物生长发育的土壤，进行合理整地，以最大程度满足植物生长发育对土壤的要求。

③播期。播期的早晚关系各生育时期的早晚和时间的长短，特别是产品形成期的气候因子适宜与否对产品的产量、形状、质地、有效成分含量的影响很大。例如，红花春季早播的产量高，品质好。又如，当归早期抽薹严重影响其产量和质量，适当迟播可减少抽薹。

④施肥。矿质营养对植物体内有效成分的含量的关系很大,它们参与了各种化合物如蛋白质、生物碱、甙、萜类等的生物合成,在肥料三要素中,磷、钾有利于碳水化合物和油脂等物质的合成,氮素有利于蛋白质和生物碱的合成。例如,红花的蛋白质含量和曼陀罗叶根中的总生物碱含量均随施氮量的增减而增减,施氮可提高贝母的总生物碱含量和西贝素,而施磷只对总生物碱含量有提高作用而对西贝素的作用甚微,施钾对总生物碱含量和西贝素含量有副作用,即使氮磷钾配合也有副作用。微量元素施用适当也能提高有效成分的含量,如硼和钼可促进圆叶千金腾的发育,并使其有效成分增加,两种元素混合使用可使块茎所含轮环藤宁增高。

⑤施药。在植物生产中离不开杀虫剂、杀菌剂、除草剂和生长调节剂等农药的使用,它们对植物产品的品质表现出正、负两种效应,施用得当既可增加产量又可提高其品质。如对贝母施用5 000 ppm Be可增加鳞茎生物碱总量(0.221%)和西贝素(0.074%),而对照的仅为0.203%和0.065%。用乙烯利(10%)处理安息香树株,可大幅度增加安息树的出脂量,而对树脂的有效成分含量无影响。在杂交中稻齐穗后15 d施用40 ppm赤霉素不但可增加产量而且对稻米的含水量、出糙率、精米率、蛋白质含量、淀粉含量、糊化温度和胶绸度等无影响,而用赤霉素处理薄荷后,其挥发油含量减少,油中薄荷脑含量也稍有降低。杀虫剂、杀菌剂和除草剂的适当使用不但可提高植物产品的产量,而且也可以改善其外观品质和增加有效成分的绝对量。例如,对植物使用杀虫剂和杀菌剂可使产品(如种子)的饱满度提高,外观整洁无斑点,易于销售。使用除草剂后可大大提高产品的净度。但是农药选用不当,很容易造成产品的污染和增加产品的农药残留量。为了消除或减轻产品中的农药残留量和污染,首先应选用残留量小易分解的农药。其次是适期施药,在采收前切忌使用剧毒和残留量大不易分解的农药。避免农药污染的可靠方法是停止使用农药,然而实际上是行不通的。随着科学的发展,生物防治方法越来越受到青睐,它既可控制病虫和杂草,又无污染,是今后生态农业的主要技术措施之一。

⑥采收与干燥。采收与干燥对产品的外观品质和化学品质都有重要的影响,且以采收期早晚对产品品质的影响更直接更明显,过早过晚均会导致产品的有效成分含量下降,外观品质变劣。例如,红花是花冠入药,商品上以花色鲜艳有油性为佳品。采收偏早干后花黄而不鲜红品质差;采收偏晚,阴干后紫红或暗红色,且无油性。另外,一些植物产品中的有效成分含量在一天中有起伏变化,采收应选择在一天中有效成分含量最高的时间。如薄荷植株中脑油含量以中午12点至下午2点时最高,艾菊的萜烯变化,同一植物晚上产油可比白天高20%的产量;古柯叶中生物碱含量也是从早到午逐渐递增的。采后干燥也很重要,应根据产品的理化特点,采取适合的干燥方法。例如,含挥发性成分的产品采收后不能在强光下暴晒而应阴干,当归晒干和阴干的产品色泽、气味、油性等性状均不如熏干的好。一些植物产品要求烘烤,烘烤的温度对品质影响极大,切忌过高或过低。例如,红参以55~75 ℃为好,温度过高虽然干燥快,但挥发油含量降低,产品油性差,折干率低。

9.2.2　提高药材品质的途径

1)科学规划药用植物生产基地

对中药材生产基地生态环境的调查分析,主要是对环境质量、土壤利用历史进行研究。

环境质量调查包括生产基地周围和上游有无农药生产企业、化工企业及其他会对中药材产生污染的企业，生产基地生物群落的病虫害状况及其与药用植物的关系。种植基地土地利用情况调查，主要是对土壤施用农药（尤其高残毒农药）的情况，以及当地农业生产中农药的使用情况进行调查。在此基础上作出合理规划以避免环境对药用植物的农药污染。

2）培育抗病虫害能力较强的品种

目前，中药材生产品种多数是混杂群体。如川麦冬从叶形、株形分就有4个类型，川芎从茎色上分就可分为3个类型，味连从花、果、叶可分为3个类型。这些类型的产量特性、抗性都有一定差异，故进行品种培育不但要以质量、产量为重要指标，同时也应重视药用植物品种的抗性特征，选择综合效益好的品种作为基地发展的主导品种，并要不断选育新的优良品种，建立起良性的品种体系。

3）加强田间管理，减少病虫害发生

田间管理对药用植物病虫害的发展有较大的影响，及时除草、清理田间、修剪病虫残株及枯枝落叶，结合深耕细作、冬耕晒土可大大减少病虫害的发生率和危害程度。同时，通过水分田间管理既可调节中药材生长，减少生理性病害发生，增强药用植物抵御病原菌的侵袭，又可控制致病微生物繁殖。

此外，施肥是中药材优质高产的保障。但目前药用植物的施肥研究技术相当薄弱，根本谈不上科学合理地施肥。施肥的盲目性，造成药材营养失去平衡，这是其产生生理病害的主要原因。因缺乏植物营养知识，将生理病害当作病理性病害，喷施农药进行防治的现象普遍存在，不但不能解决生产问题，反而造成了浪费和农药污染。

4）科学防治药用植物病虫害

（1）药用植物病虫害的生物与农业防治　生物防治就是利用某种有益的生物消灭或抑制某种有害生物的方法，包括改变生物群落，以虫治虫、以菌治虫、保护和繁殖有益动物等。农业防治是通过栽培管理措施减少或防治病虫害发生，促进药用植物生长发育。常用的有合理轮作、合理间套作、调节播种期、合理施肥等。

（2）药剂防治　要根据病虫害的种类或病害的发生发展规律找出防治方法，适时防治。在施用药剂时，要对病害或虫害的发生特性和农药特性进行全面分析，做到对症用药。一是要选用恰当的药剂种类；二是要选用高效低毒低残留农药；三是采用恰当的施用方法；四是防止药材的农药残留。农药施用时间除考虑病虫害的防治效果，还应考虑对中药材产品质量的影响，根据农药残留的时间长短，最后一次施药要保证在收获前产品中无残留。如防治菌核病的异菌服，最后一次施用要在收获前60 d进行；而三唑酮的最后一次施药离收获的时间比较短，只要5 d以上就可以。

5）改进加工与储藏技术

（1）规范中药材加工技术　目前多数中药材的采收加工都是沿用传统的方法，且是分散在药农一家一户进行，很难保证质量稳定和统一。在加工过程中，常用保鲜剂、防腐剂处理，或用特殊烟熏。如白芷干燥过程要用硫磺烟熏以杀死表面的病原菌，而试验表明白芷若能及时干燥，不用硫磺烟熏也不会发生腐烂。故建议药材基地建立规范的中药材初加工工厂，分散种植的中药材，可通过收购鲜药材进行加工。这样既可保证中药材质量，又可通过规模加工、规范的分级包装提高药材附加值。这是中药材产地加工的发展趋势，也是实施《中药材生产质量管理规范》的基本要求。

(2)规范中药材储藏技术　虫蛀、霉变、泛油、变色等是中药材储藏中的常见问题,传统方法是喷洒防虫药剂、烘晒、烟熏等,这往往会引起中药材质量变化或受到药剂污染。改进传统包装、建立规范的储藏设施迫在眉睫。如实行真空包装或充入惰性气体保存中药材,可破坏虫害与微生物的繁殖条件,能有效地防治药材虫蛀、霉变和泛油。有研究表明,利用密封材料实行真空低温保存,麦冬可3~5年不出现虫蛀、泛油。在建立中药材仓储设施时,应具备防鼠、防虫功能,温、湿度调节功能及通风避光功能。

【知识拓展】>>>

9.2.3　植物产品化学品质的形成

栽培药用植物的目的不仅要求产品的数量,而且越来越重视药材的有用化学成分的多少及其相互间的比例。人类利用的植物种类多种多样,产品器官各不相同,所利用的化学物质种类及其含量和相互间的比例千差万别,有机结构十分复杂,有蛋白质、脂肪、糖类、单宁、生物碱、萜类、甙类和激素等多种化合物。而它们的产量和品质的形成,归根到底主要来源于光合产物的积累、转化及分配,是通过植物适宜的生长发育和代谢活动以及其他生理生化过程来实现的。即主要是由植物体光合初生代谢产物,如碳水化合物、氨基酸、脂肪酸等,作为最基本的结构单位,再通过体内一系列酶的作用,完成其新陈代谢活动,从而使光合产物转化、形成结构复杂的一系列的次生代谢产物。目前已明确的药用成分种类有:糖类、萜类、木质素类、甙类、挥发油、鞣质炎、生物碱类、氨基酸、多肽、蛋白质和酶、脂类、有机酸类、植物色素类、无机成分等。

依据植物的代谢类型可分为碳水化合物与蛋白质类,也就是相对形成碳水化合物类复合体为主和相对形成蛋白质类复合体为主的两种类型。含单宁、油脂、树脂及树胶等植物多属于碳水化合物的代谢类型;含生物碱的植物多属于蛋白质代谢类型。如碳水化合物代谢类型的萜类是植物界中广泛存在的一种次生物,是由异二烯组成。根据异二烯数目,有单萜、倍半萜、三萜、四萜和多萜之分。单萜、倍半萜很多是挥发油,如柠檬酸和薄荷醇等。分子量进一步提高,就成为树脂、胡萝卜素等较为复杂的化合物,而橡胶、杜仲等多萜则为高分子化合物。植物体内形成萜类的前体是焦磷酸异戊烯酯,它是由葡萄糖生成乙酸,再由乙酸经甲戊二羟酸生成的。属于蛋白质代谢产物类型的如存在于颠茄属、曼陀罗属和天仙子属植物中的天仙子胺,由莨菪碱和托品酸两部分组成。莨菪碱是由鸟氨酸和乙酸为原料合成的,而托品酸则是由苯丙氨酸为原料合成的。

可见,品质形成的实质是决定植物体内的某种代谢途径,而植物体内的代谢活动都受控于酶,也就是由植物个体的遗传基因,通过转录和翻译而成的酶来决定其代谢途径与能力的,从而使植物体同化外界条件满足生长的需要,完成其生活周期,并形成一系列的代谢产物。在这个过程中,与周围环境条件有着密切的关系,当环境因素发生变化,即影响酶的形成和活力,进而影响代谢途径,影响产品品质。因此,栽培上可以根据植物不同的代谢类型,用人为的方法选择和创造适合某种类型的条件,来加速某种代谢类型的植物体中有效成分的形成和转化过程。例如,对碳水化合物类型的植物,加强磷、钾营养和给植物创造湿润环境等,就可以促进植物体内碳水化合物的代谢过程,提高淀粉、蔗糖、油脂、单宁、树脂等物质的积累量。对蛋白质类型的植物,合理又适时增施氮肥并给植物以控水等措施,就可以植物体内的蛋白质和氨基酸的转化,从而加速生物碱在植物体内的积累过程。

【检查评估】>>>

序号	检查内容	评估要点	配分	评估标准	得分
1	品质分析	正确分析品质影响因素	30	遗传因素10分,气候因素10分,栽培措施10分	
合计			30		

项目小结

药用植物栽培的目的是为了获得较多的有经济价值的药材。人们常说的产量是指在单位土地面积上所获得的有经济价值的主要产品器官的质量即经济产量。由于人类栽培所需要的主产品不同,不同植物所提供的产品器官也各异。栽培药用植物的产量包括生物产量和经济产量两部分。生物产量是经济产量的基础,它是药用植物一生通过光合作用形成积累的有机物质的总量,即根、茎、叶、花和果实等的干物质量。经济产量是指栽培目的所获得的有经济价值的主产品的数量或质量。经济产量的高低依赖于生物产量向经济产量的转化效率即经济系数的大小。因此,要提高经济产量只有在提高生物产量的基础上,提高经济系数,才能达到提高经济产量的目的。药用植物产量一般由单位面积株数、单株产品器官数和单个产品器官质量组成。但是植物种类不同,产量构成因素有差异。要获得优质高产,必须要求库大源足流畅,也就是说必须要有大的源,供给同化物多,运转能力强,同时还要有与之相适应的储存器官(大的库),还要注意库之间的物质分配问题,要增"源"、扩"库"、"流"畅,才能提高药用植物产量。

药用植物品质的好与坏,直接关系临床用药的安全有效性,其必须符合国家药典及有关质量标准要求。药用植物的品质主要包含外观品质、内在品质两个方面。影响品质的因素归纳起来有遗传因素、气候因素和栽培措施。在药用植物栽培中,应科学规划药用植物生产基地,培育抗病虫害能力较强的品种,加强田间管理减少病虫害发生,科学防治药用植物病虫害,改进加工与储藏技术,以此来提高品质。

思考练习

1. 什么是生物产量和经济产量?二者之间有何关系?
2. 药用植物的产量由哪些因素构成?
3. 影响药用植物的品质有哪些因素?生产上提高药用植物品质的途径有哪些?

模块5

主要药用植物栽培

项目10　低坝平原区(400 m以下)药用植物栽培

【项目描述】

介绍杜仲、青蒿、麦冬、佛手、桔梗、白芷、板蓝根、红花、菊花、丹参10种低坝平原区药用植物的栽培。

【学习目标】

了解低坝平原区药用植物的生物学习性,掌握其主要繁殖方法及规范化栽培技术,熟悉其合理采收期及产地加工方法。

【能力目标】

能根据低坝平原区药用植物的生物学特性进行栽培和管理。

任务10.1　杜仲栽培

【工作流程及任务】>>>

工作流程:
选地整地—繁殖方法选用—种植模式选用—田间管理—病虫害防治—采收加工。
工作任务:
种子繁殖,育苗移栽;杜仲环剥;采收加工。

【工作咨询】>>>

10.1.1　市场动态

杜仲为我国的特有树种。据全国中药资源普查,在20世纪70年代以前,药用杜仲主要来源于野生资源和自发栽培。1957年杜仲全国收购量与销售量基本持平,均为50万kg,随着药用量和出口量的不断增加,杜仲资源却日益减少,供求失衡,价格上涨。由于价格的刺激,药商开始超量收购,导致乱砍乱伐,资源破坏。到1985年杜仲年需求量升至约170万kg,

杜仲市场一度走俏,刺激了盲目种植,加之管理工作没能跟上,使杜仲商品质量下降,出口量减少,价格下滑,市场走势趋缓。目前,我国年产杜仲600万~800万kg,其中国内需求量300万kg,出口120万~180万kg,市场行情比较稳定,2013年9—10月玉林、亳州、西安、廉桥、都江堰等药材市场板皮售价为11~13元/kg,枝皮售价约10元/kg。随着药用研究与综合利用不断深入,国内外需求量会有一定增加,加之国家已将杜仲列为42种重点保护的野生动、植物之一,是国家专控经营的4种中药材之一,故杜仲规范化种植的实施非常重要,市场前景看好。由于杜仲生长周期长,所以市场需求量大,按市场变幅价计算,杜仲树收获杜仲皮的年效益在2 000元/667 m^2 左右,密植采叶林收获杜仲叶的年效益为1 500元/667 m^2 左右,如在其下间作蔬菜和粮食作物,综合效益更为可观。

10.1.2 栽培地选择

1)选地依据

(1)生长习性　杜仲种子果皮含胶质,吸水膨胀后,裂开仍很困难。沙藏处理后种子在地温9 ℃开始萌动,15 ℃左右2~3周可出苗。幼苗在5月以前生长缓慢,6—8月为速生期,以6月株高生长最快,9月生长减缓,10月生长基本停止,进入休眠。

杜仲是速生树种,发育快的5年就可开花结实,但通常是8年左右才开花结实,进入成年树阶段。成株杜仲,每年3月萌动,4月放叶同时现蕾开花,往往雄花先开,花期7 d左右;雌花比雄花后开3~4 d,花期也是7 d左右。5月中下旬果实发育定型,10—11月种子成熟。

杜仲树高生长速度初期较缓慢;速生龄在10~20年间;年平均伸高40~50 cm;20~35年生树生长速度渐次下降,年伸高30 cm;其后生长量急剧下降。胸径生长速度最初也缓慢;速生龄在15~25年间,年平均增长量8 mm;25~40年树胸径生长速度渐次下降,年生长量5 mm;100年后急剧下降。

杜仲根系较为发达,再生力极强,根砍伤后,便可抽生新蘖。树皮受创伤后愈合力强,如不损伤木质部,环剥茎皮可再生。

(2)环境要求　杜仲属阳性植物,宜生活在温和湿润的环境,尤喜阳光充足,耐阴性差,因此,造林密度不宜过大,但幼苗期宜稍阴环境。

杜仲适应性较强,分布区域比较广,在年均温11.7~17.1 ℃,绝对最高温33.5~43.6 ℃,绝对最低温-4.1 ℃,年降雨量478.3~1 401.5 mL的地区均能正常生长,成株杜仲甚至可耐-40 ℃低温。

杜仲对土壤适应性也强。pH6~8的土壤均能生长,但以土层深厚、肥沃、湿润、排水良好的砂壤土最适宜。

2)栽培选地

宜选土层深厚、疏松、肥沃、酸性或微酸性,湿润、排水良好的向阳缓坡地。

10.1.3 繁殖方法

可用种子、扦插、嫁接、压条繁殖。生产上以种子繁殖为主。

1)种子繁殖

(1)种子处理　杜仲种子寿命短,陈年种子发芽力减退,宜选新鲜、饱满、浅褐色、有光泽种子作种。杜仲果皮含胶质,种子吸水困难,冬播者即采即播任其自然慢慢腐烂吸水,翌春可正常发芽出苗。而春播前不经种子处理,则播后发芽率低。生产上一般是播前30~50 d将种子与清洁湿砂(1∶1)混合进行层积处理,当大多数种子萌动,幼芽稍露白尖时即可筛出播种。或于播前将种子放入60 ℃的热水中浸烫,边浸烫边搅拌,当水温降至20 ℃;使其在20 ℃浸泡2~3 d,每天换水1~2次,待种子膨胀后取出,即可播种。

(2)苗圃地准备 圃地宜选择土质疏松、透气性好,前茬为玉米、小麦、大豆或水稻的地块,长期种植花生、蔬菜、牡丹的地块不宜作苗圃地,重茬育苗对杜仲苗木生长影响较大。在前一年秋冬深翻25~30 cm,播种前半个月进行精细整地,结合整地每hm^2施入堆肥15 000~37 500 kg,火灰1 500~2 250 kg,最好能加施油饼750~1 500 kg,然后作1.3 m宽的高畦。

(3)播种 冬播、春播均可。冬播在11—12月,发芽率最高,春季出苗早且整齐。春播在2—3月,当地温稳定在10 ℃以上时播种。多采用条播,在整好的畦面上按行距20~25 cm开沟,沟深3~4 cm,播幅6~10 cm,播种量60~75 kg/hm^2。播后盖细土2~3 cm,盖草,保持土壤湿润,以利种子萌发。

(4)苗田管理 温水浸种的一般播种后一月种子陆续出苗,湿砂层积处理的半月左右出苗。幼苗出土后,于阴天逐渐揭去盖草。幼苗忌烈日照射和干旱,要适当遮阴,旱季及时浇水,雨季注意防涝。每行留壮苗20~25株,出苗量控制在15.0~25.0万株/hm^2。间苗后中耕除草,此时苗细弱,最好手拔,行间可浅锄,以后视杂草生长情况再中耕除草1~2次,为使幼苗生长迅速、健壮,苗期应追肥2~3次。间苗除草后施一次,以后结合中耕除草施1~2次。每次用稀释的人畜粪尿37 500 kg/hm^2,加过磷酸钙90 kg/hm^2左右。施肥时切忌污染苗叶。秋季不再施肥,避免晚期生长过旺而降低抗寒性。

第二年春,苗高60~70 cm以上即可移栽定植,小苗、弱苗可留在苗床内继续培养。或将1年生实生苗栽植成行距0.5 m,株距0.3 m,栽后全部进行平茬,留一萌芽,1年后培育成苗高2 m以上的粗壮苗木,育苗量为66 000株/hm^2。

2)扦插育苗

春夏之交,选幼龄、半木质化的杜仲一年生嫩枝,剪成5~6 cm长的插条,插条靠芽上部用刀片切削,并削去1/2叶片,用粗河沙作基质扦插,插入土中2~3 cm,株距7~10 cm,行距20 cm;在土温21~25 ℃时,15~30 d即可生根。如用50×10^6 NAA处理插条24 h,成活率可达80%以上。插条生根长度达3 cm以上时,炼苗5~7 d,选择阴天或晴天下午4时以后移栽,移栽后遮阳5~7 d。

3)嫁接育苗

以杜仲实生苗作砧木,当砧木地径达0.6 cm以上时,采用带木质嵌芽接的方法进行嫁接;嫁接时间为8月中旬至9月下旬;嫁接前1周苗圃浇透1次水;嫁接时先在砧木上削取3 cm长盾形芽片,再取接芽,芽片长3 cm左右,其中芽上2 cm,芽下1 cm,将砧木和接芽形成层对好,用塑料条包扎;第二年春季萌动前解绑、剪砧,接芽萌发后注意抹芽。

此外,还有压条育苗和伤根萌蘖育苗等。

10.1.4 整地移栽

1)整地

大面积栽种时,栽前应深翻,然后按(2 ~2.5)m × 3 m 的株行距挖穴,深 30 cm,坑径 70 cm,穴内施腐熟厩肥 2.5 ~3.0 kg,饼肥 0.2 ~0.3 kg,过磷酸钙 0.2 ~0.3 kg 作基肥,以备栽种种植,也可利用房前屋后、路旁、地边零星土栽培。

2)移栽

杜仲苗于秋季苗木落叶时起至翌年春萌芽前均可移栽。以春季移栽成活率高。一般顺畦边起苗,严禁用手拔苗,起苗后选苗高 60 cm 以上无病虫害苗及时栽种,边起苗边栽,当天栽不完的要假植在苗床中,以防幼苗失水。在预先整好的地坑中施入堆肥,约 75 000 kg/hm^2,然后垫入部分表土,每窝栽一株,根应舒展,逐层填土压紧,然后浇水待水渗入后,再盖少许根土,使根基培土略高于地面。

近年来,各地推行全截更新速生栽培法,即于秋季定植越冬后第二年早春,在芽萌动前,于主干离地 5 cm 处全截更新,以刺激下部潜伏芽抽发新梢,再经春追肥、夏除草、冬培土等抚育管理,使苗生长速度比实生苗定植的快 1 倍以上。

另有人研究杜仲密植问题,即移时以 0.8 m×1 m 的株行距栽植,第 7 年起春秋间伐,三抽一,以后逐渐间伐至株行距 1.6 cm×2 cm,以提高杜仲产量,有效利用土地。

10.1.5 田间管理

1)中耕除草

定植后 1 ~4 年内,每年于春、夏季各中耕除草 1 次,如有间作可与间作作物结合进行,但不可过深伤根,幼林荫蔽后,每隔 3 ~4 年,在夏季中耕除草一次,改善土壤通透性,杂草翻入土中,增加土壤肥力。

2)追肥

每年春、夏各追肥一次。春季为杜仲树高生长高峰期,施堆肥或厩肥 15 000 kg/hm^2,加火灰 750 kg/hm^2,株旁挖窝或环施。施后盖土,如土壤过酸,可加施石灰,约 450 kg/hm^2。每年 5—7 月为杜仲径粗速生期,应于夏季增施一次速效磷钾肥,如用 0.5% 尿素和 0.3% 磷酸二氢钾混合液进行根外追肥,效果显著。

3)修剪

为保证主干生长高大健壮,要适当疏剪侧枝,修剪工作多在休眠期进行。一般成树在 5 m 以下不保留侧枝,并随时打去树身上的新枝,使主干高大,树木成材,杜仲皮质量好。如以采叶为主,则于定植第 3 年,离地 50 cm 处截干,落植成矮生木型。以后每隔 3 年截干一次。

4)林木更新

杜仲萌发力强,采用根桩萌芽更新,砍伐剥皮后,加强管理,可很快培植成新林。

10.1.6 种植模式

杜仲移栽 4 ~5 年内,树冠小,行间空隙大,可间作豆类、薯类、蔬菜等矮秆浅根作物,以短养长。但不宜作高秆或藤蔓作物。5 年后林木荫蔽,可酌情间种耐阴药材,如天南星、玉竹。

杜仲可采用如下优化栽培经营模式:

1) 乔林栽培模式

这种模式可以获得皮厚、等级高的树皮及优质的树叶和木材。栽植密度(1×1)m ~ (3×4)m,林地荫蔽后疏伐,最终保留 825 ~ 1 650 株/hm^2。

2) 头木林栽培模式

目的是提高杜仲早期经济效益,缩短杜仲经营周期,皮、叶、材兼用。栽植密度(2×3)m ~ (3×4)m,定植 2 ~ 3 年后,当胸径达 3 cm 左右时,于休眠期从地上 1.0 ~ 1.5 m 处截干,春季萌发时,选择分布均匀、靠剪口 2 ~ 5 cm 的粗壮萌条 4 ~ 6 个,定向培育,其余枝条抹去,所留枝条基径达 5 ~ 6 cm 时,全部砍掉剥皮。2 ~ 3 年为一个经营周期;当主干粗达 15 cm 左右时,将主干剥皮利用。

3) 宽窄行带状矮林栽培模式

可以提早收益,皮、叶、材兼用。宽行 1.5 ~ 4 m,窄行 0.5 ~ 1 m,栽植 1 年后,靠地上 2 ~ 3 cm处全部平茬,留一萌芽培养成植株,平茬当年 5—7 月注意将叶腋内萌芽抹去,促进主干生长;3 ~ 4 年后可全部砍伐或间伐,全部砍伐后重新在伐桩上培育新的萌条,3 ~ 4 年后为一个经营周期。

4) 高密度丛状矮林栽培模式

以采叶为主。栽植密度 1×0.5 m 或(1+0.5)m×0.5 m;栽植当年从地上 20 cm 左右截干,留萌条 3 ~ 5 个,以后每年将萌条从基部剪掉收获叶和枝条;经营周期为 1 年。

5) 高接换雌模式

将种植密度(2×3)m ~ (3×4)m,胸径 3 ~ 10 cm 的杜仲从地上 1.0 m 处截干,留萌条3 ~ 4 个,5—6 月当萌条基径达 0.6 cm 时,选择良种雌株作接穗,采用带木质嵌芽接方法嫁接,接后 7 ~ 10 d,靠接芽上部 2 cm 处剪去砧条,7 月上中旬萌条长 50 cm 以上时,进行主干或主枝环剥、环割处理,以后每年 6 月上中旬进行环剥处理,增施磷、钾肥;修剪成自然开心形或圆头形。

10.1.7 病虫防治

1) 病害

(1) 立枯病　在苗圃中早有发生,4—6 月多雨多湿季节,易使出土不久的幼苗在近地面的茎基部变褐腐烂,收缩干枯,立即倒伏。

防治方法:选地势高燥、排水良好地作苗床;整地时,用 70% 五氯硝基苯粉 15 kg/hm^2 或硫酸亚铁 300 kg/hm^2 进行土壤消毒;发现病株及时拔除,并用福尔马林 1 000 倍液浇灌病穴。

(2) 根腐病　病苗木根部皮层和侧根腐烂,植株枯萎,但死苗站立不倒,这是与立枯病最大的区别。一般在 6—8 月发生。

防治方法:同立枯病。

(3) 叶枯病　一般危害成年树。被害叶片出现褐色斑点,不断扩大,病斑边缘褐色,中间灰白色,有时病斑穿孔,严重时,叶片枯死。

防治方法:发病初喷 1∶1∶100 波尔多液,每 7 ~ 10 d 喷 1 次,连喷 2 ~ 3 次。清洁田间,及时清除病枝残叶,集中烧毁。

2)虫害

(1)木蠹蛾　以幼虫蛀食树干木质部,造成空洞。

防治方法:冬季清园,消灭越冬害虫;用药棉浸80%敌敌畏油,塞入蛀孔,用泥封口,毒杀幼虫。

(2)其他虫害　另有蚜虫、地老虎、刺蛾,按常规方法防治。

10.1.8　采收加工

1)留种

选择散生向阳,树龄20~30年,树皮厚、光滑、无病虫害和没剥过皮的健壮雌株作采种母株。10月下旬至11月,当种子呈栗褐色,有光泽,种子饱满而有油质时,选无风晴天,先在树冠下铺采种席或布,用竹竿轻敲树枝,使种子落在席上或布上,然后收集种子薄摊于通风阴凉处晾干,忌烈日暴晒或火炕,以免降低发芽率。一年以上陈种不能作播种材料。

2)收获

杜仲定植后15~20年,才能开始剥皮,树皮厚度才符合药典要求。剥皮时期以4—6月树木生长旺盛时期,树皮容易剥离,也易愈合再生,树皮采收方法主要有两种:一是砍伐剥皮;二是活树剥皮。以活树剥皮能保护树木,充分利用资源,且能提高单株产量。

(1)砍伐剥皮　多在老树砍伐时采用。于树干基部10 cm处绕树干锯一环状切口,在其上每隔80 cm环割一刀,于两切口之间,纵割后环剥树皮,然后把树砍下,如此剥取,不合长度的可作碎皮供药用。茎干的萌芽和再生力强,采伐后的树桩上能很快长新梢,育成新树。

(2)活树剥皮法

①部分剥皮。即在树干离地面10~20 cm以上部位,交替剥落树干周围面积1/4~1/3的树皮,每年可更换部位,如此陆续局部剥皮,这种轮换剥皮,树木不死亡,恢复生长快。

②大面积环状剥皮。当杜仲胸径达5 cm以上时进行剥皮,最佳剥皮时间为5—6月,此时昼夜温差小,树木生长旺盛,体内汁液多,树皮再生能力强,成活率高。

以多云天或晴天下午4时为宜,以日均25 ℃左右,空气相对湿度80%时为好,如天气干旱,应在剥皮前3~5 d适当浇水,以增加树液,有利剥皮和愈伤组织的形成。先在树干分枝以下5 cm处环割一圈,深达木质部,再从地上10 cm处同样横割1圈,然后从上下两刀口之间纵割1刀,深达形成层,注意不能损伤木质部表面的幼嫩木质部的细胞,轻轻将树皮全部剥掉,喷施"杜仲增皮灵",用地膜包扎好,上部包扎紧,下部稍松;剥皮40 d后揭开薄膜。利用上述剥皮再生技术,剥皮成活率可达100%。2~3年后树皮可长成正常厚度,能继续依法剥皮。

大面积环剥后有的采用10 ppm 2.4-D或10 ppm赤霉素或10 ppm萘乙酸加10 ppm赤霉素处理剥皮部位,以促再生新皮。也可将剥下树皮复原盖上,再用麻片松松捆住,隔一段时间后,再将皮取下加工。还可用塑料薄膜遮盖,防止水分过分蒸发或淋雨。一般剥皮后3~4 d表面出现淡黄绿色,表明已开始长新皮,若出现黑色,则预示不能生长新皮,树木将死亡。

3)加工

将剥下的树皮用沸水烫后摊开,两张的内皮相对并压平,然后一层一层重叠平放于有稻草垫底的平地上,上盖木板,以重物压实,再覆稻草,使其发"汗",一周后,当树皮内面已呈紫褐色时,即可取出晒干,刮去粗皮即成商品。

杜仲叶,于10—11月落叶前采摘,除去叶柄和枯叶杂质,晒干即成商品。

10.1.9 药材质量

1)国家标准

《中国药典》2010年版一部杜仲项下规定:

浸出物:照醇溶性浸出物测定法项下的热浸法测定,用75%乙醇作溶剂,不得少于11.0%。

含量测定:用高效液相色谱法测定,本品含松脂醇二葡萄糖苷($C_{32}H_{42}O_{16}$)不得少于0.10%。

2)传统经验

均以身干、皮细、内皮厚、块大、去净粗皮、断面白色、胶丝多、内表面紫褐色或黑褐色,无杂质、霉变者为佳。

【知识拓展】>>>

10.1.10 杜仲的道地性

杜仲原产中国,始载于《神农本草经》,列为上品,栽培历史近千年。为我国特产,1896年传入欧洲,1906年传入俄罗斯,目前在世界各地均有栽培。我国分布在北纬25°~35°,东经104°~119°,南北横跨10°左右,东西横跨15°。垂直分布范围在海拔300~1 500 m。主产于四川、重庆、贵州、云南、陕西、湖北、河南等省市,广西、江西、浙江、安徽等省区也有产,杜仲中心产区大致在陕南、湘西北、渝东北、滇东北、黔北、黔西、鄂西、鄂西北、豫西南地区。

10.1.11 杜仲识别

杜仲为杜仲科落叶乔木。株高可达20 m。全株含橡胶,皮、果、枝、叶折断时有银白色胶丝。树干挺直,树皮灰色。单叶,互生,叶柄1~2 cm,无托叶;叶片卵状椭圆形,边缘有锯齿,基部广圆形,先端锐尖;幼叶两面被棕色柔毛,老叶仅下面沿叶脉被疏毛。花单性,雌雄异株;花先叶开放或与叶同放,单生于小枝基部;雄花有雌蕊4~10枚,花药条形,花丝极短;雌花子房狭长,顶端有2叉状花柱,1室。翅果长椭圆形,扁平而薄,中间稍凸,先端有缺刻。种子1枚,如图10.1所示。

图10.1 杜仲

10.1.12 药用价值

杜仲别名为丝棉木、玉丝皮、丝棉皮、思仲。以树皮入药，现经研究证明杜仲叶与杜仲皮相似，也可供药用。含桃叶珊瑚甙、杜仲胶、树脂、鞣质等。有补肝肾、强筋骨、安胎、降压的功能；用于肾虚腰痛、腰膝无力、胎动不安、先兆流产、高血压等症，杜仲还是一种天然抗衰老药。杜仲胶是国防化工、电器等工业的重要原料，将成为我国新兴的橡胶资源。

10.1.13 杜仲开发利用

1）药用

杜仲皮可制成饮片供中药配方使用，还是许多中成药的主要原料，如杜仲壮骨丸、龟龄膏、清宫长春胶囊、天麻杜仲丸等。

2）保健品

杜仲含有17种游离氨基酸，其中有7种是人体必需而又不能在人体内合成的，所以具有保健功能。目前已开发出杜仲茶、杜仲酱、杜仲挂面、杜仲速溶粉、杜仲冲剂、杜仲晶、杜仲咖啡、杜仲可乐、杜仲酒等保健品和杜仲牙膏等日用品。

3）工业原料

杜仲果皮含杜仲胶10%～15%，杜仲皮含杜仲胶6%～12%，杜仲叶含杜仲胶1.5%～4.2%，利用杜仲胶制成的硬橡胶可塑性强、绝缘性好、耐磨性高、隔热，并有对酸、碱等化学试剂的稳定性，可用于制作航空电器和海底电缆，也是生产各种车辆的轮胎、粘合剂和胶鞋等的材料，还可以用于制造各种耐酸碱容器的衬里和输油胶管。

此外，杜仲叶可作为生产饲料添加剂的原料，杜仲是优良的园林绿化和理想的水土保持树种，其木材是制造舟车、高档家具及工艺品的优良材料。

【计划与实施】>>>

杜仲环剥

1）目的要求

掌握杜仲环剥适宜时期、时间的确定和关键操作技术，学会剥后管理提高成活率的方法。

2）计划内容

（1）环剥的适宜时期的确定　杜仲剥皮以4—7月树木生长旺盛时期进行较好，4—7月的气候特点是高温多湿，气温为25～36 ℃，相对湿度在80%以上，昼夜温差小，树木生长旺盛，体内汁液多，这时树皮容易剥落，也易于愈合再生，成活率高。环剥应在阴天或多云天进行，如果是晴天，应在下午4时以后进行。环剥时如果气候干燥，要注意在剥前3～4 d适应浇水，以增加树液，利于剥皮。

（2）操作方法的掌握　选择生长势强壮的杜仲树进行环剥，先在树干分枝处的下面横割

1 刀,再与之垂直呈丁字形纵割 1 刀,深度要掌握好,割到韧皮部,不要伤害木质部。然后撬起树皮沿横割的刀疤把树皮向两侧撕离,随撕随割断残连的韧皮部,待绕树干 1 周全部割断后,即向下撕到离地面约 10 cm 处割下树皮,环剥即告完毕。

剥皮的手法要准(不伤害木质部),动作要轻、快、准,将树皮整体剥下,不要零撕碎剥,更不要戳伤木质部外层的幼嫩部分,也不要用手触摸,因为这些部分稍受一点损伤,就会影响该部分愈伤组织的形成,进而变黑死亡。

(3)剥后观察及管理　一般表面呈现黄绿色,表示已形成愈伤组织,逐渐长出新皮。剥皮 3～4 年之后,新树皮能长到正常厚度,可再次环剥。环剥后表面呈现黑色部分,表示该处不能形成愈伤组织,也就不能长成新树皮。若环绕树干 1 周均呈黑色,则表示环剥失败,植株死亡。剥皮后 24 h 严禁日光照射、雨淋和喷农药,否则会造成植株死亡。

3)实施

4～5 人一小组,以小组为单位,负责环剥时期、时间的确定和环剥树的选择,环剥工具及剥后保护工具准备,掌握操作方法和关键技术要领,掌握剥后管理及观察方法,保证剥后杜仲树的成活率。

【检查评估】>>>

序号	检查内容	评估要点	配分	评估标准	得分
1	种子繁殖	正确进行种子处理、苗圃地准备、播种、苗床管理	50	①种子处理、苗圃地准备、播种,方法正确计 15 分,全错一项扣 10 分,操作不规范酌情扣分; ②苗床管理有记载、有措施计 15 分,全班评比计分; ③幼苗健壮计 20 分,长势长相差的计 5～10 分	
2	整地移栽	正确整地、施肥、移栽	20	①整地精细,深、松、细、平、净,计 10 分,差的每项扣 2 分; ②移栽时期、规格正确,移栽质量好,计 10 分,否则每项扣 3 分	
3	活树剥皮	正确选择环剥时期时间、操作正确	30	①环剥时期、时间正确,计 5 分,否则,酌情扣分; ②操作正确,手法轻、快、准,计 5 分,差一项扣 2 分; ③剥后成活率 100%～95% 计 20 分,94%～90% 计 18 分,89%～80% 计 15 分,79%～70% 计 10 分,69%～60% 计 5 分,60% 以下不给分	
合　计			100		

任务 10.2　青蒿(黄花蒿)栽培

【工作流程及任务】>>>

工作流程：

选地整地—繁殖方法选用—田间管理—病虫害防治—采收加工。

工作任务：

种子繁殖与育苗移栽,田间管理,采收加工。

【工作咨询】>>>

10.2.1　市场动态

据世界卫生组织(WHO)报道,全世界每年因感染疟疾而死亡的人数多达 100 万。引起疟疾的寄生虫恶性疟原虫对于传统的抗疟药已经产生了抗药性,而青蒿素及其衍生物被认为是治疗抗药性疟疾的有效方法。2003 年 4 月,医生无国界组织呼吁开展国际性援助以促进以青蒿素为基础的联合治疗方案(ACT 方案)的迅速实施,即通过青蒿素配合其他作用机制的传统抗疟药来治疗疟疾。青蒿素市场快速扩大,周边各国也开始栽种青蒿,我国青蒿素原料药市场受到周边国家的冲击。2009 年 12 月,国际卫生组织(WHO)就曾在其发布的《2009 年世界疟疾报告》中呼吁“停止使用青蒿素单一药物疗法,建议使用复方药物治疗疟疾”。2013 年 1 月,在肯尼亚内罗毕召开的“2013 国际青蒿素年会”上,来自国际制药巨头赛诺菲的消息显示,其采用发酵方法由单糖生产的青蒿素,2012 年发酵方法产量达 38.7 t,预计 2013 年将达到 60 t。2012 年我国用青蒿提取青蒿素的产量为 10 t,2013 年达到 35 t。2006 年全国青蒿种植面积大约为 16 667 hm^2,2007 年达到 53 333 hm^2,出现严重过剩,2008 年萎缩到不足 3 333 hm^2,2010 年恢复到 13 333 hm^2,2012 年达到 20 000 hm^2,价格突破 16 元/kg。2013 年栽培面积为 28 667 hm^2,产量约 5.0 万 t,收购量 4.5 万 t 左右,再次出现供过于求,青蒿收购价为 8 元/kg 左右。

10.2.2　栽培地选择

1)选地依据

(1)青蒿的生长习性　青蒿原植物为一年生草本黄花蒿,高度 0.3 ~ 2.0 m,最高达到 3 m,能长成如小树一样的大株丛。种子细小,发芽温度 8 ~ 25 ℃。播种一般在 2 月中旬至 3 月中旬,幼苗越冬,解冻不久就返青,迅速生长根和簇叶。4—6 月为营养生长期,7—9 月为生殖生长期,7—8 月开花,8—9 月为种子成熟。由于生长期短,播种期太晚或采收期太早,都会直接影响黄花蒿的产量和质量,8月采收青蒿素含量一般在0.8%~1.0%。

(2)青蒿对环境的要求　青蒿喜温暖湿润气候,不耐荫蔽,忌涝。生境适应性强,东部、南部省区生长在路旁、荒地、山坡、林缘及河岸等处;其他省区还生长在草原、森林草原、干河谷、半荒漠及砾质坡地等,也见于盐渍化的土壤上,局部地区可成为植物群落的优势种或主要伴生种。

2)栽培选地

黄花蒿喜湿润肥沃的土壤,以阳光充足,疏松肥沃,富含腐殖质,排水良好的砂质壤土栽培为宜。

10.2.3　繁殖方法

青蒿用种子繁殖。

1)种子处理

青蒿种子极小,按每克种子用500 g细沙拌匀成种子灰后播种,或者将种子与草木灰按1∶100的比例拌匀(质量比),便于均匀撒播。

2)苗圃地准备

育苗地选在规划青蒿种植适宜区域的地块。要求避风向阳,地势平坦,土壤肥沃,土质疏松,保水保肥性好,土层深厚(30 cm以上),水源和交通便利等。选择有灌溉条件的沙壤土或有机质含量丰富的疏松地块作苗床。时间一般在1月21日—2月15日,制作前5~15 d,施1 000~1 500 kg/667 m^2 完全腐熟的农家肥与床土拌匀,苗床精细整地,挑沟起垄,垄宽1.2 m,沟宽20 cm,沟深30 cm。长度因地而定,最长不得超过10 m。表土(厚度5 cm)最大土粒的最大直径不得超过1 cm,且平整或成龟背型。每床施40~50 kg淡粪水湿润土壤。

3)播种

(1)播种期　播种时间为11月至次年4月,重庆产区多在2月底至3月初进行播种。

(2)播种方法　苗床用种量按0.2 g/m^2 计算。播前先从垄沟灌水,但不可漫过床面,让苗床吸透。将处理好的种子均匀播于床面。播后拱盖地膜防霜或防雨冲刷,保持土壤湿润。用竹片拱棚,盖上农膜,四周用泥土压实。育苗后3 d检查一次,如果床面发现土粒发白,用水淋湿。

4)苗床管理

播后经5~15 d种子发芽。幼苗长至4~6叶时,8叶以前不可追任何肥料,否则容易造成死苗。8叶以后按“薄肥勤施、试后再施”的原则施肥。出苗后每1~2 d检查一次,特别注意苗床湿度,如缺水在早、晚及时浇水,雨天用雨水淋湿。遇高温晴天(气温不低于25 ℃),将薄膜两端揭开通风降温。揭膜炼苗,苗长至两叶后或气温≥20 ℃,遇晴天,上午9时揭开两端薄膜,下午16时重新盖膜。至3~4叶期或气温稳定达到15 ℃以上,即可完全揭去薄膜。施定苗肥:间苗定苗后,每床用淡粪水35 kg加尿素50 g溶解后缓缓浇施(避开中午烈日)。

5)假植

如果床上苗数太多太密,可将过密的苗移去部分用于假植。假植的株行距为10 cm×

15 cm,植后淋水。在3月20日—4月10日进行。苗床设在种植基地的大田内。床基与“育苗苗床制作”方法相同,按每床300 kg泥土,150 kg腐殖土,40 kg堆肥,2 kg过磷酸钙整细混合拌匀,用粪水80~100 kg/床,边翻边拌,湿度适宜,拌至手捏成团,落地能散。青蒿苗栽植满床后覆膜搭阴棚。移栽前3 d,每床施加氯化钾0.1 kg、过磷酸钙0.2 kg的淡粪水30~40 kg为送嫁肥。在起苗后来不及移栽的苗子也可以进行假植,延后移栽。

10.2.4 整地移栽

1)整地

荒地在年前割去杂草,深翻除去草根,过冬后移栽前10 d之内第二次整地,稻田和平地开宽1~1.1 m、高20 cm、沟宽25 cm的高厢,坡地横向开沟,设置沉沙凼,防止雨水冲刷导致水土流失。

2)移栽

时间在4月10日—4月30日,种植密度为1 000~1 200株/667 m^2,行距1~1.1 m、株距60~80 cm。移栽时施基肥:将堆制发酵好的堆肥500~800 kg/667 m^2、过磷酸钙15~25 kg/667 m^2、氯化钾5 kg/667 m^2、尿素3 kg/667 m^2(或青蒿专用复合肥20 kg/667 m^2)均匀于穴底,盖上厚2~3 cm碎土,植苗于穴中。

10.2.5 田间管理

1)中耕除草(第一次)

移栽后20~30 d进行第一次中耕除草,要求浅耕破土,除净杂草。施粪水500 kg/667 m^2(或青蒿专用复合肥20 kg/667 m^2)。

2)除草培土(第二次)

第一次除草25~30 d后。杂草除净后将青蒿行间的泥土垒到青蒿植株基部进行培土,培土高20~25 cm,直径30~40 cm。结合除草培土施追肥。采用先施用尿素7 kg/667 m^2、过磷酸钙10 kg/667 m^2,氯化钾5 kg/667 m^2和粪水500~600 kg/667 m^2,混匀的肥料(或青蒿专用复合肥18 kg/667 m^2),然后培土的方法。

10.2.6 病虫防治

1)病害

青蒿主要病害是茎腐病。在多雨季节,如发生茎腐病,可用灭病威或托布津防治。

2)虫害

(1)蚜虫　应在其迁飞扩散前喷药,用40%乐果或20%速灭丁或蚜虱净等喷雾防治。或者用老烟头浸出液加1:40石灰水喷雾防治。

(2)青虫　用苦参素、茴素等水液防治。每年挂果后用40%乐果1 000倍液防治2~3次。

(3)红蜘蛛　采用冬季封园的方法,用石硫合剂在11月封园。

(4)红蚂蚁　将两块普通肥皂溶化后加白糖500 g兑水15~20 kg,充分摇匀、灌根可防治。

10.2.7　采收加工

1)留种

青蒿种子一般由青蒿素生产企业集中生产和供应。企业选择含量高的青蒿品种作为种源,集中栽培,开花前剔除生长不良的单株,选择生长良好、产量高、无病虫害的植株留作种株,后期增施磷钾肥,加强田间管理,在8—9月种子成熟后采收,晾干储藏备用。也有个别农户自己留优良单株做种。

2)药材采收

8月前后花蕾期或刚盛开时采割。在晴天的上午,没有露水时采收,将青蒿砍倒就地晾晒,然后运回晒场集中翻晒加工,或用塑料条布就地作晒场加工。

3)加工

作为配方用药的青蒿,可以剔除老的枝梗,将绿色的嫩枝及叶片一起切成3~5 cm的段晒干包装;作为提取青蒿素原料的青蒿,只能在叶子晒干后,用木棍或者连盖将青蒿叶打下,除去老的茎枝,再用孔径0.5 cm筛子筛去剩余不带叶枝梗,然后用编织袋包装。

10.2.8　药材质量

1)国家标准

根据《中国药典》2010年版规定,水分不得超过14.0%,总灰分不得超过8.0%,醇溶性浸出物不得少于1.9%。

本品茎呈圆柱形,上部多分枝,长30~80 cm,直径0.2~0.6 cm;表面黄绿色或棕黄色,具纵棱线;质略硬,易折断,断面中部有髓。叶互生,暗绿色或棕绿色,卷缩易碎,完整者展平后为三回羽状深裂,裂片和小裂片矩圆形或长椭圆形,两面被短毛。气香特异,味微苦。

2)传统经验

以无泥沙等杂质,枝干少、叶多、色绿、香气浓者为佳。

【知识拓展】>>>

10.2.9　青蒿的道地性

青蒿广布于欧洲、亚洲的温带、寒温带及亚热带地区,在欧洲的中部、东部、南部及亚洲北部、中部、东部最多,向南延伸分布到地中海及非洲北部,亚洲南部、西南部各国;另外还从亚洲北部迁入北美洲,并广布于加拿大及美国。我国大部分地区有分布,东半部省区及西南大部分区域分布在海拔 1 500 m 以下地区,西北及毗邻的西南部分区域分布在 2 000 ~ 3 000 m 地区,青藏高原地区分布高达在 3 650 m 左右地区。家种主产重庆万州、石柱、忠县、丰都、酉阳、秀山等地。重庆渝东南、渝东北为道地产区。

10.2.10　青蒿原植物的识别

青蒿来源于菊科植物黄花蒿一年生草本,高 40 ~ 200 cm。全株具较强挥发油气味。茎直立,具纵条纹,多分枝,光滑无毛。基生叶平铺地面,开花时凋谢;茎生叶互生,幼时绿色,老时变为黄褐色,无毛,有短柄,向上渐无柄;叶片通常为三回羽状全裂,裂片短细,有极小粉末状短柔毛,上面深绿色,下面淡绿色,具细小的毛或粉末状腺状斑点;叶轴两侧具窄翅;茎上部的叶向下逐渐细小呈条形。头状花序细小,球形,径约 2 mm,具细软短梗,多数组成圆锥状;总苞小,球状,平滑无毛,苞片 2 ~ 3 层,背面中央部分为绿色,边缘呈淡黄色,膜质状而透明;花托矩圆形,花全为管状花,黄色,外围为雌花,中央为两性花,花冠先端 5 裂,雄蕊 5 枚,花药合生,花丝细短,着生于花冠管内面中部,雌蕊 1 枚,花柱丝状,柱头 2 裂,呈叉状。瘦果椭圆形,微小,淡褐色,表面具隆起的纵条纹。花期 8—10 月,果期 10—11 月,如图 10.2 所示。

图 10.2　黄花蒿

10.2.11　青蒿药用价值

青蒿,苦、辛、寒。归肝、胆经。清虚热,除骨蒸,解暑热,截疟,退黄。用于温邪伤阴,夜热早凉,阴虚发热,骨蒸劳热,暑邪发热,疟疾寒热,湿热黄疸。现在多用于作为提取青蒿素的原料,青蒿素及其衍生物主要用于制造抗疟疾病的药物。

【计划与实施】>>>

青蒿育苗

1)目的要求

掌握青蒿种子处理、苗床准备、播种及田间管理方法和操作技能。

2)计划内容

(1)种子处理　将种子与草木灰按1:100的比例拌匀(质量比),便于均匀撒播。

(2)苗圃地准备　育苗地选在公司规划青蒿种植适宜区域的地块。要求避风向阳,地势平坦,土壤肥沃,土质疏松,保水保肥性好,土层深厚(30 cm以上),水源和交通便利等。选择有灌溉条件的沙壤土或有机质含量丰富的疏松地块作苗床。时间一般在1月21日—2月15日,制作前5~15 d,施1 000~1 500 kg/667 m^2完全腐熟的农家肥与床土拌匀,苗床精细整地,挑沟起垄,垄宽1.2 m,沟宽20 cm,沟深30 cm。长度因地而定,最长不得超过10 m。表土(厚度5 cm)最大土粒的最大直径不得超过1 cm,且平整或成龟背型。每床施40~50 kg淡粪水湿润土壤。

(3)播种　播种方法:苗床用种量按0.2 g/m^2计算。播前先从垄沟灌水,但不可漫过床面,让苗床吸透。按每1 g种子用500 g细沙将种子与细沙拌匀后播种,或者将种子与草木灰按1:100的比例拌匀(质量比),均匀播于床面。播种时间为11月至次年4月。播后拱盖地膜防霜或防雨冲刷,保持土壤湿润。用竹片拱棚,盖上农膜,四周用泥土压实。育苗后3 d检查一次,如果床面发现土粒发白,用水淋湿。

(4)苗床管理　播后经5~15 d种子发芽。幼苗长至4~6叶时,如果床上苗数太多太密,可将过密的苗移去部分用于假植。假植的株行距为10 cm×15 cm,植后淋水。8叶以前不可追任何肥料,否则容易造成死苗。8叶以后按"薄肥勤施,试后再施"的原则施肥。出苗后每1~2 d检查一次,特别注意苗床湿度,如缺水在早、晚及时浇水,雨天用雨水淋湿。遇高温晴天(气温≥25 ℃),将薄膜两端揭开通风降温。揭膜炼苗,苗长至两叶后或气温不低于20 ℃,遇晴天,上午9时揭开两端薄膜,下午4时重新盖膜。至3~4叶期或气温稳定达到15 ℃以上,即可完全揭去薄膜。施定苗肥:间苗定苗后,每床用淡粪水35 kg加尿素50 g溶解后缓缓浇施(避开中午烈日)。

3)实施

4~5人一小组,以小组为单位,各完成2 m^2的育苗工作,完成育苗前准备,选地整地、种子处理、播种、苗圃管理等操作,并要求用图片及文字详细记录操作过程,对各组育苗过程及成效进行考核、排序打分。

【检查评估】>>>

序号	检查内容	评估要点	配分	评估标准	得分
1	种子繁殖	种子处理、苗圃准备、播种方法	50	满分:正确种子处理计10分、正确准备苗圃地计10分、正确播种计10分、苗床管理好计10分、出苗整齐,成苗率高计10分,其余情况适当扣分	
2	移栽	移栽时间 移栽方法	30	满分:正确选择移栽时间计10分、移栽方法正确计10分、移栽成活,98%以上计10分,其余情况适当扣分	
3	采收加工	采收期 采收方法	20	满分:采收期恰当计10分、采收方法恰当计10分,其余情况适当扣分	
合　计			100		

任务10.3　佛手栽培

【工作流程及任务】>>>

工作流程:

选地整地—栽培品种选择—繁殖方法选用—田间管理—病虫害防治—采收加工。

工作任务:

佛手繁殖,定植,病虫害防治。

【工作咨询】>>>

10.3.1　市场动态

历史上佛手的价格波动较大,佛手因受气候和栽培技术以及市场因素的影响,产量不稳定,有过几次反复。

20世纪70年代中后期至80年代初期,供求基本平衡。80年代初期,药农因受前一期间佛手大积压、大降价的影响,心有余悸,不愿种植,原有留存面积又不大,产量明显下降。1983年全国收购量18万余kg,为当年销售量的1/3。以后,随着收购价格的调整,佛手生产有所恢复,全国留存面积533 hm^2,正常年产量为67万余kg,产销基本平衡。80年代中期,佛手货源又见短缺,价格上涨。90年代初佛手的价格在40~50元/kg。1993年开始价格接连下滑,已降为22~24元/kg。随后几年其价格一直低迷,药农的积极性下降,出现毁林的现象,导致其产量不断下降。1997年佛手价格再度上升为40~50元/kg。

由于用量增加,产区货源锐减,2000年底佛手价格猛升为300元/kg的天价,局部地区高达320~380元/kg,创历史新高,可喜的经济效益,极大地刺激着果农创收的意识,两广四川等地掀起一股种佛手热。2001年由于单产提高,总产丰收,新货上市价格下跌,到2002年9月佛手产大于销,价格猛落,市价7~8元/kg,到历史低谷,果农叫苦连天,又出现了果农砍树的情况。2004年其价格逐步回升到2009年的40元/kg上下。2010年,两广春季酸雨,造成两广佛手挂果率极低,农户管理种植积极性不高,产量明显减少。此次减产吸引众商关注,价格最高至170元/kg左右,在2011年随着产地挂果丰收,价格最低暴跌至65元/kg,之后虽有小幅反弹,但终因供过于求,上涨乏力,价格一直保持下滑状态。2013产新前经营户迫于产新压力再度纷纷抛货,价格最低时仅为20元/kg,之后随产新深入,价格有所反弹,目前,产地价格川佛手在35元/kg左右,广佛手在45元/kg左右。

因此,据全国中药资源普查统计,全国年需量60万kg左右,从生产情况看,基本可以满足市场供应。

10.3.2 栽培地选择

1)选地依据

(1)生长习性　佛手为常绿高灌木,从春天芽萌动到秋梢生长停止,为其生长期;冬季部分老叶脱落,进入休眠或半休眠状态。生长期与休眠期的长短,各地气温条件不同,因而也有差异。如云南、广东、广西及福建南部产区,佛手一年四季不断抽梢、开花结果,四川、重庆产区一年四季开花三季结果,这些产区的生长期为2—11月,停止生长的时间只有3个月左右。

①枝梢的生长。佛手抽生枝梢的能力很强,在生长期可以抽梢3~4次。休眠芽萌生能力也很强,当枝干受冻枯死,其下方又会抽生枝条。按枝梢发生的时期可分为春梢、夏梢、秋梢和冬梢。

②根的生长。佛手根系发达,一般无直根,多横向生长的侧根。根系入土浅,主要分布在地温高、透气性良好的土壤表层。佛手也是菌根植物,几乎无根毛,主要靠菌根吸收水分和养分。由于菌根的好气性,根系主要分布在土壤表层15~40 cm深处。根系生长还受土壤质量、水、肥管理的影响,土质黏重根须少,土质疏松、肥沃根须多。

③开花结果习性。佛手一年四季连续开花,不断结果。按开花季节来分,有春花、夏花、秋花和冬花。四川、重庆产区冬季花一般不结果。花有单性花和两性花。单性花为雄花,不能结果,在开花盛期应适当摘去过密的雄花,以减少养分消耗。两性花中子房发育不健全的,也不能结果,易早落。当年带花的夏梢或秋梢为带叶多花枝,花的质量好,坐果率也高,而且果实发育快。当花朵开放,子房外露即是幼果雏形。幼果初期生长缓慢,是佛手坐果的关键时期,外部条件适宜,是坐果的外因保证。即要求气温适宜,空气温度变化柔和,阳光充足,水肥供应正常,绝对不能缺水、积水。

(2)环境要求　温度佛手是亚热带植物,喜温暖、怕严寒。最适生长温度为20~24 ℃,嫩梢及幼树对低温尤为敏感,冬季遇-3~-2 ℃低温,就会发生冻害,使嫩梢死亡。4~5年生植株耐寒力有所增强,但长时间处于 -5 ℃低温仍会遭受严重冻害,影响次年开花结果。在 -8 ℃植株会受冻死亡,越冬温度应在5 ℃以上。夏季长时间酷热也易落果。合江县平均气温18.2 ℃,四川主产区犍为县新民镇年平均气温为17 ℃,两地多栽培于丘陵地区。

①水分。佛手喜湿润环境,怕干旱。佛手根系入土较浅,抗旱能力较差,干旱对其生长极为不利,易造成落花落果。但土壤长期积水,根系发育不良,甚至烂根,使枝条瘦弱,生长发育不良。

②光照。佛手喜阳光充足的环境。成年株不宜荫蔽,宜种在向阳地势,以利生长发育;若光照不足,开花结果减少。但幼苗却怕强光直射,所以育苗应在稍荫蔽环境或搭棚遮阴。

③土壤。以肥沃疏松的砂壤土、油砂土、壤土为宜。根据合江的经验,以土层较浅、下面有硬底的土壤栽培最好,一般多选择砂土或油砂土栽培。这类土壤栽培佛手,根能横向生长,侧根、须根多,根系处于土表浅层,温度高、透气好、营养丰富,有利其生长发育,发根多,产量高。土壤酸碱度以微酸性至中性为宜,微碱性土壤亦能正常生长。

2)栽培地选择

佛手对气候土质环境要求不严,适应性广,佛手多栽培于温暖、湿润、雨水充足,海拔700 m以下的山区丘陵干燥坡地、平坝大田,只要排水方便,不论黑土,黄泥土、沙质土的地块均可种植。

10.3.3 繁殖方法

佛手多采用无性繁殖,有扦插、压条和嫁接等方法。扦插繁殖速度快,适合大面积栽培。嫁接繁殖量小,但是嫁接繁殖的苗木,根系发达、树势生长旺盛,产量高、质量好,可加速繁育良种。一般采用选育苗后移栽。

1)扦插繁殖

春季2—3月或秋季8—9月均可,以秋季扦插为好。秋季当年就能生根,次年春季发芽迅速生长;春季则选发芽后生根,生长较慢。选择靠近水源的地块作苗床,深翻土地,施足底肥,开1.3 m宽的高畦。选择7~8年生长健壮、生产性能的母株,剪取生长旺盛无病害的健壮老枝条。截成20 cm的插条,上端剪平,下端剪成斜口。摘去下部叶片然后在畦上按行距27~30 cm开横沟,沟深视插条长短而定,将插条按株距15~17 cm插入沟中,注意不可倒插。填土压紧,如遇天旱土干,在早或晚淋水保苗,2月左右便可成活。生长期中要注意及时除去杂草、浅松土,适当追施氮肥和清淡的人畜粪水,培育一年以后较大的树苗就可定植。

2)嫁接繁殖

在春秋两季均可进行。砧木以香橼或柠檬最好,柑橘、柚等可用。其砧木一般用扦插苗或种子培育的实生苗,以实生苗为好,根系发达,抗逆性强。嫁接方法主要有劈接法。于3月中上旬或8月中下旬,将砧木在地面以上5~7 cm处剪平,选光滑的侧面稍带木质部处削斜切面,深1~1.5 cm。接穗须留2~3个芽,并将下端削成1~1.5 cm的楔形削面,然后将接穗切皮的一边与砧木切口的一边相对直,紧密地插入砧木的切口内,对其形成层用塑料薄膜缚扎,约2周愈合并抽芽生长,接株开始抽梢时应除去包扎物。

10.3.4 整地移栽

选好地,如是成熟的农田后应及时深翻两遍,起畦,畦高15~20 cm,宽1.5 m,沟宽20 cm,如是生荒地,应在秋季除去杂草树木等集中堆肥,根据地形地势特点挖穴。按株距2 m×3 m的规格种植,种100株/667 m^2 左右,挖宽深30 cm×30 cm的坑。施放腐熟农家肥作基肥与土拌匀后回坑。

每年春季种植,选择生长健壮的种苗,剪去一半叶片,同时去顶以减少水分消耗提高成活率,定植时将苗木扶正,理顺根系栽于坑的中心。培土压实,淋足定根水,用草或者塑料薄膜复盖树盘保持湿润。天气干旱时注意及时淋水保持土壤湿润。

为了充分利用土地和控制杂草生长。可在佛手幼苗期,在地里间种矮生农作物(如大豆、花生、蔬菜、西瓜等)和中药材(如桔梗、金钱草、鸡骨草、穿心莲、白花蛇舌草等)。以增加收入,缓解前期的资金投入。

10.3.5 田间管理

1)中耕除草

一般每年结合追肥进行3次除草。第一次在2月萌发前,第2次在夏至前后,第3次在霜降采果以后。其他时间特别是夏季雨水丰富,杂草生产速度快,有草要及时拔除,以免消耗养分。根据佛手侧根和主根入土浅的特点,中耕不宜深挖,以免伤根。冬季要培土壅蔸一次。

2)施肥

在苗期时施好促梢肥,即在萌发春梢、夏梢、秋梢前10 d施一次速效肥和农家肥。一般尿复合肥与农家肥混匀后,结合中耕除草,在树冠外围开挖宽20 cm,深20 cm的环状沟或者挖4~6穴施下,覆土盖严,便于幼树早日形成丰产的树冠。9月后不能施肥,防止脱秋梢徒长,冬季发生冻害。

佛手种后第3年基本全部进入结果期,可连续收果25年左右。佛手四季开花结果,需肥量较大。每年应施肥4次,第1次为花前肥,宜在3月中旬施下,施腐入农家肥。第2次在开花盛期,需肥量大,每株施腐熟农家肥和尿素。第3次在"小暑"前后施壮果肥,重施磷钾肥,以促进果实的膨大,提高产量。同时用尿素加磷酸二氢钾兑水喷施一次叶面肥。对树势旺盛及果实膨大十分有利。第4次施越冬肥,9—10月采果后,沿着树冠开沟或挖穴,施如腐农家肥和合肥混合后回坑,适当培土保护树盘。可恢复树势增加养分积累,为第二年多结果打下物质基础。

3)修剪

合理修剪整形是提高佛手产量的关键措施。佛手生长快分枝多,必须每年要进行合理修剪整形,使树势旺盛促进结果枝分布均匀,是果树矮化便于管理采收。在10月到翌年3月萌芽前进行,剪去交叉枝、病弱枝、徒长枝等。佛手的短枝大多为结果母枝,应尽量少剪。凡夏季生长的夏梢除个别为扩大树冠需要外,应全部剪去。以免消耗养分。春、秋梢可适当保留大部分作为第二年的结果母枝。佛手枝干比较细小,但结果年较高,没有大小年之分,年年丰产,须设立柱架支撑,以免压断树枝。

4)保花、保果

佛手四季均开花结果,但以5—6月开花最多。树势生长过旺及衰老均能在4—5月产生早花现象,但早花大都为单性雄花,不能结果,应全部疏去。夏至前后开的花多为两性花,结果率较高。在开花期内,必须将主干和大枝条上萌发的腋芽全部抹去,减少养分消耗,达到少落花多结果的高产目的。科学应用植物生长调节剂做好保花保果工作。

10.3.6 病虫防治

1)病害

(1)溃疡病　主要侵染地上幼嫩组织。4—5月和8月春梢和秋梢生长期危害最重。初期叶背出现黄色油渍状小圆斑,扩大后正反两面微隆起,海绵状,粗糙,最后呈火山喷口状开裂,中央灰白色、凹陷。

防治方法:①选用无病害苗木;②冬季清园,剪除枯枝病叶烧毁,并用石硫合剂喷洒;③春梢抽出前后及秋梢萌发期,用1∶1∶150波尔多液或50%退菌特500~600倍液喷洒,连喷2~3次。

(2)炭疽病　一种半知菌纲病害,为害地上各部主要是叶片。4月始发,6—8月高发,10月后停止。叶出现黄色小斑,后扩大成不规则大斑,略凹陷,边缘黄褐色,中央散布小黑点(病原菌的分生孢子盘),引起落叶、枯枝、僵果等。

防治方法:①结合冬季修剪清园,清除枯枝落叶烧毁;②发病前喷1∶1∶200倍波尔多液保护新梢;③发病后喷代森锌1 000倍液;④在春、夏、秋、冬嫩梢期和幼果期前喷50%甲基托布津800~1 000倍液防治。

(3)煤烟病　为害叶片、枝条、果实。5—6月危害严重,病部出现煤灰色小病斑,扩大、愈合后在寄主表面形成一层黑色薄纸状霉层,易撕脱,后期出现很多小黑点,影响光合作用。通常蚜虫、介壳虫等发生时多易发生。

防治方法:①整枝修剪,使株间通风透光;②及时综合防治蚜虫和介壳虫,消灭病菌发生源。

2)虫害

(1)潜叶蛾、柑橘凤蝶、玉带凤蝶　幼虫取食叶肉,形成弯曲薄膜状虫道,无法进行光合作用,影响正常生长。

防治方法:①抽新梢是喷施乐果乳油1 000倍液;②发生时人工捕杀;③发生初期喷900%敌百虫晶体1 000倍液,7 d喷1次,连喷2~3次。

(2)吹棉介壳虫　以若虫和雌虫刺吸枝叶汁液,被害处形成黄斑,并引起煤污病,造成落叶、枯枝。

防治方法:①冬季树干绑草,保护天敌瓢虫安全越冬;②虫害较少是及时剪除虫枝销毁;③冬季喷施10倍松碱合剂,可兼治其他介壳虫;2—3月间孵化前剪除虫枝或人工捕杀雌成虫;发病初期用50%辛硫磷乳油1 500倍液或40%乐果乳油1 000倍液喷雾防治。

(3)蚜虫、红蜘蛛主要为害嫩枝叶

防治方法:用40%乐果乳油1 000倍液或1∶1∶10烟草石灰水防治。

10.3.7 采收加工

1)采收

(1)采花 佛手定植2~3年后开始开花结果。在佛手开花盛期,结合疏花,将不孕花和过密花摘下。落在地上的花也可拣拾入药。在四川、重庆等冬季寒冷地区,冬季开的花多不结果,应采下供药用。

(2)摘果 从7月下旬起,果实陆续成熟,当果皮由绿色变为浅黄绿色时即可采收。选择晴天分批采摘,至冬季采完。用剪刀剪下,勿伤枝条。

2)初加工

(1)佛手花加工 采回的花摊晒至干,阴雨天可低温烘干。无论采取晒或烘,都应一次烘干,否则花易发酵变黄或腐烂,失去香气,降低品质。火烤时忌烟熏,以免掺杂烟味,影响品质。

(2)佛手果加工 采回果实后,将果晾3~5 d待部分水分蒸发后用刀顺切成0.5 cm左右的薄片,逐片摊于竹席或干净水泥晒场上晒干。如遇阴雨,用低温烘炕。晒干后用塑料袋密封保管,防止香气散失。

10.3.8 药材质量标准

1)国家标准

《中国药典》2010年版一部规定:

水分:不得超过15.0%。

浸出物:醇溶性浸出物(热浸法,乙醇作溶剂)不得少于10.0%。

含量测定:用高效液相色谱法测定,本品含橙皮苷($C_{28}H_{34}O_{15}$)不得少于0.030%。

2)传统经验

药材产品质量以足干,整块片大,指状分裂,边缘至金黄色、肉白色,味甜微苦,气味浓香者为佳。

【知识拓展】>>>

10.3.9 佛手的道地性

佛手原统称枸橼,始载于唐代陈藏器的《本草拾遗》,宋代苏颂的《本草图经》中记载:"今闽广、江南皆有之。彼人呼为香橼子"。明代李时珍《本草纲目》称为佛手柑,列于枸橼项下。谓:"枸橼产闽广间,……其实状如人手,有指,俗呼为佛手柑……生绿熟黄"。这说明佛手在我国的应用已有1 200多年的历史。据资料记载,佛手在我国栽培至少有200多年的历史。新中国成立前,四川省合江县,广东省高要县的农民已种植了不少佛手,并畅销国内外市场。

佛手在我国分布较广,四川、广东、广西、云南、福建、浙江、安徽、贵州、江西、湖南、湖北、河南、江苏均有栽培。主产于重庆江津、永川、云阳、开县;四川沐川、犍为、宜宾、合江;广东肇庆、高要、四会、云浮、郁南；云南昆明、玉溪、楚雄及广西田林、东业、隆林。以重庆江津和广东高要种植面积最大、产量最高。

10.3.10 佛手识别

佛手别名佛手柑、手柑等。为芸香科植物佛手（*Citrus medica* L. var. *sarcodactylis* Swingle）的成熟干燥果实。常绿小乔木或灌木，高 3 ~ 4 m，枝条上有短而硬的刺，嫩枝幼时紫红色。叶互生，长椭圆形、短圆形或倒卵状长圆形，叶片长 8 ~ 15 cm，宽 3. 5 ~ 6. 5 cm，先端钝圆，有时有凹缺，基部阔楔形，边缘有锯齿；叶柄短，无翼，顶端几无关节。圆锥花序或为腋生的花束；花常单性，雄花较多，丛生，直径 3 ~ 4 cm，萼杯状，先端 5 裂；花瓣 5，内面白毛，外面淡紫色，雄蕊 30 枚以上；雌花子房上部渐狭，10 ~ 13 室，花柱有时宿存。柑果卵形或矩圆形，长 10 ~ 25 cm，顶端分裂如拳或张开如手指，其裂片数即代表心皮之数。裂纹如拳者称“拳佛手”，张开如指者称为“开佛手”；外皮鲜黄色，有乳状突起，无肉瓤与种子，如图 10.3 所示。

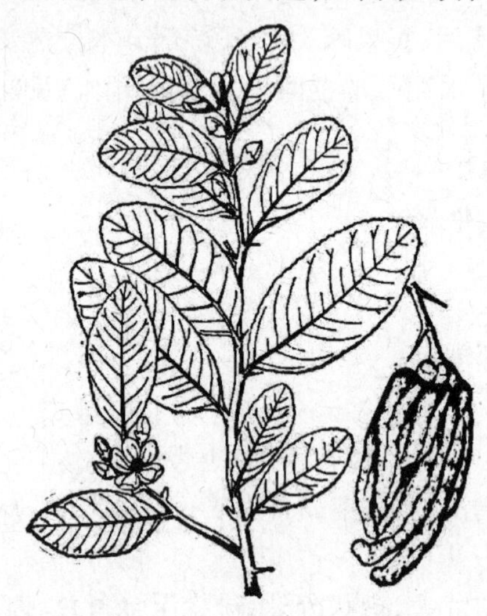

图 10.3 佛手

10.3.11 佛手的综合利用

佛手在药用、保健品、饮料、日用品，观赏旅游，促进农民增收，调整优化农业产业结构等方面开发利用广泛。

佛手有珍贵的药用价值，佛手果药用，性温，味辛、苦、甘，无毒，入肝、脾、胃三经，有理气化痰，止咳消胀、舒肝健脾和胃等多种药用功能，可治胃病、呕吐、噎嗝、高血压、气管炎、哮喘等病症。药理研究表明，佛手主要含柠檬油素等香豆精类，尚含黄酮苷、橙皮苷、有机酸、挥发油等，对肠道平滑肌有明显的抑制作用，对乙酰胆碱引起的十二指肠痉挛有明显的解痉作用，可扩张冠状血管，增加冠脉的血流量，减缓心率和降低血压。除果实药用以外，其根、茎、叶、花均可入药，据史料记载，佛手的根可治男人下消、四肢酸软；花、果可泡茶，有消气作用。

佛手的果实还能提炼佛手柑精油，是良好的美容护肤品。通过提炼、蜜调、浸渍、配制等方法，佛手还往往被加工成多种食品和饮料，诸如果脯、蜜饯、佛手酒、佛手茶、佛手蜜等。佛手果实是广东潮州名产老香黄、老药吉、“济公”牌喉宝等重要的原料之一。

佛手的观赏价值不同于一般的盆景花卉。洁白、香气扑鼻,并且一簇一簇开放,十分惹人喜爱。到了果实成熟期,它的形状犹如伸指形、握拳形、拳指形、手中套手形……形如人手,惟妙惟肖。成熟的金佛手颜色金黄,并能时时溢出芳香,消除异味,净化室内空气,抑制细菌。挂果时间长,有3~4个月之久,甚至更长,可供长期观赏。

【计划与实施】>>>

佛手嫁接繁殖

1)目的要求

通过对佛手进行嫁接,熟悉佛手嫁接的目的、作用,掌握嫁接的原理、方法和技术要点。

2)计划内容

(1)嫁接时期确定 一般在夏至前后、高温多雨季节或秋季8—9月进行。

(2)原则 嫁接过程中应遵行砧木亲缘关系较近、亲和力强及成活率高等,接穗品种纯正、高产、稳产、优质、生长健壮和无检疫性病虫害的优良单株繁殖而成原则。

(3)技术要点 嫁接的方法一般有两种:腹接法和切接法。

削口要平滑,整齐;接口对齐,形成层对齐;中间贴实压紧,绑严;注意嫁接后管理,一般枝接后3~4周检查成活,一个月后松绑;减去过多的枝丫,以保证养分的集中供应。

3)实施

4~5人一小组,以小组为单位,准备用具(枝剪、嫁接刀、塑料膜、笔、记录本等)、材料(实习基地或药农产地里需要进行嫁接的佛手植株)。负责砧木和接穗的选择、嫁接的时期、嫁接方式的确定及嫁接的方法和技术要点的把握,并进行嫁接后的植株观察和田间管理;做好记录,撰写实习报告,分析原因,提出体会。

【检查评估】>>>

序号	检查内容	评估要点	配分	评估标准	得分
1	嫁接繁殖	能正确选择时期、砧木、接穗,嫁接技术熟练	60	砧木、接穗选择正确,嫁接技术熟练成活率90%以上,计60分;成活率80%~90%,计50分;成活率70%~80%,计40分;成活率60%~70%,计30分;成活率60%以下不计分	
2	修枝整形	能正确选择修剪时期、采用修剪方式	30	修剪时期、修剪方式正确、操作熟练,各计10分,共30分;三者之一不正确不熟练扣10分	
3	加工	加工方法正确	10	加工的方法计10分,不正确不熟练扣10分	
合计			100		

任务10.4　桔梗栽培

【工作流程及任务】>>>

工作流程:

品种选择—选地、整地—繁殖方法—田间管理—病虫害防治及农残控制—采收加工。

工作任务:

育苗移栽,田间管理。

【工作咨询】>>>

10.4.1　市场动态

桔梗属药、食两用植物,是大宗常用中药材,市场需求量较大。近几年出口量也逐步加大,特别是2002年,韩日足球世界杯赛以来,鲜桔梗出口量巨大,许多产区干桔梗供不应求,“非典”期间,更让桔梗显示了它的身价,几天之中,就涨到了干货50~60元/kg,鲜货5.6元/kg。桔梗药用量2011年大约在8 000 t以上,我国只能达到年需求的1/3。随着国内制药、食用需求和大量的出口需求,桔梗需求量在不断增加。桔梗一般产干货300~350 kg/667 m^2,2013年11—12月安徽亳州、成都荷花池药材市场桔梗价格为32~34元/kg。

10.4.2　栽培地选择

1)选地依据

(1)生长习性　桔梗为多年生宿根性植物,播后1~3年采收,一般2年采收。

桔梗播种后约15 d开始出苗,从种子萌发至倒苗,一般把桔梗生长发育分为4个时期。从种子萌发至5月底为苗期,这个时期生长缓慢,高度至6~7 cm。此后,生长加快,进入旺盛期,至7月开花后减慢。此后,生长加快,至7月开花后减慢。7—9月孕蕾开花,8—10月陆续结果,为开花结实期。1年生开花较少,5月后晚种的次年6月才开花,两年后开花结实多。10—11月中旬地上部分开始枯萎倒苗,根在地下越冬,进入休眠期,至次年春出苗。种子萌发后,胚根当年主要为伸长生长,1年生主根长可达15 cm,2年生长可达40~50 cm,并明显增粗。第二年6—9月为根的快速生长期。1年生的根茎只有1个顶芽,2年生苗可萌发2~4个芽。桔梗种子室温下储存,寿命1年,种子在第二年丧失发芽力。种子10 ℃以上发芽,15~25 ℃条件下,15~25 d出苗,发芽率为50%~70%。5 ℃以下低温储藏,可以延缓种子寿命,活力可保持2年以上。赤霉素可促进桔梗种子的萌发。

(2)环境要求　桔梗喜生于温暖湿润、阳光充足、雨水充沛的环境,忌积水,怕风害。

①温度。最适宜生长温度在20~25 ℃,耐寒,能忍受 -21 ℃的低温。

②土壤。桔梗是深根植物,应选择排水良好、土层深厚、疏松肥沃的夹沙土或腐殖质泥沙土种植。以pH值6.5~7为宜。重黏土、盐碱土、粗沙地、黄土地不宜种植,否则不易发芽,根分枝多,质量差,产量低。

2)栽培选地

应选在海拔800~1 000 m丘陵地区,海拔过低,夏天易受高温灼伤和病虫为害。选背风向阳、土层深厚、疏松肥沃、有机质含量高、湿润而排水良好的砂质壤土为好。从长江流域到华北、东北均可栽培。前茬作物以豆科、禾本科作物为宜。黏性土壤,低洼盐碱地不宜种植。

10.4.3 繁殖方法

桔梗的繁殖方法有种子繁殖、根茎或芦头繁殖等,生产中以种子繁殖为主,其他方法很少应用。种子繁殖在生产上有直播和育苗移栽两种方式,因直播产量高于移栽,且根直,分叉少,便于刮皮加工,质量好,生产上多用。

春播、夏播、秋播、冬播均可。秋播当年出苗,生长期长,产量和质量高于春播,秋播于10月中旬以前。冬播于11月初土壤封冻前播种。春播一般在3月下旬至4月中旬,华北及东北地区在4月上旬至5月下旬。夏播于6月上旬小麦收割完之后,夏播种子易出苗。

播前,种子可用温水浸泡24 h,或用0.3%的高锰酸钾浸种12~24 h,取出冲洗去药液,晾干播种,可提高发芽率。也可温水浸泡24 h后,用湿布包上,上面用湿麻袋片盖好催芽,每天各用温水淋1次,3~5 d种子萌动,即可播种。

1)种子直播

种子直播有条播和撒播两种方式。生产上多采用条播。条播按沟心距15~25 cm,沟深3.5~6 cm,条幅10~15 cm开沟,将种子均匀撒于沟内,或用草木灰拌种撒于沟内,播后覆盖火灰或细土,以不见种子为度,厚0.5~1 cm。撒播将种子拌草木灰均匀撒于畦内,撒细土覆盖,以不见种子为度。条播用种0.5~1.5 kg/667 m^2,撒播用种1.5~2.5 kg。播后在畦面上盖草保温保湿,干旱时要浇水保湿。春季早播的可以覆盖地膜。

2)芦头繁殖

秋季在收获桔梗时,选择个体发育良好、无病虫害的植株,从芦头以下1 cm处切下芦头,用细火灰拌一下,即可进行栽种,这样既可防止感染腐烂,又可刺激断面细胞产生愈伤组织,栽后容易发根。以1.5 m开畦,畦高20~25 cm开横沟,沟深10 cm,每10 cm放芦头一个,每沟施入人畜粪水2~3 kg,覆土,盖没芦头。最后按3 000 kg/667 m^2在沟内撒一层腐熟后的圈肥,这样既保温保湿,又保证了桔梗苗期的肥料需求。春天出苗后,平均每株2~3个芽。

3)扦插繁殖

取茎的基部一段约10 cm长,去掉下半部叶,用萘乙酸100 mg/L处理3 h,进行扦插,成活率为64%。

10.4.4 整地移栽

1)整地

施腐熟农家肥3 500 kg/667 m^2、草木灰150 kg/667 m^2、过磷酸钙30 kg/667 m^2,深耕30~

40 cm,捡净石块,除净草根等杂物。犁耙1次,整平做畦或打垄。畦高15~20 cm,宽1~1.2 m。土壤干旱时,先向畦内浇水或淋泼稀粪水,待水渗下,表土稍松散时再播种。

2)移栽

一般培育1年后,在当年茎叶枯萎后至次年春萌芽前出圃定植。将种根小心挖出,勿伤根系,以免发杈,按大、中、小分级栽植。按行距20~25 cm,沟深20 cm开沟,按株距5~7 cm,将根垂直舒展地栽入沟内,覆土略高于根头,稍压即可,浇足定根水。可春栽或秋栽,均在收获桔梗时进行,以秋栽较好。

10.4.5 田间管理

1)间苗补苗

桔梗出苗后,应及时撤去盖草。在苗长4片叶或苗高4 cm时间苗,6~8片叶或苗高8 cm时,按株距6~10 cm留壮苗1株,拔除小苗、弱苗、病苗。

2)中耕除草

桔梗生长过程中杂草较多。从出苗开始,应及时松土除草,苗小时用手拔除杂草,以免伤害小苗。齐苗、6月底和8月初共进行3次松土除草。植株长大封垄后不宜再进行中耕除草。

3)水肥管理

桔梗种植密度高,怕积水。因此,在高温和多雨季节,应及时疏沟排水,防止积水烂根。如遇干旱,应适当浇水,促进根部生长。桔梗一般进行4~5次追肥。齐苗后按1 500~2 000 kg/667 m^2追施1次人畜粪水,以促进壮苗;6月中旬至7月上旬植株开花期追施人畜粪水2 000 kg/667 m^2及过磷酸钙50 kg/667 m^2;8月再追1次人畜粪水,施入2 500 kg/667 m^2;入冬植株枯萎后,结合清沟培土,施草木灰或土杂肥2 000 kg/667 m^2及过磷酸钙50 kg/667 m^2。翌春齐苗后,施1次人畜粪水,以加速返青,促进生长。

4)摘花

桔梗花期长达3个月,开花对养分消耗相当大,又易萌发侧枝。因此,摘花是提高桔梗产量的一项重要措施。可用人工摘除花蕾,整个花期需摘6次,费工费时,而且容易损伤枝叶;近年来,开始采用乙烯利除花。方法是在盛花期用0.05%的乙烯利喷洒花朵,以花朵沾满药液为度,用药液75~100 kg/667 m^2,此方法省工省时,成本低,使用安全。

10.4.6 种植模式

1)桔梗与樱桃套种

在樱桃树行间,距果树左右各留0.5 m,中间留20~30 cm作为人行道,土壤深翻30~40 cm,施农家肥4 000 kg/667 m^2,或复合肥50 kg,或磷钾肥50 kg。春播在5月中旬,夏播在7月下旬之前。

2)桔梗与玉米套种

首先作高畦,畦宽1.5 m,高30 cm,在3—4月种植桔梗,5—6月种植玉米。

3)红香椿林地内套种桔梗

在成年红香椿林地内,作2.4 m宽、15 cm高的厢,厢距60 cm。播前用乙草胺除草,采用专用背负压缩式喷雾器,将乙草胺溶液均匀喷洒在田间。采用直播方式,因为直播长出的株叉少、根直、质量高,且方法简单、省时省力。直播多在春季进行,但秋季播种最好,秋播生长期长,产量和质量都明显高于春播。田间直播,多采用条播,在做好床面横向开沟,深3 cm左右,沟距20~25 cm,将已处理好的种子混拌10倍的细沙土,均匀地撒到沟里(约2 cm一粒种子即可),覆土1~2 cm,也可采用厢播,在已做好的厢面上,将已处理好的种子混拌10倍的细砂土,均匀地撒在厢内(约5 cm一粒种子即可)覆土1~2 cm,播完后浇水,出苗前保持土壤湿润,可覆盖稻草、塑料薄膜等,增湿保温,也可桔梗与蓝莓套种,苹果园内套种桔梗等。

10.4.7 病虫防治

1)病害

(1)根腐病 发病期6—8月,初期根局部呈黄褐色而腐烂,以后逐渐扩大,发病严重时,地上部分枯萎而死亡。

防治方法:①注意轮作,及时排除积水。在低洼地或多雨地区种植,应做高畦。②整地时用5 kg/667 m^2 多菌灵进行土壤消毒。③及时拔除病株,病穴用石灰消毒。④发病初期用50%退菌特可湿性粉剂500倍液或40%克瘟散1 000倍液灌注,15 d喷1次,连续用3~4次。

(2)轮纹病 轮纹病主要危害叶部,6月开始发病,7—8月发病严重。受害叶片病斑近圆形,直径5~10 mm,褐色,具同心轮纹,上生小黑点,严重时不断扩大成片,使叶片由下而上枯萎。高温多湿易发此病。

防治方法:①冬季清园,将田间枯枝、病叶及杂草集中烧毁。②夏季高温发病季节,加强田间排水,降低田间湿度,以减轻发病。③发病初期用1:1:100的波尔多液,或65%代森锌600倍液,或50%多菌灵、退菌特1 000倍液,或甲基托布津的1 000倍液喷洒。

(3)斑枯病 受害病叶两面有病斑,圆形或近圆形,直径2~5 mm,白色,常被叶脉限制,上生小黑点。严重时,病斑汇合,叶片枯死。

防治方法同轮纹病。

(4)紫纹羽病 危害根部,先由须根开始发病,再延至主根;病部初呈黄白色,可看到白色菌索,后变为紫褐色,病根由外向内腐烂,外表菌索交织成菌丝膜,破裂时流出糜渣。地上病株自下而上逐渐发黄枯萎,最后死亡。湿度大时易发生。

防治方法:①实行轮作和消毒,以控制蔓延;多施基肥,改良土壤,增强植株抗病;施石灰粉50~100 kg/667 m^2,可减轻危害;注意排水。②及时拔除病株烧毁,并用50%多菌灵可湿性粉剂1 000倍液或50%甲基硫菌灵1 000倍液等喷洒2~3次进行防治。

(5)立枯病 主要发生在出苗展叶期,幼苗受害后,病苗基部出现黄褐色水渍状条斑,随着病情发展变成暗褐色,最后病部缢缩,幼苗折倒死亡。

防治方法:①播种前每667 m^2 用75%五氯硝基苯1 kg进行土壤消毒;②发病初期用75%五氯硝基苯200倍稀释液灌浇病区,深度约5 cm。

(6)炭疽病 主要危害茎秆。此病发生后,蔓延迅速,常成片倒伏、死亡。

防治方法:①出苗前,喷洒70%退菌特500倍液;②发病期喷1:1:100波尔多液,每10~15 d喷1次,连续喷3~4次。

(7)疫病 主要危害叶片,根部亦可受害。

防治方法:①加强田间管理,雨季及时排水;②发病初起喷1:1:120波尔多液或敌克松500倍液,7~10 d喷1次,连续2~3次。

2)虫害

(1)蚜虫　在桔梗嫩叶、新梢上吸取汁液,导致植株萎缩,生长不良。4—8月为害。

防治方法:①清除田间杂草,减少越冬虫口密度;②喷洒50%敌敌畏1 000~1 500倍液,或40%乐果乳剂1 500~2 000倍液。

(2)小地老虎　从地面咬断幼苗,或咬食未出土的幼芽,造成断秧缺苗。当桔梗植株基部硬化或天气潮湿时也能咬食分枝的幼嫩枝叶。1年发生4代。

防治方法:①3—4月间清除田间周围杂草和枯枝落叶,消灭越冬幼虫和蛹;②清晨日出之前检查田间,发现新被害苗附近土面有小孔,立即挖土捕杀幼虫;③4—5月,小地老虎开始危害时,用50%甲胺磷乳剂1 000倍液拌成毒土或毒沙撒施,300~375 kg/km^2,防治效果较好,也可用90%敌百虫1 000倍液浇穴。

(3)红蜘蛛　以成虫、若虫群集于叶背吸食汁液,危害叶片和嫩梢,使叶片变黄,甚至脱落;花果受害造成萎缩干瘪。红蜘蛛蔓延迅速,危害严重,以秋季天旱时为甚。

防治方法:①冬季清园,拾净枯枝落叶,并集中烧毁;②4月开始喷50%杀螟松1 000~2 000倍液。每周一次,连续数次。

10.4.8　采收加工

1)留种

1年生桔梗的种子少,且瘦小而瘪,俗称"娃娃种",颜色浅,出芽率低,幼苗细弱。栽培桔梗最好用2年生植株产的种子,大而饱满,颜色黑亮,播种后出苗率高。桔梗用种子繁殖,必须用当年新产的种子。

桔梗花期较长,留种田在开花前,施尿素15 kg/667 m^2、过磷酸钙30 kg/667 m^2,为后期生长提供充足营养,以促进植株生长和开花结实。为培育良种,可在6—7月疏去小侧枝和顶部花序。在北方,后期开花结果的种子,常不成熟,可早疏去。桔梗先从上部抽薹开花,果实也由上部先成熟,种子成熟很不一致,可以分期分批采收。10月当蒴果变黄,果顶初裂时采收,也可在果枝枯萎,大部分种子成熟时,将地上部分一起割下,先置室内通风处后熟3~4 d,然后再晒干,脱粒,去除瘪子和杂质后储藏备用。成熟的果实易裂,造成种子散落,故应及时采收。

2)采收

种植桔梗因地区和播种期不同,收获年限也不同。北方播后2~3年收获;南方春播的1~2年收获,秋播的于次年收获。采收期可在秋季9—10月倒苗时或次年春桔梗萌芽前进行。以秋季采者体重质实,质量较好。一般在地上茎叶枯萎时采挖,过早采挖根部尚未充实,折干率低,影响产量;收获过迟不易剥皮。起挖时,要深挖,防止挖断主根或碰破外皮,影响桔梗品质。1年生的采收后,大小不合格者,可以再栽植一年后收获。

3)加工

鲜根挖出后,去净泥土、芦头,浸水中用竹刀、木棱、瓷片等刮去栓皮,洗净,晒干或烘干。皮要趁鲜刮净,时间长了,根皮就很难刮。刮皮后应及时晒干,否则易发霉变质和生黄色水锈。桔梗收回太多,加工不完,可用沙埋起来,防止外皮干燥收缩,不易刮去。刮皮时不要伤破中皮,以免内心黄水流出影响质量。晒干时经常翻动,到近干时堆起来发汗 1 d,使内部水分转移到体外,再晒至全干。阴雨天可用无烟煤炕烘,烘至桔梗出水时出炕摊晾,待回润后再烘,反复至干。

10.4.9 药材质量

1)国家标准

《中国药典》2010 年版规定:

浸出物:照醇溶性浸出物测定法(附录 XA)项下的热浸法测定,用乙醇作溶剂,不得少于 17.0%。

含量测定:照高效液相色谱法(附录ⅣD)测定,本品按干燥品计算含桔梗皂苷 D($C_{57}H_{92}O_{28}$)不得少于 0.10%。

2)传统经验

颜色洁白、无硫、个大、条形直、分叉少为上品。

【知识拓展】>>>

10.4.10 桔梗的道地性

桔梗分布于我国、俄罗斯远东地区、朝鲜半岛和日本等东亚地区。桔梗在我国栽培历史悠久,各省区均有分布,主产于安徽、山东、江苏、河北、河南、辽宁、吉林、内蒙古、浙江、四川、湖北和贵州等地。除桔梗外,其变种白花桔梗在我国东北地区栽培较多,其植株矮小,分枝多,根粗大,白色,当地朝鲜族多做腌菜食用。

10.4.11 桔梗识别

桔梗 *Platycodon grandiflorus*(Jacq.)A. DC. 为多年生草本植物,全株光滑无毛,体内有乳管,有白色乳汁。主根长圆锥形或纺锤形,肥大肉质,表皮土黄白色,易剥离,内面白色,疏生侧根。茎直立,高 30 ~ 120 cm,不分枝或上部有分枝。叶 3 片或 4 片轮生,或部分对生、互生,无柄或极短;叶片卵形或卵状披针形,先端渐尖,基部宽楔形,叶缘有齿,长 1.5 ~ 7 cm,宽 0.4 ~ 5 cm,叶面绿色,叶背蓝绿色,被白粉,脉上有短毛。花单生于茎顶,或数朵数朵生于枝端成假总状花序;花萼无毛,有白粉,裂片 5;花冠阔钟状,紫色或蓝紫色。直径 3 ~ 6 cm,长 2 ~ 3.5 cm,裂片 5;雄蕊 5 枚,离生,花丝基部变宽呈片状,密生白色细毛;雌蕊 1,子房半下位,5 室,柱头 5 裂。蒴果倒卵形或近球形,熟时顶端 5 瓣裂,成熟时外皮黄色。种子多数,狭卵形,有 3 棱,黑褐色有光泽,长 1.5 ~ 3.5 mm,宽0.8 ~ 1.2 mm,千粒重约 1.4 g。花期 7—9 月,果期 8—10 月,如图 10.4 所示。

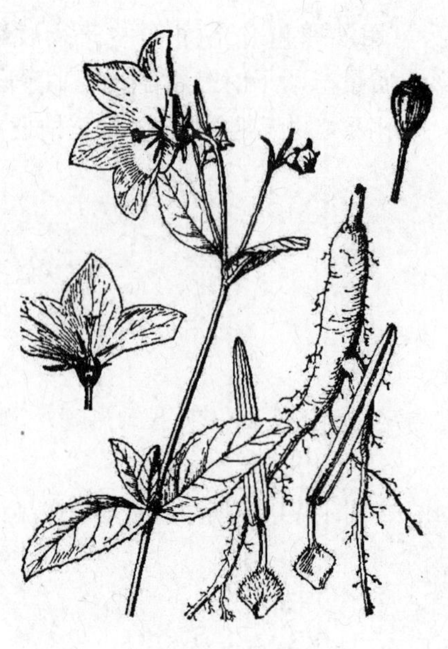

图 10.4　桔梗

10.4.12　综合利用

1) 药用

桔梗味苦、辛、性平,归肺经。功能开宣肺气,有抗炎、镇咳、祛痰、抗溃疡、降血压、扩张血管、镇静、镇痛解热、降血糖、抗胆碱、促进胆酸分泌、抗过敏减肥、抗肿瘤、提高人体免疫力等广泛作用。常用以治疗咳嗽痰多、胸闷不畅、喑哑肺痈吐脓、疮疡脓成不溃等病症。

2) 食用

桔梗的食用价值很高,桔梗的嫩苗、根均为可供食用的蔬菜,其淀粉、蛋白质、维生素含量较高,含有 16 种以上的氨基酸,包括人体所必需的 8 种氨基酸。桔梗的嫩苗、根还可以加工成罐头、果脯、什锦袋菜、保健饮料等,也是朝鲜族及国外制作酱菜的原料之一,用途广泛,市场需求量大。

3) 开发利用

(1)观赏　桔梗具有很高的观赏价值。桔梗的花期很长,花着生于茎的顶端,花冠为钟形,花呈蓝紫色、蓝色、白色等,特别是花蕾待放时,膨大如球,别有风趣,十分适宜于布置花坛和用于插花。

(2)其他用途　桔梗多糖具有抗氧化、消除自由基、降低血液中胆固醇含量、抗肿瘤抗基因突变等生理活性作用,已经有学者将桔梗用于化妆品及浴液中,以及制成减肥药、降血脂药、酒精吸收剂等。还可以利用桔梗高浓度提取液制成桔梗保健饮料;还有的把它作为气味掩饰剂加入杀虫剂中。

【计划与实施】>>>

桔梗育苗移栽

1)目的要求

掌握种子处理方法、催芽方法、直播条播播种深度、覆土深度、移栽株行距及移栽方法。

2)计划内容

种子可用温水浸泡24 h,或用0.3%的高锰酸钾浸种12~24 h,取出冲洗去药液,晾干播种,可提高发芽率。也可温水浸泡24 h后,用湿布包上,上面用湿麻袋片盖好催芽,每天各用温水淋1次,3~5 d种子萌动,即可播种。

桔梗育苗移栽种子直播有条播和撒播两种方式。生产上多采用条播。条播按沟心距15~25 cm,沟深3.5~6 cm,条幅10~15 cm开沟,将种子均匀撒于沟内,或用草木灰拌种撒于沟内,播后覆盖火灰或细土,以不见种子为度,0.5~1 cm厚。撒播将种子拌草木灰均匀撒于畦内,撒细土覆盖,以不见种子为度。条播每667 m^2用种0.5~1.5 kg,撒播用种1.5~2.5 kg。播后在畦面上盖草保温保湿,干旱时要浇水保湿。春季早播的可以覆盖地膜。

一般培育1年后,在当年茎叶枯萎后至次年春萌芽前出圃定植。将种根小心挖出,勿伤根系,以免发杈,按大、中、小分级栽植。按行距20~25 cm,沟深20 cm开沟,按株距5~7 cm,将根垂直舒展地栽入沟内,覆土略高于根头,稍压即可,浇足定根水。可春栽或秋栽,均在收获桔梗时进行,以秋栽较好。

3)实施

4~5人一小组,以小组为单位,每个小组种子处理方法各做一个,每个小组每种整地方法各做4畦,直接播种2畦,1畦条播,1畦撒播;育苗移栽2畦。

【检查评估】>>>

序号	检查内容	评估要点	配分	评估标准	得分
1	种子处理	种子处理方法	20	种子处理方法正确计10分,错一项扣2分;催芽方法正确计10分,错一项扣2分	
2	整地	整地、施肥	10	整地松、散、平整计5分,任意一项不合格扣2分;施肥均匀一致计5分,施肥不均匀酌情扣分	
3	播种出苗	出苗率	20	出苗率80%以上计15~20分,出苗率50%左右计10~14分,出苗率低于50%不计分	
合　计			50		

任务10.5 白芷(川白芷)栽培

【工作流程及任务】>>>

工作流程:

选地整地—繁殖方法选用—田间管理—病虫害防治—采收加工。

工作任务:

育种技术,育苗移栽,采收加工。

【工作咨询】>>>

10.5.1 市场动态

白芷是常用大宗药材,主产是四川,川白芷的产量是全国总产量的70%,川白芷主产遂宁,遂宁白芷产量稳居全国首位,白芷常年种植面积超过533 hm^2,占白芷产量的60%以上。白芷种植周期短(10个月即可收获)、产量高(产量500~600 kg/667 m^2)。近30年来白芷市场价格波动较大,一般4~5年为一个周期,但总体价格走势上行。白芷除药用外,由于其香气浓郁,可以用于提取芳香油,很早就是日用化工产品的原料,是中药对外贸易中的畅销品种,远销日本和东南亚各国。2013年需求量18 000~20 000 t,年产量约12 000 t,2013年白芷统货价格10~15元/kg。

10.5.2 栽培地选择

(1)生长习性　白芷种子寿命短,隔年种子发芽率很低,甚至不能萌发。种子萌发适宜温度为15 ℃,温度25 ℃以上种子不能萌发。种子发芽率普遍较低,有生理休眠特性,在其复伞形花序中央3~4个小花序以及边缘的几个小花序的种子,一般不育,是种子发芽率低的重要原因。种子质量优劣与种株年龄、种株部位有着密切关系,第2年植株结的种子,早抽薹率高;第3年结的种子,早抽薹率较低。主茎顶端花薹结的种子较肥大,早抽薹率最高;一级枝上结的种子,大小中等,质量最佳,出苗率和成活率最高,早抽薹率低;二级、三级枝上结的种子,小而瘪的较多,质量较差,抽薹率低,且出苗率和成活率均较低。过于老熟的种子,早抽薹率高。种子千粒重3~18 g。

(2)对环境的要求　白芷对土壤要求不严,但要求土层深厚。种植地应选择地势较高、向阳为佳,以土层深厚、疏松肥沃、排水良好的砂壤土或壤土为好,尤以黄沙土为佳。低洼排水不良及黏性大的土地不宜种植。白芷对前茬要求不严,可以连作。因连作可使土壤深层熟化,有利于主根生长,可提高产品的产量和质量。选好地后,深翻土地30 cm以上,暴晒作基肥。

10.5.3 繁殖方法

白芷用种子繁殖,一般是直播。不可采用育苗移栽,移栽根易分叉,品质差。

1)种子培育

在7月挖收白芷时,选主根有大拇指粗的作种株,按株行距60~70 cm开穴,每穴放种株一棵。在当年的冬季或翌年的春天要进行中耕除草、追肥、培土等田间管理。在第2年6—7月果皮变黄绿色时连果序一起分批采收,收后摊在阴凉通风处晾干,或挂通风处阴干,同时,除去果壳果梗等杂物备用。种子不能储藏太久,一般在当年秋天播种时即用。如果储藏时间过久,则萌发率大大降低。采种时注意不要采主茎顶端的种子。

2)播种

播种时间在不同地区各不相同,在气温较高的的产区,以秋分至寒露为宜,在其他地区可在白露至霜降期间播种。如果播种过早,白芷苗生长过好,第2年大多数会抽薹开花,造成根腐烂或根部木质化不能入药,成为"公白芷";播种过迟,幼苗生长不好,在冬季容易被冻死。为了提高种子的萌发率,可在播种前用2%的磷酸二氢钾溶液拌种,焖8 h。播种的方法有条播和穴播两种。条播的方法是按行距30~33 cm开沟,沟深7~9 cm,沟宽10 cm,将种子均匀地撒在沟内,播种量1 kg左右。穴播是按行距30~33 cm,穴距23~27 cm开穴,穴深7~10 cm,每穴播种子约20粒,播种量为2~3 kg。无论条播还是穴播,都不需要覆土,播种后立即施清淡的人畜粪尿,用量约为1 000 kg/667 m^2。再用人畜粪尿拌草木灰覆盖于种子之上,厚度以不见种子为度。四川产区播种将草木灰拌和少量人粪尿再拌入种子,成为种子灰,播种后不再覆土。播种后15~20 d出芽,为了提前出苗,播种前用45 ℃左右的温水浸泡,即可提前2~3 d出苗。

10.5.4 田间管理

1)间苗

白芷一般要进行3次间苗。第1次在苗高5 cm左右时进行,穴播的每穴留小苗5~8株;条播的每隔3~5 cm留小苗1株。第2次间苗在苗高约10 cm时进行,条播者每隔7~9 cm留小苗1棵,穴播者每穴留小苗3~5棵;第3次间苗称定苗,在播种的第2年二月前后,苗高15 cm时进行,穴播的每穴定苗1~3株,条播的每隔10~15 cm定苗1株。间苗时要把生长势强,比较高大的苗拔去,以消除"公白芷",即"去大留小"。否则,这类植株在第2年都会提前抽薹开花,会降低根茎产品的产量和质量。

2)中耕除草

在间苗的同时,进行中耕除草。在第一次间苗时,用手将杂草拔去,或结合松土用锄头浅锄除去杂草,松土深度不超过2 cm,以免伤害根系。以后视杂草的生长情况和土壤的板结程度进行除草和松土,松土深度可适当深一些,但不能伤害主根,否则造成主根分叉,降低产品质量。在植株封行以后,不需要中耕除草。

3)追肥

科学施肥是提高白芷产量和质量的关键。施肥过多,生长过旺,容易造成抽薹开花,影响产量和质量；施肥过少，植株生长不好，产量也会降低。总的施肥原则是当年少施肥，第2年可逐渐增加施肥量，后2次可多可浓。具体操作为第1、第2次施肥在第1、第2次间苗时进行，施1 500～2 000 kg/667 m^2 清淡的人畜粪尿；第3次在定苗后，施2 000～3 000 kg/667 m^2 的人畜粪尿及3 kg的尿素；第4次在清明节前后，施人畜粪尿2 000～3 000 kg/667 m^2，并撒约150 kg/667 m^2 的草木灰，施肥后进行培土。

4）灌溉排水

在播种后如果无雨，应进行灌水，保持土壤的湿润，保证种子按时萌发。小苗出土后，如果天气干旱，也应及时灌溉，否则白芷的主根难以向下生长而分叉，增加支根，影响产品质量。在雨水过多的天气，雨后应及时排水，以防止田间积水引起植株烂根。

5）摘薹

在种植的第2年的5—6月，有少数植株会因为生长过于旺盛而抽薹开花，开花后的根不能入药，而开花形成的种子又没有萌发能力，不能作为生产上的种子。所以一旦发现抽薹的植株，如果苗较密，可将植株拔除；如果植株密度不大，也可以把刚形成的花薹摘除，确保产品的产量和质量。摘薹要早，以刚抽茎时进行为宜。

10.5.5 病虫害防治

1）病害

（1）灰斑病　主要是为害叶片。在6—7月受害叶片出现小病斑，后扩大呈近圆形大斑，中央灰白色，边缘褐色。在湿度大时，叶片的表面形成淡黑色的霉状物，严重时叶片死亡。

防治方法：①摘除发病叶片，集中烧毁；②发病初期，用1∶1∶100的波尔多液喷1～2次。

（2）斑枯病　斑枯病又名白斑病，主要为害植株叶片。叶片的病斑为多角形，初时为暗绿色，较小，以后扩大为灰白色病斑，上生黑色小点，最后叶片枯死。

防治方法：①收获后，将残枝落叶特别是病株的枯枝落叶集中烧毁或深埋，以减少越冬的病原菌；②在留种时，选择没有病害的植株作种株并移植在没有病害的地块；③发病初期，用1∶1∶100的波尔多液或65%的代森锌400倍液喷洒1～2次。

（3）紫纹羽病　主要为害白芷的主根。发病初期在根上可见有白线状物缠绕，这是病原菌的菌索，后期菌索会变为紫红色，菌索相互交织形成一层菌膜。发病的根从表皮向根内逐渐腐烂，直至最后全部烂光。

防治方法：①在雨季及时开沟排水，降低田间湿度，减少病害发生；②发现病株及时拔除，将病株集中烧毁，在病穴和病株周围的根部撒上石灰，防止病害蔓延；③在整地时，用50%的退菌特2 kg/667 m^2，加上草木灰20 kg/667 m^2 混匀，撒入土地内进行土壤消毒。

2）虫害

（1）食心虫　主要是咬食白芷的种子，严重时可造成种子颗粒无收。

防治方法：用90%的晶体敌百虫1 000倍液喷杀即可。

（2）黄凤蝶、蚜虫、红蜘蛛、黄翅茴香螟　主要是幼虫咬食叶片或吸收植株的汁液，对植株的生长造成影响。

防治方法：用90%的晶体敌百虫1 000倍液或40%的乐果乳油2 000倍液喷杀。

10.5.6 采收与加工

1)采收

在白芷播种的第2年8月前后倒苗,叶片变黄时采挖。收获时先割去地上部分,再用镢头(锄头)挖出全根,在地里晾晒后抖去根上的泥土,除去残留的叶柄,运回集中加工。在采挖白芷时,选取没有病虫害的地块,主根直径3 cm左右的植株作种株,单独采挖留作母种。

2)加工

白芷采挖后切去侧根,暴晒1~2 d,再按大小分别晒干或烘干,晒时不能淋雨,由于白芷的主根粗壮,并含有大量的淀粉,不容易干燥。如遇阴雨天气可以烘干,烘干温度不要超过60 ℃。当白芷根敲打时发出清脆响声,说明已经干燥透彻,可作商品使用。

3)包装、储藏

白芷多用竹筐、塑料袋或麻袋包装,置干燥通风处储藏,注意防虫、防潮。

10.5.7 质量标准

1)国家标准

根据《中国药典》2010年版规定:白芷呈长圆锥形,长10~25 cm,直径1.5~2.5 cm。表面灰棕色或黄棕色,根头部钝四棱形或近圆形,具纵皱纹、支根痕及皮孔样的横向突起,有的排列成四纵行。顶端有凹陷的茎痕。质坚实,断面白色或灰白色,粉性,形成层环棕色,近方形或近圆形,皮部散有多数棕色油点。气芳香,味辛、微苦。

白芷水分不得超过14.0%;总灰分不得超过6.0%;浸出物照醇溶性浸出物不得少于15.0%;按干燥品计算,含欧前胡素($C_{16}H_{14}O_4$)不得少于0.080%。

2)传统经验

白芷以个大、质坚实、不空心、粉性足、香气浓烈为佳。

【知识拓展】>>>

10.5.8 白芷的道地性

白芷适应性强,分布广泛,我国南北各地均有栽种,主产于浙江、河南、河北、四川、重庆、福建等省。国内白芷的变种或生态类型较多,产于河南长葛、禹县者,习称"禹白芷";产于河北安国者,习称"祁白芷";产于浙江杭州称为"杭白芷";产于四川、重庆的白芷称为"川白芷"。以上均属道地药材。

10.5.9 白芷的识别

1)白芷

白芷 *Angelica dahurica* (Fisch. ex Hoffm.) Benth. et Hook. J. ex Franch. ex Sav. 为伞形科多年生草本,株高1~2.5 m,根粗大,为长圆锥形垂直生长,外皮黄褐色。茎粗2~5 cm,中

空,圆柱形,常带紫色,有纵沟纹,上部呈叉状分枝。茎下部叶为二回或三回羽状复叶,最终羽片卵形。叶柄下部成囊状膨大的膜质鞘;茎上部叶无柄,也有膨大的囊状鞘。复伞形花序顶生或腋生,花序梗长 5 ~ 20 cm,伞辐通常 18 ~ 40(70)枝。总苞片无或 1 ~ 2 片,长卵形,膨大成鞘状;小总苞片多。小花无萼齿,花瓣 5 枚,白色,先端内凹;雄蕊 5 枚,与花瓣互生,花丝细长,伸出花冠外;子房下位,2 室,花柱 2,很短。果实为双悬果,长圆形至圆形,黄棕色,无毛;分果具 5 棱,侧棱有宽翅,棱槽中有油管 1 条,合生面有油管 2 条,如图 10.5 所示。

图 10.5　白芷

2)杭白芷

杭白芷是白芷的变种,二者植物形态极其相似,主要区别点:杭白芷的茎及叶鞘不带紫色,多呈黄绿色;花黄绿色,不为白色;伞辐较少,通常 10 ~ 27 枝。

川白芷与杭白芷是同一变种。祁白芷与禹白芷的原植物为白芷。栽培应根据当地自然条件选择植物种类。

10.5.10　药用价值

白芷性温,味辛,有祛风解表、散寒消肿、排脓活血、生肌止痛的功效,主治风湿酸痛、风寒感冒、头痛鼻塞、鼻渊、眉棱骨痛、妇女赤白带下、痈疽疮毒、皮肤瘙痒疥疮等症。现代药理学证明,白芷具有消炎、解热镇痛、解痉、抗菌、抗癌等作用,此外白芷还有降低血压和光敏的作用。

10.5.11　开发利用

近年来,白芷除了作为中药材使用或作为中成药的原料入药外,还广泛应用于化妆品的制造上。白芷与补骨脂合用,可以治疗白斑症,对皮肤瘙痒、癣疥脚气、面部黑斑等也有效;二者合用制成的祛斑露或与人参、樟脑合用的祛斑露,对黑头粉刺有一定的疗效;白芷洗发膏或洗发香波,可以治疗头癣。头皮屑多的人,3 ~ 4 d 用其洗头一次,洗几次即可见效。白芷还可以使皮肤洁白,有防晒、防紫外线的作用,因此有人用它来制造防晒霜。

【计划与实施】>>>

白芷种子培育

1)目的要求

掌握白芷留种、移栽、管理及采种方法及操作。

2)计划内容

在7月挖收白芷时,选主根有大拇指粗的作种株,按株行距60~70 cm开穴,每穴放种株一棵。在当年的冬季或翌年的春天要进行中耕除草、追肥、培土等田间管理。在6—7月果皮变黄绿色时连果序一起分批采收,收后摊在阴凉通风处晾干,或挂通风处阴干,同时,除去果壳果梗等杂物备用。种子不能储藏太久,一般在当年秋天播种时即用。如果储藏时间过久,则萌发率大大降低。采种时注意不要采主茎顶端的种子。

3)实施

4~5人一小组,以小组为单位,各完成2 m^2的育苗实践。分组完成留种、移栽、采种、种子处理、整地、播种、苗地管理、移栽管理等操作,并要求用图片及文字详细记录育苗过程,对各组育苗过程及成效进行考核、排序、打分。

【检查评估】>>>

序号	检查内容	评估要点	配分	评估标准	得分
1	育种	种子培育种子繁殖	60	分值:种子处理、整地、播种计20分;选种根茎、移栽、田间管理、采种计20分;幼苗健壮计10分,密度合适计10分; 评分:方法正确、生产措施好、苗子长势好、操作规范、生产记录完整满分,否者酌情扣分	
2	田间管理	除草、施肥、遮阴等	20	除草、施肥、摘花台操作正确,植株长势好计20分,长势差、苗少的计5~10分	
3	采收加工	采收期、采收方法、加工方法	20	采收期合理计5分,采收方法正确计5分,加工方法正确计5分,操作规范计5分,方法有错或操作不规范酌情扣分	
合 计			100		

任务 10.6　板蓝根(菘蓝)栽培

【工作流程及任务】>>>

工作流程:

选地整地—栽培品种选择—繁殖方法选用—田间管理—病虫害防治及农残控制—采收加工。

工作任务:

大青叶采收,板蓝根采收,板蓝根、大青叶初加工。

【工作咨询】>>>

10.6.1　市场动态

板蓝根植物名为菘蓝、菘青,俗名大青叶,是十字花科 2 年生草本植物。板蓝根是抗病毒类大宗药材,在治疗流感、乙肝等方面用途广泛,在 1989 年的上海甲肝流行、1999 年的江南水灾、2000 年的欧美流感、2003 年的“非典”等方面疗效显著,已成为世界公认的中药品牌,市场跌宕起伏、价格屡创“天价”,但由于板蓝根生长周期短伴随着高价刺激生产发展,价格往往从一个极端走向另一个极端,给药农造成很大损失。全国各地自然灾害频繁,禽流感和其他突发疾病依然存在潜在威胁,目前,根据板蓝根市场需求情况和产销存状况,板蓝根的需求只会增加不会减少。据全国市场调查,板蓝根年需求量约为 400 万 kg,市场前景广阔。2013 年末安徽亳州药材市场板蓝根统货价格为 9.5 元/kg。

10.6.2　栽培地选择

1)选地依据

(1)生长习性　种子容易萌发,15 ~ 30 ℃均发芽良好,发芽率一般在 80% 以上,在 16 ~ 21 ℃,有足够的湿度,播种后 5 d 出苗。种子寿命为 1 ~ 2 年。

板蓝根 3 月上旬开始抽茎,3 月中旬开花,4 月下旬至 5 月下旬结果,6 月上旬果实成熟,即可收获种子,全生育期 9 ~ 11 个月。南部产区物候期提早;春季较冷的年份,物候期推迟。菘蓝为越年生长日照型植物,秋季种子萌发出苗后,是营养生长阶段。露地越冬经过春化阶段,于次年早春抽茎,开花,结实而枯死。生产上为了利用植株的根和叶片,大多春季播种,进而延长营养生长时间,于秋季或冬季收根,期间可收割 1 ~ 3 次叶片,从而增加经济效益。

(2)环境要求　菘蓝根对气候和土壤条件适应性很强,耐严寒,喜温暖,但怕水渍。板蓝根对土壤要求不严,一般夹沙土或微碱性的土壤均可种植,pH 6.5 ~ 8 的土壤都能适应。板蓝根是耐肥、喜肥性较强的草本植物,肥沃和土层深厚的土壤是板蓝根生长发育的必要条件。

地势低洼,易积水、黏重的土地,不宜种植。

2)栽培选地

板蓝根喜温凉环境,耐寒冷,怕涝,宜选排水良好、疏松肥沃的砂质壤土和冲积地种植。

10.6.3 繁殖方法

生产上以种子繁殖为主。播种分春播和夏播两种。

1)种子处理

将种子放在10%的盐水中,捞去浮在上面的菌核和瘪粒,然后捞出置于25 ℃的温水中浸泡24 h,进行闷种催芽,待种子露白后播种,播后覆土压实。

2)播种

春播于4月,夏播5—6月。条播,行距20～25 cm,沟深2～3 cm,覆土2 cm;穴播,穴距27 cm。用种量1.5～2.0 kg/667 m^2。秋播留种田可以在8月上旬至9月初播种,幼苗在田间越冬;第2年继续培育,于5—6月收获种子。

10.6.4 整地

1)清园

清理田园,地上杂草,这样可以切断害虫栖息和繁殖场所。在耕地前可用50%的辛硫磷乳油800倍液,用100 g/667 m^2 拌炒香的玉米糁、麦麸撒于地面,耕地时翻入地下,这样可以杀死地下蝼蛄、蛴螬。

2)整地施肥

施腐熟厩肥4 000 kg/667 m^2,过磷酸钙50 kg/667 m^2,硫酸钾30 kg/667 m^2,尿素20 kg/667 m^2,施足底肥,深翻30 cm,耕细耙平,打碎土块,然后做畦,北方应做平畦,南方可做高畦,易于排水,畦宽1.5～1.8 m,畦高20～30 cm,作业道宽30 cm,四周作好排水沟。

10.6.5 田间管理

1)间苗、定苗

播种后,要注意观察,盖地膜的有70%出苗,就可揭开地膜,进行浅锄,除去小杂草。当苗高3～4 cm时进行间苗,剔除小苗、弱苗,留壮苗,苗距4～6 cm;当苗高7～10 cm时进行定苗,苗距5～7 cm。留苗距太密时,根小,叶片不肥厚;苗距过大,主根易分叉,须根多、条不直,产量降低。

2)中耕除草

由于杂草与菘蓝同时生长,应抓紧时机,及时进行中耕除草。

3)追肥

定苗后,根据幼苗生长情况,适当追肥,一般5月下旬至6月上旬,可追施一次人粪尿水或无机肥。每割一次大青叶,都要注意重施粪肥,促进根部后期生长,增加产量。可喷施叶面肥,以0.2%的磷酸二氢钾为好,在生长中后期喷2～3次。

4) 灌溉与排水

生长前期水分不宜太多,以促进根部向下生长,后期可适当多浇水。天旱时注意浇水,以利于菘蓝正常生长,可在每天早、晚进行,切记在阳光暴晒下进行。雨季注意排水,长期积水,板蓝根易烂根,造成减产。

10.6.6 种植模式

留种地里可以和蔬菜、玉米间作,玉米在畦梗上 66 cm 交叉种植,还可和药间作如桔梗、防风等植物,充分利用不同采收季节和植物的特性,因地制宜的进行间套作。

10.6.7 病虫防治

1) 病害

(1) 霜霉病　3—4 月始发,尤在春、夏梅雨季节发病严重,主要危害叶柄及叶片。发病初期,叶片上产生黄白色病斑,叶背面出现似浓霜的病斑。随着病程的发展,叶片变黄,最后呈褐色干枯,使植株死亡。

防治方法:①清洁田园,处理病株,减少病原,通风透光;②轮作;③选择排水良好的土地种植,雨季及时排水;④发病初期用 40% 的乙磷铝 2 000 ~ 3 000 倍液或用 1∶1∶100 的波尔多液喷雾防治,7 ~ 10 d 喷 1 次,连续 2 ~ 3 次。

(2) 菌核病　4 月始发,6—7 月多雨高温时发病严重。此病危害全株,从土壤中传染,茎基部叶片首先发病,然后向上危害茎、茎生叶、果实。发病初期呈水浸状,后为青褐色,最后腐烂。

防治方法:①避免偏施氮肥,增施磷钾肥,提高植株抗病能力;②水旱轮作或禾本科植物轮作;③及时排水;降低田间湿度;④于植株基部使用石硫合剂。⑤发病初期用 65% 代森锌 500 ~ 600 倍液喷雾防治,7 ~ 10 d/次,连续 2 ~ 3 次。喷药时,应着重于植株茎基部及地面。

(3) 白锈病　病叶表面出现黄绿色小斑点,叶背长出一隆起的外表有光泽的白色脓疱状斑点,病斑破裂后,散出白色粉状物。叶畸形,后期枯死。

防治方法:①不与十字花科作物轮作;②雨后排水,降低田间湿度;③发病初期用 1∶1∶120 的波尔多液喷雾防治,7 ~ 10 d/次,连续 2 ~ 3 次。

(4) 根腐病　被害植株地下部侧根或细根首先发病,再蔓延至主根。根部发病后,地上部分枝叶发生萎蔫,逐渐由外向内枯死。发病室温 29 ~ 32 ℃。

防治方法:①实行轮作;②增施磷钾肥;③发病初期用 50% 甲基托布津可湿性粉剂 800 ~ 1 000 倍液喷洒;④采用 75% 百菌清可湿性粉剂 600 倍液或 70% 敌克松 1 000 倍液喷药效果最佳。

2) 虫害

(1) 粉蝶

粉蝶俗称菜青虫、白蝴蝶、青条子。5 月起幼虫危害叶片,尤以 6 月危害最重。

防治方法:①清除田园,清除越冬蛹;②可用生物农药 BT 乳剂 100 ~ 150 g 或 90% 敌百虫 800 倍液喷雾。

(2)桃蚜　主要危害十字花科植物,植株被害后严重失水卷缩,扭曲变黄。对板蓝根一般于春季危害刚抽生的花蕾,使花蕾萎缩,不能开花,影响种子产量。

防治方法:可用40%乐果乳油1 500 ~2 000倍液喷杀。

10.6.8　采收加工

1)留种

春播和秋播留种方法不同。春播留种是在收割最后一次叶片后,不挖根,待长新叶越冬;秋播留种是在8月底至9月初播种,出苗后不收叶,露地越冬。以上两种方法均在次年5—6月收籽。此外,在田间地头选瘦地下种,可使菘蓝茎秆变硬,不宜倒伏,病虫害少,结籽饱满,株行距约为30 cm×60 cm,有的地区挖取板蓝根后,选择优良种根,移栽留种,也能收获良好种子。收完种子的板蓝根已经木质化,不能再做药用。

2)采收

菘蓝药材采收可分为叶和根,干叶药材称大青叶,根部药材称板蓝根。

(1)大青叶的采收时间和方法

①采收时间。春播板蓝根在水、肥管理较好的情况下,地上部正常生长。每年收割大青叶2 ~3次,第1次在6月中下旬,苗高15 ~20 cm时收割;第2次在8月下旬;第3次结合收根,割下地上部分,选择合格的叶片入药。以第1次收获的大青叶质量最好。伏天高温季节不能采收,以免发生病害而造成植株死亡。

②采收方法。一是贴地面连同芦头割去地上部分。此方法新叶生长迟,易烂根,但发棵大。二是离芦头以上1 ~3 cm处割去叶片。另外,也有用手掰去植株周围叶片的方法。此方法易影响植株生长,且比较费工。

(2)板蓝根的采收时间和方法　根据板蓝根药效成分的高低,适时采收。实验证明:12月的含量最高,因此,在初霜后的12月中下旬采收,可获取药效成分含量高、质量好的板蓝根药材。故这段时间选几日晴天,进行板蓝根的采收。首先用镰刀贴地面2 ~3 cm处割下叶片,不要伤到芦头,捡起割下的叶片,然后从畦头开始挖根,用锹或镐深刨,一株一株挖起,拣一株挖一株,挖出完整的根。注意不要将根挖断,以免降低根的质量。

3)加工

(1)板蓝根的初加工　将挖取的板蓝根去净泥土、芦头、茎叶,摊放在芦席上晒至七八成干(晒的过程中要经常翻动),然后扎成小捆,晒至全干,打包或装袋储藏。晒的过程中严防雨淋、发生霉变,降低板蓝根的产量。

(2)大青叶的初加工　将大青叶运回晒场后,进行阴干或晒干。如阴干,需在通风处搭设荫篷,将大青叶扎成小把,挂于棚内阴干;如晒干,需放在芦席上,并经常翻动,使其均匀干燥。无论是阴干或晒干的都要严防雨露,以发生霉变。

(3)青黛　夏秋采收茎叶,置缸内,用清水浸2 ~3昼夜,至叶腐烂脱离茎秆时,捞去茎秆,每10 kg叶加入石灰1 kg,充分搅拌,至浸液成紫红色时捞出,提取液面泡沫,晒干,即为青黛。当泡沫减少时,可沉淀2 ~3 h,除去上面的澄清液,将沉淀物筛去碎渣,再行搅拌,又可产生泡沫,将泡沫捞出晒干,亦为青黛。前者质量最好,后者质量较次。

10.6.9 药材质量

1)国家标准

《中国药典》2010 年版规定:

总灰分:不得超过 9.0%;酸不溶性灰分不得超过 2.0%。大青叶水分不得超过 13.0%。青黛水分不得超过 7.0%。

浸出物:照醇溶性浸出物测定法项下的热浸法规定,用 45% 乙醇作溶剂,不得少于 25.0%。

含量测定:照《高效液相色谱法检验标准操作程序》测定。板蓝根按干燥品计算,含表告依春(C_5H_7NOS)不得少于 0.020%;大青叶按干燥品计算,含靛玉红($C_{16}H_{10}N_2O_2$)不得少于 0.020%。青黛按干燥品计算,含靛蓝($C_{16}H_{10}N_2O_2$)不得少于 2.0%,含靛玉红($C_{16}H_{10}N_2O_2$)不得少于 0.13%。

2)传统经验

板蓝根以根平直粗壮、坚实、粉性大者为佳。大青叶以叶大、洁净、无破碎、色墨绿、无霉味者为佳。

【知识拓展】>>>

10.6.10 板蓝根的道地性

分布于东北、华中、西北、西南,主产于安徽、甘肃、山西、河北、陕西、内蒙古、江苏、黑龙江等地,文献记载,河北省为板蓝根的道地产区。现以安徽亳州、宿县所产质量为佳。

10.6.11 板蓝根识别

板蓝根原植物为菘蓝 *Isatis indigotica* Fortune. 为二年生草本植物,株高 40 ~ 120 cm,主根深长,长圆柱形,肉质肥厚,外皮灰黄色,直径 1 ~ 2.5 cm,支根少。茎直立略有棱,上部多分枝,稍带粉霜。基生叶有柄,叶片倒卵形至倒披针形,长 5 ~ 30 cm,宽 1 ~ 10 cm,蓝绿色,肥厚,先端钝圆,全缘或略有锯齿;茎生叶无柄,叶片卵状披针形或披针形,长 3 ~ 15 cm,宽 1 ~ 5 cm,有白粉,先端尖,半抱茎,近全缘。复总状花序,十字形花冠,花黄色,花梗细弱,花后下弯成弧形。短角果矩圆形扁平,边缘有翅,成熟时黑紫色。种子 1 粒,稀 2 ~ 3 粒,长圆形。花期 4—5 月,果期 5—6 月,如图 10.6 所示。

10.6.12 综合利用

1)药用价值

板蓝根味苦,性寒,归肝、胃经,具有清热解毒、凉血消斑、利咽消肿等功效。主治流感、流脑、乙脑、肺炎、丹毒、热毒发斑、咽肿、痄腮、火眼、疮疹、舌绛紫暗、喉痹、烂喉丹痧、大头瘟疫、痈肿。据统计在《全国中成药产品目录》中,以板蓝根为原料生产的板蓝根片、板蓝根冲剂、复

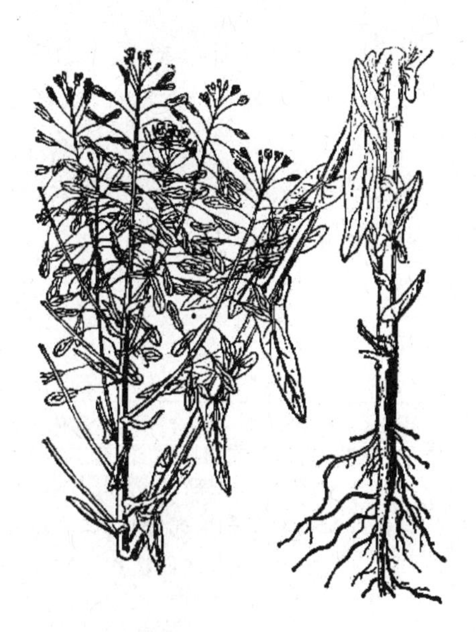

图 10.6 板蓝根

肝宁片、清瘟解毒丸、肝乐平冲剂、板蓝根注射液、肝炎净、感冒清等中成药有40余种。

2)营养价值

板蓝根茎叶含丰富的矿质元素、纤维素和多种营养成分。至少含有17种氨基酸,其中7种为人体必需的氨基酸,其总糖量、纤维素、谷氨酸含量、钙和钾含量较高,还有防病治病功效。

3)开发利用

板蓝根凉茶是依据民间传统配方,选用板蓝根、金银花、夏枯草、菊花等优质草本植物为原料,经现代科技工艺萃取而成。它可以预防感冒,还有生津止渴、润喉爽口的功效,还含有多种微量元素和矿物质。

【计划与实施】>>>

板蓝根播种

1)目的要求

掌握板蓝根种子处理方法、板蓝根播种时间、播种方式、整地方法。

2)计划内容

(1)种子处理方法　将种子放在10%的盐水中,捞去浮在上面的菌核和瘪粒,然后捞出置于25 ℃的温水中浸泡24 h,进行闷种催芽,待种子露白后播种,播后覆土压实。

(2)播种时间　春播于4月,夏播5—6月;秋播留种田可以在8月上旬至9月初播种。

(3)播种方式　条播,行距20~25 cm,沟深2~3 cm,覆土2 cm;穴播,穴距27 cm。

(4)整地方法　①清理田园,地上杂草,这样可以切断害虫栖息和繁殖场所。在耕地前可用50%的辛硫磷乳油800倍液,用100 g/667 m² 拌炒香的玉米糁、麦麸撒于地面,耕地时翻入地下,这样可以杀死地下蝼蛄、蛴螬。②每667 m² 施腐熟厩肥4 000 kg,过磷酸钙50 kg,硫酸钾 30 kg,尿素 20 kg,施足底肥,深翻 30 cm,耕细耙平,打碎土块,然后做畦,北方应做平畦,南方可做高畦,易于排水,畦宽 1.5~1.8 m,畦高 20~30 cm,作业道宽 30 cm,四周作好排水沟。

3)实施

4~5 人一小组,以小组为单位,负责板蓝根种子处理方法、板蓝根播种时间的确定,播种方式、整地方法的选择,掌握操作方法和关键技术要领。

【检查评估】>>>

序号	检查内容	评估要点	配分	评估标准	得分
1	板蓝根种子处理方法	种子处理方法	50	种子处理操作方法正确计 15 分,全错一项扣 10 分,操作不规范酌情扣分;闷种催芽方法正确计 15 分,全班评比计分;催芽多而整齐计 20 分,差的计 5~10 分	
2	播种方法	正确播种	20	株行距合格计 10 分,差的酌情扣分;沟深合格计 5 分,不合格酌情扣分;覆土深度合格计 5 分,不合格的酌情扣分	
3	整地	整地做畦	30	田园清洁合格计 10 分,不合格酌情扣分;整地前土壤施肥消毒合格计 10 分,不合格酌情扣分;畦高畦宽合格计 10 分,不合格酌情扣分	
合计			100		

任务 10.7 红花栽培

【工作流程及任务】>>>

工作流程:

选地整地—栽培品种选择—繁殖方法选用—田间管理—病虫害防治—采收加工。

工作任务:

红花灌溉,施肥,打顶。

【工作咨询】>>>

10.7.1 市场动态

红花原产埃及,在我国,红花栽培已有 2 000 多年历史。红花为菊科植物,别名:草红花、刺红花、怀红花,以花柱供药用,具有活血通经、祛瘀、消肿、止痛等功效。除药用外,还是一种天然色素和燃料,其种子含油率为20% ~30%,红花油是一种"营养油"和重要的工业原料。20世纪50年代,产销量50万~60万/kg,供应量少,60年代,产区由黄淮转向新疆、甘肃,供求大致相等,70年代产大于销,年产200万~300万/kg,需求150万~180万/kg,八九十年代时,可谓大起大落,1998年为90元/kg,2001—2003年为16~18元/kg。2004年,红花33~35元/kg。2006年60~70元/kg,2009年为115元/kg。目前,全国各大中药材市场红花商品价格已升至93~98元/kg。且后市看好。因此,人工种植红花前景广阔。种植草红花,可产成品药材15~20 kg/667 m^2,种子75~100 kg,综合效益在4 000元。种子可用于扩大栽培,也可以榨油(种子含油率35%左右,红花油属于高级保健食用油,市场长年紧缺,现价格稳定在85元/kg)。2013年12月2日,成都荷花池市价为35元/kg;2013年12月18日,安徽亳州市价为25元/kg,广西玉林市价为34元/kg;2014年1月9日成都荷花池市价为34元/kg。

10.7.2 栽培地选择

1)选地依据

(1)生长习性　春播红花全生育期为100~130 d,秋播红花为180~250 d,其生长发育可分为4个阶段。

①连作丛叶期。红花在地温10~12 ℃时播种于大田,6~7 d即可萌发出苗,两片子叶出土;半个月后长出第一片真叶。红花为长日照植物,幼苗得不到长日照条件,茎节不能明显伸长,植株贴近地面,叶片丛生如莲座状。莲座丛叶期是红花营养生长的初期阶段,通常如莲座丛叶期长,则幼苗生长好,后期产量高。莲座丛叶期的长短与播期有关,春播的莲座丛叶期1~2个月,秋播的莲座丛叶期3~5个月,并在此期越冬。生产上要求红花春播宜早,以利于延长莲座丛叶期,使幼苗生长充分,植株健壮,产量高。秋播偏早的会很快进入茎节伸长期。延长光照时间,提高温度均可使莲座丛叶期缩短。

②茎节生长期。秋播红花在早春返青后,进入茎节生长期。此时生长速度加快,在30~50 d内植株由10 cm迅速长到正常高度(可达150 cm),叶片数也增至最高水平。

③现蕾开花期。当二级分枝开始形成时,主茎顶端和一级分枝开始现蕾,其后分枝、现蕾同时进行。从开始现蕾到开花约需1个月,一般朵花期3 d,序花期7 d,株花期约20 d,多为早晨6~7时开放。先形成花蕾者先开放,故植株由上向下,由主茎到第一级分枝,再到第二级分枝渐次开放,呈现顺序性。分枝级数通常为2~4级,适当密植能抑制分枝级数。

④果实成熟期。小花开放后5~6 d,果实显著膨大。头状花序内的果实是由外向内渐次膨大,花后20 d种仁充实饱满,此时种子含油率最高,发芽率接近成熟种子。一个头状花序从开花到果实成熟约需30 d。种子寿命为2~3年。

(2)环境要求

①温度。红花原产热带,喜温暖气候。但对温度适应性强,在4~30 ℃都能发育生长。种子在5 ℃条件下即可萌发,萌发最适温度为15~25 ℃,植株生长的最适温度为20~25 ℃。大多数品种莲座丛叶期能耐-4 ℃低温,但是茎节伸长期怕低温,在0 ℃时会受冻害;孕蕾开花期遇10 ℃低温时,花器官发育不良,甚至不能结实。

②光照。红花是喜光植物。尤其是在抽茎到成熟阶段,充足的光照会使红花发育良好、

籽粒充实饱满。在荫蔽情况下，植株生长纤弱，花头发育不良，甚至不能生存。当种植较稀时，枝向四周平展，分枝长；种植较密，分枝则向上伸长，茎下部分枝减少，下部花序小而少，花序多集中在植株顶端，顶端花序较大。利用这一特性，适当密植，可以提高产量，并有利于采收。红花是长日照植物，在现蕾开花期要给予长日照才能开花结果，但莲座丛叶期要给予短日照，否则莲座丛叶期缩短，以后生长发育不良，影响产量、质量。

③水分。红花宜稍干燥环境，抗旱怕水涝。由于红花有发达的根系，吸水能力强，故较耐旱。在湿度过大、土壤水分过多的情况下，易生病害，尤其在高温季节，即使土壤短期缺水，也可导致植株生长受阻，甚至死亡。尤其开花期忌涝，开花期遇雨，花粉发育不良，而且花冠含水量高，干后易粘连成饼。果实成熟阶段，若遇连阴雨，种子和油的产量低，种子发芽率也低。但土壤过于干旱，尤其在幼苗期缺水，会影响幼苗的成活和植株生长，故以稍湿润而不过于干燥为宜。

④土壤。红花对土壤要求不严，一般土壤均可栽种。但以地势高燥、排水良好、肥力中等的中性砂壤土为好，尤以油砂土、紫色夹砂土最为适宜，土壤过于肥沃，植株徒长，枝叶繁茂，通风不良，易发生病虫害。地下水位高、黏重土壤和低洼地不宜栽种。红花也是一种耐盐碱的植物，但盐分过高会降低种子发芽率、种子产量和红花中色氨酸等氨基酸含量。红花保病虫害多，忌连作。

2）栽培选地

一般土壤均可栽种，以地势高燥向阳、排水良好、土层深厚、中等肥力的砂质壤土栽培为宜。忌连作。前茬以豆科和禾本科植物为宜。

10.7.3 繁殖方法

生产上以种子繁殖为主。

1）种子繁殖

（1）种子处理　播种前，将种子放入 50 ℃左右的温水中浸种 10 min，再放冷水中凉透，捞出晾干播种。或用 0.3% 的多菌灵拌种；也可用低毒杀虫剂拌种。

（2）苗圃地准备　施圈肥 2 000 kg/667 m^2，或生物有机肥 200 kg/667 m^2，深耕 20～30 cm，整地做畦，畦宽 1.2～1.5 m，四周开好排水沟。

（3）播种　条播或穴播均可。条播按行距 30～50 cm，开约 3 cm 深的沟，将种子均匀撒于沟内，覆土 3～4 cm，压实。穴播行距同条播，按行株距 40～30 cm，开 3 cm 深的穴，品字形，每穴下 4～5 粒种子，覆土压实。也可采用大小垄条播法，大垄宽 90 cm，小垄宽 40 cm，定苗株距 20 cm，这种密度易中耕、追肥，更利于采花。分大小垄，以便小垄浇水，大垄内管理和采花。用种量 1.5～2 kg/667 m^2。

（4）播期　可春播或秋播，北方以春播为主，3—4 月地温在 5 ℃以上时即可播种。春播宜早，可延长生长期，植株生长健壮。南方不宜春播，以秋播为主，一般以 10 月中下旬为宜。秋播过早会提前进入茎节伸长期，越冬时易受冻害缺苗；秋播过迟，植株太小，越冬时也会受冻害，保苗率低。一般以冬前小苗有 6～7 片真叶为宜。

2）地膜播种

北方 4 月播种，采用 1.4 m 宽膜覆盖，一膜 4 行，点播，行株距配置为（20 + 40 + 20 +

40) cm × 10 cm,播量为 1.6 kg/667 m^2。旱作红花覆盖地膜栽培,红花单产籽粒较露地高 91.95%,花丝单产高 16.67%,而且花丝品质好,还能够抑制杂草生长。

10.7.4 田间管理

1) 间苗定苗

红花播后 7 ~ 10 d 出苗,当幼苗长出 2 ~ 3 片真叶时进行第 1 次间苗,去掉病弱苗,每穴留 3 ~ 4 株,条播的每 10 cm 留苗 1 株。第 2 次间苗即定苗,每穴留 2 株,条播的每 20 cm 留苗 1 株。缺苗处选择阴雨天带土补苗。间苗定苗要保证合理密植,保苗 3 万株/667 m^2 左右。

2) 中耕除草与培土

整个生长期一般进行 3 次,前两次与间苗定苗同时进行。第 3 次在植株荫蔽封垅前进行。尤其是秋播红花,苗期较长,应增加除草次数,同时培土,以防倒伏。

3) 追肥

红花第 2 次追肥在伸长期到分枝期,此期是红花需肥的敏感时期。据试验:此期氮素吸收量达总量的 75%,磷和钾分别占 65% 和 50%。当苗高 30 cm、叶片数由 15 片增加到 50 片左右出现分枝时需肥量最多,应重施抽枝肥。施肥要注意有机肥和化肥的混合施用,各种肥料要合理搭配,同时注意微量元素的施用。一般施人畜肥水 2 000 ~ 2 500 kg/667 m^2,混合过磷酸钙 20 ~ 25 kg/667 m^2 或硫酸铵 10 kg/667 m^2。现蕾前,可根外追肥 1 ~ 2 次,所用肥料可以是 0.2% 磷酸二氢钾溶液,也可以用 0.5 kg 尿素、1 kg 过磷酸钙,加水 100 kg 溶解过滤后喷施。在伸长期或花蕾期施含有铜、钼、锌、硼等微量元素的微肥,可增加籽粒的饱满度,提高千粒重。追肥可结合开沟培土进行。

据试验报道,蕾期喷施米醋,可使红花生长势好,叶色浓绿,有明显的增产效果。具体方法是将米醋稀释 200 ~ 500 倍液进行叶面喷施。

4) 灌溉排水

红花耐旱怕涝,掌握好灌溉技术是获得红花高产的关键因素。红花分枝期、始花期、终花期干旱时需浇水。

红花的浇水方式一般采用细流沟灌或隔行沟灌,这样既节约用水,又不会因积水导致病害的发生。大水漫灌易引起根腐病,喷灌则易引起锈病和枯萎病蔓延。红花的浇水时间,以早晨或傍晚为宜。红花在高温下浸湿 2 h 以上,就可能发生死亡。如在 2 ~ 3 d 内有大雨,最好不要灌溉。在终花期,一般不再浇水。如果浇水过多,就会影响产量和含油量。不同品种对水的需求量也各不相同。一般早熟品种需水量较少,晚熟品种需水量较多。红花有强大根系,能从土壤深处吸收水分,不灌水也有收成,但灌溉可以获得更高产量。

5) 打顶

红花打顶可促进分枝,增加花蕾。当红花株高 1 m 左右,分枝数达 20 枝时,应进行打顶。但打顶后必须加强肥、水管理,追施尿素 10 kg/667 m^2,或碳酸氢铵 30 kg/667 m^2。

6) 轮作倒茬

轮作倒茬可减轻红花病害发生,提高红花产量。红花的前茬以马铃薯、大豆、玉米为好,小麦次之。红花较其他作物消耗地力少,可作为麦类作物的前茬。为减轻红花病虫害的发生,尤其是水浇地,红花切忌连作。

10.7.5 种植模式

红花在4月中旬出现分枝时,可在红花大垄里播种决明子两行,离红花植株10 cm左右,株距按28~30 cm挖穴深5 cm,穴播已浸泡好的决明子种子4~5粒,覆土3 cm,大约10 d出苗。待红花采摘完,种子成熟后,一起把红花植株割去。决明子一次性定苗去弱留强,每穴留苗1株,结合中耕除草,追施混合15 kg/667 m^2尿素的腐熟厩肥1 000 kg/667 m^2,立即浇水,加速生长,花期干旱时需浇水,否则造成落花。雨季要及时排涝。决明子病虫害极少,主要有蚜虫,可用40%乐果乳剂每隔7 d喷1次,连续2次。待至秋末果荚黄褐色时,将全株割下,晒干打出籽,暴晒至干,去净茎叶、泥土等杂质即可。还可与桃树套种,增收5 000元/667 m^2左右。

10.7.6 病虫防治

1)病害

(1)根腐病　根腐病又称枯萎病。5月初始发,主要危害根、茎部。病菌由苗期侵入,5月及开花前后,如遇阴雨,发病尤重。初期病株须根变褐腐烂,逐渐扩展后支根、主根和茎基部变黑腐烂,维管束变褐色。潮湿时病部产生呈红色黏稠物质,严重时植物由下向上萎缩变黄,最后枯萎死亡。

防治方法:①收获后清园,将病残株集中烧掉;②与禾本科植物轮作,最好与水稻轮作;③拔出病株,并在病穴中撒生石灰消毒;④选择无病植株留种;⑤发病时用50%甲基托布津1 000倍液浇灌病株根部或用50%多菌灵1 000倍液喷雾防治。

(2)炭疽病　4—5月间为害茎、叶、花和种子。发病初期,茎上出现水渍状斑点,扩大后呈纺锤形褐色病斑,后转红褐色或橘黄色,严重时病斑愈合成大病斑或环绕茎部,使茎部腐烂,导致植株不能现蕾或花蕾下垂不能开花;叶部出现圆形褐色病斑,后期破裂;种子发病后成黄色至黄褐色斑点。一般在6—7月间阴雨多湿季节发生严重。

防治方法:①选用适应性强的高抗病品种,如有刺红花;②建立无病留种田;③提前用温水浸种,或用50%甲基托布津或50%多菌灵按种子质量的0.3%拌种;④选取地势高燥处种植,深挖排水沟,降低田间湿度,抑制病菌蔓延;⑤发病初期拔除病株,集中烧毁,并用1∶1∶120波尔多液或用50%甲基托布津500~800倍液等喷治,每隔4~7 d喷施1次,连续2~3次。

(3)锈病　4—5月常与炭疽病同时发生,主要危害叶片和苞片,叶片背面有散生或连接在一起的栗褐色、锈褐色或暗褐色微隆起小疱疹样物(夏孢子堆),后破裂散发出大量棕褐色或铁锈色粉末(夏孢子)发病后期,夏孢子堆处产生暗褐色至紫褐色孢状物(冬孢子堆)。严重时可至叶片萎黄或枯死。

防治方法:①选用地势高燥、排水良好的地块种植;②按种子质量的0.3%,用25%粉锈宁拌种;③采收后及时清园,将枯枝茎叶烧毁;④发病前用1∶1∶120波尔多液喷施,发病初期用95%敌锈钠400~500倍液,每隔10 d喷施1次,共2~3次;适当增施磷钾肥或灰肥,增强抗病力。

(4)菌核病　主要发生于南方地区,春季、夏季多阴雨时易发此病。病株根部及茎髓变成灰黑色或中空,其中充满黑色颗粒状物,即病菌菌核。叶片呈淡绿色或黄绿色花叶,逐渐由下向上枯萎。高湿时茎基部水渍状腐烂,叶片、嫩枝出现白色菌丝体。严重时花蕾及根部周围表土出现菌核,植株分枝枯死或整株死亡。

防治方法:①与禾本科植物轮作,尤其水旱轮作效果最佳;②合理密植,增强通风透光,降低湿度;③3—5 月菌核萌动期加强中耕松土,切断子囊盘柄,减少初染源;④拔除病株,用生石灰消毒病穴;⑤发病初期对植株和地面喷 50% 多菌灵 1 000 倍液。

(5)黑斑病 主要危害叶片。叶片上出现紫黑色斑点,扩大后为圆形或近圆形褐色病斑,病斑上有同心轮纹。高湿度时,病斑两面均可产生铁灰色或黑色霉层(分生孢子梗和分生孢子)。花蕾受害多在基部发病,继续扩展致萼片干枯,只现蕾不开花结实。

防治方法:①实行检疫,防带菌种子传入;②收获后及时清除枯枝病叶,进行烧毁;③将红花种子装入尼龙袋,在 50 ℃温水中浸泡 30 ~ 40 min,摇动 45 次/min,使种子受热均匀,此方法灭菌效果明显,不影响种子发芽率;④用 1 : 1 : 100 波尔多液或 65% 代森锌 500 倍液,每隔 7 ~ 10 d 喷洒 1 次,连续数次。

2)虫害

(1)红花指管蚜 用 40% 乐果乳油或 80% 敌敌畏乳油 1 500 倍液喷雾防治。

(2)红花实蝇 5 月始发,6—7 月危害严重,幼虫钻进花蕾危害,造成烂蕾而不能开花。

防治方法:①清洁田园;②忌与白术、矢车菊等菊科植物间套作;③蕾期用 40% 乐果乳油 800 ~ 1 000 倍液喷杀,1 周 1 次,连续 2 次。

(3)红蜘蛛 聚集叶背,吸食汁液。在现蕾开花期,尤其是干旱时,常大量发生。被害叶片出现黄色斑点,叶片变黄脱落。

防治方法:用 0.3% 波美度石硫合剂或 40% 乐果乳油 800 ~ 1 500 倍液喷杀。

(4)红花地下害虫 地老虎、金针虫、蛴螬等,在幼苗期造成植物地表部分的伤口或咬断整株死亡,有时甚至将幼苗成片吃光。红花的地下害虫可用药剂拌种和药剂喷洒植株加以防治。

10.7.7 采收加工

1)留种

采花后 10 ~ 15 d 种子成熟,选留生长健壮、无刺多分枝、花大抗病、产量较高和不易倒伏的植株留种,单收单藏。其余植株待茎叶枯萎时收割,可产种子 80 ~ 100 kg/667 m^2。

2)商品收获

秋播红花一般在立夏前后采收,为 10 ~ 15 d 收完。春播的一般在小暑后采收。红花初开时为黄色,逐渐变为橘红色、红色和深红色。红花开花后,2 ~ 3 d 即进入盛花期。以花序中有 2/3 小花花冠顶端成金黄色,中部呈橘红色时采摘为宜,干后花呈鲜红色,油性大,有韧性,质量好。每个头状花序可连续采收 2 ~ 3 次,每隔 2 ~ 3 d 采摘 1 次。若采摘过早,花冠呈浅黄色、深黄色,干后花为黄色,不鲜艳,无油性;过晚,花冠呈深红色甚至紫红色,干后花为暗红色,品质宜较次,都会影响红花的产量和品质。据报道,红花在花蕾开放后第 3 天早晨采收最佳,且阴干、晒干、60 ℃以下烘干均不影响其质量。采花时间宜在晴天上午露水干后,即 9 ~ 10 时进行。因为晴天上午 10 时后,红花叶片和花总苞片边缘的锐刺变硬,采花时容易伤手。不可采露水花,因为露水未干,花冠易粘在一起,干后成饼,影响品质。采花时,用指头捏住花冠向上提,拽下花冠放入篮内,不可压榨。无刺红花则可在露水干后采收。

3）加工

采回的红花要及时薄摊于晒席上，其上覆盖一层白纸，放在阳光下晒干，不能搁置或用手翻动。如遇阴雨，应立即用微火烘干，温度控制在 40～50 ℃。不宜在阳光下直晒或高温烘烤，否则花的色泽暗，不油润，品质下降。干燥程度以手指揉搓成粉末状为度。干后放入室内摊晾，略回润后装入布袋或纸箱中储藏。

10.7.8 药材质量

1）国家标准

《中国药典》2010 年版一部红花项下规定：

浸出物：照水溶性浸出物测定法（附录 XA）项下的冷浸法测定，不得少于 30.0%。

含量测定：照高效液相色谱法（附录ⅥD）测定，本品按干燥品计算，含羟基红花黄色素 A（$C_{27}H_{30}O_{15}$）不得少于 1.0%。

2）传统经验

红花以花冠筒长，色红黄，鲜艳，质柔软，有香气者为佳。

【知识拓展】>>>

10.7.9 红花的道地性

原产中亚地区。苏联有野生也有栽培，日本、朝鲜广有栽培。现时黑龙江、辽宁、吉林、河北、山西、内蒙古、陕西、甘肃、青海、山东、浙江、贵州、四川、西藏，特别是新疆都广有栽培。中国在上述地区有引种栽培外，山西、甘肃、四川也见有栽培。主产于河南封丘、延津、虞城、西华、长垣、宁陵；四川平昌、简阳、遂宁、安岳、资阳、通江；新疆吉木萨尔、莎东、奇台、呼图壁、霍城、莫吉沙、疏勒、察布查尔。另外，山东巨野、定陶、嘉祥；安徽亳州、无为；江苏南通、如皋、金坛；浙江慈溪、余姚；甘肃安西、金塔、敦煌；云南巍山、云县、弥渡亦有一定产量。以河南封丘、延津所产红花质佳，为地道产品。

10.7.10 红花识别

为菊科植物红花 *Carthamus tinctorius* L. 的筒状花冠。一年生或二年生草本，高 60～150 cm，全株光滑无毛。茎直立，基部木质化，上部多分枝。叶互生，近无柄而抱茎，叶片长椭圆形或卵状披针形，基部渐狭，先端尖锐，叶缘齿端据尖刺，叶质硬而光滑，两面叶脉均隆起；上部叶逐渐变小，成苞片状，围绕头状花序，总苞片多列，外侧2～3 列成叶状，披针形，上部边缘有锐刺，内侧数列卵形，无刺，最内列条形，鳞片状透明薄膜质，头状花序大，顶生，全为管状花；花冠先端 5 裂，裂片线形，花初开时为黄色，渐变为红色；雄蕊 5 枚，花药聚合，雌蕊 1 枚，花柱细长，伸出花药管外面，柱头 2 裂，子房下位，1 室。瘦果白色，倒卵形，常有四棱，一端截形，一端较狭。花期 5—6 月，果期 6—7 月，如图 10.7 所示。

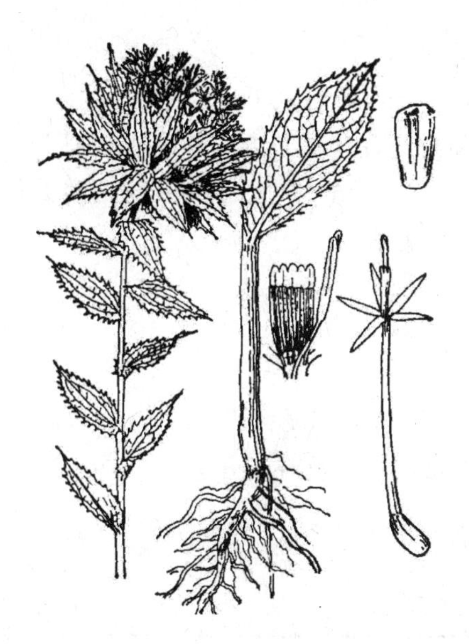

图10.7 红花

10.7.11 药用价值

红花性温味辛;具有活血通经,散瘀止痛的功效;用于血瘀经闭、痛经、腹中包块、跌打损伤、疮疡肿痛等证,对冠心病、血栓病、传染性肝炎有一定疗效。常与桃仁、当归、川芎、生地黄、赤芍药等同用,称为桃红四物汤。用于冠心病,可与川芎、丹参等同用。用于跌打损伤淤血肿痛,淤血肋痛,痈肿及吐血而有淤滞者,可与桃仁、乳香、没药等同用。鲜花外敷疮疖,可以消炎。

10.7.12 红花开发利用

红花籽可以用于榨油,其蛋白质含量为12% ~22%,亚油酸含量达70% ~80%,高于所有的已知食用油,国外广泛用于食用、烹调、制造人造奶油、蛋黄酱、色拉等。长期食用红花油,能软化血管、防止动脉硬化,降低血脂和血清胆固醇,对心血管疾病的防治和治疗有重要作用。红花油可制成油漆、肥皂、印刷漆和清漆,并适合制造电影胶片,作高质量的白色染料。在医药工业上用作抗氧化剂和维生素A,维生素D的稳定剂。在家畜饲料中补充一定量的红花油,可以防止反刍家畜胃微生物对脂肪的饱和作用,可以增加牛乳中亚油酸和脂肪的含量。花可以提供红色、黄色、橘红色等天然染料,用以作为高级丝织品和食品的染色剂。红花籽榨油后的油粕可以作为牛和猪的饲料,也可以提取蛋白分离物红花蛋白。红花茎叶含粗蛋白11.2%,粗脂肪2.2%,粗纤维28.6%,可消化营养总数高于苜蓿的59.8%,是一种优质饲料。

【计划与实施】>>>

红花打顶

1)目的要求

掌握红花打顶时期,学会打顶后的管理和关键操作技术。

2)计划内容

(1)打顶的适宜时期的确定　当红花株高 1 m 左右,分枝数达 20 枝时,进行打顶。

(2)操作方法的掌握　打顶时间宜在晴天上午露水干后,即 9 ~ 10 时进行。因为晴天上午 10 时以后,红花叶片和花总苞片边缘的锐刺变硬,采花时容易伤手。不可露水打顶,因为露水未干,红花植株容易感染锈病等病菌。

(3)打顶后观察及管理　打顶后一周可以看到有很多分枝。打顶后应追施尿素 10 kg/667 m^2,或碳酸氢铵 30 kg/667 m^2。

3)实施

4 ~ 5 人一小组,以小组为单位,负责打顶时期、打顶时间的确定,打顶植株的选择,掌握操作方法和关键技术要领,掌握打顶后管理及观察方法。

【检查评估】>>>

序号	检查内容	评估要点	配分	评估标准	得分
1	打顶植株的选择	正确选择打顶植株	50	①植株选择正确,打顶操作方法正确计 15 分,全错一项扣 10 分,操作不规范酌情扣分; ②打顶植株有记载且挂牌的计 15 分,全班评比计分; ③植株分枝多而壮计 20 分,长势长相差的计 5 ~ 10 分	
2	打顶后管理	正确施肥	20	施肥均匀计 20 分,差的每项扣 2 分	
3	打顶效果观察	植株分枝多而壮	30	打顶后植株分枝多而壮计 30 分,差的酌情扣分	
合　计			100		

任务 10.8　菊花栽培

【工作流程及任务】>>>

工作流程:

选地整地—栽培品种选择—繁殖方法选用—田间管理—病虫害防治—采收加工。

工作任务:

分株繁殖和扦插繁殖,田间管理,采收加工。

【工作咨询】>>>

10.8.1 市场动态

菊花为大宗常用中药,生长期短,品种多,产地多,产销量都很大。近几十年来,菊花生产忽上忽下,价格时涨时跌。年产量悬殊大,多时约1 815万kg(1992年),少时仅10万~20万kg(20世纪60年代初),年需求量包括药用、出口、饮用,产销量在500万~800万kg,供需不平衡使菊花价格波动较大,1993年、1994年,处于最低价位期,3元/kg左右,滑入低谷后,连续一两年低产,1993年产816万kg,1994年只有220万kg,1997年、1998年产量又上升到500万kg,1995—1998年价格相对稳定在10元/kg左右;1999—2001年市价下跌为7元/kg左右;2003年由于非典的缘故,菊花销量大增,价格上升很快,为20~40元/kg。目前,祁白菊统货价位在20~22元/kg,亳白菊质次,价位在14~15元/kg。祁白菊产量低,一般地块产量在100 kg/667 m^2左右,差的则不足100 kg/667 m^2;亳白菊朵大,产量略高,一般产量不超过150 kg/667 m^2,以目前的价位算,收入在2 000元/667 m^2左右。2013年11月亳菊30~35元/kg,贡菊80~110元/kg,呈上涨趋势。菊花作为我国大宗和重要出口药材之一,社会需求量较大。如何稳定或保证菊花品质、进一步提高栽培产量及改进传统加工方法将是今后研究的主要方向。

10.8.2 栽培地选择

1)选地依据

(1)生长习性　菊花为多年生宿根草本植物。以宿根越冬,其根状茎仍在地下不断发育,开春后,气温稳定在10 ℃以上时,宿根隐芽开始萌发,随着茎节伸长,基部密生很多须根。苗期生长缓慢,但长到10 cm高以后,生长加快,高达50 cm后开始分枝,到9月中旬开始花芽分化,由营养生长转入生殖生长,植株不再增高和分枝,9月下旬现蕾,茎叶、花进入旺盛生长时期。10月中下旬开花,11月上中旬进入盛花期,花期30~40 d,授粉后种子成熟期50~60 d,1—2月种子成熟。入冬后,地上茎叶枯死,在土中的根抽生地下茎。次年春又萌发新芽,长成新株。一般母株能活3~4年。

(2)环境要求　菊花对气候的适应性较强,喜温暖,耐严寒,稍耐旱,怕水涝。在气候温和湿润、阳光充足的环境下生长良好,在隐蔽环境下生长不良;菊花全生育期(从移栽至菊花采收)需150~180 d,其间需要光照1 200~1 800 h,积温4 500~5 000 ℃,降雨量800 mm以上。

菊花为短日照植物,对日照长短反应很敏感,在日照短于13.5 h、夜间温度降至15 ℃、昼夜温差大于10 ℃时,开始从营养生长转入生殖生长——花芽分化;当日照短于12.5 h、夜间气温降到10 ℃左右,花蕾开始形成,此时,进入生殖生长旺期。菊花的不同生育时期对光照时数要求不同,幼苗期光照不足易造成弱苗;栽后至花芽分化前,一般不需要强烈的直射光,每天日照时数6~9 h即可满足其生长需求;花芽分化期对日照时数与光照强度的要求较为严格,日照时数过长,花芽分化延迟,影响花蕾的形成;日照弱,则易徒长、倒伏,抗逆力弱,发生病害,花期推迟,泥花增多,品质下降。

菊花喜温暖湿润气候,耐寒,在0~10 ℃能正常生长,并能忍受霜冻。严冬季节根茎能在地下越冬,能忍受-17 ℃的低温。但在-23 ℃时,根将受冻害。花能经受微霜,但幼苗生长和分枝孕蕾期需较高的气温。最适生长温度为20 ℃左右,高温35 ℃以上则生长缓慢。不耐干旱,忌水涝。生长期间干旱易造成分枝少,花期干旱,不利开花;土壤湿度大,易烂根,病虫害加重。

菊花对土壤要求不严,旱地和水田均可栽培,但以含腐殖质多而肥沃,排水良好、中性偏酸的土壤,如油沙土及夹沙土最为适宜;黏土或洼地不宜栽培。

2)栽培选地

种植地要远离污染源,保空气、水、土不被污染。菊花对土壤要求不严,一般排水良好的农田均可栽培。宜选择地势高爽、阳光充足、排水良好、土壤有机质含量较高的壤土、砂壤土、黏壤土种植,pH值为6~8。在茬口选择上,以种植水稻3年以上的绿肥翻耕地、休闲地作前茬最为适宜。套作前茬以小麦、水稻、油菜、大麦及蚕豆为宜。忌连作,低洼积水地不宜种植,以免病虫害严重、产量和品质下降。

10.8.3 繁殖方法

菊花种子无胚乳,寿命短,自然条件下存放6个月就会丧失发芽力。菊花营养繁殖能力较强,通常越冬后的菊花,根的周围发出许多芽,形成丛生小苗,可以进行分株繁殖。茎、叶再生能力强,可以扦插繁殖;也可以进行茎的压条或嫁接繁殖。生产上,菊花的繁殖一般常采用分株、扦插两种方法。

1)分株繁殖

秋季菊花采收后,将菊花茎齐地面剪掉,根部就地培土,筑5 cm高的土垄,待第二年3月中下旬—4月初扒开土垄,浇水肥,使其发芽,长出菊苗。到4—5月菊花幼苗长至15 cm高时,将全株挖出,顺苗掰开分成数株,每株苗应有白根。每667 m^2 菊苗可分株移栽大田1~1.3 hm^2。或选择健壮、发育良好、开花多、无病虫害的植株,将根蔸挖起,上盖腐熟厩肥或草木灰保暖越冬。翌年3—4月,浇1次稀薄腐熟粪水,促进萌枝迅速生长。4—5月苗高15~25 cm时,选择阴天挖出全株,顺着苗株分成带根的单株,选取茎粗壮、须根发达的作种苗,将过长的根、老根以及苗的顶端切掉,留根6~7 cm,地上部长15 cm。

2)扦插繁殖

3月下旬至4月上旬、5~10 cm日均地温在10 ℃以上时进行扦插。

(1)苗床准备　选择背风向阳、地势平坦,近水源,土质疏松肥沃的砂质壤土作苗床。于冬前深翻冻垡,深20~25 cm,施充分腐熟厩肥3 000~4 000 kg/667 m^2 作基肥,然后进行一次浅耙。育苗前,起宽120~130 cm的高畦,畦面平整,四周开好排水沟。

(2)扦插方法　选择无病斑、无虫口、无破伤、无冻害、壮实、直径在0.3~0.4 cm粗的春发嫩茎(萌蘖枝)作为种茎。取其中段,剪成10~15 cm长的小段,摘除下部叶片,下端剪口削成斜面,切口处蘸上黄泥浆或快速蘸一下0.15%~0.3%的吲哚乙酸,随即插入已整好的苗床上,按株行距3 cm×5 cm以75°~85°的向北夹角斜插在准备好的苗床上,入土深度为插条的1/2~2/3,随切随插。插时可用小木条或竹筷在畦面上先打小孔,再将插条插入孔内,压实浇水,盖松土与畦面齐平。插时苗床不宜过湿,否则易死苗。

(3)苗期管理　扦插后,在苗床上应搭建40 cm高的荫棚遮阴,透光度控制在0.3~0.4,晴天上午8~9时至下午4~5时遮阴,晚上和阴雨天撤去荫棚,保持最适宜插条生根的温度为15~18 ℃,10~15 d后待插枝生根后即可拆去荫棚,以利壮苗。喷淋浇水保持苗土湿润。经过20 d左右即生根长芽,除草松土,加强管理。待苗高20 cm左右便可移栽大田,方法同分株繁殖。

10.8.4　整地移栽

1)整地

选地如是冬闲地,则冬前应进行耕翻,深20 cm以上,结合整地施腐熟厩肥2 000~3 000 kg/667 m^2、复合肥25 kg/667 m^2作基肥,耙细整平,做成宽120~130 cm的高畦或平畦,四周开好排水沟。

2)移栽

分株苗在4—5月,扦插苗在5—6月移栽,选阴天、雨后或晴天傍晚进行,在移栽前一天,先将苗床浇透水,起苗时带土移栽。在整好的畦面上,按株行距30 cm×50 cm开穴,穴深6 cm左右,分株苗每穴栽1~2株,扦插苗每穴栽1株,栽4 000~4 500株/667 m^2左右,土壤肥力条件差的比肥力足的田块栽植密些。然后覆土压实,浇足定根水。移栽时将顶芽摘除,以减少养分消耗,促进分株。生产中移栽一般要达到“深、直、全、匀、紧”的要求,具体是:移栽深度8~10 cm,将根全部栽入土中,但也不宜太深,否则发棵较慢;苗要栽直,不要斜栽;取苗时要尽量不伤叶、不伤根,保持苗体的完整性,减少植伤,有利于复活发棵;取苗时应注意大小苗分级、分块移栽,使同一块田苗体均匀,则生长整齐度较好,便于田间管理,有利于高产;移栽均匀;将新根部分栽紧,栽后覆土。除此以外,取苗时要选择壮苗,去除病苗、弱苗,并注意浇水促复活。

10.8.5　田间管理

1)中排除草

菊苗移栽成活后,到现蕾前要进行4~5次除草,现蕾后不再进行中耕除草。菊花是浅根性植物,每次除草宜浅不宜深,一般掌握浅松表土3~5 cm。第1次在5月上旬,第2次在6月上旬,第3次在8月上旬,第4次在9月上旬,第5次在9月下旬,要结合进行培土,防止植株倒伏。

2)合理追肥

菊花根系较为发达,入土深且细根多,吸肥能力强,需肥量大,为喜肥作物。除施足基肥外,还要根据不同生长期进行3次根部追肥和2~3次叶面追肥。

(1)促根肥　栽培成活后开始生长时,追施第一次肥,以利发根,以氮肥为主,施腐熟粪水1 000~1 500 kg/667 m^2,或尿素10 kg/667 m^2兑水浇施。

(2)发棵肥　在植株开始分枝时或第一次打顶后,以氮肥和有机肥为主,施腐熟粪水1 500~2 000 kg/667 m^2,复合肥20 kg/667 m^2,以促进多分枝。

(3)促花肥　在现蕾前,三元复合肥30 kg/667 m^2,尿素5 kg/667 m^2,兑水施入根际周围,施后培土,以促进花蕾生长。

(4)叶面追肥　在花蕾期,于傍晚用0.2%磷酸二氢钾液或0.5% ~1%过磷酸钙浸出液叶面喷施,7 d左右喷1次,连续2~3次,以促进开花整齐,提高产量和质量。

3)打顶、培土

打顶是促使菊花主秆粗壮,增多分枝,减少倒伏,增加花朵,提高产量的关键措施之一。一般打顶3~4次,在苗高15~20 cm时,进行第一次打顶,应重打,选择晴天用手摘或用镰刀打去主干或主侧枝7~10 cm。以后每15 d进行一次,后两次应轻打,摘去分枝顶芽3~5 cm。7月大暑后不再进行摘心打顶,否则分枝过多,营养不良,花朵细小,影响产量和质量。第一次打顶后,结合中耕除草,在根际培土15~18 cm,促使植株多生根,抗倒伏。

4)抗旱排涝

定植返苗期若遇干旱要注意浇水,以保证幼苗成活,但不宜多浇,防止幼苗徒长。雨季要注意排水,以防烂根。7月大暑后如遇干旱要浇水,特别是在孕蕾期前后不能缺水。

5)搭架

菊花植株茎秆高且分枝多,常容易倒伏,可在植株旁搭起支架,把植株固定在支架上,不被风刮倒,且通风透光,使开花多且大,提高产量和质量。

10.8.6　病虫防治

1)病害

(1)褐斑病　褐斑病又名叶枯病、斑枯病。主要危害叶片,植株下部叶片首先发病,整个生长期均可危害。病斑多时,常连接成片,导致叶片枯死率达40% ~70%,单株花果减少30% ~50%,严重达70%,甚至造成毁灭为害。

防治方法:①实行2年以上轮作;②菊花收获后,割下植株残体,集中烧毁;③增施有机肥,配合磷、钾肥,使植株生长旺盛,增强抗病力;④结合菊花剪苗、摘顶心,及时摘除病叶,带出田外处理,减少早期侵染病源;⑤生长前期控制水分和避免偏施氮肥,防止徒长以利通风透光;⑥雨季注意排水,降低田间湿度;⑦发病初期摘除病叶,并用1%石灰等量式波尔多液,或70%甲基托布津1 000倍液,或70%代森锰锌1 000倍液喷雾防治,每7~10 d喷1次,连喷2~3次。

(2)枯萎病　又称烂根病,为害全株并烂根,以开花前后发病最重。感病植株叶片变为紫红色或黄绿色由下向上蔓延,以致全株枯死,病株根部深褐色呈水渍状腐烂。地下害虫多,地势低洼积水的地块,容易发病。

防治方法:①选择无病田里的老根留种;②选择排水良好,不近水稻田的地块;不重茬,不与易发生枯萎病的作物轮作,并做高畦;开深沟,降低田间湿度;③发现重病株应立即拔除,并在病穴撒石灰粉或用50%多菌灵1 000倍液浇灌;④发病时可用50%多菌灵可湿性粉剂200~400倍液喷洒植株。

(3)霜霉病　危害叶,被害叶出现一层灰白色霉状物。一般于3月中旬菊花出芽后发生,到6月上、中旬结束;第二次发病在10月上旬。遇雨,流行迅速,染病植株枯死,不能开花,影响产量和品质。

防治方法:①留种苗圃发病,可喷洒40%乙磷铝可湿性粉剂250~300倍液防治;②菊花移栽时,种苗用40%乙磷铝300倍液浸5~10 min,晾干后栽种;③栽入大田以后,春季发病可喷40%乙磷铝可湿性粉剂250~300倍液或25%甲霜灵可湿性粉剂600~800倍液1~2次;秋季发病,喷洒25%甲霜灵和50%多菌灵800倍液,兼防治褐斑病。

(4)花叶病毒　发病植株,叶片呈黄白相间的花叶,对光有透明感。病株矮小,枝条细小、开花少,花朵小,产量低,品质差。发生危害时间较长,蚜虫为传毒媒介。

防治方法:①选用脱毒菊苗栽种;②菊花收获前,在田间选择生长健壮、开花多而大的植株留种;③生长季节及时防治蚜虫,避免带毒传病,或田地制宜推广套种,利用其他作物的屏障,减轻蚜虫为害;④在栽苗时,用锌、铜、铂、硼等微量元素配合复合肥蘸根,现蕾前叶片喷施钾、硼等肥料,可增加植株抗病力;⑤用25~50 ppm农药链霉素喷洒病株。

2)虫害

(1)菊花天牛　又名菊虎。成虫将菊花茎梢咬成一圈小孔并在圈下1~2 cm处产卵于茎髓部,使茎梢部失水下垂折断。卵孵化后幼虫在茎内向下取食使分枝处折裂,被害枝不能开花或整枝枯死。一年发生1代,以成虫在根部潜伏越冬,危害14种菊科植物。

防治方法:①避免长期连作或与菊科植物间套种;②平时要注意剪除有虫枝条,发现茎枝萎蔫时,于折断处下方约4 cm处摘除,集中销毁;③菊天牛卵孵化盛期可喷洒40%乐果乳油1 000倍液或杀螟乳剂1 000倍液防治;④在成虫活动期,每天于早晨露水未干时在菊花园中寻捕成虫;⑤成虫盛发期喷5%西维因粉剂,用量2~2.5 kg/667 m^2。

(2)蚜虫　4月下旬开始发生,9—10月集中于菊嫩叶、嫩枝、花蕾、小花和叶背为害,刺吸汁液,使叶片失绿发黄,卷曲皱缩。

防治方法:①可用10%吡虫啉2 000倍液,或25%唑蚜威1 500~2 000倍液喷雾防治。②人工释放瓢虫、草蛉治蚜。

10.8.7　采收加工

1)留种

(1)选种　11月菊花收获时,选择生长健壮、叶片无病斑、叶色均匀、花色均匀整齐、花絮大的植株作为留种株,生病植株不能留种。

(2)保种　对选定的种株,让其继续生长至12月中旬枯倒后,割去地上残枝,铺盖2~3 cm的牛粪草或猪粪草,安全越冬保苗。也可在菊花收割后、挖出部分根,放在沟内摆开,上盖5 cm厚细土,再盖草或树叶。按留种田∶大田为1∶20计划移栽大田面积。

2)采收

不同品种的采收期有所不同,有的品种需分批分期采收,有的品种可以一次性采收。如杭白菊分三期采收,亳菊花和怀菊花的采收期则较为集中。采花的标准以花色洁白、花瓣平宜,花心散开2/3时为采收适期,一般在10月上、中旬,最好在降霜前后采收。采花时选择晴天露水干后或下午进行,以免露水流入花瓣内引起腐烂。采收时在花枝分枝处将枝条折断或剪断即可。边采边按大小不同分开,便于加工,保证质量。

3)加工

因产地或品种类型不同,所采用的加工方法也不同。

亳菊采取阴干的方式进行加工，即在花盛开期，花瓣普遍洁白时，连茎割下，扎成小捆，倒挂于通风干燥处晾干，或把采收的植株花头向外堆成垛，垛高约3 m，上方用塑料布遮阴防雨，不能暴晒，否则香气较差。亳菊大基地生产时应建立简易晾棚，晾至八成干时，即可摘花干燥。

滁菊采收后，阴干，晒至六成干时用竹筛将菊花筛成圆球形，再晒至全干即可，晒时不要用手翻动，用竹筷轻轻翻动。现代多采用微波杀青方法。

贡菊加工采用烘干方式进行，将采收的新鲜的菊花平铺在竹席上，放置烘房中，烘房不应有烟或直接用木炭烘，避免菊花有异味。起初称为“定型”干燥，要求温度在50～60 ℃，不能翻动，待八九成干时再转到30～40 ℃干燥，当花色呈象牙白时，就可以移出烘房，再放置通风干燥处阴干即可。

杭菊多采用蒸熟，晒干或烘干的方式进行加工。先将鲜花放入蒸笼中，要求蒸花火力猛而均匀，时间为4～5 min，不宜过长或过短，否则影响花的颜色。蒸好的菊花，出笼后倒在晒帘上晒2～3 d后再翻过来晒2～3 d，晒到花心完全发硬为止。晒花时注意不要用手捏、卷压等，影响菊花的形状。

10.8.8 药材质量

1）国家标准

《中国药典》2010年版中规定：

含量测定：照高效液相色谱法，按干燥品计算，含绿原酸（$C_{16}H_{18}O_9$）不得少于0.20%，含木犀草苷（$C_{21}H_{20}O_{11}$）不得少于0.080%，含3，5-O-双咖啡酰基奎宁酸（$C_{25}H_{24}O_{12}$）不得少于0.70%。

2）传统经验

干燥菊花头状花序，均以花朵完整、颜色新鲜、气清香、身干、少梗叶无杂质者为佳。

【知识拓展】>>>

10.8.9 菊花的道地性

药用菊花除了野菊花之外，都为人工栽培，已有2 000多年历史。始载于《神农本草经》，列为上品。根据本草考证，药用菊花在宋代以前主要使用野生品，宋代是药用菊花栽培繁荣期，明、清时期为药用菊栽培和发展的最盛时期，也是形成道地药菊品种的重要阶段。栽培技术的进步解决了药用菊花资源问题，采收加工技术的发展改进了药材外观性状和内在品质。经过自然和人工选择，一些优良的品种逐渐兴起，并形成了固定的产地。药用菊花根据产地及加工方式不同，可分为贡菊、杭（白）菊（小白菊、大白菊、湖菊）、滁菊、亳菊、怀菊（大怀菊、小怀菊）、济菊、祁菊、川菊。川菊近年来已失种。贡菊亦称徽菊花，主产于安徽歙县、黄山，一般分布在海拔200～600 m；杭（白）菊：主产于浙江桐乡、海宁，江苏射阳，湖北麻城，分布在海拔 10 ~ 50 m;滁菊:主产于安徽全椒县,分布在海拔 100 ~ 150 m;亳菊:主产于安徽亳州、涡阳及河南商丘,分布在海拔 10 ~ 50 mm;怀菊,主产于河南泌阳、武涉,分布在海拔 10 ~ 50 m;济菊,主产于山东嘉祥县,分布在海拔 30 ~ 80 m;祁菊:主产于河北安国;川菊:主产于四川中江,栽培环境为海拔 500 m,年平均气温 17 ℃左右,相对湿度 82%,年降雨量 866 mm,年日照 1 317 h,无霜期 278 d。滁菊、亳菊、怀菊、杭菊为我国四大药用名菊,其中以杭(白)菊的栽培面积和总产量最大,其在浙江、江苏、湖北、江西和福建等省都有大面积栽培。

10.8.10 菊花的识别

菊花(*Chysanthemum morifolium* Ramat.)为菊花科多年生草本植物。有根茎,可长成新植株。株高 60 ~ 150 cm,全株密被白色茸毛,茎直立,具纵沟棱,基部木质化,上部多分枝,密被白色短柔毛,枝略具棱。单叶互生,具叶柄,叶片卵形或卵状披针形,边缘有粗大锯齿或深裂,基部宽楔形至心形,托叶 2 片,每片又深裂2 ~ 3 小片。头状花序,顶生或腋生,花序周围为多轮舌状花,药用者均为白色,管状花位于花序中央,两性,黄色,花冠大小因品种而异,每花外具一卵状膜质鳞片,先端 5 裂,聚药雄蕊 5 枚;雌蕊 1 枚,子房下位。瘦果柱状,无冠毛,具四棱,一般不发育。花期 10—11 月,果期 11—12 月,如图 10.8 所示。

图 10.8 菊花

10.8.11 药用价值

1) 药用

菊花又名药菊花、白菊花,以干燥头状花序供药用。味甘、苦,性微寒,具有疏风、清热、平肝明目、解毒的功效,主治头痛、眩晕、目赤,心胸烦热、疔疮、肿毒等症,疏风散热、清肝明目,尤长于清热解毒,治痛肿疔疮等症。花和茎叶含挥发油和黄酮类等成分;花又含菊花苷、绿原酸及微量维生素 B_1。挥发油主要含龙脑、樟脑、菊花油环酮等;以商品中四大名菊为例,亳菊以疏风散热,解晕明目见长;滁菊偏于祛风润燥;贡菊清香可口,解暑除烦,清肝明目,更多用于饮料;杭菊在历史上作为点茶饮料用,故称"茶菊",后来也用于治疗。

2)作茶

以菊代茶是夏季清热解暑色、香、味俱全的上等饮料,如杭菊、滁菊、贡菊等。

3)供观赏

菊花原产我国,现世界各国都直接或间接地从我国引种菊花,主为栽培,使菊花或为世界性的普通名卉。

4)食用

专作食用的菊花主产于南京、广州等地。茎、叶、花多鲜嫩时采用,称"菊花脑";观赏菊也可食用,习惯上以纯白、纯黄为上品。

此外,有的地方用菊花制菊花精、酿酒或制菊花枕芯。

【计划与实施】>>>

菊花加工

1)目的要求

了解菊花产地加工的全过程,掌握各环节操作的关键技术要点;培养学生吃苦耐劳、团结协作精神;通过观察菊花加工过程中的变化,提高学生分析问题、解决问题的能力。

2)计划内容

加工流程:鲜花—选花—晾晒—上笼—杀青—干燥—精制—成品。

选花:剔除烂花、花蒂、花梗、叶片、碎片及其他杂质,并按花朵大小进行分级,然后将鲜花薄薄地平坦摊放,自然晾干。

晾晒:一般晾晒 4 ~8 h 以减少鲜花水分,使蒸花时容易蒸透,蒸后易于干燥。

上笼:将已散去表面水分的花头放入直径 30 cm 左右的小蒸笼内,花心向外,拣去枝、叶等杂质;厚度一般以 4 朵花厚 3 ~4 cm 为宜。过厚难以晒干,且中部花朵易发霉变质,从而降低产品等级。

杀青:上笼后即放在蒸汽炉上蒸煮,保持笼内温度 90 ℃左右,为保持蒸时火力均匀,应用煤炭作燃料。蒸 1 ~2 min 后将蒸笼一起取出。时间过长,花太熟;时间过短则花不熟,均会降低商品等级。蒸花时间以刚出笼时花朵呈不贴状也不呈湿腐状为宜。蒸花时,应保持火力均匀,使笼内温度恒定。

干燥:采用烘干或晒干。烘干可采用烘箱,温度控制在 90 ~110 ℃,烘至用手捏成粉末即可下机。晒干时,将已蒸煮杀青过的菊花立即倒在竹帘或芦席上晾晒,保持色泽清白,形状完整。日晒 1 ~2 d 后翻花 1 次,3 ~5 d 后至 7 成干时置通风的室内摊晾。菊花上面不要压其他东西,以免影响品质。经 2 ~3 d 后再置室外晒至干燥即成。晒后如发现有潮块,要拣出复晒。

干燥下机:干花经摊凉后,需经筛、飘等精制,将片、末、碎、梗等分离,使精制后的花达到花朵大小均匀、完整、花色鲜艳,气味清鲜,滋味微苦带甘,无杂质,水分含量在 5% 以下。

3)实施

4~5人一小组,以小组为单位,负责加工工具的准备(水盆、锅、笊篱、笼屉、灶具、晒席、麻袋、搓板、分级筛、刮皮刀、刀片或瓦片、木槌或铁锤、竹筐、脱粒机、簸箕、切刀、铁筛子等);加工流程的制订;各个加工环节技术的把握和观察,保证菊花加工后的质量;撰写实习报告,分析原因,提出体会。

【检查评估】>>>

序号	检查内容	评估要点	配分	评估标准	得分
1	扦插繁殖	能正确做苗床、施肥,选插穗、切穗、扦插,苗床管理	50	苗床畦面平整、选穗壮实、切口平整、扦插深度密度正确、管理措施到位,成活率90%以上,计50分;做床、扦插、管理较好,成活率80%~90%,计40分;成活率70%~80%,计30分;成活率60%~70%,计20分;成活率60%以下不计分	
2	打顶摘心	正确确定打顶时间和摘芽长短	30	打顶时间和摘芽长短程度适宜,计30分;时间、摘芽长度之一正确,计20分;打顶后植株死亡不计分	
3	产地加工	能正确制订加工流程和操作	20	流程、操作正确、无杂质,符合药材质量标准,计20分;操作正确、少量杂质,计15分;操作错误、杂质多,不计分	
合计			100		

项目小结

低山平坝区域的种植环境极佳,适应药用植物生长发育的光、热、水、气、肥等诸因子条件都十分优越,加上社会人力、交通、通信资源丰富,是发展中药材产业得天独厚的广阔天地。低山平坝区的气候温和、光照热量充足、雨量充沛、土地广、肥源足、灌溉及交通便利,为药材生产打下了天然的物质基础。

适应低山平坝药材种植的品种多为一年生或越年生短线品种，如板蓝根、丹参等。当年种植，当年见效，通常作为以短养长的配套规划品种，或是与粮药、经药、蔬药、果药等实行间套种植，扩大复种指数，致力于取得最大的经济效益。低山区安排的多年生品种如杜仲、栀子等多为定植于田边地坎、坡沿空地内，以避免粮药争地。

对10种低山药材种植有关的市场动态、生态环境、繁殖方法、田间管理、病虫防治、商品加工、药品质量标准等技术作出详尽的论述，突出了关键技术核心，可操作性强。并对各品种相关基础理论知识作了展示性的介绍，为读者提供进一步学习专研的平台，激发他们拓展知识的兴趣。

值得注意的是，低山、中山、高山药材的划分，并不是绝对的。教材中所列低山品种例如杜仲的适应性相当强，可适应种植区域海拔200～2 500 m。根据这一特性，有时可将部分低山药材移到中山去种。

1. 怎样进行杜仲环状剥皮？为什么杜仲环剥可以形成新皮而不死？
2. 青蒿种子育苗应掌握哪些技术要点？
3. 怎样进行佛手扦插育苗？
4. 桔梗有何需肥特性？怎样进行桔梗配方施肥？
5. 简述川白芷规范化生产技术操作规程(SOP)。
6. 如何进行板蓝根、大青叶的采收和初加工？
7. 红花采花的早迟与品质、成分有何关系？为什么红花的颜色会由黄变红？
8. 药用菊花栽培分成哪几个产区，其品种有何特性？
9. 列出本项目8个药用植物的栽培季节简表。

植物名称	繁殖方法	种植季节	移栽期		收获期		环境条件
			年限	季节	年限	季节	
杜仲							
青蒿							
佛手							
桔梗							
川白芷							
板蓝根							
红花							
菊花							

项目 11　丘陵中山区(400 ~ 1 000 m)药用植物栽培

【项目描述】

介绍黄柏、银杏、小茴香、半夏、木瓜、金银花、栀子、牡丹、枳壳、玄参 10 种丘陵中山药用植物的栽培。

【学习目标】

了解丘陵中山药用植物的生物学习性,掌握其主要繁殖方法及规范化栽培技术,熟悉其合理采收期及产地加工方法。

【能力目标】

能根据丘陵中山药用植物的生物学特性进行栽培和管理。

任务 11.1　金银花(忍冬)栽培

【工作流程及任务】>>>

工作流程:

选地整地—栽培品种选择—繁殖方法选用—田间管理—病虫害防治—采收加工。

工作任务:

扦插育苗,修枝整形,采收。

【工作咨询】>>>

11.1.1　市场动态

金银花价格波动较大:20 世纪 80 年代初以前,各主要产区的收购价均在 10 元/kg(统货)以下。到 1988 年在 20 元/kg 以上;1989—1990 年金银花销售价为 13 ~ 15 元/kg 且少人问津。1991 年金银花价格复苏,销售价在 25 元/kg 以上。1992 年由于各地竞相开发金银花饮料的牵动,是金银花价格的鼎盛时期,销售价达到 42 ~ 50 元/kg。1993 年和 1994 年金银花价格平稳，销售价在 36～40 元/kg。之后的近 10 年时间里，金银花的市场行情基本波动不大，销售价在 30 元/kg 上下徘徊，整个市场的需求量与金银花的入市量保持了一种相对均衡的动态平衡，才使得金银花行情较为稳定。

2003 年初的“非典”疫情使得金银花的需求量在短时间里集中暴涨，全国药材市场的金银花库存几乎被一扫而空，价格狂升到 100 元/kg 以上，药农受高药价的激励，加大了采收量，使得紧张的市场供应矛盾得到及时缓解，到 2003 年 6 月后，价格迅速回落到 40 元/kg 以下；2004 年初，亚洲大面积爆发禽流感，又将金银花的价格拉升到接近 60 元/kg，但时间较短，到 2004 年 5 月底以后，价格就一直稳定在 30～40 元/kg，2004 年底跌破 30 元/kg，维持整整一年 20 多元/kg 的低价。但是，经过“非典”和禽流感后，金银花的价值被充分认识了，市场需求量急剧增加，供需矛盾开始隐现。从 2005 年初，金银花行情开始慢慢上涨，至 2005 年底，一跃升至 36～37 元/kg，其后一直振荡在此价位上，2007 年产新后再次高走，攀上 50 元/kg 的价位，在 55 元/kg 左右一直保持至年底。2008 年春节后金银花价格迅速提升，由 60～70 元/kg 一路攀至 100 元/kg，此段时间，市场上的游资也已嗅到金银花的供需矛盾，纷纷进场买入，乘机炒作。供需矛盾、甲流肆虐、游资炒作三者共同作用，将金银花的价格一路推高，从 2009 年初 80 元/kg 到年末狂飙到 320 元/kg，最高甚至达 360 元/kg。2010 年金银花产新价格出现大幅回落，5 个月时间从 320 元/kg 直线下滑到 100 元/kg，年底然后又缓慢上升至 180 元/kg，这种短时间价格出现的剧烈波动是游资违规操纵金银花市场造成的，而非市场调节作用，此后一年，金银花价格下跌至 50～60 元/kg，到 2012 年初甲型 H1N1 流感的出现使金银花价格涨至 110 元/kg。2013 年的金银花价格相对平稳，虽然 H7N9 使金银花价格涨到 115 元/kg（统货），2013 年 10—11 月，金银花各地价格保持了略有下降的趋势，2013 年 11 月初河南封丘金银花特级青花 125 元/kg，一级青花 115 元/kg，统货青花 100 元/kg，开花货 65 元/kg，黑花 72 元/kg；河北巨鹿金银花青花一般货 125 元/kg，好货 130～135 元/kg。山东平邑金银花特级青花 120 元/kg 左右，一级好货 100 元/kg，通货 90 元/kg，黑针货 70 元/kg。这是由金银花的大量上市所导致的市场供应增加而使收购价格下降，这是符合市场规律的。

目前，金银花主要销售终端为药品生产企业和药品经营企业、保健品批发市场，主要用来制备中成药和中药配方。金银花作为一种常用的中药，是清热解毒类中成药的基本成分之一，发挥其疗效的成分主要为绿原酸和异绿原酸，目前约有 80% 清热解毒杀菌类的中药处方中都含有金银花。因为金银花的独特疗效，在新药开发上金银花也被看成是重点开发品种之一，许多在研和已经批准的清热解毒类新药注射剂处方中都含有金银花。在医药行业，金银花的用量逐年递增，需求总量将达到 20 000 t/年。

11.1.2　栽培地选择

1）选地依据

（1）生长习性　金银花生活能力强，根系发达，生根力强。插枝和下垂触地的枝，在适宜的温度下，不足 15 d 便可生根，故其繁殖方法多为插条繁殖。

插条繁殖的植株寿命、成活率、开花早迟等与枝条的生长年限有密切关系。一二年生枝条扦插成活率高、发育快、寿命长，但开花迟，一般 3 年以上才开花，3 年以上生的枝条扦插成活率较低，越老越低，发育亦慢，寿命短，但开花早，一般 2～3 年就可开花。植株 7～10 年为开花盛期,20 年以后生活能力渐趋衰落,开花渐少。在正常情况下,植株在 2 月叶芽开始萌动,三月展叶并开始抽生新枝。山银花较忍冬晚些,4—5 月开始孕蕾,孕蕾后 15 d 左右开花,且一般均在下午 4～5 时开放。每年开花两次。第 1 次 5—6 月为头批花,产量大,约占全年花的总产量 90%,第 2 次在 8—9 月为二批花,产量较小。二批花后结果。10—11 月果实成熟。11 月以后植株生长发育渐趋停滞。叶片苍老革质,少数叶片枯落。

(2)环境要求　忍冬对生长环境要求不严,盐碱地、沙土地、丘陵、山坡、石缝都能生存。一般生长于山坡灌丛或疏林中、乱石堆、山脚路旁及村庄篱笆边,海拔最高达 1 500 m,人工栽培较广。

①气候。金银花生活能力强,适应范围大,能耐寒耐热、耐旱,无论平坝、丘陵或山区,都能正常生长,喜向阳、温和的气候,在荫蔽处,生长不良,其生长适温为 20～30 ℃。

②土壤。对土壤要求不严,各种类型的土壤都可栽培,但以土质疏松、肥沃、排水良好的砂质壤土为好,耐盐碱,适宜在偏碱性的土壤中生长。由于它的藤叶繁茂,根系发达,是一种很好的固土保水植株。

2)栽培选地

金银花栽培对土壤要求不严,抗逆件较强。为便于管理,以平整的土地,有利于灌水、排水的地块较好。

11.1.3　繁殖方法

用扦插和种子繁殖,以前者成活率高、收益快,为产区普遍采用。

1)扦插繁殖

扦插繁殖又分扦插育苗和直接扦插两种方法。

(1)扦插育苗　于早春新芽未萌发前或秋季 9—10 月进行。一般以春季扦插成活率高。选靠近水源的地块作苗床,深翻土地,施足底肥,开 1.3 m 宽的高畦,将生长健壮,无病虫害的 1～2 年生枝枝条,剪成约 33 cm 长的插条,摘去下部叶片然后在畦上按行距 27～30 cm 开横沟,沟深视插条长短而定,每沟放插条 10～15 根,插条 2/3 埋入土中,填土压紧,如遇天旱土干,在早或晚淋水保苗,春插的半月左右便可生根。生长期中要注意勤除草、浅松土,适当追施氮肥和清淡的人畜粪水,当前 10—11 月或第二年的早春就可定植。

(2)直接扦插　扦插时间与插条的选择,剪取与以上法同。先在栽培地上按 1.3～1.7 m 距离,挖宽、深各约 33 cm 的穴,每穴插 5～6 根,盖细土压紧,再盖松土与地面齐平,充分灌水,插后管理与大田定植地同。

2)种子繁殖

10—11 月采收成熟果实,放在水中搓洗,去净果皮、果肉、选籽粒饱满的种子,晾干储藏备用或立即播种。春季 3 月初和秋季 10—11 月均可播种,苗床的选地、整地与扦插育苗同,播前将种子在 35～40 ℃温水中浸泡 24 h,取出置于 2～3 倍湿沙催芽。等裂口达 30%左右时播种。播时按行距 27～30 cm 在畦上开横沟,深 3～6 cm,播幅宽约 10 cm。先施入人畜粪水,用种 15～22.5 kg/hm^2,与草木灰 3 370～4 500 kg/hm^2,人畜粪水充分拌匀撒到沟里,盖细土约 1 cm厚,种沟上盖草保湿。春播在当年的 3—4 月出苗,秋播在次年的 3—4 月出苗。出苗后揭去盖草,苗期的管理与扦插繁殖相同。当年的 10—11 月或第二年早春便可定植。

11.1.4 整地移栽

秋季和早春未萌发前均可定植，通常利用荒坡、隙地或因坡度较大，应退耕还林的山区耕地栽种，不必全面翻垦，可按株距 1.3～1.7 m 挖穴，穴宽，深约 33 cm×33 cm，每穴施土杂肥 4～5 kg 与土拌匀，每穴栽苗 1～2 株，用细土压紧，淋定根水。

11.1.5 田间管理

1）中耕除草

栽植后的第一、二、三年每年中耕除草 3 次。发出新叶时进行第一次，7—8 月进行第二次；最后一次在秋末冬初霜冻前进行。从第 3 年起，只在早春和秋末冬初各进行一次。中耕时，距离株丛远处稍深、近处宜浅，以免伤根，影响植株生长。

2）施肥

金银花是喜肥作物，一年之内需多次施肥，但是以基肥为主，追肥为辅。

（1）基肥　基肥一般在金银花最后一茬花采收结束后即施用，以提早恢复生长。基肥要以经高温发酵或沤制过的有机肥为主，并配以少量的氮肥。有机肥主要用厩肥（鸡粪、猪粪等）、堆肥、沤肥、人粪尿等，施肥量视花墩的大小而定，每株用有机肥 5 kg，磷酸二铵 150～200 g混合后施入；或人畜粪尿 5～10 kg。5 年生以下的，用量酌减。基肥施用的方法有：

①环状沟施法。在金银花花墩外围挖一环形沟，沟宽 20～40 cm，沟深 30～50 cm，按肥：土1∶3比例混合回填，然后覆土填平。

②条沟施法。在金银花行间（或隔行）挖一条宽 50 cm，深 40～50 cm 的沟，肥、土混匀，施入沟内，然后覆土。这种方法施肥比较集中，用肥经济，但对肥料的要求较高，需要充分腐熟，施用前还要捣碎。

③全园撒施法。将肥料均匀撒在金银花行间，然后翻入 20 cm 左右深的土壤内，整平。这种方法对肥料要求严格，未腐熟及半腐熟的粗制肥料均可，但应撒施均匀，避免集结。

（2）追肥　追肥一般每年进行 3～4 次，第 1 次追肥在早春萌芽后进行，每个花墩施土杂肥 5 kg，配以一定的氮肥和磷肥，氮肥可用硫铵或尿素 50～100 g，磷肥可用过磷酸钙 150～200 g，或用氮磷复合磷酸二铵 150～200 g，促进梢生长和叶片发育。以后在每茬花采完后分别进行一次，施肥种类与施肥量与第一次相同，以增加采花次数。最后一次追肥应在末次花采完之前进行，以磷肥和钾肥为主，施入磷酸二铵和硫酸钾各 150～200 g，以增加树体养分积累，提高越冬抗寒能力。

追肥方法基本同基肥，但追肥一般掌握在 10～15 cm，也可采用即在树冠外围挖 3～5 个小穴，穴深 10～20 cm，放入肥料，盖土封严，若土壤墒情差，追肥要结合浇水进行。

（3）叶面喷施追肥　在金银花的展叶、每茬开花前 15 d 左右进行叶面喷施肥料，常见的肥料种类和浓度是：尿素 50 g，磷酸二氢钾 50 g，兑水 15 kg 进行叶面喷施，另外也可补充一些微量元素，如硼砂、硫酸镁、硫酸锌等。喷施时间宜在早晨或傍晚进行。

3）修剪

合理修剪整形是提高金银花产量的有效措施，由于金银花具有当年新生枝条能发育成花枝的特性,通过修剪,促进多发新枝,多形成花蕾,从而达到增产的目的,同时修剪有利于管理。修剪可根据品种、墩龄、枝条类型等进行。按时间可分为春剪、夏剪、冬剪3种,按修剪方式可分为打顶、抹芽、短截、长截4种。

(1)幼树的整形　金银花一般栽植3年才能有较高产量,对幼树的修剪目的主要是进行主干的培育用"蘑菇状"树形的培养。原则:一立、二缓、三轻剪;有别于果树幼树修剪的原则,即一开、二缓、三轻剪。

(2)老树的整形　当金银花生长多年,树冠直径和高度均达到120 cm时需压缩树体高度。应采取压顶缩剪的方法,在每个主枝上只留3~5个侧枝,剪去多余的侧枝并将顶部也剪掉,使金银花的花枝密布树冠内外。在春季进行抹芽,将主枝以下生在主干上的芽全部抹去,同时将生在主枝上的徒长花枝的心摘掉,以促使其多发花枝。入冬或初春,将衰老的干枝、沿地蔓生的衰老枝、过密枝、徒长枝、病虫枝剪掉,使枝条分布均匀,通风透光良好,以利养分集中生长花枝。对未修整过的老花墩,可于收花后距地面20 cm处剪去全部枝条。让其重生嫩条。形成新花枝。

4)设立支架

对藤蔓细长的植株,可搭设1.7 m高的篱状支架,让蔓茎缠绕,枝条分布均匀,生长良好。

11.1.6 病虫防治

1)病害

(1)褐斑病　5—7月发生,发病后,叶片上病斑呈圆形或椭圆形,初期水浸状,边缘紫褐色,中间黄褐色,潮湿时叶背病斑中生有灰色霉状物。病斑大小为2~22 mm,靠叶边、叶尖较多。

防治方法:①清除病枝落叶,减少病源;②加强栽培管理,增施有机肥料,增强抗病力;③用1∶1∶200的波尔多液或65%代森锌可湿性粉剂400~500倍液,从5月初开始,连续喷2~3次。或在发病初期用3%井冈霉素50 ppm液连续喷治2~3次或用75%百菌清可湿性粉刺800倍液喷施2~3次。

(2)白粉病　多在气温高、湿度大时发生,为害花、叶片和嫩茎,发病初期叶片出现圆形白色绒状霉斑,后不断扩大,连接成片,形成大小不一的白色粉斑,最后引起落花、落叶、枝条干枯。

防治方法:①选育枝粗、节密而短、叶片浓绿质厚、密生绒毛的抗病品种;②合理密植,整形修剪,改善通风透光条件,发现病枝叶及时剪除,集中烧毁;③发病前期喷65%代森锰锌500倍液,发病严重时50%甲基托布律1 000倍液,每7 d喷1次,连喷3~4次;也可用粉锈安生、本草病科、百科治、斑福加以防治。严禁用粉锈宁(又名三唑酮)喷施,以免造成落花、落叶等药害。

2)虫害

(1)蚜虫　多发生在早春,危害极大,吸食植株大量营养浆液,导致叶和花蕾卷缩,枝条停止发育,造成严重减产。

防治方法:①从发芽时开始喷氧化乐果800~1 500倍或蚍虫林;②虫情严重时,可增加喷药次数。注意采花前15~20 d应停止施药,以免影响花的质量。

(2)叶蜂　4—9月发生。咬食叶片呈缺刻状,危害重时,影响产量。

防治方法:用95%晶体敌百虫1 000倍液喷。开花时禁用。

11.1.7　采收加工

1)采收

一般栽后第三年开始开花,金银花开花时间较集中,大约15 d,适时采摘是提高金银花产量和质量的关键。一般于4月底至5月上旬采摘第一茬花,6月中旬为第二茬,8月上中旬为第三茬,9月中下旬为第四茬。采收时,注意掌握每朵花的发育程度,在花蕾尚未开放之前,花蕾由绿变黄白,上部膨大、下部为青色时,将开未开时,采摘的金银花称"二白花",花蕾长短以3~4 cm为宜,花蕾完全变白时采收的花称"大白针"。先外后内、自下而上进行采摘。一天之内,以晴天上午9时左右采摘的花蕾质量最好,分批及时摘下,香气浓,好保色。如在花蕾嫩小且呈青绿色或花已开放时采收,则干后花色不好,干燥率低、产量低、质量差。采摘时注意不要折断枝条。以免影响下茬花的产量。

2)加工

金银花采收后,必须及时加工干燥,否则短时的堆放也会引起变色或霉烂。多采用自然晒干。用竹席等作垫。在上面薄薄的摊上一层,切记不宜翻动,否则花干后颜色将变褐色或黑褐色,严重影响花的质量,当晾晒至八成干时,才能翻动,争取当天晒干(摊得过厚,或过早翻动,都会引起花色变黑)。如当天未晒干,移入室内也应摊开,切忌堆放。为了加快干燥,也可稍蒸后晒干或炕干。炕时温度掌握在40 ℃左右,且应是逐渐升温,在炕的过程中,不能翻动,也不能中途停火,否则会引起变质、变色。

适时采收的花,一般干燥率为4∶1;培植5~6年的植株,每年每株可产干花250~500 g。

忍冬藤在秋冬修剪时,把过密的枝条剪下,晒干即成。

11.1.8　药材质量

1)国家标准

《中国药典》2010年版一部规定:

总灰分:不得超过10.0%。

酸不溶性灰分:不得超过3.0%含量测定。

含量测定:照高效液相色谱法测定,本品含绿原酸($C_{16}H_{18}O_9$)不得少于1.5%。

2)传统经验

金银花以身干、无枝杆、整叶、无虫、霉变、焦糊、碎叶不超过3%为合格。以花蕾多、色淡、气清香为佳。

【知识拓展】>>>

11.1.9 金银花的道地性

金银花来源于忍冬属多种半常绿缠绕灌木植物,以花蕾或带初开的花入药,生药称金银花 *Flos lonicerae*,为常用中药。3 000 多年前,《名医别录》将其列为上品。我国大部分地区均有分布,除黑龙江、内蒙古、宁夏、青海、新疆、海南和西藏无自然生长外,全国各省(市)均有分布,其中以河南密县等地产的"密银花",山东平邑等地产的"济银花"质佳、量大而著名。四川、重庆所产的为"川银花",多为野生,近来开始进行大面积家种,主产涪陵、宜宾、达县等地。"涝死庄稼旱死草,冻死石榴晒伤瓜,不会影响金银花",说明金银花生长适应性很强。《神农本草经》称其"凌冬不凋"。金银花在日本和朝鲜也少有分布。目前国内金银花主要产区有 3 个,分别为河南封丘、山东平邑、河北巨鹿。

河南封丘产区。河南封丘产区金银花有 1 500 多年的栽培历史,面积超过 1.3 万 hm^2。封丘金银花生长形状如树,故得名"树状银花"。花蕾粗长肥厚,色泽青翠艳丽。药用成分高,其质量位于全国同类产品之冠,重要成分绿原酸含量达 4% ~6%,总黄酮 2.14%,药用效率和保健作用很高。1980 年,原国家中医药管理局在考察了封丘的土壤、气候等条件之后,投巨资在封丘设立了金银花生产基地。该区所产金银花 80% 出口到海外。

山东平邑产区。山东平邑是闻名的"中国金银花之乡"、金银花原产地和主产区,现已发展为全国最大的金银花集散地,种植金银花已有 200 多年历史,面积超过 267 km^2。经过长期培育,现已有平花一号、平花二号、九丰一号、大毛花等产量高、品质好、抗病力强的优良品种。平邑金银花花蕾肥大、色泽纯正、味道清香,内含黄酮类、肌醇、皂甙等多种成分,有些成分如皂甙为外地金银花所没有,含挥发油 1.8%,绿原酸含量高达 5.87%,为全国之冠。

河北巨鹿产区。河北巨鹿是金银花最年轻的种植地区,栽培历史仅有 30 多年,但发展势头迅猛,从 1973 年,巨鹿县农民解凤岭开始试种金银花到 1988 年,栽培面积达 33 km^2。1998 年,时值中央农业种植结构调整,随着政府支持力度的进一步加大,金银花迎来了发展的高峰期,栽培面积发展到 0.87 万 hm^2。2004 年达 127 km^2,2010 年巨鹿金银花栽培面积超过 133 km^2。巨鹿金银花已发展成为当地支柱产业之一,2004 年被国家农业部命名为"中国金银花之乡"。

11.1.10 金银花识别

金银花别名银花、忍冬花、双花、二花、双宝花。野生品种较多,栽培的多为忍冬,我地尚有栽培山银花的。

1)忍冬

忍冬 *Lonicera japonica* Thumb 常绿缠绕灌木,藤长可达 9 m,茎中空,左缠,多分枝,叶纸质,对生,卵形或长卵形,长 3 ~8 cm,宽 1 ~3 cm,嫩时有短柔毛,背面灰绿色。花成对腋生(故又称"二花""双花"),苞片叶状,花梗及花都有柔毛,花冠初开时白色。经 2 ~3 d 变为金黄色,黄白相间,故有金银花之称,花萼短小、5裂、裂片三角形,无毛或有疏毛,花冠稍呈二唇4浅裂,长3～5 cm,筒部约与唇部等长,长唇4浅裂,下唇不裂,外面被柔毛和腺毛,雄蕊5枚,子房无毛,花柱比雄蕊稍长,均伸出花冠外。浆果球形。熟时黑色,有光泽,花期4—6月,果期6—9月,如图11.1所示。

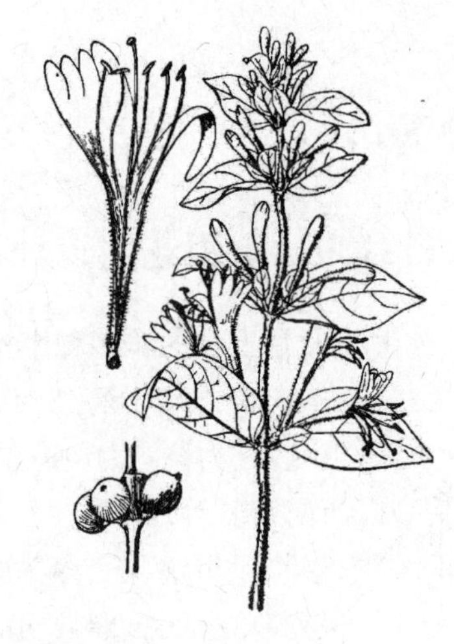

图11.1　忍冬

2)山银花

山银花 *Lonicea confusa* DC 又名"肚子"银花、大银花。其主要特征为:叶片大多为披针形或矩圆形,稀为卵圆形,长6～14 cm,宽2.4～6 cm。花顶生,为短而密的圆锥花序,少有单生叶腋的,花萼密被柔毛,花梗长达3.5 cm。

11.1.11　金银花的综合利用

金银花在药用、保健品、饮料、日用品,改善生态环境,观光旅游,促进农民增收,调整优化农业产业结构等方面开发利用广泛。

1)药用

金银花药用历史悠久,其茎、叶、花均可入药,有很好的药用价值,是我国出口的主要药材之一。金银花具有清热解毒、凉散风热,抗菌及抗病毒、增强免疫功能、护肝、抗肿瘤、抗炎、解热等功效,已研制出片剂、针剂、丸剂、冲剂、膏剂等多种类型产品,是银黄口服液、银翘解毒丸、孕妇金花丸、青果丸、羚翘解毒丸、银花感冒冲剂、清热银花糖浆、阑尾消炎片、拔毒膏、乳疮丸、感冒咳嗽冲剂等多种中成药的原料,可与其他药物配伍用于治疗呼吸道感染、菌痢、急性泌尿系统感染、高血压等40余种病症,临床用途非常广泛。

2)保健品、饮料、日用品

金银花中含有多种成分,除绿原酸和异绿原酸外,还含有丰富的氨基酸和可溶性糖,有很好的保健作用。市场上常见的用金银花为原料生产的保健产品有:银花药酒、银花茶(以王老吉为代表)、金银花花露水、银花糖果和银花杀菌牙膏等。保健品种使用金银花量以王老吉系列饮料为典型代表,近几年发展迅猛,需求强劲,直接影响了金银花的供应状况,仅王老吉一个产品金银花年需求量达3 000 t,2013年需求量翻番,达6 000 t。在香料方面已研究成金银花香水、香波、浴液;在食品、饮料方面已研制出金银花点心、花酒、啤酒、保健药酒、面包、花茶等100多个品种,颇受国内外广大消费者的青睐。

3)改善生态环境

金银花植株枝繁叶茂,生长迅速,具有缠绕和着地生根的能力,其根系特别发达,护坡效果非常明显。在荒山秃岭地带种植,可有效地延缓雨水汇流时间,起到固结表土、防止地面雨水冲刷和冻融侵蚀作用。金银花具有抗寒、耐旱、耐盐碱、耐瘠薄,可在干旱、盐碱及沙滩等地带种植,具有增加土壤有机质含量、蓄水保墒、熟化土壤的作用,对于改善生态环境有着重要意义。

4)观光旅游

金银花抗寒性较强,冬季,叶片"凌冬不调",碧绿可爱,夏季开花,其花姿态优美,气味芳香,早期为白色后变成金黄色。金银花的茎干比较粗壮,长势奇特,可用于制作各式盆景。此外还是庭院绿化美化的好材料。观赏价值极高。金银花全身皆是宝,是传统的药材品种。因此,金银花既是一项高效农业种植项目,同时还是一项极具医疗保健、旅游观光和生态建设作用的可持续发展的长效项目。其经济效益和经济价值是不可估量的。

5)农民增收

金银花为多年生小灌木,主要靠无性繁殖扩大种植面积,寿命为30年左右,栽种3年后就可以产生效益。至第5年能达到盛产,一般产干银花100 ~300 kg/667 m^2。根据金银花的生长周期和特性,种植和管理都比较容易,按照盛产状态产量300 kg/667 m^2、市场价80元/kg、干花成本约50元/kg计算,药农平均能增加收入9 000元/667 m^2。

【计划与实施】>>>

金银花修枝整形

1)目的要求

通过对金银花进行修枝整形,熟悉金银花修剪的目的、作用,掌握修枝整形的方法和技术要点。

2)计划内容

(1)修剪的时期确定　一般分为春剪、夏剪、冬剪。

(2)原则　剪枝过程中应遵循"因枝修剪、随树造型、平衡树势、通风透光"的原则。

(3)技术要点　根据品种、墩龄、枝条类型等进行。按修剪方式可分为打顶、抹芽、短截、长截4种。

由下至上、从里向外,将枯老、细弱、过密的重叠枝、下垂枝、病虫枝、交叉枝以及徒长枝、直立能力差的枝条全部剪除,以集中养分促生花枝。

第1 ~2年主要是培育主干,剪去主干离地面15 ~20 cm的上部枝条,使主干生长粗壮并萌发更多新枝。第2年选留粗壮枝条4 ~5个,其余剪成长15 cm左右,使之形成主干粗壮、直立的矮小灌木状植株。

3)实施

(1)用具、材料准备

用具:枝剪、笔、记录本等。

材料:实习基地或药农产地里需要进行修枝整形的金银花植株。

(2)实施　4 ~5人一小组,以小组为单位,负责修剪的时期、修剪方式的确定及各个修枝整形的方法和技术要点的把握,并进行修剪后的植株观察和田间管理;做好记录,撰写实习报告,分析原因,提出体会。

【检查评估】>>>

序号	检查内容	评估要点	配分	评估标准	得分
1	扦插育苗	能正确做苗床、施肥,选插穗、切穗、扦插,苗床管理	50	苗床畦面平整、选穗壮实、切口平整、扦插深度密度正确、管理措施到位,成活率90%以上计50分;做床、扦插、管理较好,成活率80%~90%,计40分;成活率70%~80%,计30分;成活率60%~70%,计20分;成活率60%以下不计分	
2	修枝整形	能正确选择修剪时期、采用修剪方式	30	修剪时期、修剪方式正确、操作熟练,各计10分,共30分;三者之一不正确、不熟练扣10分	
3	采收	采收时期、采收方式正确	20	采收时期、采收方法各计10分,共20分,二者之一不正确、不熟练扣10分	
合计			100		

任务11.2 栀子栽培

【工作流程及任务】>>>

工作流程:

选地整地—繁殖方法选用—田间管理—病虫害防治—采收加工。

工作任务:

育苗移栽,田间管理,采收加工。

【工作咨询】>>>

11.2.1 市场动态

栀子为常用中药材品种。栀子不仅大量用于配方,也是很多名贵中成药(牛黄上清丸、龙胆泻肝片、安宫牛黄丸、安宫牛黄散等)的原料。同时又是中药材和中成药出口的传统商品,远销欧美、日本和东南亚各国,随着医药卫生事业的发展和开发研究新的发现,栀子不仅用药量不断增加,又可提取天然黄色素、花可作为鲜切花,还是很好的绿化观赏植物,需求量将进一步增加。全国常年产销量为400万kg左右,由于提取色素的用量加大,栀子每年的用量将持续增加。栀子价格在20世纪80年代的价格为5 ~6元/kg,严重挫伤了药农的生产积极性,导致主产区大面积毁掉栀子林,改种其他品种。2010年10 ~12元/kg,2013年栀子价格涨至20 ~25元/kg。

11.2.2 栽培地选择

1)选地依据

(1)栀子的生长习性 喜生于低山坡温暖湿润处,喜温暖湿润气候,耐旱但不耐寒,海拔1 000 m以上的冷凉地区不宜种植,幼苗期需一定的荫蔽,成年植株喜阳光,在阳光充足的环境下,植株较矮,株型大,结果多,而生长在阴坡山地的植株瘦弱高大,分枝少,结果也少,栀子对土壤要求不严,但以冲积土壤较好。地势低洼积水,排水不良的盐碱地不能种植,栀子植株展叶期与枝梢生长同步进行,春、夏枝萌发的叶片较大,于当年8—10月逐步脱落,秋枝萌发的叶片比较小,但较厚,于翌年4—5月脱落。栀子生长发育具明显的春枝、夏枝、秋枝3个时期,春枝和夏枝主要为扩大树冠枝条,秋枝主要为结果母枝,枝梢生长与植株根系生长交错进行,春枝停止生长后至夏梢抽发前为根系第一次生长高峰,第二次生长高峰在夏枝抽发后,第三次生长高峰在秋枝停止生长后。栀子为异花授粉,4月中旬孕蕾,5—6月开花,6—10月为果期,10月果实成熟。种子易萌发,发芽适温25 ~30 ℃。

(2)栀子生长发育对环境条件的要求 栀子为茜草科常绿灌木,易种易管,适应性强。

①光照。栀子生长发育对光照的要求与植株生长年龄有关,开花结果前的植株生长,需要一定的荫蔽度,在30%荫蔽度条件下,生长良好,但进入开花结果阶段则喜欢充足的光照。若过于荫蔽,植株生长纤细瘦弱,花芽发育减少,落花落果严重,果实成熟期也推迟。

②温度。栀子采果后,种子还需经60 d后熟处理,浸种24 h,在30 ~35 ℃条件下催芽,4 d出现胚根,播种后气温在16 ~22 ℃,15 d左右便可发芽出土,成年植株在 -20 ℃下,地上部分遭受冻害,但地下部分仍能保持不死,在年生长周期中,当日平均气温在10 ℃以上时,地上部分开始萌芽,14 ℃时开始展叶,18 ℃时花蕾开放,低于15 ℃或高于30 ℃都可引发落花落果,11月中旬气温下降到12 ℃以下时,植株地上部分停止生长,进入休眠期。

③水分。栀子喜湿润气候,适宜在降水量约为1 300 mm、降水分布比较均匀的地方生长,忌积水,较耐旱,5—7月开花,坐果期间若雨水较多,常引起落花落果。

④土壤。栀子对土壤的适应范围比较广,在紫红色土、黏土、黄壤、红壤中都能生长,但以土层深厚、质地疏松、肥沃、排水良好的冲积土较好,盐碱地不宜栽培,土壤酸碱度以pH值5.1 ~7.0为适,栀子在海拔400 m以下的平原和丘陵地区都能正常生长。

⑤肥料。栀子在年生长周期中多次抽枝,开花结果期较长,需要充足的养分,除了在秋冬重施农家肥外,应根据栀子的树势抽枝和开花结果习性,适时追施氮肥和磷钾肥,以控制和调节营养生长与生殖生长的关系。

2)栽培选地

栀子喜温暖,阳光充足的气候条件,海拔700 m以下均可栽培。对土壤要求不严,贫瘠的红黄壤也可种植,但以土层深厚肥沃疏松、排水良好的酸性或中性土壤种植为佳。应选择排水良好,疏松肥沃的土壤种植。苗圃地宜选择地势平坦,土层深厚,疏松肥沃,排水良好,灌溉方便的砂壤土。

11.2.3 繁殖方法

栀子可用种子、扦插、分株繁殖,压条繁殖和嫁接繁殖。生产上以扦插繁殖和种子繁殖为主。

1)种子繁殖

(1)种子处理　取出经储藏的种子,用30~35 ℃的温水浸泡12 h,放入种子立即搅拌,将浮于水面的秕粒、病粒及杂质清除,浸泡后捞取下沉饱满充实的种子,置于35 ℃左右恒温条件下催芽,催芽期间每天翻动一次种子并浇一次水,经4 d便可见胚根出现,再取出种子置通风荫凉处晾干水分便可播种。

(2)播种　春播和秋播均可,但以春播较好,播种时间一般选择在3月下旬到4月初为宜,在整理好的苗床上,按行距30 cm开横沟,沟底要求平坦,沟深5~7 cm,播幅10 cm,先在沟内施入人畜粪水,用1 000~1 500 kg/667 m^2,待粪水渗入土中稍干后,再将处理好的种子拌入火灰(用种子2~3 kg/667 m^2,火灰30~50 kg/667 m^2),充分拌匀,在火灰中加入适量的水,使火灰湿润,能充分接触种子,以撒得开,种子灰不成团就可以,将种子灰均匀地播入沟内,然后覆上1.5~2.0 cm的细土,以不见种子为宜。最后盖上稻草,浇一次透水。播种后经常检查苗床湿度,过干要及时浇水,播后15~20 d便可出苗,出苗后应及时揭去覆盖物,并及时松土除草、施肥,按株距5 cm左右间苗,最后按株距20 cm左右定苗,培育1~2年,苗高可达40~50 cm,便可出圃定植。

2)扦插繁殖

(1)插条的采集　选择2~3年生枝条,生长健壮无病虫危害、树皮黑褐色、树冠较矮、叶片宽大呈椭圆形或长椭圆形且分布均匀、叶色深绿,枝条节间较短,结果枝多呈簇状,果大肉厚的优良母株作繁殖材料,采集插条。

(2)插条的处理　将采集的插条按节的疏密剪成17~20 cm长,每个插条应有3个以上的节位,剪去下端叶片,仅留上端叶片2~3叶,每30支一捆,将下端放入500~1 000 ppm的萘乙酸(NAA)或相同浓度吲哚丁酸(IBA)溶液中快速浸渍15 s,取出稍晾干药液后,将上端粘上稀泥浆即可以扦插。

(3)扦插方法　扦插时间在春、夏、秋3季都可进行,最好以春季3—4月新芽即将萌发时为好,在整理好的苗床上(苗床准备与有性繁殖方法相同),按行距20 cm,株距5~10 cm,用一小木棒打孔,将插条1/3~1/2微倾斜地插入孔中(若不打孔,直接扦插会损伤插条的形成层,导致成活率低,随即将四周土壤压紧,浇一次透水。用遮阳网搭建矮棚遮阴,待生根发芽后及时进行松土、除草、追肥。无性繁殖仍需培育1~2年,当苗高40~50 cm时就可出圃定植。

11.2.4 整地移栽

在种植前年的秋、冬季节,先把地犁翻晒白,让土壤风化。栽植前整成水平条带后,株行距1.0 m×1.5 m,挖30 cm见方栽植坑,一般在春季,在整好的栽培坑内施入基肥,每穴栽1

株。苗木尽量带土,有利于成活。于冬季深翻土地 30 cm,用 1 000 ~ 1 500 kg/667 m^2 经腐熟的有机肥,加磷肥 30 kg/667 m^2,拌匀撒施土中,耙细整平,做 1.3 m 高畦,四周挖好排水沟、防止水雨冲刷苗圃。

11.2.5 田间管理

1) 苗期管理

(1) 松土除草　松土除草是栀子苗期管理的一项重要工作,当种子萌发幼苗出土时,立即揭开覆盖物,此时土壤比较湿润,尽量拔除杂草,待苗高 2 ~ 3 cm 时,用竹撬浅松土 1 次,促进部分尚未出土的幼苗,尽快出土,以后要经常保持厢面无杂草,除草时做到除小、除净,防止草荒。

(2) 浇水、施肥　根据苗床墒情,注意浇水,当苗床土壤较干时,需及时浇水,当苗较小时,采用喷雾灌溉,避免将根部泥土冲开,使幼根裸露,造成幼苗死亡。同时在苗高 5 ~ 7 cm 时进行第一次追肥,用 1 000 kg/667 m^2 清淡人畜粪水加 3 kg 尿素施入播种沟内,第二次当苗高 15 ~ 20 cm 时,进行第二次追肥,用 1 500 kg/667 m^2 人畜粪水加 5 ~ 7 kg 尿素施入。

(3) 间苗定苗　在进行第一次施肥前,按株距 6 ~ 7 cm 适当进行间苗,主要是拔除弱苗和过密的幼苗,促进幼苗生长,在施第二次追肥时,按株距 10 cm 左右进行定苗,通过一年的培育,当年可使幼苗长到 50 cm,达到一级苗规格。

2) 大田栽培管理

移栽后,春夏各除草、松土 1 次,在抽梢和开花期各追肥 1 次,以人粪尿、堆肥、绿肥为主,适当增施磷肥。修剪萌生侧枝、纤弱枝和过密的枝条,以利通风、透光,同时进行培土。

11.2.6 病虫防治

1) 病害

褐纹斑病。主要危害幼叶,发病严重时,叶片失绿变黄或变成褐色,导致叶片脱落,引起生长发育不良,直至死亡。

防治方法:在 5 月下旬和 8 月上旬可分别喷施 50% 托布津 1 000 倍液,或用 1:1:100 的波尔多液防治效果较好,或 65% 代森锌可湿性粉剂 500 倍液防治。

2) 虫害

(1) 龟蜡蚧壳虫　6—7 月若虫大量发生,栖息于叶片或枝梢上吸食危害。

防治方法:用 1:10 的松脂合剂喷雾,或用波美 0.2 ~ 0.3 度的石硫合剂防治即可,也可用 40% 氧化乐果乳油混合 50% 的敌敌畏乳剂 1:1:1 000 倍液喷杀,效果较佳。

(2) 咖啡透翅蛾　其幼虫危害嫩叶,通常 1 ~ 2 条幼虫便可危害整株幼苗。

防治方法:在 5 月和 7 月上旬用 90% 晶体敌百虫 1 000 液或 50% 敌敌畏乳油 1 500 倍喷雾防治。

(3) 卷叶螟　卷叶螟主要是幼虫危害嫩叶。危害严重时期在 7—9 月。

防治方法:发生危害时,喷施 40% 乐果乳油 1 000 倍或用 50% 敌敌畏乳剂 1 500 倍液喷杀,防治效果较好。

(4)蚜虫　蚜虫为害嫩芽,可用40%乐果800~1 000倍液或用4.5%高效氯氰菊酯3 000倍液喷雾。

(5)蛞蝓　可在清晨撒生石灰防治;跳狎、蚜虫也时有发生,发生时可喷洒乐果防治。

11.2.7　采收加工

霜降以后,在果实变黄转深红色,果皮微皱后进行。采摘后在24 h内用水烫杀酶,方法是放入80 ℃以上水中烫4 min左右,或放入蒸笼内约蒸30 min,取出滤去水分,暴晒几天。放在通风阴凉处晾1~2 d,使内部水分完全蒸发掉后,再充分晒干或50 ℃以下低温烘干即可。

11.2.8　药材质量

1)国家标准

《中国药典》2010年版规定,栀子水分不得超过8.5%;总灰分不得超过6.0%;按干燥品计算,含栀子苷($C_{17}H_{24}O_{10}$)不得少于1.8%。

本品呈长卵圆形或椭圆形,长1.5~3.5 cm,直径1~1.5 cm。表面红黄色或棕红色,具6条翅状纵棱,棱间常有1条明显的纵脉纹,并有分枝。顶端残存萼片,基部稍尖,有残留果梗。果皮薄而脆,略有光泽;内表面色较浅,有光泽,具2~3条隆起的假隔膜。种子多数,扁卵圆形,集结成团,深红色或红黄色,表面密具细小疣状突起。气微,味微酸而苦。

2)传统要求

成品以果实饱满、均匀、色艳、无虫蛀为上品。

【知识拓展】>>>

11.2.9　栀子的道地性

栀子属于广布品种,始载于《神农本草经》列为中品,其野生资源在我国长江流域及以南的各省市、自治区海拔1 500 m以下区域有分布;人工栽培主要分布在海拔600~1 000 m的区域。20世纪60年代初栀子药材多来自于野生资源,到60年代末和70年代初由于人工栽培研究成功,各地引种栽培,栀子生产发展较快。主要产于湖南、江西、福建、浙江、重庆、四川、湖北、广东、广西、云南、贵州、江苏、河南等地,台湾地区也有分布。重庆的巴南、江津、万州为栀子道地产区。

11.2.10　栀子识别

栀子 *Gardenia jasminoides* Ellis. 为茜草科栀子属常绿灌木,树高可达2 m,茎多分枝,叶对生或3叶轮生,草质有短柄,叶片椭圆形至广披针形或倒广披针形全缘,叶片长7~14 cm,深绿色有光泽,托叶膜质,在叶柄内侧通常2片连合成筒状,包围小枝,花大白色,有浓烈的香气,单生于叶腋或枝顶,花萼绿色、圆筒形、花萼筒部与裂片近于等长,花冠开放后呈高脚碟状,裂片通常6瓣,有时5瓣,偶有7瓣,蒴果、成熟时黄色或橘黄色,倒卵形、长椭圆形或椭圆形,外包以宿存的花萼,表面有翅状纵棱5 ~8条,种子多数扁圆形,橙黄色,花期在5—7月,果实熟期11—12月,如图11.2所示。

图11.2　栀子

同属植物水栀子不能做栀子入药。水栀子 *Gardenia jasminoides* var. *radicans* Makino.,别名:雀舌栀子花,为同属常绿灌木。株高可达2 m。根淡黄色、多分枝、植株平滑、枝梢有柔毛;叶对生或3叶轮生,披针形,长7 ~14 cm,革质、光亮,托叶膜质;花单生于叶腋中,有短梗,花萼呈圆筒形,单生花瓣5 ~7枚,白色,肉质,有香气,夏初开花;果实倒卵形或长椭圆形,扁平,果实硕大,外有黄色胶质物,秋日果熟时呈金黄色或橘红色。分布于江西、湖南、湖北、浙江、福建、四川等地,主产地江西抚州。

11.2.11　药用价值

以成熟的果实供药用,具有泻火除烦、清热利尿、凉血解毒之功效,主治热病心烦,黄胆尿赤,血淋涩痛、目赤肿痛。火毒疮疡等症。为常用中药材品种为大宗常用中药,有泻火解毒、清热利湿、凉血散淤功效。

11.2.12　栀子开发利用

栀子除药用外,花也可食用和制作香料,种子可提炼油脂,工业上也采用果实作无毒染料,栀子提取的天然黄色素,是食品中较常用的优质着色剂,由于栀子黄对各种不同酸碱度的食品着色都能适应,其耐热性和耐光性都比较好,所以广泛用于糖果、糕点、冷饮及固体饮料等食品着色,其着色力强,稳定性好,色泽鲜艳,色佳、无异味、无沉淀,天然无毒,所生产的食品深受消费者青睐。栀子黄色素及产品在国际市场上也颇受欢迎。

【计划与实施】>>>

栀子种子繁殖

1)目的要求

掌握栀子种子繁殖关键操作技术,学会提高栀子种子发芽率的方法。

2)计划内容

(1)苗圃地准备　宜选择地势平坦,土层深厚,疏松肥沃,排水良好,灌溉方便的砂壤土,于冬季深翻土地30 cm,用1 000 ~1 500 kg/667 m^2 经腐熟的有机肥,加磷肥30 kg/667 m^2,拌匀撒施土中,耙细整平,作1.3 m高畦,四周挖好排水沟、防止水雨冲刷苗圃。

(2)种子催芽处理　取出经储藏的种子,用30 ~35 ℃的温水浸泡12 h,放入种子立即搅拌，将浮于水面的秕粒、病粒及杂质清除，浸泡后捞取下沉饱满充实的种子，置于35 ℃左右恒温条件下催芽，催芽期间每天翻动一次种子并浇一次水，经4 d便可见胚根出现，再取出种子置通风荫凉处晾干水分便可播种。

(3)播种　播种时间一般选择在3月下旬到4月初为宜，在整理好的苗床上，按行距30 cm开横沟，沟底要求平坦，沟深5～7 cm，播幅10 cm，先在沟内施入人畜粪水，用1 000～1 500 kg/667 m^2，待粪水渗入土中稍干后，再将处理好的种子拌入火灰（用种子2～3 kg/667 m^2，火灰30～50 kg/667 m^2），充分拌匀，在火灰中加入适量的水，使火灰湿润，能充分接触种子，以撒得开，种子灰不成团即可，将种子灰均匀地播入沟内，然后覆上1.5～2.0 cm的细土，以不见种子为宜。最后盖上稻草，浇一次透水。

(4)苗圃管理　播种后经常检查苗床湿度，过干要及时浇水，播后15～20 d便可出苗，出苗后应及时揭去覆盖物，并及时松土除草、施肥，按株距5 cm左右间苗，最后按株距20 cm左右定苗，培育1～2年，苗高可达40～50 cm，便可出圃定植。

3)实施

4～5人一小组，以小组为单位，负责栀子种子繁殖苗圃准备、种子处理、播种机苗圃管理，掌握操作方法和关键技术要领，保证育种成苗的质量和数量。分组开展生产实践，并要求用图片及文字详细记录育苗过程，对各组育苗过程及成效进行全班评比，并排序打分。

【检查评估】>>>

序号	检查内容	评估要点	配分	评估标准	得分
1	育种	种子繁殖、扦插繁殖	40	分值：种子处理、苗圃地准备、播种计10分；插条准备、扦插、苗床管理计10分；幼苗健壮计10分，苗地密度合适计10分； 评分：方法正确、生产措施好、苗子长势好、操作规范、生产记录完整满分，否者酌情扣分	
2	移栽	移栽方法	20	整地精细，深、松、细、平、净各2分，差的每项扣2分；移栽时期、规格正确，移栽质量好，计10分，否则每项扣3分	
3	田间管理	除草、施肥、遮阴等	20	除草、施肥、遮阴操作正确，植株长势好计20分，长势差、苗少的计5～10分	
4	采收加工	采收期、采收方法、加工方法	20	采收期合理扣5分，采收方法正确扣5分、加工方法正确扣5分，操作规范扣5分，方法有错或操作不规范酌情扣分	
合　计			100		

任务11.3　牡丹栽培

【工作流程及任务】>>>

工作流程：

选地整地—栽培品种选择—繁殖方法选用—种植模式选用—田间管理—病虫害防治—采收加工。

工作任务：

分株繁殖，病虫害防治及农残控制。

【工作咨询】>>>

11.3.1　市场动态

牡丹皮始载于《神农本草经》。是清热凉血、活血散瘀的常用药材。为常用大宗中药材品种，因其降压、消炎、抗菌功效独特，是很多中成药的主要原料，在中药饮片销量里也占有较大份额，而且国外市场如东南亚等国，韩国、日本每年也有一定量进口。自20世纪末21世纪初牡丹皮处于7～8元/kg的低位，一直到2007年回升到13～14元/kg，在长达10来年的低谷期缓慢运行。这样的低价位造成很多主产区丹皮栽种面积大幅萎缩，产出量也是逐年下降。虽然2007—2008年其价格曾升高为13～14元/kg，甚至一度冲高至15元/kg，终因老库存繁重拖累，进入2009年后，最终还是回落到11元/kg。2013年10月，牡丹皮继续产新之中，由于行情不理想，农民采挖不积极，新货上市量不是很大，但因购货商家有限，行情仍无明显变化，2013年10—11月安徽亳州、河北安国药材市场统货23～25元/kg，刮丹23元/kg，黑丹15元/kg。牡丹皮及丹皮酚毒性很小，具有清热、抗菌、防蛀作用，现在已有丹皮酚药物牙膏等开发，今后综合利用有一定的前途。

11.3.2　栽培地选择

1)选地依据

(1)生长习性　牡丹为多年生宿根植物，1～2年生植株不开花。牡丹的年周期明显可分为生长期和休眠期两个阶段，呈现"春发枝、夏打盹、秋生根、冬休眠"的变化。早春为萌发期，2月根开始萌动；3月展叶并现蕾；4月上旬开花(少数3月下旬即开花)，花期约一周，群体花可持续20～30 d；果期5—7月，6月前根生长缓慢，7—8月为地下部生长盛期，10月上旬植株枯萎，进入休眠期。牡丹种子有后熟的特征，上胚轴需经一段低温才能继续伸长。牡丹的种子具有休眠的习性，种子收获后胚尚未完全成熟，需要在不同的温度条件下才能完成后熟，解除休眠，基本表现为暖温下生根，低温下长芽。故需先经30～40 d的18～22 ℃温度处理，再经30 d的10～12 ℃温度和15～20 d的0～5 ℃低温处理,即可打破休眠。打破休眠后,其种子就可在10～20 ℃的温度下正常出苗。种子千粒重198 g,寿命为1年。

(2)环境要求　牡丹原产于我国西北部,野生分布于甘肃、陕西、山西、山东、河南、安徽、四川以及西藏、云南一带,散生于海拔1 500 m左右的山地或高原上,在这些地区至今还能见到野生的牡丹。栽培于气候温和、日照充足、雨量适中、海拔50～600 m的山坡、丘陵、庭园。牡丹喜温暖向阳,较耐寒及耐旱,怕高温烈日,牡丹对湿度非常敏感,喜地势高燥、怕地势低洼潮湿,这是由于野生牡丹原种长期适应原产地的自然环境的结果。年日照时数在1 200 h以上。年平均气温15～17 ℃,12～15 ℃为好,大于等于10积温为5 403 ℃,无霜期289 d。年平均降水量1 160～1 300 mm,年平均相对湿度82%左右。牡丹系深根植物,土层深厚、质地疏松、略带黏性能保水、微酸至微碱性的土壤均能生长。

2)栽培选地

牡丹根入土深,适宜选地势高燥、土层深厚、排水良好、地下水位较低、土质疏松的中性或微酸性的向阳斜坡沙质壤土地块,新垦地也可选用。前作以玉米、豆类、花生等为宜,忌连作、黏重、低洼地。按照中药材GAP的要求,基地应远离主干公路、污染源,坡地、向阳、土层深厚、利水。空气环境应符合《环境空气质量标准》(GB 3095—19);灌溉水应符合《农田灌溉水质标准》(GB 5084—2);土壤应符合《土壤环境质量标准》(GB 15618—1)。

11.3.3　繁殖方法

牡丹可用种子、分株、嫁接、压条、扦插和组织培养繁殖。在药用牡丹生产上主要采用种子育苗移栽的方法。

1)种子繁殖

通常在培育牡丹药用种苗、选育新品种和繁殖嫁接用的砧木时采用种子繁殖。单瓣型、荷花型的牡丹结籽多而饱满,重瓣花型的因雄蕊和雌蕊瓣化或退化,结籽少或不结籽。为了提高牡丹的结实率,可进行人工辅助授粉,此方法多用于培育新品种。

(1)种子采收　种子繁殖的牡丹实生苗一般3年后就能开花结籽,但籽粒不充实。5年生以后结籽多、饱满而出苗率高。分株繁殖的则需3年以后结籽才能充实。

①采收时间。牡丹种子的成熟期,因地理纬度和品种不同而异,在黄河中下游菏泽、洛阳一带,种子的成熟期为7月下旬至8月上旬;黄河上游兰州一带为8月下旬至9月上旬;长江流域安徽铜陵一带则为7月下旬。

②采种方法。牡丹种子要适时分批采收。过早种子不成熟,质地嫩且含水多,容易霉烂和干瘪;过迟则种子变黑、质硬、皮厚,影响出苗。一般当果荚由绿转黄时,将其摘下。

(2)种子处理

①种子存放。果实采收后,不可置于直射阳光下,应连同外壳堆在室内阴凉通风处,使其干燥后熟。每隔2～3 d翻动1次,以防内部发热霉变。如此经过10～15 d的堆放,果荚由黄绿色逐渐变为褐色到黑色,大多数果荚自行开裂,爆出种子,此时将种子拣出。

②选种。将拣出的种子放入清水中浸泡1～2 h后,去掉浮在水面上的杂物和不成熟的种子,取水中下沉的饱满种子与草木灰搅拌后立即播种。

③浸种。牡丹种皮坚硬,不易透水,播种前可用50 ℃温水浸种24～28 h,使种皮变软、吸

水膨胀。用98%酒精浸泡30 min,或用浓硫酸浸种2~3 min,也可起到软化种皮促进萌发的作用。浸种后必须用清水冲洗种子。

④打破休眠。牡丹的种子具有上胚轴休眠的特性,收获时胚未发育成熟,胚发育早期要求较高的温度(15~22 ℃)30 d,后期要求10~12 ℃较低的温度30~40 d,胚形态发育完成后长根,根系不断长大,又要求0~5 ℃低温条件打破下胚轴休眠,时间需15~20 d,打破下胚轴休眠后,牡丹种子在10 ℃左右长茎出苗。所以,在生产中,牡丹种子秋季仅下胚轴向下生长,胚根突破种皮,形成幼根,直至翌年春季开始发芽。

⑤播前处理。播种前可用500~1 000 mg/kg的赤霉素浸种24 h;也可在种子生根后向胚芽上滴加赤霉素,每天1~2次,7 d后可解除上胚轴休眠,幼芽可很快长出。

(3)整地做畦　整地做畦前,先施足底肥,一般施饼肥300 kg/667 m^2,整平耙细,做成畦宽150 cm的高畦,如果土壤过干,要浇透水,待墒情适宜时再做畦,墒情不适时严禁播种。

(4)播种

①播种时期。“七芍药,八牡丹”就是指牡丹的繁殖以农历八月为宜。因此牡丹的播种时间一般在农历八月下旬至九月上旬进行。此时地温较高,利于牡丹生根,如因其他原因,不能马上播种时,将种子与细沙拌匀堆放在室内或置入瓦盆内进行沙藏,在沙藏过程中注意保持湿润,沙藏时间不宜超过20 d,在种子生根前必须下地。若当年不能播种,则置于背风向阳处继续沙藏,第2年春季土壤解冻后,沙藏种子的胚根已长出,此时将种子小心地播下地,播种地要求土质松软肥沃,排水良好。

②播种方式。一般采用条播或撒播。条幅按行距20 cm播种,覆土厚3 cm左右。为防旱保墒并提高地温,使种子萌发整齐,可再加盖厚2 cm的草或覆盖地膜,然后再覆土厚6~8 cm。条播需种子25~35 kg/667 m^2,撒播则需50 kg左右。

(5)苗床管理　牡丹播种后,一般30~40 d开始生根。12月下旬前后土壤开始封冻,如土壤干旱可在沟内渗浇一次透水,又称“过冬水”。翌年3月中旬前地温上升到4~5 ℃,种子幼芽开始萌动。此时除去覆盖物,并浅松表土,以利小苗出土,3月中下旬小苗基本出齐。

幼苗生长主要靠基肥,1年生小苗一般不需追肥。在5月下旬至6月上旬如连续干旱,应根据情况浇几次水。无论浇水还是雨后都应浅松表土保墒。对2年生、3年生的实生苗浇水时可结合施肥同时进行,浇水前将肥料撒在沟内并拌入土中。肥料以沤熟的人粪、豆饼和菜籽饼为最好。开春后苗圃中的杂草应随时拔除,如发现有地下害虫危害时,应及时防治。

5月以后幼苗容易出现叶斑病,此时可用800~1 000倍液多菌灵防治,每隔15 d一次,连续防治至9月。

入冬后,1年生小苗地上部分干枯,为保温、保墒使幼苗安全越冬,可在根茎周围培土,土高5~10 cm即可,翌年3月上旬前后土壤解冻时,及时去掉根茎周围的土层,以利幼苗萌发。苗出齐后,应加强田间管理。

2)分株繁殖

将具7~10个枝条及4~5年生的优良、健壮的母株,分成带有2~3个枝条或3~4个枝条的子株栽植,称为分株繁殖法。该法简单易行,成活率高,苗木生长旺盛,开花早,分栽后2~3年即能充分表现并保持品种特性,但繁殖系数较低,主要用于少量观赏苗木繁殖。

(1)分株时间　牡丹分株主要在秋季进行,山东菏泽、河南洛阳及北京地区,四川彭州一带,一般均在9月中下旬至10月上旬进行。此时分栽对牡丹生根有利,当年可生出许多长6~15 cm的细根,为翌春发芽生长吸收大量养分。若栽植过晚,11月上旬后栽植,则当年不易生根,翌年春季植株生长不旺,抗逆性差,遇干旱易死亡;分株也不宜过早,否则易引起秋发,一旦秋发,翌春势必生长衰退。春季最好不要分株繁殖,此时分株苗根部伤口来不及愈合并生新根,随着气温和地温的升高,牡丹迅速萌芽、抽枝、展叶;根部不能及时输送充足的水分、养分,随着气温的持续上升,植株本身的养分将逐渐耗尽,并最终死亡。

(2)分株方法

①采苗。选4~5年生根部生长健壮、无病虫害、地上部分有一定枝秆和萌蘖枝的植株,从地里挖出,去掉泥土,放置1~2 d,待根部水分挥发后,将主根切下供药用,小根留下不剪,再截取茎与根交接处带侧根的分蘖,保留细根和2~3个萌芽,作栽植用种苗。一般分株苗要从根茎上方将部分老枝剪去。萌蘖芽多的可将老枝剪短,萌蘖芽少的应保留在老枝潜伏芽上方剪去老枝。从根茎处萌发的当年新枝无须修剪,但要剪去病根、老根和断根,剪后用1%浓度的硫酸铜液或用硫磺粉及草木灰涂抹伤口,防止感染。

②种苗标准。

一级苗:根系生长正常,分布均匀,侧根4条以上,苗高35 cm左右,茎直立,粗1~1.5 cm,带2~3个萌发芽。切口完好,无病虫害。

二级苗:根系生长正常,分布较为均匀,侧根3条,苗高25 cm左右,茎较直,茎粗1 cm,带2个萌芽。切口较完好,无病虫害。

11.3.4　整地移栽

1)整地

栽种前1个月,施腐熟堆肥或厩肥22.5 t/hm^{2}作基肥。深翻入土中30~50 cm,耙细整平,理好四周排水沟,做1.3 m宽的高畦。坡地可只理好排水沟,不做畦。

2)移栽

(1)移栽期　小苗生长1年后即可移栽,弱苗可在2年后移栽。一般在每年9月下旬至10月移栽,黄河中下游地区的山东菏泽、河南洛阳从9月上旬至9月下旬移栽均可。

(2)种苗浸种处理　栽种前将理好的种苗放入1 000倍的生根粉泥浆溶液或基因活化剂1 000倍泥浆溶液中醮根,然后捞出稍晾,备用。

(3)栽植密度　不同产区栽种密度不同,重庆产区一级苗栽种密度为25 cm×25 cm,37 500株/hm^2。二级苗栽种密度为20 cm×25 cm,40 500株/hm^2。分级移栽,大苗可适当稀植,按株行距40 cm×40 cm移栽。

(4)栽植方法　根据选用的种苗,按栽植规格打窝,窝深15~20 cm,每窝栽苗1株。将种苗放入窝内,根舒展放开,周边细土填入。填土一半时,将苗轻轻上提一下,再将泥土填满踩紧、压平即可。浇定根水,如土壤过干,10 d后可浇1次透水。

11.3.5　田间管理

1)中耕除草

移栽后的翌年春季牡丹萌芽出土后开始中耕除草。牡丹幼苗最怕草荒,春夏季易生杂草,宜勤锄草、松土,做到田间无杂草。一般前2年每年锄草3～4次,第1次在2月中旬牡丹未萌发前,第2次在4—5月,第3次6—7月,第4次10—11月。第4次中耕除草时,应同进培土,以利牡丹越冬。中耕不能过深,以不超过10 cm为宜,以免伤根,影响生长。2年后由于植株已长大、杂草较少,可视情况进行锄草。中耕时切忌伤根,特别是雨后初晴要及时中耕,增加土壤通透性。春季注意检查,防止牡丹根部露出土面,影响植株生长。

2)施肥

牡丹需肥多,在施足基肥的基础上,要根据苗情追肥,自栽种后第2年起每年施追肥3次。第1次在2月中下旬牡丹萌芽前(花肥),施土杂肥30～45 t/hm^2或充分腐熟的油饼2 250～3 000 kg/hm^2;第2次在4月中、下旬花谢后(芽肥),施用磷肥450 kg/hm^2;第3次11月入冬后(冬肥),每施充分腐熟油饼2 250～3 000 kg/hm^2。夏季不宜进行追肥。施肥宜严格把握"春秋少,腊冬多"的原则。施肥后若遇干旱应在傍晚浇水1次,雨季注意及时排除积水。

3)摘花

除采种的植株应留花蕾外,在药用牡丹的生产过程中,摘花蕾是一项重要的田间管理工作。2月下旬至3月上旬孕蕾期应摘除全部花蕾,减少营养消耗,利于根部生长,提高产量。摘蕾在晴天上午露水干后进行,以防止伤口感染病菌。

4)整枝修剪

牡丹倒苗后结合中耕除草施肥,进行整枝修剪。剪掉不规则及徒长枝条,保持地下与地上部分生长平衡。去掉发生的牡丹芽,集中营养,以利牡丹的生长。

5)露根

栽后第2年4—5月间,选择晴天,揭去覆盖物,扒开根际周围的泥土,露出根篼,让阳光照射。目的是让须根萎缩,使养分集中于主根上生长,2～3 d后结合中排除草,再培土施肥。

6)灌溉排水

牡丹怕涝,雨季应及时疏沟排水,以防积水烂根。生长期如遇干旱,可以在傍晚进行浇灌,1次灌足,不宜积水。

7)培土防寒

霜降前后,结合中耕锄草施肥时,或在植株根际培土15 cm左右或盖一层草,以防寒越冬,翌年长势更盛。

11.3.6 种植模式

牡丹前3年生长缓慢,可与其他作物间作套种,提高土地利用率。前2年可套种棉花,牡丹每行沟内栽1行棉花,棉花株距40 cm,每2行牡丹留1行工作道,便于棉花修剪,套种的棉花与净作棉花产量一样;牡丹还可与大豆、玉米、蔬菜及其他药材套种。牡丹休眠期为7月上旬至翌年2月中旬,双行套种互不影响,第2年还可套种,但比第1年密度减一半。

11.3.7 病虫防治

1)病害

(1)叶斑病 多发于夏至到立秋之间。发病初期叶片出现黄色或黄褐色小斑点,13 d后变为黑色斑点,以后逐步扩大成不整齐的轮纹,天气炎热时蔓延尤为迅速,常常整片地块全部染病。

防治方法:清洁田园,于秋、冬季节清除枯枝落叶并集中烧毁,以消灭病原菌;用1∶1∶150的波尔多液喷洒叶面,每隔7 d喷1次,连喷数次。

(2)根腐病　多发于雨季土壤过湿时。发病初期不易发现,当在叶片上看出病态时,其根皮多已腐烂成黑褐色,病株根部四周的土壤中常有黄色网状菌丝。

防治方法:7月翻晒土地;发现病害后,应及时清除病株及其四周带菌土壤,并用1∶100硫酸亚铁溶液浇灌周围的植株,以防蔓延感染;用65%的代森锰锌可湿性粉剂500~600倍液灌根预防。

(3)锈病　多发于6—8月栽植地低洼积水时。发病初期叶片背部生有黄褐色孢子堆,孢子堆破裂后如铁锈,后期叶面出现灰褐色病斑,严重时全株枯死。

防治方法:选择地势较高、排水良好的土地种植;发病初期,用97%敌锈钠400倍液喷雾防治,每隔7~10 d喷1次,连喷3~4次。

(4)白绢病　多发于开花前后,高温多雨时尤为严重。发病初期无明显症状,后期白色菌丝从根颈部穿出土表,迅速密布于根茎四周并形成褐色菌核。

防治方法:与水稻或禾本科植物轮作;栽种时用50%退菌特1 000倍液浸泡种苗;发现病株,应带土挖出烧毁,病穴周围撒布石灰。

此外,还有立枯病、灰霉病、叶霉病、炭疽病、茎腐病、紫纹羽病、病毒病、枯萎病、根结线虫等,根据发病情况进行防治。

2)虫害

(1)金龟甲　金龟甲是危害牡丹的一种主要虫害。金龟甲俗称金龟子,其幼虫即蛴螬。金龟甲的成虫和幼虫都是危害牡丹、芍药的主要害虫。有大黑鳃金龟甲、暗黑鳃金龟甲、铜绿丽金龟甲3种金龟甲危害牡丹。全年为害,以5—9月最为严重。主要为害牡丹根部,将其咬成凹凸不平的缺刻或孔洞,严重者会造成牡丹根部死亡,引起地上部分长势衰弱或枯死。由于啃食根部造成创伤,土壤中的镰刀菌大量侵入而引发根腐病。冬季气温下降,土壤封冻后,幼虫移向土壤深处越冬。翌年4月中旬后,成虫开始活动,取食牡丹叶片。

防治措施:①清洁田块,清理干净前茬收后的枯枝落叶,减少残留虫量;②搞好耕翻,破坏地下害虫的生存环境;③人工捕杀或在夜间设置黑光灯诱杀;④合理用药,采取毒土法或毒水法,毒土法为48%毒死蜱900 mL/hm^2或50%辛硫磷3 750 mL/hm^2拌细土450 kg/hm^2,于播前均匀撒施于土表,然后开行播种;毒水法:对苗后地下害虫危害地段,用48%毒死蜱2 500倍液或50%辛硫磷1 500倍液浇灌。

(2)中华锯花天牛　以幼虫蛀食牡丹根部,使牡丹生长不良,严重时整株枯死。

防治措施:化蛹期间松土,有破坏蛹室的作用。要经常检查牡丹老株根部,捕杀幼虫。药物防治:可用52%磷化铝片剂进行单株熏蒸,每墩用药1片,或挖坑密封熏蒸,用药2片/m^2,死亡率可达100%。处理后的单株根系增加,花期延长,并能提高丹皮的产量和质量。

除金龟甲、天牛以外,还有介壳虫、刺蛾、金针虫、袋蛾及螨类等其他害虫,对它们应早发现、早防治并及时除灭,破坏其生长环境,以防害虫蔓延。

11.3.8 采收加工

1)留种

选4~5年生丹皮,籽粒饱满、无病虫害植株的种子作种。7月下旬至8月初,当蓇葖果表面呈蟹黄色时摘下,放室内阴凉潮湿地上使种子在果壳内后熟,经常翻动,避免堆积发热,使种子活力丧失。待大部分果壳裂开,剥下种子,置湿沙或细土中,层积堆放于阴凉处,或边采收边播种。一般第2年产籽600~900 kg/hm^2。第3年为牡丹盛花期,可结籽2 250 kg/hm^2,第4年结籽可达3 000 kg/hm^2 以上。

2)采收

选择栽培3~5年的牡丹于秋季9月下旬至10月中旬采收,此时牡丹茎叶已枯萎,根部浆液饱满,质优。采收时先清除枯枝落叶,顺沟将牡丹根部挖起,抖掉泥沙,洗净,用竹筐运回,放置在阴凉潮湿的地方,并在24 h内加工完毕。药用牡丹一般产鲜根800~2 000 $kg/667\ m^2$,折干率为30%~35%。

3)加工

除去地上部分及残茎和须根。用刀纵剖,剥离皮部,抽去木心,摊晒或烘烤,冬天阳光较弱需晒10~15 d才能完全干透,应避免外干内潮。烘干时温度不可过高,防止丹皮酚升华跑掉和丹皮苷分解丧失药效。这种加工的成品被称为“原丹皮”。

如将牡丹根用竹刀或玻璃片、碗片刮除外部的拴皮,按上述方法抽去木心再晒干,如此加工的丹皮被称为“刮丹皮”或称“粉丹”。加工刮丹皮时,切忌用铁刀或铁片等铁器,因为丹皮酚及其苷类是酚性成分,易与铁离子发生反应生成蓝紫色化合物,致使丹皮变色。刮皮时要轻,以保护韧皮部(即皮肉)。

11.3.9 药材质量

1)国家标准

《中国药典》2010年版一部规定:

总灰分:不得超过5.0%。

浸出物:照醇溶性浸出物测定法项下的热浸法测定,用乙醇作溶剂,不得少于15.0%。

含量测定:照高效液相色谱法测定,本品按干燥品计算,含丹皮酚($C_9H_{10}O_3$)不得少于1.2%。

2)传统经验

安徽铜陵凤凰山生产的丹皮质量佳,称“凤丹皮”;加工时除去须根,抽出木质部的称“连丹皮”;先刮去表皮,再抽去木质部的称“刮丹”。连丹皮外表面灰褐色或黄褐色,栓皮脱落处粉红色;刮丹皮外表面红棕色或淡灰黄色。内表面有时可见发亮的结晶。切面淡粉红色,粉性。气芳香,味微苦涩。以条粗长、无木心、皮厚、粉性足、断面粉白色、香气浓郁、亮结晶多者为佳。

【知识拓展】>>>

11.3.10 牡丹识别

牡丹 *Paeonia suffruticosa* Andrews. 为多年生落叶小灌木,生长缓慢,株型小,株高多在0.5~2 m;根肉质,粗而长,中心木质化,长度一般为0.5~0.8 m,极少数根长度可达2 m;根皮和根肉的色泽因品种而异;枝干直立,粗而脆,易折断,圆形,为从根茎处丛生数枝而成灌木状,当年生枝条较光滑,黄褐色,秋后常发生枯梢现象,外皮灰褐色或棕色,有香气,常开裂而剥落;叶互生,通常为二回三出复叶;柄长6~10 cm;小叶卵形或广卵形,顶生小叶通常3裂,侧生小叶亦有呈掌状3裂者,上面深绿色,无毛,下面略带白色,中脉上疏生白色长毛或无毛;花单生于当年枝顶,两性,花大色艳,形美多姿,花径10~30 cm;花的颜色有白、黄、粉、红、紫红、紫、墨紫(黑)、雪青(粉蓝)、绿、复色十大色;雄雌蕊常有瓣化现象,花瓣自然增多和雄、雌蕊瓣化的程度与品种、栽培环境条件、生长年限等有关;正常花的雄蕊多数,结籽力强,种子成熟度也高,雌蕊瓣化严重的花,结籽少而不实或不结籽,完全花雄蕊离生,心皮一般5枚,少有8枚,各有瓶状子房一室,边缘胎座,多数胚珠,果实为2~5个蓇葖的聚合果,卵圆形,绿色,表面密被褐色短毛,每一果角结籽7~13粒,种子类圆形,成熟时为共黄色,老时变成黑褐色,成熟种子直径0.6~0.9 cm,千粒重约400 g。花期5—7月,果期7—8月,如图11.3所示。

图11.3 牡丹

11.3.11 牡丹皮道地性

牡丹的干燥根皮供药用,生药称为丹皮(*Cortex Moutan*),早在3 000多年前《神农本草经》有记载,是常用中药材。作为药材生产,牡丹皮的地道性较强,适宜在中原及西部地区发展生产。

野生牡丹分布于我国西南、华中地区。药用商品以栽培为主。安徽的铜陵、南陵、繁昌、青阳、泾县;四川的都江堰(灌县)、邻水、大竹;重庆的垫江、长寿;湖南的邵东、邵阳、祁东;山东的菏泽、定陶、东明、曹县、枣庄;河南的鄢陵、洛阳、灵宝、栾川;湖北的建始为主产地。陕西、云南、贵州、甘肃、河北、浙江、山东、江苏、江西、青海、西藏也有种植或野生分布。牡丹的南北之分,可以黄河流域、长江流域划界,即黄河流域及其以北栽培的牡丹为北方牡丹;长江流域及其以南栽培的为南方牡丹。我国古今著名的牡丹栽培之地,北方以河南省的洛阳、陈州,山东省的菏泽,甘肃省的兰州,陕西省的延安和北京等地为主;南方以四川省的天彭(彭州)、成都,浙江省的杭州,安徽省的亳州、铜陵,重庆的垫江、长寿、南川等地为主。牡丹皮为重庆市道地药材,有上百年的栽培历史,20世纪50年代重庆就列为国家丹皮药材生产基地,最高种植面积达2 333 hm^2,重庆所产丹皮根粗、肉厚、粉质足、香味浓、质量好而被誉为"川丹皮"。

11.3.12 牡丹综合利用

1)药用

丹皮性微寒,味苦辛。有清热凉血、活血散瘀的功效,主治热症发斑、吐血、衄血、便血、尿血、骨蒸劳热、跌打损伤等症。

2)园林应用

牡丹以其丰富多彩、美丽绝伦的姿容,高贵典雅、雍容华贵的气质以及富贵祥和、繁荣昌盛的美好象征,深得世人的推崇和喜爱,在园林绿化美化方面扮演着重要的角色,得到了广泛的应用。在城市公园、植物园、机关、学校、庭院、寺庙、古典园林等处都可看到牡丹的芳踪,其万紫千红的艳丽色彩,花团锦簇的装饰效果已成为园林中重要的观赏景观。

3)切花应用

牡丹是我国的著名特产花木,其切花应用可谓历史悠久,早在春秋战国时,就有"维士与女,伊其相谑,赠之以芍药"的诗词。在我国很早就有以牡丹、芍药鲜切花作礼物的习俗。现在,牡丹鲜切花更是国内和国际花卉市场的高档花材,国际上每年都有大量的牡丹鲜切花消费。日本是牡丹鲜切花的主要生产国。目前应在选育切花品种、研究切花生产技术、完善保鲜、包装、运输、销售环节等方面加大力度,尽快成为牡丹鲜切花生产大国,供应国内外日益增长的需要。

4)其他用途

丹皮除药用外,牡丹花食用味极鲜美,制酒芳香,沁人心脾。牡丹花、叶及根中含有多种成分,牡丹的用途还有许多,如用花提取香精,把花加工成牡丹茶、牡丹酒,花瓣加工成各种保健食品,花粉开发成多种美容保健制品等。

【检查评估】>>>

序号	检查内容	评估要点	配分	评估标准	得分
1	分株繁殖	能正确选择分株时间、采苗,明确种苗标准	50	分株时间正确计10分,采苗方法正确计30分,种苗分级标准计10分。每项错误酌情扣分	
合　计			50		

任务11.4 枳壳(酸橙)栽培

【工作流程及任务】>>>

工作流程:

选地整地—栽培品种选择—繁殖方法选用—田间管理—病虫害防治—采收加工。

工作任务：
育苗移栽，病虫害防治，嫁接技术。

【工作咨询】>>>

11.4.1 市场动态

枳壳始载于唐代《药性沦》，已有1 000多年的应用历史，是我国传统常用中药材，在国内外久负盛名。本品为芸香科植物酸橙及其栽培变种黄皮酸橙、代代花、朱栾、塘橙的干燥未成熟果实。为《中华人民共和国药典》收载。20世纪50年代初，全国年产量约40万/kg，60年代后，年产销量上升至100多万kg，1978年后，产销量突破200多万kg。1983年年产近400万kg，而全国年销量200万～250万kg，当时供销尚算平衡。80年代后期至90年代初，前10年栽种的枳壳树进入盛果期，年产量常在400万kg以上，产大于销，出现积压。1990年后枳壳的价格长期处于低价位，产区种植成本高于市价，农民已自动调节、压缩生产和发展。1995年后，枳壳产量明显减少，已形成产不足销形势，1996年枳壳价格逐步攀升。2014年1月初调查广西玉林、成都荷花池、河北安国等中药材市场发现，枳壳价格有所提升，一般饮片售价在22～27元/kg波动，价格还有继续上升的趋势。使用枳壳的中医配方、中成药与开发新药不断增加，对优质枳壳药材的需求正快速递增，故枳壳的市场前景广阔。

11.4.2 栽培地选择

1）选地依据

（1）生长习性　落叶灌木或小乔木，高6 m。枝干绿色，茎干上有刺。叶互生，掌状复叶，小叶3片，小叶无叶柄，最上面一片椭圆形或倒卵形，先端微凹；侧生的2片小叶椭圆状卵形，基部偏斜，叶边缘有波状锯齿；叶革质。花两性，单生，白色，径3.5～5 cm，先叶开放，花期4—5月。果球形，径达5 cm，密生绒毛，有香气，10月成熟，黄色。

（2）环境要求　枳壳喜温暖潮湿的气候，一段适宜在年平均温度15 ℃以上的地区栽培。发芽时有效温度为10 ℃以上。最低温度在－5 ℃以上时，生长较安全；在－10～－5 ℃，如果持续时间不长，还不致发生严重的冻害；如果气候骤然降低和昼夜温差太大，便容易遭受冻害。枳壳对高温有忍耐力，在水分充足的条件下，温度高至40 ℃左右也不会镕叶。它不但喜欢温暖，而且喜欢比较湿润的气候，宜生长于年降雨量为1 000～2 000 mm，相对湿度为65%～75%以上的地区。由于它的生长季节很长，而水分对抽枝和果实生长的关系又很大，因此，还要求降雨量分布较均匀。如果空气湿度太小，果实往往由小皮薄，色泽不鲜，产量质量均差。

2）栽培选地

枳壳对土壤的适应范围较广，各种土壤，即使是土壤理化性状较差的红壤和黄壤都能栽种。但以土层深厚、质地疏松、排水透气良好，具微酸微碱（pH值为6.5～7.5）性的土壤为好。在这种土壤上栽种，产量高，树龄较长。过于黏重、排水不良的土壤，都不宜栽培。对地势的选择不严,无论山坡、平原、丘陵、河滩均可栽培,但在坡地栽培应选向阳的地方。

11.4.3 繁殖方法

可用种子繁殖、芽接、高枝压条法繁殖。

1)种子繁殖

冬播在当年采种后,春播在翌年3月上、中旬,按行距30 cm、株距3 ~6 cm条播,播后用肥土盖种再覆草,保持床土湿润幼苗破土后及时去掉覆盖物,翌春待苗高1 m左右时,再按行距30 ~50 cm、株距25 ~30 cm移栽。

2)嫁接繁殖

嫁接用的砧木可用种子繁殖2 ~3年的幼株。每年2月、5—6月、9—10月均可进行。嫁接一般用腹接法最好,也可用丁字形芽接等,嫁接时要求刀利,手稳,削口要平错芽要准,包扎紧实,成活1 ~2年后,发育正常即可定植。

3)高枝压条法

在12月前后,选壮树上2 ~3年生的枝,环切一条宽约1 cm的缝,剥去树皮,并浇湿泥土,外用稻草包好,每天或隔天浇水一次,约15 d可生根,壮树每树可接6 ~10枝,约2个月后切断,栽于地里,5—6月再定植。

11.4.4 整地移栽

1)整地

栽植枳壳的土地如系山地或丘陵地宜选择15° ~20°的南向坡。为了利于水土保持和土壤改良,最好将坡地改成梯地。整地最好在定植前一年进行。深翻土地并挖好定植的窝子,经日晒夜露,土壤松散。成片栽种,行株距约5 m;零星栽种可稍密。窝的大小,一般径大约70 cm,深约50 cm;行间错开成三角形。每窝施入腐熟堆肥、厩肥约20 kg,与窝内土混合均匀。

2)移栽

实生苗生长2 ~4年,高1 m左右时即可移栽定植;压条生长一年,即可锯下定植;嫁接苗以成活后1 ~2年,发育正常的即可定植。起苗有带土和裸根两种。带土移栽易成活,不影响树势,适宜于就近移植;裸根掘苗省工,但须疏去大量叶子,成活才可靠,适宜于运送至较远地定植。定植可在春秋两季进行;宜选无风阴天或雨后晴天。每窝植苗1株,根系应舒展,然后填入碎土,不使根际留有空隙,填入一点碎土后(约半窝),再将苗木略向上提动数次,使根系先略向下,并与土壤密接,用棒捣实,再填土踏实,表面覆盖松土,然后浇水。定植深度,以根系略高于土面为宜;不宜过深、过浅。定植后,还须每株侧插立支柱,捆稳苗木,苗长稳后撤除。

11.4.5 田间管理

1)中耕除草

每年三四次,过干灌水,过湿则排水。

2)施肥

采用环状施肥法,在树冠下挖一条宽7 ~8 cm,深约3 cm的圆沟,于开花前,果如指大(生理落果已定后）和采果后各施肥一次，可用人粪尿、塘泥、草木及、骨粉、厩肥等，每株每次25～35 kg。

3）修枝

成树多在冬季进行，可剪去下垂枝（衰老）、刺、残留果柄、枯枝及分布不匀的密生侧枝、重叠枝、交叉枝和病虫害枝等。

11.4.6 种植模式

幼龄枳壳园地，树冠小，空地大，可间作豆类、薯类、蔬菜等矮秆浅根作物，以短养长，但套种作物与幼树应保持一定距离，不能影响枳壳生长。成林枳壳可套种红花草或牧草作绿肥，在绿肥植物生长茂盛时翻入土中作肥。套种作物收获后，将苗秆翻入土中作肥料。

11.4.7 病虫防治

1）病害

（1）柑橘溃疡病　为甜橙、酸橙树的主要病害之一，叶、枝梢和果实均可受害。该病由一种细菌引起。病菌主要在枝叶病组织内越冬，第2年由风雨、昆虫和树枝接触传播。高温（25～30 ℃）是发病的主要条件。南方一般在3月底至4月初开始发生，6—7月盛发。幼龄树比老树更易感病。此外，潜叶蛾的危害，也易使溃疡病发生。

防治方法：在冬季或早春发芽前，剪除病枝、病叶并就地烧毁。在春芽萌动前开始，每隔10～15 d喷射1∶2∶200波尔多液1次，共喷5～6次。冬前施足基肥，春秋及时追肥，避免夏至前施肥过多。适时中耕排灌，增强树势，并防治潜叶蛾。

（2）柑橘疮痂病　危害叶、果和新梢幼嫩组织。由一种真菌侵染引起，一般5月下旬至6月中旬发病最重，嫩叶最易感病。

防治方法：剪除病枝、病叶，集中烧毁。加强培管，使树势健壮，以增强抗病力。春芽萌发和落花时，各喷射0.8∶1∶100波尔多液1次，或喷射50%退菌特500倍液。

（3）柑橘霉病　柑橘霉病是一种真菌性病害。发病时叶、果实和枝梢上生暗褐色很薄的霉斑，最后形成绒状黑色霉层，影响光合作用，使树势衰弱，开花少、果形小，品质差，易腐烂。病菌依靠蚧、粉虱和蚜虫等分泌物为营养，在病部越冬，第2年借气流传播落于蚜虫、蚧类等分泌物上，再度引起发病。管理不良，荫蔽、潮湿和虫害多的果园易发生此病。

防治方法：积极减除蚧类、粉虱、蚜虫的滋生，适当整枝，以利通风透光，增强树势。

2）虫害

（1）天牛　幼虫蛀食树干皮下，严重时蛀成孔道。

防治方法：应捕杀成虫；并用80%敌敌畏乳液浸药棉，塞入蛀孔，用泥封口，熏杀幼虫；或用铁丝将幼虫勾出杀死。

（2）红蜘蛛　四季都可发生。干旱时发生严重，危害叶、花及果实，使叶、花、果脱落，产量减少。

防治方法：可用波美0.2～0.3度石硫合剂或40%乐果乳油800～1 500倍液喷杀，但花期不宜喷药，以免落花。

(3)锈壁虱　多发生在夏、秋季之间,主要危害果实。果实被害后,凹陷处发生赤色小斑点,逐渐扩大,最后全果变成乌黑或赤黑色,表面粗糙而皱裂,严重时引起落果。此虫在气温10 ℃以下停止发育,25 ~30 ℃,繁殖最快。

防治方法:在6—7 月为虫猖獗时,可用波美0.2 ~0.3 度石硫合剂,每隔15 ~20 d 喷射1 次,连续2 ~3 次;也可用1∶400 倍的胶体硫磺或25% 杀虫脒水剂500 ~1 000 倍液防治。

(4)介壳虫　危害枝叶及果实,并可引起煤病,轻者影响产量和质量,重者全株死亡。

防治方法:可用松脂合剂,夏季加水10 ~15 倍,春、冬季加水8 ~30 倍,每隔15 ~20 d 喷射1 次,直至消灭为止,药剂浓度,应视气候而定,气温高或天旱时,浓度宜小,气温低或湿度大时,可稍浓,在天旱季节,用松脂合剂,往往发生药害,喷射前应当灌溉,以防大量落叶;也可用25% 亚胺硫磷乳油500 ~800 倍液。

11.4.8　采收加工

酸橙结果年龄,因种苗来源不同而异,一般空中压条和嫁接苗,在栽后4 ~5 年;种子繁殖在栽后8 ~10 年,才开始开花结果。采收枳实可在大暑前,每日早晨拣落地幼果加工,稍大的横切为二,小的可以不切,晒干或烘干即成。枳壳应在伏天采收,头伏起至三伏止(7 月下旬至8 月上旬),最好是二伏为宜,才能达到皮青口白菊花心的规格,同时体质坚实。果实采收后横切成两半,可以晒干,也可用无烟煤炕干,要摊在晒席或草地上晒,切忌摊在石坝和三合土坝上,固温度太高,果皮容易变成黄色。晒时要先晒切面,后晒果皮,至切面已干时,再晒果皮面,干后才能呈肉白皮青。如用火炕,火力不能过大,以免炕焦或色泽不好。

11.4.9　药材质量

1)国家标准

《中国药典》2010 年版对枳壳有如下规定:

水分不得超过12.0%。总灰分不得超过7.0%。

含量测定:干燥品中柚皮苷($C_{27}H_{32}O_{14}$)不得少于4.0%,新橙皮苷($C_{28}H_{34}O_{15}$)不得少于3.0%。

2)传统经验

均以无虫蛀、霉变、枯炕、泡壳,横面宜径在3.5 cm 以上的为合格。以青皮白口、肉厚、皮细、坚实、气香的为佳。

【知识拓展】>>>

11.4.10　枳壳的道地性

枳壳以湖南产量最大,占全国产量的40% 以上。江西的质量最好,其中尤以清江县黄岗和新干县三湖洲的枳壳最著名,为全国传统地道药材。

11.4.11 枳壳识别

枳壳主要分为酸橙枳壳、绿衣枳壳、香圆枳壳和玳玳花枳壳4类。

图11.4 酸橙

酸橙 *Citrus aurantium* L 为芸香科常绿小乔木。枝光滑，有长棘刺。叶互生，革质；叶柄有翅；叶片倒卵圆形，先端锐尖，边缘有不明显的波状锯齿。花白色，甚香，单生枝顶或簇生叶腋；碎片5裂；花瓣5片，狭长，雄蕊多枚；雌蕊1枚，子房上位。果幼时绿色，成熟时橙黄色，果皮粗糙，圆形而稍扁，径7~8 cm，味酸。种子多数，卵形有长嘴。花期4—5月，果熟期11—12月，如图11.4所示。

绿衣枳壳为植物枸橘的近成熟果实，呈半圆球形，直径为2~3.5 cm。外皮橙褐色或绿黄色，散有众多小油点及网状隆起的皱纹，密被细柔毛。果实顶端的一面有明显的花柱残基，基部的一面有果柄痕或残留短果柄。横切面果皮厚4~6 mm，黄白色，沿外缘有1~2列棕黄色油点；瓤囊6~8瓣干缩呈棕褐色；中心柱宽4~6 mm。气香，汁胞味微酸苦。产福建、陕西等地。

香圆枳壳又名江枳壳、川枳壳。为植物香圆的近成熟果实，外形与酸橙枳壳相似。表面褐色或棕褐色，花柱残基的周围通常有一圈金线环。横断面果皮厚7~13 mm，中果皮呈灰白色或白色；瓤囊10~12瓣；中心柱宽4~7 mm。气香，汁饱味酸而后苦。产于四川、江西、浙江等地。

玳玳花枳壳又名苏枳壳。为植物玳玳花的近成熟果实，通常横切为二，呈半圆球形，直径3~4 cm。表面青黄色或橙黄色，有众多细小的油点及网状皱纹顶端一面有微小凸起的花柱残基，基部的一面有残存的宿萼及果柄痕。横断面果皮厚5~10 mm，棕黄色；瓤囊9~12瓣；中心柱宽4~8 mm。气香，汁饱味苦而后酸。产于江苏。

11.4.12 枳壳开发利用

枳壳味苦、辛、酸，性温。归脾、胃经。能理气宽中，行滞消胀。生品用于治疗痰湿，气滞血瘀；炮炙品用于治疗寒热往来，两头角痛，耳聋目眩，胸胁满痛，脘腹痞满胀痛。此外，经期延长、术后胃延迟性排空症、胆道蛔虫症、颈椎病、胃下垂、胆囊和输尿管结石、产后缺乳、习惯性流产、胸部内伤、梅核气、外痔等也可使用。枳壳是许多中成药的主要原料，如木香顺气丸、大承气汤、枳实导滞丸、枳实消痞丸等。现代药理学研究表明枳壳中含有柚皮苷和新橙皮苷。柚皮苷具有抗炎、抗病毒、抗癌、抗突变、抗过敏、抗溃疡、镇痛、降血压活性，能降血胆固醇、减少血栓的形成，改善局部微循环和营养供给，可用于生产防治心脑血管疾病的药物。新橙皮苷有治愈毛细血管的脆性和血浆中蛋白质通透性过高的作用。曾被称为维持毛细血管通透性维生素或维生素P。

【计划与实施】>>>

枳壳嫁接

1)目的要求

掌握枳壳嫁接时间的确定和嫁接的关键操作技术。

2)计划内容

(1)嫁接时间确定　一年中可嫁接3次:第一次在立春至雨水(2月)春芽萌动时;第二次在立夏至夏至(5—6月)春梢转绿后;第三次在白露至立冬(9—11月)秋梢转绿后。

(2)接穗采取　选择优良母树内堂的春梢,于清早或傍晚枝内含水较充足时,随采随用为宜。采下后留叶柄2～3 mm,将叶片剪去,并用湿木衣子(苔藓植物)包裹,以防干燥失水,有利接后成活。若不能及时嫁接也可埋于湿沙中储藏,但储藏时间不宜过久。

(3)腹接方法的掌握　按照一般芽接方法,选2～3年生无病虫害的良种壮枝,摘叶留柄,再把枝脾芽和一小块木质部一齐削成盾形的接穗,然后在砧木(带根的苗木)的树干横向割断树皮(不割进木质部),再在其中央向下割一刀,使成丁字形。把接穗的木质部去掉以后,立即嵌到砧木的割口里,捆扎固定。接活后把接部以上的砧木割去,只让接穗生长。在接后第2～3年,按株行距45 cm定植,先挖抗,将苗木放上,埋好根后填土,随后轻轻往上提苗木,使须根舒展,再填土踏实。

3)实施

4～5人一小组,以小组为单位,负责嫁接时期的确定、接穗采取,腹接工具的准备,掌握操作方法和关键技术要领,保证嫁接的成活率。

【检查评估】>>>

序号	检查内容	评估要点	配分	评估标准	得分
1	繁殖方法	正确操作种子繁殖、芽接繁殖和高枝压条繁殖	30	①种子繁殖方法正确计10分,操作不规范酌情扣分; ②芽接繁殖方法正确计10分,操作不规范酌情扣分; ③高枝压条繁殖方法正确计10分,操作不规范酌情扣分	
2	整地移栽	正确整地、施肥、移栽	20	①整地精细、深、松、细、平、净,计10分,差的每项扣2分; ②移栽时期、规格正确,移栽质量好,计10分,否则每项扣3分	
3	嫁接	正确确定嫁接时间和嫁接的整个操作过程	50	①嫁接时间确定正确,计10分,否则,酌情扣分; ②接穗采取正确,计10分,否则,酌情扣分; ③腹接方法正确,计30分,否则,酌情扣分	
合计			100		

任务 11.5　玄参栽培

【工作流程及任务】>>>

工作流程：

选地整地—栽培品种选择—繁殖方法选用—田间管理—病虫害防治—采收加工。

工作任务：

玄参种类识别，子芽(即根芽)繁殖，留种。

【工作咨询】>>>

11.5.1　市场动态

玄参为常用中药，浙八味之一。2001—2004 年，玄参价格为 3 元/kg 左右，比粮食效益还低，2005 年年底为 8 元/kg，2007 年 11 月玄参价格为 8 元/kg 左右，2008 年为 6～6.5 元/kg。2009 年 3 月价格为 3.5～4 元/kg。2011 年 3 月 29 日，玄参价格为 11 元/kg，2013 年 11 月，玄参价格为 13 元/kg。产干品 500～600 kg/667 m^2，收益 5 000 元左右。根芽繁殖，一年投资可多年受益。

11.5.2　栽培地选择

1) 选地依据

(1)生长习性　玄参适应性很强，喜欢温暖湿润性气候。较耐寒、耐旱，忌高温干旱。气温在 30 ℃以下，植株生长随温度升高而加快点气温 30 ℃以上，生长受到抑制；下块根生长的适宜温度为 20～25 ℃。5—7 月地上部生长旺盛，7 月开始抽穗、开花。8 月和 9 月根膨大期，11 月地上植株枯萎，生长周期约 300 d。

(2)环境要求　玄参适应性广，喜温暖湿润气候，并具有一定的耐寒抗旱能力。要求大于等于10 ℃年有效积温 2 100 ℃以上，年平均日照时数不低于 1 200 h，年平均气温 10 ℃左右，年无霜期约 200 d，全年降雨量 1 200 mm。茎叶能经受轻霜，适应性较强。

2) 栽培选地

玄参适应性很强，喜欢温暖湿润性气候。较耐寒、耐旱，排水良好的地方均可种。喜欢肥沃的腐殖质土和砂壤土为好。黏土、低洼地不宜种玄参，忌连作，隔 3～4 年才能种玄参。

11.5.3　繁殖方法

用根芽、种子等方法。主要用根芽繁殖为生产上常用，用种子繁殖率低。

1)根芽繁殖

在北方冷凉气候,秋天收玄参时把带芽的根状茎,东西排放于宽 100 cm,深 120 cm 的坑内,堆 25 cm 左右高。覆一层沙土,以见不到芽为止,以后随气温的变化逐渐加厚 20 cm 左右,坑内温度保持在 0 ~2 ℃。第二年春天气温升高逐渐往下撤土,防止芽突长。4 月把根茎掰成数块,每块上面带有 2 ~3 个芽头,按行距 45 cm,株距 30 cm 左右,挖穴栽植,每穴一个,有 3 个芽眼,芽的顶端向上,栽深约 3 cm,再覆土 5 cm,浇水。气温比较暖和的地方,也可在秋天,收获时,随收随栽,栽法同上。如果春季栽,把收获的玄参,芽头部分取下,放室内晾 1 ~2 d 之后放在挖好的 30 cm 深的坑,把芽头放入坑内,上面盖一层薄薄的草或土,坑内不能露雨,有积水。在 3 月左右即栽,万不能太迟,方法同上。

2)分株繁殖

种植后的第二年春季,玄参每蔸萌发很多幼苗,当幼苗长成 30 ~45 cm 高的时候,每蔸玄参除了留中间 2 ~3 株外,其余全部拔出作繁殖材料,在整好的畦内,按穴斜插,覆土,浇水。

3)种子繁殖

种子繁殖产量比较低,但用种子繁殖生长快,一年即可出产品,而且病害少。

在南方种植玄参,分春播和秋播。春播在 2 月进行。秋播在 10—11 月上旬进行。秋播生长快,在次年即收获,品质优、产量高,春播可当年收,但品质比较差,多为育种工作中采用。

在北方 3 月上旬至 4 月上旬,进行阳畦育苗,畦做好后深灌,进行灌水播种。把种子均匀撒播或条播,用筛子筛些细土,将种子盖上即可。上面盖上一层稻草或麦草均可,便于保墒和保温。苗出来前撤去盖草,应注意保湿,经常浇水,至苗长出,注意管理。经常拔草,苗出齐后,间苗 2 ~3 次,苗长的很细弱,要追施少量肥料,平均株高 6 cm 时,即可定植到大田,株行距同根芽繁殖方法。

4)扦插繁殖

7 月选用玄参嫩枝进行扦插。将玄参嫩枝剪 15 cm 左右短节,插到苗床中,加强水肥管理。成活后于翌年春季移栽,多为扩大种源中采用,而生产上并无应用。

11.5.4 整地移栽

1)整地

参根入土很深,吸肥能力强,故需深耕,施足基肥,75 000 kg/hm^2,经细耙平再作高 25 cm,底部宽 45 ~60 cm,顶宽 30 cm 左右的高垄,采用畦作,畦宽 120 cm 左右,长随地形和种量而定。

2)移栽

畦面上以行距 40 cm、穴距 30 cm 挖穴,穴深 10 cm。将掰好的子芽栽于穴内,每穴 1 个,芽朝上。每穴盖 1 把人畜粪水拌制的草木灰,盖土至穴平。

11.5.5 田间管理

1)中耕除草

玄参出苗后及时中耕除草,保持土壤疏松,无杂草。中耕不宜过深,以免伤根。一般 4 月中旬开始,6月中旬结束,共锄3~4次。封垄后不再中耕。

2)追肥

玄参属大水大肥作物,追肥特别重要。一般追肥3次。第1次在齐苗后,施人粪尿1.2~1.5 kg/m²;第2次在苗高30 cm,追三元复合肥0.022 5~0.03 kg/m²;第3次在7月中下旬,施三元复合肥0.06~0.075 kg/m²。每次追肥后都要浇水,以充分发挥肥效。

3)培土护芽

玄参芽头着生过浅,易露出地面,影响块根膨大。培土可以保护芽头,使白芽头增多减少花芽、红芽和青芽,提高芽头质量,还可起到保肥、固定植株、免受风害、保墒防旱的作用。培土时间一般在6月中旬。

4)排灌

玄参出苗期和苗期土壤要保持湿润,做到旱浇涝排,以防根部腐烂。

5)除孽打顶

春季幼苗出土,每株选留1个健壮的主茎,剪掉其余的芽,7—8月植株长出花序时,应及时除去,以集中养分,促进根部生长,提高产量。

11.5.6 种植模式

套作模式经济效益高于玄参净作模式,增产19%以上。玄参—玉米—蔬菜模式效果表现最好,其次为玄参—马铃薯—萝卜,玄参—向日葵套作居第3位。每带2.66 m,宽带1.83 m,种4行玄参,株距50 cm,行距17 cm;马铃薯株距40 cm,行距44.23 cm;向日葵株距40 cm,行距75.2 cm。

11.5.7 病虫防治

1)病害

(1)斑枯病　斑枯病又名"铁焦叶""叶枯病"。雨季较严重,南北各地普遍发生。发病初期,叶面出现紫褐色小点。中心略凹陷,后病斑扩大成多角形、圆形或不规则形。大形病斑呈灰褐色,被叶脉分隔成网状,边缘围有紫褐色角状突出的宽环,病斑上散有许多小黑点。重者叶片枯死。

防治方法:①收获后清园,消灭病残株。②加强田间管理,注意排水和通风透气。③发病前及发病初期喷1:1:100波尔多液或65%代森锌500倍液,每7~10 d喷1次,连续数次。

(2)白绢病　危害根及根状茎。南方易得此病。江苏6—9月发病,雨水多时严重。根部腐烂,病根及根际土壤布满白色丝绢状菌丝,并着生淡黄色至茶褐色油菜籽状小菌核。菌丝和小菌核可蔓延至主茎。病株迅速萎蔫、枯死。

防治方法:①与禾本科作物轮作,忌连作。②加强田间管理,注意排水和通风透光。多雨地区应采用高畦种植。③及时拔除病株,去除病穴土壤,并撒石灰封闭病穴。④种栽前用50%退菌特1 000倍液泡5 min后晾干栽种。

2)虫害

(1)红蜘蛛　6月开始危害,7—8月高温干旱时危害严重,被害植株叶片发黄,最后干枯脱落。

防治方法:喷20%三氯杀螨砜600~800倍液,每隔5~7 d喷1次,连续2~3次。

(2)蜗牛 3月下旬开始危害,4—5月危害严重。蜗牛舔食玄参嫩叶,造成空洞,并能咬断嫩茎。

防治方法:①在清晨进行人工捕捉;②用1%石灰水或撒施菜籽饼粉,喷洒8~10 kg/667 m^2。

11.5.8 采收加工

1)留种技术

收获时,严格挑选无病、健壮、白色、长3~4 cm的子芽作种。南方产区把子芽从根茎(芦头)上掰下后,先放在室内摊放5~7 d,等待伤口愈合,收获结束后应及时栽植到大田,以避免种芽过度萎蔫,影响播种质量。再在室外选择高燥、排水良好的地方,挖深30~40 cm的坑储藏,北方产区需要直接储放在地窖内越冬。坑底先铺稻草,再将种芽放入坑中,厚35~40 cm,堆成馒头形,上盖土7~8 cm,以后随气温下降逐渐加土或盖草,以防种芽受冻。坑四周要开好排水沟,一般每坑可以储藏100~150 kg子芽。储藏期间要经常检查,发现霉烂、发芽或发须根,应及时剔除。春季取出栽植大田。

2)采收

用芽头繁殖的,于当年霜降前后、地上部枯萎时收获;用种子繁殖的,于第2、第3年霜降前后收获。收获前先割除地上茎,然后挖出参根,取下芽头作种,切下根部即可加工商品。

3)加工

把收获的参根摊放在晒场上,暴晒4~6 d,并经常翻动,使受热均匀。晚间要堆积盖好,以防霜冻。晒到半干时,修剪芦头及须根,堆积使其"发汗",直至根部完全变黑为止。南方冬季一般缺乏阳光,通常采用烘烤加工。

11.5.9 药材质量

1)国家标准

《中国药典》2010年版一部玄参项下规定:

检查:水分不得超过16.0%(附录ⅨH第一法),总灰分不得超过5.0%(附录ⅨK),酸不溶性灰分不得超过2.0%(附录ⅨK)。

浸出物:照水溶性浸出物测定法(附录XA)项下的热浸法测定,不得少于60%。

含量测定:按照《高效液相色谱法检验操作程序》测定。本品按干燥品计算,含哈巴苷($C_{15}H_{24}O_{10}$)哈巴俄苷($C_{24}H_{30}O_{11}$)的总量不得少于0.45%。

2)传统经验

产品以条粗壮、质坚实、断面黑色、无杂质、无虫蛀、无霉变者为佳。

【知识拓展】>>>

11.5.10　玄参的道地性

玄参主产于浙江磐安、仙居、桐乡等县，产量大，质量好，是供应全国和出口的道地产区。

11.5.11　玄参识别

为玄参科玄参属植物浙玄参 *Scrophularia ningpoensis* Hemsl. 的根，多年生草本，高 60 ~ 20 cm。根圆柱形，长 5 ~ 15 cm，下部常分叉，外皮灰黄褐色。茎直立，四标签形，有沟纹，光滑或有腺状柔毛。叶对生，卵形或卵状椭圆形，长7 ~ 20 cm，粗 3.5 ~ 12 cm，先端渐尖，基部圆形或近于截形，边缘有细锯齿，下面有稀疏细毛；叶柄长 5 ~ 15 mm。花序生于茎梢的叶腋，聚伞花序疏散开展，呈圆锥状，花梗细长，有腺毛；花萼钟形，5 裂，裂片圆形或卵圆形，先端钝圆，外被腺状毛；花冠暗紫色，管部壶状，上唇明显长于下唇；雄蕊 4 枚，2 强，另一枚退化雄蕊呈鳞片状，茎生在花冠管上；子房上位，2 室，花柱细长。蒴果卵圆形，有宿存萼。花期 7—8 月，果期 8—9 月，如图 11.5 所示。

图 11.5　玄参

11.5.12　药用价值

玄参性寒，能清营血分之热，用于治疗热病热入营血，常配生地、丹皮同用，如清营汤。玄参质润多液，能清热邪而滋阴液，用于热病伤津的口燥咽干、大便燥结、消渴等病症。用于热毒炽盛的各种热症，取其清热泻火解毒的功效，治疗发热、咽肿、目赤、疮疖等。玄参味咸能软坚而消散郁结，治疗痰火热结所致的肿结包块。

11.5.13　玄参开发利用

主要入药用，玄参常用中药，根含玄参苷、植物甾醇、亚麻油酸、生物碱等化学成分，具有降压强心及降低血糖作用、解热消炎作用；体外试验具抗菌作用。临床广泛用于治疗感染性疾病，疗效显著。同时发现玄参对多种致病性及非致病性真菌均具有抑制作用，特别是对心血管系统的作用及降血糖作用,值得深入研究,开发利用。

【计划与实施】>>>

玄参根芽繁殖

1)目的要求

掌握玄参根状茎的储藏方法、栽培技术,学会栽后管理提高出苗率的方法。

2)计划内容

(1)玄参根状茎的储藏方法　秋天收玄参时把带芽的根状茎,东西排放于宽 100 cm,深 120 cm 的坑内,堆 25 cm 左右高。覆一层沙土,以见不到芽为止,以后随气温的变化逐渐加厚 20 cm 左右,坑内温度保持在 0～2 ℃。第二年春天气温升高逐渐往下撤土,防止芽突长。

(2)栽培技术　4 月把根茎掰成数块,每块上面带有 2～3 个芽头,按行距 45 cm,株距 30 cm左右,挖穴栽植,每穴 1 个,有 3 个芽眼,芽的顶端向上,栽深约 3 cm,再覆土 5 cm,浇水。

(3)栽后观察及管理　如果苗齐苗壮,说明栽培方法正确,深度合理。

3)实施

4～5 人一小组,以小组为单位,负责根状茎储藏、栽培,栽培工具及栽后保护工具准备,掌握操作方法和关键技术要领,掌握栽后管理及观察方法,保证栽后玄参出苗率。

【检查评估】>>>

序号	检查内容	评估要点	配分	评估标准	得分
1	根状茎储藏	挖坑大小及储藏方法	50	①挖坑储藏方法正确计 15 分,全错一项扣 10 分,操作不规范酌情扣分; ②苗床管理有记载有措施计 15 分,全班评比计分; ③幼苗健壮计 20 分,长势长相差的计 5～10 分	
2	整地移栽	正确整地、施肥、移栽	20	①整地精细,深、松、细、平、净,计 10 分,差的每项扣 2 分; ②移栽方法正确,移栽质量好,计 10 分,否则每项扣 3 分	
3	出苗率	出苗整齐度	30	出苗率 100% ～95% 计 20 分,94% ～90% 计 18 分,89% ～80% 计 15 分,79% ～70% 计 10 分,69% ～60% 计 5 分,60% 以下不给分	
合　计			100		

任务11.6　白术栽培

【工作流程及任务】>>>

工作流程：

选地整地—栽培品种选择—繁殖方法选用—田间管理—病虫害防治—采收加工。

工作任务：

白术根状茎繁殖、分株繁殖、种子繁殖、扦插繁殖，白术栽培育、栽种，种植术栽的田间管理。

【工作咨询】>>>

11.6.1　市场动态

白术本身有十年一涨跌的自然规律，但在2000年，浙江磐安人在白术尚有大量库存的情况下进行炒作，又时逢政府号召调整农产品植结构，所以在2001年和2002年，白术的种植到了失控的地步。2001—2002年，亳州产白术5 000～7 000 t，而且全国遍地开花，山西新绛一个小县，2002年产白术数百t，浙江安吉本不产白术，但2002年也产300 t左右，这样的产地处处皆是。在非典到来之时，白术积压已达数万t之巨，白术价格跌入谷底，药农尝到了种药亏本的苦头，因此自2003年起，生产得到了有效调整，年产量大幅下降，降到6 000 t左右，生产量与需求间的差额靠库存补充，白术生产全国进入萎缩期。自2004年至今，白术已经历了4年的涨价期。2004年春，白术从10元/kg以下的低价中走出，其后几经振荡至2005年价格突破20元/kg。2006年底，白术价格逼近30元/kg，且3年中白术价位总是每到产新便上涨一个台阶。2007年的一年中，白术价格扶摇直上，在振荡中持续走高，至8月，一度攀上56～58元/kg的高价。10月产新后，大量新货集中上市，价格一度下滑，主产地安徽亳州乡下集贸市场上，七成干白术一度跌到24～25元/kg的中低价位，经过一段时间的消化后，价格再度上扬，2007年12月到2008年1月白术价格复回升至42～43元/kg的价位。2008年春节开市后，白术价格为45～48元/kg。

2013年12月16日亳州价格25元/kg，浙江统个；2013年12月2日，荷花池白术价格25元/kg，四川统片；2013年11月6日亳州价格23元/kg，浙江统个。白术属产量较高的品种之一，产干品400 kg/667 m^2 左右，按当前市价25元/kg计算，产值在1万元/667 m^2 以上。

11.6.2 栽培地选择

1)选地依据

(1)生长习性

①种子习性。白术种子发芽率高低与植株生长年限有关。一年生植株所结的种子多不充实,发芽率较低;二年生植株结的种子充实,发芽率较高。种子在15 ℃以上即能萌发;最适发芽温度为25～30 ℃。35 ℃以上则发芽缓慢,而且易发生霉烂。陈年种子,生活力大大减弱,发芽率低。

②植株的生长发育过程。白术栽培是两年收获。春季播种后,在18～21 ℃条件下,10～15 d出苗,苗期生长缓慢,到冬季时,幼苗仅有几枚丛生叶片,极少有抽茎、开花的植株。第二年早春开始萌动,返青后植株生长迅速,5—6月开始现蕾,8—10月开花,花期长达4～5个月,10—11月为果期,11—12月植株地上部枯萎,也是药用部分根茎成熟期。

③根茎的生长。白术播后第一年,根茎生长缓慢,至枯苗时根茎小,称为术栽。术栽栽种期的早迟对第二年根茎生长有一定影响,冬季栽种的先生根,后发芽;春季栽种的先发芽,后生根。前者根系入土深,抗逆能力增强,后者根系入土浅,抗逆能力较差,死亡率也高。5月中旬孕蕾初期至8月初,根茎发育较慢,生产上多采用摘花蕾以提高产量。8月中下旬花蕾采摘以后到10月中旬,根茎生长逐渐加快,平均每天增重6.4%,8月下旬至9月下旬为膨大最快时期。10月中旬以后根茎生长速度下降,12月以后进入休眠期。

(2)环境要求

①光照。白术在向阳或稍荫蔽的环境下均能生长,属中生植物。高温季节稍荫蔽的条件下小气候凉爽,比向阳环境条件下的白术生长良好。过于荫蔽则植株生长不良,纤细瘦弱,根茎小。

②温度。白术喜凉爽气候,能耐寒;怕高温、多湿环境,幼苗出土后能经受短期低温。气温在35 ℃以上时,生长受抑制,最适宜生长温度为25～28 ℃。

③水分。白术以湿润气候为宜,怕涝。湿度大的地区及潮湿多雨季节,对白术生长发育不利。特别是生长期连续阴雨、暴雨骤晴,植株生长发育不良,极易发生病害。植株生长发育后期遇严重干旱,对根茎膨大不利。

④土壤。白术对土壤要求不严,适应范围也较广。以排水良好、土层深厚、疏松肥沃的砂壤土或壤土栽培为佳。土质黏、地势低洼、排水不良的土壤,植株生长不良。白术适宜的土壤pH值为5.5～6,微碱性土壤也适宜种植。白泥土、石骨子土、粗砂土不宜栽种。忌连作,大田栽种应选择新垦地或5年未种过白术的地块。前茬以禾本科作物为佳,不能与花生、白菜、山药、烟草、瓜类等作物连作。

2)栽培选地

白术对土壤要求不严格,酸性的黏壤土、微碱性的沙质壤土都能生长,以排水良好的沙质壤土为好,而不宜在低洼地、盐碱地种植。育苗地最好选用坡度小于15°～20°的阴坡生荒地或撂荒地,以较瘠薄的地为好,过肥的地白术苗枝叶过于柔嫩,抗病力减弱。白术不能连作,种过之地须隔5～10年才能再种,其前作以禾本科为佳,因禾本科作物无白绢病感染(小麦、玉米、谷子)。不能与花生、元参、白菜、烟草、油菜、附子、地黄、番茄、萝卜、白芍、地黄等作物轮作。

11.6.3 繁殖方法

白术的栽培一般是第1年育苗,培养术栽。南方于10月直接移栽定植大田,而北方需储藏越冬后春季移栽大田,第2年冬季收获产品。也有春季直播,不经移栽,两年收获,但产量不高,很少采用。

1)播种育苗

白术的播种期,南方以3月下旬4月上旬为好。过早播种,易遭晚霜危害,过迟播种,则由于温度较高,适宜生长时间短,幼苗生长差,夏季易遭受病虫杂草的危害,种栽产量低。北方适宜4月下旬播种。

选择新鲜籽粒饱满的、偏红有绒毛、光泽好的白术子做种。种子在25~30 ℃的温水中浸24 h后,用50%的甲基布托津1 000倍溶液浸泡5 min,预防铁锈病。

播种主要选择条播,也有撒播的。

条播。在整好的畦面上开横沟,沟心距25 cm,播幅10 cm,深3~5cm。沟底要平,将种子均匀撒入沟内,如果沟内撒草木灰后再播种,一是可以增加钾的含量,二是可以减少病虫危害,然后上面撒一层厚3 cm的细土。在早春比较干旱的地区,应盖一层草或薄膜保湿。播种量4~5 kg/667 m^2,育苗田与移栽田的比例为1∶5~1∶6。

撒播。种子均匀撒于畦面,覆盖细土或焦泥灰3 cm,再盖一层草或薄膜保湿。播种量5~7 kg/667 m^2。

2)苗圃地准备

育苗地应选择肥力中等、排水良好、通风凉爽的微酸性砂壤土,施农家肥2 000 kg/667 m^2,深翻耕,耙平整细,作1.2 m宽的畦。

3)苗田管理

幼苗出土后要及时除草并按株距4~6 cm间苗。如天气干旱,可在株间除草,或行间盖草,以减少水分蒸发。有条件的地区,可在早晚浇水抗旱。苗期追肥2次,第1次在6月上中旬,第2次在7月,施用稀人畜粪尿或速效N肥。生长后期如发现抽薹,应及时摘除。

4)术栽储藏

种栽10月中下旬至11月下旬收获,选晴天挖取根茎,把尾部须根剪去,离根茎2~3 cm处剪去茎叶。在修剪时,切勿伤害主芽及根茎表皮。若主芽损伤,则侧芽大量萌发,营养分散降低产量,损伤表皮则容易染病。在修剪的同时,应大小分级,并剔除感病及破损根茎,以减少储藏损失。将种栽摊放于阴凉通风处2~3 d,待表皮发白,水汽干后进行储藏。

储藏方法各地不同,南方采用层积法砂藏。选通风凉爽的室内或干燥阴凉的地方,在地上先铺上5 cm的细砂,上面铺10~15 cm的种栽,再铺一层细砂,上面再放一层栽种,如此堆至40 cm高,最上面盖一层约5 cm的砂或细土,并在堆上间隔树立一束秸秆或稻草以利散热透气,防止腐烂。砂土要干湿适中。

在北方一般选背阴处挖一个深宽各1 m的坑,长度视种栽多少而定,将栽种放坑内,厚为10~15 cm,盖土5 cm,随气温下降,逐渐加厚盖土,让其自然越冬,到第二年春天边挖边栽。

储藏种栽应有专人管理,在南方每隔15~30 d检查1次,发现病栽及时挑出,避免引起腐烂。如果白术芽萌动,要及时翻堆,防止芽继续生长,影响种栽质量。

11.6.4 整地移栽

1)整地

前作收获后,及时冬耕,以使土壤熟化,减少杂草及病虫害危害。下种时在耕翻一次,施农家肥3 000 kg/667 m^2,配施50 kg过磷酸钙作基肥,作成1 ~ 1.5 m的畦,畦沟宽30 cm。畦面龟背形,山区坡地畦向要与坡向垂直,以免水土流失。

2)移栽

应选顶芽饱满,根系发达,表皮细嫩,顶端细长尾部圆大的根茎作种。根茎畸形,顶端木质化,主根粗长,侧根稀少者,栽后生长不良。栽种时大小分开种植,出苗整齐,便于管理。

生产中,为了减轻病虫害发生,需进行术栽处理。方法是先用清水淋洗种栽,再将种栽浸入40%多菌灵胶悬剂300 ~ 400倍或80%甲基托布津500 ~ 600倍液中1 h,然后捞出沥干,如不立即栽种应摊开晾干表面水分。

白术的栽种季节,因各地气候、土壤条件不同而异。浙江、江苏、重庆、四川等地,在12月下旬到第二年1月下旬移栽,早栽为好。早栽根系发达,扎根较深,生长健壮,抗旱力、吸肥力都强。北方在4月上中旬栽种。

北方地区根据降雨量小,土壤干燥的特点,可采用秋季移栽、露地越冬的方法。此方法避免了种栽储藏期间,因管理不当造成腐烂或病菌感染。

此外,重庆曾试验,当年白术种栽不收获,在露地越冬,但在越冬前稍加培土,第二年春季栽种时,边收边移栽,效果较好。白术种栽以200 ~ 240棵/kg为好。

种植方法有条栽和穴栽两种,行株距有20 cm × 25 cm、25 cm × 18 cm、25 cm × 12 cm等多种,可根据不同土质和肥力条件因地制宜。适当密植可提高产量,基本苗可在12 000 ~ 15 000株/667 m^2,用种量50 kg,栽种深度5 ~ 6 cm为宜,不宜栽得过深,否则出苗困难,幼芽在土中生长过长消耗养分,使白术苗纤细,影响产量。

11.6.5 田间管理

1)间苗

播种后约15 d出苗,幼苗出土生长,应进行间苗工作,拔除弱小或有病的幼苗,苗的间距为4 ~ 5 cm。

2)中耕除草

幼苗出土至5月,田间杂草众多,中耕除草要勤,头几次中耕可深些,以后应浅锄。5月中旬后,植株进入生长旺期,一般不再中耕,株间如有杂草,可用手拔除。雨后或露水未干时不能锄草,否则容易感染病害。

3)施肥

浙江药农在长期生产实践中,根据白术的生长规律,总结出"施足基肥,早施苗肥,重施摘蕾肥"的经验。幼苗基本出齐后,第一次追肥,用人粪尿750 kg/667 m^2。5月下旬再追施一次人粪尿1 000 ~ 1 250 kg/667 m^2,或硫酸铵10 ~ 12 kg/667 m^2(尿素减半)。结果期前后是白术整个生育期吸肥力最强、地下根茎迅速膨大的时期,此时追肥对白术的产量影响很大。因此在7月中旬,摘花蕾后5~7 d,施腐熟饼肥75~100 kg/667 m^2、人畜粪尿1 000~1 500 kg/667 m^2和过磷酸钙25~30 kg/667 m^2。另外,9月下旬,可用1%过磷酸钙浸入液作根外追肥,可提高产量,每10 d喷1次,共喷2~3次。

锌(Zn)为白术生长发育所必需的微量元素。据报道,在白术药材中,Zn的含量较其他药材要高,同时,Zn也是人体必需的微量元素,而一般土壤都表现缺Zn。据对白术不同时期施用不同量Zn肥的试验结果表明,以苗期施用1 kg/667 $m^2$98%硫酸锌效果最好,增产19%~27.7%,一级品率提高7.4%~24.9%,根茎单个重提高1.1%~14.7%。由此可见,施用微量元素Zn不仅对白术的生长发育和产量有明显的影响,而且对白术的商品品质也有明显影响。

4)灌水排水

白术生长时期,需要充足的水分,尤其是根茎膨大时期更需要水分,若遇干旱应及时浇水灌溉。如雨后积水应及时排水。

5)摘蕾

6月中旬植株开始现蕾,一般7月上、中旬在现蕾后至开花前分批将蕾摘除。摘蕾时不要摇动根部,摘蕾有利于提高白术根茎的产量和质量。摘蕾要选晴天,雨天或露水未干摘蕾,伤口浸水容易引起病害。

6)盖草

白术有喜凉爽怕高温的特性,7月高温季节可在地表撒一层5~6 cm树叶、麦糠等覆盖,调节温度和湿度,使白术安全越夏。

11.6.6 种植模式

在前作白术的土地上种植春玉米,在6月底7月初春玉米收获后对土壤进行翻耕并灌水,水面要盖过泥土,然后盖一层薄膜,保持密闭,3个月后再整地,于来年2月初种植白术,种植白术的畦宽1.2 m,畦沟宽30 cm,术栽行距35 cm,株距25 cm,白术收获时间为11月初。结果:白术—玉米轮作种植白术效果好,尤其是以春玉米收获后灌水盖薄膜处理,能降低白术死苗率,增加白术植株高度和冠幅,增加单株根茎鲜重,提高产量。结论:在生产上白术与玉米轮作,可以缩短轮作年限,轮作间隔时间由3~5年减少至1年。

11.6.7 病虫防治

1)病害

(1)立枯病　立枯病又称“烂茎病”,是白术苗期的主要病害,刚出土的小苗及移栽的白术苗均会受害。受害苗茎基部初期呈水渍状椭圆形暗褐色斑块,地上部呈现萎蔫状,随后病斑很快延伸绕茎,颈部坏死收缩成线形,状如“铁丝病”,幼苗倒伏死亡。在早春雨水多、气温低时发病严重。

防治方法:立枯病主要为土壤带菌,避免病土育苗是防立枯病的根本措施。应注意合理轮作2~3年,或土壤消毒,可用50%多菌灵在播种和移栽前处理土壤,1~2 kg/667 m^2。适期播种,促使幼苗快速生长和成活,避免丝核菌的感染。苗期加强管理,及时松土和防止土壤湿度过大;发现病株及时拔除,发病初期用5%的石灰水淋灌,7 d淋灌1次,连续3~4次。也可喷洒50%甲基托布津800~1 000倍液等药剂防治,以控制其蔓延。

(2)铁叶病　铁叶病又称斑枯病。以为害叶部为主。发病初期在叶片上出现黄绿色小点,并逐渐形成褐色或黑色近圆形的病斑。一般基部叶片先发病,随后蔓延到上部叶片,严重时叶片脱落,植株枯死。于4月始发,6—8月发病盛期,雨季发病重。

防治方法:进行2~3年轮作;白术收获后清洁田园,集中处理残株落叶,减少来年侵染菌源;选择健壮无病种栽,并用50%甲基托布津1 000倍液浸渍3~5 min消毒;选择地势高燥、排水良好的土地,合理密植,降低田间湿度。在雨水或露水未干前不宜进行中耕除草等农事操作,以防病菌传播。发病初期用1∶1∶100波尔多液,后期用50%托布津或多菌灵1 000倍液喷雾,7~10 d喷1次,连续3~4次。

(3)白绢病　白绢病又称根茎腐烂病,俗称“白糖烂”,为害根茎。5月上旬发病,6—8月渐趋严重。发病植株地上无明显症状,根茎溃烂发臭,植株枯萎死亡。随着温度和湿度的增高,根茎内的菌丝穿出土层,向土表延伸,土表可见乳白色或米黄色的菌丝层,最后呈茶褐色似油茶籽状的菌核。在高温、高湿条件下,病害蔓延很快,不及时防治,会严重减产。

防治方法:与禾本科作物轮作,不可与易感此病的附子、玄参、地黄、芍药、花生、黄豆等轮作;发现病株及时拔起,集中地外烧毁,并用生石灰消毒病穴;栽种前用哈茨木霉进行土壤消毒,可减少发病。

(4)根腐病　根腐病又称烂根病,也称干腐病。4月底5月初发病,6—8月发病严重。发病植株地上部分枝叶枯黄凋萎,最后枯死;地下部分初期根毛和细根呈褐色干枯,后期脱落,发病株易被拔起。病株根茎横切面可见维管束呈褐色,根茎变软,外皮干腐,植株死亡。

防治方法:选择无病术栽栽种,栽种前用50%多菌灵1 000倍液浸种3~5 min,与禾本科作物轮作3~5年,或水旱轮作;发病初期用50%多菌灵或50%甲基托布津1 000倍液浇灌病区。在地下害虫为害严重的地区,可用1 000~1 500倍液乐果或800倍液敌百虫浇灌。

(5)锈病　锈病在5—6月发病严重,主要为害叶片。受害叶初期产生黄褐色略隆起的小点,逐渐扩大后呈褐色,病叶背部病斑处有黄色颗粒状物,破裂后散发出黄色或铁锈色粉末。

防治方法:做好田园排水工作,防止沟内积水,降低湿度,减轻发病;清洁田园,将病叶集中烧毁;发病初期用97%敌锈钠300倍液或25%粉锈宁1 000倍液防治。

2)虫害

(1)白术术籽虫　开花初期始发,为害种子,8—11月发生。幼虫咬食白术花蕾底部的肉质花托,造成花蕾萎缩、干瘪、下垂;蛀食种子,造成不能留种。

防治方法:深翻冻垡,消灭越冬虫源;实行水旱轮作;开花初期用80%敌敌畏800倍液喷雾。7 d喷1次,连续3~4次。

(2)白术长管蚜　白术长管蚜又名腻虫、蜜虫。以无翅蚜在菊科寄主植物上越冬。次年3月以后,天气转暖产生有翅蚜,迁飞到白术上产生无翅胎生蚜危害。4—6月危害严重,6月以后气温升高、降雨多,术蚜数量减少,8月又略有增加。喜密集于白术嫩叶、新梢上吸取汁液,使白术叶片发黄枯萎,生长不良。

防治方法:铲除杂草,减少越冬虫害;发生期喷50%敌敌畏1 000~1 500倍液或40%乐果1 500~2 000倍液。

此外,尚有菌核病、花叶病、根结线虫、南方菟丝子、小地老虎等危害白术。

11.6.8　采收加工

1) 留种技术

白术为虫媒花植物,自然异交率高达95.1%。

宜选茎秆粗壮、叶片较大、分枝少而花蕾大的植株留种。植株顶端生长的花蕾,开花早,结籽多而饱满;侧枝的花蕾,开花晚,结籽少而瘦小,可将侧枝花蕾剪除,每枝只留顶端5~6个花蕾,使养分集中,籽粒饱满,有利于培育壮苗。对留种植株要加强管理,增施磷、钾肥,并从初花期开始,每隔7 d喷1次50%敌敌畏800倍液,以防治虫害。

11月上旬白术种子成熟,当头状花序(也称蒲头)外壳变成紫黑色,并开裂现出白茸时,可进行采种。选晴天将植株挖起剪下地下根茎,把地上部束成小把,倒挂在屋檐下晾20~30 d后熟,然后晒2 d,脱粒、扬去茸毛和瘪籽,装入布袋或麻袋内,挂在通风阴凉处储藏。注意白术种子不能久晒,否则会降低发芽率。雨天或露水未干采种,容易腐烂或生芽,影响种子质量。

2) 采收加工

(1)采收　术栽种植当年,在10月下旬至11月上旬,白术茎叶开始枯萎时为采收适期。收获过早,干物质还未充分积累,品质差,折干率也低;过晚则新芽发生,消耗养分,影响品质。选晴天将植株挖起,抖去泥土,剪去茎叶,及时加工。

(2)加工　加工方法有生晒和烘干两种。晒干的白术称生晒术,烘干的白术称烘术。

①生晒术的加工。将收获运回的鲜白术,抖净泥土,剪去须根、茎叶,必要时用水洗去泥土,置日光下晒干,需15~20 d,直至干透为止。在干燥过程中,如遇阴雨天,要将白术摊放在阴凉干燥处。切勿堆积或袋装,以防霉烂。

②烘术的加工方法。将鲜白术放入烘斗内,每次150~200 kg,最初火力宜猛而均匀,约100 ℃,待蒸气上升,外皮发热时,将温度降至60~70 ℃,缓缓烘烤2~3 h,然后上下翻动1次,再烘2~3 h,至须根干透,将白术从斗内取出,不断翻动,去掉须根。将去掉须根的白术,堆放5~6 d,让内部水分慢慢外渗,即反润阶段。再按大小分等上灶,较大的白术放在烘斗的下部,较小的放在上部,开始生火加温。开始火力易强些,至白术外表发热,将火力减弱,控制温度为50~55 ℃,经5~6 h,上下翻动1次再烘5~6 h,直到七八成干时,将其取出,在室内堆放7~10 d,使内部水分慢慢向外渗透,表皮变软。将堆放返润的白术按支头大小分为大、中、小3等。再用40~50 ℃文火烘干,大号的烘30~33 h,中号的烘24 h,小号12~15 h,烘至干燥为止。

11.6.9　药材质量

1) 国家标准

《中国药典》2010年版一部白术项下规定:

检查:水分不得超过15%(附录ⅨK第一法)。总灰分不得超过5.0%(附录ⅨK)。

浸出物:照醇溶性浸出物测定法项下的热浸法测定,用60%乙醇作溶剂,不得少于35%。

含量测定:用高效液相色谱法测定,本品含松脂醇二葡萄糖苷($C_{32}H_{42}O_{16}$)不得少于0.10%。

2)传统经验

以个大身重、干燥、坚实不空心、断面黄白色、无须根、香气浓者为佳。

【知识拓展】>>>

11.6.10 白术的道地性

白术是浙江省的道地药材,为著名的浙八味之一。主产浙江磐安、东阳、新昌、天台、嵊州,江苏宜兴、海门、南通等地。江西、江苏、安徽、重庆、贵州、湖南、湖北、河北、山东等省也有栽培。而习以浙江于潜、安徽皖南山区等地为道地。浙江磐安为白术最优产区。湖北咸丰白术是道地药材,也是白术品种中唯一的国家地理标志产品。

11.6.11 白术识别

白术 *Atractylodes macrocephala* Koidz. 多年生草本,高 20 ~60 cm,根状茎肥大,略有骨葖状,有不规则分枝。茎直立,通常自中下部长分枝,全部光滑无毛;中部茎叶有长 3 ~6 cm 的叶柄,叶片通常 3 ~5 羽状全裂,极少为长椭圆形的,侧裂片 1 ~2 对,倒披针形、椭圆形或长椭圆形,长 4.5 ~7 cm,宽 1.5 ~2 cm;顶裂片比侧裂片大,倒长卵形、长椭圆形或椭圆形;自中部茎叶向上向下,叶渐小,与中部茎叶等样分裂,接花序下部的叶不裂,椭圆形或长椭圆形,无柄;或大部茎叶不裂,有 3 ~5 羽状全裂的叶。全部叶质地薄,纸质,两面绿色,无毛,边缘或裂片边缘有长或短针刺状缘毛或细刺齿。头状花序单生茎枝顶端,植株通常有 6 ~10 个头状花序,但不形成明显的花序式排列。苞叶绿色,长 3 ~4 cm,针刺状羽状全裂。总苞大,宽钟状,直径 3 ~4 cm。总苞片 9 ~10 层,覆瓦状排列;外层及中外层长卵形或三角形,长 6 ~8 mm;中层披针形或椭圆状披针形,长 11 ~16 mm;最内层宽线形,长 2 cm,顶端紫红色。全部苞片顶端钝,边缘有白色蛛丝毛。小花长 1.7 cm,紫红色,冠簷 5 深裂。瘦果倒圆锥状,长 7.5 mm,被顺向顺伏的稠密白色的长直毛。冠毛刚毛羽毛状,污白色,长 1.5 cm,基部结合成环状。花期 9—10 月,果期 10—11 月,如图 11.6 所示。

图 11.6 白术

11.6.12 白术开发利用

1)药用

白术是一种常用重要的大宗中药材,具补脾健胃、燥湿利水、止汗安胎等功能。现代研究表明,白术根茎含挥发油,油中主要成分为苍术酮、苍术醇、白术内酯等,对治疗肝硬化腹水、原发性肝癌、美尼尔氏综合症、慢性腰痛、急性肠炎及白细胞减少症等有一定疗效。白术用途广泛,除了医疗配方用药外,也是40多种中成药制剂的重要原料。俗有"十方九术""北参南术"之说。

白术可以制成颗粒剂、片剂等,如香砂养胃胶囊等;白术用于中医方剂和其他制剂中,治疗胃肠疾病、小儿消化不良、妇科疾病等;作为饲料添加剂可以促进畜禽生长,减少疾病发生。

2)保健品

白术具有益胃健脾、抗衰老、增强免疫力等功能,已开发保健品有黄芪白术西洋参口服液、排毒养颜胶囊等。

3)美容

白术具有美白、滋润皮肤、去黑色素等功能,常作为美容产品使用。

4)药膳

可泡白术酒,1 kg白术加水25 kg,泡20 d,常喝延年益寿,强身健体。苗也可食用。

【计划与实施】>>>

白术根状茎繁殖

1)目的要求

掌握白术根状茎选择方法、根状茎种栽处理方法、根状茎栽培时期。

2)计划内容

(1)白术根状茎选择方法　应选顶芽饱满,根系发达,表皮细嫩,顶端细长尾部圆大的根茎作种。根茎畸形,顶端木质化,主根粗长,侧根稀少者,栽后生长不良。栽种时大小分开种植。

(2)根状茎种栽处理方法　先用清水淋洗种栽,再将种栽浸入40%多菌灵胶悬剂300~400倍或80%甲基托布津500~600倍液中1 h,然后捞出沥干,如不立即栽种应摊开晾干表面水分。

(3)根状茎栽培时期　12月下旬到第二年下旬移栽或在4月上中旬栽种。

(4)栽后观察及管理　如果苗齐苗壮,说明栽培方法正确,深度合理。

3)实施

4~5人一小组,以小组为单位,负责栽培时期、时间的确定,栽培工具及栽后保护工具准备,掌握操作方法和关键技术要领,掌握栽后管理及观察方法,保证栽后白术的成活率。

【检查评估】>>>

序号	检查内容	评估要点	配分	评估标准	得分
1	种栽选择栽前处理	正确进行种栽选择及术栽处理	50	①种栽选择,方法正确计 15 分,全错扣 10 分,操作不规范酌情扣分; ②种栽消毒处理方法正确计 15 分,全班评比计分	
2	整地移栽	正确整地、施肥、移栽	20	①整地精细,深、松、细、平、净,计 10 分,差的每项扣 2 分; ②移栽时期、规格正确,移栽质量好,计 10 分,否则每项扣 3 分	
3	栽后观察	观察出苗率	30	栽后出苗率 100% ~ 95% 计 20 分,94% ~ 90% 计 18 分,89% ~ 80% 计 15 分,79% ~ 70% 计 10 分,69% ~ 60% 计 5 分,60% 以下不给分	
合 计			100		

任务 11.7 银杏栽培

【工作流程及任务】>>>

工作流程:

选地整地—栽培品种选择—繁殖方法选用—种植模式选用—田间管理—病虫害防治—采收加工。

工作任务:

银杏育苗,嫁接繁殖,人工授粉。

【工作咨询】>>>

11.7.1 银杏市场动态

银杏叶价格的市场波动不大,从 2000 年 3.5 元/kg,稳步上升到 2007 年 4.5 元/kg,2008—2011 年价格一直在 4 ~ 6 元/kg 波动,基本平稳。2012 价格上涨,最高达 12 元/kg,时间较短,年底就回落到 6 元/kg。2013 年价格稳定在 6 元/kg 左右。

11.7.2　栽培地选择

1)选地依据

(1)生长习性　银杏寿命长,适于生长在水热条件比较优越的亚热带季风区。土壤为黄壤或黄棕壤,pH 值 5 ~6。初期生长较慢,蒙蘖性强。雌株一般 20 年左右开始结实,500 年生的大树仍能正常结实。一般 3 月下旬至 4 月上旬萌动展叶,4 月上旬至中旬开花,9 月下旬至 10 月上旬种子成熟,10 月下旬至 11 月落叶。

(2)环境要求　银杏对气候条件适应性强,自然分布广泛,在年平均气温 10 ~18 ℃、年降水量 600 ~1 500 mm、夏秋多雨的地方生长良好。银杏对土壤适应能力也较强,但在 pH 值为 5.5 ~7.7、土层深 2 m 以上的砂质土壤生长最好。

银杏为喜光树种,抗旱能力强,但是不耐涝、不耐风。因此选择栽培地时应选坡地,避开洼地和风口处。

2)土地的选择

银杏寿命长,一次栽植长期受益,因此土地选择非常重要。银杏属深根性植物,生长年限很长,人工栽植,地势、地形、土质、气候都要为其创造良好条件。选择地势高燥,日照时间长,阳光充足,土层深厚,排水良好,疏松肥沃的壤土、黄松土、砂质壤土。其中酸性和中性壤土生长茂盛,长势好,提前成林,银杏雌雄异株,受粉才能结果。

11.7.3　繁殖方法

生产上以种子繁殖或扦插繁殖为主。

1)种子繁殖

9 月下旬至 10 月上旬,选择生长快、结果早、产量高、品质优的健壮母树采种,最好待其自然成熟脱落,使种子与果肉分离后淘洗,再将种子薄摊于匾内晾晒,待种壳转为白色即可,再置于箩内,保持通风透光条件储藏。

以春播为宜,多采用条播法,行距 30 cm,株距 15 cm,播种沟深 3 ~4 cm,播种量 20 kg/667 m^2,种子横摆于沟内,覆土 3 cm 左右,压实土面,4 月中旬开始发芽。苗期需防治蛴螬、地老虎等地下害虫及茎腐病等危害,第二年生长加速,三年生苗高可达 1 ~1.5 m,即可出圃栽植。

2)扦插繁殖

夏季,从结果的树上选采当年生的短枝,剪成长 7 ~10 cm 小段,下切口削成马耳状斜面。银杏自然生根能力较弱,生产上常用萘乙酸、ABT 生根粉、吲哚乙酸等生长调节剂进行处理。用 5 ~10 mg/L,浸 12 ~24 h 后,扦插在蛭石沙床上,间歇喷雾水,30 d 左右大部分插穗可以生根。

11.7.4　整地移栽

银杏栽植时间主要在秋冬和春季。一般在春季土壤解冻后栽植。苗木栽植前要做好规划,定植穴位整齐一致。在平原区常采用挖大穴、浅埋、穴深 1 m,栽植时先填土踏实,将苗放入穴中扶直埋土,苗木根茎与地面基本持平,根系舒展,边埋土边踏实,栽后及时浇一次透墒水。

目前,生产上为了提高前期产量,常采用密植栽培,株行距 2 m × 3 m 或 2 m × 4 m,定植 83 ~ 111 株/667 m^2。银杏苗木虽然容易成活,但移栽时根系受伤较严重,常造成栽后缓苗期长。

11.7.5 田间管理

1)中耕除草

定植后 1 ~ 4 年内,每年于春、夏季各中耕除草 1 次,如有间作作物可与间作作物结合进行,但不可过深伤根,幼林荫蔽后,每隔 3 ~ 4 年,在夏季中耕除草一次,改善土壤通透性,杂草翻入土中,增加土壤肥力。

2)水肥管理

银杏要重施秋冬肥,肥料以堆肥或粪肥等腐熟的有机肥为好,以复混肥为主。秋末冬初施肥可用环状施肥法。每次都是在树冠下,挖放射状穴或者环状沟,把肥料施入覆土。3 月中旬和 7 月要分别施催芽肥和长果肥,宜用穴施。成片定植的银杏园,林间可大量种植绿肥,鲜草就地埋青。从开花时开始,至结果期,每隔一个月进行一次根外追肥,追 0.5% 尿素加 0.3% 的磷酸二氢钾肥,制成水溶液,在阴天或晚上喷施在枝、叶片上,如果喷后遇到雨天,重新再喷。

银杏耐旱不耐湿,故要深挖排水沟;连续干旱,也需及时适当浇灌。

3)人工授粉

银杏为雌雄异株植物。受粉借助于风和昆虫来完成。若不进行人工授粉或授粉量不足,便会影响白果产量。人工授粉是一项重要的增产措施。为了提高银杏的挂果和坐果率,要进行人工授粉。日平均气温达到 18 ℃时,银杏花粉接近成熟,应做好采粉准备。当雌花尖端珠孔出现小小的亮点,并有一滴似露水的小水珠时,是授粉最佳期。人工授粉要选择晴天、无雾、无露水天气进行。授粉方法主要包括挂花枝法、花粉混水喷雾法等。

4)修剪整枝

银杏丰产树形主要包括自然开心形和主干疏层形。开心形成形早,产量上升快,是目前成片栽植的主要树形。银杏树修剪总的原则:一是主枝粗壮,数量适当;二是角度开张,通风透光;三是以干定冠,枝多不乱。

银杏修剪分冬剪和夏剪。修剪时应以冬剪为主,夏剪为辅。冬剪方法主要有:短剪、疏枝、回缩等;夏剪主要包括除萌、抹芽、环剥倒贴皮,摘心、疏花疏果等。

11.7.6 种植模式

刚移栽植的银杏地树冠小,行间空隙大,可间作豆类、薯类、蔬菜等矮秆浅根农作物或者套种中药决明、紫苏、荆芥、防风、柴胡、桔梗、益母草等草本类中药材,以短养长。但不宜作高秆或藤蔓作物。林木荫蔽度增大后,可酌情间阴生中药材,如半夏、白及、重楼等。

11.7.7 病虫防治

银杏病虫害发生较少,可能发生的有以下几种:

1)病害

(1)银杏茎腐病　夏季高湿炎热时,一年生苗茎基变成褐色,地上部分萎蔫枯死,叶片不脱落。拨出病苗时,根部皮层脱落留于土壤中,呈灰色。

防治方法:①苗床选择排水良好的砂质土壤育苗;②整地时使用杀菌剂对土壤进行消毒;③采用催芽、搭设拱棚等措施,或增施磷、钾肥,提高植株抗病力,促进苗木生长,尽早木质化;④发现病株及时拔除,病穴用石灰消毒,用50%甲基托布津800倍液浇灌病区。

(2)银杏叶枯病　叶片先端变黄,至6月间病部褐坏死,并扩大至整个叶片。9—10月叶片上出现不规则的褪色斑点,并有黑褐色小点。

防治方法:①清洁林园,集中处理残体病叶,减少越冬病菌。②发病初期喷洒1∶1∶100波尔多液或50%多菌灵1 000倍液,7~10 d喷1次,连续2~3次。

(3)银杏黄化病　地下害虫(如蛴螬、线虫、地老虎等)为害根部,引起根部腐烂。土壤缺锌及排水不良,土层过浅、下层板结也会引起黄化病。主要是由于不能吸收养分于6月出现叶片黄化,逐渐蔓延,并可导致叶枯病发生。

防治方法:移栽时保护好根系,防治地下害虫,加强管理,改良土壤结构,及时排除积水。增施锌、锰等微量元素肥料,可有效防止该病发生。

2)虫害

(1)银杏大蚕蛾　每年发生一代,以卵越冬,次年5—6月孵化。幼虫取食叶片,1—3月龄聚集为害,9月上旬为成虫羽化期,成虫常产卵于银杏树干裂缝或凹陷处,位置在3 m以下、1 m以上。

防治方法:①在幼虫三龄前喷90%敌百虫1 500倍液。②9月上旬用黑光灯诱杀成虫,并摘除卵块。

(2)银杏超小卷叶蛾　每年发生一代,以蛹越冬,3月下旬至4月中旬成虫羽化,产卵于1~2年生侧枝上,幼虫孵化后1~2 d蛀入枝内,造成枝条枯死,叶片及果实散落,严重影响银杏稳产高产。

防治方法:①发现有枝、叶枯萎时,剪下被害枝梢,并烧毁。②人工捕杀成虫。成虫羽化每天集中于6~8时,羽化后栖息于树干上,易于捕捉。③成虫羽化盛期(约在4月中旬),用50%杀螟松250倍和2.5%溴氰菊酯500倍混合,比例为1∶1,喷洒被害枝,或用40%氧化乐果1 000倍喷雾,杀死初孵幼虫。

11.7.8 采收加工

1)银杏叶采收加工

(1)采叶时间　我国北方地区银杏采叶期以9月下旬至10月上旬,叶片上绿时采收。但山东向德国和法国出口的银杏叶,对方则要求7—9月采叶。因此,需要采取分期、分批、分层采叶,即7月采下层叶,8月采中层叶,9月下旬至10月上旬采上层叶。由于我国目前大多数银杏产区种、叶兼营,为保证树体及果实发育,采叶大多与采果同时进行或霜降前采叶。

(2)采叶方法　一般采用人工、机械或化学采收。人工采收银杏叶时为不影响第二年结果,应尽量分期分批采收。采收幼树和幼苗上叶子可沿短枝和长枝伸展方向逆向逐叶采收,不要伤腋芽。对于大面积采叶园应提倡机械化采叶,采用往复切割、螺旋滚动和水平旋转钩刀式等切割式采叶机采叶。为提高采收效率,有条件的地方可采用化学采收,即在采叶前10 ~ 20 d 喷施浓度 0.1% 的乙烯利或脱落酸等脱叶剂,有明显的催熟作用。

(3)叶子加工　叶子采收后马上清除杂物,进行自然干燥或人工干燥。自然干燥即放在场院上或水泥地面上暴晒,一般厚度 10 ~ 15 cm。每天翻 5 次,3 ~ 4 d 即可收集储运。机械干燥是将采收鲜叶放入干燥机中干燥。机械干燥速度快,叶质量好。

2)白果采收加工

自然成熟的种子,要及时采收。适宜的采收期是以自然落种始期为主要指标,自然成熟的标准为:外种皮由青绿色变为橙褐色或青褐色,硬度由硬变软、白粉由暗变明,皱折由少变多,少量种实自然下落。只要有 5% ~ 10% 的个体种子成熟,便可开始组织采收,熟一片采一片,熟一株采一株。

银杏采收后,在有水源条件的场地进行堆沤。平堆厚度不超过 50 cm,上盖湿草,4 ~ 5 d 内外种皮软化、腐烂,此时可穿上隔离服用脚踏脱皮。现在多采用机械脱皮,效率高、产品质量好。脱皮过程中随时用清水冲洗。待种皮完全脱净后立即进行漂白处理。漂白时在瓷缸或水泥槽内进行,并不断搅动。种子漂白后,直接摊于室内、外通风处阴干,严禁晒干。摊铺厚度 3 ~ 4 cm,勤翻动,以防种皮发黄、霉污。一般 1 ~ 2 d 即可。

11.7.9　药材质量标准

1)国家标准

《中国药典》2010 年版一部规定:

杂质:不得超过 2%。

水分:不得超过 12.0%。

总灰分:不得超过 10.0%;酸不溶性灰分:不得超过 2.0%。

浸出物:醇溶性浸出物(热浸法,用稀乙醇作溶剂)不得少于 25.0%。

含量测定:用高效液相色谱法测定,本品含总黄酮苷不得少于 0.40%;含萜类内酯以银杏内酯 A($C_{20}H_{24}O_9$)、银杏内酯 B($C_{20}H_{24}O_{10}$)、银杏内酯 C($C_{20}H_{24}O_{11}$)和白果内酯($C_{15}H_{18}O_8$)的总量计不得少于 0.25%。

2)传统经验

药材产品质量以色黄绿、叶完整者为佳。

【知识拓展】>>>

11.7.10　银杏雌雄株鉴别

1)形态和构造上的区别

我国古代就有根据种核形态区分银杏雌雄记载,南宋吴泽的《种艺必用》记有"树有雌雄。雌者有二棱;雄者有三棱。银杏雌雄株在形态上有着较明显的区别(见图11.7),所以形态观察是银杏树雌雄鉴别的简便方法之一。表11.1为银杏雌雄株形态区别表。

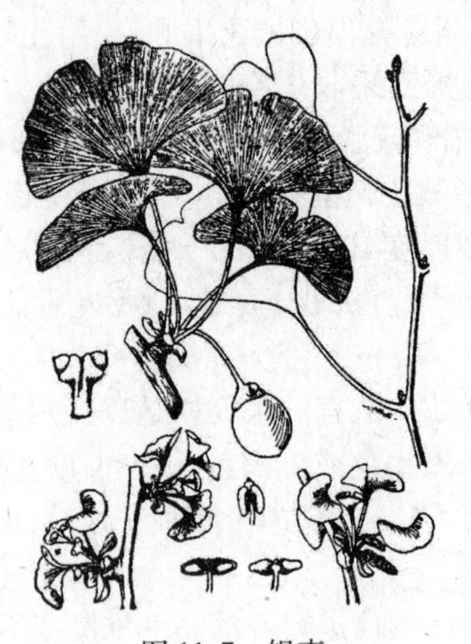

图11.7 银杏

表11.1 银杏雌雄株形态区别表

		雌　株	雄　株
苗期	植株	矮小,粗壮	较高,茎干较细
	枝	小苗横生枝多,大苗枝条多直立,但也有展开角度较大,平展,无乳状突起	小苗横生枝较少,大苗枝条下垂,有乳状突起
	叶	叶基分叉,叶裂较深,叶柄维管束四周有油状空隙	叶基不分叉,叶裂较浅,叶柄维管束四周无油状空隙
	根	苗高60 cm时,根部有乳状突起	无乳状突起
成龄期	植株	较同龄雄株矮小,树冠宽大、多广卵形或圆头形,顶端较平,形成早	植株较大,树冠多塔形、稍瘦,形成时间晚
	枝	主枝和主干夹角大,向四周横向生长,有时下垂,分布较乱,稀疏,短枝较短,长12 cm	主枝和主干夹角小,挺直上纵,分布均匀,层次清楚,较密生,短枝长,一般为14 cm
	叶	叶较小,裂刻较浅、较少,未达叶中部,秋叶变色期及脱落期均较早	叶稍肥大,缺刻深裂,常超过叶的中部,秋叶变色期较晚,落叶较迟
	芽	花芽瘦,顶部稍尖,着生花梗顶端	花芽大,饱满,顶部较平
	花	花两朵,着生雌花的短枝较短(为1~2 cm)	柔荑花序,花多朵,花蕊有短柄,着生雄花的短枝较长(为1~4 cm)

日本学者阪本荣作在检查了大量银杏的雌雄株叶柄后发现,雌树叶柄下方维管束周围有油状空隙,而雄树叶柄则无此构造。因此,叶柄的构造,也可用于判断银杏植株的性别。

2)对化学药品的反应有区别

日本学者岩崎文雄,分别重铬酸钾、硫酸铜、硫酸锌、氯化钾、2,2-二氯丙酸、2,4-D处理银杏叶,结果都是雌树叶子的反应明显。处理的具体方法是:剪取银杏枝条,先在清水中浸2 d,取出后再插入0.03%的氯酸钾溶液中,先在黑暗中放2 d,而后让其见光,注意不要在阳光下暴晒,并换上清水,一周后雌树枝条上的叶片先开始凋萎,再过几天,雄树枝条上叶片才开始凋萎。

用药物处理判别银杏的雌雄性别,其原理是两者的酶系统有明显的区别,特别是过氧化氢酶的活性有明显的区别。雄树酶活性强,解毒作用也强,所以受害较迟较少。雌树则正好相反。由此可见,除了上述药物,如果使用其他氧化剂处理,有可能也能得到相似的结果。

3)染色体上的区别

从遗传学的角度看,银杏雌雄性别的鉴别还是以染色体的测定最为可靠。

【计划与实施】>>>

银杏嫁接

1)目的要求

通过对银杏进行嫁接,熟悉银杏嫁接的目的、作用,掌握嫁接的原理、方法和技术要点。

2)计划内容

(1)嫁接时期确定　一般在夏至前后、高温多雨季节或秋季8—9月进行。

(2)原则　嫁接过程中应遵循接穗品种纯正、高产、稳产、优质、生长健壮和无检疫性病虫害的优良单株繁殖的原则。

(3)技术要点　嫁接的方法一般有腹接法和切接法两种。

削口要平滑,整齐;接口对齐,形成层对齐;中间贴实压紧,绑严;注意嫁接后管理,一般枝接后3~4周检查成活,一个月后松绑;减去过多的枝桠,以保证养分的集中供应。

3)实施

4~5人一小组,以小组为单位,准备枝剪、嫁接刀、塑料膜、笔、记录本等用具,实习基地或药农产地里需要进行嫁接的银杏植株。负责砧木和接穗的选择、嫁接的时期、嫁接方式的确定及嫁接的方法和技术要点的把握,并进行嫁接后的植株观察和田间管理;做好记录,撰写实习报告,分析原因,提出体会。

【检查评估】>>>

序号	检查内容	评估要点	配分	评估标准	得分
1	繁殖技术	方法选择、技术要点	40	大面积栽培以种子繁殖和扦插繁殖为主,嫁接可提前结果,计10分,种子繁殖方法正确,计10分	
2	人工授粉	时间、方法	30	雌雄植株的识别,计10分,适合授粉时间的判定,计10分,授粉的技术熟练程度,计10分	
3	采收加工	采收时期、加工方法	30	叶、种子采收期的确定,计10分,叶片的加工,计5分,种子的处理与加工,计15分	
合计			100		

任务11.8　辛夷(玉兰)栽培

【工作流程及任务】>>>

工作流程:

选地整地—繁殖方法选用—田间管理—病虫害防治—采收加工。

工作任务:

种子繁殖,育苗移栽,嫁接繁殖,采收加工。

【工作咨询】>>>

11.8.1　辛夷市场动态

辛夷为木兰科植物望春花(*Magnolia biondii pamap*)、玉兰(*M. denudata* Desr)和武当玉兰(*M. sprengeri pamap*)的干燥花蕾。主产陕西、河南、四川、湖北、安徽、台湾等17个省市,别名望春花、木笔花、玉兰花、迎春花。辛夷药材一直以采集野生资源,由于人工栽培投产周期长,费工费时,产量低,经济效益较差,因此发展缓慢,一度时期供销矛盾突出,到20世纪70年代末和80年代初开始人工栽培研究望春花、玉兰矮化密植生产获成功,收到了良好的效果。辛夷不仅用于配方,而且也是生产中成药的重要原料,近年来年产销量100万kg左右,2013年产新量在1 200 t。

辛夷价格自2010年创造了历史最高价45元/kg以来,其总体呈现逐步下滑的趋势。进入2011年其行情一直在28~30元/kg运行,变化较小。2012年没有出现较大利润,市场总体购销不旺,行情仍平稳运行。到2013年,产新之前由于市场货源相对不足,加之货源需求增多,其统货价格由1月份的25~26元/kg逐步上扬到33~35元/kg,行情保持坚挺,2013年全年辛夷价格保持在30元/kg左右。

11.8.2　玉兰栽培地选择

1)选地依据

(1)生长习性　玉兰耐寒、耐旱,忌积水。在-15 ℃时,能露地越冬。玉兰芽为混合芽,在生长发育过程中,自6月中旬花芽便开始形成,至翌年2月下旬花蕾开放前,鳞片先后要脱落4次,每脱落1次,其花芽明显膨大,花芽顶生或腋生,在当年生枝条上于秋季形成,以短、中枝条开花结实为主,长势中等的枝条顶端最容易形成花芽,而长枝和长势过旺的枝条很难形成花芽。

玉兰一般定植后8~10年开花,6—7月在枝顶形成黄色多毛的花蕾。翌年2月开始膨大,并陆续开放,花单生大型白色,花期一般为10~15 d,幼果绿色,9月逐渐变红,果实成熟。

(2)对环境的要求　玉兰性喜光,较耐寒,爱高燥,忌低湿,栽植地渍水易烂根。喜肥沃、排水良好而带微酸性的砂质土壤,在弱碱性的土壤上也可生长,低洼地,重黏土,盐碱地不宜栽培。在生长期间需有充足的阳光,较耐寒、耐旱、忌积水,在酸性或微酸性的肥沃砂壤土中生长较好,幼苗期怕强光和干旱,野生资源常分布于海拔 1 000～2 400 m 的山坡、路旁,栽培于房前屋后,或山谷、丘陵、平原,不论阴坡还是阳坡都能正常生长,玉兰有较强的适应能力和抗逆能力,很少有病虫危害。

玉兰花对二氧化硫和氯气等有害气体的抗性较强。因此,玉兰是大气污染地区很好的防污染绿化树种。

2)栽培选地

宜选土层深厚、疏松、肥沃、酸性或微酸性,湿润、排水良好的向阳缓坡地。

11.8.3　玉兰繁殖方法

可用种子、扦插、分株及压条繁殖。生产上以种子繁殖为主。为了提早开花结果,生产上还利用矮化砧木,用已经开花植株的芽进行嫁接。

1)种子繁殖

(1)选地与整地　玉兰育苗地宜选择地势平坦,排灌方便,土层深厚并疏松肥沃,土壤呈微酸性较好,在冬季深翻 30～40 cm,经霜冻和风化,消灭病虫害,到早春 2 月中下旬,先施入腐熟的有机肥,用量为 1 500～2 000 kg/667 m^2,再进行浅耕后,将土耙细整平,以 1.3 m 开厢,要求厢面平整,土壤细碎,厢高 20～25 cm,沟宽 15～20 cm。

(2)采种与种子处理　选择 15 年生以上的健壮植株,每株选留 20～30 个花蕾,于开花时进行人工授粉,提高结实率和种子质量,9—10 月当果轴呈紫红色,果实即将开裂时,适时采摘,晾干后进行脱粒。再将种子放入 0.2% 的碱液中浸泡 20～24 h,当果皮浸泡变软后,用手搓去种皮和油脂,捞出用清水冲洗干净残余的种皮和碱液,稍晾干水分后,然后按 1∶2的比例与干净细湿沙拌匀在 3～15 ℃条件下用湿沙层积 2 个月即可解除休眠。

(3)播种育苗　到 3 月中、下旬,当气温回升后,将层积处理的种子取出,筛去细沙,进行条播,先在苗床上开深为 3～4 cm 的横沟,要求沟底平整,不宜太深,将种子按 3 cm 的株距播入沟内,用细土和有机肥(2∶1)覆盖种子。再覆土与床面平,轻轻压实,最后浇透水,床面加盖塑料薄膜或草帘,晴天应揭开,晚上再覆盖,应经常保持苗床湿润,约 30 d 即可陆续出苗。

(4)苗床管理　幼苗期要注意适当荫蔽,经常喷水,增加苗床湿度,并防止高温或强光灼伤幼苗,及时中耕除草,结合施肥,第一次当幼苗长出 5～6 片真叶时,可施一次稀薄的人畜粪水,用量 1 000～1 200 kg/667 m^2,若苗床土壤较瘦薄,在人畜粪水中可加入 5 kg 尿素,促进幼苗生长,施肥原则应掌握前期促,后期控的原则,即春、夏季要重施追肥,促进幼苗生长,8 月中旬以后要减少追肥用量,控制新梢生长过旺。以免遭受冻害,经过两年培育,幼苗即可出圃。

2)扦插育苗

插条的生根能力随母树年龄和扦插时间的不同而有明显的变化,根据试验研究结果表明,幼年树和根部分蘖苗生根能力高于成年树。一般在 3 月中下旬至 4 月中上旬为扦插繁殖适宜期。扦插苗床的选地与整地方法同有性繁殖一样,仍需施足基肥,将苗床深翻后耙细整平开厢,等待扦插。在扦插时,选取当年生健壮枝条,剪成长 10～12 cm,留叶 2 片,下端切口留芽带踵。切片剪平滑，在1 000 ppm吲哚丁酸溶液中快速浸一下，随即扦插，按4 cm×15 cm株行距插入土中，使叶片倒向一边。切勿重叠与贴地，否则易导致叶片腐烂影响成活。扦插后需浇透水，用塑料薄膜覆盖，其上再用草帘搭棚遮阴。插后要注意水分和温度的管理，尤其在多雨季节，容易发生叶斑病，可用1∶1∶100倍波尔多液喷施，防治病菌感染，插条成活后要注意勤除草，追施清淡人畜粪水（1 000～1 200 kg/667 m^2）。只要加强管理，一般培育一年，就可出圃定植。

3）分株繁殖

分株繁殖是利用玉兰在根部周围常萌生许多分蘖苗的特点，于第一年冬天用肥沃疏松的泥土垒根，让其分蘖芽有其良好的生长发育环境，次年春天便会有许多芽头萌发，注意剔除密生弱苗，加强管理。到秋天落叶后或翌年春天新芽萌发前就可以分苗进行移栽。此方法简便易行，但生产的苗木数量有限，苗木规格也参差不齐，不易管理。

4）压条繁殖

压条繁殖应选择春季梅雨季节进行。方法是选择离地面较近的枝条，将其弯曲压入土中，在入土部分用刀伤及枝条，但不宜过深，使枝条不能断裂为宜，若枝条过长，可用相同的方法在30 cm左右处再伤及一刀，然后用土压紧实，便可在刀伤处萌发幼根，一般经半年后就可以切离移栽。移栽时可选择在翌年春季，新芽萌发前进行为最佳，成活率较高。

5）嫁接繁殖

嫁接苗2～3年即可开花，而实生苗开花则需8～10年，利用矮化砧木进行嫁接，可矮化树干，改良树形，更新品种，保持母体优良性状，提早开花结果。嫁接多采用芽接，一般以初春幼芽萌发前进行，初春在2月底至3月上旬。日平均气温22～26 ℃，相对湿度70%～80%的气候条件下，嫁接成活率比较高。选择砧木时以2～3年生，茎粗1～1.5 cm的实生苗为优。接穗应从优质丰产健壮的母树上选取，选择树冠外围向阳处，发育充实的一年生粗壮枝条上的饱满芽体，采用削芽腹接法。嫁接时芽片下端开口沿一定要紧贴砧木口底部。砧木和接穗削口要对准紧贴，使形成层互相对齐密接。再用塑料带捆扎牢固。将芽留在外面，其余部分全部捆扎严实。防止雨水渗入切口和切口水分蒸发，嫁接后一般约15 d便可成活，一旦成活，幼芽开始萌发后，就要解开塑料带。截去砧木接芽以上部分枝干。

11.8.4　整地移栽

1）整地

一般不需要提前翻地，移栽前可以提前按行株距2.5 m×2 m挖穴，根据移栽苗木大小开挖，穴底施入0.5～1 kg充分腐熟的农家肥或者0.1～0.2 kg复合肥作底肥，盖土后移栽。

2）移栽时间

玉兰栽植要掌握好时机，不能过早、也不能过晚，以早春发芽前10 d或花谢后展叶前栽植最为适宜。并注意尽量不要损伤根系。以求确保成活。栽植前，应在穴内施足有机肥。栽好后封土压紧，并及时浇足水。

3）起苗移栽

玉兰可以成片造林，也可以零星种植。移栽时，无论苗木大小，起苗时要带原土，根须均需带着泥团，尽量不要伤根，挖出后及时移栽，以提高成活率。成片造林，用苗8株/hm^2左右。房前屋后可根据地形散栽。

11.8.5 田间管理

1)去顶芽

玉兰幼树生长较旺盛,树冠形成快,因此要及时打顶打杈,修剪成丰产树形。幼苗摘去顶芽,可促进侧芽生长,形成多头干,扩张树冠,有利于提前开花,实现早产高产。

2)肥水管理

玉兰花较喜肥,但忌大肥;幼树生长期一般施两次肥即可有利于花芽分化和促进生长。一次是在早春时施,再一次是在5—6月进行。肥料多用充分腐熟的有机肥。新栽植的树苗可不必施肥,待落叶后或翌年春天再施肥。玉兰的根系肉质根,不耐积水。开花生长期宜保持土壤稍湿润。入秋后应减少浇水,延缓玉兰生根,促使枝条成熟,以利越冬。冬季一般不浇水,只需在土壤过干时浇一次水。对成年大树,每年摘花蕾后,9—10月在树冠投影外缘挖槽换土施肥,每株施复合肥0.5 kg。

3)抚育管理

在幼株阶段,每年除草培蔸2次,分别在6月、8月进行。还可以种代抚,实行林粮间作、林药间作。

4)修枝整形更新

为保证树冠成丰产树形,在休眠期要适当修剪。对培育3年后仍不结花的幼树,剪去树干的顶枝,疏掉一部分生长过旺的徒长枝,以促进花芽形成。同时剪去幼树中已经枯死的枝条,修剪分为春秋剪和夏剪。春秋剪在秋季封顶后,春季萌芽前进行,主要剪除病虫枝、枯枝和衰弱枝。夏剪在6—7月进行,主要是打顶疏密,剪除徒长枝和重叠枝。

玉兰成年大树枝干伤口愈合能力较差,故一般不进行修剪。但为了树形的合理,对徒长枝、枯枝、病虫枝以及有碍树形美观的枝条,仍应在展叶初期剪除。此外,花谢后,如不留种,还应将残花和蓇葖果穗剪掉,以免消耗养分,影响来年开花。

玉兰萌发力强,老树采用根桩萌芽更新,加强管理,可很快培植成新林。

11.8.6 种植模式

玉兰移栽4～5年内,树冠小,行间空隙大,可以种代抚,实行林粮间作、林药间作。可间作药材、豆类、蔬菜等矮秆浅根作物,以短养长。但不宜作高秆或藤蔓作物。五年后林木荫蔽,可酌情间种耐阴药材、蔬菜。

11.8.7 病虫防治

玉兰成年植株病虫害相对较少,病虫害主要在苗期发生,成年植株主要是树干的蛀干害虫。

1)病害

根腐病。植株感病后,初期根系发黑,以后逐渐腐烂,到后期玉兰地上部分干枯死亡,一般于6月上旬开始发病。7—8月高温多湿天气发病较严重,特别是苗床处于地势低洼,排水不良,更有利于病原菌繁殖,发病较重。该病多群体发病,为了提高防治效果。

防治方法:①选择地势较高,排灌方便的地块作苗床。②在选择苗床地时,不宜选择前作为根类作物而又有根部病害发生的地块做苗床。③播种前选用土壤消毒剂进行土壤消毒。④发病初期用50%甲基托布津1 000 ~1 500倍液或用50%多菌灵500倍液浇根,可起到良好的防止效果。

2)虫害

(1)蝼蛄、地老虎　苗期有为害嫩茎,可用2.5%敌百虫粉拌毒饵诱杀。

(2)蓑蛾、刺蛾　幼虫吞食树叶,用甲胺磷或敌百虫液喷杀,树干蛀虫可将敌敌畏注入虫孔,或用经过敌敌畏液浸泡的棉球堵塞虫孔。

11.8.8　采收加工

玉兰花栽种后,3 ~4年即可开花。在4月左右开始开花,温暖地区开花较早,山地或寒冷地带较迟,花蕾开放,应及时采收。采时要逐朵齐花柄处摘下,切勿损伤树枝,以免影响下年产量。花采收后,白昼在阳光下暴晒,晚间堆放一堆,晒至半干时,再堆放1 ~2 d,再晒至全干,如遇雨天,可用无烟煤或炭火烘炕,当炕至半干时,也要堆放1 ~2 d后再炕,炕至花苞内部全干为止。

11.8.9　药材质量

1)国家标准

根据《中国药典》2010年版规定:辛夷水分不得超过18.0%,挥发油含量不得少于1.0%(mL/g),含木兰脂素($C_{23}H_{28}O_7$)不得少于0.40%。

望春花:呈长卵形,似毛笔头,长1.2 ~2.5 cm,直径0.8 ~1.5 cm。基部常具短梗,长约5 mm,梗上有类白色点状皮孔。苞片2 ~3层,每层2片,两层苞片间有小鳞芽,苞片外表面密被灰白色或灰绿色茸毛,内表面类棕色,无毛。花被片9,棕色,外轮花被片3,条形,约为内两轮长的1/4,呈萼片状,内两轮花被片6,每轮3,轮状排列。雄蕊和雌蕊多数,螺旋状排列。体轻,质脆。气芳香,味辛凉而稍苦。

玉兰:长1.5 ~3 cm,直径1 ~1.5 cm。基部枝梗较粗壮,皮孔浅棕色。苞片外表面密被灰白色或灰绿色茸毛。花被片9,内外轮同型。

武当玉兰:长2 ~4 cm,直径1 ~2 cm。基部枝梗粗壮,皮孔红棕色。苞片外表面密被淡黄色或淡黄绿色茸毛,有的最外层苞片茸毛已脱落而呈黑褐色。花被片10 ~12(15),内外轮无显著差异。

2)传统经验

以身干、花蕾完整、肉瓣紧密、香气浓郁者为佳。

【知识拓展】>>>

11.8.10 辛夷的道地性

辛夷始载于《神农本草经》被列为上品,是中药里自古至今治疗鼻窍疾病的重要中药材,也常用于风寒头痛,主产陕西、河南、四川、湖北、安徽、台湾等17个省市。河南、陕西、湖北交界地带为辛夷的道地产区,其中河南南召面积最大。

11.8.11 辛夷原植物的识别

辛夷原植物为木兰科紫玉兰 *Magnolia liliflora*. 落叶灌木,高达5 m,常丛生;小枝紫褐色,芽有细毛。叶倒卵形或椭圆状卵形,长8~18 cm,宽3~10 cm,先端急尖或渐尖,基部楔形,全缘,上面疏生柔毛,下面沿脉有柔毛;叶柄粗短。花先叶开放或与叶同时开放,单生于枝顶,钟状,大形;花被片9,每3片排成1轮,最外1轮披针形,黄绿色,长2.3~3.3 cm,其余的矩圆状倒卵形,长8~10 cm,外面紫色或紫红色,内面白色;心皮多数,花柱1,顶端尖,微弯。聚合果矩圆形,长7~10 cm,淡褐色,如图11.8所示。

图11.8 辛夷

11.8.12 药用价值

辛夷:辛、温。归肺、胃经。散风寒,通鼻窍。用于风寒头痛,鼻塞流涕,鼻鼽,鼻渊。主治头痛、牙齿痛、鼻塞、急慢性鼻窦炎和过敏性鼻炎等症。

【计划与实施】>>>

玉兰田间管理

1)目的要求

掌握玉兰栽培田间管理、时间的确定和关键操作技术,学会剥后管理提高成活率的方法。

2)计划内容

(1)幼苗摘去顶芽　可促进侧芽生长,形成多头干,扩张树冠,有利于提前开花,实现早产高产。

(2)肥水管理　造林后第二年开始,对土壤肥力不足的苗木施肥,结合除草培蔸进行。

(3)抚育管理　在幼株阶段,每年除草培蔸,也可以实行林粮间作、林药间作。

(4)修枝整形　为保证树冠成丰产树形,在休眠期要适当修剪,主要剪除病虫枝、枯枝和衰弱枝。夏剪在6—7月进行,主要是打顶疏密,剪除徒长枝和重叠枝。

(5)林木更新　玉兰萌发力强,老树采用根桩萌芽更新可很快培植成新林。

3)实施

5人左右一小组,以小组为单位,负责5株玉兰栽培田间管理,掌握操作方法和关键技术要领,并要求用图片及文字详细记录育苗过程,对各组育苗过程及成效进行全班评比,并排序打分。

【检查评估】>>>

序号	检查内容	评估要点	配分	评估标准	得分
1	育种	种子繁殖 扦插繁殖	40	种子处理、苗圃地准备、播种计10分;插条准备、扦插、苗床管理计10分;幼苗健壮计10分;苗地密度合适计10分;方法正确、生产措施好、苗子长势好、操作规范、生产记录完整计满分,否则酌情扣分	
2	移栽	移栽方法	20	整地精细,深、松、细、平、净计10分;移栽时期、规格正确,移栽质量好,计10分	
3	田间管理	除草、施肥、遮阴等	20	除草、施肥、遮阴操作正确,植株长势好计20分,长势差、苗少的扣5~10分	
4	采收加工	采收期、采收方法、加工方法	20	采收期合理计5分,采收方法正确计5分,加工方法正确计5分,操作规范计5分,方法有错或操作不规范酌情扣分	
合　计			100		

•项目小结•

中山丘陵区是我国极为重要的农业区。土地广阔,肥力强,小气候特点非常明显,气候温凉,垂直变化大,日照好,雨量充沛,适合多种药材的生长发育条件,是全国各地发展中药材生产的主要基地。

药用植物栽培多以旱作为主,中山丘陵区的土地资源尤其是各类旱地资源极其丰富,为发展药材生产提供了用武之地,相较低山地区粮药争地的矛盾并不突出。因此,必须高度重视丘陵山区的药材产业发展。

根据中山丘陵区气候和地形的多样性特点,可安排越年生和二三年生品种,采用因地制宜、立体化的栽培模式,建立规模化、规范化的商品药材种植基地,开发中药特色产业,有望成为发展农村经济新的增长点。

代表性的选择了10种中山药材品种种植有关的市场动态、生态环境、繁殖方法、田间管理、病虫防治、商品加工、药品质量标准等技术作出详尽的论述,突出了关键技术核心,可操作性强,并具有逐类旁通之效。

1. 怎样根据金银花花蕾的发育进行采收？
2. 怎样进行栀子种子和扦插育苗？
3. 牡丹种子育苗移栽应掌握哪些技术要点？
4. 枳壳在幼树、成树、老树不同阶段植株调整的重点与目的是什么？
5. 玄参的需肥特点如何？怎样施肥？
6. 怎样培育术栽？术栽储藏的方法有哪些？
7. 银杏雌雄株有何特征？如何鉴别？生产上怎样进行配置？
8. 辛夷种子、扦插、分株及压条繁殖技术要点有哪些？
9. 列出本项目中8个药用植物的栽培季节简表。

植物名称	繁殖方法	种植季节	移栽期		收获期		环境条件
			年限	季节	年限	季节	
金银花							
栀子							
牡丹							
枳壳							
玄参							
白术							
银杏							
辛夷							

项目12　高山区(1 000 m以上)药用植物栽培

【项目描述】

介绍黄连(味连)、党参、厚朴、云木香、红豆杉、川贝母、款冬花、天麻10种高山药用植物的栽培。

【学习目标】

了解高山药用植物的生物学习性,掌握其主要繁殖方法及规范化栽培技术,熟悉其合理采收期及产地加工方法。

【能力目标】

能根据高山药用植物的生物学特性进行栽培和管理。

任务12.1　黄连(味连)栽培

【工作流程及任务】>>>

工作流程:

选地整地—栽培品种选择—繁殖方法选用—田间管理—病虫害防治—采收加工。

工作任务:

味连、雅连、云连的区别,育苗移栽,搭棚,产地加工。

【工作咨询】>>>

12.1.1　市场动态

黄连在近40年内经历了从紧俏—烂市—暴涨—平凡4个历史过程。1970年前国家定价时期,黄连价格在20元/kg以下,年产量只有200 t左右;随着新技术的推广,到1980年时产量达到800 t左右,基本能满足市场供应,其价格也慢慢上升到44元/kg左右;在20世纪80年代中期,国家鼓励投资,全国兴建了一大批药厂,使黄连的年销量猛增到1 000 t的高峰,

1985年的黄连价格也因销量的增加而上升到60元/kg左右;一直持续到1994年,由于黄连的产销比例严重失调,价格又很快跌到18~20元/kg;之后黄连价格上下波动,不断被拉升,在2000年中期,黄连价格升到了天价,单枝黄连达280元/kg。据研究统计,目前全国的黄连年需求量是1 500~2 000 t,每年有3 000~4 000 t新货上市,所以,黄连的价格将降到成本价30元/kg左右,之后才会逐渐上涨。2013年黄连近期货源走销不畅,行情止落转稳,现市场鸡爪连统货90~92元/kg,单支统货95~97元/kg。

随着国际上应用天然药物的热潮,黄连出口量也将进一步增加。黄连生产潜力很大,在各种黄连中,味连适应性强,生产难度小,有较好的发展前景。

12.1.2 栽培地选择

黄连以根茎入药。主产于重庆、湖北、陕西等省市海拔1 400~1 700 m的山区,喜凉爽、湿润的气候。在南方种黄连一定要选1 200~1 700 m的高山区,气候比较冷凉、多雨、大气湿度较大的山区种植;偏北方地区选地可适当降低海拔高度;在极其严寒和干燥的北方不适宜种植黄连。

1)选地依据

(1)生长习性　黄连种子具有胚后熟的休眠习性。在当地自然气温(5~20 ℃为宜)下的湿种子,需经过9~10个月才能完成胚的后熟过程,自然高温5~6个月,使种子裂口,再经自然低温3~4个月,种子才能正常发芽。自然成熟的种子播种后,第二年出苗,实生苗四年开花结实,以后每年开花结实。

黄连幼苗生长缓慢,从出苗到长出1~2片真叶,需1~2个月,生长一年后多数有3~4片真叶,株高3 cm左右,根茎尚未膨大,须根少; 2年生黄连,多为4~5片真叶以上,株高6 cm左右,根茎开始膨大,芽苞较大;3~4年生黄连叶片数目增多,有50~80片;4年生以上黄连开花结实。

黄连每年3—7月地上部生长发育最旺盛,地下根茎生长相对缓慢,8月后根茎生长速度加快,9月时次年待要生长的混合芽或叶芽开始形成,11月芽苞长大。黄连每年1月抽薹,2—3月开花,3—5月为果期。从抽薹开始萌生新叶,老叶枯萎,到5月新旧叶更新完毕。

在一年生幼苗生长后期,叶丛中形成次年待要萌发生长的叶芽。越冬后从叶芽中抽出新叶,老叶枯萎。秋季地下根茎膨大,地上叶丛中又形成新的芽,再越冬后新老叶再次更新,秋季地下根茎又膨大。以后各年新旧叶片不断更新,根茎不断膨大,当叶丛中形成双芽后,次年根茎形成分枝,依此下去,根茎可形成6~7个分枝,即“鸡爪”。

(2)环境要求　黄连喜冷凉、湿润、荫蔽,忌高温、干旱。味连要求年平均气温为8~10 ℃,相对湿度60%~80%,霜期150 d左右,年降雨量1 000 mm以上。雅连生长要求年平均气温为6~8 ℃,相对湿度60%,年降雨量1 800 mm以上,霜期60~100 d。云连生长适温为15~25 ℃,相对湿度60%~70%。黄连生长荫蔽度,高海拔地区宜小,低海拔地区宜大;初栽时宜大,成活后宜小。土壤多为富含腐殖质的黄壤、山地红壤、棕壤、暗棕壤等。

2)栽培选地

黄连原野生于森林下,因而形成了喜阴、怕强光的特性,同时也要求富含腐殖质和疏松肥沃酸性的砂质壤土。所以人工栽培必须搭棚或在林下种植。

育苗地、移栽田均应选择土层深厚、疏松肥沃、富含腐殖质、排水力强、通透性能良好的油竹杂木林地，土壤以微酸性至中性，地势以早晚有斜光照射不超过30°的缓坡地为宜；忌连作。

12.1.3 繁殖方法

黄连以种子繁殖为主，通常先播种育苗，再进行移栽。也可以取稍带根茎的连苗进行插育，但其繁殖系数通常不高。

1）育苗地整理

播种前砍除竹、木、杂草和枯枝落叶烧灰作肥；翻耕土壤20 cm，耙细。若选择熟地，结合土壤翻耕施厩肥及土杂肥4 000～6 000 kg/667 m^2，耙细，然后按1～1.5 m宽做高畦。

2）搭棚

如果选择夏播，一般于秋季搭棚；如果选择秋播，则于整地后搭棚。育苗2年可搭高60～70 cm的矮棚，棚材多选用灌木、竹子等。覆盖物不宜过密。1畦1棚。

3）播种

每年10月或11月播种。播种子2.5～3 kg/667 m^2。播种前用细腐殖质土20～30倍与种子拌匀，按量撒播畦面，播后稍压，覆盖细土。在干旱地区的冬季，播后还应盖一层落草，以保持土壤湿润。次年春季解冻后，再揭去盖草，以利出苗。一般较少采用夏播。

12.1.4 整地移栽

1）移栽地整理

可根据情况采用以下方法。

（1）生荒栽连　砍山，即于栽种当年2—3月或上年9—10月，把树木杂草全部砍、铲干净。留下竹、木材作棚材。选晴天将表土7～10 cm的腐殖质土挖起，用土块拌和落叶、杂草等点火焚烧，保持暗火烟熏，见明火即加土。经过数日，火灭土凉后翻堆。如表土腐殖质层较厚，只将地表腐殖土挖松，不必熏土，即所谓“本土栽连”。翻地，以深至不动底土层为限。做畦，畦面呈弓形，一般宽以桩距减畦沟宽为准，并以横桩位于畦的中间为宜。畦沟宽通常不少于33 cm，沟深15 cm左右。每畦两端需开横沟，以便排水、铺土，即把熏好的土或腐殖土铺在畦面上，土厚15～20 cm。栽种前把熏土耙细，拣净草根、石块等。

（2）林间栽连　选地与育苗地相同，整地与生荒地栽连相同，可因地制宜做畦和选用铺熏土、腐殖质土或原土。

（3）熟地栽连　整地前施厩肥或堆肥4 000～6 000 kg/667 m^2，土壤深翻20 cm，耙细，做畦。其方法与生荒地栽连相同。

2）移栽

选用坚实耐久的材料搭棚。过去多采用木材、竹子作棚材，对环境破坏严重。现在许多黄连生产产区基本改用水泥桩作棚材。种子播种出苗后第二年春季便可移栽。选阴天或晴天栽种，忌雨天栽种。移栽时取生长健壮、具4～5枚叶片的连苗，在整理好的畦面上，一般按行株距10 cm×10 cm栽种，栽苗5.5万～6万株/667 m^2。栽苗不宜过浅，一般适龄苗应使叶片以下部分入土。

12.1.5 田间管理

黄连田间管理要根据不同地方的光照条件搭不同高度的棚遮阴,最好采用人工棚,不要过度砍树或枝来满足。定期清除田间杂草以免其吸收土壤营养而影响黄连生长,在除草后应追肥保证黄连正常生长。

1)苗期管理

播种后出苗前应及时除去覆盖物。当苗具1~2片真叶时,按株距1 cm间苗。6—7月可在畦面撒一层约1 cm厚的细腐殖土,以稳苗根。荫棚应在出苗前搭好,一畦一棚,棚高50~70 cm,荫蔽度控制在80%左右。

2)补苗

黄连苗移栽后,由于受多种因素的影响,常有死苗现象发生,死苗率达10%~12%,应及时补苗。一般6月栽的秋季补苗,秋植的于翌春新叶萌发前补苗。要采用同龄苗补栽,确保植株生长一致。

3)除草松土

栽种当年和次年,应及时除草疏松表土,每年除草4~5次;移栽3~4年的黄连,每年除草3~4次,在第3~5年除草时应结合松土,以后可视田面情况,随时不定次清除杂草。

4)追肥培土

移栽后第2~3 d用稀薄粪水或腐熟菜饼水灌苗,也可用细碎堆肥或厩肥1 000 kg/667 m^2左右撒施。栽种当年9—10月和以后每年3—4月及9—10月,各施肥1次。春肥以速效肥为主,秋肥以农家肥为主,每次施2 000 kg/667 m^2左右,施肥量可逐年增加。施肥后应及时用细腐殖土培土。

5)摘除花薹

除留种植株外,为了提高黄连地下部分的产量,在黄连抽出花蕾后,应及时摘除花薹。

6)荫棚管理

调节适应的光照条件,以利黄连正常发育。一般移栽当年荫蔽度以70%~80%为宜,以后每年减少10%左右。至收获的那年,可于6月拆去全部棚盖物,以增加光照,抑制地上部生长,增加根茎产量。

12.1.6 种植模式

黄连为阴性植物,必须进行荫蔽栽培。产区历史上一直沿用砍山以搭棚遮阴,毁林开荒以轮作的传统种植方法,不仅费时费工,而且严重破坏生态平衡,造成大量水土流失。经各产区多年研究,现已形成了多种黄连生态种植模式,包括简易棚栽连、农田栽连、玉米黄连套种、自然林栽连、乔灌草混交栽连等模式以及黄连种子湿沙棚储及精细育苗技术等。既提高了森林覆盖率,改善了生态环境,同时又提高了黄连的产量和质量。

12.1.7 病虫防治

黄连病虫害本不严重,但随着种植面积的增加,药农防治不协调或停留在“粗放”状态,加上熟地栽培、连作、不合理轮作等，致使近几年来黄连的病虫为害逐年加重，给黄连生产带来了不同程度的损失，也成了黄连规范化种植的重点和难点。

注意栽培黄连禁止使用的农药有：敌枯双、溴氯丙烷、三环锡、特普丹、培福郎、蝇毒磷、六六六、滴滴涕、二溴乙烷、杀虫脒、艾氏剂、狄式剂、汞式剂等。

1）病害

（1）白粉病　白粉病俗称冬瓜病。5月下旬始发，6—7月盛发，8月以后危害较轻。危害严重时，使叶片焦枯死亡。

防治方法：调节荫蔽度，适当增加光照，减少湿度；发病初期用庆丰霉素80万单位或70%甲基托布津可湿性粉剂1 000～1 500倍液或波美0.2～0.3度石硫合剂防治。

（2）炭疽病　5月始发，5月中旬至6月上旬盛发。危害叶片。后期病斑中间脱落、穿孔，病斑合并，使全叶枯死。

防治方法：实行轮作；选阔叶林带栽种；一年生苗发病初期用1∶1∶（100～150）的波尔多液或65%的代森锌可湿性粉剂300～400倍液加0.2%洗衣粉防治。

（3）白绢病　危害黄连根茎，造成根和根茎腐烂，全株死亡。6月初始发，6月下旬至7月中旬盛发，地下茎长出白色绢丝状的菌丝和菌核。

防治方法：实行与玉米轮作5年以上的轮作制；发现病株，立即拔除烧毁，并用石灰粉封穴及穴周围土壤；用50%多菌灵可湿性粉剂800倍液浇淋。

（4）根腐病　一般4—5月开始发病，7—8月为发病高峰期，9月以后逐渐减少。

防治方法：用80%药材病清1 000～2 000倍液在发病初期喷雾。

2）虫害

（1）蛞蝓　3—11月发生，雨天为害严重，为害叶片及叶柄，严重时全部吃光，且不发新叶。

防治方法：在发生期用鲜菜叶拌药等毒饵诱杀；或在清晨撒石灰粉防治。

（2）地老虎　6—8月发生，主要为害黄连幼苗。

防治方法：用25%“二二三”乳剂300～400倍液或90%敌百虫液进行喷雾防治。

（3）蛴螬和蝼蛄　蛴螬和蝼蛄主要危害黄连的根和叶柄及幼苗。

防治方法：可用毒饵诱杀，或在小雨来临前，用5%氯氰菊酯600～800倍液喷雾，或于晴天用5%氯氰菊酯1 000～1 500倍液对药床进行泼浇。

12.1.8　采收加工

1）留种

黄连移栽后两年就可开花结实，但以栽后3～4年生的植株所结种子质量为好，数量也多。一般于5月中旬，当蓇葖果由绿色变黄绿色，种子变为黄绿色时，应及时采收。采种宜选晴天或阴天无雨露时进行，将果穗从茎部摘下，盛入细密容器内，置室内或阴凉的地方，经2～3 d熟后，搓出种子，再用2倍于种子的腐殖细土或细沙与种子拌匀后层积保藏。

2）采收

黄连一般在移栽后第5年或第6年的10—11月收获，此时根茎粗大，水分适中，折干率高，品质好。选择晴天拆棚，挖出植株，取出泥土，剪去须根和叶片，即得新鲜黄连，分别采集根茎、须根及叶片做不同加工。

3)加工

鲜黄连根茎不用水洗,直接干燥。一般采用炕干或烘干。产地加工可根据情况,搭灶,用柴草等加温烘干,火力不易过大,并勤翻动以免将药材烘糊了,在半干时分成大、中、小3级。分3层从上到下为小中大,方便受热均匀。火力随干燥程度而减小。烘干后撞击铁网使其来回推动,除去残存须根,粗皮,鳞芽及叶柄。最后倒出拣出石子、土粒,即成药材。

在中国唐代有炒法;中国宋代有酒炒、姜炒、蜜制、米泔制、麸炒、制炭等。以条粗壮、连珠形、质坚重、断面红黄色、有菊花心者为佳。须根、叶片经干燥去泥沙杂质后,也可入药。残留叶柄及细渣筛净后可作兽药。

12.1.9 药材质量

1)国家标准

《中国药典》2010年版黄连项下规定:

浸出物:照醇溶性浸出物测定法项下的热浸法测定,用乙醇作溶剂,不得少于30.0%。

含量测定:照《高效液相色谱法检验标准操作程序》测定。本品按干燥品计算,含胡黄连苷Ⅰ($C_{24}H_{28}O_{11}$)与胡黄连苷Ⅱ($C_{23}H_{28}O_{13}$)的总量不得少于9.0%。

2)传统经验

干货。多聚集成簇,分枝多弯曲,形如鸡爪或单支,肥壮坚实、间有过桥,长不超过2 cm。表面黄褐色,簇面无毛须。断面金黄色或黄色。味极苦。无不到1.5 cm的碎节、残茎、焦枯、杂质、霉变。

【知识拓展】>>>

12.1.10 黄连的道地性

黄连始载于东汉《神农本草经》,列为上品。据记载,600多年前,重庆石柱、武隆、南川及湖北利川、来凤、恩施、建始、宣恩等地就有栽培的味连,称"南岸连";重庆城口、巫溪、巫山及湖北房县、巴东、竹溪、秭归等地栽培的称"北岸连"。黄连主产于我国湖北、重庆、四川、陕西、湖南等省,由于其产区及种类的不同,商品黄连有味连、雅连、云连之分。四川是黄连的道地产区,而峨眉地区自古以来就是黄连自然分布与人工分布的核心。味连产区海拔以1 200~1 400 m分布最广,自然植被为湿性常绿阔叶林或针、阔混交林;雅连产区主要集中于海拔1 800~2 400 m高寒山区,自然植被为湿性,常绿阔叶林和针阔混交林,以冷箭竹为主;云连生于海拔2 700~3 000 m高寒山区。

12.1.11 黄连识别

1)黄连

黄连(*Coptis chinensis* Franch.)为毛茛科多年生草本植物。株高20~50 cm。根状茎多分

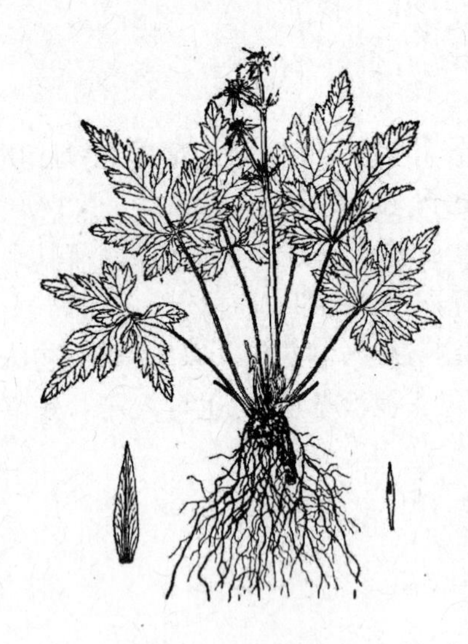
图 12.1　黄连

枝,形如鸡爪,节多而密,生有极多须根,外皮黄褐色。叶均基生,叶片坚纸质,3 全裂,中央裂片卵状菱形,羽状浅裂,侧生裂片不等 2 浅裂。花葶 1 ~ 2 顶生;聚伞花序,每个花序 3 ~ 8 朵花,花小,萼片 5,黄绿色;雄蕊约 20 枚;心皮 8 ~ 12。果绿色,后变成紫绿色,成熟时顶端孔裂,种子多数。花期 2—3 月,果期 3—5 月,如图 12.1 所示。

2)雅连

雅连为多年生草本,植株稍高于黄连。根状茎不分枝或少分枝,有结节,节膨大,节间较细(俗称"过桥"),节上着生极多细长须根;匍匐茎细长,从根茎节上侧向抽生,每株 2 ~ 20 枝,枝顶具复叶 1 片或数片,有膨大的芽苞,触地能生根发叶,生成新株。叶丛生,柄长 7 ~ 17 cm,无毛;三出羽状复叶,革质,深绿色,有光泽。花茎一枚,长 15 ~ 20 cm,顶生圆锥聚伞花序,有花 3 ~ 9 朵,淡绿色;苞片线状披针形,花萼狭卵形,花瓣窄条形;雄蕊约 20 枚,心皮 9 ~ 12。聚合果 6 ~ 12 个,花多不孕,果实中罕有种子。

3)云连

云连为多年生草本,根与雅连相似,主要区别点在于:根茎细小,节间密、具匍匐茎,叶片卵状三角叶,3 全裂,中央裂片卵菱形,先端渐尖,羽状深裂,小裂片彼此疏离。花瓣匙形至卵状匙形,先端钝。

不难看出,雅连与黄连基本相似,但其叶的一回裂片的深裂片彼此邻接;蓇葖果多为 6 ~ 7 个,无种子。云连根茎较细,叶片上羽状深裂片间常更稀疏。

12.1.12　药用价值

黄连的根茎,性寒,味苦,具有清热燥湿、泻火解毒之功能。一般多用于肠胃湿热所致的腹泻、痢疾、呕吐、热盛火炽、烦躁、痈肿疮毒等症。主治温病热盛心烦、菌痢、肠炎腹泻、流行性脑膜炎、湿热黄疸、中耳炎、疔疮肿毒、目赤肿毒、口舌生疮及发热等症。现代研究表明,黄连含有小檗碱、黄连碱等成分,具有较强的抗菌作用。同时还有扩张血管、降血压、降血糖、利胆、解热、抗炎、强心、利尿、镇痛、镇静、降低眼内压、抗癌等作用。

12.1.13　黄连开发利用

黄连具清热、燥湿、解毒的功效,不仅是中医处方常用的品种,也是中成药的重要原料。有"中药抗生素"之称。据《全国中成药品种目录》统计,以黄连作原料的中成药品种有黄连上清丸、复方黄连素片、加味香连丸等 108 种。

黄连根茎中主要成分为多种原小檗碱型季铵生物碱,包括小檗碱、黄连碱、表小檗碱、巴马汀及药根碱等。此外,尚含有木兰花碱及阿魏酸等。近年来黄连的药用范围进一步扩大,所含生物碱抗菌作用强,对金葡菌、链球菌、痢疾杆菌等多种细菌有明显的抑制作用;对感染性粉刺有很好的治疗作用;对瘢痕愈合也有一定作用。临床研究还发现,黄连素片可治疗高血压、心律失常、Ⅱ型糖尿病、肠易激综合征等。

【计划与实施】>>>

味连、雅连、云连的区别

1)目的要求

了解味连、雅连、云连之由来,学会不同的区别方法。

2)计划内容

查阅味连、雅连、云连相关知识;通过实物鉴别味连、雅连、云连外观性状;还可利用实验设备进行显微鉴别和理化鉴别。然后描述和记录观察内容,并完成实验报告。

3)实施

4~5人一小组,以小组为单位,采用实物、图片观察、资料查阅、栽培地访问等手段,收集资料、整理,写出工作报告,制作PPT课堂演示讲解。

【检查评估】>>>

序号	检查内容	评估要点	配分	评估标准	得分
1	调查	实地调查	30	亲临黄连生产实地调查、资料数据真实可靠,计25~30分;仅进行资料查找,无数据计20~24分;没调查不计分	
2	药材识别	识别方法	30	识别方法可行,结果正确,计25~30分;结果不完全正确,计20~24分;结果错误不计分	
3	实验报告	辨别结果	40	报告内容、数据真实完整计35~40分;报告内容、数据不够完整计30~34分;没有实验报告不计分	
合　计			100		

任务12.2　党参(川党参)栽培

【工作流程及任务】>>>

工作流程:

选地整地—繁殖方法选用—田间管理—病虫害防治—采收加工。

工作任务:

种子繁殖,育苗移栽,田间管理,采收加工。

【工作咨询】>>>

12.2.1 市场动态

党参为常用大宗药材,也是药食兼用药材。其原植物为桔梗科植物党参 *Codonopsis pilosula*(Franch.)Nannf.、素花党参 *Codonopsis pilosula* Nannf. var. *modesta*(Nannf.)L. T. Shen 或川党参 *Codonopsis tangshen* Oliv.,以干燥根入药。川党参大约在1830年形成商品,至清末开始驯化栽培,一直是三峡地区道地的出口药材,多出口台湾地区以及东南亚一带,主要做保健食用。据中国药材公司在20世纪80年代的统计,党参的年用量为8 000~9 000 t,其中党参年出口量约5 000 t。2013年全国党参产销量3.5~4.0万t,川党参约占全国党参类药材产量的1/3,价格略高于白条党参,白条党参为50~90元/kg,川党参产地价为100元/kg左右。

12.2.2 栽培地选择

1)选地依据

(1)生长习性　党参为多年生草质藤本。喜气候温和、夏季凉爽、空气湿润的环境。耐寒,栽培后根部在土壤中能露地越冬。对光照要求较严,幼苗喜阴、喜湿润,所以育苗期忌日晒;成苗后喜阳。党参要求土层深厚、土质疏松,以肥沃的砂壤土为最好。忌盐碱、黏土及低洼地,不宜连作。

(2)对环境的要求　野生川党参生于海拔700 m以上的山地灌丛或林中,栽培地选海拔1 500~2 500 m的缓坡地为佳。川党参喜冬季寒冷、夏季凉爽的气候,高温不利其生长。对光照要求比较严格,幼苗喜阴,需适当遮阳,成株喜充足光照。

2)栽培选地

宜选土层深厚、疏松、肥沃、酸性或微酸性,湿润、排水良好的向阳缓坡地。

12.2.3 繁殖方法

川党参多采用种子育苗移栽发展生产,也可以直播栽培。

1)采种

党参栽种后第二年就能开花结果,但以三年以上的种子充实饱满,9—10月,果皮微带红紫色时采收,与稍润的沙子混合,储藏在土坑和瓦缸里,播时再筛出搓烂使用,这样有利于提高种子的发芽率。陈年种子不能用于繁殖。

2)育苗

秋播出苗较春播好。春播于3月下旬至4月上、中旬;秋播于9月中旬至10月上旬。条播与撒播均可,但条播更便于管理;条播用种1.5~2 kg/667 m^2,撒播用种2~2.5 kg/667 m^2,播种前将种子拌于50~100倍稍润而又能撒开的火灰中。条播,于畦上横开浅沟,行距约

30 cm,播幅10~15 cm,深5 cm,将种子均匀撒于沟中。撒播将种子均匀撒于畦面,播后再撒盖细土厚0.5 cm,并于畦面薄盖一层稿秆或草,以保持土壤水分,利于种子发芽出苗;但在幼苗即将出土时,应及时揭除。幼苗出土后,用极稀薄的人畜粪水1 200~1 500 kg/667 m^2,催苗1次。秋播的,在11—12月苗枯后,与冰冻前应将沟中泥土起出覆盖于畦面,以利幼苗越冬。苗高5 cm时,应除草间苗,每隔2 cm留苗1株。间苗后再施稀薄人畜粪水或硫酸铵1次。以后有草即除。党参育苗1年,即可移栽,可得秧苗200~250 kg/667 m^2,最高可达500 kg/667 m^2以上,每千克有秧苗1 000~1 500株。苗田:移栽地为8~10 m^2。

3)直播

造畦与播种期同育苗。播种前先将种子与火灰及人畜粪水充分拌和,用种300~400 g/667 m^2,火灰150~200 kg/667 m^2,人畜粪水40~60 kg/667 m^2,拌后最好过筛一次,使种子均匀。条播:在整好的畦上横开浅沟沟心距30 cm,播幅10 cm,深5 cm,将拌好的种子按照计算出来的拌种量,均匀播于沟内,再薄盖一层细土,用木板或木棒稍加镇压。

12.2.4 整地移栽

1)整地

用荒地栽种,应于秋季清除地上的杂草、灌木等,待次年春烧作肥料,然后深翻、整细整平,开1.3 m宽的高畦,畦沟宽30 cm,深15 cm。用熟土栽种,宜在播种或移栽前深耕一次,将基肥(堆肥、厩肥或绿肥等)2 000 kg/667 m^2,翻入土中,然后耕细、整平做畦。

2)移栽

以秋末移栽较好。移栽前,将参苗挖起,剔除无芽头的、挖断的、过小的,捆成250~500根的小把,放在荫蔽的地方。挖起的秧苗最好当天栽完,栽不完的应埋在湿润的土中,随栽随取,以免干枯。如果发生苗干时,切不可洒水,应埋在湿土中1~2日,即可复原。移栽行距20~23 cm,株距5 cm左右。栽时,视秧苗长短,在畦上横开深浅合适的沟,将苗竖放沟中,尾部不要弯曲,覆上细土,踏紧后,再覆土畦面平。在较高山区,秋季移栽,芦头应在土面以下7~8 cm,以防冰冻之害。

12.2.5 田间管理

1)补苗

移栽后如有死苗时应补植。补苗时可用小竹棍插入土中旋一小孔,将秧苗放进孔中,然后压紧。

2)中耕除草

应结合补苗进行1次除草。秋季苗枯后,将干枯的蔓茎割除,并用小锄在行间浅锄,不宜过深以免伤根,并应同时培土。第二三年春季应中耕除草1次,秋季苗枯后中耕除草培土1次。

3)施追肥

每年春季中耕除草后施肥1次,一个月后再施肥1次,以促进参苗生长。每次施稍淡人畜粪水1 000~1 500 kg/667 m^2,不可过浓。如用化肥、尿素,3~4 kg/667 m^2 加水200~250

倍浇施,也可与 50 ~ 60 倍细土拌和,均撒畦面。秋季于中耕前,施追肥或厩肥粉 1 000 ~ 1 500 kg,加过磷酸钙 40 kg 或骨粉 15 kg 拌均撒于行间,中耕时翻入土中。常用农家肥包括:厩肥、堆肥、人畜粪水等。化肥包括尿素、过磷酸钙等。

4)设立支柱

党参蔓茎较长,若任其生长,则藤叶重叠,阻碍阳光透射,空气不流通,不但影响光合作用降低产量,而且易受病害。因此,当苗高 30 cm 左右时,用长 1.7 ~ 2 m,带有枝丫的小树条或竹子作为支柱,彼此稍有交错地插在行间,使党参蔓茎缠绕于上。也可有计划地留一些较高大的草本植物,如向日葵等,形成天然支柱,供蔓茎攀缘。

12.2.6 病虫防治

1)病害

(1)锈病　7—8 月发生,蔓延迅速。受病后,叶片枯黄而死,影响甚大。

防治办法:应选不过分湿润的地区栽培,注意设立支柱,发病初期,可用 0.3°的石硫合剂防治。

(2)根腐病　5—6 月发生,雨水多时,引起根部腐烂。

防治方法:处理病根残株,注意排水;发病时用 50% 托布津可湿性粉剂 2 000 倍液淋灌。

2)虫害

(1)跳甲　春末幼苗发芽后常发生,用 48% 乐斯本乳油 1 000 倍液防治。

(2)红蜘蛛　6 月以后发生较多,用 0.9% 农维康(阿维菌素)1 000 倍液防治。

(3)蚜虫　夏季常发生,可用 48% 乐斯本乳油 1 000 倍液防治;苗期为害,可用人工捕杀,或每用 90% 晶体敌百虫 100 g/667 m^2 与炒香菜子饼 5 kg 配成毒饵诱杀。

(4)地老鼠　在党参生长后期常咬食参根。发现后按其掘穴方向搜捕:或在暴雨初晴后,见其在土中掘穴时捕杀。

12.2.7 采收加工

1)采种

移栽 1 年的党参虽能开花结实,但种子质量差,不宜作种,故宜选用 2 年生以上的植株所结的种子作种,一般在 9—10 月果实成熟时,当果实呈黄白色,种子浅褐色时,即可采种。由于种子成熟不一,可分期分批采收,晒干脱粒、去杂,置干燥通风处储藏。

2)采药材

(1)采收期　从播种算起,川党参宜 3 ~ 5 年采收,直播 3 年生,移栽的生长 2 年,少数为了收获种子,也可以 4 ~ 5 年收获,药材产量可相应提高。在地上部枯萎至冻前采挖,但以白露节前后半个月内采收最佳。

(2)采收方法　党参在秋末苗枯后收获,要仔细深挖,把全根挖出,避免挖伤折断,以免浆汁外溢,形成黑疤,影响质量和外观。收获的党参,除去地上部分及须根,一般分成老、大、中、小 4 级,把老、大、中 3 级的用水洗净加工药材,第 4 级的可以加工药材,也可留作移栽种苗。党参采挖后,应及时晒干或烘干。

3)产地加工

秋季采挖,洗净泥土,经晾晒—揉搓—再晾晒—再揉搓,反复3~4次,晒至七八成干时,捆成小把,晒干。

收获的鲜党参经分级、洗净后,按级别的不同分开晾晒或烘干,主要工序有:鲜党参—分级—洗药—晾晒/烘干—包装—入库。产鲜货约1 000 kg/667 m^2,干品250 kg/667 m^2左右。

(1)晾晒加工　采用晾晒方式加工时,先在晒席上摊晒2~3 d,至参根萎蔫变软能绕在手指上不断时,把根整理成直径约5 cm的小把,一手握住芦头的一端,一手握住参根顺序向下揉捏数遍,让根心变软,使水分便于渗出,然后再摊晒,晚上收回。第二天再揉再晒,反复3~4次,然后扎成头尾整齐重2 kg的牛角把子,置木板上反复揉搓,再继续晒干。搓过的党参根皮细、肉坚、饱满绵软。每次揉搓后,必须成排摆放,不能叠放以免发酵,影响品质。晒到六七成干时,要把第2行芦头压在第1行的尾部摊晒,可使参根头尾干燥一致,并可减少折断参尾的损失,晒到全干,才可收藏。部分出口川党参有精制加工与包装等特殊要求。

(2)烘干　如遇天气不好,可上烘房进行低温烘干(温度以60 ℃左右为宜),在烘干的前一段时间,也要拿下搓揉3~4次,但在搓揉前要将过干的尾部湿润发软后再搓揉,防止尾尖折断,以减少损失,烘至全干即成。

12.2.8　药材质量

1)国家标准

根据《中国药典》2010年版规定:党参水分不得超过16.0%;总灰分不得超过5.0%;醇溶性浸出物不得少于55.0%。根据党参来源,药材性状有差别。

(1)党参　党参呈长圆柱形,稍弯曲,长10~35cm,直径0.4~2 cm。表面黄棕色至灰棕色,根头部有多数疣状突起的茎痕及芽,每个茎痕的顶端呈凹下的圆点状;根头下有致密的环状横纹,向下渐稀疏,有的达全长的一半,栽培品环状横纹少或无;全体有纵皱纹和散在的横长皮孔样突起,支根断落处常有黑褐色胶状物。质稍硬或略带韧性,断面稍平坦,有裂隙或放射状纹理,皮部淡黄白色至淡棕色,木部淡黄色。有特殊香气,味微甜。

(2)素花党参(西党参)　素花党参长10~35 cm,直径0.5~2.5 cm。表面黄白色至灰黄色,根头下致密的环状横纹常达全长的一半以上。断面裂隙较多,皮部呈灰白色至淡棕色。

(3)川党参　川党参长10~45 cm,直径0.5~2 cm。表面灰黄色至黄棕色,有明显不规则的纵沟。质较软而结实,断面裂隙较少,皮部黄白色。

2)传统经验

党参以根条粗壮、质坚实、油润、气味浓、嚼之渣少、无杂质、无虫蛀、无霉变为佳。

【知识拓展】>>>

12.2.9　川党参的道地性

川党参野生资源分布较广,主要分布于重庆、陕西、湖北等省市,但产量较少,现多为家种。家种主产重庆渝东北、湖北鄂西、鄂西北及陕南等地，大巴山东南段、巫山、七曜山为道地产区。

12.2.10 川党参识别

来源于桔梗科党参属植物川党参 *Codonopsis tangshen* Oliv.。草质藤本，长达 3 m。根常肥大肉质，呈纺锤状或纺锤状圆柱形，少分枝或中部以下略有分枝，长 15 ~ 20 cm，直径 1 ~ 3 cm；表面灰黄色。茎缠绕多分枝。叶在主茎及侧枝上的互生，在小枝上的近于对生，有叶柄；叶长卵形、窄卵形或披针形；除叶片两面密被柔毛外，全体几近于光滑无毛。花有梗；花萼 5 深裂，仅基部与子房合生，长圆状披针形，先端急尖，微波状或近于全缘；花冠钟状，淡黄绿色内有紫斑，5 浅裂，裂片近于正三角形；花丝基部微扩大；子房下位。蒴果圆锥形，直径 2 ~ 2.5 cm。种子多数，椭圆状，细小，棕黄色，如图 12.2 所示。

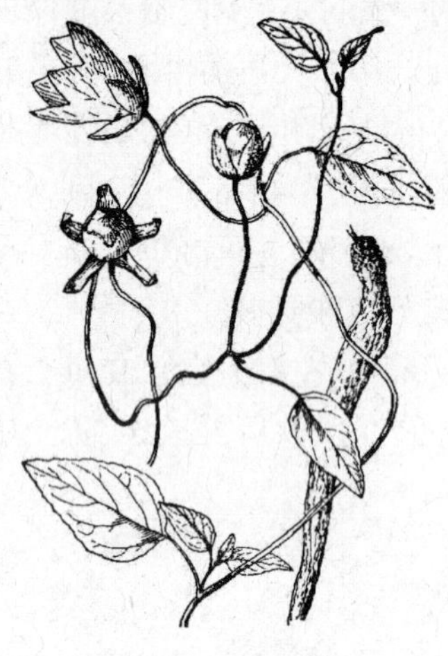
图 12.2　川党参

党参原植物除川党参外，还有党参 *Codonopsis pilosula* (Franch.) Nannf.、素花党参 *Codonopsis pilosula* Nannf. var. *modesta* (Nannf.) L. T. Shen。全国各地还有 20 多个党参属植物也作党参使用(地方习用品)。

12.2.11 川党参的开发利用

川党参是党参来源之一。党参具有补中益气，健脾益肺。用于脾肺虚弱，气短心悸，食少便溏，虚喘咳嗽，内热消渴。

川党参不但在药用方面有长足的开发，而且作为食补保健产品在食用方面也有突飞猛进的发展，川党参食用量比药用量更大，主要做药膳，如煲汤、做党参酒、党参粥等。

【计划与实施】>>>

川党参育苗

1) 目的要求

掌握川党参育苗移栽关键操作技术，学会川党参育苗方法。

2) 计划内容

(1) 确定采种期　党参栽种后第二年就开花结果，但以三年以上的种子充实饱满，9—10 月，果皮微带红紫色时采收。

(2) 种子采收及处理　收割地上藤蔓，晾干后搓烂果实筛出种子，与稍润的沙子混合，储藏备用。

(3) 播种　于 9 月中旬至 10 月上旬秋播。条播，用种量 1.5 ~ 2 kg/667 m^2，播种前将种子拌于50～100倍稍润而又能撒开的火灰中。于畦上横开浅沟,行距约30 cm,播幅10～15 cm,深5 cm,将种子均匀撒于沟中。撒播将种子均匀撒于畦面,播后再撒盖细土厚0.5 cm,并于畦面薄盖一层稿秆或草,以保持土壤水分,利于种子发芽出苗。

(4)苗圃管理　在幼苗即将出土时,应及时揭除。幼苗出土后,用极稀薄的人畜粪水1 200～1 500 kg/667 m^2,催苗1次。在11—12月苗枯后,与冰冻前应将沟中泥土起出覆盖于畦面,以利幼苗越冬。苗高5 cm时,应除草间苗,每隔2 cm留苗1株。间苗后再施稀薄人畜粪水或硫酸铵1次。以后有草即除。党参育苗1年,即可移栽,可得秧苗200～250 kg/667 m^2,最高可达500 kg以上,秧苗数量1 000～1 500株/kg。

3)实施

4～5人一小组,以小组为单位,负责2 m^2 左右的党参苗圃。

【检查评估】>>>

序号	检查内容	评估要点	配分	评估标准	得分
1	种子繁殖	种子采收、处理、苗圃地准备、播种、苗床管理、苗子质量	40	种子采收、处理、苗圃地准备、播种、苗床管理各计5分;有管护措施、幼苗健壮,密度合理各计5分;方法有错误、操作不规范酌情扣分	
2	整地移栽	整地、移栽	20	整地精细,深、松、细、平、净,计10分,差的每项扣2分;移栽时期、规格正确,移栽质量好,计10分,否则每项扣3分	
3	田间管理	除草、施肥、遮阴等	20	除草、施肥、遮阴操作正确,植株长势好计20分,长势差、苗少的扣5～10分	
4	采收加工	采收期、采收方法、加工方法	20	采收期合理计5分,采收方法正确计5分、加工方法正确计5分,操作规范计5分,方法有错或操作不规范酌情扣分	
合　计			100		

任务12.3　厚朴栽培

【工作流程及任务】>>>

工作流程:

选地整地—栽培品种选择—繁殖方法选用—田间管理—病虫害防治—采收加工。

工作任务:

厚朴类型识别,种子繁殖,环剥。

【工作咨询】>>>

12.3.1 厚朴市场动态

厚朴皮可作药材，树又是优质木材，其经济价值较高，且适应能力较强。我国西南大部分山区退耕还林的作为首选树种，目前种植面积较大。近年来厚朴关注商家较少，市场需求不旺，货源交易迟缓，行情保持平稳，2013 年市场统个 12～12.5 元，统片 14～15 元。该品市场库存还有量，预计后市行情以稳为主。

12.3.2 栽培地选择

1)选地依据

(1)生长习性　厚朴喜凉爽湿润、照光充足，怕严寒、酷暑、积水。生育期要求年平均气温在 16～17 ℃，最低温度不低于 -8 ℃，年降水量 800～1400 mm，相对湿度 70% 以上。

种子特性：种皮厚硬，含油脂、腊质，水分不易渗入。发芽时间长，发芽率低。

生长发育：3 月初萌芽。3 月下旬叶、花同时生长、开放。花持续 3～4 d，花期 20 d 左右。9 月果实成熟、开裂。10 月开始落叶。厚朴树 5～6 年生增高长粗最快，15 年后增长不明显；皮重增长以 6～16 年生最快，16 年以后增长停滞。

(2)环境要求

①温度。厚朴和凹叶厚朴是我国山地特有树种。厚朴喜气候温和，耐严寒，怕炎热。冬季积雪 3 个月，绝对最低气温 -10 ℃也不会受冻害，夏季高温 38 ℃以上的地区栽培，生长缓慢。凹叶厚朴则喜温暖，耐高温、炎热能力比厚朴强，但其耐寒力不及厚朴，如海拔超过 1 000 m，则生长缓慢。

②水分。喜较湿潮、雨雾多的气候，怕水涝。以年降水量在 1 500 mm 左右的地区栽培为宜。幼苗期不宜过多水分，过于潮湿的环境易发生根腐病。成年树在凉爽、多雾的气候条件下，生长发育良好，若水分不足，则生长缓慢。

③光照。厚朴和凹叶厚朴均为阳性树种，喜向阳环境。但幼苗怕强光直射，应适当荫蔽才能生长良好。成年树在荫蔽的林中或在种植密度过大的环境下，则生长发育不良，植株会徒长，茎增粗更趋缓慢。故厚朴定植宜选择向阳的地势，其生长迅速，茎增粗快，成树早。

④土壤。对土壤适应性较强。以土层深厚、疏松、腐殖质含量丰富，呈中性或微酸性，砂壤土、壤土为宜。瘠薄的土壤种植，根系发育差，植株生长缓慢。土层深厚，含腐殖质较多的山地黄壤、黄红壤也可种植。

⑤海拔。海拔的高低对厚朴的生长发育有较大的影响，如厚朴在海拔 800～1 600 m，生长发育良好，生长速度快。凹叶厚朴在老产区，种植在海拔 600 m 以上的山区，生长较为缓慢。

2)栽培地选择

育苗地宜选山谷半阴半阳、湿度较大、水源条件好、排灌方便的地块。土层要求深厚，土质疏松、肥沃的砂质土壤。

种植地，厚朴宜选海拔800～1 200 m地区，选择土壤层较厚的阳坡为宜；凹叶厚朴宜选海拔500～800 m的山地，尤以山谷为宜。

12.3.3 繁殖方法

繁殖方式主要有种子繁殖、分株繁殖、压条繁殖和扦插繁殖，生产上以种子繁殖和扦插繁殖为主。

1)种子繁殖

(1)采种选种　在厚朴林中，选择生长速度快、树皮厚、树干通直、无病虫害的植株作为采种母树。10—11月当果实的果皮由青绿色变为紫黑色，并开裂露出红色种子时进行采种。采种时，将果实摘下，暴晒2～3 d，取出种子备用。

(2)种子处理　将选好的种子摊放于室内，厚10～15 cm，待红色外种皮变黑后，用清水浸泡24～48 h，将种子置于箩筐内，撮去外种皮，用清水冲洗干净，摊放于阴凉处晾干。晾干的种子用0.3%高锰酸钾溶液消毒后用湿沙储藏，储藏高度以不超过50 cm为宜。储藏期间每半个月检查1次，发现沙子干燥发白时，应适当补充水分，并将种子与沙子重新翻1次。

(3)播种育苗　厚朴播种育苗可冬播也可春播。冬播多在11月中、下旬，春播于2月下旬至3月上旬进行。采用冬播(种子采收处理后立即播种)，150 d左右出苗，出苗率可达100%；春播，出苗要60 d以上，出苗率30%左右。播种方法是在整好的苗床上开横沟条播，沟距25～30 cm，沟深3～5 cm，种距7～8 cm，将处理好的种子播下，然后覆盖细土厚2～3 cm，盖草保湿。播种量10～15 kg/667 m^2。

出苗后要及时揭去盖草，利于幼苗迅速出土，阳光较强时并予以适当遮阴。当幼苗长出3片真叶时进行松土除草、追肥，肥料以腐熟农家肥为主，亦可用复合肥，施入农家肥100 kg/667 m^2或复合肥30 kg/667 m^2。整个苗期追肥2～3次，高温干燥时要及时浇水，多雨季节要及时清沟排水，以防苗地积水，发生烂根现象。厚朴当年生苗高仅35～40 cm，不分枝，不可出圃定植，需在苗圃内培育2年后，当苗高达80 cm左右时，方可出圃定植。

2)分株繁殖

厚朴分蘖能力强，常可产生许多萌蘖，可用萌蘖进行分株(蘖)繁殖。方法是立冬前或早春，选择35～50 cm的萌蘖，挖开母株根部泥土，在萌蘖与母树连接处的外侧，用利刀横切萌条茎干的1/2，握住萌蘖中、下部，将与切口相反的一面下压，使萌条从切口处向上纵裂，裂口长约5 cm，在裂缝中夹一小石块，施入腐熟农家肥每株3 kg，随之培土，高出地面15～20 cm，稍加压实，到第二年早春，将培土挖开，见切口基部长出多数细根，便可将萌蘖苗从母树根部挖出定植。

3)压条繁殖

10月下旬或在翌年2月，选择生长速度快和健壮的10年以上的母树上近地面的1～2年生健壮枝条，用利刀将其茎切断一半，在切口处加一石块，并除去部分叶片，将切口处埋入土中，再培土高约15cm，枝梢要露出土外，并扶正直立。次年春季的可剥离母体定植。

4)扦插繁殖

于2月选择径粗约1 cm的1～2年生健壮枝条，剪成长约20 cm的插条，扦插于苗床中，苗期管理与种子育苗相同。

12.3.4 整地定植

于冬季深翻,春播时结合整地施入腐熟厩肥或土杂肥作基肥。整地要求三犁三耙,将土壤耙平整细,然后开行道做床,床宽1.2 m,行道宽40 cm,待播。

地选好后,如是成熟的农田,进行全面翻耕地块,深度为30 cm左右;如是生荒地清除杂草、灌木,集中沤制或烧毁作基肥用,并将表层肥土堆放在一边,以便植苗时垫入穴底作基肥。在选好的种植地上按株行距3 m×4 m开穴,穴长宽深30 cm×30 cm×40 cm。整地时间应在9月中、下旬进行,以利新土风化。

一般育苗2~3年,当苗高80 cm以上时,就可以定植。于2—3月还未萌发前或10—11月落叶后进行定植。苗木的根系和枝条适度修剪后,每穴栽入1株,将根系舒展,扶正,边覆土边轻轻向上提苗、踏实,使根系与土壤密接,覆土与地面平后浇足定根水。幼树期间可套种豆类农作物或其他草本中药材等,以利幼树的抚育管理。

12.3.5 田间管理

1)中耕除草

幼树期每年中耕除草4次,分别于4月中旬、5月下旬、7月中旬和11月中旬进行。树木成林后,其枝叶茂盛,叶片较大,荫蔽度大,加上落叶的覆盖,一般杂草较多,不用除草。冬季结合施肥中耕培土1次。

2)追肥

结合中耕除草进行追肥,肥料以腐熟农家肥为主,辅以适量枯饼、复合肥。每次施入农家肥500 kg/667 m^2、复合肥5 kg/667 m^2。施肥方法是在距苗木30 cm处挖一环沟,将肥料施入沟内,施后覆土。

3)除萌

厚朴萌蘖力强,常在根际部或树干基部出现萌芽而形成多干现象,除需压条繁殖者的以外,应及时剪除萌蘖,以保证主干挺直,生长快。

4)斜割树皮

当厚朴生长10年后,树皮较薄的,可在春季用利刀从其枝下高15 cm处起一直至基部围绕树干将树皮等距离地斜割3~4刀,使养分集聚,促进树皮增厚。处理4~5即可剥皮。

12.3.6 病虫防治

1)病害

(1)根腐病　苗期多发生,6月中、下旬发生,7—8月严重。在地势低洼,积水黏土处易发病。病株根部发黑腐烂,呈水渍状,继而全株死亡。

防治方法:①苗床选择排水良好的砂质土壤育苗;②整地时使用杀菌剂对土壤进行消毒;③增施磷、钾肥,提高植株抗病力;④发现病株及时拔除,病穴用石灰消毒,或用50%多菌灵1 000倍液浇灌。

(2)立枯病 苗期发生,在土壤黏性过重、阴雨天等情况下发生严重,为害幼苗。幼苗出土不久,靠近地面的植株茎基部缢缩腐烂,呈暗褐色病斑,幼苗倒伏死亡。

防治方法:①选择排水良好的砂质壤土种植。②雨后及时清沟排水,降低田间湿度。③发现病株立即拔除,并用生石灰消毒病穴。④发病初期,在病株周围喷50%甲基托布津1 000倍液或50%多菌灵1 000倍液。

(3)叶枯病 主要为害叶片。高温、高湿季节易于发病。一般在7月开始发病,8—9月为发病盛期。初期叶面病斑黑褐色,圆形,直径2 mm。逐渐扩大呈灰白色密布全叶。潮湿时病斑上生有黑色小点。后期,病叶干枯死亡。

防治方法:①冬季清理林园,清除枯枝病叶及杂草并集中焚烧;②发病前每隔7 ~8 d喷1次1:1:120波尔多液保护,发病初期喷50%退菌特800倍液,连续2 ~3次。

2)病害

(1)褐天牛 幼虫主要蛀食枝干,约经6周蛀入木质部,使树干变空,再向主茎为害,虫孔常排出木屑,致使植株枯死。7—10月间,常在距地面30 cm以下的主干处,出现唾沫状胶质分泌物、木屑、虫粪。这是褐天牛为害的明显症状。其成虫咬食嫩枝皮层,造成枯死。

防治方法:①成虫期进行人工捕杀;②幼虫蛀入木质部后,用药棉浸80%敌敌畏原液塞入蛀孔,毒杀幼虫。③冬季刷白树干防止成虫产卵。

(2)金龟子 为鞘翅目金龟子科昆虫。越冬成虫6—7月夜间出动咬食叶片,造成缺刻或光秆,闷热无风的晚上更为严重。

防治方法:①冬季清除杂草,深翻土地,消灭越冬虫口。②腐熟的有机肥,施后覆土,减少产卵量。③用50%辛硫磷1.5 kg拌土15 kg,撒于地面翻入土中,杀死幼虫。④为害期用90%敌百虫1 000 ~1 500倍液喷洒叶面。⑤在为害较严重的林区,可设置40 W黑光灯诱杀成虫。

(3)白蚁 主要是黄翅大白蚁和黑翅大白蚁两种。为害根部。其工蚁蛀食树根、树干。轻者影响生长,重者枯死。

防治方法:①寻找白蚁主道后,放药发烟。②在不损坏树木的情况下,可挖巢灭蚁。

12.3.7 采收与加工

1)皮的采收与加工

(1)皮的采收 厚朴及凹叶厚朴定植后15年以上即可剥皮,一般于5—6月生长旺盛期进行,不同部位的皮可分为干皮、枝皮和根皮。其剥皮方法是:在树木砍倒之前,从树生长的地表面按每间隔35 ~40 cm的长度用利刀环向割断干皮,然后沿树干纵切一刀,用扁竹刀剥取干皮,按此方法剥到人站在地面上不能再剥时,将树砍倒。再砍去树枝,按上述方法和长度剥取余下干皮。枝皮的长度和剥取方法同干皮。若不进行林木更新的,则将根部挖起,剥取根皮。将剥取的皮横向放置,运回加工。干皮习称"筒朴",枝皮习称"枝朴",根皮习称"根朴"。

(2)皮的加工

①厚朴。干皮、枝皮及根皮置沸水中烫软后,取出直立于木桶内或室内墙角处,覆盖湿

草、棉絮、麻袋等使其“发汗”一昼夜，待内表皮和断面变得油润有光泽，呈紫褐色或棕褐色时，将每段树皮大的卷成双筒状，小的卷成单筒状，用利刀将两端切齐，用井字法堆放于通风处阴干或晒干均可；较小的枝皮或根皮直接晒干即可。

②凹叶厚朴。在通风的室内搭好木架，木架离地面 1 m 高，将干皮、枝皮及根皮斜立于木架上，其余的平放，经常翻动，风干即可。

2）花的采收与加工

（1）花的采收　厚朴定植后 5 ~ 8 年开始开花，于花将开放时采摘花蕾。宜于阴天或晴天的早晨采集，采时注意不要折伤枝条。

（2）花的加工　鲜花运回后，放入蒸笼中蒸 5 min 左右取出，摊开晒干或温火烘干，也可将鲜花置沸水中烫一下，随即捞出晒干或烘干。

12.3.8　药材质量标准

1）国家标准

《中国药典》2010 年版一部规定：

水分：不得超过 15.0%。

总灰分：不得超过 7.0%；酸不溶性灰分：不得超过 3.0%。

含量测定：用高效液相色谱法测定，本品含厚朴酚（$C_{18}H_{18}O_2$）与和厚朴酚（$C_{18}H_{18}O_2$）的总量不得少于 2.0%。

2）传统经验

药材产品质量以皮厚、肉细、油性足、内表面深紫色且有发亮结晶物、香气浓郁者为佳。

【知识拓展】>>>

12.3.9　厚朴的道地性

厚朴分布于四川、重庆、湖北、陕西、甘肃、云南、贵州等省及广西壮族自治区，主产于四川、重庆、湖北的药材，习称“川朴”。凹叶厚朴分布于浙江、江苏、江西、福建、安徽、河南、湖南等省，主产于浙江、江苏、江西，习称“温朴”。

12.3.10　厚朴识别

厚朴来源于木兰科植物厚朴（*Magnolia officinalis* Rehd. et Wils.）、凹叶厚朴（*Magnolia officinalis* var. *biloba* Rehd. et Wils.）干燥的树皮及根皮。厚朴别名川朴、油朴、温朴。

1）厚朴

落叶乔木，树高 15 ~ 20 m，树干通直。树皮表面灰褐色，平滑，具细纵条纹。顶芽大窄卵状圆锥形，具黄褐色毛，由托叶包被，开放后托叶脱落，具环状托叶痕。单叶互生于枝顶，椭圆状倒卵形，长 20 ~ 45 cm，宽 9 ~ 22 cm，革质；先端钝圆或具短尖；叶全缘或微波状，表面绿色，无毛,背面有弯曲毛及白粉;叶柄较粗,长 3 ~4 cm。花大,白色,与叶同时开放,单生于枝顶;花被 9 ~12 片,肉质;雌、雄蕊多数,螺旋状排列于伸长的花托上。聚合蓇葖果,圆柱状椭圆形或卵状椭圆形。种子三角状倒卵形,外种皮红色。花期 4—5 月,果期 9—11 月,如图 12.3 所示。

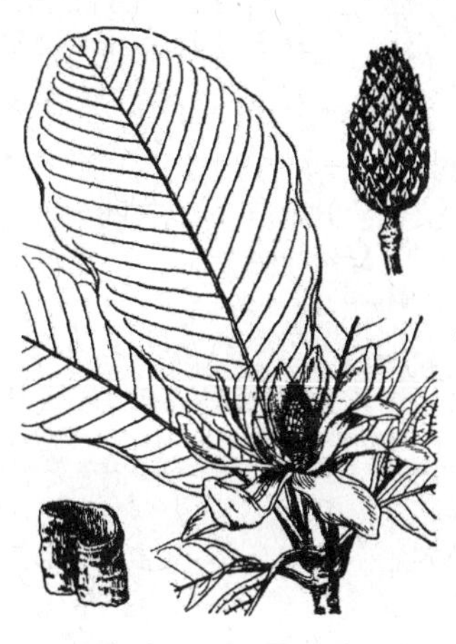

图 12.3 厚朴

2)凹叶厚朴(庐山厚朴)

凹叶厚朴形态特征与厚朴相似,主要区别在于:为乔木或灌木,叶片倒卵形,先端有凹陷,深达 1 cm 以上而成 2 钝圆浅裂片,但幼苗叶片先端不凹陷而为钝圆。侧脉 15 ~25 对。

【计划与实施】>>>

厚朴产地加工

1)目的要求

通过对厚朴进行产地加工,熟悉厚朴产地加工的目的、作用,掌握厚朴产地加工的方法和技术要点。

2)计划内容

(1)厚朴药材的分类　一般分为根皮、干皮、枝皮。

(2)原则　根皮和干皮沸水烫软即可,堆起发汗至皮内侧或横断面都变成紫褐色或棕褐色,并出现油润或光泽为度。

(3)技术要点　对采收的药材进行分级,枝皮、根皮、干皮(根据皮的厚度再分级);枝皮和小的根皮直接晒干即可。干皮和粗的根皮用沸水烫软后,堆起用棉絮、麻袋、谷草等覆盖使之发汗。待皮内侧或横断面都变成紫褐色或棕褐色,并出现油润或光泽时。将每一段树皮卷成双筒,用竹篾扎紧,晒干即成。

3)实施

4 ~5 人一小组,以小组为单位,做好竹篾、麻袋、笔、记录本等用具、实习基地或药农产地里需要进行加工的厚朴药材材料准备;负责选择厚朴的适宜的加工方法和技术要点的把握,并对加工好的药材质量进行初步的评价;做好记录,撰写实习报告,分析原因,提出体会。

【检查评估】>>>

序号	检查内容	评估要点	配分	评估标准	得分
1	种子繁殖	种子的采收、种子的处理、苗床的准备	40	选择10年以上生长速度快,健壮无病害母株,10月左右果实成熟,果皮刚裂开露出红色种子即可采摘,计10分。种子处理,除去红色的蜡质层,直接播种,或者用润沙储藏至次年春季播种。不可干燥储藏,计20分。选择低山、地势平坦,土壤肥沃排灌方便作为苗圃,计10分	
2	厚朴采收	采收时期、树龄及采收的方法	40	厚朴一般定植20年以上可剥皮,计10分,采收时间在5—6月生长旺盛期,计10分,剥皮技术的娴熟程度,计20分	
3	厚朴产地加工	干皮的发汗	20	分类处理,计10分,发汗技术的熟练程度,计10分	
合　计			100		

任务12.4　三七栽培

【工作流程及任务】>>>

工作流程:

选地整地—栽培品种选择—繁殖方法选用—田间管理—病虫害防治—采收加工。

工作任务:

荫棚建造,育苗,病虫害防治,留种技术。

【工作咨询】>>>

12.4.1　市场动态

在现代中成药中广泛应用的三七,今年下半年以来价格连续下跌。2009年以来三七价格在4年内暴涨12倍,从2006年的50元/kg均价飙涨至现在的1 000元/kg左右均价,短短7年间,价格整整涨了20倍。目前中药材市场里,20头(即20个/kg的特等品)三七的批发价在1 200元/kg左右;30头三七的批发价在900元/kg;40头三七的批发价在800~900元/kg;三七花现在的售价基本卖到600~800元/kg不等。但从近周报价看已两次下调,业内认为,目前三七跌势已经基本确立,后市看淡。

供大于求应是诱发三七价格下跌的主要原因。最近的这轮行情起始于2009年云南大旱,三七产量下降,价格攀升吸引农户跟风种植。三七从种植到收获历时4年,这也正是导致三七价格大幅波动的重要原因。目前三七的在地面积已增加至19 200 hm^2,预计产量可达10 000 t。据全国中药资源普查统计,三七年需要量在7 000~8 000 t。2013年时下三七市场较干的60头售价470元/kg,较干的大节子售价400元/kg。然而令人担忧的是,未来两年的三七产量将继续攀升数倍,预计2015年可达61 000 t,届时将远远超过市场需求,价格下滑是必然趋势,但如果有计划地发展生产,不会出现大跌。

12.4.2 栽培地选择

1)选地依据

(1)生长习性　三七喜温凉、忌酷热。多栽培在海拔700~1 600 m的山区。适宜年平均温度18~19 ℃,年降水量1 700~2 000 mm,空气相对湿度70%~80%,土壤含水量25%~30%的地区生长。需半阴半阳的光照条件,土质疏松,排水良好的地块栽培。

三七从播种到收获,要经3年以上的时间。每年有一个生长周期。通常,两年以上的三七在一个生长周期内有两个生长高峰,即4—6月的营养生长高峰和8—10月的生殖高峰。一年生三七的根通常用作种苗,从第二年的植株起便能开花结实,一般7月现蕾,8月开花,9月结实,10—11月果实分批成熟。

三七的种子和种苗都具有休眠的特性,种子的休眠期为45~60 d。三七种子发芽的温度范围为10~30 ℃,最适宜温度为20 ℃,三七种子在自然条件下的寿命为15 d左右,最佳储存方法为湿沙保存。三七种苗经过自然低温处理可以解除休眠,三七种苗萌发的三基点温度为最低10 ℃,最适15 ℃,最高20 ℃。最适合三七种苗出苗的土壤含水量为20%~25%,并且三七种苗不耐储存,采挖后应及时移栽。

(2)环境要求　三七是一种生态幅度窄的药用植物,对环境条件要求比较苛刻,我国三七产区分布在北纬23°~24°,东经104°~107°的范围。野生于山坡丛林下,今多栽培于海拔800~1 000 m的山脚斜坡、土丘缓坡上或人工荫棚下。

三七属喜阴植物。喜冬暖夏凉的环境,畏严寒酷热;喜潮湿但怕积水,土壤含水量以25%~40%为宜。年平均温度为16~19.3 ℃,夏季气温不超过35 ℃,冬季气温不低于零下5 ℃,在这样的温度条件下均能生长,生长适宜温度为18~25 ℃。三七对土壤要求不严,适应范围广,但以土壤疏松、排水良好的砂壤土为好。凡过黏、过沙以及低洼易积水的地段不宜种植。忌连作,土壤酸碱度pH值4.5~8.0。

2)栽培选地

三七是轮种作物,宜选地势较高、有一定坡度、背风向阳、土层深厚、土质疏松、富含腐殖质、排水良好的中偏酸性砂壤土的地块,以新开垦地最好。前茬以玉米、花生或豆类为宜,切忌茄科为前作,三七忌连作。

12.4.3 繁殖方法

三七用种子繁殖,主要采用育苗移栽。

1)苗床整理

三七种植前整地要求严格,对新开荒地一般在夏季翻耕后隔1个月再翻耕1次,促使土壤充分风化。如利用熟地栽培,前作物收获后即进行翻耕,为增加土壤肥力和消毒,对翻耕后的土壤进行烧土或用 50 ~ 70 kg/hm^{2}的生石灰施撒,要求三犁三耙,充分破碎土块。然后对土块进行充分耙细,整理后进行开畦。畦宽要求为 120 ~ 140 cm,高 15 ~ 20 cm。多次翻耕20 cm左右,使土壤风化。最后一次耕翻,施腐熟厩肥 5 000 kg/667 m^2,饼肥 50kg/667 m^2,三元复合肥 50 kg/667 m^2,整平耙细,做畦宽 1.2 ~ 1.5 m,高 30 ~ 40 cm,畦间距 50 ~ 150 cm,畦面呈瓦背形。

2)选种播种、育苗

选用 3 ~ 4 年生植株所结种子,在 10—11 月果实成熟呈紫红色时采收,采后放入竹筛,搓去果皮,洗净,晾干表面水分,随采随播;三七种子按千粒重及成熟的批次分级播种,有利于出苗整齐一致,方便田间管理。播种前用 0.2 ~ 0.3 波美度石硫合剂浸种消毒 10 min,或用代森锌 200 ~ 300 倍液消毒 15 min,播后用以肥料混合的火土覆盖一层,覆土 1.0 ~ 1.5 cm,稍压后再覆盖一层稻草(稻草要切成 1.5 ~ 2.0 cm 小段,用石硫合剂消毒),覆盖厚度为 1.0 ~ 1.5 cm,覆盖畦面约 80%,以促进其种子发芽。这样可以防止杂草生长和水分蒸发,又可防止荫棚漏雨打烂畦面,影响幼苗生长。冬、春季都可以播种。一般采用点播方式,行株距为 5 cm × 4 cm 或 5 cm × 5 cm,需种 28 万 ~ 32 万粒/667 m^2。

3)苗期管理

天气干旱时,应经常浇水,雨后及时疏沟排积水,定期除草。苗期追肥一般以磷、钾肥为主,通常追施 3 次,分别在 3 月、5 月、7 月进行。苗期天棚透光度要根据不同季节的光照强度变化加以调节。

12.4.4 定植移栽

三七在苗床生长 1 年后(俗称“子条”)必须易地移植。移植的新地须与苗床用同样的方法整理,基肥用厩肥和草木灰,并拌入磷肥、饼肥等,最好在大雪或冬至(12 月至翌年 1 月)期间进行。移栽前幼苗同样需要消毒,消毒方法与种子相同。将苗床的“子条”掘起,剪去茎叶,俗称“棵子”放入穴中,施以混合肥一撮,覆盖本土少许,将“子条”大小分级,按 12.5 cm × 10 cm或 15 cm × 12 cm 行株距开沟,沟深 3 ~ 5 cm,栽苗时,使苗与沟底呈 20° ~ 30°,边栽边盖土,厚度以不露出芽头为准,不宜太厚,再盖 1.0 ~ 1.5 cm 厚的碎草,以不见土为原则。

12.4.5 田间管理

1)除草和培土

三七为浅根作物,根系多分布于 15 cm 的地表层,因此不宜中耕,以免伤及根系。幼苗出土后,畦面杂草应及时除去,在除草的同时,如发现根茎及根部露出地面时应进行培土。保持三七园清洁卫生,园边 15 cm 内不种作物和堆放杂物。

2)淋水排水

在干旱季节,要经常淋水,保持畦面湿润,淋水时应喷洒,不能泼淋,否则造成植株倒伏。在雨季,特别是大雨过后,要及时疏沟,排除积水,防止沤根及病害发生。

3)搭棚与调节透光度

三七喜阴,人工栽培需搭棚遮阴,棚高 1.5 ~ 1.8 cm,棚四周搭设边棚。棚料就地取材,一般用木材或水泥预制件作棚柱,棚顶拉铁丝作横梁,再用竹子等编织成方格,铺设棚顶盖,棚透光的多少,对三七生长发育有密切影响。透光过少,植株细弱,容易发生病虫害,而且开花结果少;透光过多,叶片变黄,易出现早期凋萎现象。全年中应掌握"春稀、夏密、秋稀"的原则,即春季透光度为60% ~70%,夏季为45% ~50%,秋季气温转凉,透光度逐渐扩大为50% ~60%。如有天棚破烂或透光度大的地方,要及时修补。

4)追肥

三七追肥掌握"多次少量"的原则,幼苗萌动出土后,撒施2~3次草木灰,50~100 kg/667 m^2,以促进幼苗生长健壮;现蕾期(6月)及开花期(9月)为吸肥高峰,施混合有机肥(厩肥、草木灰2∶1),2 000~2 500 kg/667 m^2,留种地块加施过磷酸钙15 kg,以促进果实饱满。冬季清园后,再施混合肥2 000~3 000 kg/667 m^2。施肥方法是均匀地将肥料撒施厢面苗株周围。

5)摘薹

为使养分集中供应地下根部生长,于7月出现花薹时,不留种的三七,选晴天无露水时将花薹全部摘掉,可提高三七产量。

6)冬季管理

冬季管理是指三七红籽采收后及新栽三七播种移栽后,到春天出苗以前的管理。主要进行三七茎叶的摘除、彻底清扫三七园、全面喷药消毒、追施盖芽肥以及增添铺厢草等。冬春干旱季节,还要注意抗旱浇水,防止厢土干硬开裂,伤根伤芽,并检修好三七园天棚,为翌年出苗、苗全、苗壮奠定基础。

12.4.6 种植模式

三七的人工栽培历史已有400多年,是栽培驯化较早的中药材之一。在漫长的栽培历史中,三七栽培技术也随着社会经济的发展不断发展,从矮棚(棚高1 m)变高棚(棚高1.7 m);由传统低海拔地区(海拔1 000~1 500 m)向高海拔地区(海拔1 500~2 000 m)迁移;实现了三七荫棚材料由传统的耗资源型植物材料树枝、秸秆、山草向资源节约型的遮阳网转变等。三七人工栽培的种植格局已经从粗放的传统栽培逐步过渡到规范化种植阶段,积累了一套非常成熟的传统栽培模式。但三七种植却存在着严重的连作障碍,通常表现为根腐病的发病率高,导致减产甚至绝收,连作障碍问题是目前严重制约三七种植产业发展最关键的科技问题。

12.4.7 病虫防治

三七是多年生阴生肉质根系植物,且生长于温暖潮湿的环境条件下,在生长过程中,易遭受各种不良环境因素和有害生物的危害。因此,三七病害较多且蔓延迅速,主要病害有黑斑病及根腐病,三七虫害一般不构成危害,整个生育期用辛硫磷防治1~2次即可。

1)病害

(1)黑斑病　黑斑病于雨季流行蔓延,表现为叶片、茎发生浅褐色椭圆形病斑,继而凹陷产生黑色霉状物,严重时出现扭折。

防治方法:发病初期用40%菌核净500倍液+70%甲基托布津500倍液叶面喷雾,或

45%代森铵水剂1 000倍液叶面喷雾。

(2)根腐病　根腐病属典型的土传和种、苗带菌传播以及地上部病原下窜危害的综合性病害。主要发生于出苗期(3—4月)及开花期(8—10月),其症状为叶片垂萎发黄,块根或根茎腐烂。

防治方法:发病初期用10%叶枯净+70%敌克松+25%粉锈宁各1 kg/667 m^2,拌细土150 kg制成药土撒施有较好的防治效果;或用杀菌剂福镁双、多菌灵、叶枯宁按一定比例混配拌种、拌苗,并配套使用98%大扫灭可湿性粉剂熏蒸处理土壤,对三七根腐病具有明显的控制作用,且对种腐、苗期立枯病、猝倒病等也有明显防效。

(3)立枯病　立枯病危害幼苗。2—4月开始发病,低温阴雨天气发病严重。

防治方法:①结合整地用杂草进行烧土或用1 kg/667 m^2 氯硝基苯作土壤消毒处理;②施用充分腐熟的农家肥,增施磷、钾肥,以促使幼苗生长健壮,增强抗病力;③严格进行种子消毒处理;④未出苗前用1∶1∶100倍波尔多液喷洒畦面,出苗后用苯并咪唑1 000倍液喷洒,7~10 d喷1次,连喷2~3次;⑤发现病株及时拔除,并用石灰消毒处理病穴,用50%托布津1 000倍液喷洒,5~7 d喷1次,连喷2~3次。

(4)疫病　疫病为害叶。5月开始发病,6—8月气温高,雨后天气闷热,暴风雨频繁,天棚过密,园内湿度大,发病较快且严重。

防治方法:①冬季清园后用2波美度的石硫合剂喷洒畦面,消灭越冬病菌;②发病前用1∶1∶200倍波尔多液,或65%代森锌500倍液,或50%代森铵800倍液,每隔10 d喷1次,连喷2~3次;③发病后用50%甲基托布津700~800倍液,每隔5~7 d喷1次,连喷2~4次。

(5)黄锈病　叶的两面布满锈粉,受害严重的,叶片脱落。

防治方法:①发现病株立即挖除;②发病初期喷0.2波美度石硫合剂或粉锈宁1 000倍液,每隔7 d喷1次,连续2~3次。

(6)炭疽病　炭疽病在多雨过湿情况下发生。幼苗或成株染病后,茎叶上呈现褐色斑点,后结合成大斑,边缘黄绿色,最后溃烂死亡。

防治方法:①调节好荫棚透光度,使透光度均匀;②发病初喷1∶1∶200的波尔多液或65%代森锌300倍液。

2)虫害

(1)蚜虫　蚜虫为害茎叶,使叶片皱缩,植株矮小,影响生长。

防治方法:用40%乐果乳油800~1 500倍液喷杀。

(2)短须螨　短须螨又称红蜘蛛。6—10月危害严重。群集于叶背吸取汁液,使其变黄、枯萎、脱落,花盘和果实受害后造成萎缩、干瘪。

防治方法:①清洁三七园;②3月下旬以后喷0.2~0.3波美度石硫合剂,每隔7 d喷1次,连喷2~3次;③6—7月发病盛期,喷20%三氯杀螨砜800~1 000倍液。

(3)蛞蝓　蛞蝓又名鼻涕虫,为一种软体动物。晚间及清晨取食为害。咬食种芽、茎叶成缺刻。

防治方法:在围篱周围撒石灰,用菜叶诱集捕杀,也可用3%石灰水或600~800倍多灭灵喷杀。

12.4.8 采收加工

1)留种

三七种子于10—12月成熟。一般选择3年生、生长健壮、粒大饱满的植株作为留种株;当果实成熟时,分批采收,连花梗一同摘下,除去花盘和不成熟果实后即可播种。种子不宜久储,如不能及时播种,可将种子摊放于阴凉处或用湿沙储藏。

2)采收

三七一般种植3年以上即可收获,4~5年者产量质量更佳。在7—8月开花前收获的称"春七",质量较好。若7月摘去花薹,到10月收挖,称"秋七",质量稍次。12月至翌年1月结籽成熟采种后收获的称"冬七",质量较差。收获前一周,在离地面10 cm处剪去茎秆,然后挖出全根。

3)加工

收获后的三七,洗净泥土,修剪去芦头(羊肠头)、支根和须根,修光的鲜三七称"头子"。将"头子" 暴晒1 d,"头子"变软后,进行第一次揉搓,使其紧实,以后反复多次揉搓,直到全干,即为"毛货"。将"毛货"置麻袋中加粗糠或稻谷往返冲撞,使外表呈棕黑色光亮,即为成品。也可待块根稍软时,将其置入铁筒或木箱中回转摩擦,使表皮光滑发亮。每次转30 min,拿出再烘或晒,反复3~5次,即成商品。

如遇阴雨天,可在室内搭烤架进行加工,烤架第1层离地99 cm,每隔33 cm左右再设二三层,架放席子和簸箕。按"头子"大小、"筋条""剪口"、七根的顺序,分别由上层往下层放。用木炭火烘烤,温度保持40~50 ℃,烘烤时,要勤检查,勤翻动,边烘烤,边搓揉。注意温度变化,避免过高或过低。温度过高,会使"头子"皮干内潮、外萎内空、干瘪;温度过低,会使"头子"外滑、内湿,甚至腐烂。用烤房加工速度快,质量好,但成本高。另外,三七花叶晒干后,可当茶饮;若将三七茎叶入锅加水熬煮至浓缩,可制成"三七膏"。

12.4.9 药材质量

1)国家标准

《中国药典》2010年版黄连项下规定:

浸出物:照醇溶性浸出物测定法项下的热浸法测定,用甲醇作溶剂,不得少于16.0%。

含量测定:照高效液相色谱法测定。本品按干燥品计算,含人参皂苷Rg1($C_{42}H_{72}O_{14}$)、人参皂苷Rb1($C_{54}H_{92}O_{23}$)及三七皂苷R1($C_{47}H_{80}O_{18}$)的总量不得少于5.0%。

2)传统经验

干货。呈圆锥形或圆柱形。味微凉而后回甜,以体重,质坚,表面光滑、断面色灰绿或绿色者,无杂质、虫蛀、霉变为佳。

【知识拓展】>>>

12.4.10 三七的道地性

三七载于明代《本草纲目》，为我国传统名贵中药材，40种大宗大药材品种之一。三七的使用历史有600余年，栽培历史近400年。三七为我国特有种，历史上在我国主要分布于云南和广西，在广西称之为"田七"，传统上以云南文山为三七道地产区。

随着三七的发展，广东、四川、湖南、贵州、福建、江西、湖北、浙江等省也有少量引种。而云南文山具有低纬高海拔的气候条件，有利于三七干物质和有效成分的积累，形成了文山三七产量高、品质好的特点，是公认的三七"道地产区"。目前，三七种植90%以上的面积集中在云南省，其他省份呈零星分布。

12.4.11 三七识别

三七为五加科多年生草本植物 *Panax pseudo-ginseng*。主根肉质，单生或簇生，类圆形或圆锥形，长2～6 cm，直径1～4 cm，表面灰褐色或灰黄色；茎高30～60 cm，近圆柱形，光滑无毛，绿色或带紫色；叶掌状复叶，1年生植株仅1片复叶，2年生复叶2～3片，3年生复叶3～6片，轮生于茎顶。小叶3～7片，先端渐尖，基部圆形，边缘有锯齿，两面脉上有刚毛；伞形花序单个顶生，花轴由茎顶轮生叶处的中央抽出，直立，长15～30 cm（有短轴和长轴之分），花小，多数，每个花序有小花80～180朵，两性，淡黄绿色；果实核果浆果状，近肾形，长6～9 cm，嫩时绿色，成熟时红色，1～2粒种子；种子近球形，白色，质硬，如图12.4所示。

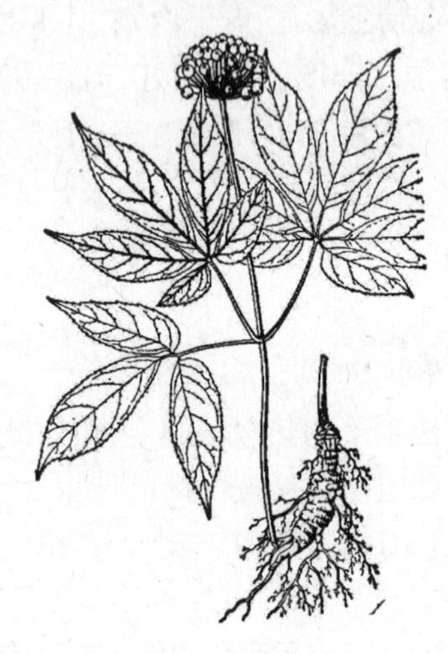

图12.4 三七

三七由于其临床应用的广泛及价格的昂贵，在市场上常常出现其他药物假冒三七进行销售，如菊三七、藤三七、竹节参、姜黄、莪术、水田七等，可通过性状鉴别、显微鉴别、理化鉴定及伪品鉴别来分辨。

真（正）品三七：外观呈圆锥形或纺锤形，多数不分支，长1～6 cm，直径1～4 cm，表面呈光亮的黑棕色，顶端较平，茎基残痕不明显，周围有瘤状突起，全体有断续的纵皱、支根痕及少数突起的横向皮孔;质坚硬,不易折断,断面木部与皮部常分离,皮部黄色、灰色或棕黑色,木部角质光滑,有放射状纹理;闻之气微,口尝味先苦而后微甜。

12.4.12 药用价值

三七用于治疗疾病已有悠久的历史,目前能查证到其最早记载于杨清叟的《仙传外科方集》,距今已有600多年。在数百年临床应用中,三七被认定为“外伤科的圣药、止血之神药、理血之妙品”,可治一切血症,在治疗血症方面得到了极高评价。

三七味甘、微苦,性温,归肝、胃、心、小肠经,具有止血、散瘀、消肿、止痛、补虚、强壮等功效,主治咯血、衄血、外伤出血、跌打肿痛等。皂苷类成分是三七主要的生理活性成分。现代药理研究、试验及临床应用表明,三七具有对血液和造血系统的作用、对心血管系统的作用、对神经系统的作用、抗炎症作用、对免疫系统的功用、抗肿瘤作用、抗氧化、延缓抗衰老作用、对物质代谢的影响等作用。发现三七对治疗心绞痛、糖尿病、冠心病、降血脂、降血压等多种疾病有新疗效,以三七为原料的中成药制剂多达百种以上。

12.4.13 开发利用

三七营养成分丰富,药食价值较高。可做药膳之用,也可做袋泡茶饮用。另外,三七花也有降血压、血脂,减肥,防癌、抗癌,咽喉炎,牙周炎,生津止渴、提神补气、提高心肌供氧能力,增强肌体免疫功能等功效。

现已开发出以三七为主要原料的药品、保健品、化妆品300余种。如以三七叶苷为原料主要开发的药品有七叶神安片、速效降脂灵胶囊、七生静片、七生力片、三七叶苷胶囊、三七叶苷软胶囊、七叶神安滴丸、田七花叶颗粒等;以三七叶苷为原料主要开发的保健食品有三七睡亦香胶囊、三七怡眠胶囊、三七眠乐胶囊、三七叶精华素胶囊;以三七叶为原料开发的三七食品有金不换袋泡茶、杜仲三七保健茶、七花保健茶、七叶浸膏、七叶清酒;以三七叶为原料开发的三七日用品有人羞花系列化妆品、三七叶牙膏等。

【计划与实施】>>>

三七病虫害防治方案制订

1)目的要求

掌握三七病虫害的调查方法和综合防治方法。

2)计划内容

(1)三七病虫害调查　首先明确调查的目的、任务和要求,安排好调查计划,准备好所需的用具(如标本夹、扩大镜、标签、记录本等);其次小组根据具体情况确定调查类别、调查方法;最后展开调查,进行记载。

(2)确定病虫害防治方案　对调查取得的资料进行整理、计算、分析,确定综合防治方案,以指导生产实践。

3)实施

采取4~5人一组,做好调查前的准备工作,以田间观察和调查为主,通过调查结果的整理,对田间病虫害进行两查两定,实施防治措施。

【检查评估】>>>

序号	检查内容	评估要点	配分	评估标准	得分
1	三七病虫调查	取样方法、调查项目	30	取样方法正确、操作熟练规范,计25~30分;取样方法正确、操作不够熟练,计20~24分;取样方法不正确、操作错误不计分	
2	三七病虫防治	各种防治方法	30	防治方法运用得当,操作规范,计25~30分;防治方法运用得当,操作不够规范,计20~24分;防治方法错误不计分	
3	试验报告	内容完整性	40	报告内容清晰、完整,计35~40分;报告内容不够清晰、完整,计30~34分;没有报告不计分	
合计			100		

任务12.5 云木香栽培

【工作流程及任务】>>>

工作流程:

选地整地—栽培品种选择—繁殖方法选用—田间管理—病虫害防治—采收加工。

工作任务:

直播繁殖,田间管理,病虫害防治及农残控制。

【工作咨询】>>>

12.5.1 市场动态

近十几年来,云木香出现了两期起落较大的行情,第一期是2005中旬至2008年初;第二期是2009年下半年至今。云木香从2009年的5元起涨以来,最高突破13元,创历史新高。

云木香含挥发性油、菊糖等不稳定成分。一般采用密封保藏或充氮降氧处理,加之近年来市场供给新货大多数是半野生状态资源,决定了其市场运作度低。由于云木香主要是用于制作焚香原料,综合各种用途,其年需求量为5 000 t,近三年的产新量为4 500~5 000 t,供给缺口基本不大,整体市场统货价格维持在10元上下。因此,预计今后云木香行情走强概率较小,还是以回调整理为主。

2013年产新还在继续,新货入市量充足,打压市场行情回调。四川产统个由11元降为9.3~9.5元,统片降为12.5~13元。云木香库存足,加之每年产新,价格走高困难重重。

12.5.2 栽培地选择

1)选地依据

云木香宜选择土壤肥力较高的豆类、油菜、荞麦等前茬作物的生荒地、熟荒地、熟土地,以土层深厚、疏松、排水良好、pH 5.5~7.0的砂质壤土缓坡地(坡度小于20°)为好,避免选择重黏土、盐碱地。选择重茬地时必须选择轮作间隔年限在3年以上的地块。

(1)生长习性　云木香属多年生宿根草本植物,喜冷凉、湿润的气候条件。一般生长于海拔2 700~3 300 m,年均温5.6 ℃,年降雨量800~1 000 mm的高寒山区。云木香具耐寒、喜肥习性,高温多雨季节生长缓慢,春秋季节生长快。种子萌发率高,苗期怕强光,需适当遮阴,播种后2年开花结实,花期5—7月,果期8—10月,一般于第3年采收,若栽培条件好的也可于第2年采收,以采收的种子作留种用。

(2)环境要求　云木香耐寒、喜湿,在年均温5.6~11 ℃,极端最高气温25 ℃,极端最低气温-14 ℃,无霜期150~180 d,空气湿度60%~80%,年降雨量800~1 100 mm的地区生长良好。

2)栽培选地

云木香要求冷凉、湿润的气候条件。由于它是深根植物,故宜选土层深厚、疏松肥沃、排水良好的土地种植,土壤pH 6.5~7.0的微酸性或中性土比较好。黏重板结的土壤和粗砂壤土不宜种植云木香。地块选择生荒地、熟荒地、熟土均可栽培,云木香忌连作。云木香耐肥,生长期需要一定的肥力,基肥以有机肥为主,生长前期增施氮肥,生长后期多施磷钾肥,促使云木香根系生长。

12.5.3 繁殖方法

云木香一般采用有性繁殖。春、秋两季都可用种子直播,目前生产上多采用条播和塘播两种方式。春播在3月下旬,播种前选干净的种子,用45 ℃温水浸泡10 min,取出稍加晾干,即可播种。秋播时可不必浸种。

其实,云木香也可采用无性繁殖。当在种子缺乏和优良品种继代繁殖的情况下,可用不宜入药的部分直径3~5 mm的细根繁殖。因其生命力强,栽后一般可出芽生长,但长出的根体形较差,自细根的端部丛生许多矮小的侧根,产品质量较差。

12.5.4 整地播种

1)整地

云木香整地技术通常有生荒地和熟地整地技术两类。

(1)生荒地的整地(至少三犁三耙)　整地时间要求较早,生荒地第一次翻犁为头年11

月初开始，采用机耕或牛耕翻犁，深度为25 cm以上，翻犁出的土垡经阳光充分暴晒15～20 d，然后进行第一次耙地，采用旋耕机或耕牛进行耙地，使土垡充分破碎；第二次翻犁时间为第一次耙地后30 d左右，当新生杂草生长至5 cm左右时，采用机耕或牛耕翻犁，深度在25 cm以上；第二次翻犁出的土垡，经阳光充分暴晒并干燥后，采用旋耕机或耕牛进行耙地；第三次翻犁时间为2月中、下旬，深度为25 cm以上，要求耙深、耙细、耙透，平整土地，并拣出杂草、树根、石块等杂物。

(2)熟地的整地(两犁两耙) 熟地的整地一般在11月下旬开始，熟地采取两犁两耙，技术要求同生荒地的第二三次翻犁和耙地。

2)播种

云木香春、秋两季均可播种，春播在4月上旬，秋播在8月上旬至9月上旬。播种前将种子浸入30～40 ℃温水中，搅拌至水凉，除去漂在水面的瘪粒，将沉下的饱满种子继续浸泡24 h，取出稍加晾干即可播种。播种多采用条播和点播两种方法。均在整好的墒面上按行距50 cm，沟深3～5 cm开沟。条播时将种子均匀撒入沟内，用种量12～15 kg/hm²，盖土1～1.5 cm。点播时在沟内每隔6～8 cm放2～3粒种子，用种量1～2 kg/hm²，播后盖土1～1.5 cm。

12.5.5 田间管理

1)间苗补苗

当云木香苗长至3～4片真叶时，结合中耕及时进行间苗和补苗，每穴留苗2～3株。云木香苗期需间苗2次，当苗长至2～3片真叶时进行第1次间苗，4片左右真叶时进行第二次间苗，确保有苗16.5万株/hm²以上。

2)中耕除草

云木香出苗后，根据田间杂草生长情况进行除草。第一年除草3～4次，苗小时宜浅耕浅除；第二三年苗长大封垄后，可适当减少中耕除草次数，同时进行松土；秋季将近地面的枯老叶除去，以利通风增加根产量。云木香第一二年秋天均需要根部培土各一次，当地上部枯萎后，培土约10 cm厚，以提高产量和品质。

3)追肥

云木香定苗后5～6 d，及每年出苗后，结合中耕进行追肥。云木香生长期有机肥和化肥配施能有效提高产量。第一年5月下旬追施尿素225 kg/hm²于根部；7月中旬施尿素100 kg/hm²和复合肥200 kg/hm²；10月开沟施农家肥或草木灰15～22.5 t/hm²，并进行培土，以提高产量；次年5月中旬施尿素100 kg/hm²和复合肥200 kg/hm²。若不遇雨时，追肥后应及时灌水。

4)摘花薹

云木香抽薹孕蕾时，为促进其根部生长、增加产量、提高药材品质。一般在第二年5月，当云木香开始抽薹开花，及时对不留种的植株进行打顶去花蕾，促进养分向根部转移，以增加根产量。

12.5.6 病虫防治

1)病害

云木香生长期主要病害是根腐病和叶斑病,发病期为雨季,高峰期在7—8月。

(1)根腐病防治方法　选择地下水位低及排水良好的土地栽种;田间管理应尽量避免造成根部机械损伤;严格检疫,不用带菌种子;发现病株及时拔除,并用生石灰进行土壤消毒,以防蔓延;发病时,可用50%托布津1 000～1 500倍液或50%多菌灵1 000～1 500倍液喷洒根部。

(2)叶斑病防治方法　雨季开始后,选择晴天喷施波尔多液进行预防;发病后用50%退菌特800～1 000倍液,或70%代森锰锌500～800倍液,或50%多菌灵500～800倍液,或75%百菌清600～1 000倍液等均匀喷洒叶面,上述药剂可交替使用。

2)虫害

云木香常发生的虫害有地老虎、蛴螬、介壳虫等。地老虎和蛴螬可用辛硫磷1 000倍液或氯氰菊酯1 000倍液喷雾进行防治,每隔7 d用药1次,连续2～3次。介壳虫可用三硫磷3 000倍液或25%亚胺硫磷乳油800倍液喷杀,每隔7 d用药1次,连续2～3次。

12.5.7 采收加工

1)采种

从3年生云木香植株中选留生长健壮,发育整齐,无病虫害的作种株,让其开花结实。9—10月,当花梗变黄,总苞由绿变为黄褐色,冠毛接近散开时,将整个花序摘回,放在通风处,使总苞松散开,打出种子,去掉杂质,晒干后装入麻袋或木箱中,置于通风干燥处备种。

2)采收加工

云木香一般种后3年采收。通常以10—11月茎叶枯黄后,割去茎秆,进行采挖。采挖后,稍晾,切勿让云木香接触霜冻。抖掉泥土(忌水洗),切成长8～12 cm的小节,粗者可纵切2～4块,然后晒干,装入麻袋内撞去须根和粗皮,即为商品。阴雨天可用微火烘干,不能用大火烘烤。否则,油分挥发成为不易晒干的"老油条"。但要注意勤翻,以防泛油或烘枯,影响质量。

12.5.8 药材质量

1)国家标准

《中国药典》2010年版云木香项下规定:

浸出物:照醇溶性浸出物测定法项下的热浸法测定,用乙醇作溶剂,不得少于12.0%。

含量测定:照《高效液相色谱法检验标准操作程序》测定。本品按干燥品计算,含木香烃内酯($C_{15}H_{20}O_2$)和去氢木香内酯($C_{15}H_{18}O_2$)的总量不得少于1.8%。

2)传统经验

一等干货。呈圆柱形或半圆柱形,表面棕黄色或灰棕色,断面黄棕色或黄绿色,具油性,气香浓,味苦而辣,根条均匀,长8～12 cm,最细的一端直径在2 cm以上,不空、不泡、不朽;无芦头、根尾、焦枯、油条、杂质、虫蛀、霉变。

【知识拓展】>>>

12.5.9 云木香的道地性

木香始载于东汉《神农本草经》,列为上品。云木香原产印度,20 世纪 40 年代引入我国云南栽培,50 年代由云南引入四川栽培,产品经化学鉴定,质量一致。现今主要分布于云南、四川等地,湖北、湖南、贵州、陕西、甘肃也有分布,福建、江西、山西、河南、河北、广西有引种。多栽培于海拔 3 000 m 左右的高寒地区。云南、四川栽培较多,为云木香主要产区,但以云南所产为地道品。

12.5.10 云木香识别

云木香 *Saussurea costus* (Falc.) Lipech. 是风毛菊属的多年生草本植物。主根呈圆柱形,直径 5 cm 左右,表面褐色,有稀疏的侧根。茎上被稀疏短柔毛。基生叶大型,具长柄,叶片三角状卵形或三角形,基部心形,通常向叶柄下延成不规则分裂的翅状,边缘不规则浅裂,微波状。疏生短刺,两面有短毛;茎生叶较小,叶基翼状,下延抱茎。头状花序顶生及腋生,总苞片约 10 层,三角状披针形或长披针形。外层最短,先端长尖如刺,托片刚毛状;花全管状,暗紫色,花冠 5 裂;雄蕊 5 枚。聚药;子房下位,花柱伸出花冠外,柱头二裂。瘦果线形,上端有两层羽状冠毛,果熟时脱落,如图 12.5 所示。

图 12.5 云木香

由于木香的别称较多,品种较混,在此仅就云木香、川木香及土木香的性状鉴别进行简述。

1) 云木香

云木香主产云南丽江,历来重庆、四川、贵州也有大量产出。云木香呈圆柱形、枯骨形或板状,长 5 ~ 15 cm,直径 0.5 ~ 6 cm。表面黄棕色至灰棕色,有明显的皱纹、纵沟及侧根痕。

质坚,不易折断,断面略平坦,灰棕色至暗棕色,形成层环棕色,有放射状纹理及散在的棕色点状油室,老根中央多枯朽。气香浓烈而特异,味微苦。以身干、质坚实、香气浓、油多者为佳。

2)川木香

川木香主产四川松潘、西昌。川木香呈圆柱形或有纵槽的半圆柱形,稍弯曲,长10~30 cm,直径1~3 cm。表面黄棕色或暗棕色,具纵皱纹,外皮脱落处可见丝瓜络状细筋脉;有时根头部焦黑色发黏,习称"油头"。体较轻,质硬脆,难折断,断面不平坦,皮部黄棕色,木部黄白色,可见点状油室及径向裂隙,有放射状纹理;有的中心髓部成枯朽状。气芳香而特异,味苦,嚼之粘牙。以根条粗大、香气浓、含油多、少裂沟者为佳。

3)土木香

土木香主产西藏、河北。土木香根长圆锥形或圆柱形,稍弯或扭曲,直径0.5~2 cm。表面灰褐色,有纵皱纹及不明显的横长皮孔。根头膨大,顶端有凹陷的茎痕及叶鞘残基。质坚硬,不易折断,折断面不平坦,稍呈角质样,黄白色或浅黄棕色,形成层环状,色较深,木质部略现放射状纹理。气微香,味苦,微辛辣。以根粗壮、质坚实、香气浓者为佳。

12.5.11 药用价值

云木香以根入药,是中成药重要原料,主要含挥发油、木香碱、菊糖及甾醇等。其挥发油及生物碱对支气管平滑肌及小肠平滑肌有较好的解痉作用,木香的精制浸膏及去内脂油具有降压作用。云木香性温,味辛、苦,有健胃消胀、调气解郁、止痛安胎等作用,用于腹胀痛、呕吐、泄泻、痢疾等症。

12.5.12 开发利用

云木香不仅是行气止痛、温中和胃的良材,还是避毒邪气、健身延年的外用良药。据1985年《全国中成药产品目录》统计,全国有以木香为原料生产的人参归脾丸、归脾丸、十香丸、十香止痛丸、六合定中丸、开胸顺气丸、香砂养胃丸、木香舒气丸、正气片等中成药达182种。木香又是香料工业的原料之一,木香根所含的挥发油,经提取的精油是很好的定香剂,可用于调配高级香水香精或化妆品香精及制烟工业的香料。云木香入肴调味,可增香赋味,去除异味,增加食欲。木香饮片也是临床最常用的配方之一。

【计划与实施】>>>

云木香种子直播繁殖

1)目的要求

了解云木香直播繁殖技术,掌握云木香播种的关键技术环节。

2)计划内容

(1)种子清选与处理　选择良种、测定千粒重、发芽率,计算播种量;然后根据实际需要进行清选和处理的训练。

(2)播种期确定　可根据当地温度条件、栽培条件、云木香特性等调节播种时间。

(3)播种方式选择　采用点播和条播两种方式,设计对比试验。

(4)地面整理　按方案实施,耕耙地面、整墒理沟、播种;详细记录试验数据,最后整理分析,完成试验报告。

3)实施

4～5人一小组,以小组为单位,采用资料查阅、栽培地访问等手段,制订试验计划和方案,在学校试验基地开展试验。

【检查评估】>>>

序号	检查内容	评估要点	配分	评估标准	得分
1	试验方案	设计合理	20	设计科学合理,计15～20分;设计不完善计10～14分;没有设计不计分	
2	试验过程	整地、播种、田间管理	50	试验方法可行,结果正确,计45～50分;结果不完全正确,计40～44分;结果错误不计分	
3	试验报告	试验数据统计、分析	30	数据真实、分析方法正确,计25～30分;数据真实、分析不完整,计20～24分;数据不真实不计分	
合　计			100		

任务12.6　川贝母(太白贝母)栽培

【工作流程及任务】>>>

工作流程:

选地整地—繁殖方法选用—田间管理—病虫害防治—采收加工。

工作任务:

种子繁殖,田间管理,采收加工。

【工作咨询】>>>

12.6.1　市场动态

太白贝母作为川贝母的传统资源收入2010版《中国药典》。太白贝母商品生产从播种到收获需要3～5年。每年3月出苗,6月底至7月初为果期,结果后即倒苗。产药材50～100 kg/667 m^2。据全国中药资源调查资料,"以川贝母为原料生产中成药品种超过100种以上,年需求量在 100 万 kg 以上。目前年产仅为 10 万 t",很多生产厂家和绝大部分临床用药不得不用平贝母、伊贝母等代替川贝母入药。由于川贝母的来源及商品规格等级差价很大,2013 年川贝母价格 1 000 ~2 500 元/kg。川贝母(太白贝母)2 100 元/kg 左右,但由于太白贝母尚处于种源扩繁阶段,市场上基本没有太白贝母商品出售。

12.6.2 栽培地选择

1)选地依据

(1)生长习性　6 月底至 7 月初太白贝母蒴果饱满鼓胀,呈枇杷黄色时采摘种子,采取湿土层积法储藏,到 10 月播种。种子在温度 5 ~15 ℃时,胚芽发育分化成胚根、胚芽,至 11 月中旬气温降至 5 ℃,开始冬季休眠,翌年 3 月下旬气温回升到 5 ℃以上时,出苗生长,1 年生苗小,叶 1 片,如针形称为针叶;2 年生苗叶 1 ~2 片,称为飘带叶;植株 4 年生开始抽茎,抽茎后不开花,叶多数,称为树儿子;5 年生的植株抽茎开花称为灯笼花。

2 ~3 年生太白贝母鳞茎由 2 个粉白色的鳞片结合而成,鳞片着生于鳞盘上,鳞盘下有须根数条,长 15 ~20 cm,须根于 7 月上旬高温季节植物倒苗后萎缩脱落,鳞茎进入夏季休眠,8—9 月气温下降时,以外层老鳞片的物质供营养,内部的小鳞片开始生长,更换根芽,此时老鳞片随新的根芽生长过程而逐渐萎缩,至 11 月中旬气温降至 5 ℃,开始冬季休眠,到第 2 年 3 月下旬气温回升到 5 ℃以上时,再出苗生长,从此时起,以老鳞片未耗尽的营养加上新植物的物质,供给植株生长发育,到 6 月下旬倒苗(夏至节左右),此时完成一个年生育周期。

(2)对环境的要求　三峡地区野生太白贝母主要分布在海拔 2 700 m 左右的大巴山、巫山山脉的灌木丛、林缘或草丛中,人工驯化家种海拔略有降低。太白贝母喜阴凉湿润气候,耐寒、怕炎热、怕干旱、怕渍水。

2)栽培选地

适宜温度 5 ~24 ℃,pH 值为 6 ~7 的砂壤土,以土质结构疏松、透水性良好含腐殖质多的酸性或微酸性,湿润、排水良好的缓坡地。

12.6.3 繁殖方法

1)种子繁殖

(1)培育种子　一般在 4—5 月采挖野生鳞茎进行移栽(人工栽培地在 7 月倒苗后收获时移栽)。鳞茎移栽种源繁殖的整地,施基肥要求与无性繁殖一样。采取条栽法,按沟距 20 cm,株距 6 cm 栽种,冬前施腐熟堆肥,次年开春后随时除草。开花时,对高大的植株可在旁插一树枝,进行稳固,防止倒伏。每年秋后清除杂草,施入腐熟堆肥。

(2)种子采收与储存　当果实饱满鼓胀,呈枇杷黄色时采摘。对种子可随采随播,也可采取湿土层积法储藏,到 10 月播种。储藏法如下:选室内冷凉通风处,先在地上铺厚约 3 cm 的砂壤土,然后在泥土上均匀地放一层鲜果,在果上盖一层土,以不见果为度。如此反复储 3 ~4 层。储藏后熟期约 3 个月。

(3)播种　一般在 10 月播种,随采随播则在 6 月下旬到 7 月初进行。先把蒴果轻轻揉开,将种子与新鲜细沙土混匀,均匀地撒在厢面上,种距约 3 cm,其上覆盖细土 1 ~2 cm。播后,可在厢上盖一层禾本稿秆。

2)种茎繁殖

(1)种鳞茎分瓣处理　为了增加株数,可以将直径2 cm以上的大鳞茎,对瓣分开,在分瓣伤口处沾上草木灰后进行栽种。小的鳞茎一般直接栽植。

(2)播种　在7月倒苗进行栽种,一般按照沟心距1.3 m开厢,厢面1 m开厢,采用条播法。每一沟错位栽两行,行距20 cm,株距10 cm。栽后盖土10 cm,以填平种沟为宜。

12.6.4　整地

一般在播种前1个月将地深翻20~25 cm。除尽杂草、石块,1.3 m开厢,厢面1 m,施入腐熟堆肥2 000 kg/667 m^2左右,整细耙平,可在厢面上施一层腐殖土。

12.6.5　田间管理

种子育苗地,来年春季解冻后,揭去地表覆盖物,搭制高1 m左右荫棚保苗,荫蔽度约50%。第二年荫蔽度在30%。第三年除去荫棚。第二年开始每年入冬前清除杂草,将堆肥与磷肥(25 kg/667 m^2)充分腐熟后均匀地施在厢面,厚约3 cm。每年出苗到倒苗期间随时拔除杂草,注意排水防涝,若遇长期干旱需要浇水抗旱。每年入冬前将荫蔽物撤下,开春后再铺上。出苗后随时耕除杂草。

12.6.6　病害、动物危害防治

1)病害

(1)锈病　为太白贝母主要病害,病源多来自麦类作物,多发生于5—6月。

防治方法:选远离麦类作物的地种植;整地时清除病残组织,减少越冬病原;增施磷、钾肥,降低田间湿度;发病初期喷0.2波美度石硫合剂或97%敌锈钠300倍液。

(2)立枯病　危害幼苗,发生于夏季多雨季节。

防治方法:注意排水、调节荫蔽度,以及阴雨天揭棚盖;发病前后用1:1:100的波尔多液喷洒。

2)动物危害

(1)虫害　主要有金针虫、蛴螬,4—6月为害植株。

防治方法:用50%氯丹乳油0.5~1 kg/667 m^2于整地时拌土或出苗后掺水500 kg灌土防治。

(2)鼠害　主要通过人工安装杀鼠箭和老鼠专用毒饵诱杀,也可在栽培地周边设置防鼠墙或防鼠网进行隔离。

(3)野鸡、鸟害　主要采用防鸟网预防,打桩拉网对栽培地进行全覆盖,为了便于生产操作,高度一般在2 m左右。

12.6.7　采收加工

家种太白贝母播种后第4~5年收获,于7—8月采收,野生一般在倒苗前采挖和采果一

并进行。选晴天挖起鳞茎,清除残茎、泥土及时摊晒,切勿水洗或在石坝、三合土或铁器上晾晒。如遇雨天,可将贝母鳞茎窖于水分较少的沙土内,待晴天抓紧晒干。也可烘干,烘时温度控制在60 ℃以内,切忌堆积和高温烘烤。在干燥过程中,少翻动,翻动用竹、木器而不用手,以免变成"油子"或"黄子"。

12.6.8 药材质量

根据《中国药典》2010年版规定:水分不得超过15.0%,总灰分不得超过5.0%,醇溶性浸出物不得少于9.0%。本品按干燥品计总生物碱以西贝母碱($C_{27}H_{13}N_0$)计,不得少于0.050%。

松贝。呈类圆锥形或近球形,高0.3~0.8 cm,直径0.3~0.9 cm。表面类白色。外层鳞叶2瓣,大小悬殊,大瓣紧抱小瓣,未抱部分呈新月形,习称"怀中抱月";顶部闭合,内有类圆柱形、顶端梢尖的心芽和小鳞叶1~2枚;先端钝圆或稍尖,底部平,微凹入,中心有1灰褐色的鳞茎盘,偶有残存须根。质硬而脆,断面白色,富粉性。气微,味微苦。

青贝。呈类扁球形,高0.4~1.4 cm,直径0.4~1.6 cm。外层鳞叶2瓣,大小相近,相对抱合,顶部开裂,内有心芽和小鳞叶2~3枚及细圆柱形的残茎。

炉贝。呈长圜锥形,高0.7~2.5 cm,直径0.5~2.5 cm。表面类白色或浅棕黄色,有的具棕色斑点。外层鳞叶2瓣,大小相近,顶部开裂而略尖,基部稍尖或较钝。

栽培品呈类扁球形或短圆柱形,高0.5~2 cm,直径1~2.5 cm。表面类白色或浅棕黄色,稍粗糙,有的具浅黄色斑点。外层鳞叶2瓣,大小相近,顶部多开裂而较平。

太白贝母。1~4年为锥形,纵径大于横径,4年或4年以上为多球形或近球形,横径大于纵径,最大直径约3 cm。

【知识拓展】>>>

12.6.9 太白贝母的道地性

太白贝母野生资源主要分布在重庆、四川、甘肃、陕西和湖北的大巴山、巫山、七曜山、秦岭地区,大多数在海拔2 500 m以上。家种主要分布在1 500~1 800 m以上,重庆巫溪家种栽培历史有40余年。目前,栽培品主产集中于重庆、陕西两省市,渝东北和陕南为道地产区。

12.6.10 川贝母原植物识别

川贝母原植物除太白贝母外,还有川贝母、暗紫贝母、甘肃贝母、梭砂贝母和瓦布贝母。

1)太白贝母

太白贝母 *Fritillaria taipaiensis* P. Y. Li. 的干燥地下鳞茎。多年生草本。叶对生,条形至条状披针形,先端有的稍弯曲。花单朵,每花有3枚叶状苞片,苞片先端有时梢弯曲,但绝不卷曲;花被片6,绿黄色,无方格斑,通常仅在花被片先端近两侧边缘有紫色斑带;外轮3片狭倒卵状矩圆形,先端浑圆;内轮3片近匙形,先端骤凸而钝,蜜腺窝几不凸出或稍凸出;花药近基着,花丝通常具小乳突;花柱分裂。蒴果,棱上有狭翅。

2)川贝母

川贝母 *Fritillariacirrhosa* D. Don,别名卷叶贝母,多年生草本,植物形态变化较大。鳞茎卵圆形。叶通常对生,少数在中部兼有互生或轮生,先端不卷曲或稍卷曲。花单生茎顶,紫红色,有浅绿色的小方格斑纹,方格斑纹的多少,也有很大变化,有的花的色泽可以从紫色逐渐过渡到淡黄绿色,具紫色斑纹;叶状苞片3,先端稍卷曲;花被片6,长3~4 cm,外轮3片宽1~1.4 cm,内轮3片宽可达1.8 cm,蜜腺窝在背面明显凸出;柱头裂片长3~5 mm。蒴果棱上具宽1~1.5 mm的窄翅。花期5—7月,果期8—10月,如图12.6所示。

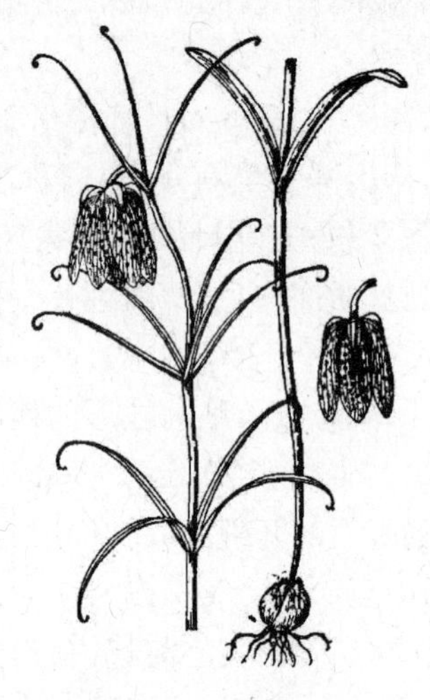

图12.6 川贝母

3)暗紫贝母

暗紫贝母 *F. unibracteata* Hsiao et K. C. Hsia,多年生草本,高15~25 cm。鳞茎球形或圆锥形。茎直立,无毛,绿色或暗紫色。叶除最下部为对生外,均为互生或近于对生,无柄;叶片线形或线状披针形,长3.6~6.5 cm,宽3~7 mm,先端急尖。花单生于茎顶;深紫色,略有黄褐色小方格,有叶状苞片1,花被片6,长2.5~2.7 cm,外轮3片近长圆形,宽6~9 mm,内轮3片倒卵状长圆形,宽10~13 mm,蜜腺窝不很明显;雄蕊6,花药近基着,花丝有时密被小乳突;柱头3裂,裂片外展,长0.5~1 mm。蒴果长圆形,具6棱,棱上有宽约1 mm的窄翅。花期6月,果期8月。

4)甘肃贝母

甘肃贝母 *F. przewalskii* Maxim.,别名岷贝,多年生草本,高20~30 cm。鳞茎圆锥形。茎最下部的2片叶通常对生,向上渐为互生;叶线形,长3.5~7.5 cm,宽3~4 mm,先端通常不卷曲。单花顶生,稀为2花,浅黄色,有黑紫色斑点;叶状苞片1,先端稍卷曲或不卷曲;花被片6,长2~3 cm,蜜腺窝不明显;雄蕊6,花丝除顶端外密被乳头状突起;柱头裂片通常很短,长不到1 mm,极少达2 mm。蒴果棱上具宽约1 mm的窄翅。花期6—7月,果期8月。

5)梭砂贝母

梭砂贝母 *F. delavayi* Franch.,别名炉贝、德氏贝母、阿皮卡(西藏)、雪山贝(云南)。多年生草本,高20~30 cm。鳞茎长卵形。叶互生,较紧密地生于植株中部或上部1/3处,叶片窄卵形至卵状椭圆形,长2~7 cm,宽1~3 cm,先端不卷曲。单花顶生,浅黄色,具红褐色斑点;外轮花被片长3.2~4.5 cm,宽1.2~1.5 cm,内轮花被片比外轮的稍长而宽;雄蕊6;柱头裂片长约1 mm。蒴果棱上的翅宽约1mm,缩存花被常多少包住蒴果。花期6—7月,果期8—9月。

6)瓦布贝母

瓦布贝母(*F. unibracteata* Hsiao et K. C. Hsia var. *wabuensis* (S. Y. Tang et S. C. Yue)Z. D. Liu,S. Wang et S. C. Chen),别名"蒜贝"。该品种由中国著名贝母专家唐心耀(原四川医学院药学系教授)于20世纪60年代初在茂县瓦布梁子发现并命名,经检测,其药用有效成分与药典收载的川贝母其他品种十分接近,且有的生化指标大大高于其他品种。随后,经过科研人员长期研究,野生驯化栽培试验获得成功,并在茂县等地开展栽培示范与推广。

12.6.11 药用价值

清热润肺,化痰止咳,散结消痈。用于肺热燥咳,干咳少痰,阴虚劳嗽,痰中带血,瘰疬,乳痈,肺痈。

【计划与实施】>>>

太白贝母种子繁殖

1)目的要求

掌握太白贝母种源采集、培育种子及育种关键操作技术,学会太白贝母种子繁殖技术及操作技能,提高太白贝母种子繁殖成苗率。

2)计划内容

(1)种源采集与培育种子　一般在4—5月采挖野生鳞茎进行移栽(人工栽培地在7月倒苗后收获时移栽)。鳞茎移栽育种的整地,施基肥要求与无性繁殖一样。采取条播法,按行距6 cm栽种,冬前施腐熟堆肥,次年开春后随时除草。开花时,对高大的植株可在旁插一树枝,进行稳固,防止倒伏。每年秋后清除杂草,施入腐熟堆肥。

(2)种子采收与储存　当果实饱满鼓胀,呈枇杷黄色时采摘。对种子可随采随播,也可采取湿土层积法储藏,到10月播种。储藏法如下:选室内冷凉通风处,先在地上铺厚约3 cm的砂壤土,然后在泥土上均匀地放一层鲜果,在果上盖一层土,以不见果为度。如此反复储3~4层。储藏后熟期约3个月。

(3)播种　一般在10月播种。先把果实轻轻揉开,将种子与储藏土混匀,均匀地撒在厢面上,种距约3 cm,其上覆盖细土2~3 cm。播后,可在厢上盖一层禾本蒿秆。

3)实施

4~5人一小组,以小组为单位,负责2 m^2 太白贝母苗圃建设。完成种源采集与种子培育、种子采收与储存、播种、苗圃管理的操作方法和关键技术,保证育苗的出苗率。

【检查评估】>>>

序号	检查内容	评估要点	配分	评估标准	得分
1	种子培育	种源采集、培育种子	20	整地、种源采集、移栽、种子采收处理各计5分;时间方法有错误、操作不规范酌情扣分	
2	播种育苗	正确进行种子处理、苗圃地准备、播种、苗床管理	30	苗圃地准备、播种、苗床管理各计5分,全错一项扣10分,幼苗健壮、密度合理计20分。方法有错误、操作不规范酌情扣分	
3	田间管理	除草、施肥、遮阴等	20	除草、施肥、遮阴操作正确,植株长势好计20分,长势差、苗少的扣5~10分	
4	采收加工	采收期、采收方法、加工方法	30	采收期合理计5分,采收方法正确计5分、加工方法正确计5分,操作规范计5分,方法有错或操作不规范酌情扣分	
合　计			100		

任务12.7　天麻栽培

【工作流程及任务】>>>

工作流程:

选地整地—栽培品种选择—繁殖方法选用—菌材的培养—蜜环菌的培养—菌麻伴栽—田间管理—病虫害防治—采收加工。

工作任务:

天麻品种识别,菌材培养,天麻繁殖,天麻制种。

【工作咨询】>>>

12.7.1　市场动态

天麻为名贵中药,从采集野生到人工栽培,从单产仅3 kg到今天的20 kg以上,总体产出数量已有数十倍的增长,但市场依然紧俏,我国乃至世界的需求量日趋剧增。

随着天麻种植科技水平的提高,天麻产量逐年上升,销售量也逐年增加。2007年销售鲜天麻1 000 t,均价34元/kg;销售干天麻313 t,均价270元/kg。2008年销售鲜天麻1 200 t,均价34元/kg;销售干天麻325 t,均价290元/kg。2009年销售鲜天麻1 200 t,均价46元/kg;销售干天麻 338 t,均价 396 元/kg。2010 年销售鲜天麻 1 300 t,均价 50 元/kg;销售干天麻 400 t,均价 400 元/kg。2011 年销售鲜天麻 1 500 t,均价 70 元/kg;销售干天麻 500 t,均价 500 元/kg。据估算,天麻每年国内药用医疗需要约 3 500 t,加上保健品行列,天麻每年总需求量在3 500 ~ 5 000 t。

2013 年受高温、干旱天气影响,天麻单产有所下降,近日货源走动明显好转,各规格价格普遍每 kg 上升 3 元左右,目前市场硫熏混级统货交易价为 120 元/kg 左右;无硫混级货 130 元/kg 左右。

综合以上分析,天麻生产经济效益较高,具有优越的市场前景和较好的发展潜力。

12.7.2 栽培地选择

1)选地依据

天麻与蜜环菌是一对共生体,存在着消化与被消化的营养关系。在一定条件下,天麻块茎通过蜜环菌获取营养以供自身生长发育需要,而在另一种环境条件下,蜜环菌反之会分解消耗天麻块茎,使天麻块茎腐烂、空壳。因此,场地的选择,既要考虑天麻生长,同时也要考虑对蜜环菌生长有利。土壤质地、坡向、荫蔽条件,对天麻和蜜环菌生长都非常重要。所以,培菌或栽麻要选择透气性和排水性较好的沙土或砂壤土地作为场地,黏重的土壤不宜栽植。

(1)生长习性　天麻是具有特殊习性的药用植物,它一生无根又无绿色叶片,而是在长期进化过程中适应了与真菌共生的异养生活方式。

天麻的种子很小,种子中只有胚,无胚乳,需借助外部营养供给才能发芽;胚在吸收营养后,迅速膨胀,将种皮胀开,形成原球茎。随后,天麻进入第一次无性繁殖,分化出营养繁殖茎,营养繁殖茎必须与蜜环菌建立营养关系,才能正常生长。被蜜环菌侵入的营养繁殖茎短而粗,其上有节,节间可长出侧芽,顶端可膨大形成顶芽。顶芽和侧芽进一步发育便可形成"米麻"和"白头麻"。

第二年春季,当地温达到 6 ~ 8 ℃时,蜜环菌开始生长,米麻、白麻被蜜环菌侵入后,继续生长发育。当地温升高到 14 ℃左右时,白麻生长锥开始萌动,在蜜环菌的营养保证下,白麻可分化出 1 ~ 1.5 cm 长的营养繁殖茎,在其顶端可分化出具有顶芽的箭麻。箭麻的顶芽粗大,先端尖锐,芽内有穗原始体,次年可抽薹开花,形成种子,可供有性繁殖。所以,天麻从种子萌发到新种子形成一般需要 3 ~ 4 年的时间。天麻一生中除了抽薹、开花、结果的 60 ~ 70 d 植株露出地面外,其他的生长发育过程都是在浅地表土内进行的。

(2)环境要求　野生天麻多生长于夏季冷凉、海拔 1 000 ~ 1 800 m、年降雨量 1 400 ~ 1 600 mm、空气相对湿度 80% ~ 90%、土壤湿度 50% ~ 70%、气温不超过 25 ℃的凉爽环境。生产实践证明,人工栽培天麻,一般在海拔 800 ~ 1 800 m 地区均可进行。如果能做到人工控制土壤温湿度,在海拔较低平坦地区及室内同样可栽种天麻,在地下室、防空洞也可栽天麻。天麻喜生长在疏松、腐殖质丰富、透气性好的微酸性土壤中,在黏土(如黄泥地)中生长不良。

2)栽培选地

天麻无根,无绿色叶片,不能自养,必须依靠蜜环菌与其共生,才能得到营养,赖以繁殖和生长。有天麻生长的地方,一定会伴有大量蜜环菌。所以,选择天麻栽培地点,一定要使天麻与蜜环菌结合好,这是人工培养天麻成功的条件。可以根据自己的优势选择合适的栽培场所,如稀疏林地、竹林、山后的二荒地、坡地和平地等。如果有自留山或林地可选择林下仿野生栽培,坡度25°,坡向一般选择阴坡或半阳坡的林地;如果有条件可选择日光温室;如果有不积水并能看护的农田可选择农田栽培天麻;也可利用房前屋后用塑料筐或木箱栽培天麻。土壤以砂壤土或沙土为宜,忌黏黄土和涝洼地。

12.7.3 品种

世界上天麻有30余个品种,我国天麻属植物目前已知有7个种(含台湾省的一个种)。即天麻(*Gastrodia elata* Bl.)、原天麻(*Gastrodia* S. Chow et S. C. Chen.)、细天麻(*Gastrodia gracilis* Bl.)、南天麻[*Gastrodia javanica* (Bl.) Lindi.]、疣天麻(*Gastrodia tuberculata* F. Y. Liu et S. S. Chen)及 *Gastrodia flabilabella* S. S. ying。其中,细天麻、南天麻和 *Gastrodia flabilabella* S. S. ying. 主要分布在我国的台湾省,而大陆主要栽培的是天麻(*Gastrodia elata* Bl.)。所谓的绿天麻、乌天麻、黄天麻都是天麻的不同生态型,即天麻的3个变型。

1)绿天麻(*G. elata* Bl. f. viridia)

绿天麻的花及花葶淡蓝绿色,植株高1~1.5 m。成体块茎为长椭圆形,节较短而密,鳞片发达,含水量70%左右。是我国西南、东北地区驯化栽培的珍稀品种,单个块茎最大者可达700 g。我国西南、东北各省区有野生分布,日本、朝鲜也有分布。

2)乌天麻(*G. elata* Bl. f. glauca)

乌天麻花为蓝绿色,花葶灰棕色,带白色纵条纹,植株高1.5 m左右,个别高达2 m以上。成体块茎椭圆形、卵圆形或卵状长椭圆形,节较密,含水量70%以内(有的仅为60%);大块茎长达15 cm左右,粗5~6 cm,最大块茎重约800 g。是我国东北、西北各省区驯化后的主栽品种。

3)黄天麻(*G. elata* Bl. f. flavida)

黄天麻花为淡黄绿色,花葶淡黄色,植株高1.2 m左右,成体块茎卵状长椭圆形,含水量80%左右,是我国西南省区驯化后的一个栽培品种,最大块茎重为500 g。

12.7.4 繁殖方法

人工栽培天麻的繁殖方法主要有两种,即有性繁殖法和无性繁殖法。有性繁殖是采用箭麻培育出天麻种子来繁殖;无性繁殖是采用米麻和白麻作繁殖体。在有性繁殖过程中,需要与萌发菌和蜜环菌两种共生菌伴栽;而无性繁殖只需要与蜜环菌伴栽共生。

1)天麻的有性繁殖

天麻用种子繁殖的称为有性繁殖。采用有性繁殖可以培育出优良的天麻种子,是防止天麻品种退化、提高产量的主要途径之一。因此,人工栽培提倡采用有性繁殖培育天麻。

(1)种子培育

①箭麻的选择。选择优良的箭麻种是育种的关键。秋季天麻采收时,选择麻体椭圆形,顶芽红润、饱满、无病虫害、无机械损伤、质量在100~150 g的箭麻留作种麻。选好的种麻要单独用沙藏法储藏。箭麻的低温休眠期为1~5 ℃下储藏75 d,若不通过低温休眠,则不利于抽薹、开花、结果。

②栽培时间。箭麻从地上茎出土到果实成熟需 60~70 d。一般 7—8 月天麻种子成熟，可按冬种和春种的时间要求，随采随种。

③栽培方法。箭麻栽培时不必添加蜜环菌和其他营养物质。主要有：

室内栽培：利用木箱、竹筐或用砖砌成的池子栽植均可。栽培所用的填充料，多采用河沙或腐殖土。方法是在箱或地的底部铺 5 cm 厚沙土，四周平摆箭麻，间距为 8 cm，顶芽向四周，朝上，覆盖沙土，将麻体盖严压实，顶芽稍露出土，然后浇一次透水即可。

日光大棚栽植：可在 3 月下旬地温稳定在 10 ℃以上时栽麻。先将地面整平，按宽 40 cm，长 1 m 作育苗床，做成平畦，在床底铺 5 cm 厚沙土，畦床两边各栽一行箭麻。

④苗床管理。温度：天麻地上茎生长速度与温度密切相关。旬平均气温达 14 ℃时，茎芽开始出土，气温达到 20 ℃左右为茎秆迅速生长期，气温超过 23 ℃停止生长，之后倒苗。在栽培期，温度应控制在 18~22 ℃，如果温度过高应及时通风降温。水分：箭麻生长发育期每周浇水 1 次，苗床湿度应保持在 50% 左右。花期除适当浇水外，每天应向空间喷雾 2~3 次，空气相对湿度保持在 60%~65%，有利其生长发育。光照：散射光线有利于地上茎的生长发育，但花薹最怕阳光直射，应适当避光，授粉后，若光线强，不利于果实成熟。

⑤授粉方法。箭麻为两性花，花药在花蕊的顶端，雌蕊柱头孔在蕊柱的下部。人工授粉有自花授粉和异花授粉两种方法。实践证明，异株异花授粉好于自花授粉。采用不同品种人工异株授粉（杂交）是防止天麻退化、改良品种、保持优质高产的有利措施。授粉时间以箭麻花刚开放效果最好，坐果率高，果子饱满。箭麻开花的顺序是由花穗下端开始，逐渐向上开。授粉时，左手捏住花朵，右手持针伸入花筒内，将唇瓣压平或拔掉，从另一株刚开的花朵内挑取蕊柱顶端冠状的花帽连同花药块一起放在被授粉的花筒内匙形柱头孔上，然后再将该花朵的花药授在采过花药的花朵柱头孔上。可根据开花的情况，每天在早晚时进行授粉，以防错过最佳授粉期。

⑥种子采摘。在适宜条件下，一般于授粉后 17~19 d 种子成熟。果子成熟度直接影响其种子发芽率，果实开裂前采摘的种子发芽率高达 94%，开裂当日的种子发芽率降到 88.4%。因此，掌握种子的成熟度，适时采收果实至关重要。应注意观察，当果子 6 条纵缝线稍微突起，即将裂果而尚未开裂时为最适采收期。成熟一个采摘一个，装入小瓶内。

⑦种子的保存。种子应边采边播，存放时间过长或储藏条件不当，都会影响发芽率。在自然室温下储藏 3 d 发芽率便下降到 22.3%，在 30 ℃的气温下 1 d 即可失去发芽力。若采摘当日不能播种，应把种子装入玻璃瓶内，保存在 0~5 ℃条件下，5~6 d 内播种。也可将种子拌入萌发菌中装入塑料袋内，室温下存放，于 2~3 d 内播种。

（2）播种前的准备

①播种数量。1 个天麻果子中有种子 2 万~5 万粒，平均 3.5 万粒，1 棵天麻有果实 20~100 个，有种子 100 万~300 万粒。目前天麻有性繁殖播种量以蒴果 10~15 个/m^2 为宜。

②菌叶拌种。由于天麻种子无胚乳，自身不能发芽，只有与真菌类小菇属萌发菌（如石斛小菇、紫萁小菇、兰小菇、开唇兰小菇、GSF、8103、8104 等）拌播，种子才能发芽。其中石斛小菇（*M. dendrobii*）的发芽率（天麻种子发芽）高达 84.18%。而培养萌发菌适宜的培养料为阔叶树的树叶。拌种的方法：播种前先将萌发菌均匀接种在树叶内，袋装压紧封严培养好伴栽菌叶，播种时用铁钩从培养袋中挖出，放在已消毒的盆内，用手将萌发菌树叶撕成小片，再将

天麻种子从果实中抖出，撒在盆内的菌叶上，边撒边拌，力争拌得均匀，然后装入方便袋内备用。拌种量：每两袋(14 cm×28 cm)菌叶拌入10～15个果实，可播种1 m^2。

③材料准备。首先将播种前收集足量的阔叶树的树叶、柞树枝(手指粗)切成4～5 cm长的小段。柞木棒，直径3～6 cm，截成30 cm长的木段，砍3～4行鱼鳞口，播种的前一天晚上将树叶、树枝段、木棒浸泡于清水中；然后将培养好的蜜环菌菌枝挖出备用；最后填充原料，天麻栽培的填充料以河沙和山皮土为宜，比例为3∶1，混合后加入少量水拌匀。

(3)播种技术　天麻有性繁殖常采用林地和室内两种播种方法。

①林地播种法。选地做床：场地应选择海拔800～1 200 m的半阴半阳坡，地势须较平坦，为排水良好的砂质壤土或腐殖质的林间，将地面的草根及小树根刨掉整平地面，根据地形大小按宽60 cm、长1 m，走道40 cm做床。播种：先在床面铺5 cm厚的砂质壤土，上撒一薄层湿树叶，将拌好天麻种子的菌叶均匀地撒播在树叶上，播种量为两袋(10～15个果实)/m^2。再按3～4 cm的间距摆放木棒，木棒两侧放入蜜环菌菌枝3～4个，再将湿树叶、树枝段撒放在木棒的间隙中，之上覆盖6～8 cm厚山皮土，再盖上一层树叶及小树枝，遮阴保湿即可。

②室内播种法。室内播种是利用木杆搭起床架，分2～3层立体栽培。床架宽60 cm，长度不限，层距50 cm，室内栽培生长期7～8个月。由于生长期短，栽培使用的菌棒为直径3～8 cm，长10 cm的短木棒。播种方法：首先在床面铺上单层的编织袋，再铺上5 cm厚的填充料，撒上一薄层湿树叶，再将已拌好种子的萌发菌叶均匀地撒播在树叶上，之后按6 cm×6 cm的间距"品"字形摆放短木棒，棒两端各放一个蜜环菌菌枝，再将湿树枝段撒放在木段的间隙中，加入填充料至木段之上1 cm，然后再按上述操作顺序播种第二层，最后上面覆盖6～8 cm厚的填充料即可。此外，还可采用箱栽或筐栽。

(4)播种后的管理

①湿度。床内适当的湿度是天麻种子发芽、原球茎迅速生长，以及蜜环菌生长发育的重要条件。播种后20 d内不能浇大水，以防冲散天麻种子；如床面及四周干燥，可适当喷水，保持床面湿润，一般播种后40 d左右可见到天麻原球茎，之后才能浇透水，将床内湿度控制在40%～50%。

②温度。天麻种子在15～28 ℃下均能发芽，超过30 ℃时生长受到抑制。因此，播种后的整个生长过程中要求温度保持在20～25 ℃。林地栽培的，春、秋两季气温低时，应在栽培场地搭建塑料棚保温培养。夏季温度超过30 ℃时，要搭遮阴棚或喷冷水降温。室内栽培的，冬季应用火墙或火炉等增温，持续到翌年2月初，以保证天麻正常生长。2月中旬停止取暖，床温降至1～5 ℃，低温休眠60 d以上，4月便可采挖翻栽。

③通风换气。蜜环菌是一种好气菌，天麻生长也有向气性。因此，保持栽培场所通风良好，空气新鲜有利于天麻的生长。播种时要在栽培床内每隔30 cm插一捆手电筒粗的"透气把"，以利床内通气。室内栽培的，每天要适当开放门窗通风换气。

④越冬管理。如果在北方采用林间栽培天麻，冬季休眠期的防寒管理至关重要。要在封冻前做好防寒工作，架好防风帐，添加覆盖物，在床上覆土8～10 cm厚，然后再覆盖厚8～10 cm的树叶或稻草。冬季只要没有缓阳冻(上冻后因阳光直射速化，入夜又速冻，如此使种子受害称缓阳冻)，便能自然安全越冬。

2)天麻的无性繁殖

天麻用地下块茎繁殖称无性繁殖。人工栽培主要采用米麻和白麻为繁殖体。天麻必须与蜜环菌菌棒相伴,才能生长发育。

(1)蜜环菌的培养 蜜环菌(*Armillaria mellea*)是兼性寄生的真菌。它与天麻是营共生生活,天麻的块茎靠蜜环菌侵入为其提供营养才能生长发育。在天麻长出新生的天麻后期或箭麻果实成熟后衰老时,反过来天麻又成为蜜环菌的营养来源。因此,人工栽培天麻必须培养出优质的蜜环菌菌材用以伴栽天麻。

①树种选择。蜜环菌能在很多阔叶树树种上生长,常用的有青杠柞、栓皮栎、槲树及桦树等。将直径3~8 cm的枝条截成10 cm长的短木段。

②菌棒培养。采用室内床架培养,床架宽60 cm,长度不限,层距50 cm,四周高20 cm。先在床面铺上单层编织袋,撒上约5 cm厚的河沙,沙上摆放一层木棒,木棒的断面间均接入一个已长好蜜环菌的菌枝,整个床面摆满后,填上沙子,将棒间空隙填满盖平木棒。然后,再按此顺序接种第二、第三层,每层床架接种3~4层木棒为宜,最后在上面覆盖6 cm厚的河沙,浇一次透水即可。培养温度保持在20~25 ℃,沙内含水量控制在60%~65%,如水分不足,可适当浇水。室内经常通风换气,保持空气新鲜以利其生长。若夏季培养菌材,也可在露地地面做高畦培养,其方法是将地面整平,做成宽60 cm、长1 m的床,栽培方法与床架培养相同。如条件适宜,培养50~60 d菌棒便能长好。

(2)天麻的栽培方法 如果采用林间栽培天麻,应选择半阴半阳的缓坡地做畦,栽单层,用就近的山皮土做填充料。其方法是:根据林间的地形,平整后,用山皮土做高出地面5 cm,宽60 cm,长1 m左右的高畦,畦底铺一层浸湿的枯枝落叶,撒一薄层山皮土,再将短菌棒按10 cm×6 cm的间距摆放成“品”字形,菌棒的两端各放一枚天麻作种,中间再适当撒放些鲜短树枝及菌枝,再在菌棒上覆盖8 cm左右山皮土,浇一次透水,上面再盖一层树叶。

(3)麻床管理 在天麻整个生长发育的过程中,栽培管理上要重点调控好温度、湿度和通气。

①温度。蜜环菌在6~30 ℃温度下均能生长,最适温度为25 ℃。天麻地下茎在14 ℃开始生长,20~25 ℃生长最快,30 ℃以上生长受到抑制。一年内整个生长季总积温3 800 ℃左右,根据二者对温度的要求,栽培初期温度要控制在15 ℃以上,随之温度逐渐提升,生长旺季温度要提高到20~25 ℃,如超过30 ℃,就要采取遮阴、喷冷水等降温措施。

②湿度。水分对天麻的生长至关重要。4月中旬后天麻块茎开始萌发,此时需要蜜环菌迅速生长,萌发的天麻才能及时接上蜜环菌。因此,这个阶段床内的水分要充足,含水量应在60%左右,以满足蜜环菌的需要,天麻也就能正常生长。7—9月上旬是天麻的生长旺季,如雨量充沛,可不必人工浇水,如雨量过大,要及时排水,防止床内积水,造成烂麻。9月下旬后,天麻长势减弱,此时若水分过高会引起蜜环菌徒长,反而会吸收天麻的营养。因此,天麻生长后期要控制麻床的水分,其含水量应降至35%左右。

③通风。在天麻生长过程中,要加强通气,保持场地空气新鲜,床内填充料应疏松,通透性要好;要在床中间每隔30 cm插一捆透气把,以促进天麻生长。

12.7.5 田间管理

天麻栽后要精心管理,严禁人畜踩踏。栽培期的管理主要包括防旱、防涝、防冻、防高温和防病虫害。由于6—8月是天麻生长旺季,也是高温期,应搭棚或间作高秆作物遮阴;天旱时应及时浇水,一般每隔 3 ~4 d 浇 1 次,应勤浇轻浇,使土壤经常湿润;雨季到来之前清理好排水沟,及时排除积水,以防块茎腐烂;雨后或浇水后,如果土壤表面板结,要及时松动,但不宜过深,以防碰伤幼麻。春、秋季节应接受必要的日光照射,以保持一定的温度。9 月以后,天气渐凉,要降低湿度,防止烂麻。越冬前应加厚盖土或覆盖稻草、树叶、薄膜等防止冻害。

另外,需要注意的是,由于蜜环菌也是森林里的一大病害,所以要采取相应保护措施,栽完天麻的菌棒不要随处乱扔,对没有完全分解的菌棒集中埋土管理,对已腐烂的菌棒要集中起来,在冬季用火烧掉,这样既可以防止蜜环菌对树木的腐蚀,还可以增加林地的肥力,促进林木生长。

12.7.6 种植模式

目前栽培模式可以简单地分为室内栽培和室外栽培。室内栽培主要是利用房屋、防空洞、地下室等空间来栽培,它具温湿度可控,蜜环菌、天麻生长周期长等优点,但同时也具有耗时费力、鼠害严重等缺点。室外栽培主要指在耕地、林地、荒地等栽培,它具有易管理、种植范围广等优点,但存在受降雨、干旱等自然因素影响大等缺点。虽然在理论上只要达到一定的温度、湿度等条件,天麻都可以正常生长,但在栽培模式的选择上,还是应该根据各地海拔、积温、降雨、劳动力等实际情况来综合考虑。总之,没有最好的,只有最合适的。

12.7.7 病虫防治

1)病害

天麻常见的病害主要有块茎腐烂病、蜜环菌病理侵染、日灼病等,综合防控措施是:认真选地育种圃应搭棚遮阳或选择遮阴的地点作育种种圃;严格筛选麻种;严格“两菌”培育;加强麻园管理,及时排水控湿。

(1)杂菌　危害天麻及菌材最严重的是和蜜环菌同类的其他担子菌,菌丝及菌索类似蜜环菌,但菌索扁圆,没有发光特性,腐生于菌材上,与蜜环菌争夺营养,抑制蜜环菌的生长。

防治方法:选择的地块要排水良好,菌材无杂菌感染,菌材间隙要填好,阴雨天气注意覆盖。

(2)块茎软腐烂病　发生软腐烂病的块茎,皮部萎黄、中心组织腐烂,严重时整窖腐烂。

防治方法:严格选择菌材和菌床,栽培场地要选择偏酸的砂质土壤;严格挑选种麻,选择无病虫危害、健壮,没有受高温高湿危害的箭麻做种;严格田间管理,控制适宜的温度和湿度,避免穴内长期积水或干旱。

2)虫害

天麻常见的虫害主要有蝼蛄(又称土狗儿)、蛴螬、白蚁等,主要防控措施有:

(1)蛴螬和蝼蛄　种植前清除杂草,以消灭蝼蛄、蛴螬等害虫;也可用灯光诱杀成虫,或用90%敌百虫1 000 倍或75%辛硫磷乳油700 倍液浇灌;或用90%的敌百虫0.15g 兑水成30 倍液、拌成毒谷或毒饵,撒在蝼蛄活动的隧道口。

(2)跳虫　在发生盛期可用1:(800 ~1 000)倍的敌敌畏或0.1%鱼藤精喷施或浇灌,或4 片/m^2 磷化铝熏杀。

(3)白蚁　在危害盛期可用灭蚁粉毒杀。

(4)介壳虫　主要是粉蚧危害天麻块茎。发生时应将此穴天麻及时翻挖,全部加工成商品麻,严禁留种,并将此穴菌材焚烧,以防蔓延。

12.7.8　采收加工

1)采收

天麻通常在地温低于8 ℃后,就进入了休眠期,一般在深秋霜降前。此时天麻停止生长,药用价值最高,适合采收。若林地栽培要选晴天采挖。采收多采用人工刨挖的方法,先用铲子将表层的沙土去掉,边铲土边取麻,须注意不要碰伤箭麻的顶芽。收获时一般先取菌材,后取天麻,收大种小;优选箭麻留种,大白麻作药,小白麻和米麻作下季繁殖材料。留作种栽的箭麻、白麻和米麻单装单储,其他的都可以加工成干品麻。

2)种麻的储藏

留作种麻的天麻,储藏的得当与否,与翌年栽培的成败密切相关。储藏采用箱、筐和地面堆储均可。其方法是与沙子拌储,即一层湿沙一层天麻,最后在上面用沙子将天麻覆盖。室温应控制在1~5 ℃,保证麻种有60 d以上低温休眠期,并要防冻伤。

3)加工

天麻收获后应及时加工。

(1)清洗　先将天麻按个体大小分大(200 g以上)、中(100~200 g)、小(100 g以下)及外伤者4个等级,将分级后的天麻放进水盆中清洗干净,装入筐内准备加工。

(2)蒸煮

①笼蒸法。先将蒸笼放在蒸锅上用浇沸的开水预热,同时准备好火烤架,然后将天麻按大、中、小分别放进蒸笼里焖蒸。蒸时,火力要强,蒸笼要严,以便能迅速抑制麻体内的酶类流失,减少药用成分损失。大天麻蒸40~50 min,中天麻蒸30 min,小天麻和有外伤的蒸10~20 min,以蒸透为宜,检验方法:将蒸透的天麻,对着光看已透亮不见黑心为准。在蒸天麻的同时,要准备好火烤架。蒸好后,取出放在火烤架上进行烘烤,烘烤时要经常翻动,开始火可旺一点,当烘烤至麻体开始变软时,则转入温火烘烤,以避免麻体起气泡,形成离层,出现空心,影响质量。一旦麻体出现气泡,要用竹针扎入麻体排气,当烘烤到七成干时,取出用木板压扁,压扁后再烘烤至全干即成商品天麻,这样加工的天麻色泽鲜艳、质量好。同时,也可放在阳光下暴晒,晚上进行烘烤,可节省部分燃料。

②水煮法。烧沸清水,然后按天麻大、中、小分别放入沸水中煮,大天麻煮15~20 min,中天麻煮10~15 min,小天麻和有外伤的煮5~10 min,煮透后捞出烘烤,具体烘烤方法与笼蒸法相同。不过,水煮法容易造成麻体内部分养分流失,所以质量次于笼蒸法。

(3)烘干　天麻的干燥方法很多,有日光晒,火炕烘,烘烤箱烘及干燥室烘烤等。生产数量较小的,可采用晴天日光晾晒,夜间炕上烘干的简易方法。若是大批量生产的,可采用烘干室或烘烤箱进行。烘烤的起始温度以50 ℃为宜,逐渐升温至65 ℃左右。当干至七八成干时,用手或木板将天麻压扁、整形,温度保持在65~70 ℃。在烘烤过程中,适当通风排气,以利干燥。一般烘烤60 h左右,天麻便达到了干燥的标准。天麻的折干率(%):乌天麻(3.5~4.5):1,绿天麻(4~5):1。加工好的天麻应存放干燥、通风处,以防回潮发霉。

12.7.9　药材质量

1)国家标准

《中国药典》2010年版黄连项下规定:

浸出物:照醇溶性浸出物测定法项下的热浸法测定,用乙醇作溶剂,不得少于10.0%。

含量测定:照《高效液相色谱法检验标准操作程序》测定。本品按干燥品计算,含天麻素($C_{13}H_{18}O_7$)不得少于0.20%。

2)传统经验

加工后的天麻,以个大肥厚,完整饱满,色黄白,明亮,质坚实,无空心、虫蛀、霉变者为佳品。

【知识拓展】>>>

12.7.10　天麻的道地性

天麻是名贵的传统中药,在我国入药已有2 000多年的历史,历代本草都将其列为上品。

天麻原为野生,现人工栽培已成功,全国多数省、自治区都有引种栽培,目前天麻主要分布于四川、云南、贵州、湖北、重庆、陕西、安徽、河南、山东、吉林及台湾等省市。

可以看出,我国盛产天麻的西南地区,纬度低,气温高,天麻多生长在海拔1 300~1 900 m的高山区;而东北地区,纬度高,气温低,天麻分布在海拔300~700m的低山或丘陵地区。

据资料显示,天麻主产于贵州、云南、四川等地,并以贵州西部、四川南部及云南东北部所产天麻为品质优良的地道药材。

12.7.11　天麻识别

天麻与蜜环菌(*Armillaria mellea* Vahl. ex Fr. Qucl.)共生,以蜜环菌的菌丝或菌丝的分泌物为营养来源,借以生长发育。块茎椭圆形或卵圆形,横生,肉质。茎单一,高30~150 cm,圆柱形,黄褐色。叶呈鳞片状,膜质,长1~2 cm,下部鞘状抱茎。总状花序顶生,苞片膜质,窄披针形,或条状长椭圆形,长约1 cm,花淡黄绿色或黄色,萼片和花瓣合生成歪壶状,口部偏斜,顶端5裂;合蕊柱长5~6 mm,顶端有2个小的附属物;子房倒卵形,子房柄扭转。蒴果长圆形,有短梗。种子多数而细小,3万~5万粒,粉尘状。花期5—7月,果期6—8月,如图12.7所示。

图12.7　天麻

天麻是一种治疗眩晕病的重要药材,野生天麻一般生长在海拔较高的山区,要求独特的气候和地理环境,生产区域或产量都受到很大限制。近年来,时有伪品出现以假乱真。市场上常见的假天麻有紫茉莉根、大丽菊块根、芭蕉芋地下茎、马铃薯等,这些植物根茎形状与天麻药十分相似,有时真假难辨,需要掌握要领进行鉴别。

鉴别天麻真伪的方法主要从来源、性状、显微、理化反应、薄层色谱、红外光谱等综合分析鉴别。

天麻为兰科植物天麻的块茎,其具有3个明显的外观特征:鹦哥嘴,肛脐眼,点状环纹。

天麻呈长椭圆形,略扁而弯曲,表皮为淡黄浅棕色,有纵向皱纹,无光泽;顶部有“鹦哥嘴”,呈红棕色干枯芽苞残茎,形似鹦嘴;尾端有凹入的脐形疤痕,俗称“肛脐眼”;表皮上有排列规则的点状环纹,长5~12 cm,宽2~5 cm。天麻质地坚硬,不易折断,断面呈角质状,半透明,为牙白色或浅黄色,中间部分有小空心,嚼之发脆,有黏性,气特异清香,味苦微平。

紫茉莉为紫茉莉科植物紫茉莉的干燥根;大丽菊为菊科植物大丽菊的干燥块根;芭蕉芋为美人蕉科植物芭蕉芋的干燥块茎;马铃薯为茄科植物马铃薯的干燥块茎。

从性状鉴别可以看出,天麻与伪品的外观形态和表面颜色较为相似,主要区别在于天麻具有“鹦哥嘴”或红小瓣且有圆脐形疤痕,而伪品则没有;从粉末显微鉴别可以看出,主要区别在于天麻具有针晶束,少量淀粉粒,伪品并不具备;而经薄层色谱结果表明,天麻与伪品的成分不同,不能混淆使用。

12.7.12 药用价值

天麻以块茎入药。别名赤箭、定风草、鬼督邮、白龙皮、明天麻等。味甘,性微温。天麻具有如下特殊的药理作用:对中枢神经的镇静、抗惊厥、镇痛作用;对心血管系统心脏、血管、血压、血小板凝集的作用;抗衰老作用;改善学习记忆的作用;抗缺血缺氧作用;抗真菌蛋白的作用等。主治眩晕头痛,惊痫抽搐,四肢麻痹,风湿,体虚,语言不通,痰壅气阻等症。

12.7.13 开发利用

2002年3月1日卫生部公布的《关于进一步规范保健食品原料管理的通知》,把天麻列为“可用于保健食品名单”。其特殊的保健食品作用主要有:增强免疫力、辅助降低血脂、降血糖、抗氧化、改善记忆、缓解视疲劳、清喉、降血压、改善睡眠、促进泌乳、缓解体力疲劳、提高缺氧耐受力、防辐射、减肥、改善生长发育、增加骨密度、改善营养性贫血、祛痤疮、祛黄褐斑、改善皮肤水分、改善皮肤油脂、调节肠道菌群、促进消化、通便、对胃黏膜有辅助保护等。

天麻中不仅含有药理活性极强的酚类及多糖类物质,还具有人类必需的各种微量元素和氨基酸,营养丰富,具有较高的药膳、滋补和食用价值。如天麻炖鸡可用于治疗头痛眩晕、肢体麻木、酸痛、中风瘫痪、神经性偏头痛、神经衰之头昏、头痛、失眠等症;天麻猪脑粥,可治疗高血压、动脉硬化、美尼尔病、头风所至的头痛等;天麻牛烧尾祛风湿、止痛、行气活血,用于头晕、头痛、风潮等症;天麻炖甲鱼可治疗高压、干炎等。

随着人们对天麻食用和药物价值的认识的不断深入,现已开发出了天麻系列产品,如天麻胶囊、天麻丸、天麻注射液、天麻保健药酒、天麻茶、天麻蜜饯、天麻保健饮料等。

12.7.14 蜜环菌与杂菌的区别

1)蜜环菌

蜜环菌属于担子菌纲、伞菌目、真菌的一属,子实体一般中等大。菌盖直径4~14 cm,淡土黄色、蜂蜜色至浅黄褐色。老后棕褐色,中部有平伏或直立的小鳞片,有时近光滑,边缘具条纹。菌肉白色。菌褶白色或稍带肉粉色,老后常出现暗褐色斑点。菌柄细长,圆柱形,稍弯曲,同菌盖色,纤维质,内部松软变至空心,基部稍膨大。菌环白色,生柄的上部,幼时常呈双层,松软,后期带奶油色。夏秋季在很多种针叶或阔叶树树干基部、根部或倒木上丛生。可食用,干后气味芳香,但略带苦味,食前须经处理,在针叶林中产量大。

2)杂菌

杂菌是在微生物的分离及纯培养过程中出现的与分离培养菌种不同的其他菌种。食用菌生产中常见的杂菌主要有木霉、青霉、毛霉、根霉、链孢霉、曲霉、镰刀菌、酵母菌、鬼伞、竞争性杂菌(包括褐轮韧革菌、牛皮箍、红栓菌、绒毛栓菌、野生革耳)、细菌性病害、病毒性病害、线虫病害、粘菌病害、藻类病害和生理性病害等。

杂菌对天麻危害很大,如不及时防治会造成很大损失。因此,只有防止杂菌侵染,才能保证天麻丰收。如果误用菌棒,就会造成减产。

【计划与实施】>>>

天麻生产地参观

1)目的要求

了解天麻栽培现状,如品种、产量、种植技术、种植环境等,能辨别蜜环菌与杂菌。

2)计划内容

查阅有关天麻生产文献,然后按小组选题,重点范围是天麻成品的辨别及常用的鉴别方法,如学习显微观察;也可完成菌材培养,包括菌种收集、培养材料、培养方法等的选择。

3)实施

采取4~5人一组收集资料,拟订小组选题,在天麻种植基地有针对性地开展训练。

【检查评估】>>>

序号	检查内容	评估要点	配分	评估标准	得分
1	资料收集	真实、新颖	20	真实、新颖,计15~20分;真实、不新颖,计10~14分;没有不计分	
2	品种识别	识别方法	30	方法可行、回答正确,计25~30分;方法单一,计20~24分;识别错误不计分	
3	实习报告	完整性、规范性	50	报告内容充实、格式符合要求,计45~50分;报告不够完整、格式不够标准,计40~44分;没有报告不计分	
合计			100		

任务 12.8 当归栽培

【工作流程及任务】>>>

工作流程:

选地整地—栽培品种选择—繁殖方法选用—田间管理—病虫害防治—采收加工。

工作任务:

育苗移栽,病虫害防治。

【工作咨询】>>>

12.8.1 市场动态

当归是我国大宗常用药食两用药材,药用和经济价值都比较高,不仅用于配方,还是中成药的重要原料和传统出口大宗商品,全年产量 1.3 万 ~1.5 万 t,出口量达 0.7 万 t 左右。

从当归近年的运行轨迹来看,2001—2006 年当归价格基本在低位徘徊,这期间我国当归出口量一般维持在 3 000 ~4 000 t,出口均价在 1 600 美元/t 以下。2007 年当归国内市场的行情如日中天,自出现百元高价之后,又持续了 5 年之久,期间虽有 20 ~30 元的相对高价支撑,生产得以延续,当归出口价格也迅速攀升,一举突破 3 000 美元/t 的大关。2008 年国内市场供大于求,当归行情开始回落,之后又逐步回升并归于平稳。2007—2011 年我国当归的出口价格未受国内市场大起大落的影响,呈现稳步上扬态势,但出口量却持续萎缩,到 2011 年出口量则锐减到 1 864 t,但在 2012 年,出口量连续下滑的趋势得到了扭转,随着价格创出新高,交易也开始趋于活跃。2013 年年前药厂货成交价已达 34 ~35 元/kg,近期市场很少有大货交易,只有零星成交,市场交易价格基本保持平稳,现市场成交价小统货 46 元/kg 左右。

不过,由于我国当归主要出口亚洲地区,去年当归的出口价格上涨过快,今年当归的产新量情况将对后期的价格走势产生一定影响。

12.8.2 栽培地选择

1)选地依据

(1)生长习性 当归喜高寒凉爽湿润环境,是一种低温长日照植物,适宜在海拔 1 500 ~3 000 m 的高寒地区空气湿度较大的环境下生长。1 年生幼苗喜阴,忌阳光直射,须盖草遮阴,2 年生成株耐强光,须充足阳光照射。当归属低温长日照植物,在生长发育过程中,由营养生长转向生殖生长时,需通过 0 ℃左右的低温阶段和 12 h 以上的长日照阶段。

(2)环境要求 当归喜气候凉爽、湿润环境,对环境条件有着特殊的要求。当归对温度要求严格,当平均气温达 5 ~8 ℃时,当归栽子(一年生根作繁殖用)开始发芽,9 ~10 ℃时开始出苗,大于14 ℃时地上部和根部迅速增长,8月平均气温达16~17 ℃时生长又趋缓慢,9—10月平均气温降至8~13 ℃时地上部开始衰老,营养物质向根部转移,根部增长是进入第2个高峰,10月底至11月初,地上部枯萎,肉质根休眠。当归的整个生长期对水分的要求较高。幼苗期要求有充足的雨水,生长的第二年较耐旱,但水分充足也是丰产的主要条件。雨水太少会使抽薹率增加,雨水太多则易积水,降低了地温,影响生长且易发生根腐病。在土层深厚、肥沃疏松排水良好、含丰富的腐殖质的砂质壤土和半阴半阳生荒地种植当归为好,但忌连作。

2)栽培选地

当归育苗地宜在山区选阴凉潮湿的生荒地或熟地,高山选半阴半阳坡,低山选阳坡;以土质疏松肥沃、结构良好的砂质壤土为宜;土壤以微酸性和中性为宜。最好在前一年的秋季选地、整地,使土壤充分风化。栽培地宜选平川地,前茬以小麦、蚕豆、马铃薯为好,忌重茬;土质以黑土、黑油砂土为好。

12.8.3 繁殖方法

当归的繁殖方法主要采用种子繁殖,育苗移栽。

1)选地整地

育苗地可选择阴凉潮湿的生荒地或二荒地,高山选半阴半阳坡,土壤以肥沃疏松、富含腐殖质的中性或微酸性砂壤土为宜。生荒地育苗一般在4—5月开荒,先将灌木杂草砍除,晒干后堆起,点火烧制熏肥,随后深翻土地20~25 cm,耙细整平,即可做畦。若选用熟地育苗,初春解冻后,要多次深翻,施入基肥。基肥以腐熟厩肥和熏肥最好,腐熟厩肥施用量为5 000 kg/667 m^2左右,均匀撒于地面,再浅翻一次,使土肥混合均匀,以备做畦。一般按1 m开沟做畦,畦沟宽30 cm,畦高约25 cm,四周开好排水沟以利排水。移栽应选土层深厚、疏松肥沃、腐殖质含量高、排水良好的荒地或休闲地最好。如轮作,前茬以小麦、大麻、亚麻、油菜等为好,不宜选用马铃薯和豆类地块。如栽植坡地,以阳坡最好。选好的地块,栽前要深翻25 cm,结合深翻施腐熟厩肥6 000 kg/667 m^2以上、油渣100 kg/667 m^2,有条件的地方施适量的过磷酸钙或其他复合肥。

2)选用种子

当归种植应选用适度成熟的种子,即种子呈粉白色时采收的种子。老熟种子较饱满,播后生长旺盛,含糖高,易抽薹,所以不宜选用。

3)播种育苗

播种前用温度为30 ℃左右的水浸种24 h。一般6月上、中旬播种,高海拔地区6月下旬播种。播量8~10 kg/667 m^2,采用撒播,即在整平的畦面上,将种子均匀撒入畦面,加盖细肥土0.15 cm,以盖住种子为度,再用扫把轻拍,使种子和土壤紧贴,以利催芽萌发。播种后的苗床必须保持湿润,同时盖草保墒。苗高1~2 cm时,选阴天或傍晚抖松盖草,然后小心揭去。育苗期间保持苗床无杂草,并结合除草进行间苗、去弱留强,保持株距1 cm,苗子生长到末期追施氮肥,可降低抽薹率。

4)苗期管理

当归播种要保持土壤湿润,以利出苗,一般15~20 d出苗,待苗约高1 cm时,将所盖的草逐步揭掉。当苗高 3 cm 左右有 3 片真叶时间苗并拔除杂草,使苗距在 1 cm 左右。在幼苗生长中期可适当浇施人粪尿以促进幼苗生长。

12.8.4 择苗移栽

1)种苗选择

一般选用直径 2 ~5 mm,生长均匀健壮、无病无伤、分叉少、表皮光滑的小苗备用(苗龄 90 ~110 d,百根鲜重 40 ~70 g)。直径 2 mm 以下、过细和 6 mm 以上的大苗,尽量慎用。

2)种苗处理

种苗栽种前用 40% 甲基异柳磷和 40% 多菌灵各 250g 兑水 10 ~15 kg 配成药液,将种苗用药剂浸蘸,一般 10 h 左右后再移植田间,可预防病虫害和当归麻口病。

3)适时移栽

当归栽植分冬栽和春栽两种。冬栽在立秋后至封冻前进行,春栽在春分至谷雨以清明前后为宜。

4)栽植密度

一般保苗 6 500 ~8 000 株/667 m^2。

5)栽植方法

有平栽、垄栽和地膜栽培 3 种。目前生产上普遍采用的是地膜覆盖栽培。各种栽植方法的技术规格是:地膜栽培选用 70 ~80 cm 宽、厚度 0. 100 5 或 0. 100 6 mm 的强力超微膜,带幅 100 cm,垄面宽 60 cm,垄间距 40 cm,垄高 10 cm。每垄种植 2 行,行距 50 cm、穴距 20 cm,每穴 2 苗,穴深 15 cm,6 600 穴/667 m^2,先覆膜后栽植,栽后压实穴口封土。平栽分窝栽和沟栽,窝栽挖穴深 18 ~22 cm,直径 12 ~15 cm,每窝栽 1 ~2 株,苗子分开,覆土 1.5 ~2 cm;沟栽按横向开沟,沟距 40 cm,沟深 15 cm,株距 15 cm,压实、覆土 1.2 ~2 cm。垄栽,起垄高 23 cm 左右,垄距 33 cm,在垄上挖窝,窝距 25 ~30 cm,每窝栽 1 ~2 株,也可采用单垄双行。

12.8.5 田间管理

1)查苗补苗

当归一般移栽后 20 ~30 d 出苗,苗齐后及时查苗补苗。

2)中耕除草

当归在苗出齐后进行 3 次中耕除草,第一次在齐苗后苗高 5 cm 时除草,浅耕浅锄; 第二次在苗高 10 ~15 cm 时除草,适当深锄;第三次在苗高 25 ~30 cm 时结合中耕除草,并进行培土。

3)定苗及拔除抽薹株

当苗高 5 cm 时,应结合田间锄草,及时拔去病苗,及时定苗至适宜密度。由于栽培中因控制不当有提早抽薹的植株时,应结合第二、第三次中耕锄草,及时拔除或用剪刀剪除抽薹株。

4)追肥

当归幼苗期不可多追氮肥,以免旺长。中耕除草后可施追肥,第一次施稀薄的人畜粪水

1 500 ~ 2 500 kg/667 m^2；第二、三次追施腐熟厩肥、堆肥、火灰 2 500 ~ 3 000 kg/667 m^2。有条件的可加追过磷酸钙 25 kg/667 m^2，饼肥 50 kg/667 m^2。

5) 抗旱排水

当归生长前期要少浇水，但在天旱时要保持田间湿润；雨水多时，要及时开沟排水，保证田间无积水，以控制病害的发生和防止烂根。

12.8.6 病虫防治

1) 病害

病害主要有根腐病、麻口病、白粉病、褐斑病、菌核病等。

(1) 根腐病　茎基部或根部腐烂。在根腐病高发区域，移栽前翻地时，可用 1% 硫酸亚铁进行土壤消毒。

防治方法：选用无病健壮种苗；及时拔除病株销毁，对病穴土壤用草木灰 400 ~ 500 g 或生石灰 200 ~ 300 g 进行局部土壤消毒。在发病初期用 70% 甲基托布津可湿性粉剂 1 000 倍液叶面喷施，也可用 40% 根腐灵 500 ~ 800 倍液，每株灌根 0.5 kg 进行防治。种苗用 50% 多菌灵可湿性粉剂 1 000 倍液浸泡 30 min。

(2) 麻口病　主要危害当归根部。一般 4 月中旬、6 月中旬、9 月上旬、11 月上旬为发病高峰期。当归麻口病要在栽种时进行一次性预防，才能取得良好效果，有蘸根预防、毒土预防、成株期灌溉等。

防治方法：可用 5% 辛硫磷 2.5 kg/667 m^2 + 50% 多菌灵 1.5 kg/667 m^2 兑水 900 kg，用稀释液浇灌植株，分别于五六月上旬各浇灌 1 次。

(3) 白粉病　主要危害叶部。夏季高温干燥时较重发生，叶片出现灰白色粉状病斑，变黄枯萎。

防治方法：及时拔除发病病株并烧毁；发病初期喷施 50% 甲基托布津 1 000 倍液。

(4) 褐斑病　危害叶片。5 月发生，7—8 月严重。高温多湿易发病，初期叶面上产生褐色斑点，之后病斑扩大，外围有褪绿晕圈，边缘呈红褐色，中心灰白色，后期出现小黑点，严重时全株枯死。

防治方法：冬季清园，烧毁病残株；发病初期喷 1∶1∶120 ~ 1∶1∶150 波尔多液防治，每周 1 次，连续喷 2 ~ 3 次。

(5) 菌核病　危害叶部。低温高湿条件下易发生，7—8 月危害较重。

防治方法：不连作，多与玉米、小麦等禾谷类作物实行轮作。在发病前半个月开始预防，约 10 d 喷 1 次，连续喷 3 ~ 4 次，常用 1 000 倍的 50% 甲基托布津喷施。

2) 虫害

虫害主要有小地老虎、蛴螬、蚜虫、红蜘蛛、黄凤蝶等。

(1) 小地老虎、蛴螬　主要危害根茎。

防治方法：冬季深翻土地，清除杂草，消灭越冬虫卵；施用腐熟的厩肥、堆肥，施后覆土，减少成虫产卵量。可用 90% 晶体敌百虫 100 g/667 m^2 拌麦麸制成毒饵诱杀。

(2) 蚜虫、红蜘蛛　主要危害新梢和嫩叶。用 40% 乐果乳油 800 ~ 1 500 倍液喷雾防治。

(3) 黄凤蝶　幼虫咬食叶片呈缺刻，甚至仅剩叶柄。

防治方法:幼虫较大,初期可人工捕杀;用90%敌百虫800倍液喷雾,每周喷1次,连续喷2~3次。

12.8.7 采收加工

1)留种

选取3年生的当归植株作种株,到秋天当归花下垂,种子表面呈粉白色时分批采收,扎成小把悬挂在通风处,待干燥后脱粒,储存备用。

2)商品采收

育苗移栽的当归宜在当年10月下旬(霜降前后)植株枯黄时采挖,秋季直播的宜在第二年枯黄时采挖。采挖的时间不宜过早也不可过迟。过早根肉营养物质积累不充分,根条不充实,产量低,质量差。过迟因气温下降,土壤冻结,挖时易把根弄断。在挖前半个月左右,割除地上的叶片,使其在阳光下暴晒,加快根部成熟。采挖时小心把全根挖起,抖去泥土。

3)加工

将挖出的当归根,剔除病根,剥去残留叶柄,置通风室内或屋檐下阴晾,待根部萎蔫柔软后,按规格大小扎成小把进行加工。方法是:选干燥通风的室内或特设的熏棚,内设高130~170 cm的木架,上铺竹帘,把当归堆放在上面,平放3层,上再立放1层,厚30~50 cm;也可以扎成小把,装入长方形的竹筐内,然后将竹筐整齐摆放在木架上,以便于上棚翻动和下棚操作。用湿树枝或湿草作燃料,干草须用水洒湿,不得产生明火,生火燃烧冒出烟雾熏当归,使当归根上色;约数天后,待根表面呈金黄色或褐色时,再换用煤火或柴火烘干,烘烤温度控制在35 ℃以上、70 ℃以下,经8~20 d全部干度达八成时,即可停烘,待其自干。当归加工不宜阴干,阴干的当归质地轻泡、皮肉呈青色,也不宜用太阳晒干和用土坑焙或火烧烤,否则,易枯硬,皮色变红,失去油润性,降低质量。

12.8.8 药材质量

1)国家标准

《中国药典》2010年版黄连项下规定:

浸出物:照醇溶性浸出物测定法项下的热浸法测定,用70%乙醇作溶剂,不得少于45.0%。

含量测定:挥发油照挥发油测定法测定。本品含挥发油不得少于0.4%(mL/g)。

阿魏酸照《高效液相色谱法检验标准操作程序》测定。本品按干燥品计算,含阿魏酸($C_{10}H_{10}O_4$)不得少于0.050%。

2)传统经验

以主根粗长、油润、外皮色黄棕、断面色黄白、气味浓厚者为佳。柴性大、干枯无油或断面呈绿褐色者不可供药用。

【知识拓展】>>>

12.8.9　当归的道地性

当归始记于《神农本草经》谓之“当归味温”，素有“十方九归”之称。为中国常用中药材，药用历史悠久。当归喜凉爽、湿润的气候。野生资源仅分布于甘肃漳县、舟曲境内人迹罕至的高山丛林。当归均为栽培种，宜在 2 000 m 以上高寒潮湿山区生长。商品当归全部来源于栽培种，其分布于甘肃、宁夏、青海、云南、贵州、陕西、湖北等省区。当归主产甘肃、云南省，甘肃省岷县、宕昌等为当归的地道产区。

12.8.10　当归的识别

当归为伞形科多年生草本 *Angelica sinensis*，高 40 ~ 100 cm；茎带紫红色。基生叶及茎下部叶卵形，长 8 ~ 18 cm，二至三回三出式羽状全裂，最终裂片卵形或卵状披针形，长 1 ~ 2 cm，宽 5 ~ 15 mm，3 浅裂，有尖齿，叶脉及边缘有白色细毛；叶柄长 3 ~ 11 cm，有大叶鞘；茎上部叶简化成羽状分裂。复伞形花序；无总苞或有 2 片；伞幅 9 ~ 13，不等长；小总苞片 2 ~ 4，条形；花梗 12 ~ 36，密生细柔毛；花白色。双悬果椭圆形，长 4 ~ 6 mm，宽 3 ~ 4 mm，棱侧棱具翅，翅边缘淡紫色。花期 12 月至翌年 5 月，果期 5—7 月，如图 12.8 所示。

图 12.8　当归

12.8.11　药用价值

中药配方和中成药原料。以根入药，味甘辛，性温，有补血活血、调经止痛、润燥滑肠的功能。随着当归的化学成分和药理作用的不断研究，其临床应用十分广泛。在临床中的应用有：妇科中的应用、心脑血管病中的应用、伤科中的应用、镇痛及抗风湿作用、用于止血补血，还用于治疗高脂血症、原发性痛经、肝癌、原发性肝癌、慢性湿疹、慢性气管炎病、高血压病、缺血性中风等疾病。

12.8.12 开发利用

近年来,当归已广泛应用于美容保健、饮料、调味品、餐饮、化工原料等方向。

1)在化妆品方面的应用

现代医药研究表明,当归中主要成分阿魏酸是抗氧化作用的有效成分。目前,市场上已经开发出当归保湿养颜霜、当归祛斑霜、当归防皱护手霜等产品。

2)在食品方面的应用

当归不仅入药,还可与相应的食物配伍做成当归药膳,用于食疗。作调料,当归入肴调味,可增香添味,多与其他辛香料配合制成复合香辛料。将当归与酿造醋进行精制,酿造出的当归醋,完全保持了各自原有的品质和性味,是一种高档却具有调味保健药用的多功能食品。这种高品位的食品深受人们的喜爱,具有相当大的市场开发潜力。

【计划与实施】>>>

当归育苗移栽

1)目的要求

通过实践,使学生了解、掌握当归播种、育苗和移栽的基本方法和技术要点。

2)计划内容

(1)建好苗床　深耕细耙、培肥平整。

(2)播种　选择良种,测定种子生活力,计算播种量;采用不同育苗方式,做到因地制宜,适时下种,保证苗全、苗壮、苗齐。

(3)移栽　要求适期移栽,合理密植,确保移栽质量。

3)实施

采取 4 ~ 5 人一组,在学校实训基地或当归生产企业,按照当归育苗技术规程开展训练。

【检查评估】>>>

序号	检查内容	评估要点	配分	评估标准	得分
1	配制苗床土	做床、配制营养土	20	操作熟练规范,计 15 ~ 20 分;操作不够熟练,计 10 ~ 14 分;操作错误不计分	
2	播种	播种质量	30	播种均匀、行距、播深一致,计 25 ~ 30 分;播种技术不够规范,计 20 ~ 24 分;播种错误,不计分	
3	移栽	技术环节、成活率	50	现场操作规范、成活率高,计 45 ~ 50 分;现场操作不够规范,计 40 ~ 44 分;操作不正确不计分	
合　计			100		

项目小结

高山区通常是指秦岭、大巴山、巫山、大娄山山脉以及青藏高原和云贵高原。高山区的生态环境极为特殊，主要表现为气温垂直变化大，通常海拔升高 100 m，气温降低 0.6 ℃，大气压也随之降低。环境特点是海拔高、气温低、云雾多、风力大、紫外线强、霜雪期长、有效生育期短，植物年生长量极低，主要适应多年生耐寒药物的生长发育，如川贝、大黄、川牛膝、云木香等。

以大巴山区为例，海拔 1 600 ~3 500 m，年均温 7.0 ~7.6 ℃，极端高温 29.8 ℃，极端低温 -27.1 ℃，相对湿度 84%，全年无霜期仅 105 d，初霜期 8 月下旬，终霜期 5 月下旬，年降雨量 1 520 ~2 410 mm，日照时数 1 072 ~1 398 h。

选择了 10 种具代表性的高山药材品种，对种植有关的市场动态、生态环境、繁殖方法、田间管理、病虫防治、商品加工、药品质量标准等技术作出详尽的论述，突出了关键技术核心，可操作性强，起到示范作用。

有的高山多年生药用植物由于年生长量低，通常要 4 ~6 年收获商品药材，以驯化栽培的技术角度，可以将部分药物适当降低海拔种植，由于有效温度升高，生育期延长，可提高年生长量，缩短商品周期，经济效益大幅提高。问题在于，随着药物生理活性增强，抗逆能力却有所减弱，易受病虫害的侵袭，无疑会增加一些管理成本。以太白贝母为例，野生资源分布在海拔 2 750 ~3 400 m 的雪线无人区，显然在那里开辟人工种植基地缺乏条件。通过驯化栽培研究，将其移植到 1 800 ~2 000 m 高山农牧区建立商品基地是成功的，解决了人力、交通和肥源问题。收获期缩短为 4 年，产量大幅提高，质量符合药典标准。

思考练习

1. 黄连生长对环境条件有何要求？怎样进行选地、整地？
2. 川党参育苗移栽的技术要点有哪些？怎样提高党参的移栽质量？
3. 怎样进行厚朴皮和花的采收、加工？厚朴皮与杜仲皮加工有什么不同？
4. 怎样进行三七搭棚与调节透光度？
5. 云木香、川木香、土木香有何区别？
6. 太白贝母、暗紫贝母、川贝母、甘肃贝母、梭砂贝母有何区别？分布在哪些产地？
7. 天麻与蜜环菌是什么关系？怎样培育菌材？
8. 当归早薹是什么原因引起的？应怎样防止？
9. 列出本项目 8 个药用植物的栽培季节简表。

植物名称	繁殖方法	种植季节	移栽期		收获期		环境条件
			年限	季节	年限	季节	
黄连							
党参							
厚朴							
三七							
云木香							
川贝母							
天麻							
当归							

附　录

附录 1　野生药用植物采集时间简表

药用植物名称	科　名	药用部分	采集时间/月
夏枯草	唇形科	花穗	7—8
商陆	商陆科	根	8
半夏	天南星科	块茎	7—8
淫羊藿	小孽科	茎叶	7—9
石榴	安石榴科	根皮	8—10
接骨木	忍冬科	叶、茎	7—8
细辛	马兜铃科	根	7—8
桑	桑科	根皮	6—7
杨梅	杨梅科	树皮	7—8
苍术	菊科	根茎	9—10
沙参	桔梗科	根	9—11
乌头	毛茛科	块根	9—11
柴胡	伞形科	根	10—翌年 3
香附子	莎草科	块根	10—翌年 3
防风	伞形科	根	8—9
独活	伞形科	根	10—翌年 3
桔梗	桔梗科	根	10—翌年 3
山药	薯蓣科	根	10—翌年 3
虎杖	蓼科	根	9—10
菖蒲	天南星科	根茎	9—11
菟丝子	旋花科	种子	9—10
木通	木通科	茎叶	10—翌年 3
白茅	禾本科	根茎	10—翌年 3
葛	豆科	根	10—翌年 3
橙	芸香科	果皮	11
紫草	紫草科	根	9—10

续表

药用植物名称	科　名	药用部分	采集时间/月
当药	龙胆科	全草	9—10
枣	鼠李科	果实	9—10
麝香草	唇形科	全草	7—9
延年草	唇形科	种子	8—10
泽泻	泽泻科	根茎	8—10
山椒	芸香科	果实	7
麦门冬	百合科	块根	3—6
天门冬	百合科	块根	3—6
厚朴	木兰科	树皮、果实	6—9
金银花	忍冬科	花、叶	6—9
艾	菊科	茎、叶	6
杏	蔷薇科	核仁(种子)	6
桃	蔷薇科	核仁(种子)	6
苦木	苦木科	茎	7—8
石松	石松科	孢子	7—8
黄柏	小蘗科	树皮	7—8
肉桂	樟科	根、树皮	7—10
苦楝	楝科	树皮	7—9
前胡	伞形科	根	9—11
延胡索	罂粟科	块茎	3—4
皂荚	豆科	果实、种子	10—11
木防己	防己科	根、茎	1—2
天南星	天南星科	块茎	10—翌年3
黄精	百合科	根茎	10—翌年3
玉竹	百合科	根茎	10—翌年3
升麻	毛茛科	根	10—12
黄连	毛茛科	根茎	10—12
瓜蒌	葫芦科	根、果实	10—翌年3
何首乌	蓼科	根	10—翌年3
地榆	蔷薇科	根	9—11
枸杞	茄科	根皮、果实、叶	根皮10—翌年3;果实10—12;叶6—10
苦参	豆科	根	10—12
牛膝	苋科	根	10—12
龙胆	龙胆科	根	10—12
木瓜	蔷薇科	果实	10—12
车前	车前科	全草、种子	全草7—8;种子9—10

续表

药用植物名称	科　名	药用部分	采集时间/月
益母草	唇形科	全草	7—9
连线草	唇形科	全草	6—9
香薷	唇形科	全草	8—10
茵陈蒿	菊科	茎叶、果实	茎叶4—5;果实8—9
续随子	大戟科	种子	10—12
南瓜	葫芦科	种子	7—9
酸浆	茄科	果实	9—11
蛇床子	伞形科	种子	7—8
女贞	木犀科	果实	10—12
南天竹	小蘗科	果实	10—11
紫苏	唇形科	叶、茎	6—7
青木香	马兜铃科	根	10—翌年4
广木香	菊科	根	9—11
白及	兰科	根	8—10
白头翁	毛茛科	根	3—4
白芷	伞形科	根	9—11
百部	百部科	根	10—翌年3
黄蜀葵	锦葵科	根	9—10
茜草	茜草科	根	10—翌年3
明党参	伞形科	根	10—翌年4
知母	百合科	根茎	8—10
杜衡	马兜铃科	根、根茎	3—4
贝母	百合科	鳞茎	8—9
远志	远志科	根	9—11
五加	五加科	根皮	10—11
牡丹	毛茛科	根皮	9—11
天名精	菊科	果实	10—12
苍耳	菊科	果实	9—11
丹参	唇形科	根	10—翌年3
半边莲	桔梗科	全草	6—8
贯众	水龙骨科	根茎	9—11
合欢	豆科	树皮	5—7
白藓	芸香科	根皮	9—11
芫花	瑞香科	花	3—4

续表

药用植物名称	科 名	药用部分	采集时间/月
玫瑰	蔷薇科	花	4—5
金樱子	蔷薇科	果实	9—10
银杏(白果)	银杏科	果实	10—11
万年青	百合科	根茎	10—翌年 3
木槿	锦葵科	花	5—7
葎草	桑科	花穗	6—7
大麻	桑科	花枝	5—7
扁蓄	蓼科	全草	6—9
酸模	蓼科	根	8—10
虎耳草	虎耳草科	叶	6—9
黄常山	虎耳草科	根	8—翌年 2
决明	豆科	种子	6—9
甘草	豆科	根	10—12
大戟	大戟科	根	10—翌年 3
仙鹤草	蔷薇科	全草	6—9
紫花地丁	堇菜科	全草	3—5
佩兰	唇形科	全草	7—10
泽兰	菊科	叶	6—9
王不留行	石竹科	种子	5—7
葶苈	十字花科	种子	5—6
薏苡	禾本科	种子	9—10
五味子	木兰科	果实	10—12
吴茱萸	芸香科	果实	10—11
山楂	蔷薇科	果实	10—11
栀子	茜草科	果实	10—12
鼠李	鼠李科	树皮	10—翌年 2
白屈菜	罂粟科	全草	5—7
菊花	菊科	花	10—11
旋复花	菊科	花	6—7
枇杷	蔷薇科	叶、果实	叶 7—9;果实 4—6
木贼	木贼科	茎	6—9
杜仲	杜仲科	树皮	2—9
三七	五加科	根、茎叶、花	根 10—11;茎叶 12—翌年 2;花 7—8
射干	鸢尾科	根茎	10—翌年 3
威灵仙	毛茛科	根	10—翌年 3

附录2 药用植物的繁殖方式

药用植物名称	科名	繁殖方式	药用植物名称	科名	繁殖方式
桉树	桃金娘科	种子繁殖	茶	山茶科	种子、扦插繁殖
八角茴香	木兰科	种子繁殖	柴胡	伞形科	种子繁殖
巴豆	大戟科	种子繁殖	常春藤	五加科	扦插繁殖
芭蕉	芭蕉科	分株繁殖	常山	虎耳草科	扦插繁殖
白花菜	白花菜科	种子繁殖	车前	车前科	种子繁殖
白花除虫菊	菊科	种子、分株繁殖	川芎	伞形科	种子、分株繁殖
白芥	十字花科	种子繁殖	葱	百合科	种子繁殖
白蜡树	木犀科	扦插繁殖	大黄	蓼科	种子繁殖
白毛茛	毛茛科	种子繁殖	大戟	大戟科	种子、分株繁殖
白茅	禾本科	分株繁殖	大芥	十字花科	种子繁殖
白屈菜	罂粟科	种子、分株繁殖	大理菊	菊科	分株繁殖
白头翁	毛茛科	种子、分株繁殖	大麻	桑科	种子繁殖
白英	茄科	种子、扦插繁殖	大千生	茄科	种子繁殖
白芷	伞形科	种子、分株繁殖	大青	十字花科	种子繁殖
百部	百部科	分株繁殖	大山玄参	玄参科	种子繁殖
百合	百合科	分株繁殖	大蒜	百合科	分株繁殖
百里香	唇形科	种子、扦插繁殖	大叶黄杨	卫矛科	种子、扦插繁殖
半边莲	桔梗科	扦插、分株繁殖	丹参	唇形科	种子繁殖
半夏	天南星科	种子、分株繁殖	当归	伞形科	种子、分株繁殖
抱石莲	水龙骨科	孢子繁殖	当药	龙胆科	种子繁殖
北五味子	木兰科	种子繁殖	党参	桔梗科	种子繁殖
蓖麻	大戟科	种子繁殖	地肤	藜科	种子繁殖
蝙蝠葛	防己科	种子繁殖	地锦	葡萄科	扦插繁殖
扁蓄	蓼科	种子繁殖	地榆	蔷薇科	种子繁殖
槟榔	棕榈科	种子繁殖	颠茄	茄科	种子、分株繁殖
博落迴	罂粟科	种子繁殖	丁香	木犀科	扦插繁殖
薄荷	唇形科	种子、扦插、分株繁殖	毒鱼草	玄参科	种子繁殖
苍耳	菊科	种子繁殖	独活	伞形科	种子繁殖
草棉	锦葵科	种子繁殖	杜衡	马兜铃科	分株繁殖
侧柏	百科	扦插繁殖	杜仲	杜仲科	种子、扦插繁殖
侧金盏花	毛茛科	种子繁殖	番椒	茄科	种子繁殖

续表

药用植物名称	科名	繁殖方式	药用植物名称	科名	繁殖方式
翻白草	蔷薇科	种子繁殖	黑种草	毛茛科	种子繁殖
繁缕	石竹科	种子繁殖	红花	菊科	种子繁殖
防风	伞形科	种子繁殖	厚朴	木兰科	种子繁殖
飞燕草	毛茛科	种子繁殖	忽布	桑科	种子繁殖
肥皂草	石竹科	种子繁殖	胡颓子	胡颓子科	分株繁殖
风船葛	无患子科	种子繁殖	葫芦	葫芦科	种子繁殖
凤尾草	水龙骨科	孢子繁殖	虎耳草	虎耳草科	分株繁殖
凤仙花	凤仙花科	种子繁殖	虎杖	蓼科	种子繁殖
佛手	芸香科	扦插繁殖	花椒	芸香科	种子、分株繁殖
覆盆子	蔷薇科	种子繁殖	淮通藤	马兜铃科	种子繁殖
甘草	豆科	种子繁殖	槐	豆科	分株繁殖
甘遂	大戟科	种子、分株繁殖	黄常山	虎耳草科	种子、分株繁殖
杠板归	蓼科	种子繁殖	黄精	百合科	分株繁殖
葛	豆科	种子繁殖	黄连	毛茛科	种子繁殖
钩藤	茜草科	种子繁殖	黄楝树	苦木科	种子繁殖
枸橘	芸香科	种子繁殖	黄蘗	芸香科	种子繁殖
枸杞	茄科	种子、扦插、分株繁殖	黄芩	唇形科	种子繁殖
枸橼	芸香科	种子繁殖	黄蜀葵	锦葵科	种子繁殖
骨碎补	水龙骨科	孢子繁殖	蛔蒿	菊科	种子繁殖
瓜蒌	葫芦科	种子、分株繁殖	藿香	唇形科	种子、扦插、分株繁殖
瓜子金	远志科	种子繁殖	鸡冠花	苋科	种子繁殖
贯众	水龙骨科	孢子繁殖	夹竹桃	夹竹桃科	扦插繁殖
广木香	菊科	种子繁殖	接骨木	忍冬科	种子繁殖
鬼针草	菊科	种子繁殖	金柑	芸香科	扦插繁殖
海葱	百合科	分株繁殖	金鸡纳树	茜草科	种子繁殖
海金沙	海金沙科	孢子繁殖	金丝桃	金丝桃科	分株繁殖
海州常山	马鞭草科	种子繁殖	金银花	忍冬科	扦插繁殖
汉防己	防己科	种子、分株繁殖	金樱子	蔷薇科	分株、扦插、种子繁殖
杭菊花	菊科	扦插、分株繁殖	锦葵	锦葵科	种子繁殖
合欢	豆科	种子繁殖	荆芥	唇形科	种子、扦插繁殖
何首乌	蓼科	种子、扦插繁殖	菁草	菊科	种子繁殖
荷苞花	罂粟科	种子繁殖	景天	景天科	种子、扦插、分株繁殖
黑芥子	十字花科	种子繁殖	桔梗	桔梗科	种子繁殖

续表

药用植物名称	科名	繁殖方式	药用植物名称	科名	繁殖方式
菊花	菊科	扦插繁殖	美人蕉	芸华科	分株繁殖
菊芋	菊科	分株繁殖	密蒙花	马钱科	扦插繁殖
瞿麦	石竹科	种子繁殖	蜜蜂草	唇形科	扦插繁殖
卷柏	卷柏科	孢子繁殖	绵马	水龙骨科	孢子繁殖
决明	豆科	种子繁殖	明党参	伞形科	种子繁殖
苦参	豆科	种子、分株繁殖	茉莉	木犀科	扦插繁殖
苦木	苦木科	种子繁殖	牡丹	毛茛科	分株繁殖
狼毒	大戟科	种子繁殖	牡荆	马鞭草科	种子、分株繁殖
莨菪	茄科	种子繁殖	木鳖子	葫芦科	种子繁殖
莨菪	茄科	分株繁殖	木防己	防己科	种子、分株繁殖
藜	藜科	种子繁殖	木瓜	蔷薇科	种子繁殖
连翘	木犀科	种子繁殖	木槿	锦葵科	扦插繁殖
连线草	唇形科	分株繁殖	木兰	豆科	种子繁殖
楝树	楝科	种子、分株繁殖	木通	木通科	种子繁殖
六月雪	茜草科	扦插、分株繁殖	木香花	蔷薇科	扦插繁殖
龙胆	龙胆科	种子、分株繁殖	南瓜	葫芦科	种子繁殖
龙葵	茄科	种子、扦插繁殖	南天竹	小蘗科	种子繁殖
龙牙草	蔷薇科	种子、分株繁殖	南五味子	木兰科	种子繁殖
漏盧	菊科	种子繁殖	牛蒡	菊科	种子繁殖
芦荟	百合科	扦插、分株繁殖	牛皮冻	茜草科	种子繁殖
栌兰	马齿苋科	种子繁殖	牛膝	苋科	种子繁殖
绿薄荷	唇形科	扦插、分株繁殖	女贞	木犀科	种子、扦插繁殖
葎草	桑科	种子繁殖	瓶尔小草	瓶尔小草科	孢子繁殖
罗列佩兰	唇形科	种子繁殖	葡萄	葡萄科	扦插繁殖
马鞭草	马鞭草科	种子、分株繁殖	蒲公英	菊科	种子、分株繁殖
马齿苋	马齿苋科	种子繁殖	漆姑草	石竹科	种子繁殖
马兜铃	马兜铃科	种子、分株繁殖	漆树	漆树科	种子繁殖
马蹄草	伞形科	分株繁殖	千金藤	防己科	种子繁殖
麦门冬	百合科	分株繁殖	千日红	苋科	种子繁殖
曼陀罗	茄科	种子繁殖	牵牛花	旋花科	种子繁殖
毛茛	毛茛科	种子繁殖	前胡	伞形科	种子、分株繁殖
毛蕊花	玄参科	种子繁殖	茜草	茜草科	种子、分株繁殖
玫瑰	蔷薇科	扦插、分株繁殖	蔷薇	蔷薇科	扦插繁殖

续表

药用植物名称	科名	繁殖方式	药用植物名称	科名	繁殖方式
青葙	苋科	种子繁殖	水田芥	十字花科	种子繁殖
秋葵	锦葵科	种子繁殖	水杨梅	蔷薇科	种子繁殖
秋牡丹	毛茛科	种子繁殖	蒴翟	忍冬科	分株繁殖
拳参	蓼科	种子繁殖	丝瓜	葫芦科	种子繁殖
人参	五加科	种子繁殖	溲疏	虎耳草科	扦插、分株繁殖
日常山	芸香科	分株繁殖	酸橙	芸香科	种子繁殖
撒尔维亚	唇形科	扦插繁殖	酸浆	茄科	种子繁殖
三七	五加科	扦插、分株繁殖	酸模	蓼科	种子繁殖
三色堇	堇菜科	种子繁殖	太子参	石竹科	种子繁殖
桑	桑科	种子、扦插繁殖	唐松草	毛茛科	种子繁殖
沙参	桔梗科	种子繁殖	天门冬	百合科	种子繁殖
莎草	莎草科	分株繁殖	天名精	菊科	种子繁殖
山茶	山茶科	扦插繁殖	天南星	天南星科	扦插繁殖
山胡椒	樟科	种子繁殖	天台乌药	樟科	种子繁殖
山椒	芸香科	种子繁殖	天竺葵	牻牛儿苗科	扦插繁殖
山杏	蔷薇科	种子繁殖	甜橙	芸香科	种子繁殖
山楂	蔷薇科	种子繁殖	甜瓜	葫芦科	种子繁殖
商陆	商陆科	种子、扦插繁殖	葶苈子	十字花科	种子繁殖
芍药	毛茛科	分株繁殖	通脱木	五加科	分株繁殖
蛇莓	蔷薇科	种子、分株繁殖	土当归	五加科	种子繁殖
射干	鸢尾科	种子、分株繁殖	土茯苓	百合科	种子繁殖
麝香草	唇形科	种子繁殖	土荆芥	藜科	种子、分株繁殖
升麻	毛茛科	种子繁殖	菟丝子	旋花科	种子繁殖
十大功劳	小檗科	种子繁殖	瓦拿	水龙骨科	孢子繁殖
石斛	兰科	分株繁殖	晚香玉	石蒜科	分株繁殖
石榴	安石榴科	扦插、分株繁殖	王不留行	石竹科	种子繁殖
石蒜	石蒜科	分株繁殖	望江南	豆科	种子繁殖
石竹	石竹科	种子繁殖	威灵仙	毛茛科	扦插繁殖
使君子	使君子科	种子、扦插繁殖	卫矛	卫矛科	种子繁殖
鼠李	鼠李科	种子繁殖	乌桕	大戟科	种子繁殖
蜀葵	锦葵科	种子繁殖	乌头	毛茛科	分株繁殖
水蜡蠋	香蒲科	分株繁殖	无花果	桑科	扦插繁殖
水苏	唇形科	种子繁殖	无患子	无患子科	种子繁殖

续表

药用植物名称	科名	繁殖方式	药用植物名称	科名	繁殖方式
吴茱萸	芸香科	种子、分株繁殖	淫羊藿	小檗科	种子繁殖
五加	五加科	种子、分株繁殖	罂粟	罂粟科	种子繁殖
西瓜	葫芦科	种子繁殖	缨络柏	百科	扦插繁殖
希腊洋地黄	玄参科	种子繁殖	营实	蔷薇科	扦插、分株繁殖
细辛	马兜铃科	分株繁殖	柚	芸香科	种子繁殖
夏枯草	唇形科	种子、分株繁殖	鱼藤	豆科	种子繁殖
仙人球	仙人掌科	扦插繁殖	虞美人	罂粟科	种子繁殖
香附子	莎草科	分株繁殖	玉蜀黍	禾本科	种子繁殖
香薷	唇形科	种子繁殖	玉竹	百合科	分株繁殖
香樟	樟科	种子繁殖	鸢尾	鸢尾科	种子、分株繁殖
小茴香	伞形科	种子、分株繁殖	远志	远志科	种子繁殖
小连翘	金丝桃科	分株繁殖	月桂	樟科	种子繁殖
小蘗	小蘗科	种子、扦插繁殖	月季	蔷薇科	扦插繁殖
续随子	大戟科	种子繁殖	云实	豆科	种子繁殖
萱草	百合科	分株繁殖	云香	芸香科	种子、扦插繁殖
玄参	玄参科	种子、扦插、分株繁殖	枣	鼠李科	种子繁殖
旋花	旋花科	种子繁殖	皂荚	豆科	种子繁殖
薰衣草	唇形科	种子繁殖	泽兰	菊科	扦插、分株繁殖
鸦胆子	苦木科	种子繁殖	泽漆	大戟科	种子繁殖
鸭跖草	鸭趾草科	扦插繁殖	栀子	茜草科	种子、扦插繁殖
亚麻	亚麻科	种子繁殖	枳椇	鼠李科	种子繁殖
烟草	茄科	种子繁殖	猪殃殃	茜草科	种子繁殖
延胡索	罂粟科	种子繁殖	紫草	紫草科	种子、分株繁殖
芫花	瑞香科	种子繁殖	紫丁香	木犀科	种子繁殖
盐肤木	漆树科	种子繁殖	紫花地丁	堇菜科	种子繁殖
羊踯躅	杜鹃花科	扦插繁殖	紫茉莉	紫茉莉科	种子繁殖
洋艾	菊科	扦插繁殖	紫苏	唇形科	种子、扦插繁殖
洋地黄	玄参科	种子、分株繁殖	紫鸭跖草	鸭趾草科	扦插繁殖
野蔷薇	蔷薇科	扦插繁殖	紫菀	菊科	分株繁殖
一枝黄花	菊科	分株繁殖	棕榈	棕榈科	种子繁殖
益母草	唇形科	种子、分株繁殖			
薏苡	禾本科	种子繁殖			
茵陈蒿	菊科	种子繁殖			

参考文献

[1] 艾伦强,李婷婷,由金文,等. 半夏种苗质量检验方法[J]. 中国种业,2012(9):45-46.
[2] 安新哲. 银杏丰产栽培与病害防治[M]. 北京:化学工业出版社,2013.
[3] 包锡波. IGQ-2400 型旋耕作畦机的设计[J]. 农业科技与装备,2012(10):41-43.
[4] 曹福亮. 银杏丰产栽培实用技术[M]. 北京:中国林业出版社,2011.
[5] 陈斌,许慧琳,贾晓斌. 三七炮制的研究进展与研究思路[J]. 中草药,2013,44(4):482-487.
[6] 陈楚. 云南三七价格 4 年涨了 10 倍[J]. 云南百事通,2013(8):15.
[7] 陈厚祥,詹亚华,王克勤,等. 湖北省地道药材基地建设布局研究[J]. 湖北中医杂志,1999,21(12):27.
[8] 陈集双. 天南星科植物病毒的分子诊断和半夏研究[M]. 杭州:浙江大学出版社,2006.
[9] 陈康,谭毅. 中药材病虫害防治技术[M]. 北京:中国医药科技出版社,2006.
[10] 陈玲. 当归栽培技术[J]. 农业科技与信息,2012(11):63-64.
[11] 陈少卿. 浅谈金银花的栽培技术及市场价值[J]. 华章,2011(34):372.
[12] 陈文霞. 白花蛇舌草 GAP 栽培的基础研究[D]. 南京中医药大学,2007.
[13] 陈兴福,傅体华,罗慎,等. 中药农业高素质人才的知识结构[J]. 药学教育,2013,29(1):17-20.
[14] 陈玉霞. 当归无公害生产栽培技术要点[J]. 农业科技与信息,2012(17):63-64.
[15] 陈震. 百种药用植物栽培答疑[M]. 北京:中国农业出版社,2007.
[16] 陈志荣,江玲,梁小斌. 当归高效栽培实用技术[J]. 四川农业科技,2013(5):33.
[17] 陈中坚,杨丽,王勇,等. 三七栽培研究进展[J]. 文山学院学报,2012,25(6):1-12.
[18] 程滨,张强,郜春花,等. 北岳恒山地道黄芪产地生态环境评价[J]. 中国农业气象,2006,27(4):281-285.
[19] 程惠珍,周荣汉. 中药材病虫害的有效防治是实施 GAP 的重点与难点[J]. 中药研究与信息,2000,2(3):17.
[20] 程建国. 牡丹栽培新技术[M]. 西安:西北农林科技大学出版社,2005.
[21] 程亚樵,丁世民. 园林植物病虫害防治[M]. 2 版. 北京:中国农业大学出版社,2011.
[22] 丁跃忠. 中药材与果园林木间套模式. 河北农业科技,2005(1):27.
[23] 樊天林. 栽培丹参以芦头繁殖最好[J]. 农家参谋,1994(8).
[24] 范洪玉,刘洪波,张凤霞. 天麻综合丰产栽培技术[J]. 农业与技术,2012(11):101.
[25] 傅俊范. 药用植物病虫害安全用药技术[J]. 新农业,2012(15):4-5.
[26] 甘肃省张掖市科学技术局. 无公害中药材栽培技术[M]. 兰州:甘肃科学技术出版

社,2002.
[27] 高新一,王玉英.植物无性繁殖实用技术[M].北京:金盾出版社,2003.
[28] 高兆蔚.中国南方红豆杉研究[M].北京:中国林业出版社,2006.
[29] 宫光前,白芷市场行情分析[J].农村百事通,2013(22):37.
[30] 宫光前.中药材经营与种植要诀[M].南昌:江西科学技术出版社,2009.
[31] 宫喜臣.药用植物病虫害防治[M].北京:金盾出版社,2004.
[32] 郭巧生.中药材规范化生产与品种化[J].中药研究与信息,2001,3(6):10-12.
[33] 郭巧生.药用植物栽培技术[M].北京:高等教育出版社,2004.
[34] 郭巧生.药用植物栽培学[M].北京:高等教育出版社,2009.
[35] 郭志民,冯根生,刘红凡,等.豫西地区天麻无性繁殖及生产加工技术[J].中国园艺文摘,2013(3):192-193.
[36] 国家药典委员会.中国药典(2010一部)[M].北京:化学工业出版社,2010.
[37] 韩向宁,王建国,赵红兵.天麻生产存在的问题及解决对策[J].农业科技通讯,2013(9):195-196.
[38] 何方,胡芳名.经济林栽培学[M].2版.北京:中国林业出版社,2004.
[39] 贺红.中药材生产质量管理规范[M].北京:科学出版社,2006.
[40] 胡凯.中药材田间管理措施[J].农业知识(致富与农资),2011(1):48-49.
[41] 黄俊斌.中药材种植必读[M].武汉:湖北科学技术出版社,2009.
[42] 黄乙.金银花套种药材收益高[J].北京农业,2005(10):14.
[43] 黄勇,张铁,张文生,等.三七组织培养研究综述[J].文山学院学报,2012,25(6):13-15.
[44] 霍卫.当归出口价创新高[N].医药经济报,2013-03-04.
[45] 贾利军.金银花优质高产栽培新技术[J].科技风,2009(1):36-37.
[46] 姜会飞.金银花[M].北京:中国中医药出版社,2001.
[47] 靳光乾,等.金银花栝楼北沙参栽培与加工利用[M].北京:中国农业出版社,2002.
[48] 靳光乾,李岩,刘善新.金银花栽培与贮藏加工新技术[M].北京:中国农业出版社,2005.
[49] 瞿显友,李隆云,钟国跃,等.黄连栽培研究进展[J].重庆中草药研究,2009(6):23-25.
[50] 瞿显友,等.优质黄连产业化生产与经营[M].重庆:重庆出版社,2009.
[51] 康平德,陈翠,徐忠志,等.不同播期和种植密度对云木香产量及主要农艺性状的影响[J].中国农学通报,2011,27(9):268-272.
[52] 康平德,和世平,陈翠,等.云南丽江云木香地膜覆盖规范化栽培技术[J].中国现代中药,2012(3):36-38.
[53] 孔维淑,程跃红,杨攀艳.天麻人工种植技术[J].四川农业科技,2013(7):43.
[54] 李春龙.黄连栽培关键技术[J].四川农业科技,2013(8):31-32.
[55] 李春民,李毅,丁津京,等.鄂西南山区林下黄连种植模式优化[J].林业科技开发,2013(5):120-123.
[56] 李春民,章承林,周忠诚,等.鄂西南山区不同幼林林下黄连种植模式优化研究[J].经济林研究,2013(3):119-123.

[57] 李慧. 白术的组织培养[J]. 特种经济动植物,2002(07).

[58] 李建华. 浅议评价苗木质量的形态指标[J]. 科学之友,2010(29):113-114.

[59] 李金定. 冷凉山区当归高产栽培技术[J]. 现代农业科技,2013(6):89,97.

[60] 李金霞,薛华超,王学勇,等. 太行山地区黄连木造林技术试验研究初报[J]. 河北林业科技,2013(6):15-16.

[61] 李林玉,李绍平,董志渊,等. 云木香丰产栽培技术[J]. 云南农业科技,2012(1):48-50.

[62] 李隆云,等. 青蒿栽培关键技术[M]. 北京:中国三峡出版社,2008.

[63] 李敏,卫莹芳. 中药材 GAP 与栽培学[M]. 北京:中国中医药出版社,2006.

[64] 李敏. 中药材规范化生产与管理(GAP)方法及技术[M]. 北京:中国医药科技出版社,2005.

[65] 李世. 常用中药材栽培与加工技术问答[M]. 北京:中国农业科技出版社,1997.

[66] 李喜范,胡建江,刘鑫,等. 北天麻无公害仿野生林间栽培[J]. 食药用菌,2013,21(2):115-119.

[67] 李晓慧. 当归种植技术[J]. 农村实用技术,2012(12):34.

[68] 李晓慧. 云南三七工厂化育苗工程技术体系分析[J]. 南方农业学报,2012,43(12):2069-2073.

[69] 李晓青,黄国勤. 中药材与农林生物的间套作复合种植模式探析[J]. 现代农业科技,2008(15):267-268.

[70] 李艳林. 地膜当归规划生产栽培技术要点[J]. 农业科技与信息,2013(8):31-32.

[71] 李永刚. 园林植物病虫害防治[M]. 北京:化学工业出版社,2012.

[72] 李玉环,李爱民,张正海,等. 药用牡丹规范化栽培技术[J]. 特种经济动植物,2012,(6):33-35.

[73] 李玉莲,张亚楠,王子奕,等. 评价出圃苗木质量的几个主要指标[J]. 林业科技,2007,32(4):12,22.

[74] 李志君. 中药商品鉴定学[M]. 昆明:云南科技出版社,1994.

[75] 蔺海明. 中药材栽培技术[M]. 兰州:甘肃文化出版社,2008.

[76] 刘华. 林业苗木质量检验和控制[J]. 城市建设理论研究:电子版,2013(17):22-23.

[77] 刘开春. 利用自控电热温床培育山茱萸嫁接苗[J]. 落叶果树,2005(2):51-52.

[78] 刘克汉. 贵州常用中药材种植加工技术[M]. 贵阳:贵州科技出版社,2009.

[79] 刘兴权,于永平. 药用植物良种引种指导:北方本[M]. 北京:金盾出版社,2007.

[80] 刘钊圻. 黄柏采收与加工方法的优化研究[D]. 四川农业大学,2007.

[81] 龙朝明. 三七研究综述[J]. 实用中医药杂志,2013,29(6):502-503.

[82] 龙川. 云木香产销分析[J]. 中国现代中药,2012(4):59.

[83] 陆善旦. 地黄、山药、白术、牛膝高产栽培技术[M]. 南宁:广西科学技术出版社,2009.

[84] 马宝焜,高仪,赵书岗. 图解果树嫁接[M]. 北京:中国农业出版社,2010.

[85] 孟祥才. 北方主要地道中药材规范化栽培[M]. 北京:中国医药科技出版社,2005.

[86] 孟岩,范丽芳,张兰桐,贾聚坤. 河北道地药材板蓝根 HPLC 指纹图谱研究[J]. 河北医药,2012(11).

[87] 明兴加,赵纪峰,王昌华.重庆中药材种植区域分布及中药农业产业化发展的思考和建议[J].安徽农业科学,2010,38(30):1730-1735.
[88] 南京中医药大学.中药大辞典[M].2版.上海:上海科学出版社,2006.
[89] 聂映涛.林业生态环境评价原理和内容的探讨[J].广东科技,2013(5):181-182.
[90] 农训学.黄柏栽培技术[J].农村实用技术,2012(2):37-39.
[91] 农业实用技术全书编辑委员会.中药材栽培及加工技术问答[M].贵阳:贵州科学技术出版社,2000.
[92] 彭锐,李隆云.黄连药材质量评价方法探索和质量与环境因素相关性研究[J].重庆中草药研究,2007(12).
[93] 彭锐,银福军.优质川党参产业化生产与经营[M].重庆:重庆出版集团,2007.
[94] 蒲盛才,申明亮,谭秋生,等.南川白芷规范化生产技术规程(SOP)[J].中国现代中药,2010,12(9):13-17.
[95] 乔卿梅.药用植物病虫害防治[M].北京:中国农业大学出版社,2011.
[96] 曲永霞.当归后市值得期待[N].中国中医药报,2013-01-11.
[97] 冉懋雄.杜仲[M].北京:科学技术文献出版社,2002.
[98] 冉懋雄.中药组织培养实用技术[M].北京:科学技术文献出版社,2004.
[99] 任德权,周荣汉.中药材生产质量管理规范(GAP)实施指南[M].北京:中国农业出版社,2003.
[110] 邵清松,郭巧生.药用菊花道地药材形成源流考[J].时珍国医国药,2009,20(7):1751-1752.
[101] 申明亮,邓才富,易思荣,等.重庆药用牡丹规范化生产技术规程(SOP)[J].中国现代中药,2009,11(5):9-11,16.
[102] 税丕先,庄元春.现代中药材商品学[M].广州:中山大学出版社,2010.
[103] 宋丽艳.药用植物栽培技术[M].北京:人民卫生出版社,2010.
[104] 苏燕钿,陈盖洵,刘燕缄,等.佛手栽培技术要点[J].中国热带农业,2012(5):372.
[105] 孙鹤年.药用植物栽培法[M].南京:江苏人民出版社,1958.
[106] 太光聪,李友,朱继富.菘蓝的药用价值及开发利用[J].现代农业科技,2011(9):134-136.
[107] 唐立高.黄连主要病虫害诊断与防治方法[J].现代园艺,2013(6):103-104.
[108] 唐永祝,何兆美,蒋学杰.当归无公害种植方法[J].药用植物,2013(5):38.
[109] 田启建.提高认识加速中药材 GAP 实施步伐[J].中国民族民间医药,2008,17(2):12-14.
[110] 王惠清.中药材产销[M].成都:四川科学技术出版社,2007.
[111] 王继栋.药用植物生产技术[M].广州:华南理工大学出版社,2001.
[112] 王康才,刘丽.杜仲黄柏高效种植[M].郑州:中原农民出版社,2003.
[113] 王路宏.桔梗、党参、牛膝高效种植[M].郑州:中原农民出版社,2003.
[114] 王世清.中药加工储藏与养护[M].北京:中国中医药出版社,2006.
[115] 王书林.中药材 GAP 技术[M].北京:化学工业出版社,2004.

[116] 王书林. 药用植物栽培技术[M]. 北京:中国中医药出版社,2011.
[117] 王田涛,王琦,王惠珍,等. 连作条件下间作模式对当归生长特性和产量的影响[J]. 草业学报,2013,22(2):54-61.
[118] 王文全. 中药资源学[M]. 北京:中国医药科技出版社,2006.
[119] 王新民,介晓磊,李明,等. 我国中药材的生产现状、发展方向和措施[J]. 安徽农学通报, 2007,13(6):107-110.
[120] 王永. 现代药用植物栽培技术[M]. 合肥:安徽科学技术出版社,2006.
[121] 王玉晶. 栀子[M]. 沈阳:辽宁科学技术出版社,1981.
[122] 卫莹芳. 中药鉴定学[M]. 上海:上海科学技术出版社,2010.
[123] 吴高明,何振杰. 旱作红花地膜覆盖栽培对比试验[J]. 农村科技,2011(4):59.
[124] 吴光林. 果树整形与修剪[M]. 上海:上海科学技术出版社,1986.
[125] 郗荣庭. 果树栽培学总论[M]. 3 版. 北京:中国农业出版社,2000.
[126] 溪琪,杨文彩,杜迁,等. 三七槽式育苗配套工程技术指标分析[J]. 广东农业科学,2013(16):29-31.
[127] 谢双吉. 浅析云木香[J]. 中药研究与信息,2005(10):47-48.
[128] 徐建中,孙乙铭,王志安,等. 白术——玉米轮作对白术植株生长及产量影响研究[J]. 中国现代医药,2012,12(2):69.
[129] 徐良. 中国名贵药材规范化栽培与产业化开发新技术[M]. 北京:中国协和医科大学出版社,2001.
[130] 徐良. 中药栽培学[M]. 北京:科学出版社,2010.
[131] 许世峰. 地膜当归栽培技术要点[J]. 甘肃科技,2013(4):139-140.
[132] 严世武. 云木香根腐病综合防治技术[J]. 云南农业科技,2012(1):54.
[133] 杨继祥. 药用植物栽培学[M]. 北京:农业出版社,1993.
[134] 杨金兵,吴健,王路宏,等. 牡丹芍药黄芩丹参板蓝根高效种植[M]. 郑州:中原农民出版社,2003.
[135] 杨少华,陈翠,康平德,等. 云木香良种繁育规范化生产标准操作规程(SOP)研究[J]. 世界科学技术——中医药现代化,2012(4):76-78.
[136] 杨世海. 中药资源学[M]. 北京:中国农业出版社,2006.
[137] 杨旭,李文璟. 三七或现价格拐点[J]. 中国食品安全报,2013(7):5.
[138] 杨志,董晓涛. 药用植物栽培技术[M]. 北京:化学工业出版社,2009.
[139] 叶永忠. 中草药栽培技术[M]. 郑州:中原农民出版社,2006.
[140] 苑军,殷霈瑶,李红莉. 白芷的生物学特性及规范化栽培技术[J]. 中国林副特产,2010,6(104):43-44.
[141] 曾令祥. 贵州地道中药材病虫害识别与防治[M]. 贵阳:贵州科学技术出版社,2007.
[142] 张贵君. 中药商品学[M]. 北京:人民卫生出版社,2008.
[143] 张洁. 银杏栽培技术[M]. 北京:金盾出版社,2010.
[144] 张丽萍,杨春清,刘晓龙,等. 安徽药用牡丹规范化种植生产标准操作规程(SOP) [J].

现代中药研究与实践,2010,24(2):14-17.

[145] 张名位. 农产品 GAP 生产技术[M]. 北京:化工出版社,2005.

[146] 张学斌,武延安,李国梁,等. 特色中药材无公害栽培技术[M]. 兰州:甘肃科学技术出版社,2006.

[147] 张永清. 药用观赏植物栽培与利用[M]. 北京:华夏出版社,2000.

[148] 张友军,吴青君,芮昌辉,等. 农药无公害使用指南[M]. 北京:中国农业出版社,2003.

[149] 赵永华. 常用中药材栽培技术问答[M]. 北京:中国盲文出版社,1999.

[150] 浙江省林业厅组编. 图说银杏高效栽培技术[M]. 杭州:浙江科学技术出版社,2009.

[151] 郑宏钧. 现代中药材鉴别手册[M]. 北京:中国医药科技出版社,2001.

[152] 中国科学院四川分院中医中药研究所. 四川药用植物栽培技术[M]. 成都:四川人民出版社,1963.

[153] 中国医学科学院药用植物资源开发研究所. 中国药用植物栽培学[M]. 北京:农业出版社,1991.

[154] 周家明,崔秀明,曾鸿超,等. 三七茎叶的综合开发利用[J]. 现代中药研究与实践,2009,23(3):32-34.

[155] 周建方. 药用植物高效栽培技术[M]. 郑州:河南科学技术出版社,2009.

[156] 周丽莉,祁建军,李先恩,等. 间套作与中药材的生态栽培[J]. 世界科学技术——中医药现代化,2006,8(4):77-80.

[157] 周荣汉. 中药材 0AP 的实施与 SOP 的制定[J]. 中药研究与信息,2000,2(9):6-7.

[158] 周早弘. 栀子 GAP 规范种植技术[J]. 安徽农业科学,2006(6):53.

[159] 周正. 四川中药材栽培技术[M]. 重庆:重庆出版社,1988.

[160] 朱栋,王建国,李聪妮. 天麻安全高产规范化栽培关键技术[J]. 农业科技通讯,2013(8):233-235.

[161] 朱玉球,夏国华,方慧刚,等. 白术组织快繁技术[J]. 中药材,2006,29(3):47.